수학, 문명을 지배하다

수학, 문명을 지배하다

지은이 모리스 클라인
옮긴이 박영훈
펴낸이 조경희
펴낸곳 경문사
펴낸날 2004년 10월 10일 1판 1쇄
2021년 7월 1일 2판 1쇄
등 록 1979년 11월 9일 제 1979-000023호
주 소 04057, 서울특별시 마포구 와우산로 174
전 화 (02)332-2004 팩스 (02)336-5193
이메일 kyungmoon@kyungmoon.com

값 37,000원

ISBN 979-11-6073-439-3
ISBN 89-7282-390-2 (세트)

경문
수학
산책

수학, 문명을 지배하다

Mathematics
in Western Culture

모리스 클라인 지음
박영훈 옮김

KM 경문사

추천의 글

지난 수세기 동안 단절되지 않고 끊임없이 지속되었던 전통이 있음에도 불구하고, 대중 교육 시대에 사는 우리들은 이제 더 이상 수학을 인류가 이룩한 문화의 통합적 한 부분으로 여기지 않게 되었다. 수학자들은 세상과 고립되었고, 열정적으로 수학을 가르치려는 교사들을 찾아보기 어려운 비참한 상황에 놓이게 되었다. 더욱이 재미없고 공허하게 장삿속으로 출판된 교과서들만 넘쳐나고, 대중 교육의 추세마저 지적인 학문에서 멀어지게 되면서 점차 교육 내에서도 반(反) 수학적인 풍조마저 일어나게 되었다. 그럼에도 불구하고 비록 미미하지만 수학에 대한 깊은 관심이 여전히 살아 있다는 사실은 보통 사람들이 잘 느낄 수는 없지만 커다란 다행이 아닐 수 없다.

최근 이러한 관심을 충족시킬 만한 많은 시도들이 있었다. 나 자신도 로빈슨과 함께 《수학이란 무엇인가?》란 저서에서 수학의 의미를 고찰하고자 시도하였다. 그러나 이 책의 대상은 어느 정도 수학적 배경을 가진 독자들이었다. 수학적 배경은 없지만, 그래도 여전히 인류 문화에 있어서 수학의 중요성을 알고자 원하는 사람들을 위해 전문·기술적인 수준을 좀더 낮출 필요가 있다.

얼마 동안 나는 모리스 클라인 박사가 이 책을 집필하는 과정을 깊은 관심을 가지고 지켜보았다. 아직까지 수학의 매력과 영역을 느껴보지 못했던 사람들이 수학이라는 학문에 좀더 가까이 다가가도록 하는데 이 책이 매우 중요한 기여를 하고 많은 도움을 주리라 확신한다.

리처드 쿠란트

머리말

이 모든 연구들이 서로 연결되어 도움을 주고받으며 관계를 맺고
상호 관련성 속에서 이해할 수 있게 되면,
아니, 그때가 되어서야 비로소 그 연구들이 추구하는 바가
우리 목적에 대한 가치를 지니게 될 것이라 생각한다.
만일 그렇지 않다면, 이 연구들은 아무짝에도 쓸모없다.
-플라톤

이 책의 목적은, 수학이 서구 문명에서 문화적으로 중요한 힘이었다는 논제를 주장하는 것이다. 수학이 공학적 설계 등과 같은 매우 실용적인 목적에 유용하다는 사실은 거의 모든 사람들이 알고 있다. 하지만 수학이 과학적 추론에서 중요한 일익을 담당하며, 물리학의 주요 이론들을 구성하는 핵심이 된다는 사실을 아는 사람은 거의 없는 것 같다. 더구나 수학이 수많은 철학적 사고의 방향과 내용을 결정하고, 종교적 교리를 파기하거나 구축하기도 하며, 경제 · 정

치 이론들의 실체를 다지고, 회화 · 음악 · 건축 · 문학의 주요한 양식들을 창안하며, 우리가 전개하는 논리의 뼈대를 만들어주고, 때로는 인간과 우주의 본성에 관한 근본적 질문에 대한 최선의 답들을 제공한다는 사실은 거의 알려지지 않았다. 수학은 합리적 정신의 구현이자 가장 강력한 옹호자로서, 권위 · 관습 · 습관에 의하여 지배되고 있는 영역에 파고 들어가, 사고와 행동의 조정자 역할을 하고 있다. 마지막으로, 수학은 비견할 수 없는 아름다운 인간의 업적으로서 문화를 형성하는 어떤 다른 분야에서 발견할 수 있는 가치도 감히 필적할 수 없는 만족감과 미학적 가치를 제공한다.

수학이 이처럼 우리의 삶과 사고에 적지 않은 기여를 하고 있지만, 거의 대부분의 교육받은 사람들은 수학을 단순히 하나의 지적 흥미거리로만 치부해버린다. 수학에 대한 이러한 태도는 어떤 의미에서는 정당한 것이다. 왜냐하면 학교의 교육 과정과 교과서들은 '수학'을 의미 없는 일련의 기술적(기능적) 절차로만 제시하고 있음을 부인할 수 없기 때문이다. 그러한 학습 자료들이 수학이라고 주장하는 것은 마치 인간의 앙상한 골격을 이루는 각 뼈대들의 이름과 위치, 그리고 그 기능들에 대한 설명만으로 숨쉬고 생각하며 느낄 수 있는 인간을 말해준다고 착각하는 것과 같다.

어떠한 말이라도 그것이 나타내는 맥락과 분리되어 진술되면 그 진정한 의미를 상실하고, 더 나아가 결코 의도하지 않은 뜻으로 해석될 수 있는 것과 같다. 마찬가지로 수학이 우리의 인류 문화라는 풍부한 지적 배경으로부터 따로 떨어져 한낱 일련의 기능과 기술로 전락되면서부터 수학은 이상한 괴물로 왜곡되어버리고 말았다. 수학의 문외한은 기능적인 수학을 거의 이용하지 않기 때문에 일반적으로 제시되는 벌거벗고 메말라버린 학습 자료에 당연히 거부감을 느끼게 된다. 그 결과 기본적이며 매우 중요하고 우리를 자극하는 이 학문은 보통 사람들로부터 따돌림당하게 되었으며, 심지어 고등교육을 받은 사람에게마저도 조롱받는 신세가 되고 말았다. 아닌 게 아니라 수학에 대한 무지를 드러내는 것이 사회적으로 부끄러운 일도 아니며 오히려 고상하게 보이는 지경에까지 이르렀다.

이 책에서 우리는 주로 수학의 아이디어들이 20세기 삶과 사고를 형성하는 데에 어떻게 일조하였는가를 보기 위해 수학을 대충 훑어보게 될 것이다. 여기 제시된 자료들은 고대 바빌로니아와 이집트에서 시작하여 현대의 상대성 이론에 이르는 범위를 총망라할 수 있도록 역사적 순서를 따르고 있다. 이에 대하여 몇몇 사람들은 초기 역사에 속한 자료들이 적절한지 의문을 제기할 수도 있다. 그러나 현대 문화는 앞서 진행된 여러 문명들이 이루어놓은 업적들의 축적이자 바로 그 종합이라 할 수 있다. 수학적 논리의 힘을 처음으로 인정하고, 신들이 우주를 설계하는 데에 수학을 사용하도록 허용하는 품위를 보였으며, 그 후 인간들이 이러한 설계의 유형을 발견하도록 촉구했던 고대 그리스인들은 자신들이 이룩한 화려한 문명 가운데에서도 가장 중요한 지위를 수학에 부여했을 뿐만 아니라 오늘날 우리 문명의 기본이 되는 사고의 유형들을 확립해놓았다. 더욱이 이어지는 다음 문명에 자신들의 업적을 선사하면서 수학의 역할이 더 새롭고 중요하게 자리잡을 수 있도록 하였다. 그리하여 이러한 수학의 기능과 영향력 중 상당 부분이 이제는 우리 문화 속에 아주 깊이 스며들게 된 것이다. 따라서 최근에 수학이 어떤 공헌을 이루었는가 하는 문제도 바로 이전에 어떤 모습으로 수학이 존재했는가에 비추어보아야 가장 잘 이해할 수 있을 것이다.

이 책이 역사적 접근을 하고 있다고 해서, 반드시 수학의 역사를 담은 것이라 말할 수는 없다. 그것은 우연히 그렇게 된 것이며, 역사적 순서는 단지 이 주제를 논리적으로 제시하는 데에 가장 편리한 방법이고, 수학의 아이디어가 어떻게 발생하였으며, 그리고 이러한 아이디어들을 연구하게 된 동기가 무엇인지, 또 이러한 아이디어들이 다른 활동 과정에 어떤 영향을 미치게 되었는지를 살펴보는 가장 자연스러운 방법이었을 뿐이다. 중요한 부산물로서 독자들은 수학이 전체적으로 어떻게 발달하게 되었으며, 수학 연구가 활발했던 시기와 그렇지 않은 시기가 서구 문명사의 일반적인 과정과 어떻게 관련되었는지, 그리고 수학의 본질과 내용이 우리의 현대 서구 문명에 기여한 여타 문명에 의하여 어떻게 형성되었는지를 어느 정도 알 수 있게 될 것이다. 이처럼 수학을 현대 문명의 형성자로서 간주하여 설명하는 것이 우리 시대를 지배하는 특징과 수학을 바라보는 새로운 안목을 선사하기를 바란다.

불행하게도 책 한 권으로 그 논제를 설명하는 것 이상을 기대할 수는 없다. 지면의 한계 때문에 광대한 문헌에서 몇 가지를 선택할 수밖에 없었다. 예를 들어 수학과 예술의 상호 관련성은 르네상스 시기에 한정할 수밖에 없었다. 현대 과학을 잘 아는 독자도 원자와 핵 이론에서 수학이 어떤 역할을 하였는지 이 책을 통해 파악하기는 어려울 것이다. 화이트헤드를 비롯한 몇몇 중요한 현대의 자연철학자들도 거의 언급되지 않았다. 그럼에도 불구하고 이 책에 선택된 설명들은 재미있을 뿐 아니라 설득력이 있음을 보여주기에 충분하다고 확신한다.

그러나 장구한 전통을 지닌 수학의 역사를 더듬으면서 몇 가지 일화들을 부각시키고자 시도하였기 때문에 역사를 과도하게 단순화할 수밖에 없었다. 정치뿐 아니라 지적인 작업에서도 수많은 세력들과 수많은 개인적 공헌들이 그 결과를 결정짓게 마련이다. 현대 과학에 대한 갈릴레이의 양적 접근도 혼자 힘으로 이룩한 것이 아니다. 마찬가지로 미적분학도 뉴턴이나 라이프니츠뿐만이 아니라 에우독소스와 아르키메데스, 그리고 17세기 수십 명의 주요한 대가들의 창조물이기도 하다. 창조적 작품은 각 개인들이 만들어내지만, 그 결과물은 수세기 동안에 이어져 내려오는 사고와 발달의 산물이라는 사실이 특히 수학에도 그대로 적용되는 것이다.

물론 이 책이 예술·철학·종교·사회과학에 개입하면서, 천사들—물론 수학의 천사—이 들어가기에 두려워하는 곳까지 거침없이 돌진해 들어간 것도 사실이다. 수학이 건조하고 기계적인 도구가 아니라 우리 문화의 다른 부분들과 불가분 연결되어 있으며, 그에 의존하는 그래서 숨쉬며 살아 있는 귀중한 사고의 덩어리라는 것을 이해하고자 한다면, 어느 정도 실수의 위험은 받아들여야 한다.

아마도 인간 이성이 이룩한 업적을 이렇게 설명함으로써 오늘날 파괴의 위험에 처해 있는 우리 문명이 지향하는 이상에 힘을 북돋는데 다소나마 기여하게 될 것이다. 촉각을 다투는 시간의 문제는 정치적이며 경제적인 것일 수도 있다. 그러나 인간이 어려움을 극복하고 바람직한 세계를 건설할 수 있는 자신의 능력을 보여줄 증거를 발견할 수 있는 곳은 그러한 분야가 아니다. 문제를 해결할 수 있는 인간의 능력에 대한 확신과 그리하여 문제 해결을 위해 가장 성공적으로 이용한 방법의 예시들을 우리는 인간의 가장 위대하고 가장 영구적인 지적인 성취에 대한 연구, 즉 수학에 대한 연구를 통해서 얻을 수가 있다.

모리스 클라인

차례

처음 수학에 마음을 두었을 때, 나는 수학자들이 쓴 대부분의 글을 일사천리로 읽어나갔다. 그때 나는 수론과 기하학에 특별한 관심을 가졌는데, 이유는 그 학문이 가장 단순하고, 소위 모든 나머지 학문으로 통하는 길이라고 사람들이 말하기 때문이었다. 그러나 이들 두 분야 모두 그 당시 나를 충분히 만족시킬 만한 저자를 발견할 수 없었다. 계산을 통해 참이라고 확인했던 수에 관한 많은 명제를 그들의 글에서 배울 수 있었던 것은 사실이다. 도형에 관해 말하자면, 그 글들은 어떤 의미로 보면 내 눈앞에 엄청난 양의 진리를 펼쳐놓았으며, 특정한 결과로부터 결론을 끌어내고 있었다. 그러나 그 글들은 사물들이 왜 그러한지, 그리고 자신들이 그 사실들을 어떻게 발견했는지에 대해서는 충분히 그리고 명백하게 보여주지 못한 것 같았다. 결과적으로 많은 사람들, 심지어 재능 있는 학자들조차도 수학을 접한 후에 공허하다거나 유치하다고 제쳐두거나, 아니면 너무 어렵고 복잡하다고 생각하여 처음부터 배우기를 단념하게 됐다는 사실이 내게는 하나도 놀라울 것이 없었던 것이다. ……그러나 훨씬 전 초기 철학의 개척자들이 수학에 정통하지 않은 사람들은 지혜에 대한 연구에 입문하도록 허락하지 않은 이유가 뭘까 하고 후에 곰곰이 생각하게 되었을 때, 나는 그 개척자들이 우리 시대에 통용되는 것과는 매우 다른 방식으로 수학에 대한 지식을 가지고 있었음을 느낌으로 확신하게 되었다.

르네 데카르트

01 현상에 가려진 본질

너의 방자한 걸음걸이를 조심하라, 아니하면 넌 위험에 빠질 터이니,
뮤즈의 여신들이 항상 출몰하리라. 너희 물신 숭배자와 전쟁광들에게!
그리고 너희 무법자들아, 그대들의 오염된 손으로 이 책장들을 더럽히지 말라!
아무런 가치도 없는, 부패하고, 비굴한, 아집에 갇힌 자들아,
그 어떤 정의도 너희들의 공허한 마음을 감동시키지 못하며
그 어떤 가정도 너희들에겐 아무런 의미도 지니지 못하고,
그 어떤 현란한 공리도 너희들의 멍청한 영혼을 불태우지 못하리니,
그대들을 위해선 그 어떤 접선도 곡선 위에서 만나지 않으며,
그 어떤 각도 어긋날 것이고 그 아름다운 원형조차 원형으로 이어지지 않으리니.
– 존 후캄 수도사, 조지 캐닝, 조지 엘리스

수학이 근대 문화의 중요한 요소일 뿐 아니라 그 문화를 형성하는 데에 주요한 힘이었다는 주장을 펼치면 많은 사람들이 믿을 수 없다거나 아니면 너무 과장이 지나친 것 아니냐는 반응을 보인다. 이와 같은 불신은 충분히 이해할 수 있다. 그러나 이는 수학이 진정 어떤 것인가에 대한 상당히 보편화되어 있는 극히 잘못된 개념에서 비롯된 편견이다.

학교에서 배운 수학적 지식만 가진 보통 사람이 인식하는 수학은 단지 과학자, 공학자나 금융업자들만이 사용하는 일련의 기술에 불과하다. 그러한 가르침에 대한 반응은 수학 교과에 대한 혐오로 이어지고 나아가서 더 이상 이를 배우지 않겠다는 결심으로 귀결된다. 이와 같은 결심을 하는 과정에서, 어느 정도 교양이 있는 사람이라면 다음과 같이 수학에 무지하지만 권위는 있는 사람들의 도움을 받아 더더욱 그런 결심을 굳히기도 한다.

성 아우구스티누스는 다음과 같이 말했다. "신실한 기독교인이라면 공허한 거짓 예언을 하는 자와 수학자 모두를 경계해야 한다. 수학자들은 정신을 어둡게 하고 인간을 지옥의 울타리에 가두어놓는 계약

을 악마들과 체결한 위험스러운 인물들이다." 또한 로마의 법학자들은 "악을 저지르는 자, 수학자, 기타 등등에 관하여", "기하학을 배우고 공무에 참여하는 행위, 즉 수학과 같이 저주받을 기예는 금지된다"고 규정하였다. 다름 아닌 저명한 현대 철학자인 쇼펜하우어도 산수는 기계 따위나 수행할 수 있는 가장 낮은 정신 활동이라고 기술하였다.

학교에서 행해지는 가르침을 자세히 들여다보면 어쩌면 이와 같은 권위 있는 사람들의 수학에 대한 판단과 상식적인 견해가 정당화될 수 있을지도 모른다. 그럼에도 불구하고 수학을 몰라도 된다는 문외한들의 결정은 분명 잘못된 것이다. 수학은 일련의 기술에 그치는 것이 아니다. 아닌 게 아니라 이 기술들은 수학에서 가장 중요하지 않은 부분에 불과한 것으로 물감을 그냥 혼합한 것을 그림이라 말하지 않듯 이 또한 수학이라 말할 수 없다. 그러한 기술들은 수학의 본질에서 동기와 추리, 아름다움 그리고 의미 등을 모두 박탈하고 나서 남은 찌꺼기에 불과하다. 만일 우리가 수학의 본질에 관하여 다소나마 이해를 하게 된다면, 현대의 삶과 사고에서 수학이 중요한 의미를 지닌다는 주장에 적어도 고개를 끄덕거릴 수 있음을 알게 될 것이다.

이와 같은 입장에서, 지금 간략하게나마 수학에 대한 20세기적 견해를 살펴보도록 하자. 기본적으로, 수학은 공리적 사고(postulational thinking)라고 알려진 탐구 방법이다. 이 방법은 논의되어야 할 개념의 정의를 신중하게 공식화하고, 추론의 근거가 될 가정을 명시적으로 진술하는 것이다. 이러한 정의와 가정으로부터 인간이 사용할 수 있는 가장 엄격한 논리를 적용함으로써 결론을 연역해낸다. 이러한 수학의 특징은 수학과 과학에 관하여 17세기 한 유명한 작가에 의하여 다소 다르게 표현된 바 있다. "수학자들은 연인과 같다. 수학자에게 최소한의 원리만을 부여하자. 그러면 그는 가지고 있는 원리로부터 당신이 그에게 부여해야만 하는 결과를 도출해내고, 이 결과로부터 또 다른 결과를 도출해낸다."

그러나 수학을 단지 탐구 방법으로만 기술하는 것은, 다빈치의 〈최후의 만찬〉이라는 예술품을 단지 캔버스 위에 몇 가지 물감을 섞어놓은 것이라고 말하는 것과 다를 바 없다. 수학은 증명 방법을 구성하는 것뿐 아니라 무언가 증명될 수 있는 것을 찾아내는 과정에서 고도의 직관과 상상력을 사용한다. 예를 들어 케플러와 뉴턴은 놀랄 만한 상상력으로 오랫동안 지켜내려온 완강한 전통을 깨뜨렸을 뿐만 아니라 새롭고 혁명적인 개념들을 정립했다. 사람의 창조적 능력이 수학에서 어느 정도 발휘될 수 있는가는 오직 창조라는 그 자체의 시험에 의해서만 결정될 수 있다. 이러한 창조 중 몇 가지는 이후의 논의에서 등장하게 되므로 여기서는 수학의 분야가 광범위하게 분류하더라도 약 80가지나 된다고 진술하는 것만으로도 충분할 것이다.

이처럼 수학이 정말로 창조적 활동이라면, 사람들은 무엇 때문에 이를 추구하는 것일까? 반드시 가장 중요한 것은 아닐지라도 수학적 탐구에 대한 가장 명백한 동기는 사회적 필요에 의해 직접 발생하는 문제에 답하고자 하는 욕구일 것이다. 회계 처리, 항해, 금전출납부 계산, 다리와 댐, 교회, 궁전의 건설과 요새 그리고 전쟁 무기의 설계를 비롯해 인간이 추구하는 수많은 것들이 수학자들이 가장 잘 해결할 수 있는 문제와 관련이 있다. 특히 수학이 보편적 도구가 되는 기술 공학의 시대에는 두말할 필요도 없다.

현대에 들어와 또 다른 기본적인 수학의 이용으로 자연현상을 합리적으로 조직화하는 것을 들 수 있다. 개념, 방법, 수학의 결론들은 자연과학의 토대이다. 이 분야의 성공은 수학과의 동반자 관계의 정도에 따라 달라진다. 메마른 뼈와 같이 분리되어 있던 사실들에 생기를 불어넣고, 이들을 연결하고 조직하면서 일련의 분리된 관찰 결과들을 과학의 덩어리로 묶어놓은 것은 수학이었다.

지적인 호기심과 순수한 사고에 대한 열정이 많은 수학자들을 수의 성질과 기하학적 도형의 성질에 대한 연구로 이끌어 매우 독창적인 업적을 낳게 하였다. 오늘날 중요하게 취급되는 확률이라는 분야는 공교롭게도 카드 게임에서 발생한 하나의 문제에서 시작되었다. 즉, 피치못할 사정에 의해 게임이 중단되었을 때 이 게임에 걸려 있는 내깃돈을 어떻게 하면 공평하게 분배할 것인가라는 질문에서 비롯된 것이다. 사회적 요구나 과학과 전혀 관련이 없는 또 다른 결정적인 업적은 고대 그리스 사람들에 의하여 이루어졌다. 그들은 수학을 추상적이고 연역적인 사고의 공리 체계로 바꾸어놓았다. 수학의 주제에 가장 위대한 기여를 한 몇 가지들, 즉 순수하게 지적인 도전에 대한 반응을 이루었던 것 중 우리의 시야에 들어오는 것만 언급한다 해도 사영 기하학, 수(數) 이론, 무한대 이론, 비유클리드 기하학 등이 있다.

그러나 창조에 대한 다른 어떤 추진력보다 가장 우선하는 것은 미에 대한 추구라 할 수 있다. 추상적인 수학적 사고의 대가인 버트런드 러셀은 다음과 같이 말한다.

> 제대로 보면, 수학은 최상의 아름다움, 즉 조각의 아름다움과 마찬가지로 우리의 약한 본성 어디에도 호소하지 않고, 음악이나 그림의 화려한 장식도 없지만, 숭고할 정도로 순수하며 가장 위대한 예술만이 보여줄 수 있는 그러한 엄격함과 완벽함을 가능하게 하는 차갑고 엄숙한 아름다움을 소유하고 있다. 최고의 탁월함이 기준이 되는 진정한 기쁨과 희열감, 인간을 초월한 듯한 느낌을 바로 시에서와 같이 확실히 수학에서도 발견할 수가 있다.

완벽한 구조의 아름다움 외에도 증명과 결론을 창조해내는 데에 불가피하게 사용될 수밖에 없는 상상력과 직관은 숭고한 미학적 만족감을 창조자에게 선사한다. 만일 통찰과 상상력, 균형과 비례, 과잉됨의 배제와 목적에 대한 수단의 정확한 적용을 아름다움이라는 틀 속에서 이해할 수 있다면, 그리고 그것이 예술 작품의 특징이라면, 수학은 그 자체로 아름다움을 가진 예술이다.

위에서 살펴본 모든 요소들이 수학의 창조에 동기가 되었다는 명백한 역사적 사실에도 불구하고, 이제까지 잘못된 인식들이 여전히 존재하여왔다. 종종 수학을 무시하는 구실이 되었던 것으로 수학자들은 요점 없는 사색이나 탐닉하기를 좋아한다는 등 또는 어리석고 아무 짝에도 쓸모없는 몽상가라는 공격이 그것이다. 이러한 공격을 분쇄할 수 있는 대답은 쉽게 얻을 수 있다. 과학이나 공학적 필요에 의하여 시작된 것은 말할 필요도 없고, 심지어 순수하게 추상적인 연구도 엄청나게 유용한 것으로 밝혀졌기 때문이다. 원뿔 곡선(포물선, 타원, 쌍곡선)에 대한 발견은 2천 년 동안이나 그저 '아무 이익도 없는 두뇌의 사색적인 유희'로만 여겨졌다. 그러나 결국에는 현대 천문학, 발사체(發射體) 운동 이론, 그리고 만유인력 법칙 등이 이로부터 탄생하였던 것이다.

이와는 달리 몇몇 '사회 지향적인' 작가들이 다소 과도하게 주장하는 것처럼, 수학자들이 실용적인 고려, 즉 다리나 라디오, 비행기를 건설하고자 하는 욕망에 의하여 전적으로 자극을 받는다고 주장하는 것은 잘못이다. 수학 때문에 이렇게 편리한 것들이 가능하게 된 것은 사실이지만, 위대한 수학자들은 자신들의 생각을 추구하는 동안 그러한 실용성에는 거의 눈길조차 두지 않았다. 어떤 사람들은 이러한 것들이 수세기 후에나 만들어질 수 있다고 생각하였기 때문에 실용적으로 적용하는 일에는 전혀 관심이 없었다. 비록 그 누군가 +, - 기호를 도입한 창고 점원의 목적 의식적 행동을 보고 '수학의 역사상 전환점은 보통사람들이 남긴 사회적 유산에서 비롯된다'고 확신하였지만, 피타고라스와 플라톤의 이데아를 향한 수학적 명상은 분명 그 점원의 행동보다는 중요한 공헌을 하였다. 두말할 필요도 없이, 거의 모든 위대한 사람들은 자신의 시대에 걸맞은 문제에 몰두하며, 당시를 지배하는 신념이 그의 사고를 조건 짓고 한계 짓는다. 뉴턴이 2백 년 더 일찍 태어났더라면, 그는 아마도 위대한 신학자가 되었을 가능성이 높다. 위대한 사상가들은 사람들이 유행을 따라 옷을 입는 것처럼, 자신들이 살던 시대의 지적 유행을 좇는다. 심지어 수학을 천직으로 여겼던 창조적인 천재들조차도 직업적인 전문 수학자들과 과학자들을 애타게 했던 문제들을 추구하였다. 그럼에도 불구하고 이러한 '아마추어' 들과 수학자들은 일반적으로 자신들의 작업이 얼마나 유용성 있는가에 대해서는 별 관심을 가지지 않았다.

실용적인 관심뿐만 아니라, 과학 · 미학 · 철학적 관심들이 모두 수학을 형성하였다. 어떤 것이 다른 것보다 더 중요하다는 식의 상대적인 중요성을 주장하는 것도 그러하지만, 이들이 각각 어떤 공헌을 하였고 어느 정도 영향력을 발휘했는지 따로따로 분리하여 논의하는 것은 불가능한 일이다. 그러나 순수한 사고에서 비롯된 미학과 철학적 관심에 대한 반응들이 수학의 특징을 형성하는 데 결정적 역할을 하였으며, 더 나아가 그리스의 기하학과 현대 비유클리드 기하학 창조에 있어 아무도 넘볼 수 없는 공헌을 이룩하였다. 한편, 수학자들이 순수 사고의 정점에 도달할 수 있었던 것은 스스로의 힘이라기보다는 사회적 영향력이 더 큰 역할을 하였다. 이러한 힘들이 수학자들에게 힘을 불어넣을 수 없었다면, 아마도 그들은 곧 지쳐버렸을 것이다. 그에 따라 수학자들은 짧은 한순간 화려할지는 모르나 곧 지적인 좌절을 가져올 수도 있는 고립 속에서 학문의 명맥을 겨우 유지할 수 있었을 것이다.

수학의 또 다른 중요한 특징은 상징적 언어이다. 음악이 소리의 재현과 소통을 위하여 상징을 사용하는 것과 마찬가지로, 수학은 양적인 관계와 공간적 형식을 상징적으로 표현한다. 관습의 산물이라 할 담화의 일반적인 언어와는 달리, 수학의 언어는 주의 깊게, 목적 의식적으로, 그리고 정교하게 설계되었다. 그 치밀함에 의하여 우리의 정신은, 만일 일상적인 언어로 표현되었더라면 결코 다룰 수 없는 생각을 실어 나를 수 있고, 연구할 수 있는 것이다. 이러한 치밀함이 사고의 효율성을 가능하게 한 것이다. 제롬(Jerome Klapka Jerome, 1859~1927)이 비록 수학적 목적은 아닐지라도, 대수적 기호에 의존할 필요성이 있다고 한 것은 이러한 장치에 내재하고 있는 유용성과 명료성을 충분히 잘 드러내준다.

> 12세기 한 젊은이가 사랑에 빠졌을 때, 그는 세 발걸음 뒤로 가, 그녀의 눈을 응시하고는 너무나 아름다운 여인이라고 말할 수 없었다. 대신에 밖에 나가 주위를 둘러보겠다고 말했을 뿐이다. 그가 나가려 할 때, 만일 어떤 남자가 들어오려는 것을 보게 되면 그의 머리, 즉 다른 남자의 머리를 주먹으로 날려버려서 자신의—첫 번째 남자의—여자가 아름다운 여자라는 것을 증명하고 싶으리라. 그러나 만일 다른 남자가 그의 머리—당신도 알다시피, 그 자신의 머리가 아닌 다른 친구의 머리, 즉 두 번째 남자에게 다른 남자, 다시 말하여 물론 다른 남자는 그에게 다른 남자이지만 첫 번째 남자는 아닌 남자가 만일 그의 머리를 주먹으로 날려버린다면, 그의 여자—다른 남자의 여자는 아니지만, 그 두 번째 남자에게 다른 남자인 남자의 여자—, ……이제 그만하자. 여길 보라, 만일 A가 B의 머리를 날려버린다면, A의 여자는 미인이기 때문이다. 그러나 만일 B가 A의 머리를 날려버린다면, A의 여자가 미인인 것이 아니라 B의 여자가 미인인 것이다.

지성적인 사람에게는 명료한 상징적 기호를 사용하여 복잡한 생각을 쉽게 전달할 수 있는 반면, 문외한에게는 이 때문에 수학적 논의를 이해하는 것조차 더 어렵게 느끼는 경우가 있다.

수학적 언어에서 사용하는 상징적 기호는 종종 일상적인 언어에서 혼동되는 의미들을 식별하는 데에 필수적이다. 예를 들어, 영어에서 'is'는 여러 다양한 의미로 사용된다. '그가 여기 있다.(He is here.)'라는 문장에서, 그것은 물리적인 위치를 가리킨다. '천사는 하얗다.(The angel is white.)'라는 문장에서 그것은 위치도 물리적 존재와도 관련이 없는 천사의 성질을 가리킨다. '그 남자가 뛰고 있다.(The man is running.)'는 문장에서는 동사의 시제를 부여해준다. '2 더하기 2는 4이다.(Two and two are four.)'라는 문장에서 'is'라는 형식은 두 수의 동등성을 나타낸다. '사람은 두 발 달린 생각하는 포유류이다.(Men are the two-legged thinking mammals.)'라는 문장에서 'is'의 형식은 두 집단의 동일성을 주장한다. 물론 일상적인 담론을 위해서 'is'의 이런 모든 의미들에 대하여 각각 다른 단어를 도입하는 것은 쓸모없는 짓이다. 이러한 애매함 때문에 우리가 실수를 저지르는 일은 없기 때문이다. 그러나 과학과 철학뿐만 아니라 수학의 정확성은 이 분야의 연구자들에게 더 신중할 것을 요구한다.

수학적 언어는 정밀하다. 너무나 정밀하여 그 형식에 익숙하지 않은 사람들에게는 종종 혼란스럽기까지 하다. 만일 수학자가 '나는 오늘 한 사람을 보지 못했다.(I did not see one person today.)'라고 말한다면, 그는 아무도 보지 못할 수도 있고, 많은 사람을 보지 못할 수도 있는 것이다. 보통은 자신이 아무도 보지 못했다는 것을 뜻한다. 정확한 사고와 정확한 언어는 병행하는 것이기 때문에 수학의 이러한 정밀함이 정확한 사고에 필수적이라는 사실을 아직 인정하지 못한 사람에게는 현학적이거나 그저 잘난 체하는 것으로 보인다.

수학적 양식은 간결함과 형식적 완벽함을 목표로 한다. 때로 그 양

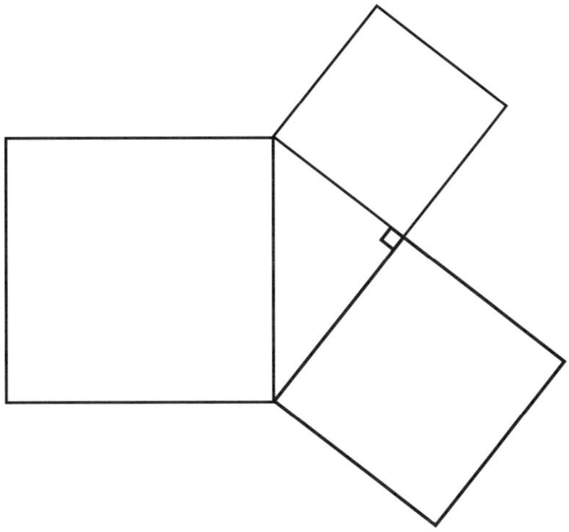

1-1. 피타고라스의 정리

식은 너무나 성공적이어서 그 정밀함이 보장하고자 하는 명료함을 오히려 희생하기도 한다. 가령 그림 1-1에서 설명되는 사실을 일반적인 용어로 표현하기를 원한다고 가정해보자. 우리는 다음과 같이 말하고 싶은 유혹을 느낄 것이다. '여기 직각삼각형이 있다. 만일 그 삼각형의 직각을 끼고 있는 두 변을 각각의 변으로 하는 두 정사각형을 만든다면, 그리고 만일 삼각형의 빗변을 한 변으로 하는 정사각형을 만든다면, 세 번째 정사각형의 넓이는 처음 두 정사각형의 넓이의 합과 동일하다.' 그러나 그가 수학자라면 누구도 그러한 방식으로 표현하지 않을 것이다. 그는 오히려 다음과 같이 말하고 싶어할 것이다. '직각삼각형의 빗변에 접해 있는 정사각형의 넓이는 나머지 두 변에 접해 있는 정사각형의 넓이의 합과 같다.' 이와 같은 단어의 절약은 표현을 용이하게 하며, 수학적 글쓰기는 적은 단어로 많은 단어를 포괄한다는 점이 돋보인다. 그러나 한편 수학적 문헌을 읽는 사람들이 때로 소위 잉크와 종이를 가진 수전노들에 의해서 자신의 인내심을 시험해야 한다는 것도 부인할 수 없을 것이다.

수학은 방법, 예술, 그리고 언어 이상의 것이다. 그것은 자연과학자와 사회과학자, 철학자, 논리학자 그리고 예술가들에게 도움이 되는 내용, 그리고 정치가와 신학자들의 교리에 영향을 주는 내용, 천체를 조사하는 사람들과 음악의 달콤함에 대하여 명상을 하는 사람들의 호기심을 만족시켜주는 내용, 그리고 비록 때로는 잘 지각되지는 않지만 현대 역사의 과정을 형성했음을 부인할 수 없는 내용으로 이루어진 지식의 총체이다.

수학은 지식의 총체이다. 그러나 여기에 반드시 진리가 포함되어 있다고 말할 수는 없다. 다시 말하여 성경을 신으로부터 받은 최종적인 계시로 믿는 종교학자의 신념과 같이 수학도 공격할 수 없는 지식들의 집합이라고 보는 너무나 뿌리깊은 신념이야말로 대중에게 널리 퍼져 있는 오류이다. 1850년까지 수학자들조차도 이러한 오류를 믿고 있었다. 다행히도 우리가 나중에 논의하게 될 19세기 몇몇 사건에서 수학자들은 자신들의 방법에 내포된 실수를 알게 되었다. 수학에는 어떠한 진리도 존재하지 않을 뿐 아니라 어떤 영역의 정리(定理)는 다른 영역의 정리와 모순되기도 한다. 예를 들어, 지난 세기 동안 만들어진 기하학 정리 몇몇은 유클리드가 기하학을 발달시키면서 증명하였던 것과 모순된다. 비록 진리를 담고 있지는 않지만, 수학은 사람에게 자연을 지배할 기적적인 힘을 부여해주었다. 이러한 인간 사고의 가장 위대한 역설의 해결이 우리의 주요한 관심사가 될 것이다.

20세기의 수학적 지식을 진리와 구별하려면, 수학과 과학을 구별해야 한다. 왜냐하면 과학은 물리적 세계에 대한 진리를 추구하기 때문이다. 아닌 게 아니라 수학은 과학의 등대였으며, 과학이 현문명에서 차지하고 있는 위치에 도달하도록 끊임없이 도움을 주어왔다. 현대 과학은 수학 때문에 발전한 것이라고 주장해도 틀린 말은 아닌 것이다. 그러나 두 분야가 구분된다는 것을 이제 알게 될 것이다.

아주 넓은 의미에서 볼 때 수학은 하나의 정신, 즉 합리성의 정신이다. 인간의 마음이 최고도로 활용될 수 있도록 도전하고, 자극하며, 활력을 주게끔 추동하는 것이 바로 이러한 정신이다. 인간의 물리적 · 도덕적 · 사회적 삶에 결정적인 영향을 미치고자 하며, 우리 자신의 존재 자체에 의하여 발생하는 문제들을 해결하고자 하고, 자연을 이해하고 통제하려고 하며, 이미 획득된 지식의 가장 심오하고도 궁극적인 함의를 탐구하고 정립하고자 노력하는 것도 바로 이 정신이다. 넓은 의미로 볼 때, 이 책에서 펼쳐질 우리의 관심사는 이러한 정신의 작동에 관한 것이라 할 수 있다.

수학의 특징 중 또 하나가 우리의 이야기에 꼭 들어맞는다. 수학은 문명의 성장 및 퇴조와 함께 자라고 소멸하는 살아 있는 식물이다. 그것은 일정한 역사적 시기에 창조되어, 수세기 동안의 선사 시대와 이후 역사 시대를 통하여 존재하기 위한 노력을 거듭해왔다. 그리고 드디어 그리스라는 매우 우호적인 토양에서 자신의 생명을 굳건하게 유지할 수 있게 되었으며 짧은 기간 동안 강하게 단련되었다. 이 기간에 수학은 하나의 완벽한 꽃, 유클리드 기하학을 꽃피웠다. 다른 꽃들의 봉우리도 조금씩 그 잎을 열었으며 그 속을 자세히 들여다보면, 삼각법과 대수의 개요가 싹트고 있음을 알 수 있을 것이다. 그러나 이들 꽃들은 그리스 문명의 쇠퇴와 함께 시들어버리고 그 식물은 천 년 동안 깊은 잠에 빠지게 된다.

그 식물이 유럽 본토로 이식되어 한 번 더 비옥한 토양에 뿌리 내리게 된 당시 수학의 상태는 그 전과 크게 다르지 않았다. 그러다가 서기 1600년쯤, 다시 그리스 시기의 최절정기에 얻었던 활력을 회복하였고, 전례 없이 화려하게 꽃을 피울 준비를 하였다. 만일 우리가 1600년 전에 알려진 수학을 기초 수학이라고 말할 수 있다면, 그 기초 수학은 그 이후에 창조된 것과 비교해볼 때 극미(極微)한 것이라고 말할 수 있을 것이다. 사실 뉴턴이 최절정기 때 가졌던 지식 정도를 지닌 사람은 오늘날에는 수학자라 할 수 없을 것이다. 왜냐하면 통념과는 반대로, 수학은 계산에서 시작하지만 그것으로 끝나는 것이 아니라 생각되기 때문이다. 오늘날 수학은 너무나 엄청난 몫을 차지하고 있어서 어떠한 수학자도 그 전체를 통달하고 있다고 주장할 수 없게 된 것이다.

아무리 간단하다 할지라도 이러한 수학의 삶에 대한 묘사는, 수학의 생명력이 여기에 자양분을 공급하는 문명의 문화적 생명에 아주 많이 의존하고 있음을 보여주고 있는 셈이다. 사실, 수학의 너무나 많은 부분이 문명과 문화의 일부분이었기 때문에 많은 역사가들은 그 시대의 다른 주요한 작품들의 특징을 당시의 수학에 비추어서 발견할 수가 있다. 예를 들어 약 기원전 600년에서 기원전 300년까지 지속되었던 그리스 문화의 고전기를 살펴보자. 그들이 결론을 정립하는 데 사용했던 엄격한 추론을 강조할 때에, 그리스 수학자들은 실용적 문제에 수학을 적용할 수 있는지에 대한 물음에 관심을 두지 않았고, 사람들에게 추상적으로 추론하고 이상적인 것과 아름다운 것을 숙고하도록 대비시키는 것에만 관심이 있었다. 금세기에 들어와서도 당시 문학의 아름다움과 철학의 숭고한 합리적 성질, 그리고 조각과 건축의 이상성을 넘어서지 못하는 것은 어찌 보면 놀랄 일도 아니다.

수학적 창조가 없다는 것이 한 문명의 문화적 지표가 되는 것 또한 사실이다. 로마 민족의 경우를 살펴보자. 로마 시대는 수학의 역사에서 한 번, 그것도 유일하게 수학의 진보에 지장을 주었던 것처럼 보인다. 위대한 그리스 수학자이자 과학자인 아르키메데스는 기원전 211년 로마병에게 살해당했다. 그들은 모래 위에 기하학적 도형을 그려놓고 연구하고 있던 아르키메데스를 갑자기 덮쳐 살해한 것이다.

A. N. 화이트헤드에게,

한 로마 군사의 손에 의해 이루어진 아르키메데스의 죽음은 인류 최초의 위대성에 세계적 변화가 발생함을 상징하는 것이다. 추상적 학문을 사랑했던 이론적인 그리스인들은 유럽 세계를 이끌어나가는 통치권을 실용적인 로마인들에게 빼앗기고 말았다. 비콘스필드 경은 자신의 소설에서 실용적인 사람이란 선조가 범한 실수를 그대로 반복하는 사람이라 정의하였다. 로마 민족은 위대한 민족이다. 그러나 그들은 실용성에 복종하는 정신적 빈곤이라는 저주를 받았다. 그들은 자신의 조상들이 이룩해놓은 지식을 더 이상 향상시키지 못했으며, 그들이 이룬 성취는 공학에 있어 사소한 기술적 세부 사항에 한정된다. 그들은 자연의 힘에 대하여 좀더 근본적으로 통제할 수 있는 힘을 가질 수 있을 정도의 새로운 관점에 도달할 만큼 몽상가가 될 수 없었다. 로마인 어느 누구도 수학적 도형의 관찰에 몰두하느라 생명을 잃지 않았다.

사실 키케로는, 감사하게도 자신의 국민들이 그리스인들처럼 몽상가가 아니라며 자랑을 했다. 그들은 단지 수학을 연구하여 유용한 곳에 적용하였던 것이다.

경영과 관리 및 정복에 모든 힘을 쏟아부었고, 아름다운 아치 밑을 통과하는 군대의 개선 행진으로만 상징되는 것은 아니겠지만, 어쨌든 둔감한 사람의 상징으로 묘사되는 로마인들은 실용적인 정신의 소유자였다. 그러나 이들은 진정으로 창조적이고 독창적인 것을 거의 만들어 내지 못했다. 간단히 말해 로마 문화는 빌려온 것들이다. 로마의 통치 시기에 이루어진 대부분의 업적들은 모두 로마의 정치적 지배를 받고 있던 소아시아의 그리스인들이 이룬 것이기 때문이다.

이러한 예들을 볼 때, 우리는 한 시기의 일반적 특징이 시대의 수학적 활동과 밀접하게 관련되어 있음을 알 수 있다. 이러한 관계는 특히 우리 시대에도 적용된다. 우리의 역사가, 경제학자, 철학자, 작가, 시인, 화가, 그리고 정치가들의 업적을 과소평가하지 않으면서, 다른 문명들도 그 능력과 성취에서 필적할 만한 사람들을 배출하였다고 말할 수 있다. 그러나 비록 유클리드나 아르키메데스가 월등한 사상가이지만, 그리고 우리의 수학자들이 뉴턴이 말한 바와 같이 그러한 위대한 거인들의 어깨 위에 서 있기 때문에 더 멀리 성취할 수 있었을지라도, 수학이 그 범위와 범상치 않은 응용력을 얻게 된 것은 바로 우리 시대에 들어서였다. 결과적으로 현대의 서구 문명은 수학이 현대 생활과 사고에 영향을 미치는 정도 때문에 이전 역사의 다른 시기들과 구별된다. 아마도 이 책의 흐름 속에서 현시대가 수학의 덕을 얼마나 보고 있는가를 알게 될 것이다.

02 경험으로부터 일궈낸 수학

수학이 어렵고 이해하기 어려우며 상식을 혐오한다고 생각하지 마라.
수학은 단지 상식을 에테르화한 것뿐이다.
– 켈빈 경

서구 문화와 마찬가지로 인류의 요람은 근동(近東) 지역이었다. 좀더 활동적인 사람들은 이 고향을 떠나 유럽 평원을 어슬렁거렸고, 뒤에 남겨진 그들의 후손은 자신들만의 문명과 문화를 구축하였다. 수세기가 흐른 후 동양의 이 현인들은 아직도 배움이 무엇인지 모르는 이웃 서구인들까지 교육해야 할 임무를 떠맡아야 했다. 이 현인들이 서구인들에게 전해준 지식 중에서 수학적 요소들은 통합된 전체의 일부분이었다. 따라서 현대 문화에 나타난 수학의 흔적을 찾아보려면 우선 주요한 근동 문명을 살펴보아야 한다.

내친 김에 간단한 수학적 단계들이 이미 원시 문명에서 이루어졌다는 것을 언급해야겠다. 그러한 단계들은 두말할 나위 없이 순수하게 실용적인 욕구에 의하여 촉발되었다. 가장 원시적인 인간 사회에서도 일어나게 마련인 필수품의 물물 거래는 어느 정도의 셈을 필요로 했기 때문이다.

셈의 과정은 손가락과 발가락을 사용하여 이루어졌기 때문에 원시인들도 아이처럼 자신이 세는 물건들을 점검하는 하나의 부신(符信)으로서 손가락과 발가락을 사용하였다는 사실은 그리 놀라운 일이 아니다. 이러한 고대의 셈 방식이 남긴 흔적은 우리 언어에도 남아 있는데, 디지트(digit)라는 단어는 단지 1, 2, 3 …뿐 아니라 손가락이나 발가락을 뜻하게 되었다. 물론 십, 백(십 곱하기 십), 천(백 곱하기 십) 등 우리의 셈 체계는 손가락을 사용한 셈이 채용되었음을 뜻한다.

심지어 원시 문명들조차도 숫자에 대한 특수한 상징을 고안하였다. 이러한 방식으로 이들 문명들은 세 마리의 양, 세 개의 사과, 세 개의 화살이 공통적으로 삼(三)이라는 양을 가지고 있다는 사실을 인식하고 있었음을 보여준다. 특정한 물리적 대상물과 관련이 없다는 의미에서, 이와 같이 숫자를 추상적인 사고로 이해하는 것은 사고의 역사상 크나큰 진보였다. 현재 우리는 학교 교육을 통해서 숫자를 물리적 대상과 구별하게 되는 유사한 지적 과정을 거치고 있다.

또한 원시 문명은 덧셈, 뺄셈, 곱셈, 나눗셈이라는 산수의 네 가지 기본적 연산을 발명하였다. 이러한 연산이 쉽게 인간에게 나타나지 않았다는 사실은 동시대의 미개 민족들을 연구하다보면 알 수 있다. 많은 원시 부족들은 양을 팔 때에 몇 마리인지 한꺼번에 계산하지 않고 한 마리씩 각각 지불해야 했다. 양 한 마리 가격에 양의 숫자를 곱하는 대안적 방식이 그들에게는 무척 혼란스러운 것이며, 그 결과 자신들이 사기를 당했다고 의심하기까지 하였다.

수 체계와 마찬가지로 기하학 또한 인간의 욕구를 충족시키기 위하여 원시 문명에서 형성된 것이라는 데에는 의문의 여지가 없다. 기본적인 기하학적 개념은 물리적 대상들의 모양을 관찰함으로써 유래되었다. 예를 들어, 각도의 개념은 팔꿈치와 무릎이 구부러질 때 나타나는 모양을 관찰하여 얻은 것이다. 현대 독일어를 포함하여, 많은 언어에서 각도의 한 변에 대한 단어는 다리를 나타내는 단어이다. 예를 들어, 직각 삼각형의 빗변을 영어로 arm이라고 말한다.

문화와 수학이 발생하는 데 기초가 된 주요한 근동 문명은 이집트와 바빌로니아 문명이었다. 우리는 이들 문명들에 대한 초기 기록에서 잘 개발된 수 체계, 몇 가지의 대수, 그리고 매우 간단한 기하학을 발견할 수 있다. 1에서 9까지의 숫자에 대하여 이집트 사람들은 다음과 같이 단순한 획을 사용하였다. I, II, III 등. 10에는 특수한 상징 기호인 ∩을 도입하였으며, 100과 1000 더 큰 숫자에 대해서도 특수한 상징 기호가 있었다. 그들은 아주 자연스러운 방식으로 이 상징들을 결합하여 그 사이에 있는 수들을 나타냈다. 따라서 21은 ∩∩I과 같이 나타냈다.

양을 나타내는 바빌로니아 사람들의 방법은 좀더 주의가 필요하다. 1에 대하여 그들은 𒁹을 썼다. 2는 𒁹𒁹으로 나타내었다. 4는 𒁹𒁹𒁹𒁹로, 9까지 그렇게 나타냈다. 𒌋이라는 상징 기호는 10을 나타낸다. 그래서 33은 𒌋𒌋𒌋𒁹𒁹𒁹이 되었다. 이 숫자 𒁹𒌋𒌋 𒁹는 특히 중요하다. 여기 처음에 있는 𒁹은 1이 아니라 60을 뜻하므로, 전체는 60+10+10+1, 즉 81을 나타낸다. 그래서 같은 상징 기호도 위치에 따라 다른 크기를 나타낸다. 여기에 관련된 규칙이 자리수 개념이며, 그것이 바로 오늘날 우리가 사용하는 수 체계 원리이기도 하다. 숫자 569에서 9는 1이 9개임을 나타내지만, 6은 10의 6배를 뜻하며 5는 100의 5배를 뜻한다. 다시 말하여 수의 크기는 놓여 있는 위치에 따라 결정되며, 그 크기는 1, 10, 10^2, 10^3이 된다. 10이라는 숫자가 우리 수 체계의 기본 단위가 된 것이다.

바빌로니아인들이 60을 단위로 자리수 개념을 도입했기 때문에 16세기까지 그리스인들과 유럽인들은 모든 수학과 천문학적 계산에 이 수 체계를 사용하였다. 이 때문에 각도와 시간을 60분, 60초로 나누어 구분하는 방식은 오늘날까지 남아 있다. 10을 단위로 하는 수 체계는 힌두족들이 개발하여 중세 말기 유럽에 도입되었다.

자리수 개념은 너무나 중요하기 때문에 좀더 논의할 필요가 있다.

어떤 양이든지, 그것이 아무리 크더라도 10이라는 단위에 의해 충분히 나타낼 수가 있다. 이를 나타내는 표현 방식은 이집트와 같은 방법에 비하여 체계적이고 치밀하다. 더욱더 중요한 것은 우리가 바로 이 원리에 의해 계산을 효율적으로 수행할 수 있게 되었다는 사실이다.

물론 반드시 10을 단위로 사용해야 할 필요가 없다는 것 역시 주목해야 한다. 어떤 수를 단위로 사용하여도 괜찮다는 말이다. 예를 들어 5를 단위로 사용한다고 가정해보자. 이때는 1, 2, 3, 4, 그리고 0이라는 단지 다섯 개의 기호만을 필요로 한다. 5라는 수를 나타낼 때에는 10이라고 나타내며, 이때 1은 5의 1배를 뜻하게 된다. 이는 마치 10에서 1이 10의 1배를 뜻하는 것과 마찬가지다. 5를 단위로 할 때 6은 11로, 7은 12, 11은 21이 될 것이다. 25는 100, 즉 $1\times5^2+0\times5+0\times5$가 된다. 오진법을 사용하려면 당연히 이에 적합한 덧셈표와 곱셈표를 사용해야 한다. 그래서 3+4는 12가 되며 오진법으로 나타낸 두 숫자인 13+14는 각각 십진법에서 8과 9를 나타내므로 합은 32가 된다. 어떤 수가 가장 좋은 단위인가라는 질문은 심각하게 고려되었으며, 그 결과 12를 지지할 만한 충분한 이유도 있었다. 그러나 일상적인 숫자의 사용과 관련되어 있는 경우 관습상 10을 선호하고 있다.

자리수의 개념을 가장 잘 이용하려면 0이라는 숫자가 필요하다. 왜냐하면 503과 53을 구분할 수 있는 방법이 있어야 하기 때문이다. 바빌로니아인들은 503의 경우 5와 3을 구별하기 위하여 특별한 기호를 사용하였다. 그러나 이 기호도 또한 숫자로 취급될 수 있다는 것을 인식하지는 못하였다. 즉, 그들은 0도 수량을 나타내며 더하고 빼는 등 일반적인 다른 숫자들과 마찬가지로 사용할 수 있음을 알지 못했다. 물론 숫자 0은 아무것도 없는 무(無)라는 개념과는 주의 깊게 구분해야만 한다. 어떤 학생이 수학 강의를 듣지 않았다면, 그 학생의 점수는 무(無)가 된다. 그러나 만일 그가 그 강의를 들었음에도 불구하고 아무것도 배우지 못했다고 판단된다면 그의 성적은 0이 된다.

초기 문명에 있어서 분수 계산은 간단한 문제가 아니었다. 바빌로니아 사람들은 분수를 나타내는 적절한 표시법을 가지지 못했다. 그래서 𒌍은 30뿐 아니라 30/60도 나타낸다. 올바른 값이 무엇인가는 맥락에서 이해해야만 했다. 이집트인들은 하나의 분수를 분자가 1인 분수들의 합으로 나타낼 필요가 있음을 알았다. 예를 들어, 5/8를 1/2+1/8로 나타내는 것이다. 물론 분수를 다루는 현대적 방법이 훨씬 더 효율적이기는 하지만, 그 또한 여전히 많은 사람들에게는 쉽지 않은 문제이다.

바빌로니아와 이집트의 고대 문명들은 정수와 분수의 사용은 물론이고 이를 뛰어넘는 산수로 발전시켰다. 오늘날 중등학교에서 배우는 것보다는 조잡하고 일반적이지 않은 방법이기는 하지만, 미지수와 관련된 몇 가지 문제를 해결하였던 것이다. 사실 바빌로니아는 유클리드가 알고 있는 대수에 대한 몇몇 지식의 원조였다고 여겨진다.

바빌로니아인들이 산수와 대수를 월등하게 발달시킨 반면, 이집트인들은 일반적으로 기하학에서 바빌로니아인들보다 뛰어난 것으로 알려져 있다. 그 이유로 다음과 같이 여러 가지를 제시할 수 있다. 역사가들이 제시하는 첫 번째 이유는 이집트인들이 숫자, 특히 분수를 활용하는 편리한 방법을 개발한 적이 없었다는 것이다. 그래서 결과적으로 대수 분야에서 더 이상 발전할 수 없었으며, 그 대신 이집트인들은 기하학을 강조하였다. 또 다른 이유로 이집트인들의 기하학은 '나일강의 선물'이라는 견해이다. 헤로도토스의 기록에 따르면, 기원전 14세기 세소스트리스 왕은 모든 이집트인들에게 똑같은 크기의 직사각형 모양의 땅을 나누어주고 그에 따라 세금을 매겼다고 한다. 만일 어떤 사람이 매년 일어나는 나일강의 범람으로 땅을 잃었다면, 그는 파라오에게 그 손실을 보고해야 했으며, 이때 감독관은 그 손실을 측정하고 세금을 비례하여 줄여주었다. 그래서 이집트의 토양으로부터 기하학(geometry)—geo는 '땅'을 의미하며, metron은 '측정'을 뜻한다.—이 만들어져 번성하였던 것이다. 헤로도토스는 이집트에서 기하학을 강조하게 된 이유를 제대로 선택한 것 같이 보인다. 그러나 그는 기원전 14세기 이전에도 이미 천 년 동안 기하학이 존재했다는 사실을 간과한 것 같다.

이집트와 바빌로니아의 기하학은 경험에 의한 어림짐작으로 이루어졌기 때문에 실용적인 측면에서 매우 다양하였다. 직선은 단지 쭉 뻗은 줄을 의미하였으며, 그리스 말인 '빗변(hypotenuse)'은 직각의 두 변에 대하여라고 가정할 수 있는, '무엇에 대하여 쭉 뻗은'이라는 것을 의미한다. 평면은 단지 평평한 땅 조각의 표면이었다. 곡물의 부피와 땅의 넓이에 대한 그들의 공식은 시행착오를 통해 얻은 것이었다. 그러나 이러한 공식들 대부분은 명백히 결점투성이였다. 예를 들어 이집트에서 원의 넓이를 나타내는 공식은 반지름의 제곱 곱하기 3.16이었다. 이것은 이집트인들이 사용하기에는 충분한 근사값이기는 하지만 정확한 것은 아니었다.

이집트인들과 바빌로니아인들은 자신들의 수학을 실용적으로 많이 응용하였다. 그들은 파피루스와 점토판에 약속어음, 신용장, 저당권, 체불 임금, 그리고 사업 이익의 적절한 배분 등을 새겼다. 비록 산수와 대수가 그러한 상업적 거래에 사용되긴 했지만, 기하학 공식을 이용해 들판의 넓이를 계산하고 원뿔형과 피라미드형의 곡물창고에 저장된 곡식의 양을 계산하였다. 게다가 바빌로니아인과 이집트인들은 지칠 줄 모르는 건축가들이었다. 오늘날과 같은 마천루 시대에 살고 있는 우리들에게도 그들의 사원과 피라미드는 감탄할 만한 공학적 업적으로 보인다. 또한 바빌로니아인들은 매우 숙련된 관개(灌漑)공학자들이었다. 지혜를 동원해 파낸 운하를 통하여 이 민족의 삶의 핏줄인 티그리스와 유프라테스 강 주변의 땅을 비옥하게 하였다. 따라서 건조하고 뜨거운 기후 속에서도 우르(Ur)나 바빌론(Babylon)과 같은 인구 많고 번성한 도시들을 유지하였다.

그러나 이집트와 바빌로니아에서 발달한 수학이 단지 실용적인 문제를 해결하는 것에만 한정되었다고 믿는 것은 잘못이다. 이러한 믿음은 우리 시대에서도 잘못인 것과 마찬가지로 그 당시를 비추어보더라도 잘못된 것이다. 조금만 더 탐구해보면 인간 사고와 정서의 정확한 표현은 그것이 예술적인 것이든, 종교적인 것이든, 아니면 철학적인 것이든 상관없이 오늘날과 마찬가지로 그 당시도 수학의 여러 측면과 관련이 있었다는 사실이다. 바빌로니아와 이집트에서 회화, 건축, 종교, 자연에 대한 탐구와 수학과의 관련은 상업, 농업, 건축에서 사용되는 것 못지않게 밀접한 것이었다.

수학이 단지 실용적인 가치만을 가지고 있다고 믿는 사람들은 종종 논리적으로 존재할 수 없는 수학적 활동에 대한 실용적 동기들을 역사 속에서 읽어내곤 했다. 가령 그들의 주장은 다음과 같은 것이다. 수학은 달력의 계산과 항해에 응용되었다. 따라서 셈의 필요성이 수 체계를 만들어낸 것과 마찬가지로 이러한 실용적 동기들에 의하여 수학의 탄생이 촉발되었다는 주장이다. 그러나 전후 관계와 인과 관계를 혼동하는 이러한 주장에 내재된 오류 유형들은 역사성이 결핍된 것이며, 이를 증명해줄 만한 가능성도 거의 없다. 어떤 항해사도 바다에서 길을 잃었을 때 갑자기 하늘에 떠 있는 별들이 자신이 처한 항해상의 문제에 답이 된다고 확신하지 않는다. 또한 매해 일어나는 나일 강의 범람이 언제쯤 일어날지에 대하여 관심이 있는 이집트 농부일지라도 그 때문에 태양의 경로를 관찰해야겠다고 결심하지는 않는다는 것이다.

천문학과 수학을 항해와 달력의 계산에 이용하기에 앞서, 틀림없이 수세기 동안에 걸쳐 자연에 대한 본능적인 경외로 가득 찬 사람들, 억누를 수 없는 철학적 충동을 가진 사람들이 인내심을 가지고 태양과 달, 그리고 별의 움직임을 관찰하였음에 틀림없다. 이러한 관찰자들이 자연의 신비에 매료되어, 도구도 없고 적절한 수학도 없는 어려운 상황을 극복하고 관찰된 자료로부터 천체가 만들어내는 패턴을 추출하였던 것이다. 이들이 바로 태양계의 한 해가 약 365일로 구성되어 있다는 것을 알았던 초기 이집트 문명의 사람들이다.

그들의 인내심과 지구력은 훨씬 더 많은 것을 성취하였다. 그들은 태양이 떠오를 때 시리우스(Sirius) 별이 하늘에 나타나면 나일 강의 범람이 카이로까지 이르게 됨을 발견하였다. 수년간에 걸친 관찰이 있고 나서야 비로소 그 범람을 예측하기 위하여 하늘에서 시리우스가 움직이는 경로를 그리기로 결심하였음이 틀림없다. 그런데 365일이라는 달력상의 1년이 실제 태양년보다 하루의 1/4만큼 짧기 때문에 몇 년이 지난 후에는 자신들의 달력으로 더 이상 새벽에 시리우스가 하늘에 나타나는 것을 예견할 수 없게 되었다. 1460년(365×4)이 지난 후에야, 비로소 달력과 하늘에서의 시리우스의 위치가 다시 한번 일치하게 되는 것이다. 소위 천랑성의 주기(Sothic cycle)라고 불리는, 1460년이라는 기간은 이집트 천문학자들도 이미 알고 있었다. 분명한 사실은, 천체에 그러한 규칙성이 존재함을 먼저 인식하고 난 후에 비로소 이들을 응용하겠다는 생각을 할 수 있었다는 점이다.

일단 천문학과 수학적 연구에 의해 이러한 규칙성이 밝혀지자, 바빌로니아인들과 이집트인들은 하늘의 표정을 관찰하게 되었다. 그들은 하늘이 명령하는 대로 사냥을 하고, 물고기를 잡고, 씨를 뿌리고, 수확을 하고, 춤을 추는 등 종교적 의식을 수행하게 되었다. 그리하여 각각의 별자리들은 그들의 활동과 관련된 이름을 받게 되었다. 예컨대, 궁수자리(Sagittarius), 물고기자리(Pisces)는 지금도 하늘에 떠 있는 별들이다.

천체는 그들의 행사를 언제 치르는가 하는 시기도 결정하였다. 그러나 오만한 통치자들은 자신들이 내린 명령이 지체되는 것을 참지 못하였다. 매년 나일 강의 범람으로 비옥한 미사(微砂)가 뒤덮는 나일 강의 토양을 경작하여 생계를 유지했던 이집트인들은 범람에 대한 준비를 철저히 해야만 했다. 집과 장비, 가축들을 한시적으로 다른 곳으로 옮겨야 했으며 범람 직후 씨앗을 뿌릴 준비를 갖추어야 했다. 그래서 범람이 언제 일어나는지를 예측해야 했다. 이집트뿐만 아니라 모든 다른 나라에서도 씨앗을 뿌릴 시기와 축제일 그리고 제물을 바쳐야 할 시간에 대해서는 미리 알아야 할 필요가 있었다.

그러나 단지 낮과 밤을 계속 헤아린다고만 해서 예측이 가능한 것은 아니었다. 365일로 구성된 달력은 단지 하루의 1/4이 부족했다는 이유만으로 곧 계절과의 모든 관련성을 잃어버렸기 때문이다. 나일 강 범람이나 축제일을 미리 며칠 전에라도 예측하려면 성직자들만이 가지고 있던 수학과 천체의 움직임에 대한 정확한 지식이 필요했던 것이다. 성직자들은 일상 생활의 규칙성과 선견지명에 따른 대비를 위해서 달력이 중요하다는 것을 알았기 때문에 무지한 다수의 사람들에 대하여 안정된 권력을 행사하기 위하여 이 지식을 독점하였다. 사실 이집트의 성직자들은 태양년, 즉 사계절의 1년이 365일하고도 1/4일이 있어야 한다는 사실을 알고 있었다. 그러나 그들은 의도적으로 민중들이 이 사실을 알도록 허락하지 않았다. 또한 범람이 언제 오게 될지 알았기 때문에, 성직자들은 그 현상이 의식을 통하여 일어나는 척하면서 가난한 농부에게서 자신들이 벌이는 의식에 필요한 돈을 거두기까지 하였다.

비록 천체에 대한 경이로움에서 비롯되어 현재 우러러보이는 지위로 발전한 천문학과의 관계를 통해 수학이 발생하게 된 것은 사실이지만, 종교적 신비주의, 즉 삶과 죽음, 바람과 비, 자연의 파노라마에 대한 경이의 표현 그 자체도 현재 천대받고 있는 점성술과의 관계를 통하여 수학과 관련을 맺게 되었다. 따라서 고대 종교에서 점성술의 중요성을 현재의 불명예스러운 위치로 단순하게 판단해서는 안 된다. 거의 모든 종교에서 천체, 특히 태양은 지구상의 모든 일들을 관장하는 신이었다. 이들 신의 의지와 계획은 그들의 활동, 즉 그들의 규칙적인 나타남과 사라짐, 갑작스러운 유성의 방문, 가끔 일어나는 일식과 월식을 연구함으로써 가늠할 수 있는 것이었다. 현대 과학자들이 자신의 기술을 가지고 자연을 연구하고 지배하는 것과 마찬가지로 고대의 성직자들도 행성의 움직임과 별의 위치를 기반으로 미래에 대한 예언을 위하여 자신들의 공식을 만들어낸 것은 당연한 일이었다.

비록 천체가 신이 아니었을지라도, 과학적으로 성숙하지 못한 사람들이 태양과 달, 별들의 위치를 인간사와 연관지어 생각하는 것은 자연스러운 일이다. 일반적으로 태양과 날씨에 따라 수확이 결정되며, 매해 일정한 계절에 동물들이 짝짓기를 하고, 아리스토텔레스와 갈레노스가 달의 움직임에 의하여 통제된다고 믿었던 여성들의 달걸이와 수많은 다른 유사한 관련성 등은 모두 그러한 원리에 대한 신뢰를 굳건하게 해주었다. 이집트 사람들은 특히 시리우스가 새벽녘 하늘에 나타나는 바로 그날 나일 강이 범람했다는 사실로부터 단 한 가지 사실만을 떠올릴수밖에 없었다. 즉, 나일 강의 범람은 시리우스가 일으키는 것이라고.

2-1. 이집트 기자에 있는 피라미드

종교적 신비주의는 아름다운 사원과 피라미드의 방향 설정과 건설에 직접적인 방식으로 기하학적 형태를 결정지었다. 모든 주요한 바빌로니아의 도시에는 탑 모양의 사원인 지구라트(Ziggurat)가 지어졌다. 이것은 주변

2-2. 지구라트와 바빌로니아의 사원 구역 복원 모형, 베를린의 보더아시아티셰스 박물관

몇 킬로미터 밖에서도 분명하게 볼 수 있을 정도로 연속된 테라스 위에 우뚝 솟은 인상적인 건축물로 넓은 계단이 놓여 있는 건물이다. 이집트의 피라미드와 사원은 잘 알려져 있다. 특히 피라미드는 왕족의 묘로, 이집트인들은 정확한 수학적 계산에 따라 이를 건축하는 것이 죽은 자의 내세를 위해 필수적이라고 믿었기 때문에 특별한 주의를 기울였다. 천체와 관련하여 이러한 종교적 구조물의 방향을 정하는 것은 카르나크(Karnak)에 있는 태양신인 아몬라(Amon-Ra)의 유명한 사원에서 그 예를 확인할 수가 있다. 건물은 하지(夏至) 때 지는 해를 마주보고 있으며 바로 그날 태양은 사원 속의 뒷벽까지 직접 비추게 된다.

종교적 신비주의는 그 사상을 표현하는 하나의 도구로 재미있는 수의 성질들을 그냥 지나치지 않았다. 숫자 3과 7은 특별한 주목을 끌었다. 만일 우주가 정해진 시간에 건설되었다면, 왜 7과 같은 바람직한 숫자를 이용하지 않았겠는가? 한 주가 7일이라는 것은 신의 권력과 자연의 복잡함 사이의 좋은 타협점처럼 보인다.

밀교의 과학은 종교학자들이 수를 이용하여 우주의 신비를 얼마나 열심히 설명하고자 하는지를 잘 설명해준다. 이후 헤브라이인들이 확장시켰던, 수에 대한 이러한 신비적이고 악마적인 과학을 발명한 이들은 전통적으로 바빌로니아의 성직자로 알려져 있다. 이러한 사이비 과학은 다음과 같은 아이디어에서 비롯되었다. 알파벳 문자의 각각은 숫자와 관련되어 있다. 사실 그리스인들과 헤브라이인들은 알파벳 문자를 숫자의 상징으로 사용하였다. 각 단어들은 그 단어의 철자를 구성하는 문자들을 상징하는 숫자들의 합과 관련을 맺게 된다. 그 합이 동일한 두 단어는 서로 관계가 있다고 믿었으며 이러한 관련은 예언에 사용되었다. 그래서 어떤 사람이 행하려는 일을 뜻하는 단어에 해당하는 숫자와 죽음(death)이라는 단어와 관련된 숫자가 동일하다면 그 사람의 사망에 관련된 예언을 할 수 있다고 주장한다.

인간의 예술적 관심도 수학 지식을 발견하고 이용하고자 하는 종교적인 감정과 우열을 가를 수 없다. 건축가들이 아름다운 공공 건물, 사원, 궁전의 건축과 설계에 기하학을 연구 응용하였고, 화가들은 아름다움에 대한 개념을 표현하는 하나의 수단으로서 기하학적 숫자들에 매료되었다. 페르시아에 있는 수사(Susa)라는 도시의 예술가들은 6천 년 전 인습화된 예술적 양식에 현대 추상 예술의 양식과 마찬가지로 세련된 기하학적 형식을 사용하였다. 그들은 앞과 뒷부분이 삼각형 모양이고, 인상적인 반원 모양의 염소와 몸과 머리가 크고 작은 삼각형으로 그려진 황새로 도자기를 장식하였다. 헤로도토스가 주장하고 있는 것처럼 기하학은 나일 강의 선물만은 아니다. 예술가들 또한 이 선물을 인류의 문명에 선사하였다.

이집트와 바빌로니아 문명은 수많은 인간의 욕구와 흥미로부터 수학적인 활동에 대한 영감을 이끌어냈다. 그러나 그들은 수학에 대한 이해와 실질적인 학문 발전에 있어 턱없이 부족함을 드러냈다. 간단한 공식과 수많은 기본적 규칙, 기술을 축적하였지만, 그 모두가 특정한 상황에서 발생하는 질문에 대한 답에 불과하였다. 그래서 한 학문의 일반

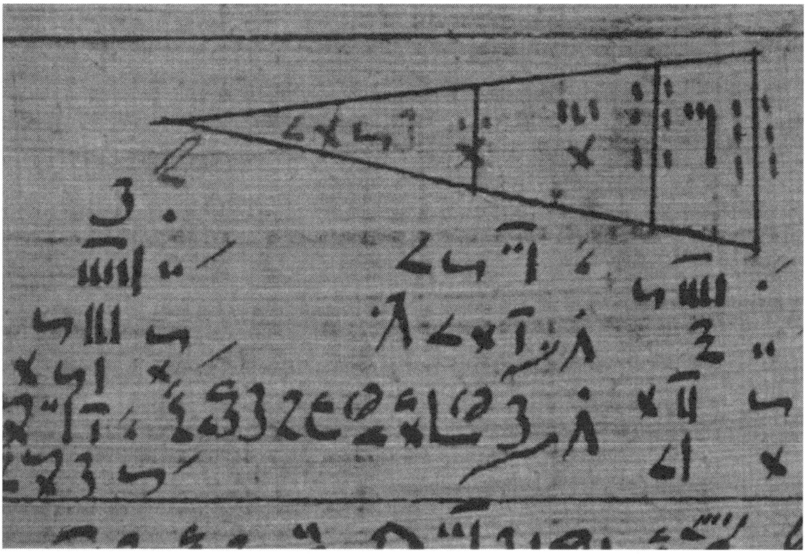

2-3. 삼각형으로 생긴 토지의 면적을 구하는 문제를 설명하고 있는 린드 파피루스. 아메스라는 사람이 발견하여 아메스 파피루스라고도 한다.

적인 발전이라고 할 만한 것이 없었으며, 어떠한 일반적 원리를 도출해내는 텍스트도 없다. 이집트의 수학에 대하여 우리가 알고 있는 대부분의 지식을 담고 있는 아메스(Ahmes)의 파피루스에는 단지 구체적인 몇몇 문제만을 제시하고 있다. 그 연산에 대한 어떠한 설명이나 이유는 제시되어 있지 않았다. 물론 바빌로니아와 이집트의 성직자들이 일반적인 수학적 원리를 알고 있으면서도 그 지식을 비밀로 하고 있었을는지도 모른다. 이러한 주장은 특히 아메스 파피루스의 제목, 즉 "모든 암흑 세계에 속하는 것들에 대한 지식을 얻기 위한 방향 제시"에서 부분적으로 뒷받침되며, 또한 부분적으로는 구술로 지식을 전달하여 통치 계급에 대한 존경심을 민중들에게 불러일으키기 위한 시도와 같이 이집트의 신정통치(神政統治)라는 일반적 특성에 의하여 뒷받침되기도 한다.

지식을 하나의 주요한 과학적 조직체로 만들지 못한 것, 다시 말하여 세부적인 사항들을 좀더 넓은 종합으로 포괄하지 못한 약점은 이집트와 바빌로니아의 천문학에서도 두드러진다. 수천 년간 관찰을 했으면서도, 관찰한 것을 상호 관련짓고 조명하는 어떠한 이론도 개발한 적이 없었다.

고대 과학의 심오함을 입증하는 것으로 피라미드와 사원의 건축을 너무도 많이 들먹여왔다. 피라미드의 측면이 거의 정확하게 똑같은 길이이며 각도도 거의 90도에 가깝다는 것을 많은 사람들이 지적해왔다. 그러나 그러한 결과를 얻는 데에는 수학자가 아니라 주의력과 인내만을 필요로 한다. 정확한 컴퓨터가 반드시 위대한 수학자가 아닌 것처럼 피라미드 설계자도 위대한 수학자일 필요는 없다. 그들의 작업에서 놀라운 것은 그렇게 큰 규모의 노력을 어떻게 조직화하고 운영했는가에 있다.

현대적 관점에서 보면, 이집트와 바빌로니아의 수학은 또 다른 매우 중요한 측면에서 결점을 드러낸다. 즉 결론들이 모두 경험적으로 성립된 것이라는 점이다. 이는 이집트와 바빌로니아인들이 공식을 획득한 방법을 살펴본다면 쉽게 이해할 수 있다.

가령, 한 농부가 최소한의 비용으로 100제곱피트의 직사각형 땅에 담장을 쌓고 싶어한다고 가정해보자. 담장의 설치 비용을 낮추려면 둘레의 길이를 최소로 해야만 한다. 이제 그는 50 곱하기 2, 20 곱하기 5, 8 곱하기 12와 1/2 등등 여러 다른 수를 결합하여 100제곱피트 넓이의 직사각형을 생각할 것이다. 그러나 둘레의 길이는 다르나 넓이는 같은 여러 직사각형을 만들 수 있다. 예를 들어 2×50인 직사각형 둘레의 길이는 104피트이다. 한편 5×20인 직사각형의 둘레의 길이는 50피트밖에 되지 않는다. 조금만 계산을 해보아도 여러 직사각형의 둘레 길이의 차이는 상당하다는 것을 곧 알 수가 있다.

이제 농부는 곤경에 처했다. 만일 그가 산수를 조금 안다면, 그는 100제곱의 넓이를 가지는 여러 직사각형 중에서 둘레의 길이가 최소인 직사각형을 찾을 수 있을 것이다. 그러나 그 경우의 수는 무한하기 때문에, 결코 모든 가능성을 시도할 수가 없다. 그래서 이 방법으로는 최적의 결과를 얻을 수가 없었다. 그런데 한 기민한 농부가 두 변이 같아지면 질수록 둘레의 길이가 더 줄어든다는 것을 알아챘다고 가정하자. 어쩌면 그는 10×10의 정사각형 둘레의 길이가 최소임을 알지도 모른다. 시행착오를 통해서 주어진 넓이의 모든 직사각형 중에서 둘레의 길이가 최소인 것은 정사각형이라는 그럴 듯한 결론에 이르게 된 것이다.

그 농부는 틀림없이 어림짐작하였을 것이고, 직사각형의 넓이에 대한 계속적인 산술 경험이 이 결론을 뒷받침하기 때문에 이 사실은 신뢰할 만한 수학적 사실로 후손에게 물려지게 될 것이다. 물론 그 결론은 결코 증명된 것이 아니며 현대 수학을 연구하는 어떤 사람도 이러한 방식으로 이 사실을 '증명'이라고 받아들이지 않는다. 수학 지식에 대한 이러한 고대의 접근에 대하여 말할 수 있는 최상의 것은 인내심이 총명함을 대체했다는 것뿐이다.

우리는 고대 수학의 또 다른 측면에 주목할 필요가 있다. 성직자들이 수학을 포함한 모든 학문을 개인적인 목적을 위해 이용하기 위해서 독점하였다는 사실이다. 지식은 그들에게 권력을 가져다주었다. 지식을 제약함으로써 그들은 자신들의 권력에 대항할 수 있는 가능성을 축소시켰다. 게다가 무지는 두려움을 낳고, 두려움에 가득 찬 사람들은 자신들을 인도하고 자신들에게 확신을 주는 지도자에게 의존한다. 이러한 방식으로 성직자들은 자신들의 위치를 공고히 하였고 민중에 대한 지배를 유지할 수 있었다. 바빌로니아와 이집트의 신정(神政)은 지배적인 성직자 계급이 없는 문명과 매우 비판적인 대조를 이룬다. 우리는 그리스의 번영기였던 몇백 년간과 현대의 지난 몇백 년 동안에 두 고대 문명이 천 년 동안 이룬 것보다 무한이라고 할 만큼 엄청난 양의 지식과 진보가 이루어졌음을 곧 알게 될 것이다.

03 수학 정신의 탄생

우리 그리스인들은 무엇을 받아들이든지 간에,
더 낫게 향상시키고 완전하게 만든다.
–플라톤

어느 날 저녁, 산책을 하면서 별을 관찰하는 데에만 몰두하여 구덩이에 빠진 탈레스에 관한 이야기가 있다. 그와 함께 가던 여자가 "발 밑에 있는 것도 보지 못하는 사람이 하늘에 무엇이 있는지 어떻게 알 수 있습니까?"라고 소리쳤다. 그러나 탈레스는 많은 일을 동시에 그리고 그것도 성공적으로 해내었다. 생전에 그는 그리스 수학의 토대를 닦고, 별을 관찰하고, 마음이 맞는 동료들과 산책을 즐겼다. 뿐만 아니라 그는 그리스 철학의 아버지였으며 우주에 관하여 주요한 이론 형성에 업적을 남겼고, 천문학에서도 주목할 만한 공헌을 하였으며, 멀리 여행을 다니며 사업에서도 엄청난 성공을 거두었다.

탈레스는 대부분의 초기 그리스 수학자들과 마찬가지로 이집트와 바빌로니아인들에게서 대수와 기하학의 주요한 원리들을 사사하였다. 사실, 이들 많은 학자들이 소아시아 출신으로 모두가 바빌로니아의 문화를 물려받았다. 그리스 본토에서 태어난 다른 학자들도 이집트에서 유학을 하며 연구에 몰두하였다. 그리스 정신에 끼친 이집트와 바빌로니아의 막대한 영향력은 의심할 바 없는 것이기는 하지만, 그리스인들이 만들어낸 수학은 이전 시대의 것과는 근본적으로 다른 것이었다. 아닌 게 아니라 20세기의 관점에서 보면 수학은 아니, 현대 문명은 기원전 6세기에서 3세기에 걸친 고대 그리스 시기에 발생한 것이라 해도 과언이 아니다.

그리스 시대 이전에 존재했던 수학은 이미 경험적 지식들의 집합체라고 말한 바 있다. 그 공식은 오늘날 많은 의학적 실천과 치료법이 그러하듯 오랜 동안의 경험이 축적된 것이었다. 물론 경험이 훌륭한 교사의 역할을 하는 것은 사실이지만, 지식의 획득 방법에 있어서는 매우 비효율적인 방법이다. 다리를 건축할 때에 특정한 강철 밧줄이 지탱해 줄 수 있는지 없는지를 결정하기 위하여 직접 1마일 길이의 다리를 놓을 수는 없지 않은가? 시행착오라는 방법은 직접적이긴 하지만 또한 매우 위험천만한 것이다.

경험만이 지식을 얻는 유일한 방법일까? 추론하는 능력을 가졌다면 반드시 그렇지 않다. 추론은 많은 경로를 따를 수 있는데, 그 경로 중에는 소위 유추(analogy)라는 방법이 자주 사용된다. 예를 들어, 이집트인들은 불멸을 믿었으며 그래서 그들의 주검과 함께 옷, 주방용기, 보석, 그리고 내세에 사용될 만한 다른 물건들을 함께 무덤에 묻었다. 살아생전에 이러한 물건들이 필요하기 때문에 내세의 삶에서 또한 그러할 것이라는 추론에서 비롯된 것이다.

유추에 의한 추론은 유용하다. 그러나 그 역시 한계가 있다. 어떤 상황에서는 유추가 전혀 불가능하기 때문이다. 비행기, 라디오, 잠수함 등은 거의 유추를 통한 추론에 의해 발명될 수 없는 것들이다. 또한 약간 다르지만, 너무 많은 차이를 보이기 때문에 도저히 유추적 상황이라 말할 수 없는 경우도 있다. 비록 인간이 원숭이를 닮긴 했지만, 인간에 관한 몇 가지 결론들은 원숭이에 대한 연구로부터 결코 끌어낼 수 없는 것이다.

좀더 흔하게 사용되는 추론 방법으로 소위 귀납이라는 것이 있다. 한 농부가 봄에 폭우가 내리면 그 해에는 좋은 수확을 거둘 수 있음을 관찰하였다고 하자. 그러면 그는 봄에 발생하는 폭우가 수확에 좋다는 결론을 내린다. 또 다른 예로, 변호사와의 관계에서 좋지 못한 경험이 있는 사람이, 모든 변호사들은 올바른 인격의 소유자가 아니라는 결론을 내릴 수도 있다. 본질적으로 귀납적 과정은 제한된 수의 사례를 바탕으로 어떤 사실이 항상 옳다는 식으로 결론을 내리는 것이다.

귀납법은 실험 과학에 있어 기본적인 추론 방법이다. 한 과학자가 일정 양의 물을 40도에서 70도로 가열하자 물의 부피가 증가하는 현상을 보았다고 가정해보자. 만일 그가 괜찮은 과학자라면 그는 아직 어떠한 결론도 내리지 않을 것이며, 그 실험을 여러 번 반복해볼 것이다. 그때마다 매번 똑같은 팽창을 관찰했다고 가정해보자. 그러면 그는 물이 40도에서 70도까지 가열될 때 팽창한다고 선언할 것이다. 이러한 결론은 귀납적 추론에 의하여 얻은 것이다.

이처럼 비록 귀납적 추론이 사실에 의하여 보장되는 것처럼 보이지만, 그렇다고 의심의 여지가 없는 것은 아니다. 논리적으로 볼 때, 이러한 결론들은 4억 명의 중국인들을 관찰하고 나서 모든 인간의 피부는 황색이라는 주장의 일반화와 그리 다르지 않기 때문이다. 다시 말하여 우리는 귀납적 추론에 의하여 얻어진 어떠한 결론도 확신할 수 없다는 것이다. 이러한 유형의 추론에는 또 다른 한계가 있다. 아직 시행해보지 않은 법이 그 사회에 어떠한 영향을 미칠지에 대하여 귀납적으로 결론을 내릴 수 없는 것이 그 한 예이다. 무비판적인 관찰자가 그러하듯, 모든 인디언들이 다른 사람들이 그렇게 하는 것을 봄으로써 일렬종대로 걷는다고 귀납적으로 결론지을 수 없는 것이다!

다양한 상황에서 의심할 바 없이 유용한 결론을 얻는 몇 가지 방법은 공통적인 한계를 가지고 있다. 경험적 사실, 또는 유추나 귀납법에 의한 추론들의 근거가 되는 사실들이 완벽한 참이라 할지라도, 얻어진 결론은 확실하지 않으며 확실성이 중요한 곳에서 이러한 방법들은 실용적으로 쓸모가 없기 때문이다.

그러나 다행스럽게도 산출해내는 결론의 확실성을 보장하는 추론 방법이 존재한다. 연역법이라는 추론 방법이 그것이다. 몇 가지 예를 살펴보자. 만일 모든 사과는 썩게 되며, 우리 앞에 있는 물체가 사과라고 한다면, 우리는 이 물체도 썩으리라는 결론을 얻는다. 또 다른 예로서, 만일 모든 착한 사람이 자비롭다면 그리고 만일 내가 착하다면, 그러면 나는 자비로운 사람이어야 한다. 만일 내가 자비로운 사람이 아니라면, 나는 착한 사람이 아니다. 다른 예로, 모든 시인은 총명하다라는 전제와 어떠한 총명한 사람도 수학을 멸시하지 않는다라는 전제로부터 우리는 연역적으로 어떠한 시인도 수학을 멸시하지 않는다라는 결론을 얻는다.

추론과 관련되어 있는 한, 우리가 그 전제에 동의하는가 하지 않는가는 중요하지 않다. 중요한 것은 만일 우리가 그 전제들을 받아들인다면, 그 결론도 받아들여야 한다는 것이다. 그러나 불행하게도 많은 사람들은 이러한 결론에 이르게 되는 추론의 타당성을, 결론을 받아들일 수 있는지의 여부나 그 결론의 진리성과 혼동한다. 모든 지적인 존재는 인간이며 이 책의 독자들은 인간이라는 전제로부터, 우리는 이 책의 모든 독자들은 지적이다는 결론을 내릴 수 있다. 그 결론은 의심할 바 없이 참이리라. 그러나 연역법처럼 보이는 이러한 추론은 그 결론이 전제로부터 반드시 따라나오는 것은 아니라는 점에서 타당하지 못하다. 잠시만 숙고를 해보면, 모든 지적인 존재가 인간이라 할지라도, 지적이지 않은 인간이 있을 수 있으며, 그 전제 속의 어느 것도 이 책의 독자가 어떤 집단의 인간에 속하는지에 대해서 말해주지 않는다는 것을 알 수 있다.

즉, 연역적 추론은 용인된 사실로부터 새로운 사실을 도출해내는 방법으로 구성되어 있는데, 그 전제들이 도출된 진술의 용인 가능성을 보장할 수 있는 것이어야 하다. 이 지점에서 우리가 왜 이러한 정신적 확신을 경험하는가라는 문제에 답을 추구할 수는 없다. 여기서 중요한 것은 인간은 새로운 결론에 도달하는 이와 같은 방법을 가지고 있으며, 처음에 우리가 가지고 시작한 사실들이 의심할 수 없는 것인 한 이 결론들도 의심할 수 없는 것이라는 점이다.

결론을 추론하는 여러 방법 중의 하나인 연역법은 시행착오나 귀납법, 그리고 유추에 의한 추론에 비하여 많은 장점을 가지고 있다. 그 중 가장 두드러진 것은 우리가 이미 언급한 것으로 전제가 사실이라면, 결론도 틀림없다는 것이다. 진리라는 것이 만일 얻을 수만 있는 것이라면, 그 진리는 확실성으로부터 도출되어야 하며, 의심스러운 또는 어림짐작의 추론을 통해서 도출되어서는 안 된다. 둘째로, 실험법과는 달리 연역법은 검증 도구를 사용하거나 버리지 않고서도 실행할 수 있다는 것이다. 다리를 세우기 전에, 그리고 장총을 발사하기 전에, 우리는 연역적 추론을 이용하여 그 결과를 결정지을 수가 있다. 때로 연역법은 이용 가능한 추론 방법 중에 유일한 방법일 수 있다는 장점을 가지고 있다. 천문학적 거리 계산은 자를 이용하여 실행할 수 있는 것이 아니다. 더욱이 경험에 비추어볼 때, 우리는 아주 작은 몫의 시간과 공간에 한정되어 있는 반면, 연역적 추론은 무한대의 우주와 영겁(永劫)을 포괄할 수 있다.

이 모든 장점에도 불구하고 연역적 추론이 경험, 귀납법, 또는 유추에 의한 추론보다 우수한 것은 아니다. 전제들이 100퍼센트 옳다는 것이 보장될 때에만 연역에 의한 결론도 100퍼센트 확실하게 보장되기 때문이다. 그러나 그렇게 의심할 수 없는 전제들이 항상 펼쳐지는 것은 아니다. 불행하게도 어떤 암 치료법도 연역으로 추론될 수 있는 전제를 보장받을 수는 없다. 게다가 실용적인 목적에 비추어볼 때, 때로는 연역법이 줄 수 있는 확실성은 불필요한 것이 될 수도 있다. 확률이 높은 것만으로도 족하다. 수세기 동안 이집트 사람들은 경험으로부터 도출된 수학 공식들을 사용하였다. 만일 그들이 연역적 증명을 기다렸더라면, 오늘날 기자(Giza)에 있는 피라미드들은 사막 위에 그처럼 서 있지 못했을 것이다.

이처럼 지식을 획득하는 다양한 방식들은 각각 나름대로의 장점과 단점을 지니고 있다. 이러한 사실에도 불구하고 그리스인들은 모든 수학적 결론은 단지 연역적 추론에 의해서만 성립될 수 있다고 주장하였다. 이러한 방법만을 고집하면서, 그리스인들은 경험, 귀납법, 그리고 다른 비연역적 방법들에 의하여 얻어진, 그리스 문명 이전 수천 년 동안 수학에서 받아들여져왔던 모든 규칙과 공식, 절차들을 버렸다. 이렇게 보면 그리스인들은 건설했다기보다는 오히려 파괴한 것처럼 보인다. 그러나 당분간 판단은 보류해두자.

왜 그리스인들은 수학에서 연역적 증명을 확장하여 사용할 것을 고집하였는가? 왜 귀납법이나 경험, 그리고 유추와 같이 지식을 획득하는 다른 편리하고 유용한 방법을 포기하였는가? 그 답은 그들 정신의 본질과 사회의 본질에서 발견할 수가 있다.

그리스인들은 재능 있는 철학자들이었다. 그들은 다른 민족과 달리 이성을 사랑하고 정신 활동에서 기쁨을 얻었다. 교육을 받은 아테네인들은 오늘날 최상류 계급이 나이트클럽에 몰두하는 것처럼 철학에 몰두했다. 그리고 기독교로 개종되기 이전 5세기의 아테네는 20세기 미국이 물질적 진보에 관심이 있는 것과 마찬가지로, 삶과 죽음, 불멸성, 영혼의 본질, 선과 악의 구분과 같은 문제에 깊은 관심을 가지고 있었다. 철학자들은 과학자들처럼, 개인적으로 수행한 실험이나 관찰을 근거로 추론하지 않았다. 오히려 그들의 추론은 추상적 개념들과 폭넓은 일반화에 집중되어 있었다. 물론, 영혼에 대한 진실에 도달하기 위하여 영혼을 가지고 실험하는 것은 어려운 일이다. 철학자들의 자연스러운 도구는 연역적 추론이었으며, 그리하여 그리스인들이 수학에 눈을 돌리게 되자 자연스럽게 이 방법을 선호할 수밖에 없었다.

뿐만 아니라 철학자들은 진리, 즉 당황스러운 혼돈 속의 경험과 관찰, 그리고 감각 등으로부터 걸러질 수 있는 영원한 비물질적인 그 어떤 것에 관심을 가진다. 확실성은 진리에서 없어서는 안 될 요소이다. 그러므로 그리스인들에게 이집트인와 바빌로니아인들이 축적한 수학적 지식이란 그저 모래 위의 성과 다르지 않았다. 그리스인들은 시대를 초월하는, 파괴할 수 없는 대리석으로 지어진 궁전을 추구하였던 것이다.

연역법에 대한 그리스인들의 선호는 아름다움에 대한 사랑의 한 측면으로 이어진다. 음악 애호가가 음악을 들을 때 음악의 구조와 간격, 그리고 대위법을 통해 감상하는 것과 마찬가지로, 그리스인들은 아름다움을 볼 때, 질서와 일관성, 완전성, 그리고 명확성을 통해 직시하였다. 아닌 게 아니라 그리스인들은 모든 정서적 경험에서도 합리적인 요소를 추구하였다. 한 유명한 송덕문에서 페리클레스는 사모스 전투에서 죽은 아테네인들을 칭송하였다. 그 이유는 단지 그들이 용감하고 애국적이었을 뿐 아니라 그들의 행위 자체가 이성에 의해 이루어졌기 때문이었다. 아름다움과 이성을 동일시하는 사람에게 연역적 주장은 자연스럽게 호소력을 가진다. 왜냐하면 연역법은 계획적이며, 일관되며, 완전하며, 그로부터 확신할 수 있는 결론은 아름다움 그 자체이기 때문이다. 따라서 비록 건축의 원리들이 창고를 세우는 데 사용된다 하더라도 건축은 분명 하나의 예술이듯, 그리스인들이 수학을 하나의 예술로 간주한 것은 놀라운 일이 아니다.

그리스인들이 연역법을 선호하는 이유를 달리 설명할 수 있는 것은 그들 사회의 조직에서 발견할 수 있다. 철학자, 수학자, 예술가들은 최상위의 사회 계급 구성원이었다. 이들 상류층은 상업적 추구와 육체 노동을 완전히 경멸하거나 어쩔 수 없는 필요악으로 간주하였다. 노동은 몸을 해롭게 하며, 지적 사회 활동과 시민의 의무를 다할 시간을 앗아갔기 때문이라는 이유였다.

우리에게 잘 알려진 그리스인들은 노동과 일에 대한 자신들의 경멸을 겉으로 공공연히 드러내어 말하곤 했다. 우리가 곧 만나게 될 영향력 있는 철학자들과 종교학자들의 집단인 피타고라스 학파는 상업적 도구인 산수를 상인들의 욕구에 머무르지 않고 그 이상 발전시켰다고 자랑한 바 있다. 그들은 부가 아니라 지식을 추구하였던 것이다. 플라톤도 산수는 거래를 위해서가 아니라 지식을 위해 추구되어야 한다고 말하였다. 게다가 그는 상인의 거래를 자유인의 타락이라 보고, 이를 추구하는 것은 하나의 범죄로서 처벌을 받아야 한다고 주장하였다. 아리스토텔레스도 완전한 국가에서는 어떠한 시민도 기계적인 기술을 행해서는 안 된다고 주장하였다. 특별한 실용적 발명에 기여하였던 아르키메데스조차도 자신이 발견한 것을 순수 과학 속에 숨겨두고서 일상적인 욕구와 관련된 모든 종류의 기술들은 무지하고 세속적인 것이라고 여겼다. 실지로 상업에 종사하며 스스로를 타락시킨 사람들은 10년 동안 공직(公職)에서 배제되었다.

그리스인들이 '책임을 떠넘길 수 있는' 많은 수의 노예 계급을 가지고 있지 않았더라면, 노동에 대한 그리스인들의 태도는 그들의 문화에 거의 어떤 영향을 미치지 못했을지도 모른다. 노예들이 사업과 가계를 운영하였고, 기술이 필요한 노동은 물론 기술이 필요하지 않은 노동까지 수행하였고, 산업을 경영하고, 심지어 의료와 같은 가장 중요한 전문직까지도 수행하였다. 고대 그리스 사회가 가진 이러한 노예라는 토대 때문에 이론은 실천과 분리되었고, 과학과 수학의 사변적이고 추상적인 측면만을 발달시켜 결과적으로 실험과 실용적 응용을 무시하게 되었다. 우리 시대의 금융과 산업계의 최상류층 사회 계급과는 확실히 대조적으로 그리스의 상류 계급이 이처럼 상업과 거래를 기피했다는 사실에 비추어보면, 연역법에 대한 그들의 선호를 이해하는 것은 어렵지 않다. 만일 어떤 사람이 자신의 주변 세계를 둘러보며 '살지' 않는다면, 경험은 그에게 아무것도 가르쳐주지 않는다. 이와 마찬가지로 귀납적으로 유추에 의하여 추론하기 위해서는 기꺼이 그는 현실 세계를 둘러보고 관찰해야 할 것이다. 실험법은 손을 사용하는 행위에 눈살을 찌푸렸던 사상가들에게 틀림없이 낯선 것이다. 그리스인들은 게으른 자들이 아니었기 때문에, 그들은 자연스럽게 자신들의 취향과 사회적 태도에 적합한 탐구 양식에 빠져들었다.

조나단 스위프트는 그리스 문화의 이러한 현실로부터의 고립과 추상성을 비꼬며 조롱하였는데, 그 추상성은 당시 사이비 과학이라고 믿는 것의 본질이었다. 걸리버가 라푸타(Laputa)를 조사하기 위한 여행을 하게 되었을 때, 그는 다음과 같은 사실을 관찰하였다.

> 그들은 집을 엉망으로 지었다. 벽은 어느 아파트이건 직각으로 되어 있는 것이 하나도 없다. 이러한 결함은 실용적인 기하학을 세속적이고 기계적이라 하여 멸시함으로써 생긴 것이다. 그들이 지시하는 사항은 인부들이 이해하기에 너무나 복잡한 것이어서 오히려 되돌릴 수 없는 실수를 야기시키기도 한다. 비록 종이 위에서 자와 연필, 컴퍼스를 다루는 데 충분히 능숙하지만, 평범한 삶의 행동과 행위에서 그렇게 서툴고, 어색하며 손재주가 없는 사람들을 지금까지 나는 본 적이 없다. 또 수학과 음악에 대한 개념을 제외하고 모든 다른 과목에 대한 개념을 이해하는 데 그렇게 느리고 당황해하는 사람을 본 적이 없다.

그럼에도 그리스인들이 수학에서 증명의 유일한 수단으로 연역적 추론을 주장한 것은 가장 중요한 업적이었다. 목수의 연장 상자와 농부의 창고, 측량가의 도구로부터 수학을 추출하여, 이를 인간 정신의 사고 체계로 세워놓은 것이다. 무엇이 옳은가를 결정하는 것은 인간의 감각이 아니라 인간의 이성이다. 바로 이러한 결정에 의하여 이성은 서구 문명에 들어서게 되었으며, 그리스인들은 다른 어떤 방식보다 더욱 분명하게 인간의 이성적 힘에 최고의 중요성을 부여하였던 것이다.

뿐만 아니라 오직 연역법만을 사용하기 때문에 수학이 여타 파생된 학문과 구별되며, 그것이 또한 놀라운 수학적 힘의 원천이기도 하다. 특히 수학과 과학 사이에 아주 분명한 구분이 생기게 되었다. 왜냐하면 과학은 실험이나 귀납법에 의하여 얻은 결론을 사용하였기 때문이다. 결과적으로 과학의 결론은 때로 수정을 필요로 하게 되었으며 때로는 전적으로 폐기되어야 했다. 반면 수학의 결론은 어떤 경우에 있어서는 그 추론이 보충되어야 함에도 불구하고, 수천 년 동안 살아남게 된 것이다.

그리스인들이 수학을 경험과학으로부터 사고의 연역적 체계로 전환시키는 것 이상으로 수학의 특성에 더 많은 기여를 했더라면, 그들이 역사에 미친 영향은 지금도 엄청났을 것이다. 그러나 그들의 공헌은 단지 거기서 시작되었을 뿐이다.

그리스인들의 업적 중 두 번째로 중요한 것은 수학을 추상적인 것으로 만들고자 고집했다는 데 있다. 초기 문명들은 다소 추상적으로 수와 그 연산에 대하여 사고하는 것을 배웠지만, 그것은 우리가 어린아이였을 때 수에 대하여 사고하고 조작하는 것을 배우는 것과 같은 무의식적인 방식에서였다. 그리스 이전 시대에 기하학적 사고는 발전이 더 더뎠다. 가령, 이집트인들에게 직선은 글자 그대로 쭉 뻗은 줄이나 모래 위에 남겨진 선 이상의 것이 아니었다. 직사각형은 들판을 둘러싼 담장일 뿐이었다.

그리스에 와서야 비로소 수에 대한 개념이 의식적으로 인식되었을 뿐 아니라 고등 산수, 즉 수 이론인 정수론을 발달시켰다. 동시에 그들이 로지스티카(logistica)라고 불렀던, 추상에 대한 이해와는 거의 관련이 없던 단순한 계산법은 오늘날 우리가 타이프 치는 일을 멸시하는 것과 같은 방식으로 하나의 기술로써 업신여김을 받았다. 이와 마찬가지로 기하학에서도 점, 선, 삼각형, 기타 등등과 같은 것은 단지 물리적 대상에 의하여 암시만 되는 정신적 개념이 되었다. 이는 마치 부의 개념이 땅이나 건물, 보석과 다른 것처럼, 그리고 마치 시간의 개념이 하늘을 가로지른 태양의 경로를 측정하는 것과 다른 것처럼 개념을 대상에서 분리하여 구별하는 것이다.

그리스인들은 수학적 개념에서 물리적 실체를 제거하고, 단순한 껍데기만을 남겨두었다. 그들은 체셔 고양이를 제거하고 빙그레 고양이의 미소만을 남겨두었다. 그들은 왜 그렇게 했을까? 구체적인 것에 대해서 생각하는 것보다 추상적인 것에 대해서 생각하는 것이 훨씬 어렵다. 그러나 한 가지 장점은 아주 분명하다. 즉 일반화하기 쉽다는 것이다. 추상적인 삼각형에 대하여 증명된 하나의 법칙은 어떤 순간이든, 세 개의 성냥개비로 만든 모양에도, 삼각형 모양의 땅 조각에도, 그리고 지구, 태양, 달에 의하여 만들어진 삼각형에도 다 적용 가능한 것이다.

그리스인들은 물리적 대상이 단명하고 불완전하며 사라져버릴 수 있는 반면에, 추상적 개념들은 영원하고 이상적이며 완벽하다고 생각하여 추상적 개념을 선호하였다. 물리적 세계는 그것이 이상적인 세계를 암시한다는 점을 제외하고는 무의미하다. 추상을 강하게 선호한 사실은 그리스의 가장 위대한 철학자의 중요 원리를 잠시만 들여다보아도 금방 드러난다.

플라톤은 기원전 428년경 아테네의 아주 저명하고 활동적이었던 가문에서 태어났다. 당시는 도시가 발전의 절정기에 있었던 때였다. 아직 어렸을 때, 그는 소크라테스를 만났고 후에 아테네를 귀족이 통치해야 한다고 수호할 때 그를 지지하였다. 민주당이 권력을 잡았을 때, 소크라테스는 독을 마실 것을 선고받았으며, 플라톤은 아테네에서 기피 인물이 되었다. 양심 있는 사람이 정치—물론 그 당시 정치는 지금과 달랐다.—에 있을 자리가 없다는 것을 확신한 그는 도시를 떠나기로 결심하였다. 이집트의 여기저기를 여행하고, 남부 이탈리아에서 피타고라스 학파를 방문한 후 그는 기원전 387년경 아테네로 돌아왔다. 그곳에서 그는 철학과 과학 연구를 위한 자신의 학원 아카데메이아를 세웠다. 플라톤은 팔십 평생 중 후반 40년을 가르치고, 저술하며, 수학 연구에 바쳤다. 그의 제자와 친구, 추종자들은 그 시대, 그리고 이후 많은 세대에 걸쳐 가장 위대한 사람들이었고, 그들 중에서 우리는 기원전 4세기의 모든 주목할 만한 수학자들을 발견할 수 있다.

플라톤은 지구와 그 위에 대상이 있는 물질 세계가 존재하며 우리는 감각을 통하여 이를 인지할 수 있다고 주장하였다. 또한 신을 보여주는 세계, 아름다움과 정의, 지성과 선, 완벽함, 그리고 국가와 같은 이데아, 정신의 세계가 있다고 주장하였다. 신비주의자들에게는 신성, 불교신자에게는 열반, 기독교인들에게는 성령이 있는 것과 마찬가지로 플라톤에게는 이러한 추상적인 것이 있었다. 우리의 감각은 스쳐 지나가는 것과 구체적인 대상을 파악하는 반면, 정신은 이와 같은 영원한 이데아들에 대하여 숙고할 수 있다. 이러한 목적에 자신의 마음을 사용하는 것이 지적인 모든 사람들의 의무이다. 왜냐하면 사람

3-1. 플라톤

의 일상사가 아닌, 이데아만이 주목할 만한 가치가 있기 때문이다. 플라톤 철학의 핵심인 이상화(理想化)는 정확히 수학의 추상적 개념과 마찬가지로 정신적 수준에 똑같이 들어 있다. 이데아에 대하여 사고하는 법을 배우는 것은 수학의 개념들에 대하여 사고하는 방법을 배우는 것이다. 플라톤은 이러한 관계에 주목하였다.

물질의 세계에 대한 지식에서 이데아의 세계에 대한 지식으로 옮아가기 위해서, 인간은 스스로를 준비시켜야 한다고 말한다. 신의 영역에 있는 가장 고상한 실재로부터 오는 빛은 그것을 마주할 훈련을 받지 못한 사람의 눈을 멀게 한다. 플라톤 자신의 유명한 비유를 사용하면, 그는 마치 동굴의 깊은 어둠 속에서 계속 살아오다가 갑자기 햇빛 아래 끌려나온 사람과 똑같다. 어둠에서 빛으로 옮아가기 위한 목적에 비추어볼 때, 수학은 가장 이상적인 수단이다. 한편, 수학적 지식은 이 지구상에 놓여 있는 대상에 속하는 것이기 때문에 감각의 세계에 속한다. 결국 그것은 물질의 성질에 대한 표상일 뿐이다. 그러나 한편으로 이상화를 위한 지적인 추구의 수단으로만 여기게 되면, 수학은 아닌 게 아니라 그것이 묘사하고 있는 물질적 대상으로부터 분리된다. 뿐만 아니라 증명에 있어 물질적 특수한 의미는 전적으로 차단되게 마련이다. 그래서 수학적 사고는 우리의 마음이 더 높은 사고의 형식을 고찰하도록 대비시켜준다. 그것은 마음을 감각적인 것과 소멸 가능한 것에 대한 사고로부터 끌어내어 영원한 것을 사고하도록 함으로써 마음을 정화한다. 그래서 구원으로 가는 길, 즉 진 · 선 · 미를 이해하는 길은 수학을 통하여 이어진다. 이러한 연구는 신의 마음으로 가는 초대장이다. 플라톤의 말을 빌면, "기하학은 진리로 가는 영혼을 이끌며, 철학의 정신을 창조한다……" 왜냐하면 기하학은 유형의 것에 관심을 두지 않고, 순수한 사고의 대상으로서 점, 선, 삼각형, 사각형과 같은 것에 관심이 있기 때문이다.

또한 산수는 "매우 위대하며 정신을 고양하는 효과를 가지고 있어서 영혼이 추상적인 숫자에 대하여 사고하도록 하며 가시적이며 만질 수 있는 대상들이 논의에 끼어드는 것을 막는다."라고 플라톤은 말하였다. 그는 충고하기를 "우리 국가에서 중요한 역할을 하는 사람들은 아마추어로서 산수를 배우지 말고 마음만으로도 수의 본질을 볼 수 있을 때까지 연구를 행해야 한다"고 하였다.

플라톤의 입장을 요약하면 다음과 같다. 어느 정도의 기하학과 계산은 실용적 욕구를 충족시킨다. 그러나 그 부분이 더 커지고 발전하면 할수록 세속적인 고려를 넘어서 마음을 고양시키는 경향이 있으며, 철

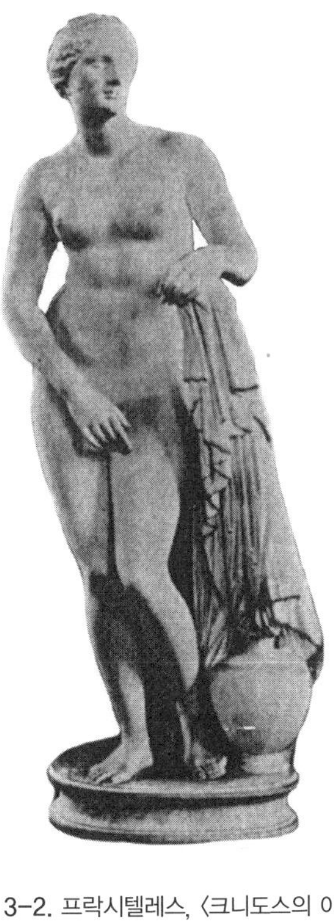

3-2. 프락시텔레스, 〈크니도스의 아프로디테〉, 바티칸

3-3. 미론, 〈원반 던지기〉, 로마국립박물관

학의 최종적 목표인 선(善)이라는 이데아를 이해할 수 있도록 한다. 이러한 이유 때문에 플라톤은 미래의 철인(哲人) 왕을 스무 살에서 서른 살까지 10년간 정확한 학문, 즉 산수, 평면 기하학, 입체 기하학, 천문학 그리고 화성학을 훈련시켜야 한다고 제안하였다. 철학에 대한 준비로서 수학에 강조를 둔다는 점에서 플라톤은 그의 추종자와 그의 세대 사람들뿐만 아니라 고대 그리스 시대 전체를 대표하는 셈이다.

이상화와 추상에 대한 그리스의 선호는 철학과 수학에 표현되어 있다. 그러나 똑같이 예술에서도 명백히 나타나 있다. 고대 시기의 그리스 조각은 특정한 남자와 여자가 아니라 이상적인 유형(3-2, 3-3 참조)을 표현하였다. 이러한 이상화는 신체 각 부분의 비율이 표준화되는 상황으로까지 발전하였다. 손가락이나 발톱과 같은 것의 이러한 비율을 폴리클리토스(Polyclitos)는 결코 지나치지 않았다. 몸의 치수가 표준에 가장 가까이 근접하는 여성에게 상을 주는 미인 대회라는 현대적 관행은 이상적 형상에 대한 그리스인의 관심과 연장선에 있는 것이다.

3-4. 아우구스투스상, 바티칸

고대 그리스인의 얼굴과 자세는, 옷을 우아하게 걸친 형상이든 걸치지 않은 형상이든 관계없이 적어도 퇴폐적인 '라오콘'에 이르기까지, 어떠한 정서나 관심을 드러내고 있지 않다. 그들의 얼굴 표정으로 판단해보면, 그리스 신들과 그리스 사람들은 생각하지도, 웃지도, 근심도

3-5. 파르테논 신전, 아테네

하지 않는 사람들이다. 심지어 그들의 태도는 극적인 행동을 표현하는 조각상의 경우에도 평온하다. 얼굴은 추상화된 사람의 표정에서나 예상할 수 있을 만큼 고요하다. 특정 감정은 순간의 문제임에도 조각가들은 순간의 것이 아닌, 사람의 본성으로부터 나오는 영원한 것을 묘사한다. 이러한 조각의 서사적 양식은 로마 시대에 만들어진 군 지도자와 정치 지도자들의 수많은 흉상과 조상에서 발견되는 것과는 현격히 대조된다.

그리스인들은 조각을 표준화한 것과 마찬가지로 건축물도 표준화하였다. 그리스의 단순하고도 간결한 건물들은 항상 직각의 형태를 취한다. 심지어 두 변의 비율도 고정되어 있다. 아테네의 파르테논 신전은 거의 모든 그리스 사원에서 발견되는 양식과 비율의 본보기라 할 수 있다. 이상적인 두 변의 비율을 고집하는 것은 형식, 추상적 형식에 대한 고집과 밀접하게 관련되어 있다. 이는 예술과 추상이 실질적인 동의어로 통용되는 우리 시대에 낯설지 않은 개념이다.

우리가 알다시피 연역적이며 추상적인 수학을 강조함으로써 수학이라는 학문이 창조된 것이다. 이 두 특징 모두는 철학자에 의하여 주어진 것이다. 이처럼 수학이 그리스 철학에서 탄생했다는 사실에도 불구하고, 많은 위대한 수학자들과 그다지 위대하지 않은 소수의 수학자들은 모든 철학적 숙고를 매우 극심하게 조롱해왔다. 물론 이러한 태도는 단지 그들이 얼마나 협소한지를 보여줄 뿐이다. 이러한 수학자들은 산맥을 휩쓸고 바다에까지 이르는 강력한 강과 같은 분야를 선택하였지만, 그들 삶의 경로는 좁은 골짜기에 한정된다. 그들의 능력은 스스로 탐구하여 표면 밑으로 깊이 침투할 수도 있지만, 동시에 그 너머를 볼 수 없는 높은 벽에 둘러싸여 갇히게 되는 신세에 처한다. 경멸심으로 가득 찬 이들 수학자들은 가장 깊고 가장 강력한 강물의 근원이 엷고 모호하게 정의된 구름이라는 사실을 간과한다. 그래서 철학적 사고라는 구름의 정수(精髓)로부터 수학이라는 강이 만들어진다는 사실 또한 간과한다.

그리스인들은 기하학을 강조하며 수학의 발전에 두드러진 영향을 미침으로써 자신들의 흔적을 수학에 남겼다. 당시는 평면 기하학과 입체 기하학이 철저히 탐구되었다. 그러나 양을 나타내는 편리한 방법은 아직 개발되지 않았으며, 숫자를 계산하는 방법 역시 효율적이지 못하였다. 아닌 게 아니라 계산 문제에서는 바빌로니아인들의 기술조차 사용하지 못하였다. 우리가 현재 알고 있는, 고도로 효율적인 기호를 사용하는 대수와 문제 해결을 위한 수많은 절차들도 그 당시는 상상할 수 없었다. 이와 같이 기하학에 대한 그들의 선호가 한쪽으로 지나치게 치우쳐 있어 왜 그리 되었는지 이유를 찾지 않을 수 없다. 거기에는 다음과 같은 몇 가지 이유가 있다.

우리는 고대에 산업, 상업, 재정 등을 노예들이 관장하였다고 앞서 언급한 바 있다. 그래서 교육을 받은 사람들이 숫자를 다루는 새로운 아이디어나 방법을 만들어낼 수도 있었지만, 실질적인 문제에는 관심이 없었다. 측정을 하지 않고, 거래를 싫어하는데, 누가 측정과 거래에서 수를 어떻게 사용할 것인가를 걱정하겠는가? 철학자들은 모든 직각의 성질에 대하여 숙고할 때에도 직각을 수치로 나타낼 필요를 느끼지 않았다.

대부분의 철학자들과 마찬가지로, 그리스인들도 별 보기를 좋아하였다. 그들은 천체를 연구하여 우주의 신비를 꿰뚫어보고자 하였다. 그러나 고대 그리스인들은 항해와 달력 제작에 천문학을 사용하는 것에는 거의 관심이 없었다. 그들의 목적은 측정과 계산보다는 형태와 형식에 더 관련이 있으며, 따라서 기하학에 관심이 더 많았다. 이러한 형식 중에서도 원과 구는 태양과 달, 행성들의 겉모습을 관찰하는 과정에서 보았기 때문에 많은 주목을 받았다. 이렇게 고대 그리스인들의 천문학적 관심 또한 기하학을 선호하는 이유가 되었던 것이다.

20세기 사람들은 물질을 분해함으로써 실재를 추구한다. 그래서 원자 이론을 목도하게 된 것이다. 그러나 그리스인들은 물질의 완성을 선호하였다. 아리스토텔레스와 다른 그리스 철학자들에게 한 물체의 형식은 바로 그 물체에서 발견해야 할 실재였다. 물질 그 자체는 원시적이며 형체가 없다. 그것은 형태를 가질 때에만 의미가 있다. 따라서 형식에 대한 연구인 기하학이 그리스인들의 특별한 관심사였던 것은 놀랄 일이 아니다.

마지막으로 그리스 수학자들을 기하학의 영역으로 몰아넣게 한 것은 하나의 중요한 수학적 문제의 해결이었다. 앞에서 이미 초기 문명뿐 아니라 바빌로니아 문명도 정수와 분수를 사용했다고 말한 바 있다. 바빌로니아 사람들은 직각삼각형에 법칙을 적용하여 발생하는 제3유형의 수에도 친숙하였다.

첫째, 다음 법칙을 살펴보자. 만일 직각삼각형의 두 변의 길이가 3과 4라면, 빗변의 길이는 5가 된다. 이어 5의 제곱, 즉 25가 3^2과 4^2의 합이 된다. 빗변의 길이의 제곱은 다른 두 변의 길이의 제곱의 합과 같다라는, 직각삼각형의 변 사이의 이러한 관계는 흔히 피타고라스의 정리로 알려져 있다. 바빌로니아인과 이집트인들에게도, 증명까지는 아니더라도, 이러한 관계는 이미 알려져 있는 것이었다.

이제 한 직각삼각형의 두 변의 길이가 1이라고 가정하자. 그렇다면 빗변의 길이는 무엇이 되겠는가? 빗변을 x라고 하자. 그러면 피타고라스의 정리에 따라 그 길이는 다음과 같이 되어야 한다.

$$x^2=1^2+1^2=2$$

따라서 빗변의 길이 x는 그 제곱이 2인 수가 되어야 한다. 우리는 제곱하여 2인 수를 $\sqrt{2}$라고 표시하고, 이를 2의 제곱근이라고 부른다. 그러나 과연 어떤 수가 2의 제곱근인가? 다시 말하여 제곱하여 2가 되는 수는 무엇인가?

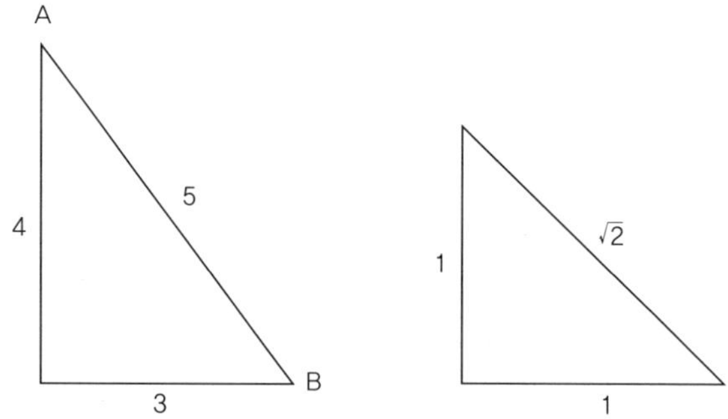

3-6. 두 개의 직각 삼각형

피타고라스 학파의 수학자들이 매우 당황한 것과 마찬가지로, 그 답은 제곱하여 2가 되는 정수나 분수는 존재하지 않는다는 것이었다. 제곱근 2는 새로운 종류의 수로, 4/3이나 3/2 등과 같이 정수의 비율로 정확히 표현할 수 없었기 때문에 그 수를 무리수(無理數, irrational number)라고 불렀다. 반대로 정수와 분수는 유리수(有理數, rational number)라고 불리게 되었다. 이 용어는 지금도 사용한다.

무리수는 수학적 사고의 역사에서 대체로 무시되었던 주제이며, 수 체계 내에서도 문제가 있는 요소이다. 그러나 그러한 수들은 길이를 나타내는 데 사용되어야 하며, 더욱이 거의 모든 수학에 명시적으로든 암묵적으로든 관련되어 있다. 그러나 그런 수를 어떻게 더하고, 빼고, 곱하고, 나눌 수 있겠는가? 예를 들어, 2와 제곱근 2를 어떻게 더할 수 있으며, 제곱근 7을 제곱근 2로 어떻게 나눌 수 있겠는가?

바빌로니아 사람들은 이러한 어려움에 대하여, 비록 실용적이긴 하지만, 임시방편적인 해결책을 가지고 있었다. 그들은 제곱근 2의 근사값을 추정하였다. 예를 들어, 10/14, 즉 1.4의 제곱이 1.96이며, 1.96이 가장 2와 근접하기 때문에 1.4는 제곱근 2와 거의 같아야 한다. 제곱근 2에 대한 좀더 정확한 근사값은 1.41인데, 그 제곱은 1.988이 된다.

제곱근 2에 대한 바빌로니아인들의 근사값은 무리수에 대한 정확한 추론을 할 수 없게 한다. 왜냐하면 아무리 많은 십진수를 계속 열거한다 하더라도 정확히 제곱하여 2가 되는 유리수를 쓸 수 없기 때문이다. 그러나 만일 수학의 장점이 정확한 연구라고 한다면, 근사값이 아닌, 제곱근 2의 정확한 값을 다루는 방법을 반드시 개발해야만 한다. 그리스인들의 마음에 이러한 어려움은 산호초에 걸린 난파선의 식량 문제만큼이나 절실한 것이며 매력적인 것이었다.

바빌로니아인들의 철저하지 못한 방법에 만족하지 못한 그리스인들은 그 논리적 어려움을 정면으로 대면하고자 하였다. 무리수에 대하여 정확히 사고하기 위하여, 그들은 모든 수를 기하학적으로 다루는 아이디어에 대하여 생각해보았다. 그들은 다음과 같은 식으로 시작하였다. 1이라는 수를 나타내기 위해 어떤 특정한 길이를 선택한다. 제곱근

2를 나타내기 위하여, 그들은 두 변의 길이가 각각 1인 직각삼각형의 빗변의 길이를 사용하였다. 1과 제곱근 2의 합은 제곱근 2를 나타내는 길이에 1을 나타내는 단위 길이를 연결함으로써 형성된 길이로 나타낸다. 이와 같은 방식에 의해 기하학적으로 생각하게 되면, 정수와 무리수의 합은 1과 1의 합이 어렵지 않은 것과 마찬가지로 어렵지 않게 생각할 수가 있다.

이와 마찬가지로 가령 3과 5라는 두 수의 곱은 3과 5를 두 변으로 하는 직사각형의 넓이와 같이 기하학적으로 표현하였다. 3과 5의 곱을 생각하기 위해 넓이를 이용하는 것이 별로 도움이 되지 않을 수도 있지만, 3과 제곱근 2의 곱은 넓이로 생각할 수 있다. 이 두 번째 사각형에 대하여 사고하는 것은 첫 번째 사각형에 대하여 생각한 것을 확장한 것이다. 이와 같은 방식은 하나의 정수와 하나의 무리수의 곱, 또는 두 무리수의 곱에 대하여 사고하는 정확한 방식을 제공해준다.

그리스인들은 기하학적 방식으로 수를 다루었을 뿐 아니라 일련의 기하학적 작도에 의해 미지수와 관련된 방정식을 해결하는 데까지 나아갔다. 이러한 작도에 대한 해답은 그 길이가 미지수인 선분이었다. 그들이 얼마나 철저히 기하학으로 전환하였는가는 다음과 같은 사실에서 판단할 수 있다. 고대 그리스에서 네 수의 곱은 생각할 수 없었다. 왜냐하면 넓이와 부피가 각각 두 수와 세 수의 곱을 나타내는 것과 마찬가지 방식으로 네 수의 곱을 나타낼 수 있는 기하학적 도형이 없었기 때문이다. 덧붙여 말하자면, 우리는 그리스의 사고 방식에 맞추어, 여전히 25와 같은 숫자를 5의 제곱으로 말하며, 27을 3의 세제곱이라고 말하는 것이다.

그리스인들이 너무나 두드러지게 기하학을 선호하였기 때문에 걸리버는 라푸타 지역을 여행하는 도중에 다음과 같이 말하지 않을 수 없었나 보다.

수학에 대한 나의 지식은 내가 그들의 어법을 공부하는 데 엄청난 도움이 되었다. 그들의 어법은 과학과 음악에 많이 의존하고 있었다. 그런데 나는 음악에 대해서 꽤 잘 알고 있었다. 그들의 생각은 그칠 사이 없이 선과 도형으로 표현된다. 가령 한 여자, 또는 다른 동물의 아름다움에 대하여 칭찬을 할 때도 그들은 여기서 반복할 필요도 없이, 사각형, 원, 평행사변형, 타원형, 또 다른 기하학적 용어들이나 음악에서 끌어온 단어들로 표현한다. 나는 왕의 부엌에서 온갖 종류의 수학적 도구와 악기들을 보았는데, 그들은 그 모양을 따서 왕의 탁자에 올릴 음식들을 잘랐다.

그리스인들은 산술적 아이디어를 기하학적인 아이디어로 바꾸었으며, 기하학의 연구에 몰두하였기 때문에 19세기까지도 기하학이 수학을 지배하게 되었다. 19세기가 되어서야 비로소 정확하고 순수하게 산술적으로만 무리수를 다루는 어려움을 해결할 수 있게 되었다. 산술적 연산을 기하학적으로 수행했을 때의 그 복잡함과 조잡함에 비추어보면, 실용적인 관점에서 볼 때 그리스인들의 이러한 노력은 참으로 불행한 것이 아닐 수 없다. 그리스인들은 산업, 상업, 금융, 과학에 필수적인 수 체계와 대수를 발달시키는 데 실패했을 뿐만 아니라 이후 세대가 더 어색하게 어쩔 수 없이 기하학적으로밖에 수학에 접근하지 못하게끔 영향을 미침으로써, 그들의 발전도 가로막았다. 유럽인들은 그리스적 형식과 방식에 너무나도 익숙해져 있기 때문에, 서구 문명의 발전은 아랍 민족이 저 멀리 인도로부터 새로운 수 체계를 가져올 때까지 기다려야만 했다.

수 체계와 대수가 그리스인들에 의하여 이렇게 곡해된 것은 진보에 대한 우리의 관점에서 볼 때에는 불행한 것으로 여겨지기는 하지만, 그리스인들을 비난해서는 안 된다. 왜냐하면 그리스인들이 취했던 퇴보는 그 자체로 보면 철저히 이치에 닿는 것이었기 때문이다. 더욱이 그들이 행한 손상은 그들이 이룬 다른 성과들의 견줄 수 없는 업적에 비하면 아무것도 아니기 때문이다.

대부분의 사람들이 현대 문명에 끼친 그리스인들의 업적을 기술할 때 예술, 철학 그리고 문학에 비추어 기술을 하곤 한다. 물론 그리스인들이 이들 분야에서 우리에게 물려준 것에 대해서는 아무리 칭찬해도 모자람이 없다. 그리스 철학은 그 당시 그랬던 것과 마찬가지로 오늘날에도 생생하게 살아 있으며 여전히 중요하다. 그리스 건축과 조각, 특히 조각은 그 당시 교육받은 사람들에게보다 20세기에 교육받은 보통 사람들에게 더 아름답게 보인다. 그럼에도 불구하고 그리스인들이 오늘날의 문명의 특성에 가장 결정적인 공헌을 한 것은 수학이었다. 우리가 앞서 살펴본 것과 같은 방식으로 수학이라는 학문의 특성을 확정지었기 때문에 그들은 최상의 선물을 선사할 수 있었다. 우리는 앞으로 이에 대하여 계속 살펴볼 것이다.

04 유클리드의 《원론》

유클리드만이 알몸의 미(美)를 바라보았다.
비록 멀리서 단 한 번뿐이더라도 그녀가 육중한 신발을 돌 위에
내딛는 소리만이라도 들은 사람들은 그래도 운이 좋은 편이다.
–에드나 성 빈센트 밀레이

상대적으로 짧은 기간이지만 탈레스, 피타고라스, 에우독소스, 유클리드, 아폴로니우스와 같은 위대한 지성들이 엄청난 양의 고급 수학을 쏟아내었다. 이들의 명성은 지중해 구석구석에 퍼졌으며, 수많은 제자들을 불러모았다. 스승과 제자들은 학파를 이루었으며, 비록 건물도 거의 없고, 캠퍼스도 없었지만 진정한 학문의 중심지가 되었다. 이들 학파들의 가르침은 전체 그리스인들의 지적인 삶을 지배하였다. 그런 이유로 우리는 몇 가지 다른 연관성 속에서 이들을 언급하게 될 것이다.

피타고라스 학파는 그리스 수학의 본질과 내용 모두를 결정하는 데 가장 영향력이 있었다. 전설에 가려진, 그 학파의 지도자인 피타고라스는 기원전 약 569년경에 사모스(Samos) 섬에서 태어났다. 이집트와 인도를 두루 여행 다니며 수학과 신비주의에 몰두하였다. 그러고 나서 남부 이탈리아의 그리스 식민지인 크로톤(Croton)에 신비주의 교리와 합리주의 교리를 모두 포괄하는 하나의 공동체를 창설하였다. 신비주의의 측면에서 그 집단은 그리스 종교로부터 영감을 빌려왔다. 그들은 신체의 감옥으로부터 영혼을 구제하고 물질의 오염으로부터 영혼을 정화

하기 위하여 종교가 필요하다고 여겼다. 이러한 목적을 이루기 위하여 피타고라스 학파는 금욕을 유지하고, 각종 의례와 정화 의식을 수행하였다. 게다가 그들은 특정한 금기를 지키는 것이 필요하다고 믿었다. 그래서 털옷을 입지 않았고, 종교 의식의 경우를 제외하고는 고기나 콩을 먹지 않았고, 흰 수탉을 만지지도 않았으며, 저울 위에 앉지 않았고, 높은 길을 걷지 않으며, 불을 휘젓는 데 철을 사용하지 않고, 항아리에 재의 흔적을 남기지 않으려 했다. 일단 육체에서 해방되면, 영혼은 다른 몸으로 환생하게 된다고 믿었다. 어느 날 길을 가던 피타고라스는 매맞고 있는 개를 보자 "그만, 이제 그만 때려, 그것은 친구의 영혼이야, 그 괴로워하는 소리가 들리지 않아?"라고 소리쳤다고 제노파네스는 말했다.

이 공동체는 주로 철학, 과학, 수학의 연구에 헌신하였다. 마치 이 지식이 앞으로 쓸모 있게 될 아주 엄청난 용도를 예견이나 한 것처럼, 그 공동체는 새로운 회원들에게 비밀 서약을 하게 하고 평생 귀의할 것을 요구했다. 비록 회원 자격은 남자들에게만 한정되어 있었지만, 여성들도 강의를 듣도록 허락하였다. 왜냐하면 피타고라스는 여성들도 가치 있는 존재라고 믿었기 때문이다. 그런데 그 집단의 비의적 성격과 신비주의적이면서 비밀스러운 관례들은 크로톤 사람들의 의심과 혐오를 불러일으켰다. 그리고 그들은 마침내 피타고라스 학파를 몰아내고, 그들의 건물을 불태웠다. 피타고라스는 남부 이탈리아의 메타폰툼으로 도망갔는데, 한 이야기에 따르면 그곳에서 살해되었다고 한다. 그러나 그의 추종자들은 다른 그리스의 중심지로 흩어져 그의 가르침을 지속하였다.

피타고라스 학파의 신비주의적이며 사변적인 다른 교리들에 관해서는 다음 장들에서 더 알아볼 것이다. 그러나 피타고라스 학파가 수학이라는 학문에 특별하고 독립적인 지위를 부여한 것으로 인정받고 있음을 이 시점에서 언급해야겠다. 그들은 수학적 개념을 추상성으로 취급한 최초의 집단이었으며, 비록 탈레스와 그의 추종자인 이오니아인이 연역적으로 몇 개의 원리를 성립시키기는 하였지만, 피타고라스 학파는 체계적으로 오로지 이 연역적 추론 과정만을 사용하였다. 그들은 수학 이론을 측지학이나 계산과 같은 실제 응용과 구별하였으며, 평면기하학과 입체 기하학, 그리고 수 이론인 정수론의 기본 원리들을 증명하였다. 그들은 또한 이를 발견하고는 매우 당황스럽게 여기긴 했지만, 제곱근 2가 유리수가 아님을 발견하고 이 사실을 증명하였다.

피타고라스 학파보다 더 널리 알려진 것은 플라톤의 아카데미아였다. 그곳에는 가장 눈에 띄는 제자로 아리스토텔레스가 있었다. (아리스토텔레스는 후에 자신의 학파인 리세움Lyceum을 창설하였으며, 플라톤이 죽었을 때 아카데미아를 떠난다.) 앞서 우리는 플라톤의 제자들이 그 시대의 가장 유명한 철학자, 수학자, 천문학자였음을 살펴보았다. 플라톤의 영향 아래, 그들은 모든 실용적 응용을 무시할 정도로 순수 수학을 강조하였으며, 엄청난 속도로 지식을 축적하였다. 이 학파는 수학과 과학의 주도권을 알렉산드리아로 넘겨준 이후에도 오랫동안 철학에서 그 탁월함을 유지하였다. 이곳은 900년이나 지속된 후, 6세기에 유스티니안 황제에 의하여 폐쇄되었다.

많은 학파들과 소아시아에서 시칠리아와 남부 이탈리아까지 각지에 살던 고립된 개인들의 작업이 바로 유클리드에 의하여 《원론(Elements)》이라고 불리는 하나의 명저에 의해 통합되었다. 기원전 300년경에 공식화된 가장 유명한 이 해설서는 기하학의 논리적 제시일 뿐만 아니라 한 시대의 수학적 역사를 구성하는 것이기도 하다. 유클리드는 매우 현명하게 선택한 몇 개의 공리로부터 고대 그리스의 스승들이 이루어놓은 모든 중요한 결과들, 약 500여 개의 법칙을 연역해내었다. 공리, 그리고 이를 배열하고 제시하는 독특한 형식, 일부만 전개된 정리의 완성 모두가 그 자신의 작품이었다.

4-1. '수학의 성서'라 불리는 유클리드 《원론》의 표지

유클리드가 《원론》에서 다루고 있는 대부분의 내용은 우리가 중고등학교 때 배워서 익숙한 것이다. 그럼에도 불구하고, 우리 문화에 미친 수학의 중요성을 살펴보기에 앞서, 역사상 가장 영향력 있으며 어느 정도는 매우 혁신적인 이 책의 몇 가지 특징을 살펴보는 것이 좋겠다. 여기서 우리의 관심을 끄는 것은 《원론》의 구조이다.

이미 알고 있는 것처럼 기하학은 점, 선, 평면, 각도, 원, 삼각형 등의 도형을 다루는 학문이다. 유클리드와 그리스인들에게 그러한 용어들은 물리적 대상 자체를 나타내는 것이 아니라, 물리적 대상으로부터 추상화된 개념을 말한다. 실제로 물리적 대상의 극소수 성질들만이 수학적 추상 속에서 반영되어 있다. 쭉 뻗은 줄은 수학적인 직선을 연상시키지만, 그 줄의 색이나 재질 등은 직선의 성질이 아니다. 자신이 만든 추상적 용어들이 내포하고 있는 바를 좀더 명확하게 하기 위해서, 유클리드는 몇 가지 정의에서 시작하였다. 그는 직선을 두 끝 사이에 편편하게 놓인 것으로 정의하였다. 〔쭉 뻗은 줄과 석공의 수준기(水準器, 수평선 또는 수평면을 구하기 위한 기구)로부터 추상화하였음이 분명하다.〕 그리고 점은 어떠한 부분도 가지고 있지 않는 것으로 정의하였다. 그러고 나서 삼각형, 원, 다각형 등을 정의해 나간다.

유클리드가 내린 정의는 불필요할 뿐 아니라 권장할 만한 것도 아니다. 논리적이며 자기 충족적인 체계의 출발점을 그 어디엔가에 정해야만 했다. 그러나 이 체계가 자신이 사용하는 개념에 대한 정의를 모두 포함할 것이라고 기대할 수는 없었다. 왜냐하면 정의는 한 개념을 기술하기 위해 다른 개념을 근거로 하며, 다른 개념은 또 다른 개념들을 근거로 기술되는 것이기 때문이다. 명백히 그 과정이 순환적이지 않으려면, 우리는 무정의 용어로부터 시작하여 그 개념들을 근거로 다른 것들을 정의해야만 한다. 예를 들어, 한 점에 대한 정의를 '어떤 부분도 갖지 않는 것' 으로 하려면 명백히 부분의 정의가 무엇인지를 알아야 한다. 유클리드가 내린 정의를 진전시키려고 시도한 다른 사람들은 점을 '순수한 위치'라고 정의하였다. 그렇다면 위치란 무엇인가? 사회적 영역에서 위치란 분명코 삶의 모든 것을 뜻하지만 그 개념이 점의 의미를 분명하게 드러낼 수는 없을 것이다.

모든 개념이 자기 충족적인 체계 내에서 정의될 수 있는 것은 아니라는 사실을 다시 한 번 강조한다. 모든 개념들은 명확한 물리적 대상으로부터 도출되고 그것을 나타내는 것이 사실이지만, 이러한 물리적 의미는 수학의 일부가 되지 못하기 때문에 형식적 정의를 내리는 과정에서 아무런 도움이 되지 못한다. 기하학이 다루고 있는 개념들 중 몇 가지는 정의할 수 없다는 사실이 전혀 문제될 것이 없음을 우리는 잠시 후 알 수 있을 것이다.

적어도 스스로 만족할 정도로, 자신이 다루는 개념들을 정의한 이후에 유클리드는 그것들에 관한 사실과 규칙들을 성립시키는 매우 중요한 과업을 진행시켜 나간다. 연역적 과정을 채택하기 위해서 그는 아리스토텔레스가 지적한 바와 같은 다음 이유 때문에 어떤 전제들이 필요하게 되었다.

> 모든 것이 다 증명될 수 있는 것은 아니다. 그렇지 않으면 증명의 연쇄는 끝이 없다. 어디에선가 시작해야 하는데, 이는 일단 인정

하고 들어가야 하는 그 어떤 것이지 결코 증명될 수 있는 것은 아니다. 이것들이 바로 소위 공리(公理), 즉 공동의 견해라고 불리는 것으로 모든 과학에 공통되는 제일원리이다.

유클리드는 공리를 선택하는 데 있어 대단한 통찰력과 판단력을 보여주었다. 주도적인 학파의 수학자들은 이미 자신들에게 납득 가능한 공리에서부터 자신들의 논의를 시작하였다. 수적으로 그 기여도가 높아지자 모든 수학자들이 물리적 세계에 반드시 적용될 필요도 없는 수많은 공리들을 사용하는 경우가 점차 늘어나게 되었다. 또한 불필요한 공리들이 흘러넘쳐, 논리적 기준으로 볼 때 쓸 데 없는 일들이 벌어지기도 하였다. 논리적 기준으로 보면, 가능한 한 가정을 적게 하고, 이미 용인된 공리로부터 명제를 연역하는 것이 더 좋은 일이기 때문이다. 그래서 유클리드는 기하학에서 필요한 충분하면서 보편적으로 용인 가능한 공리들의 체계를 찾고자 하였다. 게다가 그리스인들의 기하학적 탐구는 그들이 진리를 추구해 나가는 과정의 일부분이었기 때문에 이들 공리들은 의심할 수 없는 절대적 진리여야 했다.

유클리드가 제안한 공리들은 물리적 대응물을 가지고 있는 점과 선, 그리고 다른 기하학적 도형의 성질을 진술하고 있다. 문제가 있는 성질들은 이들 물리적 대상물에게서 너무나 명백히 참인 것으로 보이기 때문에 모든 사람들은 이후의 추론을 위한 기반으로서 그 성질에 기꺼이 동의하게 되었다. 유클리드의 선택이 가지는 특별한 장점은 비록 그것들이 즉각적으로 받아들여지긴 하지만, 단순하게 피상(皮相)적인 것만은 아니라는 점에 있다. 왜냐하면 그것들로부터 심오한 결과들을 이끌어낼 수 있기 때문이다. 게다가 모두 합하여 열 개밖에 안 되는 매우 제한된 개수들로 선택되었음에도 불구하고 기하학 전체 체계의 구성을 보존할 수 있었다.

유클리드의 선택이 얼마나 지혜로운 것이었나를 확인하기 위해서 그의 공리 한두 개만을 재고해보기로 하자. 그는 '어떤 임의의 두 점을 연결하는 직선을 그릴 수 있다'라고 확신한다. 그리고 '주어진 중심으로부터 어느 한 점을 지나는 하나의 원을 그릴 수 있다'고 말한다. 또 '전체는 그 부분들 어떤 것보다 더 크다'라고도 말한다. 확실히 이들 공리는 반박할 수가 없으며 모든 사람이 용인할 수 있는 것들이다.

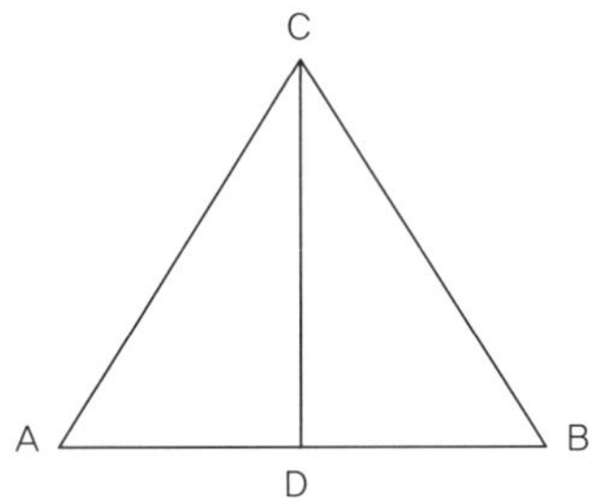

4-2. 이등변 삼각형

기하학이 다루어야 하는 개념들을 선택하고, 이 개념들에 대한 기본적 진리를 선택하고 난 후, 유클리드는 정리(定理), 즉 결론을 도출해 나가기 시작하였다. 증명의 수단은 물론 엄격히 연역적이었다. 후세대들이 유클리드가 내린 결론이 얼마나 견고한지 감탄하게 된 이유를 충분히 이해하기 위해서, 그의 증명 중 몇 가지를 검토해보기로 하자.

유클리드의 초기 정리에 '이등변 삼각형의 밑각은 동일하다'는 명제가 있다. 이 정리는 특별히 관심을 끄는데, 그 이유는 매우 초보적인 것임에도 불구하고, 그것이 중세 대학에서 행해진 기하학 연구의 한계점을 드러내 보여주기 때문이다. 그것은 '당나귀의 다리(pons asinorum)'라고 불렸는데, 머리가 둔한 친구들은 이 증명을 이해하지 못해 다리 위의 당나귀처럼 더 이상 전진하지 못한다는 뜻이 담겨져 있다.

이 증명을 검토하기에 앞서, 정리의 의미가 무엇인지 살펴보도록 하자. 만일 그림 4-2의 △ABC가 이등변 삼각형이라면 두 변, 즉 AC와 BC의 길이는 같다. 즉, 길이가 같은 두 변의 마주 보는 밑각 A와 B의 크기가 같음을 증명하고자 한다.

삼각형의 각 C를 이등분하는 선 CD를 그음으로써 증명은 시작된다. 이 단계에 대한 정당화는 다음과 같다. 유클리드는 이전에, 어떤 각이든 이등분할 수 있음을 보여주었다. 따라서 각 C도 이등분할 수 있다. 연역적 추론은 형식에 관한 것이다. 모든 사과는 빨갛다. 여기 사과가 있다. 그러므로 이 사과도 빨간색이어야 한다.

선분 CD를 그음으로써 △ABC는 두 개의 삼각형, 즉 △ACD와 △BCD로 이분된다. 이 삼각형에 대하여 우리는 첫째, 원래의 삼각형 ABC가 이등변 삼각형이라고 말하였기 때문에 선분 AC와 CB는 동일하다는 것을 알 수 있다. 두 번째로, 각 ACD는 각 DCB와 동일하다. 왜냐하면, 선분 CD가 그 각을 이등분하기 때문이다. 세 번째로, 선분 CD는 두 삼각형의 공통변이다. 그러므로 △ADC는 △DCB와 합동이라고 주장할 수 있다. 왜냐하면 한 삼각형의 두 변과 그 끼인각이 다른 삼각형의 두 변 그리고 그 끼인각과 같을 때, 그 두 삼각형은 합동이라고 이전의 정리가 주장하고 있기 때문이다. 따라서 위의 두 삼각형은 합동이다. 마지막으로 삼각형의 합동 정의에 의하여 대응하는 부분들이 같으므로 대응각인 각 A와 각 B는 같다고 주장할 수 있다.

이와 같이 위의 정리는 몇 개의 연역적 주장을 통해서 증명된다. 그리고 그 주장들 각각은 의심할 수 없는 전제를 이용하고 있으며 따라서 의심할 수 없는 결과를 낳는다. 물론 유클리드의 모든 증명들이 그렇게 단순한 것은 아니다. 그럼에도 불구하고, 그것이 처음 보기에 아무리 복잡해보인다 하더라도 일련의 단순한 연역적 주장으로 구성된 것일 뿐이다.

유클리드가 세운 정리들을 일일이 다시 검토할 필요는 없다. 공리로부터 몇 개의 간단한 정리가 즉시 증명될 수 있으며, 이것이 좀더 정교한 정리, 즉 놀라울 정도로 세밀하게 짜여진 전체 구조로 가는 디딤돌이 된다는 것을 언급하는 것으로 충분하다. 아닌 게 아니라 많은 학생들은 외관상 관련 있는 너무나 많은 정리를 그렇게 적은 몇 개의 자명한 공리로부터 추출할 수 있다는 사실에 화를 내기도 한다.

유클리드의 다음 주제인 크기의 기본적 성질과 대상의 형태에 관심을 가져보도록 하자. 그의 첫 번째 주요 관심사는 어떠한 조건 아래에서 두 대상의 크기와 형태가 동일한지, 즉 어떠한 조건 아래에서 두 대상이 합동이 되는지였다. 가령, 누군가 삼각형 모양의 땅덩어리 두 개를 가지고 있다고 치자. 그는 어떻게 두 개의 땅덩어리가 동일하다는 사실을 증명할 수 있을까? 이를 위해 모든 변과 모든 각, 심지어 두 넓이까지 모두 측정해야만 하는가? 유클리드의 정리를 사용하면 그럴 필요가 없다. 가령 한 삼각형의 변들이 각각 다른 삼각형의 변들과 동일하다는 것이 밝혀지면, 두 삼각형은 모든 측면에서 동일하다. 이러한 사실은 사소한 것처럼 보일 수도 있다. 그러나 독자들이 만일 어떤 조건하에서 두 사각형의 완전한 동일성을 증명할 수 있는지를 스스로에게 물어본다면, 그것이 그리 사소한 일이 아님을 알게 될 것이다. 이런 종류의 관련된 문제들은 모든 기하학적 도형에도 적용이 된다.

유클리드는 다음과 같이 질문한다. 만일 도형들이 동일하지 않다면, 그들 사이에 의미 있는 관계는 전혀 없는 것인가? 그리고 공유하는 기하학적 성질도 전혀 없을까?

그가 선택한 관계는 형태였다. 크기는 동일하지 않지만, 형태는 동일한 도형, 즉 닮은꼴인 도형들은 기하학적 성질을 공유할 수 있다. 예를 들어 삼각형에 적용해보면, 닮은꼴이란 주어진 삼각형의 각들이 다른 삼각형의 대응하는 각들과 같음을 의미한다. 이러한 성질로부터 대응하는 변들의 비율도 같다는 사실이 이어서 추론된다. 그래서 만일 두

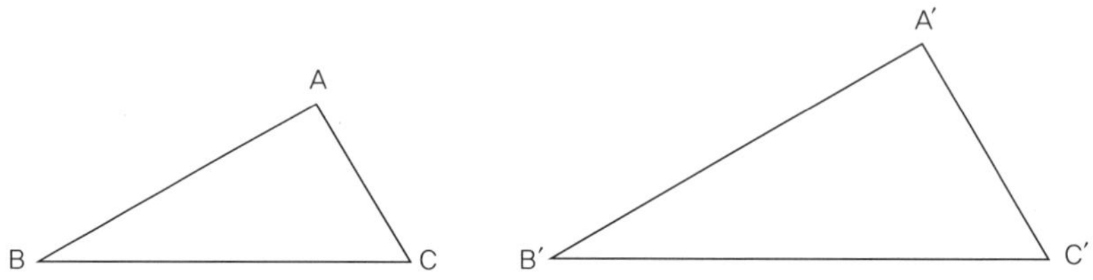

4-3. 두 닮은꼴 삼각형

△ABC와 △A′B′C′가 닮은 삼각형이라면, AB/A′B′는 BC/B′C′와 동일하다. 게다가 만일 대응하는 변의 비율이 가령, r이라면, 두 도형의 넓이의 비율은 r^2이 된다.

만일 두 도형이 모양도 크기도 공유하고 있지 않다면, 다른 관계는 없을까? 물론, 넓이가 같을 수 있다. 즉 기하학적 용어로 그들은 등적(等積)이다. 또한 그들은 같은 원 안에서 내접할 수도 있다. 각각에 대하여 제기할 수 있는 가능한 관계와 질문들의 수는 끝이 없다. 그리하여 유클리드는 이 중에서 기본적인 것만을 선택하였다.

유클리드는 자신이 연구한 개념 모두를 직선에 의하여 만들어진 도형뿐 아니라 원(圓)과 구(球)에도 적용하였다. 그리스인들에게 원과 구는 완전한 도형이었기 때문에 관심이 상당했다.

미학적 호소력이라는 기준에서 보면, 또 다른 도형의 분류도 똑같이 그들에게 매력적인 것이었다. 삼각형 중에서 정삼각형은 주목할 만했다. 왜냐하면 변의 길이가 같고 각의 크기도 모두 같기 때문이다. 사각형 중에서도 정사각형은 같은 이유에서 매력적이었다. 다섯 개 이상의 변을 가진 평면 도형들도 변의 길이가 모두 같은 도형들은 정다각형이라고 이름 짓고 아주 상세히 연구하였다. 입체 도형 중에서도 겉면이 단 한 종류의 정다각형으로 구성된 도형이 관심을 불러일으켰다. 예를 들어, 정육면체의 겉면은 모서리를 따라 6개의 정사각형을 연결시킴으

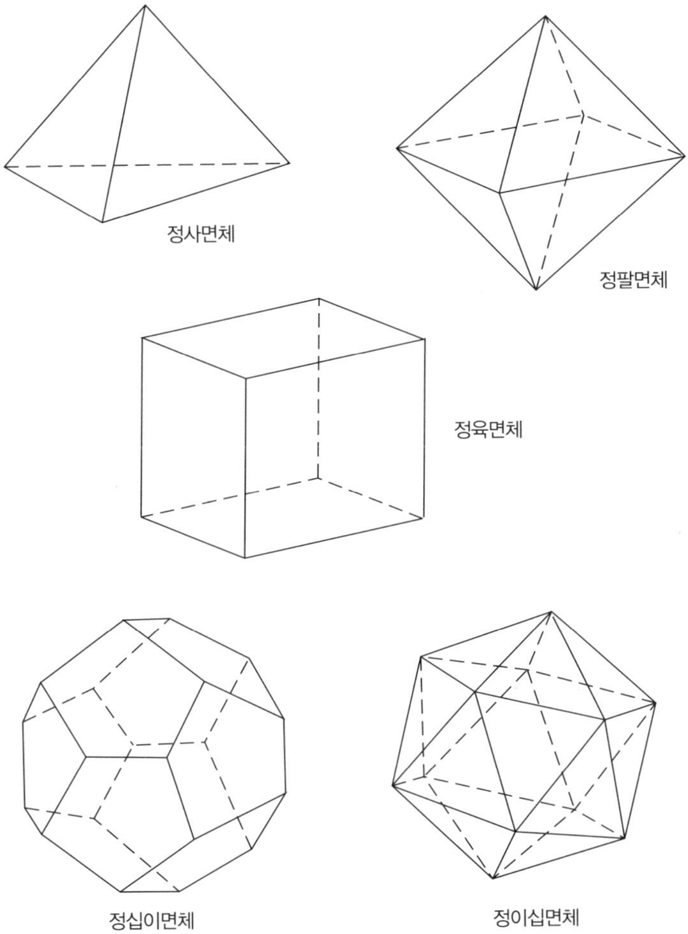

4-4. 다섯개의 정다면체

로써 만들어지는 완전한 입체도형이다. 이러한 도형을 정다면체라고 부르며 정육면체는 그 한 유형이다.

정다면체와 관련하여 제기되는 최초의 질문 중 하나는 얼마나 다른 종류의 정다면체가 존재할 수 있는가였다. 반복할 필요없는 숙련된 추론을 통해서 유클리드는 정확히 다섯 종류의 정다면체만 있음을 보여주었다. 플라톤은 이들 도형을 너무나 찬미한 나머지, 신이 이 도형을 이용하지 않으리라는 상상은 전혀 할 수 없다고 토로했다. 그리하여 그는 그리스 학파 중 한 학파의 이론을 정교히 다듬어, 모든 대상은 4개의 요소, 즉 흙, 공기, 불, 물로 구성되어 있다고 주장하였다. 그는 불의 기본 입자들은 4면체이며, 공기의 기본 입자는 8면체이고, 물의 입자는 20면체, 흙의 기본 입자는 6면체라고 덧붙이고, 다섯 번째 형태인 12면체는 신이 우주 자체의 모양을 만들기 위해 남겨둔 것이라고 하였다.

그리스인들은 또 다른 종류의 곡선들을 열심히 연구하였다. 우리는 모두 아이스크림콘과 같은 원뿔형 도형에 익숙하다. 만일 두 개의 기다란 원뿔이 4-5처럼 놓여 있다면, 우리는 수학자들의 용어로 원뿔형을 얻게 된다. 이 원뿔은 두 부분으로 구성되어 있는데, 점 O를 중심으로 서로 반대 방향으로 한없이 뻗어나간다. 만일 원뿔을 하나의 평면(탁자 위판과 같이 두께가 없고, 사방으로 무한대로 뻗어나가는 평평한 평면)으로 자른다면, 단면의 곡선은 자르는 평면의 위치에 따라 다른 모양을 띠게 된다. 만일 평면이 원뿔의 한 부분을 완전히 통과하여 지나가게 되면, 분할된 곡선은 타원형(DEF)이 되거나 원형(ABC)이 된다. 만일 자르는 평면을 기울여 원뿔의 두 부분을 자르게 되면, 분할된 곡선은 두 부분으로 구성되고, 이를 쌍곡선이라고 부른다(RST와 R′S′T′). 마지막으로 자르는 평면이 가령 POP′와 같이 원뿔의 모선 중 하나와 평행을 이루게 되면, 분할된 면은 포물선이 된다(GIK′).

원뿔 곡선들에 대한 기본적 사실들을 유클리드는 자신의 책에 이와 같이 정리해놓았다. 그 후 또 다른 유명한 수학자인 아폴로니우스는 이 분야에 관하여 지금도 현존하는 하나의 논문을 썼으며, 이것으로 유클리드가 《원론》으로 유명해진 것만큼 유명한 인사가 되었다. 다른 많은 수학적 업적들이 이 고대 시기에 만들어지고 쓰였지만, 이들 중 지금까

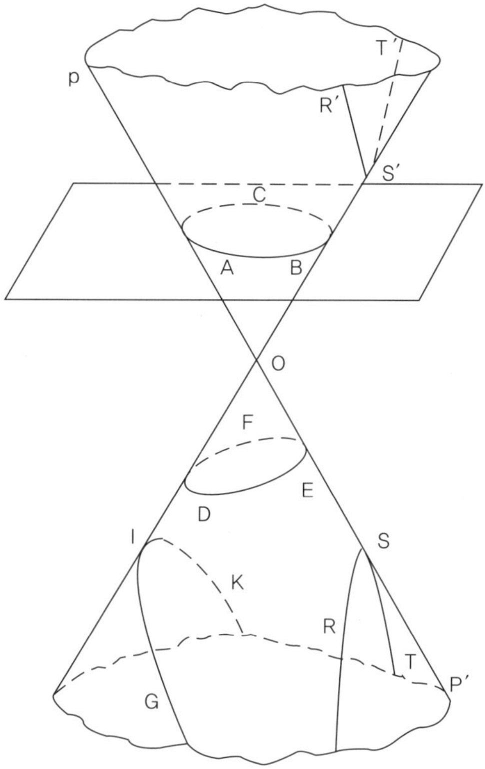

4-5. 원뿔을 평면으로 잘랐을 때 형성된 곡선들

지 남아 있는 것은 거의 없다. 그러나 우리가 지금 가지고 있는 책과 그 일부분으로 판단해보건대, 이 시대가 수학에 대한 열정적인 관심 그리고 아무도 능가할 수 없는 총명함으로 엄청난 창조적 활동의 시대였다는 것만은 분명하고도 확실하다.

그리스 수학은 그 자신이 제기하여 해결한 문제만큼이나 해결하지 못한 문제로도 충분한 의미를 부여할 수 있다. 그 문제 가운데 수학의 문외한들도 잘 알고 있는 세 가지 유명한 작도 문제가 있다. '한 원을 정사각형으로 만들기', '한 정육면체의 두 배 되는 정육면체 만들기' 그리고 '주어진 각을 삼등분하기'가 그것이다. 원을 정사각형으로 만든다

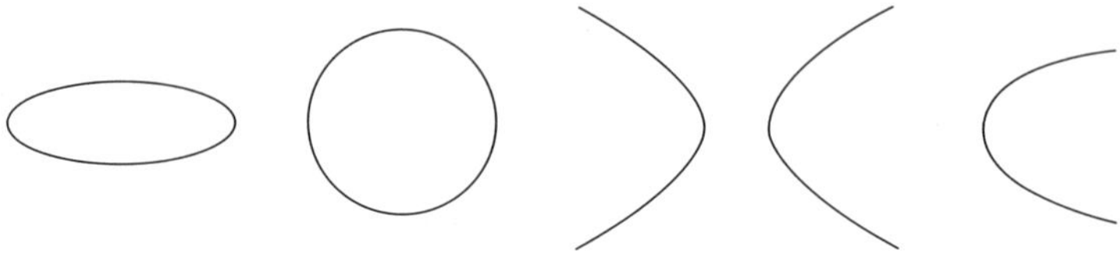

4-6. 원뿔 곡선

는 것은 주어진 원과 같은 넓이의 정사각형 만들기를 뜻한다. 정육면체를 두 배로 만든다는 것은 주어진 정육면체의 두 배 되는 부피를 가지는 정육면체를 만드는 것을 뜻한다. 마지막으로 한 각을 삼등분한다는 것은 어떤 각이든 세 개의 동일한 부분으로 나눈다는 것을 뜻한다. 단, 이때 반드시 직선자, 즉 표시가 없는 자와 하나의 컴퍼스만을 사용해야 한다는 조건이 있다. 그 외의 어떤 다른 도구를 사용해서는 안 된다.

이와 같이 제약을 두는 이유에서 우리는 수학에 대한 고대 그리스인들의 태도를 엿볼 수 있다. 직선자와 컴퍼스는 직선과 원의 물리적 대응물이다. 그리고 전반적으로 그리스인들은 자신들의 기하학을 단지 이 두 개의 도형에 대한 고찰로 제한하고자 하였으며, 다른 도형들은 이 두 도형으로부터 추론하고자 하였던 것이다. 심지어 원뿔 곡선들도 결국 한 평면이 하나의 원뿔을 통과하여 얻어진 것이며, 평면과 원뿔이라는 이 도형들도 결국 모두가 하나의 움직이는 직선에 의하여 생성된 것들이다. 이렇게 직선과 원에 제약을 두는 것은 자의적이며 스스로 부과한 것으로, 기하학을 단순하고 조화로우며, 그 결과 미학적이고 매력적인 것으로 만들고자 하는 그들의 욕망에서 비롯된 것이다.

제약을 부과하는 데 대하여, 몇몇 그리스인들, 특히 플라톤은 똑같이 중요한 의미를 부여하지만 좀 다른 이유를 가졌다. 작도 문제 해결에 적합한 더 복잡한 도구를 도입하는 것은, 그들의 견해로 볼 때, 철학적 사상가에게는 아무런 가치가 없는 육체적 기술을 필요로 하는 것이다. 더 나아가 복잡한 도구를 사용하게 되면 "기하학의 미덕은 옆으로 제쳐놓고 오히려 사라져버리게 만드는 결과가 된다. 왜냐하면 기하학을 고양시켜 영원하고 영적인 사고에 대한 이미지의 기하학으로 승화하는 대신, 그것을 다시 감각의 세계로 되돌려놓기 때문이다. 기하학은 신의 도구이며 바로 그 때문에 신은 항상 신이다."라고 플라톤은 말했던 것이다.

세 가지 작도 문제는 그리스에서 매우 인기가 있었다. 역사적으로 이를 최초로 언급한 기록에 따르면, 철학자 아낙사고라스는 감옥에서 원을 정사각형으로 만드는 작도 문제로 시간을 보냈다고 한다. 가장 출중한 그리스 수학자들의 반복되는 노력에도 불구하고, 이 문제들은 해결되지 못했다. 그리고 그 이후 2천 년 동안에도 해결되지 못했다. 약 120년 전 마침내 위의 작도 문제들은 진술된 조건하에서는 결코 수행될 수 없다는 것이 증명되었다. 그럼에도 불구하고 사람들은 여전히 이 문제에 도전하고 때로는 성공했다고 주장하기도 한다. 우리는 그들의 작업을 검토할 필요도 없이 그들이 오류를 범했으며, 문제를 잘못 이해하고 있다고 즉석에서 밝힐 수 있다.

이러한 유명한 문제들을 해결하기 위하여 긴 세월 동안 노력했다는 사실은 수학자들의 주의력과 엄밀함, 인내심, 그리고 지속성을 보여준다. 사실 실용적 측면에서 볼 때 이 문제들은 별로 쓸모가 없는 문제들이다. 왜냐하면, 위의 작도들은 그리스인들의 직선과 컴퍼스보다 약간 복잡한 도구에 의존하기만 하면 아주 쉽게 이루어지기 때문이다. 그럼에도 불구하고, 지적인 도전을 충족시키고 싶다는 억누를 수 없는 욕망을 가진 사람들이 이론적인 작도 문제에 지금도 계속해서 도전하고 있다.

우리는 철을 찾다가 종종 금을 발견하는 경우를 목격하기도 한다.

원뿔 곡선 이론들은 이후 현대 천문학으로 가는 길을 닦아놓았는데, 다른 수많은 아름답고 유용한 수학적 결과물들이 그랬듯이, 그 이론도 위의 유명한 작도 문제를 해결하려는 시도 중에 발견된 것이었다. 사실 실용적이지 않고 '별 가치도 없는' 문제를 가지고 고심하는 과정에서 도달하게 된 중요한 수학적 아이디어를 열거하려 한다면, 아마도 수학을 사소한 것이나 개발하는 분야로 정의하게 될지도 모른다. (비록 수학과 그 역사를 알지 못하지만 많은 '교육자'들은 주저하지 않고 이러한 판단을 내린다.) 그 유명한 작도 문제를 해결하려고 애썼던 역사를 살펴보면 '실용적이지 못한' 그리스인들에 대한 공격이 얼마나 불공평한 것인가를 알 수 있다. 왜냐하면, 이들 몽상가들이 소위 실용적인 사람들이 이루었던 것보다 우리의 과학 시대 발전에 훨씬 더 많은 공헌을 하였기 때문이다.

이미 우리는 수학을 추상화하였다는 이유로 그리스인들을 칭찬한 바 있다. 수학의 범위를 이해하는 데에는, 적어도 유클리드 기하학에서 이 추상성이 함의하는 바가 무엇인지를 이해한 것으로 충분하다.

다소 단순한 상황을 생각해보자. 우리가 어떤 고정된 두 점 A와 B를 선택하고, A와 B를 통과하지는 않지만 동일한 평면 위에 있는 직선 L을 생각하자(그림 4-7). 이때 직선 L 위에 AP+PB가 최소가 되는 점 P를 정하려 한다. 다시 말하여, 만일 Q가 L상의 또 다른 점이라면,

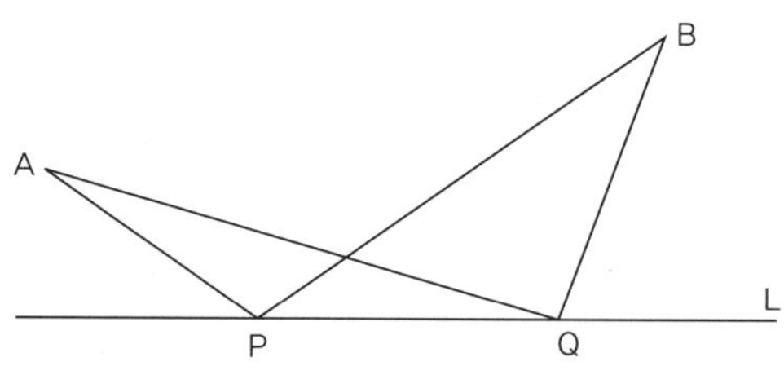

4-7.

AP+PB는 AQ+QB보다 작다는 뜻이다. 이 문제는 순전히 기하학적 문제이다. 만일 AP와 PB가 선 L에 대하여 동일한 각을 이루도록 P를 선택한다면, AP+PB는 최소가 된다.

이 정리를 당연한 것으로 받아들이고, 그 정리가 어떻게 실용적인 상황에 적용될 수 있는지를 살펴보자. 가령 A와 B를 두 도시, L은 강이라고 가정해보자. 강 위의 부두를 건설하려는데 이 부두에서 도시 A와 도시 B까지 이르는 전체 길이가 가능한 한 짧게 되도록 그 위치를 정하려 한다. 부두는 강가의 어떤 지점에 위치해야 하는가? 위의 정리가 그 답을 제공해준다. 두 선분 AP와 PB가 그 강에 대하여 동일한 각을 이루게 되는 점 P에 위치하면 된다.

또 다른 '실용적인' 상황을 살펴보자. 당구대의 점 A에 위치한 당구공을 당구대의 한 면을 튀고 난 후 점 B에 있는 공을 맞추도록 치는 상황이다. 당구공은 당구대의 면에 접근할 때와 반동할 때 이루는 두 각이 동일하도록 움직이게 되어 있다. 즉, 그림 4-8에서와 같이 각도 1은 각도 2와 동일하다. 모든 당구 선수들은 적어도 무의식적으로 이 사실을 알고 있으며, 이를 활용한다. 다시 말하여 그는 두 선분 AP와 PB가 면에 동일한 각을 이루도록 점 P를 향하여 공을 친다. 그러나 물론 그는 자신이 선택하고 공이 따라가기를 희망하는 그 경로가 공이 당구대의 한 면을 거쳐 A에서 B로 갈 때의 최단거리라는 것은 알지 못한다.

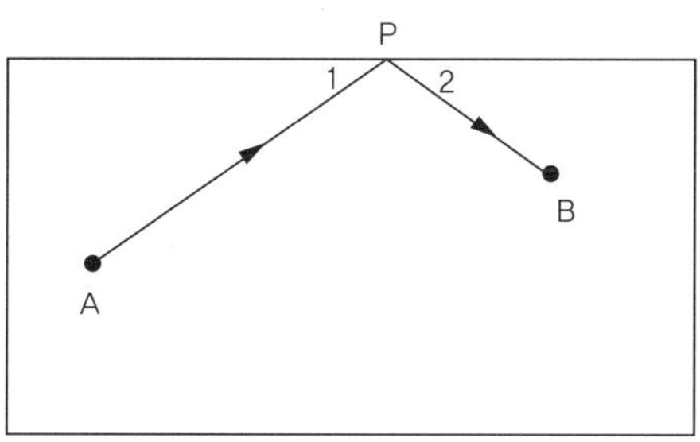

4-8.

위의 예는 하나의 수학적 정리가 어떻게 완전히 다른 그리고 아무런 관련도 없는 두 상황에 적용될 수 있는가를 보여준다. 사실 하나의 정리가 적용될 수 있는 상황은 수없이 많다. 한 분야의 문제를 해결하도록 개발된 하나의 정리가 전혀 다른 분야에도 중요한 것으로 판명된다는 사실을 보면 수학의 역사는 정말 놀라운 일로 가득 차 있다. 물론, 이러한 수학의 폭넓은 적용 가능성은 어떤 대가, 즉 추상성이라는 대가를 치르고 얻어진 것이다. 왜냐하면 수학자들은 이상적인 삼각형에 대한 연구를 통해 모든 삼각형에 적용되는 정리를 얻기 위해서, 나무로 된 삼각형을 생각하는 대신 잡히지 않으며 때로는 제어하기 어려운 생각들과 씨름을 해야 하기 때문이다.

수학의 추상적 정리들과 그것들을 적용하는 것과의 관련에 대하여 또 다른 점을 짚고 넘어가야 한다. 추상적 정리들은 이상적인 경우를 진술하는 것인 반면에, 그것이 적용되는 물질적 상황은 이상과는 거리가 멀다는 것을 염두에 두는 것이 매우 중요하다는 사실이다. 예를 들어, 지구의 표면 위에 하나의 삼각형을 놓는다고 가정해보자. 우리는 이 삼각형에 평면 기하학의 정리들을 적용할 수 있을까? 먼저, 지구는 평면이 아닌 구이다. 더욱이 지구의 표면은 완전한 구의 평면이 아니며, 다소 불규칙적이다. 적어도 이 두 가지 이유 때문에 지구 표면 위의 이 삼각형은 평면 기하학의 이상적인 삼각형이 아니다. 그래서 수학적 정리를 사용할 때에는 어느 정도 오류가 포함될 가능성이 있다. 실제 세계의 삼각형이 이상적인 것에 접근하는 정도에 따라 수학의 결론은 적용이 될 것이다. 이러한 사실을 인식하지 못하게 되면, 적용에 있어 심각한 오류를 범할 수도 있다.

유클리드 기하학의 창조는 어느 정도 유용하면서 아름다운 정리들을 만들어낸 것 이상의 성과를 이룩했다. 한마디로 그 때문에 합리적 정신이 탄생한 것이다. 어떤 다른 인간의 창조물도 유클리드가 수백 개의 증명을 한 것과 같이 추론만으로 얼마나 많은 지식을 추출해낼 수 있는지를 보여주지 못했다. 이러한 수많은 심오한 결과는 그리스인들과 이후 문명에게 이성의 힘을 가르쳐주었으며, 그들이 이 능력에 의하여 성취된 것들에 확신을 가지도록 하였다. 이러한 증거에 힘입어, 서구인은 이성을 다른 곳에 적용할 힘을 얻었다. 신학자들과 논리학자, 철학자, 정치가 그리고 진리를 찾는 모든 사람들은 유클리드 기하학의 형식과 절차를 따랐다.

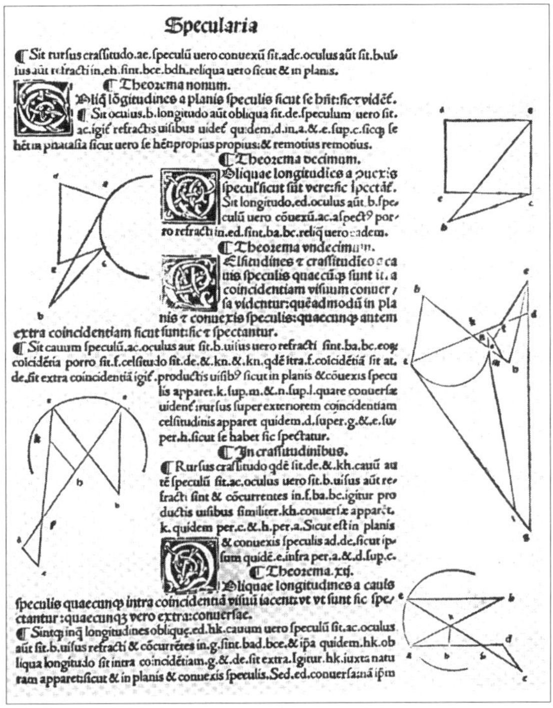

Specularia

Sit rursus crassitudo.ae.speculũ uero conuexũ sit.adc.oculus aũt sit.b.uisus aũt refracti in.eh.sint.bce.bdh.reliqua uero sicut & in planis.

Theorema nonum.

Aliq̃ lõgitudines a planis speculis sicut se hñt:sic & videt̃. Sit oculus.b.longitudo aũt obliqua sit.de.speculum uero sit.ac.igit̃ refractis uisibus uidet̃ quidem.d.in.a.&.e.sup.c.sicq̧ se hẽt in phatasia sicut uero se hẽt propius propius:& remotius remotius.

Theorema decimum.

Obliquae longitudines a conuexis specul' sicut sũt vere:sic spectãt. Sit longitudo.ed.oculus aũt.b.speculũ uero cõuexũ.ac.aspect⁹ porro refracti in.ed.sint.ba.bc.reliq̃ uero eadem.

Theorema vndecimum.

Celsitudines & crassitudines a cauis speculis quaecũq̧ sunt in coincidentiam visuum conuersa videntur:quẽadmodũ in planis & conuexis speculis:quaecunq̧ autem extra coincidentiam sicut sunt:sic & spectantur.

Sit cauum speculũ.ac.oculus aut sit.b.uisus uero refracti sint.ba.bc.eoȝ coĩcidẽtia porro sit.f.celsitudo sit.de.&.kn.&.kn.qdẽ itra.f.coĩcidẽtiã sit at.de.sit extra coincidentiã igit̃.productis uisib⁹ sicut in planis & cõuexis speculis apparet.k.sup.m.&.n.sup.l.quare conuersae uident̃:rursus super exteriorem coincidentiam celsitudinis apparet quidem.d.super.g.&.e.super.h.sicut se habet sic spectatur.

In crassitudinibus.

Rursus crassitudo qdẽ sit.de.&.kh.cauũ autẽ speculũ sit.ac.oculus uero sit.b.uisus aũt refracti sint & cõcurrentes in.f.ba.bc.igitur productis uisibus similiter.kh.conuersae apparet.k.quidem per.c.&.h.per.a.Sicut est in planis & conuexis speculis ad.de.sicut ipsum quidẽ.e.infra per.a.&.d.sup.c.

Theorema.xij.

Obliquae longitudines a cauis speculis quaecunq̧ intra coincidentiã visuũ iacent:vt vt sunt sic spectantur:quaecunqȝ vero extra:conuersae.

Sintq̧ inq̃ longitudines obliquę.ed.hk.cauum uero speculũ sit.ac.oculus aũt sit.b.uisus refracti & cõcurrẽtes in.g.sint.bad.bce.& ipa quidem.hk.obliqua longitudo sit intra coincidẽtiam.g.&.de.sit extra.Igitur.hk.iuxta naturam apparet:sicut & in planis & conuexis speculis.Sed.ed.conuersa:nã ipm

4-9. 4개의 서로 다른 정리를 담고 있는 유클리드 기하학의 한 페이지

심지어 그리스인들 사이에서도 수학은 모든 과학의 기준이 되었다. 특히 아리스토텔레스는 모든 과학은, 유클리드 기하학의 공리들이 그러하듯, 과학에 적합한 몇 가지 방법에 의하여 성립된 몇 개의 근본 원리로부터 진리를 연역적으로 논증하는 것이라고 주장하였다. '기하학(당시의 수학은 기하학이었다)을 알지 못하는 자는 그 누구도 여기에 들어오지 못한다' 라는, 플라톤의 아카데미아의 입구에 붙어 있는 좌우명이 수학에 대한 이러한 관점을 전형적으로 보여준다.

서구인들은 유클리드의 《원론》으로부터 추론이란 것이 얼마나 완

벽하게 진행되어야 하며, 어떻게 추론의 능력을 획득하는지, 그리고 단지 증명하는 체하는 모호한 발언으로부터 어떻게 정확한 추론을 구별하는지를 배웠다. 기하학의 발전 과정에서 그리스인들은 추론의 일반 원리들을 인식하게 되었으며, 그 중에서 삼단논법이 지금 가장 잘 알려져 있다. 그들은 또한 문제를 공략하는 일반 방법들을 발견했다. 가령, 플라톤은 분석적 공략을 고안한 것으로 알려져 있는데, 그 방법은 바람직한 결론에서 시작하여, 알려진 사실에 도달할 때까지 결론들을 연역해낸다. 그러고 나서 탐구의 단계를 거꾸로 밟아감으로써 올바른 증명을 얻는다. 독자는 하나의 정리를 증명하기 위하여 유클리드 기하학에서 스스로 이 방법을 사용하였음을 회상할 수 있을 것이다. 물론 그 방법은 기하학을 뛰어넘어 적용된다. 그리스의 기하학자들은 또한 간접 증명법을 발견하고 그 힘을 찬미하였다. 이 방법은 올바른 것을 제외한 나머지 모든 것은 모순에 다다르게 되어, 결국 폐기될 수밖에 없다는 점을 염두에 두고, 몇 가지 대안들의 함의를 추구하는 것을 뜻한다. 논리학자들에게 모순률과 배중률(contradiction and excluded middle)로 알려진 이 방법이 기반하고 있는 논리적 토대는 아리스토텔레스에 의하여 공식화되었다.

정확한 정의, 명확하게 진술된 가정, 엄격한 증명에 대한 필요성은 기하학의 연구 과정에서 명백해졌다. 소크라테스와 플라톤과 같은 사람들은 이러한 필요성을 강조했을 뿐 아니라 그 보답으로 품위 있고 세련된 그리고 명확한 구조를 갖는 수학을 창조하였다. 사실 기하학이 그리스인들에게 부여한 엄격한 논리의 연습은 아리스토텔레스에 의하여, 현재 우리 모두에게 받아들여져 사용되고 있는 사고 법칙들의 구성과 체계화로 이어졌다. 그리하여 그리스 기하학은 논리 과학의 선조가 된 것이다.

그리스 시대 이후 세대들도 역시 유클리드를 공부함으로써 추론하는 방법을 배웠다. 그러나 수학을 공부하지 않아도 논리를 배울 수 있다고 주장하는 많은 사람들은 이 절차를 무시하였다. 그 주장은 우리가 위대한 그림을 모두 마음에 품을 수 있으므로 그림 자체로 풍성해지는 것처럼 개념만으로도 세계가 풍성할 수 있다는 진술과 마찬가지로 타당하다. 그러나 불행하게도, 그림에 대한 개념은 마음을 결코 감동시킬 수 없다.

유클리드의 중요성은 논리 연습으로서, 그리고 추론의 한 모델로서의 가치를 뛰어넘는다는 점이다. 기하학의 아름다운 구조와 우아한 추론이 발달하게 됨으로써 수학은 다른 활동을 발전시키기 위한 하나의 도구로부터 예술로 승화된다. 그리스인들은 수학을 그 자체로 감상하였다. 산술, 기하학, 그리고 천문학은 그들에게 영혼을 위한 음악이었으며, 마음의 예술이었다.

아닌 게 아니라 도덕적 관심뿐 아니라 합리적이며 미학적 관심은 그리스의 사고에서 거의 분리될 수가 없다. 이미 여러 번 구(球)가 모든 천체 중에서 가장 아름다운 모양이며, 따라서 신성하며 선하기 때문에 지구는 구 모양을 가져야 했다는 것을 읽은 바 있다. 같은 이유로, 플라톤은 지구의 축을 자신의 축으로 회전하고 있는 하나의 구에 태양과 달과 별들이 각각 붙어 있는 것이라 믿었다. 뿐만 아니라 각 천체의 경로는 원이어야 했는데, 그 이유는 원이 구와 함께 미학적 매력을 공유하고 있었기 때문이다. 원과 구는 불완전한 지구에 널려 있는 직선의 움직임과는 대조적으로 천체의 변함없는 영원한 질서를 대표하는 완벽한 경로였다. 미학적이며 윤리적인 이유에서도 또한 천체는 일정한 속도로, 즉 동일한 시간 간격에 동일한 거리를 가로질러 가도록 결정지어졌다. 이렇게 위엄 있고, 규칙적이며, 서두르지 않는 움직임이 천체에 적합한 것이었다. 사실, 행성의 일정하지 않은 속도는 인정할 수 없는 것이라고 피타고라스 학파는 주장하였다. '인간이 만든 구라 하더라도 그러한 불규칙성은 반듯한 신사의 예의 범절과도 양립할 수 없는 것이다' 라고 주장하였다. 시(詩)의 진리와 과학의 진리는 하나였으며, 아리스토텔레스의 말을 바꾸어 말하면, 대자연의 목적과 심층적인 법칙들은 광대한 작업 속에서 미(美)의 이런저런 형식에 이바지하는 것이다.

기하학, 철학, 논리학, 그리고 예술은 모두 마음의 한 가지 형태, 즉 우주에 대한 하나의 전망을 표현한 것이었다. 그리고 몇몇 역사가들이 행한 것과 마찬가지로, 고대 그리스 문화의 공통적인 시대적 특성이 존재한다는 것을 추적해보는 것은 매력적인 일이다. 예를 들어, 유클리드 기하학의 명백하고 투명하며 단순한 구조는 그리스 사원의 단순하고 명백한 형식들이 보여주는 명료함과 질서정연한 설계에 대한 동일한 사랑을 수학적으로 표현한 것이다. 그와 비교해보면, 고딕식 성당은 그 엄청난 하위 내부구조와 외부구조로 볼 때 무한대로 복잡하다. 반면, 고대 그리스 조각은 놀랄 만큼 단순하다. 어떠한 정교한 옷, 군대식 장식, 프릴, 또는 옷단 장식 등도 그 동상을 난잡하게 하지 못하며 주요 테마로부터 시선을 분산시키지 못한다.

같은 방식으로, 이 시대의 문학 고전들도 각종 이미지와 형용사를 삼가고, 단순하고 명료하며 사실적인 문체로 쓰였다. 그리스 문체가 어떤 성격을 가졌는지 알려면, "버려진 요정의 나라에서 마법의 창문을 유혹하여 열게 하고, 위험스런 바다의 파도 거품 위로 퍼져나가는" 노랫소리를 가진 나이팅게일을 "햇빛과 바람으로부터 차단된, 넝쿨 녹지에서 깊이 울려 퍼지는 낭랑한 노래를 하는" 소포클레스의 새와 비교해보기만 하면 된다. 투명함과 단순함, 자제가 그들이 가진 미(美)의 성분이었다. 그럼에도 불구하고 기하학, 건축, 조각과 문학은 그러한 단순함을 초월하는 아름다움과 우아함을 뽐내고 있다.

유클리드 기하학은 종종 폐쇄적이며 유한하다고 한다. 이러한 묘사는 몇 가지 점에서 의미가 있다. 우리가 보아온 것처럼, 그 내용은 직선자와 컴퍼스로 구성될 수 있는 도형, 그리고 한정된 공리로부터 연역될 수 있는 정리에 제한되어 있다. 추론을 통해 새로운 주제를 펼쳐나갈 때, 어떠한 새로운 공리도 도입되지 않는다. 또한 유클리드 기하학은 무한을 회피한다는 점에서 유한하다고 말할 수 있다. 예를 들어, 유클리드는 직선을 온전히 그 자체로 놓아두지 않는다. 확장의 필요성에 대하여 꺼리기는 했지만, 오히려 어느 방향으로든 필요한 만큼 선분을 멀리 확장할 수 있다고 그는 말했다. 또한 수 전체를 다루는 데도 그리스인들은 수의 집합을 잠재적으로 무한한 것으로, 다시 말하여 주어진 유한한 수의 집합에 더 많은 수를 항상 덧붙일 수 있다는 의미에서만 무한한 것으로 생각하였다. 그들은 그 자체의 실체로 수 전체의 완전한 집합을 다루려 하지 않았다.

폐쇄성과 유한성이라는 특징은 그리스 건축도 지배하였다. 그리스 사원의 전체 구조는 규모가 작아 가까이 다가가서 바라봐도 전체가 한눈에 들어온다. 이것은 합목적성과 완전성, 명확성을 암시한다. 눈과 마음은 곧 그것의 비례와 웅장함을 파악하고 감싸안을 수 있다. 그리스 사원은 이러한 측면에서 고딕 사원과 비교된다. 고딕 사원 전체를 한눈에 바라보는 것은 거의 불가능하다. 사방으로 빠져나가는 구조가 이를 피하려는 것 같다. 그것은 너무 멀리 거대하게 솟아 있는 첨탑을 통한 영혼의 열망을 암시한다. 상상력을 자극하고, 마치 멀리서 보는 듯 한 개인은 어둠침침한 내부에서 높은 제단과 뒤로 끝없이 이어지는 아치들에 압도당한다. 한편, 그 거대한 크기는 결코 우리의 눈으로 볼 수 없으리라는 인상을 불러일으킬 정도이다. 높은 구조물이 개인을 삼켜버리고 그 어둠침침한 실내에서 길을 잃어버리게 될 때, 유한함의 의미는 극복된다.

그리스 과학에서 무한 개념은 거의 이해되지 않고, 솔직히 회피되어진 개념이다. 우리에게도 그런 것과 마찬가지로, 그리스인들에게 가장 단순한 유형의 운동은 직선을 따라가는 것이 아니다. 왜냐하면, 직선은 그 자체로 온전히 지각할 수 없기 때문이다. 직선 운동은 결코 완성되지 않는다. 그래서 그리스인들은 원 운동을 선호했다. 한계가 없는 계속되는 과정을 밟아나가야 한다는 개념에 그들은 두려워했고, '무한한 공간 속의 침묵' 앞에서 그들은 위축되었다.

철학에서도 무한 개념은 회피되었다. 우리가 나중에 만나게 될, 무한의 패러독스는 그리스의 철학적 사고에 있어서 극복할 수 없는 장벽임이 판명되었다. 아리스토텔레스는 무한이란 불완전하며 완료될 수 없고, 그러므로 생각할 수도 없는 것이라 말한다. 그것은 형식도 없고 혼란스러운 것이다. 사실 선(善)은 한계가 있고, 결정된 것이라는 관념, 악(惡)은 결정되지 않은 무한한 것이라는 관념에 토대를 둔 것이었다. 대상의 유한성과 명확성은 또한 그것에 성질과 완전성을 부여해주었다. 대상이 명확하며 정의된 것일 때에 그 대상들은 본질과 의미를 가진다. "광대한 것은 어떠한 것이라도 저주 없이 인간의 삶으로 들어오지 못한다"라고 소포클레스는 말한다.

그리스 수학의 또 다른 특징은 문화 전체에 통용되었다. 유클리드 기하학은 정적(靜的)이다. 변화하는 도형의 성질은 탐구하지 않았다. 오히려 도형은 완전한 것으로 주어지며, 그 자체로 연구된다. 그리스 사원의 안정된 분위기는 이러한 특징을 잘 반영하고 있다. 사원에서는 마음과 영혼이 평온해진다. 그래서 그리스 조각에서도 형상들은 정적이며 무관심하며 냉정한 느낌을 준다. 그들은 이등변 삼각형과 같이 정서적으로 안정된 느낌을 준다. 엄청난 육체적 힘을 사용하려고 하는 미론의 〈원반 던지기〉(그림 3-3 참조)마저 티타임에 차를 마시는 영국인처럼 냉정하며, 동요가 없다.

그리스 희곡의 정적인 특징도 종종 지적된다. 그곳에는 거의 어떤 움직임도 없다. 우리는 연극이 시작될 때에 등장인물들이 어떤 곤경이나 문제에 처해 있는지 그래서 어떤 문제가 발생하게 되었는지 사건에 대한 설명을 사전에 충분히 듣게 되며, 연극은 정신적 투쟁과 약간의 행동에만 열중하는 것으로 그리고 마지막은 거의 예측가능한 대단원으로 끝나게 된다.

유클리드 기하학에서 발견되는 또 다른 특징이 그리스 희곡의 정적인 성질과 관계가 있다. 그리스 비극은 운명과 필연성의 작용을 강조한다. 연극의 등장인물들은 결정을 내릴 수 있는 의지나 힘을 가지고 있는 것처럼 보이지 않으며, 숨겨진 힘에 의하여 움직여진다. 그래서 오이디푸스는 자신의 의사와 관계없이 냉혹하게 근친상간과 아버지 살해라는 범죄를 범하게 된다. 운명의 작용은 연역적 추론에 내재된 필연성과 유사하다. 수학자들은 연역적 추론에서 전제로부터 끌어낸 결론을 마음대로 선택할 수 없으며, 필연적인 귀결을 받아들여야 하기 때문이다.

그리스 예술, 기하학, 그리고 철학에는 또 다른 주요한 특징이 있다. 그 특징은 일반적인 창조물 내에는 존재하는 것이긴 하지만, 그럼에도 불구하고 그리스인들에게 두드러지게 나타나는 것처럼 보인다. 그리스인의 작품들은 그들이 우주를 영원한 상(相)의 형태로 보고자 노력했다는 사실을 반영한다. 그들은 개인적이며 무상한 것보다는 보편적이며 영원한 것에 대한 지식을 추구하였다. 수학의 구(球)는 영원하며, 그 수학적 특징도 영원히 지속된다. 그러므로 구에 관한 지식은 가치 있는 것이다. 물거품이나 화려한 색의 풍선도 비록 매력적이긴 하지만 주의를 기울일 가치는 없다. 왜냐하면 곧 터져버리기 때문이다. 고대 그리스 예술은 개별적 인간의 특성보다는 인간의 보편성과 기본적인 특성들을 파헤치고 묘사하고자 노력하였다. 어떤 한 사람에게서 중요한 것은 그가 드러내고 있는 일반적인 인류의 성질이었다. 옷, 개인적 관계, 일상 활동, 이 모든 것은 우연적이며 사소한 세부 사항일 뿐이었다. 또한 그리스인들은 자신들의 철학적 사고 속에서 개념과 성질들의 완전한 형식을 정의하고 이해하고자 하였다. 왜냐하면 완벽한 것은 본질 자체로 영원한 것이기 때문이다. 완전한 상태는 숙고할 만한 가치가 있다. 따라서 그리스 사회의 민주화는 그렇게 심각한 문제로 인식될 수 없었다.

우리가 이제까지 살펴본 수학과 그것이 반영하는 문화는 고대 그리스 시기에 속하는 것이다. 그렇다고 이것으로 '문명의 태동지(morning land of civilization)'가 수학과 우리 자신의 삶과 사고에 공헌한 바를 다 보여준 것은 아니다. 왜냐하면 기원전 약 300년부터 서기 600년까지 펼쳐져 있는 중요한 시기가 여전히 우리를 기다리고 있기 때문이다. 페이지를 넘기기에 앞서 우리가 막 떠나려 하는 이 시대가 오늘날 우리가 이해하고 있는 방식으로서의 수학을 창조하였다는 것을 상기하도록 하자. 증명의 배타적 방법으로서 연역법을 고집하고, 구체적인 것과 반대되는 추상적인 것을 선호하고, 매우 효과적이며 용인 가능한 일련의 공리들을 선택한 행동이 현대 수학의 성격을 결정지은 것이다. 한편, 수많은 기본 정리들의 예측과 증명은 수학을 자신의 길로 계속 나아가게 하였다. 그리스인들에 의하여 처음 점화된 인간 이성의 찬란한 불빛은 수학과 함께 하는 것이었으며, 아닌 게 아니라 수학으로부터 비추어 나오는 것이었다. 그들이 남긴 수학 문헌들은 인간사에서 정신의 우위와 함께 새로운 문명의 개념을 선포한 것들이다.

05 별에 자를 들이대다

늦은 저녁이다. 홀로 높은 곳에서 모든 어둠을 탐험하고 있는 천문학자는
멀리 찬란하게 나 있는 작은 길을 좋아하는 천체들을 질책한다.
그는 여기저기 방황하고 있는 별을 불러,
'천년이 지난 그날 밤 다시 돌아오너라.'
그 별은 되돌아올 것이다.
감히 한 시간도 과학을 속이거나 계산이 틀리는 법 없이.
인간들은 죽게 되지만,
탑에서 관찰을 하고 있는 인간은
한잠도 자지 않고 사색하면서 남아 있을 것이다.
그러면 모든 인간들은 그 보답으로 소멸했을 것이며,
그들 대신 진리가 그 별의 귀환을 지켜볼 것이다.
–설리 프뤼돔(Sully Prudhomme)

적어도 4천 년 동안 이집트 문명은 엄격한 패턴을 따랐다. 종교, 수학, 철학, 상업 그리고 농업에 있어서 사람들은 조상들의 방식을 그대로 모방하였다. 어떠한 외적인 영향도 그들의 고요한 삶과 고정된 방식들을 분열시키지 못했다. 그런데 기원전 약 325년 알렉산드로스 대왕이 그리스와 근동 지역은 물론, 이 광대한 땅을 정복하고 자신의 정복지를 모두 그리스화하는 사건이 발생한다. 그는 알렉산드리아라는 도시를 세워, 고대 세계의 중심을 아테네에서 이 새로운 도시로 옮겨놓았다. 그러자 정복자의 문화가 피정복자의 문화에 정복당하는 일이 벌어진다. 알렉산드리아를 중심으로 여러 문화들이 융합되었으며, 그로부터 새로운 문명이 등장하게 된 것이다. 그리고 이 문명은 수학과 서구 문명에 지대하고 뚜렷한 흔적을 남기게 된다.

알렉산드리아는 고대 세계 전체의 중심지가 되었다. 그곳은 아시아, 아프리카, 그리고 유럽의 접점이라는 아주 이상적인 위치에 있었기 때문이다. 도시의 거리에는 이집트 본토인들이 그리스인과 유태인, 페르시아인, 에티오피아인, 그리고 시리아인, 로마인, 아랍인들과 만나

거래하는 모습을 어디서나 볼 수 있었다. 귀족과 시민, 노예가 서로 부딪쳤다. 세계 어떤 도시도, 심지어 현대의 뉴욕도 그렇게 다양한 민족들을 포용한 적이 없었다.

이 새로운 세계의 중심지로 세계 방방곡곡의 상인과 사업가들이 몰려들었다. 항구에는 이탈리아에서 온 포도주, 웨일스에서 온 주석, 그리고 스웨덴에서 온 호박(琥珀)을 가져오는 선박들로 가득 찼다. 외항선들은 갠지스와 광뚱까지 항해하였다. 알렉산드리아 상인들은 그리스 문화를 전세계로 퍼뜨렸을 뿐 아니라 다른 나라에서 획득한 지식을 알렉산드리아로 가져오기도 하였다. 그 결과 이 도시는 진정한 국제 도시로 탈바꿈하였는데, 한편에서는 축적된 부를 이용하여 여러 분야의 발전을 이룩하게 되었다. 화려한 건물, 동상, 오벨리스크, 능묘, 무덤, 사원 그리고 예배당이 넘쳐흘렀다. 놀기 좋아하는 사람들을 위해 알렉산드리아는 시장, 목욕탕, 공원, 극장, 도서관, 경기장, 경주 코스, 그리고 부호들을 위한 호화주택을 제공하였다.

그러나 알렉산드리아를 새로운 세계의 지식 중심지로 만든 명예는 정복 도중에 생을 마감한 도시의 설립자에게 돌아가지 않았다. 그 명예는 알렉산드로스가 죽을 때 이집트 통치를 맡았던, 매우 유능했던 대장 프톨레마이오스 1세가 차지한다. 프톨레마이오스는 피타고라스, 플라톤, 아리스토텔레스 등이 설립한 위대한 그리스 학교의 문화적 중요성을 인식하였다. 그리고 알렉산드리아에도 그러한 학교가 있어야 하며, 이 도시를 새로운 세계에 걸맞은 그리스 문화의 중심지로 만들 것을 결심하였다. 그리하여 그는 학자들이 헌신하였던 뮤즈의 신들을 위한 집을 건설하였다.

프톨레마이오스는 중요한 서적을 보관하기 위해서뿐만 아니라 일반 대중이 사용할 수 있도록 도서관을 박물관 옆에 건설하였다. 이 유명한 도서관은 한번에 75만 권의 책을 소장하였다고 전해진다. 박물관이

5-1. 프톨레마이오스와 프톨레마이오스의 체계. 지구가 중심에 있다. 그 주위를 달, 수성, 금성, 태양, 화성, 목성, 토성과 항성의 순서이다.

기도 한 그 도서관은 현대의 대학과 유사했다. 오늘날 어떠한 대학도 그곳만큼 위대한 지성을 많이 확보하고 있음을 자랑할 수 없으니 말이다.

프톨레마이오스는 모든 나라의 학자들을 알렉산드리아로 초대하고 장학금을 주어 지원하였다. 그 결과 알렉산드리아 시대의 시인, 철학자, 문헌학자, 천문학자, 지리학자, 의사, 역사가, 예술가, 그리고 가장 유명한 수학자들이 이 박물관으로 모여들었다. 이곳에 모인 학자들의 중심 그룹은 그리스인들이었지만, 다른 여러 나라의 저명한 학자들도 이곳에 정착하였다. 그리스인이 아닌 학자들 중에서 가장 유명한 사람은 박식한 이집트 천문학자인 프톨레마이오스(Claudius Ptolemy)였다.

물리적으로 넓어진 공간에서 여러 민족들과 학자들이 뒤섞이며 성장한 알렉산드리아 문화의 성격에 가장 중요한 영향을 미친 것은 다음 두 가지 요소인 것 같다. 첫째, 아테네인들보다 더 확장된, 알렉산드리아인들의 상업적 관심은 지리적 문제와 항해 문제를 표면화시켰고, 원료 · 생산 방법 · 기술 향상에 주의를 기울이게 되었다. 두 번째, 상업은 사회적으로 학자와 분리되지 않은 자유시민들에 의하여 이루어졌기 때문에 학자들은 일반 사람들이 직면하고 있는 문제들을 인식하고 관심을 기울이게 되었다. 그 결과 학자들은 한창 발전하고 있던 이론적 연구와 구체적인 과학 · 공학적 탐구를 결합하게 되었다. 기술 분야를 추구하고 확장하면서, 기술 훈련 학교가 세워지고, 역학과 다른 과학들을 발전시켰다. 또한 고대 시대에는 경멸하거나 무시하였던 예술을 열정적으로 받아들이게 되었다.

새로운 관심에 부응하여 알렉산드리아인들이 발명해낸 기계 장치들의 독창성은 현대의 기준으로 보아도 놀랄 만하다. 훨씬 성능이 향상된 물시계와 해시계를 고안하여 법정에서 법률가들의 변호 시간에 제한을 주기 위하여 이용하였다. 지금의 자동차에서 발견할 수 있는 것과 전혀 다르지 않은 펌프, 활차, 쐐기, 도르래, 톱니바퀴 장치와 마일 측정 장치 등이 널리 사용되었다. 기계 발명품 중에는 천문학 관측을 위한 새 기구들도 있었다. 5드라크마 동전을 집어넣으면 자동으로 성수(聖水)가 뿌려지는 기계가 이 시대에 나올 수 있었던 것은 수학자이자 발명가인 헤론(Heron, 기원전 1세기) 덕택이었다. 오르간도 이와 유사한 방식으로 작동될 수 있었다. 사원에는 동전을 넣으면 자동으로 열리는 문이 있어 대중들이 신기하게 생각하였다.

기체와 액체에 대한 연구는 물의 힘으로 움직이는 오르간, 압축된 공기로 힘을 얻는 총, 화염방사기의 발명으로 이어졌다. 공원에는 수압으로 움직이는 동상이 물 분수대에 있어 한층 더 아름다움을 더했다. 증기력(蒸氣力)의 생성은 알렉산드리아인의 또 다른 창조물이었다. 그것은 매년 종교 의식의 퍼레이드에서 자동차로 시가 행진하는 데 사용되었다. 사원의 제단 아래에 꺼지지 않는 불을 만들었던 그 증기는 신에게 생명을 불어넣었다. 경외심에 감동한 관중들은 손을 들어 숭배자들에게 은총을 주고, 눈물을 흘리는 신과 제주(祭酒)를 뿜어내는 동상을 지켜보았다. 기계로 된 비둘기가 창공을 날아올랐고, 보이지 않는 증기의 작용으로 다시 내려앉았던 것이다.

알렉산드리아인들은 소리와 빛의 움직임에 대한 지식을 실용적인 장치에 적용하였다. 이들 중에서 가장 장관을 이루었던 것은 아르키메데스의 거대한 거울로, 자신의 고향인 시라쿠사를 포위하고 있던 로마의 배를 향해 태양 광선을 모으는 데 이용할 수 있었다. 이렇게 모아진 태양열은 아마도 그 배들을 불태워버렸을 것이다.

초기 이집트 시기의 지식이 매우 철통 같은 보안 속에 구두로 전달되었던 것과는 대조적으로, 이 시기에는 책을 통해 새로운 지식을 자유롭게 전파할 수 있었다. 알렉산드리아인들에게 매우 다행스러웠던 사실이지만, 이집트의 파피루스가 양피지보다 값이 더 쌌다. 알렉산드리아는 고대의 책 복사 거래의 중심지가 되었던 것이다. 과학의 역사상 처음으로, 기계와 야금술에 대한 훌륭한 연구가 등장하였다. 물과 증기로 움직이는 장치들을 뒷받침하고 있는 원리들이 기력학(氣力學)과 유체(流體) 정역학(靜力學)에 대한 논문에서 설명되었다. 지하저장실, 투석기 그리고 터널 건설에 대한 논문들도 있었다. 산 아래 터널을 팔 수 있도록 한 헤론의 수학적 처방은 당시로서는 창의적인 것이었다. 헤론의 감독하에 산의 양쪽 끝에서 작업한 사람들이 중간에서 만날 수 있기 때문이었다.

물론 수학은 알렉산드리아 세계에서 매우 중요한 위치를 차지하였다. 그러나 그 수학이란 것이 고대 그리스 학자들이 알고 있는 그런 수학은 아니었다. 그리스 수학자들이 주위 환경에 대한 관심보다는 이를 초월한 세계 그리고 사고의 순수성에 대해서만 집중적으로 파고들었지만, 여기서 중요한 것은 알렉산드리아의 헬레니즘 문명이 고대 그리스 시대가 생성해낸 것과는 성격 면에서 거의 정반대인 그런 종류의 수학을 만들어냈다는 사실이다. 그 전의 수학은 생활에의 응용과는 전혀 무관했다. 이전의 수학은 측정을 거부하였지만, 새로운 수학은 우주의 모래알 수와 가장 먼 별까지의 거리를 측정하였다. 사람들은 새로운 수학을 이용하여 육지와 바다 위를 여행할 수 있게 되었지만, 이전의 수학은 사람들에게 한 치의 움직임도 없이 앉아서 마음의 눈으로 철학적 사고의 비물질적인 추상들만 바라보게 하였다. 위대한 알렉산드리아의 수학자인 에라토스테네스, 아르키메데스, 히파르코스, 프톨레마이오스, 헤론, 메넬라오스, 디오판토스, 파포스는 이론적 추상화에 있어서도 예외 없이 그리스인다운 천재성을 보여주었지만, 그럼에도 불구하고 자신들 문명에 있어 필연적으로 중요한 실용적 문제들에 그 재능을 기꺼이 적용하고자 하였다.

에라토스테네스(Eratosthenes, 275~194 B.C.)는 새로운 그리스인의 전형이었다. 알렉산드리아 도서관의 관장이었던 그는 만능 천재였다. 수학, 시, 철학, 역사를 고전적으로 추구하는 것으로 유명하였던 그는 측지학과 지리학에 대해서도 심오한 지식을 가지고 있었다. 에라토스테네스는 모든 역사적 지리적 지식을 수집했을 뿐만 아니라, 그리스인들에게 알려져 있던 전체 우주 지도를 제작하기도 하였다. 그는 또한 지구의 반지름을 측정하는 간단한 방법을 발견하였고, 넓은 땅 넓이를 어떻게 조사하는지도 알아냈다. 천문학적 측정과 그 도구의 개발도 그의 명성에 첨가되었다.

에라토스테네스는 달력의 발전에도 기여하였다. 대부분의 초기 문명들은 태양년의 정확한 길이를 알지 못했기 때문에 천체의 사건들을 기록하는 데에 어려움이 있었다. 예를 들어, 바빌로니아에서 온 것으로 확신하는 초기 그리스 달력 중 하나는 각 달이 30일인 12달로 된 1년에 기반을 두고 있었다. 이 달력에 따르면 춘분 · 추분과 같은 특정한 천문학적 사건들이 예정된 날짜보다 너무 늦거나 너무 일찍 나타나기 때문에 오류투성이의 달력임이 명백하게 드러났다. 신들이 자신들의 일을 그렇게 잘못 관리하는 것을 용납하지 않는 것은 당연하다. 아리스토파테스는 구름을 통하여 전달된 신들의 불평을 다음과 같이 기록하고 있다.

> 달은 우리더러 자신의 안부를 전해달라고 부탁했네.
> 그러면서 자신이 학대받고 있다는 사실도 전해달라고 우리에게 명령하였다네.
> 지금도 여전히 당신들은 그녀가 언제 나타나는지 함부로 정하면서,
> 뒤죽박죽으로 만든다는 사실에 그녀의 기분이 매우 상해 있다는 것도,
> 그리고 신들은(자신들의 축제일을 잘 알고 있는)
> 당신들이 계산을 잘못하였기 때문에 저녁도 못 얻어먹고 집으로 돌아왔다는 것을.
> 그래서 그녀는 당신들의 게으름에 대하여 꾸짖고 화를 낸다는 것을.

에라토스테네스의 달력에는 1년이 365일이며, 4년마다 하루가 덧붙여졌다. 이 달력은 나중에 로마인들이 채택하였고 본질적으로 오늘날 우리가 사용하는 것과 같다. 에라토스테네스는 또한 트로이의 멸망 이후, 올림피아드의 숫자에 따라 날짜를 매기는 초기 그리스의 관습, 즉 한 왕이 통치한 연수로 날짜를 매기는 다른 문명과의 공통적 관습에 반대하여, 달력에 의해 모든 행사의 날짜를 매길 것을 주장하였다. 에라토스테네스는 노년에 눈이 멀어 그 때문에 굶어 죽게 되지만, 생을 마칠 때까지 알렉산드리아에서 연구를 계속하였다.

알렉산드리아 시대의 성격을 가장 잘 요약한 연구자는 바로 가장 위대한 고대 지성 중의 하나였던 아르키메데스이다. 그는 시칠리아의 그리스인 정착지인 시라쿠사에서 태어났지만 알렉산드리아에서 교육을 받았고 다시 시라쿠사로 돌아가 여생을 보냈다. 고상한 지성의 소유자이며, 실용과 이론에 두루 관심을 보이고, 특별한 기계 기술을 소유하

고, 호메로스보다 더 훌륭하고 풍부한 상상력을 가졌다고 볼테르가 칭찬했던 그는 동시대인들로부터도 대단한 존경과 찬사를 받았다.

아르키메데스가 실용적인 관심을 가졌다는 가장 명백한 증거는 그의 독창적인 발명품들이다. 젊은 시절, 그는 천체의 움직임을 재생할 수 있는 별자리 투영기를 제작하였다. 또한 강에서 물을 끌어올리는 펌프를 발명하였으며, 시라쿠사의 왕 히에론을 위하여 복잡한 도르래를 사용하여 전함을 띄우기도 하였다. 그리고 로마군이 공격할 때에는 시라쿠사를 보호하기 위하여 군대식 엔진과 투석기를 발명하였다. 그가 로마군의 배를 불태우기 위하여 굴곡이 있는 거울의 초점을 맞추어 빛이 모이는 성질을 적용한 것도 바로 이때였다. 그는 또한 거대한 무게를 들어올리는 데 지레를 사용하기도 하였다.

아마도 그의 과학적 발견 중 가장 유명한 것은 이제 그의 이름을 따서 부르게 된 '유체 정역학의 원리'일 것이다. 아르키메데스가 이것을 어떻게 발견하게 되었는지를 말해주는 이야기가 역사 속에 전해져 내

5-2. 욕조에서 히에론 왕의 왕관 문제를 생각하고 있는 아르키메데스

려온다. 시라쿠사의 왕이 금으로 된 왕관 하나를 주문하였다. 그 왕관이 배달되었을 때, 왕은 혹시 다른 금속으로 채워진 것이 아닌지 의심하게 되었다. 그래서 그것을 아르키메데스에게 보내, 왕관을 손상시키지 않은 채로 알아낼 수 있는 방법을 고안해달라고 부탁하였다. 이 문제를 곰곰이 생각하고 있던 아르키메데스는 어느 날 목욕을 하다 자신의 몸이 물에 의하여 일부분 떠오르는 것을 관찰하게 되었다. 이때 그는 갑자기 문제를 해결할 수 있는 원리를 파악하게 된 것이다. 물에 잠긴 물체는 넘쳐흐른 물의 무게와 같은 힘에 의하여 떠오르게 된다는 것을 발견하였던 것이다. 공기 속 물체의 무게는 물론 넘쳐흐른 물의 무게도 측정할 수 있기 때문에 그 무게의 비율은 알 수 있다. 모양새와 관계없이 이 비율은 같은 종류의 금속은 일정하며 종류가 다른 금속은 서로 다르다. 그리하여 아르키메데스는 금이라고 알려진 금속 조각에 대하여 이 비율을 결정하고 이를 왕관에 대한 비율과 비교하기만 하면 되는 것이었다. 불행하게도 역사는 그의 결정에 대한 상세한 기록을 남기지 않았다. 아르키메데스가 발견한 원리는 최초의 보편적인 과학 법칙 중의 하나이다. 그는 《뜨는 물체에 관하여(On Floating Bodies)》라는 그의 책에서 또 다른 원리들을 함께 제시하였다.

그의 수학에 관한 이론적 연구들도 알렉산드리아 시대의 영향을 벗어나지 못했다. 측정의 문제를 해결하는 데에 많은 시간을 보냈기 때문이다. 그는 원의 넓이가 반지름 곱하기 둘레의 반이라는 사실을 증명하였다. 그리고 이 증명에 우리가 잘 아는 πr^2공식을 부여하였다. 그러고 나서 다시 π의 값을 결정하였다. 그가 계산한 결과, 즉 π가 $3\frac{1}{7}$과 $3\frac{10}{71}$ 사이의 값이라는 결과는 그의 시대로 볼 때에 놀랄 만큼 정확한 수치였다. 그는 또한 넓이와 부피에 대한 여러 공식들도 증명하였다.

당시의 시대 정신에 영향을 받은 아르키메데스는 고대 그리스인들이 혐오하였던 일도 떠맡았다. 그는 큰 수를 어떻게 표현하는지 그 체계를 고안하였는데, '모래의 개수를 세는 사람'이라고 직접 명명한 이 연구의 마지막 설명에서 그는 우주의 모든 모래알 개수를 셈하는 것이 어떻게 가능한지를 보여주었다.

아르키메데스가 아무리 그 시대의 실용적 관심에 영향을 받았다 하더라도, 그 역시 고대 그리스인이기 때문에 기본 원리에 대하여 애정을 간직하고 있었다. 그는 자신의 모든 업적 중에서도 이론적인 것을 가장 자랑스러워했다. 우리는 이 사실을 다음과 같은 그의 유언에서 알 수가 있다. 그는 자신의 비석에 구(球)의 형상과 이를 포함하는 원기둥을 새기고, 그 비율이 $\frac{2}{3}$라고 그려달라고 부탁한 것이다. 이는 원기둥의 부피에 대한 원기둥에 접하는 구의 부피의 비율이 3대2이며, 원기둥의 겉넓이에 대한 구의 겉넓이의 비율도 마찬가지로 $\frac{2}{3}$이라는 그의 위대한 발견을 가리키는 것이다.

아르키메데스의 삶은 물론 죽음까지도 시대 상징의 표본이라 할 수가 있다. 우리는 이미 그가 시라쿠사를 막 포위하려는 한 로마 병사에게 죽임을 당했다는 사실을 언급하였다. 깊은 생각에 빠져 있던 아르키메데스는 로마군의 침입도 알지 못하였고 그로 인해 아르키메데스를 해치지 말라는 로마 대장, 마르셀루스의 명령에도 불구하고 그 병사에 의해 살해된 것이다. 당시 아르키메데스의 나이는 75세였으며 여전히 능력 있는 수학자였다. 속죄의 뜻으로 로마인들은 위에서 언급한 그 유명한 정리가 새겨진 정교한 무덤을 세웠다.

순수 수학의 분야에서 알렉산드리아인들은 간접적인 측정 방법들을 개발하고 적용하였다. 이 주제에 대하여 그들이 기여한 가장 단순한 것은 특정한 기하학적 도형들의 넓이와 부피에 대한 공식들이었다. 놀랍게도 이 공식들은 유클리드의 《원론》에는 들어 있지 않다. 물론 유클리드가 알렉산드리아 시대 초기에 생존하고 있었지만, 그의 주요 주제는 고대 수학의 정리와 완성이었다. 서로 닮은 두 삼각형의 넓이의 비가 대응하는 변들의 제곱의 비와 같다는 사실이 유클리드에게 대단한 흥미를 불러일으켰지만, 임의의 삼각형의 넓이를 밑변과 높이의 반을 곱함으로써 직접 구할 수 있다는 사실은 알렉산드리아인들에 의하여 알려지게 되었다.

우리는 넓이와 부피에 대한 공식의 중요성을 종종 과소 평가한다. 주어진 바닥의 넓이는 어떻게 알아낼 수 있는가? 1제곱피트짜리 작은 정사각형들로 측정하려는 땅을 모두 덮어본 후에, 그 땅의 넓이가 100제곱피트라고 말할 것인가? 그것이 넓이의 진정한 의미이니까? 물론 아무도 그렇게 하는 사람은 없다. 보통 사용하는 단위로 길이와 폭을 측정한 후, 두 숫자의 곱으로 넓이를 얻는다. 그런데 이는 간접 측정이다. 넓이를 구하기 위해 길이를 이용한 것이다. 그런데 이 생각은 부피를 구하는 데에도 확장하여 적용할 수가 있다. 그리하여 알렉산드리아인이 이룩한 가장 널리 적용되는 실용적인 업적은 길이를 이용하여 넓이와 부피를 구할 수 있다는 것, 즉 가장 쉽게 측정할 수 있는 길이를 이용하여 간접적으로 넓이와 부피까지 측정하였다는 사실이다.

그러나 알렉산드리아인들이 볼 때 이러한 유형의 간접적인 측정이야말로 정말 아이들 장난이었다. 그들은 간접적인 방법을 사용하여 지구의 반지름도 측정할 수 있었으며, 태양과 달의 지름은 물론, 달과 태양, 그리고 행성, 별까지의 거리도 측정할 수가 있었기 때문이다. 물리적으로 접근할 수 없는 길이를, 그것도 원하는 만큼 정확한 값을 측정할 수 있다는 사실은 언뜻 보기에도 믿을 수 없는 사실이다. 그러나 알렉산드리아인들은 외관상 불가능해보이는 일들을 실제로 실현하였을 뿐 아니라, 오늘날에도 거의 예견하기 힘들 정도로 간단하고 정확하게 측정하였던 것이다.

고대의 가장 위대한 천문학자는 히파르코스였다. 그가 지구와 천체의 도표에 너무나 독창적으로 적용할 수 있는 수학의 분야를 창조한 것은 바로 기원전 2세기였다. 히파르코스가 적용한 빈틈없는 방법은 기하학의 단순한 정리(定理)에 그 근거를 두고 있다. 그 정리가 무엇인지 살펴보기 전에, 먼저 정의상 한 삼각형의 각들이 다른 삼각형의 각들과 각각 동일하다면, 두 삼각형은 닮은꼴이라는 사실을 상기하자. 따라서 두 삼각형이 닮았다는 것을 보여주기 위해서는 한 삼각형의 두 각이 각각 다른 삼각형의 두 각과 동일하다는 것을 보여주는 것으로도 충분하다. 어떤 삼각형이든 그 내각의 합은 180도이기 때문에 두 삼각형의 세 번째 각은 당연히 같을 수밖에 없다. 특히 직각 삼각형의 경우에는 이미 두 삼각형의 직각은 동일하기 때문에 한 예각만 서로 같음을 보여주는 것으로 두 삼각형이 닮은꼴임을 증명할 수가 있다.

히파르코스가 적용한 정리는 다음과 같다. 만일 두 삼각형이 닮았다면, 대응하는 두 변의 길이의 비가 같다는 사실이다. 만일 삼각형 ABC와 삼각형 A′B′C′가 닮았다면, 선분 BC/AB는 선분 B′C′/A′B′와 동일하게 된다. 만일 삼각형 ABC와 삼각형 A′B′C′가 직각삼각형이라면, 그리고 각 A가 각 A′와 동일하다면, 앞의 정리에 의해 두 삼각형이 닮은꼴이라는 사실을 알게 된다. 그러므로 우리는 히파르코스가 그러했듯이 삼각형의 빗변과 각 A에 마주보는 변의 길이의 비는 각 A를 포함하고 있는 어느 직각 삼각형에서도 동일해야만 한다고 말할 수 있다. 선분 BC와 AB의 이러한 비율은 너무나 중요하여, 사인(sine)이라는 특별한 이름을 얻었다. 그리고 그 비율은 각 A에 따라 달라지는 것이므로, sinA라고 표기한다. 따라서 정의에 의해 다음이 성립한다.

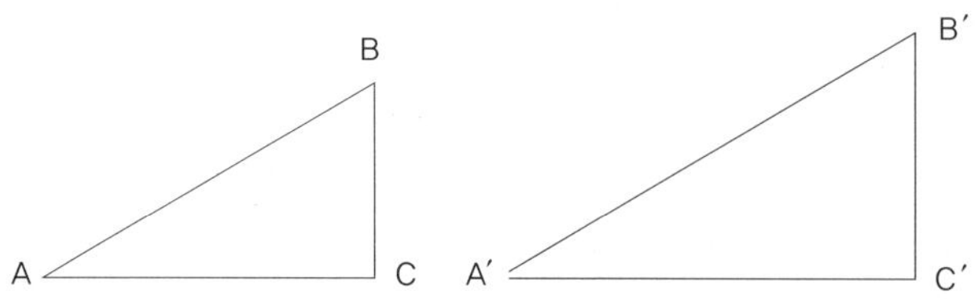

5-3. 닮은꼴의 두 직각삼각형

$$\sin A = \frac{BC}{AB} = \frac{\text{각 A의 대응변}}{\text{빗변}}$$

'sinA의 값이 각 A를 갖고 있는 모든 직각삼각형에 있어서 같다' 라는 사실은 각 A를 포함하고 있는 직각삼각형의 변의 길이로 이루어진 다른 비율에도 적용될 수가 있다. 예를 들어, 그 비율들은 다음과 같다.

$$\cos A = \frac{AC}{AB} = \frac{\text{각 A의 이웃변}}{\text{빗변}}$$

$$\tan A = \frac{BC}{AC} = \frac{\text{각 A의 대응변}}{\text{각 A의 이웃변}}$$

물론 이 값들은 각 A를 포함하는 모든 직각삼각형에서 동일하다.

이제 이들 비율을 이용하여 히파르코스가 지구와 천체를 측정하는데 어떻게 사용하였는가를 살펴보자. 첫 단계는 어떤 산의 높이를 측정하는 것이다. 문제를 단순하게 하기 위하여, 그 산이 그림 5-4에서처럼 직선으로 된 변이라 가정하고, 산의 기슭을 점 C라고 가정하자. 먼저 우리는 지면을 따라 쉽게 접근이 가능한 거리 AC를 측정한다. 예를 들어, 그 길이를 10마일이라고 해두자. 또한 각 A의 각도를 17도라고 해두자. 그러면 탄젠트 A의 정의에 의해 다음과 같이 말할 수 있다.

$$\tan 17^\circ = \frac{BC}{AC}$$

AC는 10이므로,

$$\tan 17^\circ = \frac{BC}{10}$$

그리고 양변에 10을 곱하면 다음과 같은 사실을 얻게 된다.

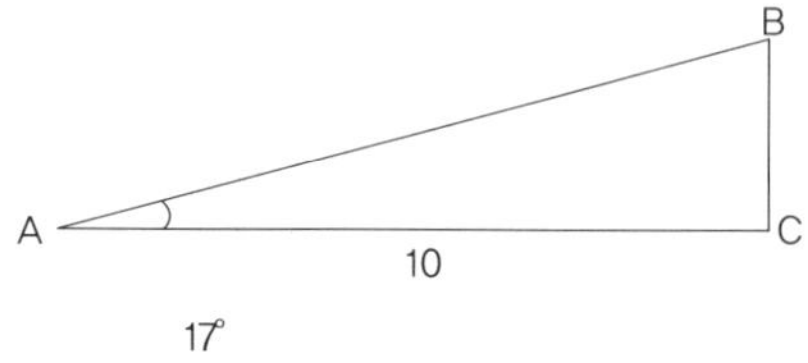

5-4. 한 산의 높이 계산

$$BC = \tan 17°$$

만일 우리가 tan 17° 의 값을 안다면, 즉시 BC의 길이를 얻을 수 있다. 이제 tan 17° 의 값은 이 각을 포함하는 어떤 직각 삼각형에서도 같은 값을 가지므로, 우리는 이 값을 결정하기 위해 어떤 삼각형이나 선택할 수 있다.

어떤 목수도 이 계산을 쉽게 할 것이다. 그는 한 예각이 17도인 작은 직각 삼각형을 만들어 마주보는 변과 인접한 변의 길이를 측정하여 두 변의 비율을 계산할 것이다. 수학자라면 더 세련되고 더 정확한 방법을 생각할 것이다. 천문학자일 뿐 아니라 수학자였던 히파르코스는 직각 삼각형에 대한 이 비율의 계산 방법을 고안하여 그 결과를 표로 나열하여 후세에게 물려주었으며, 이 유명한 표는 오늘날 우리의 교과서에도 수록되어 있다.

히파르코스가 계산을 어떻게 했는지 이를 상세히 따라갈 필요는 없다. 중요한 것은 이러한 비율들을 우리가 바라는 만큼 정확하게 계산하는 것이 가능하다는 것이다. 이 계산으로부터 우리는 tan17° 의 값이 소수점 네 자리까지 쓰면 0.3057이라는 것을 알 수가 있다. 그리하여 10 곱하기 tan17° 를 계산하여 BC가 3.507마일임을 알 수 있다. 이와 같이 산에다 직접 자를 대어보지 않고도 우리는 산의 높이를 구할 수 있게 된 것이다.

이제 이 결과가 지구의 크기를 측정하는 데 어떻게 사용되는지 알아보자. 앞에서 이미 우리는 교육받은 그리스인들이라면 지구의 모양이 완전한 구(球)로 믿고 있었다라는 사실을 언급하였다. 그들은 이 결론을 세계일주를 통해서라기보다는 미학적이며 철학적인 논의에 의하여 도달하였지만, 그렇다 하더라도 어쨌든 그들의 믿음은 아주 굳건한 믿음이었다. 따라서 이제 측정해야 할 필수적인 값은 구의 반지름의 길이이다.

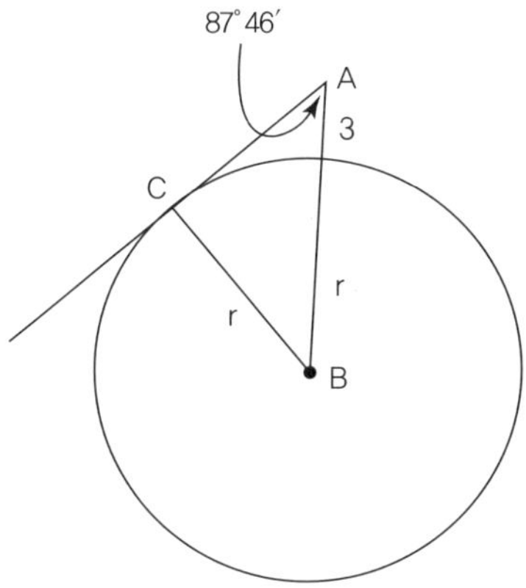

5-5. 지구 반지름의 계산

이 길이는 다음과 같이 측정할 수 있다. 먼저 가령 3마일 높이의 산을 올라가 지평선 쪽을 쳐다본다.

그러면 어떤 도구를 사용하건 간에 우리의 시선과 수직선이 만나 만들어지는 각을 측정할 수 있다. 그림 5-5의 각 CAB가 그것이다. 이 각은 대략 87° 46′ 라는 것이 밝혀진다. 이런 손쉬운 측정으로 우리는 위의 그림을 완성할 수가 있다. 이 그림에서 r은 지구의 반지름 BC의 길이이고 이 선분은 또한 시선 AC에 수직이다. 왜냐하면, 선분 AC는 유클리드 기하학의 정리에 따라 지구의 표면의 접선이고, 원의 반지름은 접점에서 접선에 수직이기 때문이다. 이제 히파르코스를 따라서 직각 삼각형의 빗변과 우리가 측정한 각의 대응변과의 비율을 알아보자. 그림에 따르면 이 비율은 $\frac{r}{r+3}$으로 sin A값으로 sin 87° 46′ 가 된다. 따라서 다음 식이 성립한다.

$$\sin 87° 46' = \frac{r}{r+3}$$

이미 sin 값의 계산 결과를 알고 있는 히파르코스는 sine 87° 46′ 의 값이 소수 다섯 자리까지 쓰면 0.99924가 된다는 것을 알고 있다. 그러므로 다음 식이 성립한다.

$$0.99924 = \frac{r}{r+3}$$

고등학교에서 배운 아주 간단한 산술에 의하여 우리는 r의 방정식을 쉽게 해결할 수 있으며, 지구의 반지름이 3944마일이라는 값을 얻게 된다. 이 결과의 정확성은 그 각도를 초까지 측정하여 더 향상시킬 수가 있다.

만일 위에 제시된 몇 줄의 설명이 무척 따분하다고 생각하는 독자가 있다면, 여기 서술한 방법이 지구의 중심까지 터널을 뚫어 반지름의 길이를 구하는 것을 대치한 것이라는 점을 명심해야 할 것이다. 이렇게 하지 않으면 그 친구는 지구 중심부에서부터 표면까지 계속해서 자를 대어 그 길이를 재가면서 반지름의 길이를 측정하는 수밖에 없다.

그럼, 이제 히파르코스가 어떻게 지구에서 달까지의 거리를, 더 정확히 말하면 지구 중심부에서 달의 중심부까지의 거리를 어떻게 알아내었는지 살펴보자. 우리 설명은 실제보다 약간 단순화시킨 것이지만, 히파르코스 방법의 본질은 훼손하지 않았다. 지구 중심에서 달의 중심까지 그은 선분 AB를 그림 5-6에서와 같이 생각해보자. 이때 중심 B에

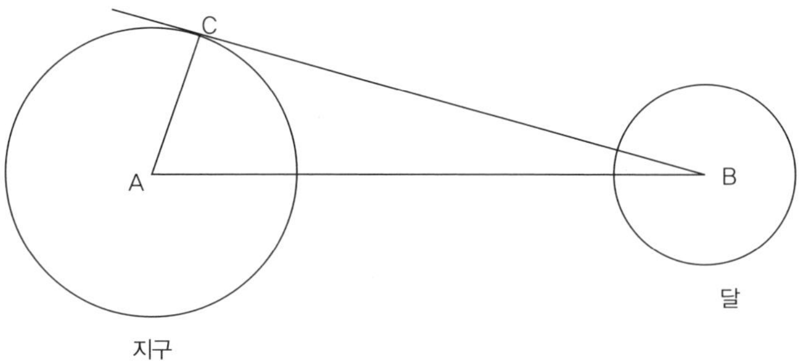

5-6. 지구와 달까지의 거리 계산

서 지구의 표면 C에서 접하는 접선을 그을 수가 있다. 이제 앞에서 인용한 기하학의 정리에 따라 그림의 선분 AC는 표면 위에 접점 C까지 그어진 지구의 반지름을 나타내게 되며, 이는 접선 BC와 직각을 이룬다. 그림의 각 CAB는 C지점의 위도가 된다. 바로 히파르코스가 오늘날 보편적으로 사용하게 된 바로 그 체계, 즉 위도와 경도로 지구 표면 위의 점의 위치를 정하는 체계를 개발하였던 것이다. 그리하여 히파르코스는 C지점의 위도를 알게 되었다. 그는 또한 지구의 반지름인 CA도 알고 있었다. 이제 다음과 같이 주장할 수 있을 것이다.

$$\cos A = \frac{AC}{AB}$$

위 그림에서 A의 정확한 값은 89° 3′ 이다. 히파르코스의 표에 따르면 $\cos 89°\,3' = 0.01658$이다. 지구의 반지름 AC의 거리는 약 3950이라고 하자. 따라서 다음 식이 성립한다.

$$0.01658 = \frac{3950}{AB}$$

이 방정식의 양변을 AB로 곱하고, 다시 0.01658로 나누면, 다음과 같은 값을 얻을 수 있다.

$$AB = \frac{3950}{0.01658} = 238000$$

즉, 지구 중심에서 달의 중심까지의 거리는 약 23만 8천 마일이 된다.

되돌아 생각해보면, 지금까지 우리는 지구 표면 위에서 매우 쉽게 측정할 수 있는 거리에서 시작하여 산의 높이, 지구의 반지름, 그리고 달까지의 거리를 연속해서 계산하였음을 알 수가 있다. 이렇게 히파르코스의 방법을 따르면, 태양까지의 거리, 행성과 항성까지의 거리도 쉽게 계산된다. 사실, 히파르코스는 엄청나게 많은 천문학적 계산을 수행하였다. 그의 삼각법이 간단하며 동시에 폭넓게 적용할 수 있다는 사실은 이제 분명하다.

히파르코스가 지구와 천체를 조사하기 위하여 만들어낸 수학은 그가 살던 시대 이래로 수많은 실용적 문제들을 해결하는 데 사용되었다. 측량가, 항해사, 지도 제작자들은 끊임없이 이를 활용하였다. 아닌 게 아니라 히파르코스의 방법과 여기 상세히 설명하지 않은 다른 수학적 방법들의 힘을 통하여 알렉산드리아의 그리스인들은 지도 제작을 하나의 과학으로 만들었다. 그들의 지도는 15세기, 16세기, 그 위대한 탐험의 시기에 이르기까지 지구에 대한 가장 좋은 정보를 제공해주었다. 천문학자 프톨레마이오스가 8권으로 된 책인 《지리학(Geographia)》에서 고대에 축적된 지리적 지식을 모두 요약한 것은 후대에게는 매우 다행스러운 일이었다. 이 책은 지구상의 8000여 곳의 위도와 경도를 알려주는, 세계 최초의 지도책이자 지명 사전이다.

삼각법이라는 주제는 수학의 한 분야가 된 훌륭한 본보기다. 그것에 대한 연구는 실용적이며 동시에 지적인 관심에 의하여 자극받은 것이다. 이 분야는 한편으로 탐사, 지도 제작, 항해에 대한 관심, 또 한편으로는 우주의 크기에 대한 호기심으로 시작된 것이다. 이 분야를 통해 알렉산드리아의 수학자들은 우주를 삼각 측량할 수 있게 되었고 지구와 천체에 대한 더 명쾌한 지식을 얻을 수 있었다. 이제 그들이 이 작업을 어떤 방식으로 이용해 나갔는지 다음 장에서 알아보자.

06 이성을 얻게 된 자연

소크라테스 : 아주 좋아, 프로타쿠스. 그럼 질문 하나 할까?
프로타쿠스 : 무슨 질문이죠?
소크라테스 : 우주라 불리는 이 모든 삼라만상이 비이성과 우연의 잡동사니에 좌우되는 것일까, 아니면 반대로 우리 조상들이 주장했던 것처럼 경이로운 지성과 지혜에 의하여 정돈되고, 지배되는 것일까?
프로타쿠스 : 두 주장은 서로 너무나도 동떨어져 있습니다. 저명한 소크라테스, 방금 당신의 말은 내게 신에 대한 불경처럼 들립니다. 그러나 마음이 모든 것을 지배한다는 두 번째 주장이 세계를 보는 관점으로서 가치가 있는 것 같습니다.
– 플라톤, 《필레보스(Philebos)》

무언가를 창조하고자 하는 사람은 우선 기꺼이 꿈을 꾸어야 한다. 철학적 사고 방식을 가진 그리스인들은 종종 자신들의 생각이 꿈으로 이어지도록 내버려두었다. 그래서 그들은 이제까지 인간이 성취한 것 중에서 가장 예언자적인 통찰력을 가진 사람들로 불리는 영예를 얻었다. 그 상상력은 너무나 특별하여, 생각하는 모든 그리스인들의 지적인 삶에 영향을 미쳤다. 서구 문명에서 그 결과는 매우 의미 있는 것이었다.

환상은 얼마쯤 자연이 합리적으로 질서 지워진 것이라 말한다. 모든 자연 현상은 정확하고 변화하지 않는 계획을 따른다. 또한 환상은 마음이 최고의 힘을 가지고 있으므로, 우주에서 벌어지는 여러 현상들에 우리의 마음을 적용한다면 자연의 패턴을 이해할 수 있다고 말한다.

그리스인들은 자신들의 꿈을 현실에 투영하였으며, 대담하게 그리고 천재적으로 자연 현상을 이성적으로 설명한 최초의 민족이 되었다. 현상을 이해하고자 하는 그리스인들의 욕구는 탐구와 탐험을 촉발하였다. 탐험이 시작되자 유클리드 기하학과 같은 지도는 다른 이들이 미개척지를 빨리 발견하여 새로운 세계를 정복하는 데 도움을 주었다.

앞선 문명들, 특히 바빌로니아와 이집트 문명은 수많은 관찰을 통해 유용하고 경험적인 여러 공식을 얻어냈다. 그러나 그들이 비록 자연의 질서에 대한 증거를 발견한 것은 틀림없는 사실이지만, 어떠한 포괄적인 이론은 생각해내지 못했다. 물론 그 구조에 대해서는 거의 꿈도 꾸지 못했다. 자연의 복잡 다단한 행동과 반응은 계획, 질서, 법칙에 대한 어떤 징표도 그들로부터 철저히 은폐하고 있었다. 자연은 변덕스럽고, 신비로우며, 가끔씩은 두려운 것으로 보였으며, 그저 그런 상태로 존재했다. 그러나 그리스인들은 다른 방식으로 생각하였다. 지식에 대한 자신들의 욕망과 이성에 대한 사랑으로 용기백백한 이들은 정신의 힘을 신봉하여 드디어 자연의 형식을 탐구하다보면 물리적 세계에 내재해 있는 질서를 발견하게 되리라 확신하였다.

자연에 대한 합리적 해석의 추구는 그리스 문명 초기부터 매우 적극적으로 이루어졌다. 탈레스의 우주론이 그 전형이다. 그는 만물은 궁극적으로 물로 되어 있으며, 안개와 지구도 물의 형식일 뿐이라 주장하였다. 우주란 그 속에 하나의 거품을 지닌 거대한 물로 구성되어 있으며, 바닥에는 지구가 떠다니고 꼭대기에 있는 물에서 비가 내려오는 거품이 바로 우리가 사는 세계라고 믿었다. 천체들은 빛나는 상태의 물이었다. 그것들은 둘레에 거품으로 둘러싸인 물 위에 떠 있는 것이다. 항성은 이집트인과 바빌로니아인들에게는 신이었지만, 탈레스에게는 '항아리에서 나온 증기'에 불과했다. 우주의 구성에 대한 이러한 이론을 내놓으면서, 탈레스는 아주 현대적인 관점을 취하게 된다. 그는 자신의 설명이 필연적으로 글자 그대로 존재하는 것을 기술하고 있다고 주장하지 않았다. 오히려 관찰한 것을 하나의 합리적 패턴으로 조직하였기 때문에 그 주장을 진전시킨 것이다.

자연 현상에 대한 이러한 분석은, 현대 과학 이론의 세련됨이나 상대적인 심오함과 비교해볼 때 천박하고 유치해보일 수도 있다. 그럼에도 불구하고, 탈레스와 그의 이오니안 동료들은 그 이전 문명의 사고 범주를 뛰어넘어 한참 멀리 나아간 것이다. 적어도 이들은 감히 우주에 직접 접근하였으며, 신, 영혼, 유령, 악마, 천사, 즉 합리적 마음으로는 용인할 수 없는 그런 대행자들로부터 어떠한 도움도 받기를 거부하였다. 이렇게 실체적이며 객관적인 설명들이 신비주의적이며 미신적인 설명을 대체하였다. 그리고 추론에서 비롯되는 그들의 접근 방식은 시인들의 환상적이고 무비판적인 설명을 신뢰하지 않았다. 화려한 직관은 우주의 본질을 꿰뚫어보았고, 이성은 이러한 통찰력을 수호하였다.

피타고라스 학파가 등장하면서 자연을 합리화하고자 하는 프로그램은 수학의 도움을 받아들이게 되었다. 피타고라스 학파는 물리적으로는 매우 다양한 현상들로 보이지만 모두가 동일한 수학적 성질을 드러낸다는 사실에 감동받았다. 달과 고무공은 같은 형태를 공유하면서 동시에 구(球)에 공통된 다른 성질들도 공유한다. 이와 마찬가지로, 쓰레기통과 포도주통이 서로 같은 부피를 가질 수도 있다. 이렇게 보면 다양한 이면에는 수학적 관계가 놓여 있으며, 그것이 현상의 본질임에 틀림없음이 명백하지 않은가?

피타고라스 학파는 구체적으로 수와 수의 관계에서 이러한 본질을 발견하였다. 수는 자연을 설명하는 제일원리였으며 우주의 내용이자 형식이었다. 기원전 5세기의 유명한 피타고라스 학파 학자였던 필로라우스는 다음과 같이 말하였다. "수와 수의 본질이 없다면, 존재하는 것도 그 자체로든, 다른 것과의 관계든 어느 누구에게도 명확하지 않을 것이다. 당신은 악마와 신 사이에 벌어지는 사건에서뿐만 아니라, 모든 행동, 그리고 모든 예술과 음악을 하는 인간의 생각 속에도 수가 힘을 발휘하고 있음을 관찰할 수 있다."

예를 들어, 음악을 숫자들간의 단순한 관계로 환원시킬 수 있다는 현상은, 다음과 같은 두 가지 사실을 발견한 후 피타고라스 학파에겐

6-1. 피타고라스/피타고라스 학파는 수와 음정 사이의 관계를 천체들의 조화라는 개념과 연관지었다.

능히 있을 수 있는 일이 되었다. 첫째는 현을 뜯을 때 나는 소리가 현의 길이에 좌우된다는 것, 둘째, 화음은 길이가 서로 정수의 비율인 현들에 의하여 발생한다는 것이다. 가령, 하나의 길이가 다른 길이의 두 배가 될 때, 동일하게 팽팽한 두 현을 뜯으면 화음이 발생한다. 두 음조 사이의 음악적 간격은 이제 한 옥타브(octave)라고 불린다. 또 다른 화음은 길이의 비율이 3대2인 두 현을 뜯음으로써 형성될 수 있다. 이 경우 짧은 현은 긴 현이 내는 음보다 5도 높은 음정을 낸다. 사실, 현을 뜯어서 내는 모든 화음의 상대적 길이는 정수의 비로 표현할 수 있다.

피타고라스 학파는 행성의 움직임도 수의 관계로 환원하였다. 그들은 우주에서 움직이는 천체들은 소리를 내며, 빨리 움직이는 천체는 천천히 움직이는 것보다 더 높은 음을 낸다고 믿었다. 아마도 이러한 생각은 현의 끝에 매달린 물체를 돌릴 때 나는 휙 하는 소리에서 암시를 받았을 것이다. 피타고라스 천문학에 따르면, 행성은 지구로부터의 거리가 크면 클수록 더 빨리 움직인다. 따라서 행성이 내는 소리는 지구와의 거리에 따라 다양하며, 이들 소리는 모두 조화를 이룬다. 그러나 모든 하모니와 마찬가지로, 이러한 '천체들의 음악'은 숫자들의 관계로 환원시킬 수가 있으며, 행성들의 움직임도 그러하였다.

이러한 피타고라스 학파의 더욱 '실체적인' 요소들 이외에도 그들은 개별적 숫자들에다가 매우 재미있는 해석을 부치기도 하였다. 그들은 숫자 1을 이성과 동일시하였다. 그 이유는 이성이란 단지 하나의 일관된 전체만을 산출할 수 있기 때문이다. 그리고 2는 의견과 동일시하였고, 4는 정의(正義)와 동일시되었는데, 제곱수로서 첫 번째 수이기 때문이다.(피타고라스 학파에게 1은 완전한 의미에서 숫자가 아니었다. 어차피 통일성unity이란 양의 개념이 아니기 때문이다.) 5는 첫 번째 홀수와 첫 번째 짝수의 결합이기 때문에 결혼을 의미했다. 그리고 7은 건강과 동일시되었고, 8은 사랑과 우정을 뜻했다. 피타고라스 학파는 4를 정사각형의 4점으로 생각하여 정의와 동일시했는데, 정사각형과 정의의 연상작용은 오늘날까지 계속되고 있다. '스퀘어 슈터(square-shooter)'는 '정의롭게 행동하는 사람'을 뜻한다.

모든 짝수는 여성적인 것으로, 홀수는 남성적인 것으로 간주되었다. 이러한 연상으로부터 짝수는 악, 홀수는 선을 상징하게 되었다. 짝수에서의 문제는, 2는 1로, 4는 2로, 8은 4로, … 계속 짝수로 이등분될 수 있다는 데에 있었다. 계속되는 이등분 과정은 무한대를 암시하며, 그것은 명확하고 유한한 것을 선호하는 그리스인들에게 두려움을 가져다주었다. 반면, 홀수는 짝수의 이등분이 무한대로 계속되는 것을 예방해준다. 즉 그들은 짝수가 조각나는 것을 막아주는 것이다. 더욱이 홀수의 경우, 이등분할 경우 저속하고 부적절한 분수로 나누어지기 때문에 이등분에 저항을 하게 된다.

6=1+2+3에서와 같이, 약수들의 합이 자신이 되는 수는 완벽하다고 한다. 각각이 상대방의 약수의 합이 되는 경우 두 숫자는 '친구와 같다'. 그리하여 220과 284는 약수를 점검해보면 알 수 있듯이 서로 호의적이다.(친화수friendly number라 부른다.) 이 때문에 그러한 숫자들을 적은 작은 알약들이 최음제로 복용되었다. 이상적인 숫자는 10이었는

데, 그 이유는 연속하는 정수들, 즉 1, 2, 3, 4의 합이기 때문이다. 그리고 10은 이상적이기 때문에, 우주의 천체들은 10개이어야 했다. 피타고라스 학파들은 이들 9개의 천체를 쉽게 설명할 수 있었는데, 그 까닭은 지구, 태양, 달, 항성의 구, 그리고 그 당시 알려진 나머지 5개의 행성들이 불로 이루어진 고정된 중심의 주위를 돌고 있다고 믿었기 때문이다. 그들은 10번째 움직이는 별이 존재한다고 주장하였으며, 이를 반(反)지구(counter-Earth)라고 불렀다. 이 별은 항상 지구와 중심 불을 두고 반대편에 있으며, 그렇기 때문에 보이지 않는다고 생각했다. 10이 가지는 이상성으로 그들은 또한 모든 우주의 물체들을 홀수와 짝수, 경계가 있는 것과 없는 것, 오른쪽과 왼쪽, 하나와 다수, 여성과 남성, 선과 악같이, 10쌍의 범주로 기술할 수 있어야 한다고 주장하기도 하였다.

피타고라스 학파의 이러한 사변적인 공상들은 많은 부분 한가로이 늘어놓은 사변이며, 비과학적이고, 그리고 쓸모 없다는 점을 부인할 수 없다. 숫자의 중요성에 너무나 얽매인 나머지 그들은 확실히 자연과 거의 일치하지 않는 자연철학을 세우게 되었다. 불행하게도 이러한 철학 중 몇 가지는 중세 유럽에 전승되었고, 종교적 신비를 띠며 극히 신성한 것으로 취급되었다. 그럼에도 불구하고 피타고라스 학파의 중요한 논제, 즉 자연은 수와 수의 관계에 비추어 해석되어야 하며, 수는 실재의 본질이라는 논제는 현대 과학을 지배하게 되었다. 피타고라스 학파의 논제는 코페르니쿠스, 케플러, 갈릴레이, 뉴턴, 그리고 이들 계승자들의 연구 속에서 다시 되살아나 세련되게 다듬어졌으며, 오늘날 자연을 양적으로 연구해야 한다는 원리가 이를 대표한다. 이렇게 상대적으로 현대적인 과학자들은 몇 가지 피타고라스 학파의 다른 신념들을 채택하였다. 즉 우주는 완전한 수학 법칙에 따라 질서를 갖췄다는 사실, 신성시되는 이성(理性)은 자연의 조직자라는 사실, 그리고 자연을 탐구할 때에 인간의 이성은 신이 만든 패턴을 식별하고자 한다는 사실 등이 그것이다. 우리는 곧 이러한 철학이 현대 과학의 성공을 가져왔으며, 궁극적으로는 수리적 관계가 그리스인들이 기하학에 부여했던 주요한 지위를 빼앗았다는 것을 알게 될 것이다.

피타고라스 다음으로 으뜸가는 피타고라스 학파 학자는 플라톤이었다. 그는 물리적 세계의 실재와 명료함은 단지 수학을 통해서만 이해할 수 있다는 믿음을 공유하고 있었다. 왜냐하면, '신은 영원히 기하학을 연구하기' 때문이다. 플라톤은 피타고라스 학파보다 더 나아갔다. 그는 수학을 통하여 자연을 이해하기를 바랐을 뿐 아니라, 자신이 진정한 실재라고 믿었던 이상적이며, 수학적으로 조직화된 세계를 이해하고자 했기 때문에 자연을 초월하고자 하였다. 가시적이며 영원하지 못하고 불완전한 것은 추상적이며 영원하고 완전한 것으로 대체되어야 했다. 그는 물리적 세계를 조금만 꿰뚫어보더라도, 더 이상 관찰의 도움을 받지 않고 이성의 힘에 의해 발달시킬 수 있는 기본적 진리를 제공할 수 있기를 희망하였다. 그런 관점에서 자연은 수학에 의하여 완전히 대체될 수 있게 된다. 아닌 게 아니라 그는 피타고라스 학파들이 들을 수 있는 조화의 숫자를 탐구하긴 하였지만, 결코 숫자 그 자체의 자연적 조화에는 도달하지 못하였다는 이유로 비판한다. 그는 그 자체로 소리에 대한 연구는 쓸모가 없다고 주장하고, 만일 미(美)와 선(善)을 위하여 추구되기만 한다면, 조화로운 숫자에 대한 숙고가 최고의 가치를 가진 것이라고 주장하였다.

천문학에 대한 플라톤의 자세는 모든 자연과학에 대한 그의 태도를 잘 설명해준다. 플라톤에 따르면, 진정한 천문학은 가시적인 천체의 움직임에 관심을 가지지 않는다. 우주에서 별들의 위치와 그들의 외관적인 움직임은 정말로 보기에 멋지고 아름다운 것이기는 하지만, 그 움직임을 그저 관찰하고 설명하는 것으로는 진정한 천문학에 이르지 못한다. 진정한 천문학에 도달하기 위해서는, '우주를 그대로 내버려두어야 한다'. 왜냐하면 진정한 천문학이란 하늘에 떠 있는 별들의 진짜 수학적인 운동 법칙을 다루는 것이기 때문이다. 눈에 보이는 하늘은 그것의 불완전한 표현일 뿐이다. 그는 눈이 아니라 마음을 기쁘게 하는 원인을 탐구하는 이론적인 천문학에 헌신할 것을 주장하였다. 항해, 달력, 시간의 측정 등은 명백히 플라톤 천문학의 관심 밖이었다.

관찰하고 실험하는 것을 꺼린 플라톤의 접근이 그리스 과학 발달에 장애가 되었다는 것은 의심할 여지가 없다. 또한 근본적 진리를 파악하고 논리적 결과를 연역해내는 마음의 힘을 지나치게 신뢰했다는 것 또한 사실이다. 그럼에도 불구하고, 자연과학에 대하여 그가 생각해낸 개념으로 얻게 된 이익은 측정할 수 없을 만큼 값진 것이었다. 그 개념은 그가 혼자 내버려두고 싶어했던 바로 그 천체에 대한 최초의 종합적인 탐구 계획을 낳았던 것이다.

이 시기의 그리스인들은 행성들의 움직임을 도표로 만들고자 했던 사람들이 볼 수 있는 사실을 발견하게 되었다. 지구에서 볼 수 있듯, 하늘에서 행성들의 진로는 명백한 규칙적인 리듬이나 이성이 배제된 무질서 그 자체였다. 그들은 앞으로 나아가기도 하고 뒤로 물러서기도 한다. 아닌 게 아니라 하늘의 이러한 방랑자들은(그리스어로 행성planet이라는 단어는 '방랑자 wanderer'를 뜻한다.) 어떠한 질서 있는 경로도 따르기를 거부하는 것처럼 보인다.

수세기 동안 이집트인들과 바빌로니아인들이 했던 것처럼, 행성의 움직임을 관찰하고 조심스럽게 도표로 만드는 것과, 한 단계 더 나아가 외관상 불규칙한 것 이면에 놓인 계획을 드러낼, 어떤 통일된 천체들의 운동 원리를 찾아내고자 하는 것은 정말 별개의 일이다. 이는 플라톤이 아카데미아를 세우기 전에 제기했던 문제이다. 다시 말하여 비록 행성들의 체계적인 움직임을 필요로 하긴 하지만, 우리가 보는 무질서한 운동도 설명할 수 있는 어떤 수학적 구조를 고안하고자 했던 것이다. 그는 이 문제를 지금은 유명해진 어구인 '현상 구원하기(saving the appearance)'라는 말로 기술하였다.

플라톤의 제자인 에우독소스가 플라톤이 제기한 문제에 대하여 답을 하였다. 그는 나름대로 대가이며 으뜸가는 그리스 수학자 중 하나로, 그가 제시한 답은 역사에 알려진 최초의 주요한 천문학 이론이며 자연을 합리화하는 프로그램에 있어서 결정적인 진전을 이룬 것이었다.

에우독소스의 구조는 중심을 부동의 지구로 두고, 같은 중심을 가진 일련의 구들로 이루어져 있다. 어떤 한 천체의 복잡한 운동을 설명하기 위하여 에우독소스는 먼저 그것을 지구를 통과하는 축을 중심으로 항상 같은 속도로 회전하는 하나의 구에 부착하였다. 그래서 행성 P는 횡단면이 AMB인 구에 붙어 있게 된 것이며, 이 구는 축 AB를 중심으로 돌게 된다. 에우독소스는 그 다음 이 축 AB가 A와 B를 넘어서 두 번째 구, 즉 그림 6-2에 있는 C와 D까지 도달하게 된다고 상상하였다. 이 두 번째 구는 그림 6-2의 GF와 같이 그 자체 축을 중심으로 돌면서 첫 번째 축과 그와 함께 돌고 있는 구도 함께 돌리게 된다. 두 개의 구로는 어떤 천체의 움직임도 설명하기에 충분하지 못했기 때문에 에우독소스는 두 번째 구의 축이 그것을 넘어 세 번째 구에까지 이르게 된다고 보았고, 또 그 세 번째 구는 자신의 축을 중심으로 돈다고 가정하

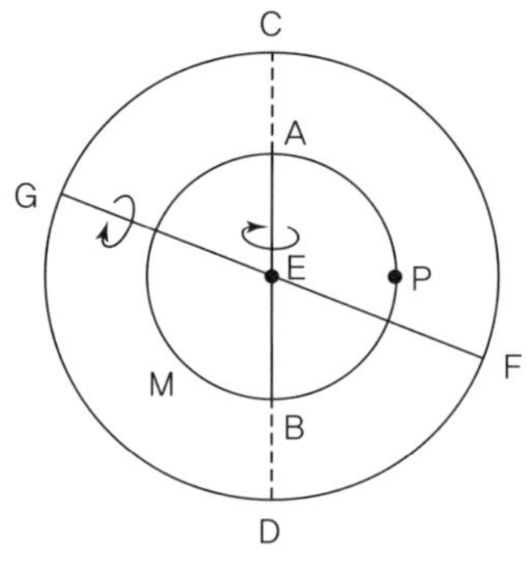

6-2. 에우독소스 구조의 개략

였다. 행성의 경우에 에우독소스는 각각에 대하여 네 개의 그러한 구들을 사용하였다. 이들 구의 회전 속도와 반지름은 에우독소스가 관찰한 행성들의 움직임에 맞추었다.

물론 어떤 천체든지 두 개 또는 세 개의 구들이 조합하여 이루어지는 운동을 통해 그것이 택한 경로를 눈으로 볼 수 있도록 하는 것은 어려운 일이다. 그러나 결과로 나타난 바로 그 복잡한 운동들은 지구에서 본 것과 같이 다섯 개의 행성과 태양, 달 그리고 항성 등의 경로를 기술하는 데 에우독소스가 필요로 했던 바로 그것이었다. 전체 체계를 기술하기에 총 27개의 구로 충분하였다.

외관상 무질서해보이는 천체들의 운동을 기술하고 예측하고자 했던 에우독소스의 구조는 물론 독창적이며, 그리스인들에게 대단한 감명을 주었다. 그것은 본질적으로 수학적 질서를 따르고 있었으며 동시에 그러한 질서를 고안한 인간 정신의 힘을 보여주는 것이었다. 또한 에우독소스가 자신의 구조를 순수하게 수학적인 것이라고 여겼다는 사실도 주목할 가치가 있다. 그는 구에 어떠한 물리적 의미도 부여하지 않았다. 그것들은 허구였으며 관찰된 운동을 설명하는 단지 하나의 이론을 구성한 것뿐이었다.

에우독소스가 구축한 이론이 그리스 천문학의 결정판은 아니었다. 잠시 후 더 우월한 이론이 등장한다. 그러나 고대 그리스 문화를 떠나기에 앞서 먼저 그 시대가 자연의 합리성을 수립하기 위하여 축적했던 다른 중요한 증거들을 언급할 필요가 있다. 고대 그리스에서는 자연이 수학적으로 고안되어 있다는 결론을 내리기 위하여 우주를 직접 관찰할 필요가 없었다. 단지 유클리드 기하학의 의미만 되새기면 되었다.

유클리드는 10개의 공리로 기하학을 시작하였다. 이들 중 '같은 것에 같은 것을 더하여도 변하지 않는다'($a=b \Rightarrow a+c=b+c$)와 같은 공리들은 즉시 받아들여졌다. 두 점은 단지 하나의 직선에 의하여 연결된다는 그

밖의 다른 공리들은 물리적 세계를 관찰함으로써 시사를 받은 것이었다. 그러나 일단 이러한 공리들이 채택되고 나면, 정리들은 단지 정신의 작용에 의해 연역되었다. 《원론》에 포함된 수백 개의 정리들은 모두 눈을 가리고 상아탑에 앉아 있는 유클리드와 같은 사람이 연역할 수 있는 것들이었다. 그럼에도 불구하고 이들 정리 중 어느 하나라도 물리적 세계에 적용되면, 상황을 완벽하게 기술한다는 것이 밝혀졌다. 정리는 마치 그 상황에서 직접 추론된 것인 양 정밀하고 신뢰할 수 있는 지식을 주었던 것이다. 그렇다면 그리스인들은 공리들로부터 수백 번의 연속적인 연역이라는 순수한 추론을 통해 얻은 정리가 실생활에 완벽하게 적용된다는 사실에서 어떤 결론을 내렸을까? 그것은 자연이란 하나의 합리적 계획에 맞추어 설계되었다는 것, 자연은 추론된 지식의 전체 덩어리에 일치함을 증명하는 것이 아니었을까? 이것이야말로 이 세계가 완벽한 설계도에 의해 완성되었다는 강력한 증거가 아닐까?

그리스인들은 수많은 다른 물리적 현상들을 연구하였고, 자연의 수학적 설계와 구조에 대한 증거를 발견하였다. 광학 분야의 한 사례가 이를 잘 설명해준다.

유클리드는 광선이 거울에 비추는 각도가 반사되는 각도와 동일하다는 사실을 발견하였다. 다시 말하여, 그림 6-3에서 각도 1은 각도 2와 동일하다. 종종 투사각은 반사각과 동일하다는 진술로 기술되는 이 사실은 자연 행위의 수학적 법칙과 설계를 잘 드러내보인다.

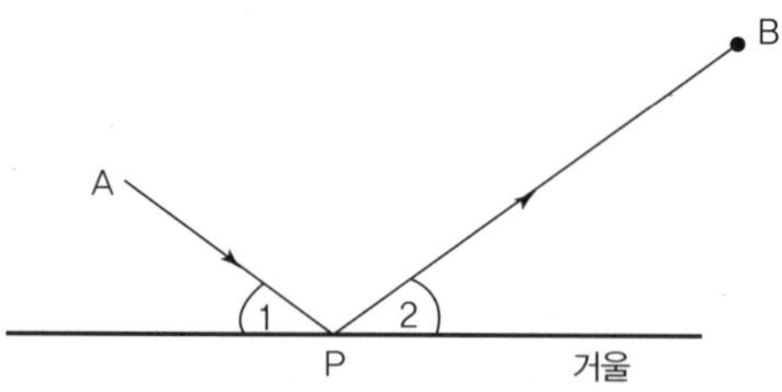

6-3. 투사각은 반사각과 동일하다.

이러한 광학 현상에 관련된 수학 법칙이 하나 더 있다. 또 다른 관련을 보면, 한 직선 밖에 두 점 A와 B가 있을 때 점 A에서 이 직선을 거쳐 점 B에 이르는 모든 길 중에서 가장 짧은 길은 두 선분 AP와 PB가 그 선분에 동일한 각이 되도록 하는 점 P를 경유하는 길이다. 그리고 가장 짧은 이 길은 정확히 빛이 통과하는 길이다. 결국 자연은 분명히 기하학을 잘 알고 있을 뿐만 아니라 이를 충분히 활용하고 있는 셈이다.

고대 그리스인들이 자연의 수학적 설계에 대한 훌륭한 증거를 가지고 있었다면, 알렉산드리아 시대의 그리스인들은 논쟁의 여지가 없는 완벽한 증명을 했다고 주장할 수 있을 것이다. 이들의 최고 업적은 고대에 가장 정확하고 가장 영향력 있는 천문학 이론을 만들었다는 데에 있다. 이 작업의 중심 인물은 히파르코스이다. 그는 천체의 크기와 거리를 계산하는 데 간접적인 측정법을 사용할 수 있음을 논증하였던 사람이다. 그는 천문학을 탐구하는 과정에서, 관찰 기구를 개선하고 춘분과 추분점의 세차(歲差)를 밝혔으며, 황도의 각도를 결정짓고, 달 운동의 불규칙성을 측정하고, 그 전에 측정한 1년의 길이를 수정하였으며(히파르코스는 태양년의 길이가 365일 5시간 55분, 또는 약 6과 1/2분이 더 많다고 측정하였다), 1천 개의 항성에 관한 목록을 작성하였다.

히파르코스는 에우독소스의 구조가 다른 그리스인들과 에우독소스 자신이 관찰한 많은 사실들을 제대로 설명하지 못한다는 것을 알았다. 에우독소스의 구조는 지구를 중심으로 돌고 있는 구에 천체들이 붙어 있다고 가정한 것이었다. 에우독소스의 이론은 특히 화성과 금성의 운동을 설명하는 데 결정적인 실수를 저질렀다. 따라서 에우독소스의 구조 대신, 히파르코스는 하나의 행성 P(그림 6-4)가 Q를 중심으로 일정한 속도로 원 운동을 한다고 가정하고, 이 Q는 지구를 중심으로 하는 또 다른 원 위를 일정한 속도로 움직이고 있다고 가정하였다. 그는 두 원의 반지름과 Q와 P의 속도를 적절하게 선택하여 여러 행성들의 운동

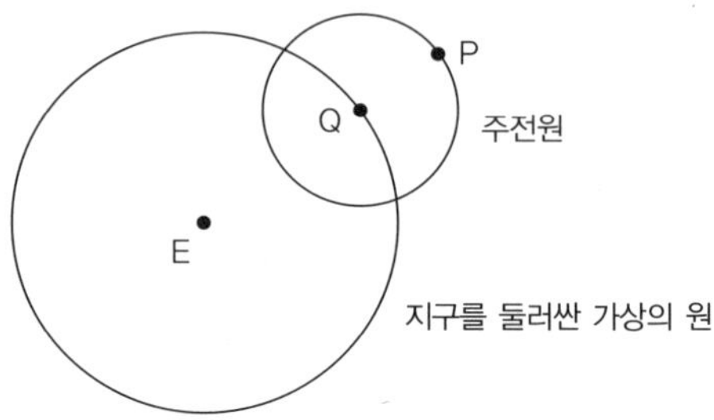

6-4. 간략하게 그린 히파르코스의 구조

을 정확히 기술할 수 있었다. 이 구조에 따르면, 한 행성의 운동은 현대 천문학에서 기술하는 달의 운동과 일치한다.

지구가 태양의 둘레를 돌고 있을 때, 동시에 달도 지구의 둘레를 돈다. 그렇게 되면 태양의 둘레를 도는 달의 운동은 히파르코스의 체계에서 지구 둘레를 도는 한 행성의 운동과 동일하게 된다.

몇 가지 천체의 경우에 히파르코스는 하나의 천체는 다른 원 위를 돌고 있는 서너 개의 원을 사용할 필요가 있다는 것을 발견하였다. 다시 말하여 행성 P는 수학적 점인 Q가 중심인 원 위에서 움직이며, 한편 Q는 점 R을 중심으로 하는 원 위에서 움직이고, R은 지구를 중심으로 움직인다. 또한 각각의 물체와 점들은 각각 늘 일정한 속도로 움직인다. 또 다른 경우 히파르코스는 가장 내부에 있는 원은 지구의 중심이 아니라 그 근처에 있다고 가정해야만 했다. 이러한 기하학적 구성과 일치하는 운동을 편심(偏心) 운동이라 불렀다. 반면 가장 내부에 있는 원의 중심이 지구인 경우는 동심(同心) 운동이라 불렀다. 두 유형을 사용하고 관련된 원들의 반지름과 속도를 적절히 선택함으로써 히파르코스는 달, 태양, 행성들의 운동을 아주 잘 기술할 수 있었다. 이 이론으로, 비록 일식은 그다지 정확히 예측하지는 못했지만, 월식은 한두 시간 정도의 오차 내에서 예측할 수 있게 되었다.

현대적 관점에서 보면, 히파르코스는 한 발 뒤로 퇴보했다는 사실을 언급해야겠다. 왜냐하면, 그가 활동하기 거의 1세기 전에 다른 유명한 알렉산드리아인인 아리스타르코스가 모든 행성들이 태양을 중심으로 돈다는 이론을 발전시켰기 때문이다. 그러나 오랜 바빌로니아의 기록과 더불어 알렉산드리아의 관측소에서 150년간 관찰된 것을 근거로 히파르코스는 오늘날 태양중심설이라고 우리가 알고 있는 것, 즉 태양을 중심으로 원을 그리면서 행성들이 돌고 있다는 이론은 만족스럽지 않다는 것을 확신하였다.

따라서 히파르코스는 아리스타르코스의 생각을 추구하고 개선하기보다 너무나 사변적인 것이라며 폐기하였다. 다른 사람들도 아리스타르코스의 생각을 거부하였다. 그 까닭은 아리스타르코스의 생각을 따르게 되면, 지구를 하나의 행성으로 간주하는 것이 지구의 영원불멸이 아닌 물질들은 영원불멸의 천체들과 동일시하는 일이며, 이는 불경스러운 일이라 여겼기 때문이다. 지구와 다른 천체들간의 이러한 구분은 그리스적 사고에서는 아주 확고하게 정립된 것이었고, 비록 독단적이라고 말할 수 없다 하더라도 아리스토텔레스조차 이러한 구분을 옹호하였다. 그러한 구분은 기독교 신학의 과학적 교리가 되었다. 따라서 이러한 실수를 후에 제거하게 된 것은 현대 수학과 과학이 거둔 승리 중 하나일 것이다.

그리스 천문학 이론의 발달은 클라우디우스 프톨레마이오스의 작업에서 그 절정에 이르렀다. 그는 이집트의 정치 지도자는 아니었지만, 왕립 수학 협회의 한 일원이었다. 아닌 게 아니라 히파르코스의 작업은 프톨레마이오스의 《알마게스트(Almagest)》에 기록되어 있기 때문에 우리에게 알려졌다. 이 저작은 이후 세대에 미친 영향력에서 유클리드의 저작과 마찬가지로 중요하다. 《알마게스트》의 기록된 수학적 내용에는 그리스 삼각 측정법을 명확한 형식으로 수록하여 천 년 이상 전해내려오게 하였다. 천문학 분야에서도 그것은 동심원과 편심원의 지구중심설을 완전하게 설명하여 이후 프톨레마이오스 이론으로 알려지게 되었다. 양적으로도 너무나 정확하였고 너무나 오랫동안 전해내려왔기 때문에 사람들은 이를 절대적 진리로 여길 정도였다.

이 이론은 천체의 현상들을 합리화하고자 한 플라톤의 의문에 대한 그리스인들의 최종적 답변이었으며, 역사상 진정으로 위대한 최초의 과학적 종합이었다. 히파르코스의 업적을 프톨레마이오스가 완성함으로써 우주 설계에 대한 증거는 소수 열 번째 자리까지 완벽하게 되었다. 우주는 합리적이며 그 운동을 결정짓는 원리들은 수학적이었다. 이러한 천문학 이론은 이후 르네상스 시기에 코페르니쿠스와 케플러에 의하여 변형되고 뉴턴에 의하여 재정립되면서 세련되며, 현대 과학의 가장 중요한 원리인 자연의 균질성과 불변성의 주요한 증거를 제공하였다.

이 이론은 완전히 다른 사상가 집단에 의하여 즉각 이용되었다. 프톨레마이오스의 체계는 지구를 우주의 중심으로 보고 있기 때문에, 그 사상을 발전시킨 기독교 신학에서 인간은 신이 창조한 피조물 중에서 가장 중요하며, 인간의 복지는 신의 관심사 중에서 가장 가치 있다는 주장은 당연한 사실로 확립되었다. 이러한 신학적 결론을 너무 중요시하여 그 기반인 수학적 증거는 신학적 결론에 종속되었다. 그럼에도 불구하고, 교회가 명백히 인식하고 있는 것처럼 인간이 우주에서 가장 중요한 대상이며, 우주는 인간을 위해 특별히 설계된 것이라는 기독교의 교리는 많은 부분 프톨레마이오스의 이론에서 비롯되었다.

그리스인들은 자연에 대한 합리적 구성을 완성하지 못하였다. 우리는 여전히 오늘도 이 일에 종사하고 있다. 그러나 그들은 천문학, 기계학, 광학, 우주와 우주에서의 수에 대한 연구에서 기념비를 남겼다. 이들 업적에서 수학은 본질이거나 본질적인 도구였다.

불행하게도 그리스인들의 지적 생활은 수학자와 철학자들이 통제할 수 없는 정치적 사건들에 의하여 단명할 수밖에 없었다. 알렉산드리아가 번성하던 시기에 로마의 위압적인 군대들이 이탈리아 반도에 몰려들면서, 이후 지중해를 둘러싸고 있는 다른 국가들을 공격하기 시작하였다. 카이사르는 프톨레마이오스 왕조의 마지막 여왕인 클레오파트라가 벌인 남매 사이의 가족 분쟁에 개입함으로써 이집트에 대한 장악력을 보존할 수가 있었다. 그 후 그는 불을 질러 항구에 닻을 내리고 있던 이집트 함대를 파괴하고자 시도하였다. 결과적으로 인간이 야만에 대항하여 싸운 투쟁의 긴 역사 중에서 가장 비극적인 대학살이 시작된 것이었다. 불길은 바다에서부터 덮쳐왔고, 알렉산드리아에 있던 위대한 도서관을 파괴하였다. 고대 문화의 눈부신 행렬을 상징했던 5천만여 개의 글과 2세기하고도 반세기 동안 모아두었던 책들이 한꺼번에 없어져버렸다. 로마인들은 철수하였으나 기원전 30년 클레오파트라가 사망하자 다시 돌아왔다. 이후 알렉산드리아 박물관에 대한 로마의 간섭과 지배는 점차 이곳에서 꽃피었던 문화가 파괴되는 과정을 상징적으로 보여준다.

알렉산드리아의 화재는 로마가 추상화된 지식을 얼마나 경멸하는지 상징하는 사건이었다. 로마인들의 역사가 그리스인들의 역사와 함께 성장해왔음에도 우리는 로마인들이 수학에 대한 종합적 역사를 이해했다고는 생각할 수 없다. 로마인들은 실용적인 사람들이었고, 그들은 그것을 자랑스럽게 여겼다. 그들은 육교, 지금까지 남아 있는 거대한 도로, 다리, 공공건물, 토지 측량과 같은 광대한 공학적 기획들을 착수하여 완성하였다. 그러나 그들은 당시 자신들이 이룬 구체적이며 특정 응용 이외의 생각을 거부하였다. 그들이 남긴 글의 한 대목만 살펴보아도 그들의 일반적인 생각을 이해할 수 있게 될 것이다. 그 문제는 적이 이미 반대편 제방에 있는 경우, 강의 너비를 알아낼 수 있는 방법이 어떠한 것일까에 관한 것이다. 키케로는 "그리스인들은 기하학을 가장 추앙했기 때문에, 그 결과 수학보다 더 화려한 발전을 이룬 것은 없다"라고 인정하였다. 그러나 "우리는 그리스 기술의 한계인 측정과 셈에서의 유용성을 정립하였다"고 자랑하였다.

그리스인들의 수학이 예술에 대한 이상성과 관련이 있는 것과 마찬가지로 로마인들의 실용적 관심은 구체적이면서 다소 세속적인 예술에 표현되었다. 예를 들어, 로마의 예술은 목적이 있으며, 교훈적이며 기념할 만한 것이고, 아름다움이란 꾸밈새와 장식물에서 유래된 것이었다. 조각과 초상화는 언제나 개인에 관한 것이었고, 누군가를 기념하거나 신성시하기 위한 것이었다. 이를테면 아우구스티누스는 갑옷과 메달을 단 군인으로 조각되었는데(그림 3-4 참고), 그 옆에 있는 작은 소년은 로마의 풍요로움을 상징하는 것이다. 이상에 대한 숙고와 완전한 비율로 된 신과 인간의 형상에 대한 몰두는 사라졌다. 건축에서 로마는 유용한 목적에 이용되는 목욕탕과 같은 공공 건물로 가장 잘 알려져 있다.

로마인들의 근시안성으로 그들은 단면적이며 모방적인 이류의 문화를 낳았다. 수세기 동안 그들은 그리스인들에게 의존함으로써 영감과 독창적 사고의 결함을 보충할 수 있었다. 아우구스투스가 제국의 토지 측량을 착수할 때에 알렉산드리아로부터 전문가들을 불러들였고, 율리우스 카이사르 역시 달력을 개혁하고자 할 때, 알렉산드리아인을 초빙하였다. 학문의 우물이 거의 말라갈 무렵, 로마인들은 자신들이 물 공급을 게을리 하면서 동시에 샘까지 돌로 막아버리는 실수를 저질렀다는 것을 깨닫기 시작하였다. 그러나 때는 너무 늦었다.

수학, 과학, 다른 예술 분야에서 로마인들이 이룩한 업적이 정말 보잘 것 없다는 사실은, 추상적 사고가 실용주의에 의하여 추동된 것이 아니기 때문에 별 가치 없다고 비난하는 '실용적'인 사람들에게는 경종이 될 만한 본보기이다. 로마의 역사로부터 얻을 수 있는 한 가지 확실한 교훈은, 수학자와 과학자가 행하는 고도의 이론적인 작업을 조롱하고 그 유용성을 비난하는 사람들이야말로 실용적인 중요한 발전이 어떻게 이루어지는지 그 방식조차 모르는 사람들이라는 점이다. 아닌 게 아니라 오늘날 어떤 거대 기업들도 새로운 아이디어와 기술을 산출하기 위해서는 즉각 그 유용성이 보이지 않는 연구에도 수백만 달러와 수년의 시간을 들여야 한다는 사실을 알고 있다.

그리스 문명에 대한 로마인의 통치는 또 다른 이유에서 파괴 그 자체였다. 수백만의 사람들이 노예가 되었고, 수백만의 다른 사람들이 신민(臣民)이 되었다. 로마의 관료 사회는 모든 사회 · 정치적 향상을 억압하였으며 교육을 최소 한도로 축소시켰다. 동시에 신민 국가로부터 세금으로 거대한 부를 끌어모았으며 그것을 로마로 가져왔다. 대다수 사람들의 운명은 견딜 수 없는 것이 되었다. 이 비참한 사람들 사이에서 윤리와 형제애, 그리고 내세에서의 보상을 강조하는 기독교의 호소력은 빨리 퍼져나갔으며 수천의 사람들, 아니 궁극적으로 수백만 명의 사람들을 그리스 문화로부터 멀어져가게 하였다. '이교도'와 기독교도 사이의 유혈 폭동은 일상적인 것이 되었다. 불행하게도 기독교도들은 그리스의 모든 학문을 이교도주의와 동일시하였고, 가혹한 공격을 가하였다. 알렉산드리아의 박물관에 있던 학자들은 박해를 받았고 그 도시에서 추방당했다.

알렉산드리아 학파의 마지막 수학자인 히파시아(Hypatia)의 운명은 그 시대의 종말을 극적으로 보여준다. 그리스 종교를 포기하길 거절하였다는 이유 때문에 그녀는 성난 기독교 군중들에게 공격을 받아 알렉산드리아의 거리에서 사지가 이리저리 찢겨져 나갔다. 히파시아의 운명은 그리스적 사고의 운명과 같은 것이었다.

640년 이 도시를 정복한 이슬람교도들이 박물관을 불태우면서 알렉산드리아 박물관에 최후의 일격을 가했다. 이미 페이지가 찢겨져 바람에 날아가버린, 고대 고전의 겉표지처럼 폐기되고 만 것이다. 무하마드의 계시와 상반되는 내용을 포함하고 있는 책들은 악이며, 그렇지 않은 책들도 있으나 마나한 것들이라는 이유로, 그리스 정신으로 계몽이 된 다른 적들이 그나마 보존하고 있던 박물관 전체와 남아 있는 문헌들 모두가 사라지고 말았다.

비록 박물관은 파괴되고, 학자들도 흩어졌지만, 고대 문화는 여전히 살아남아 결국 서구 문명을 형성하면서 다시 생명을 가지게 된다. 유럽은 그리스인들로부터 그들이 남긴 훌륭한 업적뿐 아니라 궁극적으로 인간 이성의 잠재력을 배우게 된다. 유럽은 또한 자연의 수학적 설계에 대한 확신을 물려받았으며 모든 인간사에 이성을 적용할 수 있다는 자신감도 물려받았다. 이성의 정신이 인간을 장악하고 있을 때 서구 문명은 태어났으며, 이 문명은 그 정신의 다양한 힘에 따라 발전하기도 하고 퇴보하기도 하였다.

07 막간Interlude

숨겨진 물질에 대한 당신의 생각을 구걸하지 말라,
그것은 신에게 맡기고, 당신은 단지 그를 섬기고 두려워하라.
– 존 밀턴(John Milton).

여행을 많이 다닌 6세기 알렉산드리아의 한 상인은 지구는 평평하다고 기록했다. 사람이 사는 곳은 길이가 너비의 두 배가 되는 직사각형의 형태를 하고 있다. 이 거주 지역은 바다로 둘러싸여 있으며, 다시 그 주변에는 더 많은 육지가 둘러싸고 있다. 북쪽에는 태양과 달이 선회하고 있는 원뿔형의 높은 산이 있다. 밤에는 태양이 산 뒤에 있다. 물론 낮에는 앞에 있다. 하늘은 바깥 쪽 육지의 가장자리에 붙어 있다. 하늘 위에는 두 개의 층으로 나누어지는 천국이 있어서 위층에는 은총을 받은 사람들과 신이 있으며, 아래층에는 인간을 다스리는 천사들이 있다.

유클리드, 아르키메데스, 히파르코스, 그리고 프톨레마이오스와 똑같은 공기를 들이마시며 살았던 한 사람이 그렇게 썼다. 나중에 수도사가 된 코스마스라는 상인이 실제로 여행을 다니며 우주에 관한 이러한 사실을 알게 된 것은 아니다. 오히려 우주의 지형학은 그리스교도라면 결코 의심할 수 없는 《성서(Divine Scripture)》에 기록된 그대로 실현되는 것이라고 그는 말했다. 그의 작품 《기독교인들의 지형학(Topographia Christiana)》은 12세기까지 교육을 받은 사람이나 무지한 사람들 모두에게 인기가 있었는데, 그 책에서 코스마스는 자신의 우주론을 상세히 설명하였다. 성서는 인간이 '지구의 표면'에 살고 있다고 말하기 때문에 그에 대한 반대는 있을 수 없다. 사실 성서에는 지구가 굳건한 토대 위에 고정되어 있다고 기록되어 있으므로, 만일 반대가 있다 하더라도 하늘은 지구를 둘러싸고 있어야만 한다.

이후 사상가들은 코스마스의 우주학을 매우 중요한 방향으로 발전시켰다. 물론 우주의 중심에는 여전히 고정된 지구가 있다. 지구 위에는 달, 행성, 태양이 있으며, 각각 하나의 구에 붙어 있다. 이들 8개의 구는 천체가 할 수 있는 유일한 운동인 원운동을 하며 지구 둘레를 돌고 있다. 구와 천체들을 구성하는 물질은 실체가 있지만 불멸의 것이어서 지구상에 있는 물질의 물리 법칙에 종속되지 않는다. 게다가 이들 천체들은 지구로부터 고정된 거리에 있다. 왜냐하면, 천체들을 구성하고 있는 물질들은 자신이 존재하는 곳에 알맞게 위치하고 있기 때문이다. 그러나 이들 8개의 구 위에 다른 두 개의 구가 있었다. 아홉 번째 구는 행성도 항성도 없으며, 자신과 다른 8개의 구를 움직이게 하는 원동력이었다. 이 아홉 번째 구는 지구 둘레를 24시간 정확히 돌기 위하여 다른 구들보다 더 빨리 돌았다. 왜냐하면, 열 번째 구인 천국과 가까이 있어서 그것을 움직이는 정신은 다른 8개를 움직이는 정신들보다 더 열렬한 것이었기 때문이다. 열 번째 구는 정지 상태이지만, 코스마스가 앞서 기술했던 그런 존재들이 살고 있는 지역이었다.

지구에 대하여 좀더 알아보자. 육지는 지금의 유럽과 근동을 중심으로 펼쳐져 있었고, 사람이 살고 있는 세계의 중심은 예루살렘이었다. 지구 내부에는 지옥이 있는데, 그 모양은 용광로와 비슷하여, 경사진 벽을 따라 죄인들이 일렬로 늘어서 있다. 사탄은 가장 밑바닥에 살고 있다. 지구 위에는 여전히 번성한 에덴 동산이 있었다. 그러나 이 영역은 불행하게도 불의 벽으로 둘러싸여 있어서 접근이 불가능하였다. 지구에는 인간 이외에 경이로우면서도 괴물과 같은 피조물들이 있었다. 천사와 악마, 그리고 악마의 조력자들이 그 중 가장 중요한 존재들이다. 인간과 유사한 필멸(必滅)의 피조물 중에는 사티로스가 있었다. 이들은 매부리코를 가졌고 이마에는 뿔이 있으며 염소의 발을 가졌다. 아주 다양한 사티로스가 있다는 것을 믿었다. 어떤 것들은 머리가 없고, 어떤 것들은 외눈박이였다. 또 어떤 것들의 귀는 무지무지하게 크고, 어떤 것들은 한 개의 발만 가지고 있었다. 바다도 육지와 마찬가지로 경이로운 지역이었는데, 그곳에는 습관적으로 코끼리와 싸우는 용들이 극성을 부리기도 하였다.

자연은 정말 보면 볼수록 경이롭고 놀라운 세상이었다. 물론 아무도 그럴 필요를 느끼지 않아 보려고 하지 않을 뿐이다. 성 아우구스티누스도 "인간이 성서 밖에서 얻은 지식은 그 무엇이든, 만일 해로운 것이라면 성서에서 운명지어진 것이며, 만일 유익한 것이라면, 이미 성서에 포함되어 있다"라고 말하지 않았던가? 그리하여 인간이 알아야 할 모든 지식을 얻고 싶다면, 성서와 초기 교회의 창시자들이 쓴 글을 읽기만 하면 되는 것이었다. 마찬가지로 성서의 확언들은 왜 물리적 세계, 동물과 식물들이 존재하는지와 같은 근본적 질문에 답을 주었다. 이런 것들은 모두 인간을 돕기 위하여 창조된 것이다. 식물과 동물들은 비가 인간의 농작물에 자양분을 주듯이 인간에게 식량을 제공해주었다. 인간은 지리적으로 우주의 중심일 뿐 아니라 궁극적인 목적과 설계에 비추어보아도 우주의 중심이었다. 자연 세계가 비록 인간을 위하여 존재하긴 하지만, 자연에 대한 연구는 피하였고, 심지어 자연 자체를 두려워하기도 하였다. 그 이유는 사탄이 지구를 지배하였고, 그의 일단들이 모든 곳에 퍼져 있었기 때문이다. 실제로 과학은 사악한 것이며, 과학을 통해 얻은 지식은 그 대가로 영원히 저주받는 운명에 놓였다.

모든 자연은 인간을 위해 존재하지만 인간은 사후에 신과 재결합하기 위하여 존재하는 것이다. 이 지구상에서의 삶은 실질적으로 전혀 중요하지 않았다. 단지 영혼의 내세만이 중요하였다. 그러므로 인간은 이 더러운 지구로부터 벗어나 신의 최고천(最高天; 불과 빛의 세계로 신이 사는 곳)으로 가야만 했다. 모든 세속적 관심사와 집착에서 벗어남으로써 원죄를 가진 완고한 육체로부터 영혼을 떼어내야만 했다. 자연, 식량, 의복, 그리고 성(性)과 관련 있는 것은 가혹하게 억제되어야 했다. 이런 것들은 영혼을 더럽히기 때문이다. 이러한 수단들을 통하여, 자신의 죄를 확신하고 구원을 의심했던 중세 사람들은 내세를 준비하고, 아마도 신의 은총을 얻는 데 성공하였을 것이다. 인간의 사고와 감각으로부터 자연을 지워버림으로써 영혼을 정화해야 할 필요성으로 인하여, 육체와 정신, 세계와 신 사이의 끝나지 않는 전쟁인 새로운 이분법이 등장하게 되었다.

인간과 우주의 본질에 대한 이러한 설명은 알렉산드리아 시기가 끝날 무렵, 그리고 이어진 중세 시기 대부분의 기간 동안 널리 퍼졌던 학문의 한 본보기였다. 앞 장에서 언급한 이유들로 해서 알렉산드리아의 그리스 문명은 급속히 쇠퇴하였다. 알렉산드리아의 후기 사상가들은 그들의 지적 유산을 개선하기보다는 오히려 타락시켰다. 그들은 과학과 수학을 무시하고, 형이상학적 논쟁에 스스로를 소진하였고, 플라톤과 아리스토텔레스 모두가 이해 못하는 주제들에 대해서 둘을 화해시키고자 하였다. 기독교의 영향이 점차 커지면서, 알렉산드리아인들은 비가시적인 세계를 탐구하였고, 영혼을 육체로부터 분리하였고, 악마와 초자연적인 존재와 대화하는 방법을 찾는 것이 중요하다고 생각하였다. 철학을 마법으로 바꾼 것이었다.

그리스와 로마 학문의 쇠퇴는 교회와 이교도들간의 싸움을 통해 더 가속화되었다. 그리스와 로마의 걸작들에는 사람들의 마음에서 지워져야 할 신화를 담고 있었으며, 그 도덕 역시 기독교의 윤리학과는 반대되는 것이었다. 또한 그리스와 로마인들이 현세에서의 삶을 강조한 것은 잘못된 것이라 생각하였다. 물리적 생명, 건강, 학문, 문학, 철학을 영혼의 구원과 비교해볼 때, 무슨 의미가 있는가? 복음성가의 교훈들을 곰곰이 생각해보아야 할 때에 시인들은 왜 다른 책들을 읽고 있는가? 현세에서의 삶이 영생에 들어가기 위한 하찮은 서곡에 불과한데, 그 삶을 왜 유쾌하고 안락하게 하려고 하는가? 신의 본성과 인간 영혼과 신과의 관계에 관하여 아직 탐구하고 이해해야 할 것이 많은데, 자연 현상에 대한 질문에 답하려고 애쓰는가? 그리스와 로마의 모든 학문은 불경스러우며, 이단적이라는 결론에 이를 수밖에 없었다. 그리하여 교회가 이교도와 그 이상에 반대함으로써 기독교를 믿고 있는 곳에서는 모두 고전을 반대하는 태도가 강화되었고, 결국 모든 지적인 관심과 정열을 신학적인 문제가 흡수하게 되었다.

지식과 학문이 최고 절정에 도달하고 나서 밑바닥으로 떨어지게 된 지역에는 지중해 주변의 나라들만이 포함되어 있었다. 그때까지 중부와 북부 유럽이 아무런 역할도 하지 못했다는 점에 주목해야 한다. 그렇다면 영국, 프랑스, 독일, 그리고 다른 나라들은 어떠한 상태였는가? 어떻게 그들은 그리스와 로마의 문명과 연결되었으며, 어떻게 그리스적 사상을 재산으로 물려받게 되었는가?

대다수 미국인들의 조상이며 근대 초기 유럽에 살았던 게르만족은 야만인들이었다. 그들은 무지와 가난 속에서 살았으며, 완곡히 표현하여 고결한 소박함 속에서 살았다. 산업은 번성하지 않았다. 무역은 물물교환으로 이루어지고, 다른 부족들과 더 문명화된 지역을 약탈함으로써 보충하였다. 각 부족의 정치 조직은 원시적이었으며, 용맹스러운 전사들이 이끌었다. 정치적 유대는 지역적 유대로 보충되었다. 이들 모든 부족들은 태양, 달, 불, 땅, 그리고 모든 일상 생활사를 지배하는 특별한 신들을 숭배하였다. 대부분의 원시 민족과 마찬가지로, 게르만족들은 신성(神性)과 신에 대한 인간의 희생을 믿었다.

게르만족의 학문, 예술, 그리고 과학에 대한 설명은 이게 전부이다. 아무것도 없었다. 이들 민족들은 문자의 사용에 대해서 전혀 알고 있지 못했다. 문자가 없었기 때문에, 어떤 세대든 자신이 발견하고, 창조하고 경험한 것을 적절히 기록하여 후세에 물려줄 수가 없었다. 지식을 구술로 전승함으로써 사소한 업적들을 전설로 확대하고, 환상과 미신을 마치 진리와 같이 보이도록 할 수는 있다. 그러나 그것으로 예술과 학문을 증진시키지는 못한다.

야만인들은 점차 문명화되었다. 최초로 커다란 영향을 받은 것은 로마인들로부터였다. 그들은 유럽의 여러 지역을 정복하고 자신들의 관습과 제도를 정복된 지역에 강제로 부과하였다. 제국이 교회를 붕괴하였을 때, 유럽에 유일하게 남아 있던 강력한 조직이 통치를 하게 되었다. 이교도들을 기독교화하기 위하여 교회는 학교를 도입하고 지원하였으며 교구를 조직하고 능력 있는 지도자들을 뒷받침해주었다. 이러한 방법으로 야만인들은 글쓰기, 정치 조직, 법, 윤리학, 그리고 물론 기독교를 알게 되었다. 이리하여 유럽은 로마의 유산을 받아들이게 된 것이다.

산수의 기본을 알지 못한 민족이 수학을 발전시키리라 기대할 수는 없다. 실제로 역사적으로 볼 때 이 점은 결코 놀랄 만한 일이 아니다. 현대 문명에 기여한 문명 중 어떤 문명도 수학이 중세 유럽에서 존재했던 것과 같은 낮은 수준으로 존재하지는 않았다. 500년에서 1400년까지, 전체 기독교 세계에는 주목할 만한 수학자가 아무도 없다.

이 시기에 이루어진 발전은 모두 힌두교도들과 아랍인들에 의하여 이루어진 것이다. 우리는 이미 바빌로니아인들이 사용한 자리수 개념의 원리를 힌두교도들이 어떻게 십진법에 응용하였는지, 그리고 바빌로니아인들의 분리 기호(separation symbol)를 영(零)으로 멋지게 바꾸어 놓았는지를 살펴본 바 있다. 역사가 입증하는 한, 힌두교도들은 이후

굉장히 중요한 것으로 판명이 된 한 아이디어를 창조했다는 점에서 정말 독창적이었다. 이는 다름 아닌 바로 음수(陰數)라는 개념이었다. 5와 같은 숫자에 대응하는 -5라는 새 숫자를 도입하였으며, 예전의 숫자들을 새로운 수, 즉 음수와 구별하기 위하여 양수(陽數)라고 불렀다. 또한 힌두교도들은 이 새로운 숫자들을 빚을 나타내는 데 사용함으로써 양수만큼 유용할 수 있다는 사실을 보여주었다. 사실, 그들은 이러한 응용을 염두에 두고 음수에 대한 산술적 연산을 공식화한 것이었다.

이러한 업적과 기타 다른 힌두교도들의 업적들은 이를 유럽에 전승한 아랍인들이 받아들였다. 그후 17세기가 되어서야 비로소 수학이라는 학문에 흡수되었다. 중세 시대의 유럽 대학들은 산술과 기하학, 그리고 대체로 단순한 계산과 복잡한 미신으로 구성되어 있는 이론적 산수를 제공할 뿐이었다. 기하학은 유클리드의 책 중 처음 세 권에만 한정되었고, 석사 학위 후보자들에게 그 이상 알 것을 요구하지 않았다. 몇몇 대학에서 이루어진 이후 단계들은 이등변 삼각형의 밑각이 동일하다는 기본 정리 정도였다. 또한 사과(四科)의 다른 두 교과, 즉 음악과 천문학에 수학이 약간 관련되어 있을 뿐이었다. 천 년 전의 학식 있는 유럽 수학자들의 지식은 모두 합해봐야 오늘날 초등학교 졸업생이 아는 정도밖에 알지 못했던 것이다.

그러나 이렇게 문명이 낮은 상태에서도 수학은 해야 할 역할이 있었다. 교회를 지지하는 것은 아니었지만, 수학의 한 가지 역할은 점성술로 예언을 하는 것이었다. 사실 중세 시대 초기에 기하학과 구분되는 것으로서 수학이라는 단어는 점성술을 의미하였으며, 점성술 교수를 매스매티치(mathematicii)라고 불렀다. 그 당시 로마 황제는 점성술을 탐탁지 않게 생각했다. 지금도 수학을 저주하고 금지하였던, 수학과 사악한 행위에 대한 로마 법령과 같은 법을 찾아볼 수 있다. 후에 로마와 기독교도 황제들은, 비록 자신의 왕국에서 점성술사들을 추방하긴 했지만, 영향력 있는 조언자로서 그들을 고용해 왕궁에 들여놓기도 하였다. 만일 미래를 예언하는 이러한 일에 무언가 중요한 일이 있다면, 통치자는 그것을 간과할 수 없다. 또한 자신이 아닌 다른 사람이 그 지식을 알게 되는 것도 허락하지 않았다.

점성술에 대한 도덕적, 법적 비난에도 불구하고 점성술은 번성하였다. 알렉산드리아 시대 이후로 계속, 갈레노스를 포함한 위대한 의사들이 별에게 조언을 구함으로써 적절한 의학적 치료를 결정할 수 있다고 믿었기 때문이다. 아리스토텔레스의 아랍어 번역판을 근거로 항성들의 규칙적인 원 운동이 계절, 낮과 밤, 성장과 쇠퇴와 같은 자연의 질서를 통제한다고 믿었다. 반면, 지구에서 볼 때 이리저리 돌아다니는 것처럼 보이는 행성들은 인간의 변화무쌍하며 정해지지 않은 삶을 지배한다고 믿었다. 각 행성들은 신체의 특정 기관에 영향을 미친다. 화성은 담즙, 피, 신장을 관장하며, 수성은 간을 지배하고, 금성은 성기를 관장하였다. 12궁 각각의 표시는 머리, 목, 어깨 그리고 팔과 같은 몸의 한 부분을 관장하였다. 항성들의 별자리 가운데 행성들의 출현은 인간의 운명을 지배하는 것으로 보았다. 그래서 수학자들과 의사들은 열심히 항성과 행성들의 운동을 연구하여, 천체에서의 위치와 인간 신체의 행위나 인간사와의 관계를 연결시키고자 시도하였다.

수학의 많은 지식이 이러한 목적에 많이 요구되었기 때문에, 의사들은 이 분야에 대하여 학식이 있어야만 했다. 사실 그들은 인간 신체에 대한 연구자라기보다는 점성술사이자 수학자였다. 수백 년 동안 의사와 대수학자는 실지로 동의어였다. 가령, 《돈키호테(Don Quixote)》에 나오는 샘손 카라스코(Samson Carasco)가 말에서 떨어졌을 때, 그의 상처를 묶어주기 위하여 대수학자(algebrista)를 부른다. 실제로 중세 대학은 의과 학생들에게 점성술에서 수학을 어떻게 이용하는지 가르치기도 하였다. 그런 대학으로 가장 유명한 곳이 볼로냐 대학이었는데, 일찍이 12세기부터 수학과 의학 학회가 있었다. 심지어 갈릴레이도 의과 학생들에게 점성술에 응용할 수 있도록 천문학에 대하여 강의하기도 하였다.

분명한 것은 중세의 점성술이 어리석거나 순진한 사람들만이 탐닉하는 미신으로 간주되지 않았다는 점이다. 점성술은 19세기 코페르니쿠스의 천문학과 만유인력의 법칙과 마찬가지로 진지하게 심사숙고해야 하는 원리를 가진 하나의 학문이었다. 로저 베이컨, 카르다노, 케플러도 이를 받아들여 자신의 과학·수학적 지식을 점성술에 활용하기도 하였다. 그러나 오늘날에는 점성술이라는 학문이 '행운의 날' 칼럼으로 신문 지면을 장식하거나, 싸구려 가게에서 파는 출생 달 별점으로, 그리고 몸무게와 미래를 예측해주는 지하철의 싸구려 체중계로 타락해버렸다. 어제의 학문이 오늘날에는 미신으로 전락한 것이다.

현대인은 교회가 수학에 관심을 가지게 된 이유를 훨씬 더 잘 이해할 수 있을 것이다. 천문학, 기하학, 산수는 달력을 만드는 데 필요했다. 특히 부활주일의 날짜를 아는 것이 중요했다. 유럽의 모든 수도원에는 이 일을 하는 수도승이 적어도 한 명은 있었다.

수학은 신학을 위한 준비로서, 교회에서도 마찬가지로 가치 있는 것이었다. 고대의 플라톤과 다른 그리스인들이 철학을 위한 준비로 수학을 연구했듯이 교회는 단지 철학을 신학으로 대체하였을 뿐이다. 물론 이러한 목적을 위해서 필요한 수학자들이 그다지 많지 않았다는 사실을 조심스럽게 말해야겠다. 그것은 마음을 위해 유익한 것이었으며, 그 이상은 아니었다. 그럼에도 불구하고 신앙에 많은 관심을 둔 신학자들, 그리고 성서에 의지하고 교회의 창시자들을 진리의 조정자로 받아들이는 신학자들도 이러한 추론에 대한 관심을 보임으로써 수학에 대한 약간의 연구를 보장받을 수 있었다.

그리스인들에게는 많은 신이 있었지만, 신학은 없었다. 그러나 중세에는 단 하나의 신이 있었으며 많은 신학이 있었다. 아닌 게 아니라

7-1. 아퀴나스

중세 초기의 신앙은 그러한 신학을 지탱해주는 거의 유일한 것이었다. 성 아우구스티누스가 말했듯 알기 위하여 믿어야 했다. 그러나 교리를 제안하는 교회 신부들이 점점 더 많아지면서, 그리고 이 교리들을 이해하고자 하는 학자들이 서로 모순되고 갈등하는 진술들을 절충하는 문제에 직면하게 되면서, 필요한 절충을 이루어낼 수 있는 것으로 이성을 사용하게 되었다. 추론은 또한 신앙에 진정한 논쟁과 논리, 설명을 강화해주었다. 마찬가지로 이성은 철학의 체계와 기독교 교리간의 일치, 그리고 관찰된 사실과 기독교의 해석간의 일치를 증명해주었다.

이리하여 중세 후반에 와서는 오히려 이성이 기독교 신학의 주요한 버팀목으로 신앙을 대체하기 시작하였다. 이러한 움직임은 수많은 그리스의 글들을 아랍어에서 라틴어로 번역함으로써 더욱 촉발되었다. 특히 아리스토텔레스의 엄청난 학문과 그의 논리가 알려지게 되었다. 기독교 신학은 이미 아리스토텔레스의 사상을 어느 정도 받아들이고 있었기 때문에, 이제 교회의 학자들은 사용 가능한 그런 광대한 지식 덩어리를 무시할 수가 없었다. 그리하여 교회는 아리스토텔레스의 철학과 가톨릭 신학을 절충하고 또한 형이상학과 성서를 조화시켜야 할 과제에 직면하게 되었다. 철저하게 이성적으로 기독교를 수호할 수 있다는 가능성은 스콜라 학파에게는 매우 호소력 있는 것이었다. 그 중 토머스 아퀴나스가 가장 유명하다. 아퀴나스는 신학을 위한 굳건한 논리적 구조를 제공하고, 가톨릭 교리와 아리스토텔레스 철학을 하나의 합리적 체계로 결합하는 일을 떠맡았다. 그의 노력의 결과인 《신학대전

(神學大全, Summa Theologiae)》은 이제까지 만들어진 것 중 가톨릭 철학에 대한 가장 종합적이고도 철저한 설명을 제공해주었다. 동시에, 그가 쓴 글의 구성 때문에 '영혼의 유클리드'라는 제목이 붙기도 하였다.

비록 가톨릭 신학자들 작품의 높은 지적 수준을 정당하게 평가하지는 못했지만, 이렇듯 잠깐만 그들의 이성적 관심을 살펴본다 하더라도, 왜 중세 교회가 적어도 약간의 수학을 살아남게 했는지 그 이유는 명백해진다. 그러나 수학과 중세 신학 사이에는 더 중요한 관련이 존재한다. 이미 우리는 교회가 자연 철학을 지지하였음을 지적한 바 있다. 이 철학은 무엇보다도, 자연이 하느님에 의하여 설계되었으며 사실 인간에게 도움을 주기 위하여 설계되었다는 것을 주장하였다. 모든 사건, 모든 존재는 한 가지 목적에 봉사하는 것이었다. 두 번째, 이 철학의 신조가 자연이란 인간이 이해 가능하다는 것이었다. 하느님의 방식과 목적들은 인간이 열심히 찾고자 한다면 이해될 수 있는 것이었다. 그러한 이해는 자연을 관찰함으로써 얻어지는 것이 아니라 하느님의 말씀인 성서를 제대로 연구함으로써 얻어지게 되는 것이었다. 게다가 교회는 믿는 사람들이 하느님의 목적을 이해하도록 촉구하였다. 인간에 대한 적절한 연구란 하느님이었다. 보통 사람은 완전한 이해에 이를 수 없을지도 모른다. 하느님의 방법이란 어떤 인간에게는 신비로운 것이다. 그러나 의미, 이유, 그리고 목적은 그곳에 있다. '하느님의 방식은 공명정대하며, 정당화 가능한 것이다'.

그리하여 후기 중세 학자들, 특히 스콜라 학파의 학자들은 근대 수학과 과학이 태어날 수 있는 합리적 분위기를 제공했을 뿐 아니라 르네상스의 위대한 사상가들에게 자연이란 하느님의 창조물이며, 하느님의 방식은 이해될 수 있다라는 믿음을 불어넣어주었다. 르네상스 시기의 수학자들과 과학자들을 지배하고 그들에게 영감을 불어넣어준 것은 바로 이러한 신앙의 근본적 교리였다. 코페르니쿠스, 브라헤, 케플러, 갈릴레이, 호이겐스, 뉴턴이 인내심을 가지고 지치지 않고, 열심히 어려운 연구를 수행할 수 있었던 것은 바로 이러한 믿음 때문이었다. 이들이 성서를 버리고 자신의 대전제로는 유클리드로, 그리고 자신들의 순수하게 과학적인 자료로는 자연에 대한 관찰로 돌아온 것은 사실이다. 그러나 대부분 그것은 오로지 하느님의 경이로운 설계를 이해하기 위한 것이었다. 그들은 여전히 기독교의 정통 옹호자였으며 신실한 신자로 남아 있었다. 이렇게 보면 그들의 연구가 기독교 교리와 충돌되는 법칙을 만들어내고, 궁극적으로 이 연구들이 사상에 대한 교회의 지배를 침식하게 되었다는 것은 역사의 아이러니라 할 수 있다.

중세를 훑어보면서 적어도 후반기에 왜 수학을 발전시키지 못했는가를 묻지 않을 수 없다. 이 질문에 답하기 위해서는 중세의 문명을 똑같이 불모의 시대였던 로마 시대와 연결하여 비교하지 않을 수 없다. 로마 문명은 수학에서 생산적이지 못했던 것처럼 보였다. 왜냐하면 너무나 실용적인 결과에 관심을 두어서 자신의 코앞밖에 보지 못했기 때문이다. 반면 중세도 생산적이지 못했다. 왜냐하면 세속적인 것(civitas mundi)에 관심을 쏟아서가 아니라 오히려 너무 신적인 것(civitas dei)에, 그리고 내세의 준비에 관심이 많았기 때문이다. 한 문명은 땅에 얽매어 있었고, 다른 문명은 하늘에 얽매어 있었다. 로마인들의 실용성이 황폐함을 낳았다면, 교회의 신비주의는 사실상 자연을 완전히 무시하고, 그 교리는 지성을 가두어 창조적 정신을 방해하였다. 이러한 풍토에서는 어느 곳에서건 수학이 꽃필 수 없다는 것을 역사적 증거가 충분히 보여준다. 수학은 자연의 세계와 기꺼이 동맹을 맺는 문명에서, 동시에 인간과 우주의 문제에 대한 즉각적인 해결책을 보여주든 아니면 그렇지 못하든 간에, 정신이 사상의 자유를 제한 없이 누릴 수 있도록 할 때에 가장 번성한다는 것은 그리스 시대만 보아도 맞는 말이다. 이 말이 사실임은 이후에 곧 증명될 것이다.

08 수학 정신의 부활

만일 자연이라는 굳건한 토대에 기반을 두지 않는다면,
당신은 명예도 이익도 없이 고생만 하게 될 것이오.
– 레오나르도 다빈치

르네상스 시기의 매력적이면서도 영향력 있는 인물임에도 불구하고 흔히들 그냥 지나쳐버리는 사람이 바로 카르다노(Girolamo Cardano, 1501～1576)이다. 그가 쓴 《내 생애의 책(Book of My Life)》은 첼리니(Benvenuto Cellini, 1500～1571 : 이탈리아 르네상스기의 조각가 · 작가)의 《자서전(Autobiography)》과 견줄 수 있는데, 카르다노의 책과 비교하면 첼리니는 자신을 성인이자 은둔자로 묘사하였다. 반면 카르다노는 자신의 삶과 그 시대를 섬세하게 그리고 선명하게 드러나도록 솔직하게 그려놓았다.

매우 독특한 방랑자이자 학자였던 카르다노의 생애는, 자신의 고백에서 밝혔듯이, 출발부터가 어머니의 유산 미수라는 불행하고 위험한 것이었다. 합법적 태생이 아니었던 이 병약한 아이는 1501년 밀라노 근처 파비아에서 출생한다. 그는 자신이 타고난 것은 오로지 비참함과 조롱뿐이었다고 묘사하였다. 일찍이 그는 수학자, 의사, 형이상학자, 사기꾼, 도박꾼, 살인자, 모험가에 이르기까지 자신이 할 수 있는 수많은 직업들을 준비한 것 같다. 불행한 유년기와 끊이지 않는 질병, 만성적

8-1. 카르다노

인 병약함, 그리고 극도의 가난에도 불구하고, 그는 마침내 의학을 진공하고 파비아 대학을 졸업한다. 처음 40년 동안, 가난은 계속 그를 따라다녔다. 육체적 결함 때문에 오랫동안 사랑의 기쁨을 얻고자 하는 그의 강한 열망은 충족될 수 없었다. 끊임없이 찾아오는 질병 또한 그에게서 열정을 앗아갔다. 결국 그는 마치 자신의 삶에 대한 분노를 분출하듯 게임에서 속임수를 썼으며, 의식적으로 악의에 찬 잔인한 말을 내뱉고, 주위 사람들에게는 자신의 우월함을 뻐기고 다녔다.

그는 삶의 대부분을 의료 행위를 하며 매우 방탕한 생활을 보냈다. 그러나 한편으로는 남은 시간에 르네상스 최고의 수학을 만들어냈다. 그의 악당 근성은 여기서도 잘 드러난다. 그가 남긴 가장 위대한 저서 《아르스 마그나(Ars Magna)》에 수록된 것 중에서도 가장 유명한 작품이라는 것도 결국에는 다른 수학자가 만든 것으로, 카르다노는 허락도 없이 이를 출판한 것이다. 그는 여러 해에 걸쳐 이탈리아의 이 대학 저 대학에서 수학과 의학을 가르쳤고, 말년에는 교회 궁전에서 점성술사로 활동했다. 죽음이 가까이 올 무렵, 그는 자신이 비행을 저질렀음에도 불구하고 한 명의 손자와 명성, 부, 학식, 권력 있는 친구들, 그리고 하느님에 대한 믿음을 얻게 되었다. 자신의 입 속에 아직도 남아 있는 15개의 치아가 모두 하느님 덕분이라는 생각도 하게 된다. 그는 자신의 죽음을 미리 예언하였는데, 천문학자로서의 명성을 유지하기 위하여 자신이 예언했던 바로 그날 자살하였다고 전해진다.

카르다노는 중세와 근대의 가교 역할을 한 인물이다. 형이상학에서는 여전히 중세주의와 환상에 얽매어 있었다. 수상술(手相術), 유령, 예언과 점성술에 대한 변론도 합리적으로 이끌어 나갔다. 그는 또한 그 영역에 있어서 점성술보다 좀더 광범위한, 어쩌면 하나의 '학문'이라 할 수 있는 '마법'의 굳건한 신봉자였다. 마법을 통하여 인간은 인간의 본성, 자연 현상이 빚어내는 현상과 목적, 미래에 대한 지식, 그리고 불멸의 천체가 인간의 일상적 행동과 운명에 어떻게 영향을 미치는지에 대한 것, 그리고 생명을 연장하는 기술 등을 배웠다.

그러나 수학, 물리학, 의학의 연구를 추구할 때뿐만 아니라 평상시의 외설스러움, 그리고 권위주의적 교리에 대한 거부에서 알 수 있듯이, 그는 수천 년간 지속된 노예 같은 지성에 대한 반역과 물리적 세계에 대한 관심의 부활을 알리는 상징이었다. 그가 수행한 만족할 만한 과학적인 탐구들은 정신면에서 근대적이었으며 신비주의로부터 완전히 자유로웠다. 다른 사람들의 창조물을 마음대로 사용했지만 카르다노가 대수와 산수 분야에서 이룩한 업적은 근대 수학에 있어서 이룩한 최초의 주요한 공헌이었으며, 16세기 최고의 업적임은 의심의 여지가 없었다.

카르다노의 《아르스 미그나》와 코페르니쿠스의 《천구의 회전에 관하여(On the Revolutions of the Heavenly Spheres)》, 베살리우스의 《인체의 구조에 관하여(On the Structure of the Human Body)》는 모두 1543과 1545년 사이의 작품으로, 중세적 사고와 근대적 사고 사이의 경계선을 명백하게 긋는 저서이다. 이들 작품은 너무나 혁명적이어서 이들로부터 어떠한 세력이 중세 문명을 붕괴하고 새로운 문명을 형성하도록 결합하였는지 알아볼 수 있음은 당연하리라.

중세 유럽의 사고와 생활을 변화시키는 데 최초로 영향력을 발휘한 것은 그리스 작품의 소개였다. 이러한 작품을 최초로 중요하게 접할 수 있었던 것은 아랍인들을 통해서였다. 중세 후반 비잔틴, 즉 동로마 제국의 중심지인 콘스탄티노플에 거주했던 그리스 학자들 몇몇이 그곳의 가난에 낙담하여 이탈리아로 이주해왔던 것이다. 한편 남아 있던 사람들도 투르크족이 그 도시를 점령하자 집에서 쫓겨나와 결국 이탈리아에서 피난처를 찾았다. 그래서 15세기경, 이들 학자가 가져온 그리스의 글들을 직접 라틴어로 번역하는 것이 가능하게 되었다. 이후 그리스 지식이 유럽 사상에 미친 영향은 무한한 것이었다. 르네상스 시대의 모든 위대한 과학자들은 그리스인들이 자신들에게 영감을 주는 것을 인정하였고 자신들의 구체적인 아이디어도 그리스인들에게 그 명예를 돌렸다. 폴란드인 코페르니쿠스, 게르만인 케플러, 이탈리아인 갈릴레이, 프랑스인 데카르트, 그리고 영국인 뉴턴은 모두 그리스라는 태양으로부터 빛과 온기를 받아들였다.

마찬가지로 도시와 상인 계급의 성장 역시 근대 문명의 형성에 중요한 역할을 하였다. 광업, 제조업, 대규모 방목업, 거대한 농장과 오늘날 거대 사업의 선구자들은 모두 유럽적인 삶의 주요한 일부분이 되었다. 부는 또 다른 부와 세속성을 낳았다. 상인들은 자신들이 취급하는 물질적인 것을 즐기려 하였다. 또한 그들은 자신들의 이익에 도움이 되는 정부의 틀 내에서 사업을 계획할 수 있는 자유를 요구하였다. 반면, 교회는 이익 창출을 부정하였고 가난과 검소한 삶을 신성시하였으며, 내세를 위하여 현세의 삶을 부정할 것을 강조하였다. 불가피하게 도시 사람들은 분노를 터뜨렸고, 교회에 의하여 부과된 제약에 대하여 반란을 일으켰다.

상인들은 자신의 이익을 확대하고자 했기 때문에 15세기와 16세기의 지리적 탐험을 권장하였다. 아메리카 대륙의 발견과 아프리카를 경유하여 중국에 이르는 길의 발견은 인간의 지평을 확대하였으며, 낯선 땅과 종교, 그리고 삶의 방식에 관한 많은 지식을 유럽에 가져다주었다. 이러한 지식은 중세적 격언에 도전하였으며 인간의 상상력을 자극하였다.

이집트, 그리스, 로마의 노예 계급과 중세 봉건주의의 농노들과는 반대로 새로운 사회에는 자유 노동자와 장인들의 계급이 증가해갔다. 그들의 노동으로 이익을 얻으려고 사람들은 자신들의 일에 적합한 아이디어들을 생각하게 되었다. 능률성을 증가시키고자 하는 노동자들과 임금을 지불하는 고용자들은 노동력 감소 방안을 개발하기 위하여 적극적인 연구를 시작하였다. 결과적으로 기계, 원료, 자연에 대한 관심이 증가하게 되었다. 이러한 사회 경제적 운동으로 유럽 문명은 점차 봉건주의와 자연 현상에 대한 무관심을 산업주의와 물리 문제의 탐구로 변화시키게 되었다. 장인들의 작품으로부터 초래된 위대한 실용적 발명들은 어느 누구도 예상할 수 없을 정도로 변화의 원동력을 가진 것이었다. 면 종이와 이후 나타난 넝마 펄프로 만든 종이가 비싼 양피지를 대체하였으며, 가지고 다닐 수 있는 활자가 원고 필생(筆生)을 대체하였다. 이러한 발명품들은 사상에 날개를 달아주어 국가와 종교의 경계를 뛰어넘어 날아갈 수 있도록 하였다.

르네상스의 또 다른 사건은 14세기 화약의 발명이라 할 수 있다. 이는 많은 과학의 문제들을 암시하고 있었다. 화약은 총알과 대포알이 빠른 속력으로 먼 거리를 효과적으로 발사될 수 있도록 하였다. 이러한 무기를 개발하고, 그것을 효과적으로 사용하는 방법을 배우기 위하여 각 나라의 군주들은 엄청난 돈을 퍼부었지만, 무기와 관련된 과학적 중요성은 더욱더 엄청난 것이다. 그러나 전쟁이 벌어지자 각 국가들은 평화시에는 상상할 수 없을 정도의 많은 돈과 노력을 쓸 수밖에 없었다.

교회에서 주장하는 과학과 우주론이 건전한 것인가에 대한 의구심, 그리고 새로운 경제적 질서가 창출해낸 문제에 대한 실험과 사고를 억압하려는 교회에 대한 반발, 기독교들이 보통 이교도라고까지 묘사하곤 했던 타락한 교황청, 특히 심각한 지적인 분화 모두가 종교 개혁에서 그 절정을 이루게 되었다. 이에 반발한 사람들은 교회의 권력이 사라지기를 갈망했던 상인계급들과 자유로운 통치를 원했던 많은 세속적 군주들의 지지를 받았다.

종교 개혁 그 자체가 사람들의 마음을 구속하였던 족쇄를 풀어준 것은 아니다. 그럼에도 불구하고 종교개혁은 자유로운 사고의 원인으로 간접 작용하였다. 루터나 칼뱅 그리고 츠빙글리와 같은 종교적 지도자들이 교황권과 가톨릭의 교리에 감히 도전하였을 때, 일반 사람들도 그럴 수 있다는 용기를 가질 수 있게 되었다. 개혁자로서 프로테스탄트들은 필연적으로 가톨릭 교회가 억압해왔던 사상가들에게 더 관대했고, 그들을 보호해줄 수밖에 없었다. 또한 프로테스탄트들은 별로 내키지 않지만, 가톨릭 교리와 싸우기 위하여 성서를 합리적으로 해석하게 되었다. 아직도 루터에게는 이성(理性)이란 '악마의 매춘부'였지만. 사실 프로테스탄트들은 때때로 다양한 신앙이 자유로운 탐구의 필연적 결과라는 사실을 주장하지 않을 수 없게 되었다. 결국 사람들이 가톨릭과 프로테스탄트의 주장 사이에서 선택을 요구받는 만큼, 독립적인 사고가 의도와 관계없이 활발해지기 마련이었다. 두 신앙 모두 못마땅하게 여긴 많은 사람들은 이들로부터 벗어나, 자연이나 고대의 고전과 같은 다른 지식의 원천으로 관심을 돌리게 되었다.

유럽에서 일어나고 있었던 새로운 세력에 대하여 이렇게 간단하게 살펴보기만 해도, 근본적인 변화가 문명 세계에서 막 일어나려 하고 있다는 사실은 명백해진다. 비록 중세에서 근대로 넘어가는 전환점이 몇 세기인가에 대해서는 여전히 논란의 여지가 있지만, 15세기에 유럽이 종교적 신념에 대하여 신랄하게 논쟁을 벌이고, 학문적 독재와 진부한 권위에 대항하여 이성을 옹호하고, 가톨릭의 내세주의와 그리스적 세속주의를 맞붙게 했던, 들끓는 정신의 싸움장이 되었다는 것에 대해서는 의심의 여지가 없다. 극소수의 개념들에 대하여 끊임없이 숙고할 수밖에 없었고, 제한된 지식과 교조주의에 얽매였던 지성들이 그 사슬을 끊게 된 것이다. 통제를 참지 못하고, 이미 정립된 정전을 비판하기 잘하고, 고대인들의 자유에 열광하였던 사람들은 이제 넌더리나는 권위에 대항하여 자신을 주장할 수 있게 되었다. 지적인 촉매제로 해서, 새로운 아이디어를 고민하고 받아들이고자 갈망했던 정신들은 이제 어디 위에 서서 건설해야 하는가에 대하여, 논란의 여지가 있는 가톨릭 신학보다 더 굳건한 토대를 추구하게 되었다. 그리고 인간, 자연, 사회 질서에 관한 문제들에 대하여 새로운 접근들을 정립하고자 시도하였다.

건설 재료들은 이미 보장된 것이었다. 수천 년간 거의 건드리지도 않았던 풍부한 그리스 학문의 보고로부터 유럽인들은 새로운 정신과 새로운 이상, 우주에 대한 새로운 관점을 뽑아내었다. 그리스 작품들을 통해서 인간 이성의 최고 권력에 대한 확신을 회복하게 되었고, 르네상스 인간은 그 재능을 자신의 시대를 둘러싸고 있는 문제에 적용하게 되었다. 냉정한 진리 추구에 대한 사랑이 다시 탄생하였으며, 추구 자체도 성서에서 보아온 하느님의 섭리 대신에 자연 법칙으로, 하느님 대신에 하느님의 우주로 향하게 되었다. 마치 오랜 잠에서 깨어난 것처럼 유럽인들은 생명과 경이로운 창조물로 가득 찬 '용감한 신세계'를 발견한 듯했다. 그 속에서 인간은 그 자체로 관찰과 연구 가치가 있는 하나의 생물학적 물리적 현상으로서 드러나게 되었다. 사람들은 활기찬 호기심으로 천체를 바라보았고, 바다를 항해하고 새로운 땅을 탐험한 사람들의 신기한 이야기에 매료당했다. 이교도적 여신으로서 오랫동안 비난받았던 육체의 아름다움을 문학과 물리적 세계에서 모두 발견하기 시작하였고, 원죄, 죽음 그리고 심판 대신에 아름다움, 쾌락, 즐거움을 추구하였다. 가치 없는 죄인으로 비난받았던 인간의 존엄성을 다시 긍정하게 되었다. 무엇보다도 인간 정신은 해방되어 우주를 자유롭게 방황할 수 있게 되었다.

르네상스 시기의 중요한 적극적 원리가 바로 '자연으로 돌아가라'였다. 다양한 종류의 과학자들은 모두 의미는 모호하고 경험과는 관련이 없는 독단적 교리들에 기반하여 끝없는 합리화에 빠지는 일을 그만두었다. 그리고 진정한 지식의 원천으로서 자연에 눈을 돌렸다. 자연과 관찰에 의존해야 한다는 것은 이미 베이컨이 오래 전에 촉구한 바 있었다. 그리고 15세기 초반 몇몇 관심의 폭이 넓고 고상한 사상가들에 의하여 추구된 바 있다. 몇몇 이름을 대면 오컴의 윌리엄과 니콜라스 드 오렘, 그리고 장 뷔리당 등이었다. 그러나 이들의 주장은 시기상조여서 끝없는 신학 논쟁의 소음에 가려 들리지 않았다. 이윽고 가냘픈 실개천이 점점 넓어져 그 힘을 발휘하게 된 것이다.

자연으로 돌아가라는 운동이 시작된 지 얼마 안 되어서 열렬하게 그런 일에 참여해온 몇몇 과학자들은 훨씬 더 혁명적인 생각을 품게 되었다. 그리스인들과 초기 르네상스의 과학자들은 자연에 대한 지식을 추구했던 반면, 베이컨과 데카르트는 감히 전체 자연 세계에 대한 지배를 제안하고 인간의 자연 정복을 꿈꾸기도 하였다. 베이컨이 과학을 연구한 목적은 단순한 사변적 만족이 아닌 자연에 대한 인간의 통치를 정립하고 인간의 안락과 행복을 증가시키려는 것이었다. 데카르트는 다음과 같이 썼다.

> 삶에 유용한 지식을 얻는 것은 가능하다. 여러 학파에서 배운 사변적 철학 대신 우리는 실용적인 철학을 알게 될 것이다. 그 철학을 통하여 물, 불, 공기, 별, 천체, 그리고 우리를 둘러싸고 있는 모든 물체들의 힘과 움직임을, 마치 장인들의 다양한 재능을 아는 것과 마찬가지로 명확하게 알게 된다면, 우리는 그와 같은 방식으로 그 지식들을 적용할 수 있는 모든 것에 이용하여 스스로 자연의 지배자와 소유자가 될 수도 있다.

8-2. 데카르트

많은 과학자들은 베이컨과 데카르트가 던져놓은 도전을 곧바로 수용하고 낙관하면서 자연을 지배하는 임무에 뛰어들었다. 300년 후인 오늘날 이들 르네상스 시대의 사상가와 과학자들의 후예들은 여전히 그 임무에 몰두하고 있으며, 베이컨과 데카르트의 꿈은 이들의 정신 세계에 여전히 확고하게 살아남아 이들을 계속 추동하고 있다.

이성을 적용하여 모든 지식을 재구조화하려는 움직임과 진리의 원천으로서 자연으로 돌아가자는 운동 때문에, 과거에 이러한 목적에 탁월한 기여를 하였던 학문들이 최전선으로 등장하게 되었다. 설득력 있는 지식을 기반으로 새로운 사상 체계를 정립하고자 했던 날카로운 정신들은 수학의 확실성에 이끌리게 되었다. 왜냐하면 수학의 진리들은 비록 중세에 무시당하긴 했지만, 여전히 진정한 학자들에 의하여 추호도 도전을 받거나 약간이라도 의심의 대상이 되지 않았기 때문이다. 더욱이 수학적 논증은 과학과 철학, 종교에서는 필적할 수 없는 확실성과 강제성을 동반하였다. 그래서 데카르트는 다음과 같이 말하였다

> 나는 특히 확실성과 추론의 증거 때문에 수학을 좋아한다. …… 그렇게도 강건하고 견고한 토대 위에 더 고귀한 상부구조가 형성되지 않았다는 사실에 놀라지 않을 수 없었다.

레오나르드 다 빈치도 오직 수학에 확실하게 의존해야만 만질 수 없고 비현실적인 복잡한 사고의 미로를 꿰뚫어볼 수 있다고 말했다.

그리스 과학자들과 마찬가지로, 르네상스의 과학자들에게 수학이

란 지식을 얻기 위한 신뢰할 만한 접근 방식 그 이상의 것이었다. 그것은 자연 행위의 핵심이었다. 자연은 수학적이며 모든 자연 과정은 수학 법칙을 따를 것이라는 확신이 12세기부터 주도권을 잡기 시작하였다. 유럽인들은 그리스 고전들을 인용하곤 했던 아랍인들로부터 그러한 지식을 얻었다. 예를 들어, 베이컨은 자연이라는 책이 기하학이라는 언어로 기록되었다고 믿었다. 그가 한창 때일 때 이러한 교리는 때로 다소 이상한 형식을 띠기도 하였다. 가령 신의 빛이 모든 현상의 원인이며 모든 물체의 형식이라고 믿었던 것이다. 그리하여 광학의 수학 법칙들은 자연의 진정한 법칙이 되었다.

또한 케플러는 세계의 실재가 수학적 관계로 구성되어 있다고 확신하였다. 수학 법칙이 현상의 진정한 원인이다. 갈릴레이는 수학 원리가 신이 세계를 기록하는 데 사용한 알파벳이라고 말했다. 그들의 도움 없이는 단 하나의 단어를 이해하는 것도 불가능하며, 인간은 어두운 미로를 헛되이 방황하게 될 것이다. 사실, 물리적 세계에서는 실질적으로 수학적으로 표현 가능한 성질만을 알 수 있다. 우주는 구조와 행위에서 수학적이며, 자연은 냉혹하고 변하지 않는 법칙에 맞추어 행동을 한다.

근대주의의 아버지인 데카르트는 자신이 겪었던 신비주의적 경험을 자연의 비밀과 관련시켰다. 1619년 11월 10일에 꾸었다고 생생하게 기억되는 한 꿈에서 수학이 '열려라, 참깨'와 같은 진리로 뚜렷하게 다가왔던 것이다. 그는 자연이 하나의 광대한 기하학적 체계라는 사실을 확신하며 깨어났다. 그 이후로 그는, 기하학 또는 추상 수학의 원리가 아닌 물리학의 어떤 원리도 인정하거나 바라지도 않았다. 자연의 모든 현상들은 이 원리에 의해서만 설명될 수 있고 논증할 수 있는 것이기 때문이다.

자연은 이렇게 분석되었고, 수학 법칙으로 환원할 수 있게 되었다. 그러나 이 과정은 어떻게 시작해야 하는가? 탐구를 위하여 어떤 현상을 선택해야만 하는 것일까? 어떤 개념들이 근본적이면서도 동시에 수학적으로 표현 가능한 것일까? 이러한 질문들에 대하여 자연을 연구한 르네상스의 학자들은 자신들만의 방법을 만들어냈다.

대상과 형태를 근본적인 것으로 보고, 공간이란 단지 어떤 대상의 끝 또는 가장자리를 나타낸 것으로만 관심을 표명했던 그리스인들과는 달리, 새로운 과학자들은 공간을 모든 현상들의 이면에 존재하는 하나의 개념이며, 그 안에 모든 대상들이 존재하고 확장하고 움직이는 것으로 보았다. (물론 데카르트는 경험상의 순수 물질이 존재하지 않는 곳에서도 지각 가능하지 않은 물질들이 존재한다고 주장하기는 하였다.) 대상과 물질의 본질은 공간이며 물체들은 본질적으로 공간의 덩어리, 결집된 공간, 즉 육체를 부여받은 기하학이다. 이 원리를 인정함으로써, 물질은 공간의 기하학을 통하여 수학적으로 기술 가능한 것이 되었다. 시간은 또 다른 근본 개념으로 도입되었다. 대상들은 공간에서와 마찬가지로 시간 속에서 존재하며 움직인다. 그래서 갈릴레이는, 시간이란 수학적으로 표현할 수 있는 것이라 지적하였다. 왜냐하면 순간이라는 것도 결국 숫자일 뿐이며, 숫자들이 이어지는 것과 마찬가지로 순간들도 그러하기 때문이다.

물체 그 자체에 관해서 말하자면, 그들의 기본적 성질은 확장이며 운동이다. 물체들간의 차이는 형태, 밀도, 그 구성 입자들의 움직임의 차이이다. 그리고 이러한 성질들은 실재하며 수학적인 용어로 표현 가능하다. 반면 색, 맛, 온도, 음조와 같은 성질들은 실재하지 않지만, 기본적인 실재 성질들에 대한 마음의 반응이라 할 수 있다. 이러한 이차적 성질들은 단지 환상이거나 단순한 감각적 인상들이기 때문에 실재 세계의 분석에서 제외된다.

그리하여 확장, 즉 공간에서의 형태와 시간과 공간에서의 운동이 모든 성질들의 원천이 되었고 근본 실재가 되었다. 데카르트의 말로 표현하면, "나에게 확장과 운동을 달라. 그러면 나는 우주를 구성할 것이다." 수학은 기하학과 수를 통하여 물체들의 이러한 본질들을 표현한다. 물체들의 움직임은 필연적이며 정확한 법칙을 따르는 힘의 기계적 행동에서 비롯된다고 그는 결론지었다. 인간, 동식물이라는 생명 자체도 이들 법칙에 종속된다. 단지 신과 인간의 영혼만이 예외였다. 간단히 말해 실재 세계란, 공간과 시간으로 물체의 운동을 수학적으로 표현할 수 있는 총체이며, 전체 세계는 위대하고 조화로운, 수학적으로 설계된 하나의 기계이다.

인과성이라는 생각, 즉 한 사건이 필연적으로 다음 사건을 뒤따르는 것처럼 보이는 두 사건간의 연결이 새롭게 공식화되었다. 결과가 시간상 원인을 뒤따르는 것처럼 보이는 것은 인간 감각 지각의 한계 때문이다. 'Causa sive ratio(원인은 단지 이유일 뿐이다).' 이 원리의 의미는 유추에 의해 쉽게 설명될 수 있다. 유클리드 기하학의 공리들을 알게 되면, 한 원의 성질, 예를 들어 둘레의 길이, 넓이, 내각의 성질들은 모두 필연적인 논리적인 귀결로 즉각 결정되는 것이다. 사실 뉴턴은 공리에 의하여 명백히 함의되어 있는 것을 왜 애써 유클리드 기하학의 정리로 써내려고 고생을 하였는가 하는 질문을 던졌을 것이다. 그러나 대부분의 인간들에게는 이러한 성질 하나하나를 알아내는 데 오랜 시간이 걸린다. 그러나 공리와 정리를 원인과 결과로서 똑같은 시간상의 연결로 관계짓는 이러한 발견은 망상이다. 그것은 물리적 현상에도 똑같이 적용된다. 하느님에게 모든 현상에 대한 이해는 공존하며 하나의 수학적 구조로 이해된다. 그러나 감각은 사건들을 하나씩하나씩 인지하고 어떤 것들을 다른 것들의 원인으로 간주한다. 데카르트가 말하듯 이제 우리는 왜 미래에 대한 수학적 예측이 가능한지를 이해할 수 있다. 수학적 관계가 이미 존재하기 때문이다. 물리적 설명의 궁극은 수학적 관계이다. 자연에 대한 수학적 해석이 1650년 정도에는 너무나 대중적이고 유행을 타서 유럽의 귀족들에게 퍼져나가 주요 해석자인 데카르트가 해놓은 값비싼 완벽한 해설서들이 귀부인들의 화장대를 장식하기도 하였다.

르네상스적 사고의 또 다른 매우 중요한 요소는 아직 언급하지 않았다. 이 시기의 과학자들이 태어나고 교육받았던 종교 세계에도 자연 철학이 있었다. 우리가 알다시피, 우주란 하느님에 의하여 설계되었고, 그가 손수 만든 작품이며, 동시에 우주의 존재 이유에 인간이 접근할 수 있다고 주장하는 철학이다. 자연의 이치와 하느님이 현존한다는 사실에 대한 가톨릭의 강조는 15세기와 16세기의 모든 지성인들에게 감명을 주었다. 그리하여 이들은 가톨릭의 가르침과 자연에 대한 그리스적 수학의 관점을 화해시키고 혼합시키는 임무에 직면하게 되었다. 해결책은 분명하다. 우주란 설계되어 있으며 이성적이다. 따라서 인간이 이해할 수 있다. 이것은 두 철학 모두에 공통적인 것이었다. 화해를 이루기 위해서는 단지 하느님이 수학 법칙에 맞추어 우주를 설계하고 창조했다는 것만 덧붙이면 되었다. 다시 말하여 하느님이 헌신적이며 최고의 수학자가 됨으로써 자연에 대한 수학 법칙을 추구하는 일을 종교적 탐구로 간주할 수 있게 된 것이다. 자연에 대한 연구는 하느님의 말, 하느님의 방법, 하느님의 의지를 연구하는 일이다. 세계의 조화는 하느님의 수학적 배열이며, 자연의 법칙은 하느님의 의지가 영원히 변하지 않기 때문에 영원하리라고 데카르트는 덧붙였다.

하느님은 이 세계에 아주 엄격한 수학적 질서를 부여하였으며, 이는 많은 노력을 했을 때에야 비로소 이해할 수 있다. 수학적 질서는 추상적 진리이며 사실 성서의 구절만큼이나 성스러운 것이다. 아니, 그보다 더 성스럽다. 왜냐하면 성서에는 의견이 일치하지 않는 것이 많지만, 수학적 진리에는 불일치가 없기 때문이다. "하느님은 성서의 성스러운 구절에서 스스로를 드러내는 것 못지않게, 자연의 변화 속에서도 우리가 감탄할 정도로 스스로를 드러내고 있다."고 갈릴레이는 말했다.

그러므로 우주는 하느님의 이성적 설계라는 가톨릭의 주장과 물리적 세계의 근본은 수학이라는 피타고라스와 플라톤학파의 주장은 과학에서 하나의 프로그램으로 결합되어 다음 결론을 낳았다. 과학은 모든 자연 현상 이면에 깔려 있고, 그 설명은 결국 수학적 관계를 찾는 것이다. 그리하여 하느님이 만든 일의 영광과 위대함을 드러내는 것이다.

우리는 자연이 수학적 설계라는 철학에서 근대 과학의 영감과 독창력이 얻어졌음을 알 수 있다. 더욱이 과학의 목적은 수학의 목적, 즉 그 설계를 드러내는 것이었다. 랜달이 《근대 마음의 형성(Making of the Modern Mind)》에서 지적한 바와 같이, '과학은 경험에 의해 인식되기 오래 전부터 자연의 수학적 해석에 대한 신념으로부터 태어났다.'

르네상스 사상가들이 생각한 과학 활동의 본질을 사람들은 종종 잘못 이해하곤 한다. 많은 사람들은 근대 과학의 성장을 대규모 실험이 도입되었기 때문이며, 수학은 손쉬운 도구로 가끔씩만 도움을 주었다고 생각한다. 위에서 언급한 바와 같이 실제 상황은 그와 완전히 정반대였다. 르네상스 과학자들은 자연에 대한 연구를 수학자로서 접근하였다. 다시 말하여 그들은 어쩌면 유클리드가 공리를 발견했던 방법과 똑같은 방법으로, 직관을 통해서 또는 즉각적인 감각 인식을 통하여 보편적이고 심오하며 불변하는 합리적 원리들을 발견하고자 노력하였으며 그럴 수 있으리라 기대하였던 것이다. 실험에서 도움을 받은 것은 거의, 아니 전혀 없다고 보아도 과언이 아니다. 그러고 나서 그들은 이들 원리로부터 새로운 법칙들을 연역했을 것이다. 르네상스의 과학자들도 신학자였다. 다만 자신의 연구 대상으로 하느님 대신에 자연을 택했을 뿐이다. 갈릴레이, 데카르트, 호이겐스와 뉴턴은 과학 연구에서 항상 연역적인 수학이 실험보다 더 중요하다고 생각하였다. 갈릴레이는 실험으로 결과를 얻었다 하더라도 원리를 더욱더 가치 있게 생각하였다. 이때 원리는 그 자체가 지식을 제공하기보다는 그 원리들로부터 연역적으로 나오는 정리들이 풍부하기 때문이었다. 게다가 그는 실험도 드물게 실행하였고, 그것도 주로 수학적이 아닌 사람에게 반박 자료로 사용하기 위한 것이었다고 말한 바 있다.

중요한 실험이 이루어졌던 것은 사실이다. 그러나 그 많은 실험들은, 궁극적인 의미를 추구하지 않는 일반적이며 실용적인 지식을 추구하는 장인(匠人)과 기술자들에 의하여 실행되었다. 뿐만 아니라 17세기 중반에 이루어진 실험들이 결정적인 것도 아니었다. 수학 이론이 근대 과학의 형성 시기에 실험보다 앞서 등장하여 실험을 지배했을 뿐 아니라 아주 특이하게도 실험이란 반(反)과학적인 것으로 간주되었을 정도이다. 실험에 의존하는 것은 반(反) 합리주의 운동이었는데, 이는 스러져가면서도 끊이지 않고 지속되는 무익한 종교적 정신의 사변으로부터 벗어나기 위한 것이었으며, 너무나 많은 오류를 범하는 종교적 독단으로부터 벗어나고자 한 운동이었다. 오히려 르네상스 이후로 실험주의자들과 이론가들은 오랫동안 동일한 목표를 추구하고 있다는 사실을 깨달았고, 서로 함께 노력하게 된다.

르네상스 시기의 위대한 사상가들이 과학의 적절한 절차라고 생각해냈던 것은 아닌 게 아니라 더 생산성 있는 과정이라는 사실이 입증되었다. 뉴턴 시대에 자연 법칙을 합리적으로 추구함으로써 과학자들은 최소한의 관찰과 실험적 지식에 기반하여 아주 가치 있는 결과를 낳을 수 있었다. 16세기와 17세기의 위대한 진전은 천문학과 기계학 분야에서 이루어졌는데, 천문학에서 새로운 관찰은 거의 도움이 되지 못했으며 기계학에서도 아주 제한된 실험에 기반하였지만 수학 이론에 의해 통찰력과 완벽함에 이를 수 있었다. 일반적으로 과학자들은 인상적인 장비들과 기구들이 쌓여 있는 실험실에 있는 것으로 생각되지만, 실제로 르네상스 시기의 주요한 과학자들은 '필기를 업으로 하는 사람(pencil-pusher)'이었다.

09 세계의 조화

……어떻게 짓고, 어떻게 부수고, 어떻게 고안하였을까?
그 형상을 구현하기 위하여 어떻게 구를 둘러쳤을까?
원과 타원 위에서, 동심인 구와 이심인 구를 어떻게 마구 휘갈겨 그려놓았을까?
– 존 밀턴

코페르니쿠스가 사망한 해인 1543년에 출판된 《천구의 회전에 대하여(On the Revolutions of the Heavenly Spheres)》의 첫 장에는 플라톤의 아카데미아 입구에 새겨놓았다는 글이 새겨져 있다. "기하학을 모르는 자는 아무도 여기에 들어올 수 없다." 르네상스가 그 첫 결실을 가져다주었다.

아마도 이탈리아 도시의 전도 유망한 상인들은 그리스 문화의 부흥을 도와주면서 자신이 잃은 것보다 더 많은 것을 얻었을 것이다. 그들은 단지 더 자유로운 분위기를 도모하고자 했을 뿐이었다. 그러나 그들은 회오리 바람을 만나게 되었다. 부동의 지구라는 대지, 즉 굳건한 토대 위에 계속해서 사는 것이 아니라 상상할 수 없는 속도로 태양 주위를 빠르게 돌고 있는 지구에 위험하게 매달려 있다는 사실을 알게 되었던 것이다. 지구가 돌고 있다는 사실로 지구를 풀어놓은 이론이 인간의 마음 또한 자유로이 해방시켰다는 사실은 어쩌면 상인들에게 유감스러운 보상이었을는지도 모른다.

부활한 이탈리아의 대학들은 새로운 사상이 꽃 피기에 충분히 비옥한 토양이었다. 코페르니쿠스(Nicolaus Copernicus, 1473~1543)는 바로 이곳에서 자연은 조화로운 수학 법칙들의 뒤섞임이라는 그리스적 확신을 받아들이게 되었고, 마찬가지로 헬레니즘에 기원을 두고 있는, 부동의 태양 주위를 도는 행성들의 움직임에 대한 가설도 알게 되었다. 이 두 가지 생각은 코페르니쿠스의 마음속에서 결합되었다. 우주의 조화는 지동설을 필요로 하였으며, 그는 이를 이루기 위하여 기꺼이 천체와 지구가 움직이도록 하였다.

코페르니쿠스는 폴란드에서 태어났다. 크라코우 대학에서 수학과 과학을 공부한 후, 볼로냐 대학에 가기로 결심한다. 그곳의 학문이 더 번성했기 때문이다. 여기서 그는 뛰어난 피타고라스 학파인 권위 있는 교사 노바라(Novara) 아래에서 천문학을 공부하였다. 1512년에 그는 동프러시아의 프라우엔버그 성당의 수사 신부의 직위를 받아들였다. 그의 의무는 교회 재산 관리와 평화를 지키는 것이었다. 그러나 남은 여생 30년 동안, 그는 성당 벽 위의 조그마한 탑 위에서 육안으로 행성들을 면밀히 관찰하며 많은 시간을 보냈고, 집에서 만든 조잡한 도구들을 가지고 수많은 측정을 하였다. 남은 여가 시간에는 천체 운동에 대한 자신의 새로운 이론을 향상시키는 데 몰두하였다.

수년간의 관찰과 수학적 고찰 후, 코페르니쿠스는 마침내 자신의 이론과 그 이론의 적용을 기술한 원고를 배포하였다. 당시 교황이던 클레멘스 7세는 그의 연구를 승인하고 출판하도록 하였다. 그러나 코페르니쿠스는 주저했다. 르네상스 시기 교황들의 임기는 다소 짧았고, 너그러운 교황을 곧잘 반동적인 교황이 이어받을 수도 있었기 때문이다. 10년 후, 코페르니쿠스의 친구인 레티쿠스가 그를 설득하여 출판을 허락받고, 자신이 직접 그 일을 맡았다. 졸증 발작으로 마비되어 누워 있을 때, 코페르니쿠스는 출판되어 나온 자신의 책을 받아보았다. 그가 그 책을 읽었을 것 같지는 않다. 회복될 가능성이 없었기 때문이다. 그는

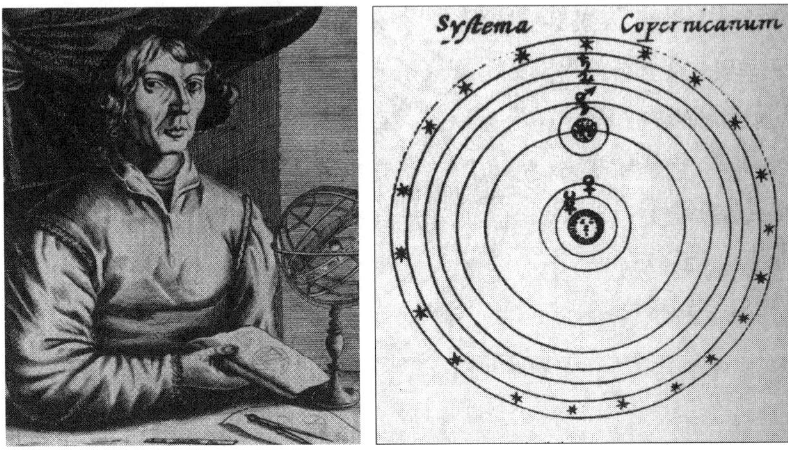

9-1. 코페르니쿠스와 코페르니쿠스의 체계. 처음으로 태양이 중심에 있고 지구를 포함한 행성들이 태양 주위를 돌고 있다.

그후 1543년에 곧 사망하였다.

코페르니쿠스가 천문학에 푹 빠져 있는 동안, 과학은 프톨레마이오스 이래로 거의 정체 상태였다. 그러나 점차 프톨레마이오스의 천체 속에는, 지난 세기 동안 아랍인들이 축적해놓은 지구와 천체들에 관한 지식과 관찰까지 담을 수 없게 되어갔다. 코페르니쿠스의 시대에 6장에서 논의한 타원형 구조 아래서 태양, 달, 다섯 행성들의 운동을 종합적으로 설명하려면, 총 77개의 수학적 원을 불러와야 했다. 그러니 코페르니쿠스가 행성들이 부동의 태양 주위를 돌고 있다는 그리스적 아이디어가 가능하다고 파악한 것은 놀라운 일이 아니다.

프톨레마이오스의 이론에는 이미 코페르니쿠스가 받아들인 그리스적 아이디어들이 융합되어 있었다. 코페르니쿠스도 원 운동이 천체들의 자연스러운 운동이라고 믿었고, 따라서 자신의 이론을 세우는 기본 곡선으로 원을 사용하였다. 그리하여 각 천체, 즉 달 또는 행성은 중심이 같은 중심의 원 위에서 돌고 있는 또 다른 원 위를 돌고 있는 것으로 생각하였다. 그는 이 천체들 몇 개는 두 번째 원의 중심이 또 다른 세 번째 원 위에서 움직이고 있다고 가정하였으며, 필요한 곳에서는 네 번째 원을 도입하기도 하였다. 코페르니쿠스는 기본 원의 중심이 태양이라고 생각한 반면, 히파르코스와 프톨레마이오스는 지구라고 생각했다. 그리스인들이 믿었던 것과 유사한 신비스러운 이유로, 비록 외관상 천체의 움직임이 불변인 것은 아닐지라도, 각 천체와 점은 동일한 속도로 원을 따라 움직인다는 생각을 받아들였다. 속도의 변화는 원동력의 변화에 의해서만 야기될 수 있다고 생각했다. 운동의 원인인 하느님이 불변하기 때문에 그 결과도 같을 수밖에 없었다.

코페르니쿠스는 어떤 그리스인도 시도해본 적이 없는 작업을 진행하였다. 그는 지동설을 필요로 하는 수학적 분석을 수행하였던 것이다. 히파르코스와 프톨레마이오스가 지구를 놓았던 위치에 단지 태양으로 바꾸어넣음으로써 회전하는 원의 총 수를 77개에서 31개로 줄일 수 있었다. 후에 관찰 결과와 더 조화를 이루도록 하기 위하여 그는 자신의 이론을 다소 수정하여, 태양을 이들 원이 모이는 중심 가까이에 놓았다.

지동설로 해서 얻은 범상치 않은 수학적 단순화에 코페르니쿠스는 대단히 만족했다. 그는 천체 운동을 더 단순하게 수학적으로 설명할 수 있게 되었으며, 이 때문에 르네상스의 모든 과학자들과 마찬가지로 틀림없이 만족했을 것이다. 그는 '자연은 단순함에 기뻐하며, 과잉 원인의 향연을 좋아하지 않는다' 라는 사실을 확신하였다. 코페르니쿠스는 또한 아르키메데스를 포함하여 다른 사람들이 불합리하다고 거절하였던 것을 감히 생각해내었다는 사실에 스스로 자랑스러워했다.

코페르니쿠스는 자신이 시작한 일을 끝내지 못했다. 비록 부동의 태양 가설은 천문학의 이론과 계산을 많은 부분 단순하게 하였지만 행성들의 타원형 경로는 관찰 사실에 정확히 맞지 않았기 때문에 항상 원운동에 기반하여 이론을 뜯어 맞추려는 그의 시도는 성공하지 못했다.

독일인 케플러(Johannes Kepler, 1571~1630)가 코페르니쿠스의 작

업을 완성하고 확장하기 위해서는 이후 약 50년이라는 시간이 필요 했다. 학문에 관심이 있었던 그 당시 대부분의 젊은이들과 마찬가지로 케플러도 성직을 지망했다. 튀빙엔 대학에서 공부를 할 때, 그는 친구처럼 지내던 한 선생님에게서 개인적으로 코페르니쿠스의 이론에 관한 수업을 받게 되었다. 이 이론의 단순함은 케플러에게 매우 강한 인상을 주었다. 아마도 이러한 케플러의 관심은 루터파 교회 선배들의 마음에 의심을 불러일으켰을 것이다. 왜냐하면, 케플러의 신앙을 의심한 나머지 성직 경력을 단축해, 그라츠 대학의 수학과 도덕(Mathematics and Morals) 교수직에 임명했기 때문이다. 이 직책은 점성술 지식을 요구하였고, 그래서 그는 그 '기술'의 규칙들을 알아나가기 시작하였다. 실습을 통하여 그는 자신의 운명에 대하여 예언을 점검하게 되었다.

교육 과정 외의 활동으로 그는 수학을 결혼에 응용하였다. 그는 그라츠에 있을 때, 부유한 상속녀와 결혼을 하였다. 아내가 죽었을 때, 그 빈자리에 적합한 젊은 부인들을 목록화하여 각각 일련의 성격에 대한 점수를 매기고, 평균 성적까지 계산했다. 여성들이 자연보다 악명 높을 정도로 이성적이지 못했기 때문인지, 최고 성적을 낸 부인은 수학의 명

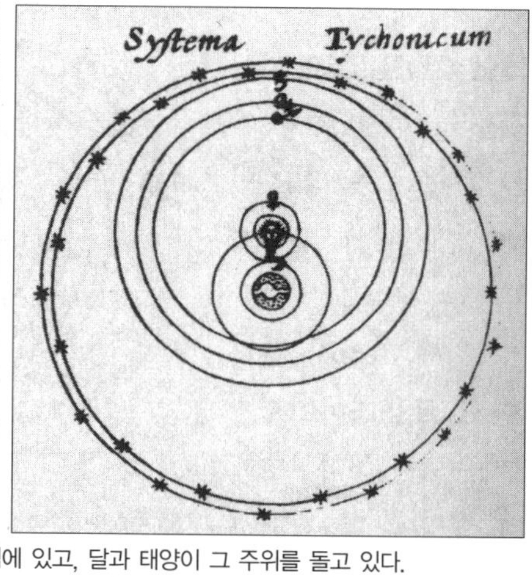

9-2. 티코 브라헤와 티코의 체계. 지구가 중심에 있고, 달과 태양이 그 주위를 돌고 있다.

령을 받아들이길 거절하여 케플러 부인이 될 영광을 거부하였다. 결국 차점자로 대체함으로써 그는 결혼 방정식을 만족시킬 수 있었다.

천문학에 대한 케플러의 관심은 계속되어 가장 유명한 관찰가인 티코 브라헤(Tycho Brahe, 1546~1601)의 조수가 되기 위하여 그라츠를 떠나게 되었다. 브라헤가 죽자, 케플러는 공식 천문학자로서 그를 계승하였다. 그러나 다시 한번 점성술사로서의 길을 가야 하는 의무를 맡게 된다. 왜냐하면, 자신을 고용한 루돌프 2세의 궁전에서 귀족들을 위해 별점을 쳐야 했기 때문이다. 자연이란 모든 동물들에게 존재의 수단을 부여한다는 철학적 관점에 따라 그는 자신과 화해하여 이 작업을 수행하였다. 그는 늘 점성술을 엄마를 먹여 살리는 천문학의 딸로 표현하곤 하였다.

루돌프 황제를 위한 천문학자로 세월을 보내며 케플러는 가장 중요한 연구를 하게 된다. 그러나 그는 코페르니쿠스가 그러했던 것처럼 당시 만연했던 스콜라주의에서 헤어날 수 없었다. 특히 케플러는 천문학에 접근을 할 때, 자신의 훌륭한 상상력을 아주 소심할 정도의 걱정과 특이한 인내심을 함께 결합했던 것과 마찬가지로, 과학과 수학을 신학과 신비주의와 혼합하였다.

코페르니쿠스 체계의 아름다움과 조화로운 관계에 감동을 받아, 그는 티코 브라헤가 관찰하여 제공한 자료들이 암시하는, 또 다른 기하학적 조화로움이 무엇인가를 찾고, 그것을 넘어 모든 자연 현상을 서로서로 연결해주는 수학적 관계를 찾는 데 전념하기로 결심하였다. 그러나 이미 생각한 수학적 패턴에 우주를 맞추려는 선입견 때문에 그는 수년간 잘못된 길을 쫓게 되었다. 《우주의 신비(Mystery of the Cosmos)》(1596) 서문에 그는 다음과 같이 썼다.

> 우주를 창조하고 우주의 질서를 규제할 때, 신은 피타고라스와

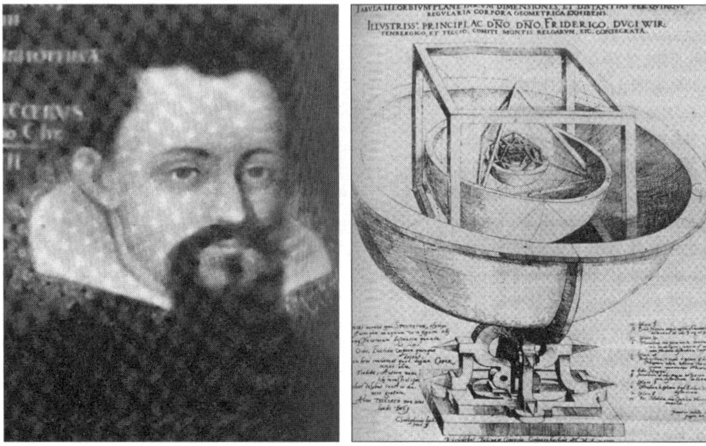

9-3. 케플리/《우주의 신비》(1597)에 처음 나오는, 5개의 기하학적 정다면체에 기초한 케플러의 태양 중심설.

> 플라톤 이래 알려진 기하학의 다섯 개 정다면체를 염두에 두었다는 사실, 그리고 그 치수에 따라 천체들의 수와 그들의 비율, 운동들의 관계 등을 맞추었다는 사실을 나는 증명하고자 한다.

그래서 그는 행성들의 궤도 반지름이 다음과 같은 방식으로 다섯 개의 정다면체들과 관계가 있는 구의 반지름이라고 규정하였다. 가장 큰 반지름은 토성 궤도의 반지름이었다. 그는 이를 반지름으로 하는 구에 내접하는 한 정육면체를 가정하였다. 이 정육면체 속에는 또 하나의 구가 내접하는데, 그 반지름은 목성 궤도의 반지름이다. 이 구에는 사면체가 내접하고 다시 또 다른 구가 내접하는데, 또 다른 이 구의 반지름은 화성 궤도의 반지름이다. 이런 식으로 다섯 개의 정다면체가 등장하게 된다. 이 구조는 6개의 구를 필요로 하였으며, 이는 당시 알려진 행성들의 숫자에 딱 맞는 것이었다. 이 구조의 아름다움과 깔끔함에 너무나 압도된 그는 행성들간의 거리를 결정할 수 있는 것은 단지 5개의 정다면체밖에 없으므로, 오직 여섯 개의 행성들만이 존재한다고 얼마

동안 주장하기도 했다.

비록 이 '과학적' 가설의 출판으로 케플러는 명성을 얻고 오늘날까지 매력적인 읽을거리가 되기는 했지만, 그 가설에서 나온 연역들은 불행하게도 관찰과 일치하지 않았다. 그는 어쩔 수 없이 자신의 아이디어를 포기해야 했다. 하지만 그것도 그 가설을 수정된 형태에 적용하고자 엄청난 노력을 한 뒤였다.

자연의 비밀을 찾아내는 데에 다섯 개의 정다면체를 사용하고자 하는 시도가 성공하지 못했다 하더라도, 케플러가 조화로운 수학적 관계를 찾고자 하는 이후의 노력에서는 매우 성공적이었다. 그의 가장 유명하고도 중요한 결과는 오늘날 케플러 행성 운동의 세 가지 법칙으로 알려져 있다. 이 법칙들은 과학에서 너무나 유명하고 귀중하여 그는 '하늘의 입법가'라는 칭호를 부여받았다.

이 법칙 중 첫 번째는 각 행성의 경로가 원이 아니라 타원이며, 타원의 초점으로 알려진 점에서 약간 떨어진 곳에 태양의 중심이 있다는 것이다(그림 9-4). 원을 타원으로 대체함으로써 동심원 이론으로 하나의 행성 운동을 설명하려고 사용하였던, 서로 겹쳐진 몇 개의 원 운동이 필요 없게 되었다. (케플러가 거의 2천 년 전 그리스인들이 개발한 수학 지식을 사용하였다는 것은 주목할 만한 사실이다.) 타원을 도입함으로써 얻은 단순함은 원 운동을 사용하고자 했던 시도를 이제 그만두어야 한다는 사실을 확신시켜주었다.

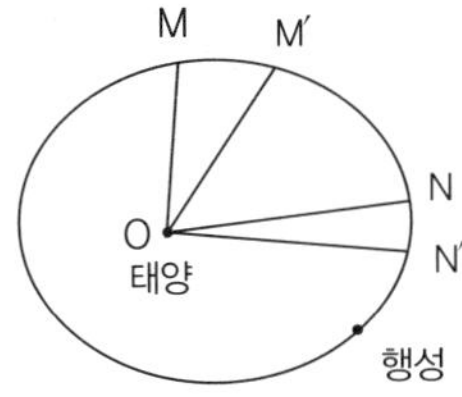

9-4. 타원 · 등적 법칙에 의한 행성 운동

케플러의 두 번째 법칙은 행성들의 속도와 관계가 있다. 우리가 알다시피, 코페르니쿠스는 등속 원리, 즉 각 행성은 원 주위를 동일한 속도로 움직이고 있다는 원리를 주장하였다. 이 원의 중심은 다른 원 위에서 불변의 속도로 움직이는 식이었다. 처음에 케플러는 각 행성이 불변의 속도로 타원을 따라 움직인다는 원리를 굳게 믿었다. 그러나 관찰된 사실 때문에 그는 이 소중한 믿음을 포기하지 않을 수 없게 되었다. 그러나 이를 대체한 법칙도 똑같은 기쁨을 준다는 사실을 깨닫게 되었을 때 그의 기쁨은 대단한 것이었다. 자연이 여전히 수학적이라는 자신의 확신을 재확인할 수 있었기 때문이다.

만일 한 행성이 지나간 거리 MM′과 NN′이 동일한 시간에 지나가는 거리라면, 속도 불변의 원리에 따라 MM′과 NN′은 동일한 거리가 되어야 한다. 그러나 케플러의 두 번째 법칙에 따르면, MM′과 NN′은 일반적으로 동일하지 않다. 그러나 중심 O가 태양의 위치라면, OMM′과 ONN′의 면적은 동일하게 된다. 그래서 케플러는 동일한 거리를 동일한 면적으로 대체하였고, 그 결과 우주의 수학적 설계는 흔들리지 않게 되었다. 우주로부터 그러한 비밀을 캐낸 것은 아닌 게 아니라 대단한 업적이었다. 왜냐하면, 앞서 기술된 관계는 이 글처럼 그렇게 쉽게 식별할 수 있는 것이 결코 아니기 때문이다. 1609년, 케플러는 이 법칙과 타원 운동의 법칙을 《화성의 운동에 관하여(On the Motions of the Planet Mars)》라는 책에 소개하여 출판하였다.

케플러의 제3법칙도 앞서 말한 두 법칙만큼 유명하다. 그 법칙에 따르면, 어떤 행성의 공전 주기의 제곱은 태양으로부터 가장 멀리 떨어진 평균 거리의 세제곱과 비례 관계에 있다. 다시 말하여 두 양의 비율이 모든 행성에서 동일하다는 것이다. 따라서 태양에서 떨어진 거리의 평균을 알면, 어떤 행성이든 그 회전 주기를 계산하는 데 사용할 수 있다. 또한 회전 주기를 알게 되면, 태양으로부터 평균 거리를 계산할 수 있게 된다.

수학 개념과 수학 법칙이 새로운 천문학 이론의 핵심이었다는 것은 명백하다. 그러나 더욱 중요한 것은 그 이론에 반대하는 많은 강력한 논박에도 불구하고, 코페르니쿠스와 케플러가 사랑한 것은 이러한 수학적 우수성이었다. 아닌 게 아니라 만일 코페르니쿠스와 케플러가 수학자라기보다 과학자 또는 맹목적인 종교학자였거나 또는 세상이 분별력 있는 사람이라고 부르는 사람이었더라면, 그들은 결코 자신들의 이론을 정립하지 못했을 것이다. 움직이는 지구에 대한 과학적 이의는 수 없이 많이 제기되었다. 천체는 가볍고 따라서 쉽게 움직일 수 있다고 믿었던 사람들의 의문, 즉 지구라는 무거운 물체가 어떻게 움직이기 시작하며 또 계속 움직일 수 있는지를 두 사람 모두 설명할 수 없었다.

코페르니쿠스가 할 수 있는 최선의 대답은 구는 당연히 움직인다는 것이었다. 그에 대한 반대도 똑같이 만만치 않았다. 줄 끝에 매달려 휘두르는 물체가 날아가버리는 것처럼, 지구가 돌고 있다면 왜 그 위의 물체들이 우주로 날아가버리지 않는가? 특히 왜 지구는 조각조각 떨어져 날아가버리지 않는가? 첫 번째 질문은 전혀 대답할 수 없었다. 두 번째 질문에 대해 코페르니쿠스는 운동이 자연스러운 것이기 때문에 결코 물체를 파괴하는 것과 같은 일은 일어나지 않는다고 대답하였다. 그는 또한 왜 천체들은 천동설에서 말하는 운동에 의해 떨어져나가지 않는가라고 질문함으로써 대응하였다. 첫 번째 질문과 관련하여 제기되는 다음 반대 의견에도 전혀 대답을 못하였다. 만일 지구가 서에서 동으로 돈다면, 공중으로 떨어져나간 물체는 원 위치의 서쪽에 떨어지게 될 것이다. 다시 그리스 시대 이래 모든 과학자들이 실질적으로 믿었던 것과 마찬가지로, 한 물체의 운동이 그 무게에 비례한다면, 지구가 태양 주위를 도는 운동에서 왜 무게가 덜 나가는 물체들이 뒤쳐지지 않는가?

코페르니쿠스는 지구상의 모든 물체들이 그것과 함께 움직인다는 사실을 설명할 수는 없었지만, 공기는 지구의 것이며, 따라서 지구와 함께 움직인다고 주장함으로써 공기의 운동을 '처리'하였다. 위에서 언급한 새로운 지동설 이론에 대한 모든 이의는 진정한 것이었고, 그 시대가 여전히 아리스토텔레스적 물리학을 받아들이고 있다는 사실을 반증하는 것이었다. 뉴턴 물리학이 나타나서야 비로소, 그 모든 이의에 대하여 만족스럽게 답할 수 있게 되었다.

경험 과학의 아버지인, 다름 아닌 프랜시스 베이컨은 1622년, 코페르니쿠스의 이론에 대하여 다음과 같이 과학적으로 제기된 이의를 요약하였다.

> 코페르니쿠스의 체계에는 심각하게 불편한 것들이 많이 발견된다. 지구가 삼중(三重)의 운동을 하는 것은 매우 자연스럽지 못한 일이며, 함께 격정적으로 움직이는 행성들의 무리를 태양과 분리시키는 것도 마찬가지로 쉽지 않다. 또한 태양과 항성을 기술하면서, 그렇게 많은 부동(不動)성을 자연에 도입하는 것은 전혀 감동적이지 않다. 이 모든 것들은 한 사람이 사변한 결과로, 그 사람은 자신이 어떤 허구를 자연에 도입하였는지에 대해서는 전혀 신경 쓰지 않은 채 계산만 내놓고 있는 것이다.

비록 베이컨의 주장이 명료한지 아닌지에 대해서는 의문이 있지만, 명성과 능력을 가진 사람의 반대가 그렇게 쉽게 무시될 수 있는 것은 아니다. 그러나 베이컨의 보수주의는 관찰을 스스로 강조했음에도 불구하고, 정확한 측정의 중요성을 인정하지 못한 그의 고집스러운 무능력에 기인한 것이었다.

만일 코페르니쿠스와 케플러가 더 '분별력이 있고, 실용적인' 사람이었다면, 그들은 결코 자신들의 감각을 무시하지 못했을 것이다. 코페르니쿠스 이론으로 해서, 우리는 초당 3/10마일을 자전하고 있으며 또한 초당 약 18마일의 속도로 태양을 돌고 있게 되었음에도 불구하고, 지구의 자전이나 공전 중 어떤 것도 느끼지 못하기 때문이다. 한편, 우리는 태양의 움직임은 명백히 눈으로 본다. 유명한 천문학 관찰가인 티코 브라헤에게 이러한 주장들은 지구는 부동이어야 한다는 결정적인 증거가 되었다. 헨리 무어의 말을 빌면, "감각은 프톨레마이오스를 지지한다."

코페르니쿠스와 케플러가 정통 종교학자였다면, 그들은 아예 지동설의 가능성을 탐구조차 하지 않았을 것이다. 프톨레마이오스의 체계가 뒷받침을 하고 있던 중세의 신학은, 신은 우주의 중심이며, 신이 그를 위해 특별히 태양, 달, 별들을 창조할 정도로 신이 가장 소중히 여긴 것이라고 주장하였다. 태양을 우주의 중심에 놓음으로써 지동설은 이런 편안한 교리를 부인한 것이다. 그 이론에 따르면 인간이란 차가운 하늘을 표류하는 많은 행성 위에 존재하는 한 무리의 방랑자 중 하나에 지나지 않는다. 결국 인간은 주요 무대 위의 주연 배우라기보다는 돌고 있는 지구 위의 의미 없는 한 점의 먼지에 지나지 않는다. 따라서 인간의 삶이 영화롭고 사후에는 천국에 살도록 하느님의 축복받은 존재일 리 만무하다. 별 볼 일 없는 인간을 위한 그리스도의 희생은 의미 없이 보였다. 하느님의 자리, 그리고 성인(聖人)과 신의 목적지였던 하늘은 지상으로 내려왔으며, 착한 사람들이 열망하던 천국은 빨리 돌고 있는 지구 때문에 사라져버렸다. 요컨대, 우주에 대한 프톨레마이오스적 질서가 침해됨으로써 그리스도의 건물 초석이 무너졌으며, 전체 구조가 쓰러질 위험에 처하게 되었다.

코페르니쿠스는 완고한 종교적 사고와 기꺼이 싸움을 벌였다. 이는 그가 교황 바오로 3세에게 보낸 편지의 구절을 보면 잘 알 수 있다.

> 수학을 전혀 모른다 하더라도, 수학적 질문에 판단을 내리고 자신의 목적에 맞추어 성서의 내용을 부적절하게 왜곡시키고, 감히 저의 체계에 흠을 잡고, 비난을 하며 서투르게 지껄이는 사람이 있다면, 저는 그들을 무시하여, 그들의 판단이 제대로 알지 못한 채 내려진 것이라 경멸할 것입니다.

종교, 물리학, 상식, 심지어 천문학도 코페르니쿠스와 케플러의 요청에 따라 수학에 굴복했다. 코페르니쿠스와 케플러는 프톨레마이오스의 이론이나 아리스토텔레스의 중세적 윤색으로 정립된 많은 천문학적 교리와 싸워야 했다. 가령, 행성들, 태양, 그리고 달은 완전하고 변화하지 않으며 불멸인 반면, 지구는 그 반대라는 믿음이 있었다. 그러나 새로운 이론에서는 지구를 다른 행성들과 같은 부류로 취급하였다. 게다가 지동설에서는 지구와 관련된 항성들의 운동을 내세울 필요가 있었다. 그러나 16, 17세기 인간의 관찰로는 이러한 상대적 운동을 탐지할 수 없었다. 지금은 심지어 단 하나의 사실과도 불일치하는 과학적 가설은 어떤 것도 정말로 살아남을 수 없지만, 그럼에도 불구하고 코페르니쿠스와 케플러는 자신들의 지동설을 고집하였다. 수학을 사랑한, 이 태양 빛에 물든 자들은 아름다운 이론을 설계하였다. 만일 이론이 사실에 적합하지 않다면, 사실 그 자체가 문제이다.

비록 항성들과 상대적인 지구 운동에 대한 의문에 대하여 모호하긴 했지만, 코페르니쿠스는 처음에 항성들이 무한대의 거리에 놓여 있다고 말함으로써 그 문제를 해결했다. 명백히 자신도 이 진술에 그다지 만족하지 못했으며, 그래서 철학자들에게 그 문제를 위임하였다. 항성들이 지구로부터 너무나 멀리, 즉 상대적인 움직임이 탐지되지 못할 정도로 멀리 떨어져 있다는 진짜 설명은 르네상스 '그리스인'들에게 용납될 수 없는 것이었다. 왜냐하면 그들은 여전히 폐쇄되고 제한된 우주를 믿고 있었기 때문이다. 실제 그 거리는 합리적이라 생각할 수 있는 숫자를 훨씬 뛰어넘는 것이었다. 사실상, 지구와 관련 항성의 운동을 설명하는 문제는 1838년이 되어서야 해결되었는데, 그 당시 수학자 베셀(Bessel)이 마침내 가장 가까운 항성의 시차(時差)를 측정하여 그것이 0.76″라는 사실을 밝혔다.

새로운 이론에 반대하는 모든 주장과 세력들에도 불구하고, 왜 코페르니쿠스와 케플러는 이를 옹호하였는가? 당시는 위대한 탐험의 시대였으므로 더 정확한 천문학을 요구되었기 때문에 누구나 더 신뢰할 만한 지리적 정보와 향상된 항해 기술의 필요에 따라 동기가 생긴 것이 아닌가 하고 추측할지도 모른다. 그러나 코페르니쿠스와 케플러는 전혀 이러한 긴급한 실용적 문제에 관심이 없었다. 이들이 정말로 자신의 시대에 의지할 수 있었던 것은 단 하나, 즉 이탈리아 학문의 부활로 생겨난 기회, 다시 말해 그리스적 사고와 만날 수 있는 기회를 얻을 수 있었다는 것이었다. 우리가 알다시피, 코페르니쿠스는 그곳에서 공부하였고, 케플러는 코페르니쿠스의 작업으로 많은 도움을 얻었다. 또한 두 사람 모두 그 전 두 세기보다 새로운 아이디어를 받아들이는 데에 우호적인 분위기의 덕을 보았다. 지리적 탐험과 종교 개혁, 그 밖의 다른 많은 흥미진진한 운동들은 보수주의와 안일함에 도전을 하였으며, 새로운 이론은 변화에 대한 자연스러운 반대에 정면으로 맞설 필요가 없었다.

실지로 코페르니쿠스와 케플러는 철학적 그리고 종교적 관심을 만족시키기 위하여 가장 혁명적인 이론을 개발한 것이었다. 우주란 본질적으로 수학 법칙을 가진 체계적이며 조화로운 구조라는 피타고라스의 교리를 확신하였기 때문에, 그들은 이 본질을 발견하는 일에 착수할 수 있었다. 코페르니쿠스는 출판을 통해 왜 자신이 천문학에 헌신하게 되었는지 밝혔다. 그는 자신의 행성 운동 이론이 항해 절차를 개선하기 위한 것이 아니라, 신의 작업이 진정한 조화와 균형된 설계를 드러내주기 때문에 가치 있다고 생각했다. 그것은 신이 존재한다는 훌륭하고도 저항하기 어려운 증거이다. 30년간 형성한 자신의 업적을 적으면서, 코페르니쿠스는 감사의 마음을 다음과 같이 표현하였다.

> 그러므로 우리는 이 질서정연한 배열 아래, 우주의 훌륭한 균형과, 어떤 다른 방식으로도 얻을 수 없는 종류의, 궤도의 운동과 광도(光度)의 명확히 조화로운 관계를 발견하게 된다.

그는 자신의 주요 업적인 《천구의 회전에 대하여》에서, 수세기간 혼란스러웠던 달력을 개선하는 데 도움을 주겠냐는 부탁을 라테란 공회의에서 받았다고 언급하였다. 이 문제를 염두에 두겠다고 쓰고 있지만, 그것이 그의 사고를 온통 지배하지 못했으리라는 것은 너무나 명백하다.

케플러도 자신의 진정한 관심사를 분명히 하였다. 그의 노력의 열매로 출판된 연구는 신의 힘에 의한 창조물 속에서 조화와 법칙을 추구하고자 하는 성실함을 입증하기 위한 것이었다. 《우주의 신비》의 서문에서 그는 다음과 같이 기록한다.

> 천체 연구에 몰두하는 사람은 행복하다. 그는 이 세상이 가장 찬미하는 것에 가치를 두지 않는다. 다른 무엇보다 신의 작업들이 바로 그가 가장 가치를 두는 것이다. 이에 대한 연구가 그에게 가장 순수한 즐거움을 제공해줄 것이다.

케플러가 1611년 출판한 〈세계의 조화〉라는 제목의 주요 논문은 실지로 천체의 조화로운 체계, 6개 행성들의 다양한 속도를 이용한 새로운 '천체들의 음악'을 설명하고 있다. 이 조화를 가장 만끽할 수 있었던 것은 태양이었으며, 바로 이 때문에 케플러는 특별히 태양에 영혼을 선사하였다. 이 논문이 단순한 시적인 신비주의로 빠지지 않도록 하기 위해서 우리는 그것이 또한 그의 유명한 운동의 제3법칙을 선언하고 있다는 사실을 깨달아야 할 것이다.

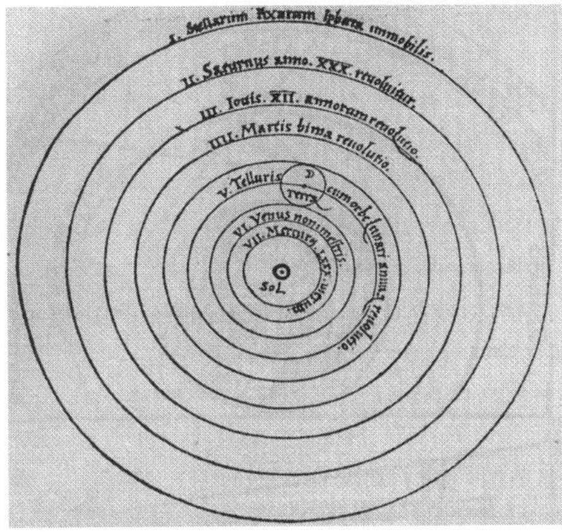

9–5. 태양 둘레를 도는 코페르니쿠스 우주관의 모식도, 《천구의 회전에 대하여》(1543)

코페르니쿠스와 케플러의 업적은, 그들의 종교와 과학이 뒤섞인 믿음으로 해서 반드시 존재한다고, 그것도 미학적으로 만족스러운 수학적 형식으로 존재한다고 확신하게 된 조화를 인간이 우주에서 찾고자 한 결과물이었다. 프톨레마이오스 이론 또한 우주의 수학적 법칙을 제공하고 있는 것도 사실이다. 그리고 코페르니쿠스와 케플러도 천문학이 단지 기하학이며, 기하학은 진리이기 때문에 두 이론이 모두 사실일 수 있음을 인정하였다. 왜냐하면, 둘 다 좋은 기하학이기 때문이다. 그러나 새로운 이론은 수학적으로 더 단순하고 더 조화로웠다.

수학적 우주를 설계한 전능한 존재는 틀림없이 이와 같은 우아함을 선호하리라고 확신한 사람들에게 이 새로운 이론이 필연적으로 옳은 것이었다. 아닌 게 아니라 우주는 합리적이고 단순한 질서로 이루어져 있다고 확신한 수학자만이 당시를 지배하던 철학적, 종교적, 과학적 믿음에 반항할 정신적 힘과 그러한 혁명적 천문학의 수학을 만들어내려는 인내심을 가졌을 것이다. 우주 설계에 있어 수학의 중요성에 대하여 흔들리지 않는 확신을 소유한 사람만이 반드시 마주치게 될 강력한 반대에도 불구하고 새로운 이론을 감히 주장할 수 있었을 것이다. 코페르니쿠스는 수학자들에게만 자신을 드러내었으며, 이는 이들만이 자신을 이해할 수 있으리라 기대했기 때문이다. 그리고 이런 점에서 그는 실망하지 않았다는 것이 역사적 사실이다.

비록 코페르니쿠스와 케플러, 그리고 후에 갈릴레이가 종교적 확신, 과학적 주장, 상식, 그리고 흔들리지 않는 사고 습관을 거부하도록 영감을 불러일으킨 것은 새로운 이론의 월등한 수학이라 할지라도, 어떻게 그 이론이 근대를 형성하는 데 도움이 되었을까?

우선, 코페르니쿠스의 이론은 근대 과학의 내용을 결정하는 데에 일반적으로 생각하는 것보다 더 많은 영향을 미쳤다. 과학의 가장 강력하고도 유용한 단 하나의 법칙은 뉴턴의 만유인력의 법칙이다. 이 책의 더 적절한 곳에서 언급하려고 보류된 논의를 여기서 하지는 않겠지만, 우리는 이 법칙의 가장 좋은 실험적 증거가, 즉 그것을 정립한 증거가 전적으로 지동설에 의존하고 있다고 말할 수 있다.

두 번째로, 이 이론은 그 당시에는 거의 지각할 수 없었지만, 오늘날 너무나 중요하게 된 과학과 인간 사고의 새로운 변화를 초래하였다. 지구의 자전과 공전이 우리의 눈으로 보이지 않고, 우리의 몸이 느끼지 못하기 때문에, 새로운 이론은 감각의 증거를 거부하였다. 그러나 사물들은 외관상 존재하는 대로 존재하지 않았다. 감각에 따른 자료는 인간을 오도할 수 있으며 따라서 이성만이 신뢰할 만한 안내자가 된다. 그리하여 코페르니쿠스와 케플러는 근대 과학을 안내한 선구자의 역할을 하게 된 것이다. 즉 이성과 수학이 감각적인 증거보다 우주를 이해하고 해석하는 데 더 중요하다는 것을 보여준 것이다. 만일 과학자들이 코페르니쿠스가 본보기를 보여준 것과 마찬가지로 이성에 대한 신뢰를 받아들이지 않았더라면, 전자, 원자 이론, 그리고 상대성 이론 같은 엄청난 발견은 꿈도 꾸지 못했을 것이다. 코페르니쿠스와 케플러는 과학자와 수학자의 가장 중요한 기능 완수, 즉 우주에 대한 합리적 이해를 제공헸을 뿐 아니라 이성의 시대를 열었다는 중요한 의미를 가진다.

인류의 근원에 대한 이의를 제기함으로써 코페르니쿠스 이론은 서구 문명의 수호신들이 기독교 신학에 기반하여 독단적으로 대답했던 질문들을 다시 불러일으켰다. 옛날에는 단 하나의 정답만이 있었다. 이제는 다음과 같은 기본적 질문에 대하여 10개 또는 20개의 답이 있을 수 있다. 왜 인간은 살고자 하는가? 그리고 어떤 목적을 위하여 사는가? 왜 인간은 도덕적이며 원칙을 지켜야 하는가? 왜 인간은 인류 종족을 보존해야 하는가? 인간이 자신은 관대하고 힘있고 선견지명이 있는 하느님의 자식이며 피보호자라는 믿음으로 그러한 질문에 대답하는 것과, 자신은 대폭풍 속에 들어 있는 하나의 먼지에 불과하다는 것을 알면서 대답하는 것은 정말로 다르다.

코페르니쿠스 이론은 사고하는 모든 사람들 앞에 그러한 질문을 던져놓았다. 그리고 사고하는 존재로서, 그들은 그 도전을 거절할 수가 없었다. 정신적 균형을 회복하려는 그들의 노력은 코페르니쿠스와 케플러를 이은 수학적 과학적 연구로 인해 더욱 심화되었으며, 지난 몇 세기 동안 사고의 역사에 핵심이 되었다.

케플러 시대 이후로, 새롭고 어지러운 사고에 의해 야기된 이러한 혼란을 나타내는 증거들을 문헌에서 많이 찾을 수가 있다. 형이상학적인 존 던은, 비록 백과사전적이며 체계적인 학자들 속에서 훈련을 받고 그런 학풍에 만족했음에도 불구하고, 프톨레마이오스 이론이 초래한 바람직하지 못한 복잡함을 인정할 수밖에 없었다.

> 우리는 천체들이 자신의 구를 감상한다고 생각한다.
> 모든 것을 포용하는 그들의 둥근 조화를.
> 그러나 그들의 다양하고 당황스러운 경로는,
> 여러 시대에 관찰되어, 이제 사람들에게

너무나 많은 이상한 부분들을 발견하도록 하였다.
다양한 곧은 선과 횡선들은,
그 순수한 형식과 어울리지 않는다.

이제 던은 코페르니쿠스 이론에 대한 주장을 분명하게 인식하게 되었지만 태양과 행성들이 더 이상 지구 둘레를 원 궤도로 돌고 있지 않다는 사실을 한탄만 할 수밖에 없었다.

밀턴도 프톨레마이오스 이론에 대한 도전에 대하여 숙고하였지만, 결정적인 선택을 하지 않았다. 《실락원》에는 두 이론이 모두 묘사되어 있다. 새로운 수학을 그 자체의 근거로 만족시킬 수 없게 되자, 그는 대신 그것의 창조자를 비난하였다. 인간은 신의 작품을 찬미해야지 의심해서는 안 되었다.

인간 또는 천사들로부터 위대한 건축가는
지혜롭게도 폭로하지 않고 숨겼다.
그의 비밀을,
결국 존경해야 할 사람들에 의하여 밝혀지고 말지니……

숨겨진 문제로부터 당신의 생각을 알아내려 하지 말라,
그것은 신에게 맡겨두어라……
……겸손하게 지혜를 발휘하라.
단지 당신과 당신의 존재와 관련 있는 것만을 생각하라.

그러나 심지어 밀턴조차도, 예를 들면 정확하고 철저하게 정의된 단테의 우주보다는, 더 신비롭고 광대한 우주를 받아들이는 데에 무의식적으로 감동받았다. 더 온화한 시인들의 상냥한 충고, 벤 존슨의 풍자, 베이컨의 개인적 질투뿐만 아니라 과학적 주장들, 교수들의 조롱, 총명한 카르다노의 수학적 반박, 생계를 잃을까 두려워했던 점성술사들의 분노, 몽테뉴의 회의(懷疑), 셰익스피어의 완전한 거부 그리고 존 밀턴의 겸손한 언급으로 인해, 코페르니쿠스는 학식 있는 미친 사람인, 새로운 던스 스코터스(Duns Scotus, 1226?~1306?)라는 평판을 얻었다. 1597년, 갈릴레이는 코페르니쿠스를 "소수에게서 불멸의 명성을 얻었지만, 어리석은 다수에게 조롱과 비난을 받은" 사람으로 묘사하는 편지를 케플러에게 보냈다.

하지만 소수의 의견이 다수의 의견을 이겼다. 문화적 혁명은 힘을 얻었다. 사람들은 현존하는 교리에 대하여 생각하고 그에 도전하지 않을 수 없었다. 그리고 오랫동안 받아들였던 믿음을 다시 살펴볼 수밖에 없었다. 이러한 비판과 재검토로부터, 오늘날 서구 문명에서 의심 없이 받아들여지는 많은 철학적·종교적·윤리학적 원리들이 나타나게 되었다.

이제까지 근대에 대한 지동설의 가장 위대한 가치는 그것이 사고와 표현의 자유를 위한 싸움에 이룩한 기여이다. 지동설이 처음에 받았던 대우는 하나의 일반화로 나타낼 수 있다. 즉 변화에 대한 반동이야말로 진정한 반동이다. 인간은 습관적으로 보수적인 동물이며 스스로 중요성을 깨닫기 전까지는 새로운 이론은 단번에 환영받지 못한다. 게다가 일단 입장을 정한 학자들과 종교 지도자들은 이미 굳어진 관심 때문에 그 이론에 반대하였다. 역사상 가장 중요한 전투인, 인간 정신의 자유를 위한 전투가 지동설을 주장할 권리라는 문제에 적용이 되었다. 코페르니쿠스 이론의 가장 격렬한 반대자 중에는 이미 스스로 전통주의를 깨고 나온 프로테스탄트들도 있었다.

신의 대리자라고 자임한 사람들은 사악한 공격으로 싸움을 시작하였다. 마틴 루터는 코페르니쿠스를 '건방진 점성술사', '천문학이라는 전체 과학을 뒤집으려는 바보'라고 불렀다. 칼뱅은 '누가 감히 성령의 권위 위에 코페르니쿠스의 권위를 놓으려 하는가'라고 호통을 쳤다. 성서에 여호수아는 지구가 아니라 태양에게 멈추라고 명령했다고 나와 있지 않은가? 태양이 천체의 한끝에서 다른 끝으로 움직인다고 나와 있지 않은가? 지구의 토대는 고정되어 있으며 움직일 수 없다고 나와 있지 않은가? 천국이 어떻게 돌아가는지가 아니라 천국에 어떻게 갈지를 배우라며, 추기경은 저항하였다. 종교재판은 새로운 이론을 '성서와는 완전히 반대인 거짓 피타고라스 이론'이라며 비난하였다. 그리고 1616년, 코페르니쿠스 이론을 다루는 모든 출판물을 금서로 정하였다. 아닌 게 아니라, 만일 반대편에 선 사람들이 얼마나 높은 지위에서 얼마나 커다란 분노를 발하는가에 따라 그 아이디어의 중요성이 결정된다면 이보다 더 가치 있는 어떤 아이디어도 나올 수 없을 것이다.

이 시대에 탐구 정신이 너무나 억압받았기에 갈릴레이가 자그마한 망원경으로 목성의 4개 위성을 발견하였을 때에도 몇몇 과학자들과 종교학자들은 기구를 통하여 직접 그 천체들을 보려고 하지 않았다. 망원경을 통하여 악마를 유혹했던 많은 사람들조차 자신의 눈을 믿으려 들지 않았다. 새로운 이론을 주장하는 행위를 위험하게 만든 것은 바로 이러한 완고한 태도였다. 그 태도는 브루노(Giorduno Bruno, 1548~1600; 이탈리아 철학자)의 운명을 좌지우지하여 결국 목숨을 앗아갔다. 그는 종교재판을 통하여 '아주 자비롭게, 피 한 방울 흘리지 않고', 즉 죄수를 장작더미 위에 놓고 태우는 공포스러운 의식으로 죽음을 당한 것이다.

코페르니쿠스의 작품들이 이전 교회에 의하여 금지되었음에도 불구하고, 교황 우르반 8세는 갈릴레이에게 그 주제와 관련된 책을 출판하도록 허용하였다. 왜냐하면, 교황은 새로운 이론이 필연적으로 옳다고 증명하고자 하는 사람이 있으리라 믿지 않았기 때문이다. 따라서 1632년 갈릴레이는 천동설과 지동설을 비교하는 자신의 《세계에 관한 두 주요 체계에 대한 대화(Dialogue on the two Chief Systems of the World)》를 출판하게 되었다. 교회를 기쁘게 하고, 검열을 통과하기 위하여, 그는 두 번째 이론은 단지 상상의 산물이라는 취지의 말을 서문에 붙였다. 불행하게도, 갈릴레이는 너무나 잘 썼고, 교황은 은박지에 싸인 살아 있는 폭탄처럼, 지동설에 대한 주장이 여전히 가톨릭 신앙에 커다란 해를 끼칠 수 있음을 두려워하기 시작했다. 교회는 다시 한번 '칼뱅과 루터의 책 속에 담겨진 어떤 것보다도, 그리고 다른 모든 이단자 중에서도, 기독교에 대하여 더 추악하고 더 혐오할 만하며, 더 유해한 이단자'에 대항한 전투를 하기 시작하였다. 갈릴레이는 로마의 종교심판을 받게 되었고, 고문의 위협 속에서 다음과 같이 선언하지 않을 수 없었다. "코페르니쿠스의 체계의 허구성은 의심할 여지가 없다. 특히 우리 가톨릭 신자들에게는……."

동성애자를 불태우겠다는 위협, 고문대, 바퀴, 교수대, 그리고 다른 다양한 고문의 신기술들은 과학적 진보보다는 명백히 보수에 더 맞는 것이었다. 갈릴레이가 박해받는다는 사실을 들었을 때, 신경질적이고 소심한 성격의 데카르트는 새로운 이론을 옹호하기를 삼가고 그에 대한 자신의 작품 중 하나를 실지로 파괴하기도 하였다.

그러나 지동설은 자유로운 사고에 대한 억압과 싸우는 강력한 무기가 되었다. 사람들이 점차 종교적 지도자의 가르침도 틀릴 수 있다는 사실을 깨닫게 되면서, 새로운 이론의 진실성(적어도 17, 18세기까지)과 견줄 수 없는 그 이론의 단순함은 점점 더 많은 옹호자들을 매혹시켰다. 곧 이들 지도자들은 모든 유럽에 대한 권위를 유지하는 것이 불가능하게 되었다. 결국 모든 영역에서 더 자유로운 사고를 위한 길이 준비되기에 이르렀다. 과학이 신학으로부터 해방된 것은 확실히 이 논쟁에 기원을 두고 있다.

이 전쟁의 의미와 그 우호적인 결과를 우리는 잊어서는 안 된다. 서구 문명에서 최근에 획득된 자유를 아직 누리고 있는 사람들과 그 자유를 잃은 사람들은 지동설을 발전시키고자 하는 전투에서 얼마나 많은 사람들이 위험을 무릅썼는지, 그리고 그 싸움을 수행하였던 엄청난 지성과 범상치 않은 용기를 가진 사람들에게 우리가 얼마나 많은 빚을 지고 있는지를 반드시 이해해야 한다. 다행스럽게도 우리를 위하여, 탐구를 자유롭게 하고자 했던 순교자들을 산화시켰던 바로 그 불이 중세의 어둠을 물리쳐주었다. 지동설을 정립하고자 했던 싸움은 사람들의 마음에서 교회의 목조르기를 약화시켰다. 수학적 논쟁이 신학의 논쟁보다 어쩔 수 없이 더 설득력 있음이 판명되었고, 생각하고 말하고, 글을 쓸 자유를 위한 투쟁은 마침내 승리하였다. 결국 과학의 독립 선언은 수학의 정리(定理)들을 모아놓은 것이다.

10 회화와 원근법

세계는 책이다, 불멸의 감각이 자신의 생각을 적어놓은.
세계는 사원이다, 자신을 그려, 아름다운 형상들로
광대한 주위 전체를 가득 채운.
– T. 캄파넬라

교회의 시녀로 봉사했던 중세 회화는 기독교 사상과 교리를 장식하는 데에만 열중하였다. 그러다 중세 말엽 화가들은 유럽의 다른 사상가들과 마찬가지로 자연 세계에 관심을 가지기 시작하였다. 인간과 인간을 둘러싼 우주를 새로이 강조하면서, 이에 힘을 얻은 르네상스의 화가들은 용감하게 자연을 직시하고 자연을 깊이, 그리고 구석구석 살펴, 현실적으로 묘사하게 되었다. 화가들은 살아 있는 세계의 영광과 기쁨을 되살려놓았고, 아름다운 형식을 보여줌으로써 육체를 가지고 존재한다는 기쁨과 아무에게도 내줄 수 없는 자연적인 필요를 충족시킬 권리와 땅, 바다, 공기가 부여한 즐거움이 있음을 입증해주었다.

여러 가지 이유로 현실 세계를 묘사하는 문제에 직면한 르네상스 화가들은 수학에 눈을 돌렸다. 그 첫 번째 이유는 사실적으로 그림을 그리고자 하는 어느 시대의 화가에게나 공통적인 것이다. 즉 화가가 캔버스 위에 그리는 대상물들은 색과 물질을 빼놓게 되면 공간에 놓여 있는 기하학적 물체들이기 때문이다. 이들 이상화된 물체들을 다루는 언어, 그들이 이상화됨으로써 가지게 되는 성질, 공간 내에서 상대적 위

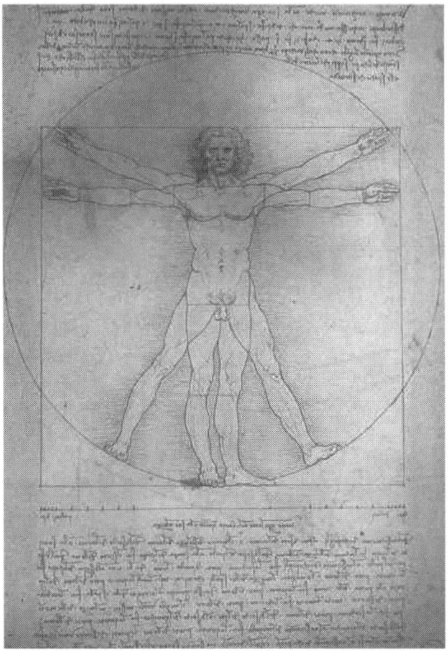

10-1. 레오나르도 다 빈치, 〈인간 비율〉

치를 나타내는 정확한 관계들이 모두 유클리드 기하학에 구체화되어 있다. 화가들은 그것을 단지 이용하기만 하면 된다.

르네상스 화가들이 수학에 관심을 가지게 된 것은 자연을 재생산하기 위해서뿐만 아니라 부활된 그리스 철학에 영향을 받았기 때문이었다. 그들은 수학이 실재 세계의 본질이며 우주의 질서는 기하학적이고, 그것에 의하여 합리적으로 설명할 수 있다는 신념에 철저히 익숙해져 있었고, 이미 물들어 있었다. 그리하여 그리스 철학자들과 마찬가지로, 그들도 이면에 숨겨진 의미를 파고들어가기 위해서, 다시 말하여 캔버스 위에 자신이 드러내고자 하는 주제의 실재를 파고들기 위해서는 수학적 내용으로 환원해야 한다고 믿었다. 자신의 주제가 가지고 있는 수학적 본질을 발견하고자 했던 그 당시 화가들의 시도가 아주 흥미롭게 나타난 예는 바로 레오나르도의 비율에 대한 연구에서 찾을 수 있다. 그 속에서 그는 이상적인 인간의 구조를 사각형과 원이라는 이상적인 형상들에 맞추려고 노력했다.

정확한 묘사를 위해 수학이 아주 유용하다는 사실과 수학이 실재의 본질이라는 철학은 르네상스의 화가가 수학을 이용하고자 한 이유이다. 또 다른 이유로, 중세 후기와 르네상스의 예술가들은 또한 당시의 건축가이자 공학자였기 때문에 필연적으로 수학에 경도될 수밖에 없었다는 점이다. 사업가, 세속적인 군주, 교회의 성직자들은 모든 건축 설계의 문제를 화가들에게 일임하였다. 화가들은 교회, 병원, 궁전, 수도원, 다리, 성, 댐, 운하, 도시 성벽, 전쟁 무기 등을 설계하고 만들었다. 그러한 공학적 기획들에 관한 수많은 그림들이 다 빈치의 공책에서 발견되는데, 그는 밀라노의 통치자였던 루도비코 스포르차의 일을 맡았을 때에 건축가, 조각가, 화가로서뿐만 아니라 공학자, 군사 시설의 건설자, 전쟁 기계의 설계자로서 일하겠다고 약속을 하였다. 심지어 화가는 대포의 대포알 운동에 관한 문제까지 해결할 것으로 생각되었다. 그러한 임무는 당시로서는 아주 심오한 수학적 지식을 필요로 하는 것이었다. 따라서 르네상스의 화가가 가장 훌륭하게 실천하는 수학자였으며, 15세기에는 또한 가장 학식 있고 업적을 세운 이론적 수학자였다고 말하는 것은 전혀 과장이 아니다.

르네상스 화가들의 수학적 재능을 필요로 하였던 문제들, 여기서 우리가 관심을 가지게 될 구체적인 문제는 바로 3차원의 장면을 어떻게 캔버스 위에 그리는가의 문제였다. 화가들은 수학적 원근법이라는 완전히 새로운 체계를 창조함으로써 이 문제를 해결하였다. 그리고 결과적으로 아주 새로운 스타일의 회화를 만들어내었다.

회화의 역사에서 석고와 캔버스 위에 대상을 조직하기 위해 사용된 다양한 구조, 다시 말하여 다양한 원근의 체계는 주로 두 가지로 분류할 수 있다. 즉 개념적인 것과 광학적인 것이 그것이다. 개념적 체계란 장면 그 자체의 실질적 외관과는 거의 또는 전혀 관계가 없는 어떤 원리나 원칙에 맞추어 사람이나 대상들을 조직하는 데에 사용된다. 가령, 이집트 회화나 도로 등은 대체로 개념적이라 할 수 있다. 사람의 크기는 종종 정치적 그리고 종교적 위계 내에서 얼마나 중요한 사람인가에 따라 상대적으로 순서가 정해졌다. 파라오는 일반적으로 가장 중요한 사람이었으며 따라서 가장 크게 그려졌다. 부인의 크기는 그 다음이었고, 하인들은 훨씬 더 작았다. 동일한 인물의 다른 부분을 나타내는 경우에

10-2. 피카소, 〈세 음악가〉, 1921, 필라델피아 미술관, 갈라틴 컬렉션

도 측면과 정면이 동시에 사용되기도 하였다. 사람이나 동물을 쭉 나열하여 나타내기 위하여, 동일한 인물을 약간 옆에 반복하여 그렸다. 현대 회화도 대부분 일본과 중국의 그림처럼 개념적 체계를 가진다.(그림 10-2)

반면, 광학적 원근법은 장면 자체와 똑같은 인상을 전달하려고 시도한다. 그리스와 로마의 회화는 기본적으로 광학적이다. 그러나 기독교 신비주의의 영향을 받은 화가들이 개념적 체계로 돌아서면서 중세에는 개념적 체계가 지배적이었다. 초기 기독교도들과 중세 화가들은 상징적인 용어로 그림을 그리는 데에 만족하였다. 다시 말하여 그림의 상황이나 대상을, 실질적이고 현존하는 세계의 실제 사람들을 나타내기보다는 종교적 주제를 삽화로 그려 설명하고 종교적 심성을 불러일으키기 위한 목적으로 사용하였다. 사람들과 물체들은 비록 편평하고 이차원적인 진공 속에 존재하는 것이지만, 고도로 양식화하여 그려졌다. 뒤에 있어야 할 인물들이 보통 옆이나 위에 그려졌다. 마치 그림의 대상들이 현실 세계하고는 아무런 관련이 없다는 것을 강조하는 듯, 회화의 배경에는 거의 항상 견고한 색상, 일반적으로 금색이 사용되었다.

초기 기독교의 모자이크인 〈천사들과 함께 있는 아브라함〉(그림 10-3)은 전형적으로 비잔틴의 영향을 받은 사례로서 고대 원근법의 해체를 잘 보여준다. 배경은 필수적으로 중립적이다. 땅과 나무, 관목들은 인공적이며 생명력이 없고, 나무는 독특하게 그림의 경계에 딱 들어

10-3. 초기 기독교 모자이크, 〈천사들과 함께 있는 아브라함〉, 산 비탈레, 라베나

맞도록 그려졌다. 인물이나 물체가 서 있는 땅이나 토대는 없다. 인물들은 서로 관련이 없으며, 물론 측정이나 크기가 중요하지 않게 생각되었기 때문에 공간적 관계는 무시되었다. 그림 속에 있는 약간의 통합성은 금색 배경과 물체들의 색상에 의하여 유지된 것이다.

로마인들이 사용하였던 광학적 체계가 중세 회화에서 때때로 조금씩 나타나기는 했지만, 이러한 비잔틴 양식이 지배적이었다. 중세 회화의 꽃이라고 불리는, 훌륭한 사례로 시몬 마르티니(Simone Martini, 1285~1344)가 그린 〈수태고지(受胎告知)〉(그림 10-4)가 있다. 배경은 금색이며, 직접 눈으로 확인하여 그렸다는 흔적은 전혀 찾아볼 수가 없다. 그림의 동선 처리는 천사에서 성녀 마리아로 갔다가 다시 천사에게로 돌아온다. 비록 색이나 표면, 유연한 선들이 사랑스럽긴 하지만, 인물 자체는 감정이 없고, 보는 사람에게 어떠한 정서적 반응도 불러일으

10-4. 시몬 마르티니, 〈수태고지〉, 우피치 미술관, 피렌체

키지 못한다. 전체적으로 모자이크와 유사한 효과를 가진다. 아마도 이 그림이 사실주의로 발전한 점이 있다면, 그것은 유일하게 물체나 인물이 서 있는 지면 혹은 바닥을 사용하였다는 점에 있을 것이다. 이는 금색 배경과 구분되는 것이다.

예술가들이 사실주의와 수학에 관심을 기울이도록 한 특징적인 르네상스의 영향력은 13세기 말엽에 가서나 느낄 수 있었다. 13세기에는 아랍어와 그리스어로 된 저서가 번역됨으로써 아리스토텔레스가 널리 알려지게 되었다. 화가들은 중세 회화의 무생명성과 비현실성을 인식하기 시작하였고, 의식적으로 이를 수정하려고 노력하였다. 자연주의로 나가고자 하는 노력은 정서를 불러일으키려는 시도로 이어져, 실제 인물들을 종교적 주제의 대상으로 사용하고, 직선, 다면체 등, 단순한

10-5. 두치오, 〈왕좌에 앉아 있는 마돈나〉, 오페라 대성당, 시에나

형태의 기하학을 조심스럽게 사용하였고, 인물들을 정통적이지 않은 위치에 놓는 실험을 한 점에서 나타난다. 또한 인습적인 중세 양식의 편평한 모양보다는, 실제와 마찬가지로 옷의 주름들이 자연적으로 떨어지고 겹쳐지도록 묘사했다는 점에서도 찾을 수 있다.

중세와 르네상스 예술 사이의 본질적인 차이는 3차원, 즉 공간, 거리, 부피, 양, 시각적 효과 등의 도입에 있다. 3차원의 도입은 광학적 표상 체계를 통해서만 얻을 수 있는 것이었다. 의식적으로 이러한 방향으로 접근한 노력이 14세기 초반 두치오(Duccio di Buoninsegne, 1255~1318)와 조토(Giotto di Bondone, 1266?~1337)(그림 10-6)에게서 나타난다. 두치오의 〈왕좌에 앉아 있는 마돈나〉(그림 10-5)는 몇 가지 흥미로운 특징을 가지고 있다. 무엇보다 구성이 심하게 단순하며 대칭적이다. 왕좌의 선들은 상으로 모이도록 하였고, 그것으로 깊이를 암시하였다. 왕좌 양쪽의 인물들은 같은 높이에 서 있는 것으로 보이지만, 그들은 몇 층으로 차례차례 그려진 것이다. 이런 식으로 깊이를 나타내는 방식을 층층단 원근법이라 부르며, 이는 14세기에 매우 흔한 것이었다. 옷감의 주름은 마돈나의 무릎 부분에서 볼 수 있듯이, 다소 자연스러워졌

10-6. 두치오, 〈최후의 만찬〉, 오페라 대성당, 시에나

다. 또한 얼굴에서 강직함과 여유 등의 감정도 느껴진다. 그러나 그림은 전체적으로 여전히 비잔틴의 전통을 많이 가지고 있다. 배경과 세부 묘사에서도 금색을 자유자재로 사용하고 있다. 패턴은 여전히 모자이크와 같다. 왕좌가 깊이를 나타낼 수 있을 정도로 적절하게 원근법을 사용하지 않았기 때문에 마돈나가 그 위에 앉아 있는 것처럼 보이지 않는다.

이보다 훨씬 더 중요한 것은 두치오의 〈최후의 만찬〉이다. 이 장면은 부분적으로 정육면체의 형태를 띤 공간으로 14세기에 매우 흔하게 사용된 배경이며, 내부 장면에서 외부 장면으로 이동하고 있다는 것을 표시해준다. 물러서 있는 벽과 천장의 선들은 다소 원근법 처리를 하여 깊이를 나타내고 있다. 방의 부분들은 잘 맞추어져 있다. 천장을 처리한 몇 가지 세부 묘사가 중요하다. 중간 부분의 선들은 하나의 면적 안에 모이는데, 이를 '사라지는 면적'이라고 부른다. 이렇게 부르는 이유에 대해서는 다음에 자세히 설명하기로 하자. 이 기술은 깊이를 나타내는 장치로 당시의 많은 화가들이 의식적으로 사용한 기술이다. 두 번째로 천장의 두 끝부분에서 그려진 선들은 중심에서 보면 대칭적으로 놓여져 있으며 수직선 위에 있는 점들과 쌍으로 만나게 된다. 이 구조도 수직, 또는 축 원근법으로 알려져 있는 것으로 깊이를 나타내는 데 널리 사용되었다. 두 구조 모두 두치오가 체계적으로 사용하지는 않았지만, 둘 다 14세기 이후 화가들에 의하여 발달되었고 응용되었다. 그림 왼쪽에 있는 관목들과 같이 현실 세계를 암시하는 것들도 눈여겨보아야 할 것이다.

불행하게도, 두치오의 〈최후의 만찬〉에 나타난 전체 장면은 하나의 시선으로 처리된 것이 아니다. 탁자의 모서리에 있는 선들은 보이는 것과는 반대 방향으로 관람객들을 향하고 있다. 탁자는 앞보다 뒤가 더 높은 것처럼 보이며, 탁자 위에 물체들도 그 위에 편평하게 놓여 있는 것처럼 보이지 않는다. 사실 사물들이 앞쪽으로 너무 멀리 그려져 있지만. 그럼에도 불구하고 회화의 전체 특징으로 보면 사실주의적 감각을 지니고 있다고 볼 수 있다.

10-7. 조토, 〈프랜시스 성인의 죽음〉, 산타크로체 성당, 피렌체

3차원성은 두치오의 작품에서 명확하게 나타난다고 말할 수 있다. 인물들은 양과 부피를 가지고 있으며 서로 관련을 맺고, 전체로서 구성과 관계를 맺고 있다. 선들은 어떤 특정한 구조에 따라 사용되었고, 평면들은 원근법으로 처리되었다. 명암 역시 부피를 나타내는 데 사용되었다.

근대 회화의 아버지는 조토이다. 그는 시각과 공간 감각의 관계를 직접 참조한 그림을 그려, 결과적으로 사진과 같은 복사본을 지향하게 되었다. 그의 인물들은 양, 부피, 생동성을 가지고 있다. 또한 집과 같은 장면을 선택하고, 균형 잡힌 배열로 인물들을 배치하고, 눈으로 보는 것과 같은 방식으로 그려넣었다.

조토의 걸작 중 하나인 〈프랜시스 성인의 죽음〉(그림 10-7)은 두치오의 〈최후의 만찬〉과 마찬가지로, 대중적인 이동 장치, 즉 부분적인 상

10-8. **조토**, 〈헤로드의 축제〉, 1313-14, 산타크로체 성당, 피렌체

자 모양의 방을 사용하였다. 방은 어디에도 존재하지 않는 편평한 2차원적인 방과는 반대로 3차원적인 장면에 위치해 있다는 것을 암시한다. 구성 물체들과 인물들의 조심스러운 균형은 명백히 사람의 눈을 의식한 것이다. 비록 배경과는 아무런 관계가 없지만, 인물들간에는 서로서로 관계를 맺고 있는 것도 마찬가지로 명백하다. 조토가 그린 이 그림과 다른 그림에서도 보이는 방과 건물들의 부분은 땅에 놓여 있는 것처럼 보인다. 앞을 줄여 그리는 것이 깊이를 나타내는 데 사용된 것이다.

조토의 시점이 항상 일관된 것은 아니다. 그의 그림 〈헤로드의 축제〉(그림 10-8)에서, 오른쪽 정자의 두 벽은 서로 딱 맞지 않는다. 식당의 탁자와 천장도 그러하다. 그럼에도 불구하고, 이 그림의 3차원성이 간과되어서는 안 된다. 왼쪽의 건축물은 흥미를 자아내며 매우 의미 있는 것이다. 부적절하지만 현실성을 나타내기 위해 도입되었기 때문이다.

조토는 광학적 원근법이 발달하는 데 핵심적인 인물이었다. 그의 그림들에서 시선 처리가 적절하지 못하며 어떤 새로운 이론을 도입한 것도 아니지만, 전체적으로 그의 작품은 선배들의 작품에 비하여 엄청난 발전을 보여준다. 조토 자신도 자신이 이룬 발전을 인식하고 있었다. 자신의 기술을 자랑하기 위하여 필요치 않은 부분까지 그리기도 했던 것이다. 이러한 이유로 그는 〈헤로드의 축제〉에서 탑을 집어넣게 된 것이다.

10-9. 로렌체티, 〈수태고지〉, 시에나 국립회화관

기술과 원리의 발전은 아마도 암브로지오 로렌체티(Anbrogio Lorenzetti, 1285?~1348)의 공으로 돌려야 할 것이다. 그는 사실주의적이고 특정 지역을 선택하여 자신의 주제를 조직한 것으로 주목할 만하다. 그의 선들은 힘이 있고, 인물들은 강건하고 인간적이다. 〈수태고지〉(그림 10-9)에서 그 발전이 명백하게 드러난다. 인물들이 앉아있는 지면은 명확하고 뒤벽과 명백히 구분된다. 지면은 또한 물체들의 크기를 측정하는 것으로 사용되어 뒤로 넓게 펼쳐진 공간을 암시해준다. 두 번째로 주요한 발전은 관람객으로부터 멀어지는 바닥의 선들이 한 점에서 만난다는 데에 있다. 마지막으로 블록들이 배경으로 멀리 갈수록 점점 더 줄어든다. 전체적으로 로렌체티는 14세기 어느 누구보다 공간과 3차원성을 잘 다루었다. 그러나 그의 그림에서도 두치오와 조토와 마찬가지로 이 모든 요소들을 융합하는 데에는 실패하였다. 그럼에도 수학적이지는 않지만 공간과 깊이를 처리하는 데에 굉장한 직관력을 보여준다.

로렌체티와 더불어 수학적 원근법이 도입되기 이전 르네상스 화가들은 최고도의 수준에 도달하게 된다. 이제까지 만족스러운 광학적 체계의 발달을 향하여 이루어진 단계들은 화가들이 얼마나 그 문제를 가지고 씨름을 하였는지를 잘 보여준다. 이들 혁신가들이 효과적인 기술을 찾아 헤맨 것은 확실하다.

15세기가 되면서 화가들은 마침내 원근법의 문제가 과학적으로 연구되어야 하며, 기하학이 그 문제의 핵심이라는 사실을 깨닫게 되었다. 이러한 깨달음은 아마도 당시 그리스와 로마 예술과 함께 햇빛을 보게 된 원근법에 관한 고대인들의 저작을 연구하면서 촉진되었을는지도 모른다. 물론 사실에 가까워지려는 바람보다는 새로운 접근이 더 큰 동기였다. 즉 공간 구조를 이해하고, 자연의 비밀을 발견하려는 것이 더 큰 목표였다. 이는 수학이 자연을 탐구하는 가장 효과적인 수단이며, 궁극적인 진리의 형식이라는 르네상스 철학의 표현이었다. 자신의 예술에서 자연을 독특한 기술로 탐구하였던 이들은 수학과 실험을 통하여 근대 과학의 토대를 마련한 다른 자연 탐구자들의 정신과 태도를 똑같이 가지고 있었다. 사실 르네상스 기간 동안, 예술은 하나의 지식의 형식이자 과학으로 간주되었다. 플라톤이 말한 네 가지 '교양(arts)', 즉 산술, 기하학, 하모니(음악), 천문학과 동일시되려는 열망을 가지고 있었다. 기하학은 존경받을 수 있는 가능성의 상징이 되었다. 또한 설계의 통합성을 성취하는 것 역시 과학적 원근법 체계가 발달하는 데 똑같이 매력적인 목표가 되었다.

회화의 과학은 브루넬레스키가 처음으로 정립하였다. 그는 1425년, 원근법 체계를 만들어냈다. 그리고 도나텔로와 마사초, 프라 필립포 등을 가르쳤다. 최초의 설명서인 알베르티(Leon Battista Alberti)의 《회화론(della Pittura)》이 1435년에 출판되었다. 알베르티는 회화에 관한 이 논문에서 화가의 최초 요구 조건이 바로 기하학을 아는 것이라 하였다. 예술은 이성과 방법을 통하여 학습된다. 그리고 연습에 의하여 숙달된다. 그림에 관한 한, 알베르티는 자연은 수학의 도움으로 개선될 수 있으며, 이러한 목적을 위하여 초점 체계(focused system)라고 알려진 수학적 원근법 체계를 주장하였다.

원근법의 훌륭한 숙달가이자 15세기의 가장 훌륭한 수학자 중의 하나가 프란체스카(Pierro della Francesca, 1416?~1492)였다. 그의 책인 《투시화법에 대하여(De Prospettiva Pingendi)》는 약간 다른 접근을 취하긴 했어도 알베르티의 내용을 상당히 향상시켰다. 그는 이 책에서 그림 그리기를 원근법과 거의 동일시하였다. 생애 마지막 20년 동안, 그는 세 개의 논문을 써서 가시적 세계가 원근법과 입체 기하학의 원리에 의하여 어떻게 수학적 질서로 환원될 수 있는지를 보여주었다.

원근법 과학에 기여한 가장 유명한 예술가는 레오나르도 다 빈치이다. 믿을 수 없을 정도의 체력과 아무도 따라올 수 없는 정신력을 가진 이 놀라운 인물은 해부학, 원근법, 기하학, 물리학, 화학을 넓고 깊이 공부하여 회화에 대비하였다. 원근법에 대한 그의 태도는 자신의 예술 철학의 중요한 부분이었다. 그는 자신의 책 《회화론(Trattato della Pittura)》에서 "수학자가 아닌 사람은 내 작품을 읽지 말도록 하시오"로 시작하였다. 회화의 목적이란 자연을 재생하는 것이며, 회화의 가치는 그 재생의 정확성에 있다고 주장하였다. 심지어 가장 상상력이 풍부한 창조품이라 할지라도 마치 그것은 자연 속에 존재할 수 있는 듯이 보여야 한다. 그래서 회화란 과학이며, 모든 과학과 마찬가지로 수학에 기초를 두어야 한다. "왜냐하면, 어떠한 인간의 탐구도 수학적 설명과 논증을 통하여 자신의 길을 추구하지 않고서는 과학이라 불릴 수 없기 때문이다." 또한 "수학이 가진 최고의 확실성을 믿지 않는 사람은 혼란을 먹고 사는 것이므로 결코 궤변 과학의 모순을 잠재우지 못하고 영원히 혼란에 이르게 될 것이다." 레오나르도는 이론을 무시하고 단지 실천을 통해서만 예술을 창조할 수 있다고 생각하는 사람들을 경멸하였다. 오히려 "실천은 항상 건전한 이론에 토대를 두어야 한다"고 주장하였다. 따라서 그는 원근법을 회화의 "방향타이자 조절 밧줄"이라고 기술하였다.

원근법에 관하여 글을 쓴 예술가 중 가장 영향력 있는 사람은 뒤러

10-10.

10-11.

10-12.

10-13.

10-10~13. 뒤러, 원근법의 원리를 보여주는 판화 그림

(Albrecht Dürer, 1471~1528)였다. 뒤러는 이탈리아의 스승에게 원근법의 원리를 배우고, 독일로 돌아와 자신의 연구를 계속하였다. 대중적이면서 널리 읽힌 그의 논문인 〈측정의 원리(Underweysung der Messung mit dem Zyrkel und Rychtscheyd)〉(1528)에서 그림의 원근법적 기초란 마음대로 그리는 것이 아니라 수학적 원리에 따라 구성되는 것이라고 주장하였다. 실지로 르네상스의 화가들은 원근법의 원리를 완전하게 다루지 못했다. 이후 시기의 수학자들, 특히 브룩 테일러와 J.H. 램버트 등의 기록은 매우 정확하였다.

15세기와 16세기 초반의 거의 모든 위대한 예술가들이 사실주의적 원근법을 구체적이며 주요한 목표로 삼고 수학적 원리와 수학적 하모니를 자신들의 회화 속에 통합하려 노력하였다고 말하여도 틀리지 않다. 그 중에서도 시뇨렐리, 브라만테, 미켈란젤로, 라파엘 등은 수학을 예술에 적용하는 것에 깊은 관심을 가졌다. 그들은 다루기 까다로운 자세를 진지하게 탐구하였고, 원근법을 솜씨 있게 개발하고 처리하였다. 그리고 때로는 자신의 작품에서 과학적 요소를 드러내기 위하여 열정과 감정을 억누르기도 하였다. 이들은, 예술이란 개인적인 상상력을 사용해야 함에도 불구하고 법칙에 따라야 한다는 것을 인식하고 있었다.

이 예술가들이 개발한 수학적 체계의 기본 원리는 알베르티, 레오나르도, 뒤러가 사용한 용어로 설명할 수 있다. 이들은 예술가의 캔버스란 마치 창문을 통하여 바깥의 광경을 바라보듯, 그려야 할 장면을 바라보는 유리 스크린과 같은 것이라 상상하였다. 고정된 눈을 통해보면, 빛의 선들은 그 장면의 각 점들을 향하고 있는 것으로 보인다. 이러한 일단의 선들을 투영법(projection)이라고 부른다. 이들 선 각각이 유리 스크린을 통과하는 곳에 점을 표시한다. 이 일단의 점을 '절단면(section)'이라고 부르며, 이들은 그 장면이 눈에 보이는 그대로의 인상을 창조한다. 그러고 나서 이들 예술가들은 사실주의적 회화란, 눈과 장면 사이에 가로놓여진 유리 스크린에 나타나는 것과 같이, 캔버스 위에 장소, 크기, 물체의 상대적 위치를 정확히 그려내야 한다고 말한다. 사실 알베르티는 그림이란 투영법의 한 부분이라고 선포하기도 하였다.

이러한 원리는 뒤러가 만든 몇 개의 목판화에 잘 설명되어 있다. 그림 10-10과 10-11처럼 예술가가 한 고정된 곳에 초점을 두고서 유리 스크린이나 유리 스크린 위의 정사각형과 일치하는 정사각형이 그려져 있는 종이 위에 눈에서 그 장면으로 가는 빛의 선들이 장면을 자르는 점을 그리고 있는 것을 보여준다. 이런 목판화 10-12는 예술가가 스크린과 멀리 떨어져 있는 경우에도 유리 스크린 위에 정확한 패턴을 어떻게 그려낼 수 있는가를 보여준다. 이 목판화에서 장면을 바라보는 눈은 효과적으로 벽에 로프가 매듭지어져 있는 지점에 있다. 네 번째 목판화 10-13은 스크린상에 그려진 패턴을 보여주고 있다.

캔버스는 투명하지 않고, 예술가는 자신의 상상력 속에만 존재하는 장면을 그리고 싶어하기 때문에 점을 단지 쫓아서는 뒤러가 말한 '절단면' 을 그릴 수 없다. 그는 자신이 따라야 할 규칙들을 가지고 있어야 한다. 그래서 원근법에 관한 저자들은 투영법과 절단면의 원리로부터 초점 원근법 체계를 구성하는 일단의 정리들을 이끌어내었다. 이것이 바로 르네상스 이후 거의 모든 예술가들이 채택해온 체계이다.

원근법의 수학적 주요 정리 또는 규칙은 무엇인가? 캔버스가 수직으로 놓여져 있다고 가정해보자. 눈에서 캔버스까지의 수직면은 주소멸점(이름이 이렇게 붙여진 이유는 곧 알게 된다)이라고 불리는 한 점에서 캔버스와 만난다. 주소멸점을 통과하는 수평으로 된 선을 지평선이라 불린다. 왜냐하면 보는 사람이 캔버스를 통하여 열린 공간을 바라볼 경우에, 지평선이 실재 지평선과 일치하게 되기 때문이다. 이러한 개념들이 그림 10-14에 잘 나타나 있다.

이 그림은 어떤 사람이 눈을 이쪽과 수직인 선에 놓여 있는 점

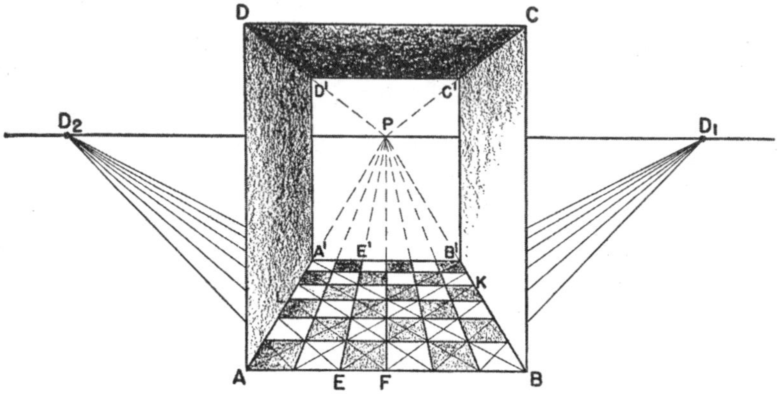

10-14. 초점 원근법에 따른 복도 스케치

O(보이지 않는 점)에 두고서 점 P를 통과하여 바라본 복도를 보여준다. 점 P가 주소멸점이며 선 D_2PD_1이 지평선이 된다.

첫 번째로 핵심적인 정리는 그림 속에 있는 캔버스의 평면과 수직인 모든 지평선들은 주 소멸점과 만나도록 캔버스 위에 그려야 한다는 것이다. 그래서 AA′, EE′, DD′와 다른 선들이 P에서 만나게 된 것이다. 실제로 평행인데 이 선들이 한 점에서 만나도록 그려야 하는 것은 잘못된 것처럼 보인다. 그러나 평행선들이 우리의 눈에 실제 보이는 예로 철로가 모이는 것처럼 보이는 현상을 들 수 있다. 그래서 아마도 점 P를 소멸점이라고 부르는 이유일 것이다. 그림의 평행선들이 실제로 만나지는 않기 때문에 실제 장면에서 소멸점과 일치하는 점은 존재하지 않는다.

그림이 사영의 절단면이 되어야 한다는 일반 원리로부터 끌어낸 또 다른 정리는 캔버스의 평면과 수직은 아니지만 어떤 각도에서든 평면과 만나게 되는 수평의 평행선들은 어느 것이나 캔버스의 평면과 이 선들이 이루어 만들게 되는 각도에 따라 지평선 어딘가 놓이게 되는 점에서 만나도록 그려야 한다는 것이다. 그런 수평적인 평행선에는 매우 중요한 두 개의 선이 있다. 그림 10-14에서 AB′와 EK와 같은 선들은 실지 장면에서는 평행이며 캔버스의 면과는 45도의 각도로 점 D에서 만나게 되는데, 이를 대각선 소멸점이라고 부른다. 여기서 거리 PD_2는 거리 OP와의 거리, 즉 눈에서 주소멸점까지의 거리와 같아야 한다. 마찬가지로 BA′ 와 FL과 같은 평행 지평선들은 실지 장면에서는 캔버스와 130도의 각을 이루게 되는데, 두 번째 대각선 점인 D_2와 만나도록 그려야 한다. 그리고 PD_2는 또한 OP와 길이가 같아야 한다. 보는 사람이 뒤로 물러섬에 따라 올라가고 내려가게 되는 실지 장면의 평행선들도 또한 한 점에서 만나야 하며, 이는 지평선의 위 또는 아래에 놓이게 될 것이다. 이 점은 문제가 되는 선들과 평행인 눈으로부터 나온 선이 캔버스를 꿰뚫고 지나가는 점이다.

사영과 단면의 일반 원리로부터 추론되는 세 번째 정리는 캔버스 평면과 평행하는 장면의 평행 수평선들은 수평이면서 평행하게 그려야 하며 수직 평행선들은 수직이며 평행하게 그려야 한다는 것이다. 눈에는 모든 평행선들이 모이는 것처럼 보이기 때문에, 이 세 번째 정리는 시각적 인식과 일치되지 않는다. 이러한 불일치에 대해서는 다음에 논하기로 하자.

초점 원근법 체계가 만들어지기 이미 오래 전에 예술가들은 멀리 떨어져 있는 물체들은 먼 쪽을 줄여 그려야 한다는 사실을 깨달았다. 그러나 그 줄이는 양을 제대로 결정하기가 매우 어려웠다. 새 체계는 회화란 사영의 한 단면이라는 일반 원리로부터 연역된 필수 정리를 제공하였다. 그림 10-14에 나타나 있는 정사각 바닥 블록의 경우에도 AB′, BA′, EK, 그리고 FL과 같은 대각선들을 적절히 이용함으로써 그 줄이는 폭을 정확히 결정할 수 있다.

숙련된 예술가들이 만일 초점 체계가 허락하는 사실주의를 성취하고자 한다면 이용할 수 있는 많은 다른 정리들이 있다. 그러나 이러한 전문화된 내용을 추구하는 것은 우리의 관심 밖의 일이다. 이제까지 논의된 내용에 함의되어 있는 요점은 하나인데, 이는 초점 체계에 맞추어 설계된 그림을 바라보는 보통 사람에게 중요한 사항이다. 예술가의 눈의 위치는 회화의 설계와 분리하여 고려될 수 없다. 정확한 효과를 얻기 위해서 보는 사람은 이 위치에서 그림을 바라보아야 한다. 다시 말하여 보는 사람의 눈은 주소멸점과 같은 높이에 있어야 하며, 그 소멸점 바로 앞에서, 소멸점과 양 대각선 소멸점까지의 거리와 같은 거리를 두고보아야 한다. 실지로 만일 그림들이 보는 사람의 키에 맞추어 높이거나 낮추도록 걸려 있다면, 그것이 제대로 된 것이라 하겠다.

초점 원근법 체계에 따라 설계된 위대한 그림들을 살펴보기에 앞서, 먼저 그 체계가 눈으로 본 것을 충실하게 재생하고 있지는 못하다는 것을 지적해야 하겠다. 그림이 사영의 한 단면이어야 한다는 원리는 앞서 언급한 바와 같이, 수직 평행선뿐 아니라 캔버스 면에 수평인 수평 평행선들도 평행하게 그려야 할 것을 요구한다. 그러나 그러한 선을 눈으로 바라보면, 다른 평행선들이 그러는 것과 똑같이 만나는 것처럼 보인다. 이런 점에서 보면 적어도 초점 체계는 시각적으로 올바른 것처럼 보이지 않는다. 더 근본적인 비판은 눈으로 직선을 전혀 볼 수 없다는 사실이다. 물론 비행기에 앉아 두 개의 완벽하게 평행한 수직 철로를 내려다본다고 가정하면, 이 사실을 쉽게 납득할 수 있을 것이다. 양 방향에서 철로는 지평선과 만나는 것처럼 보인다. 그러나 두 직선들은 단지 한 점에서 만날 수 있다. 그렇게 되면 명백히 철로가 두 지평선의 점에서 만나기 때문에 눈에는 그 직선들이 곡선으로 보임에 틀림이 없다. 그리스인들과 로마인들은 직선이 눈으로 볼 때에는 곡선으로 보인다는 사실을 인지했다. 아닌 게 아니라 유클리드는 《광학(Optics)》이라는 저서에서 그렇게 말한 바 있다. 그러나 초점 체계는 이러한 인지 사실을 무시한다. 또한 그 체계는 우리가 두 눈으로 실지로 본 사실을 고려하지 않는다. 두 눈 각각은 약간 다른 인상을 받아들인다. 게다가 이들 눈은 정확하지도 못하고 보는 사람이 장면을 관찰할 때에 움직이게 된다. 마지막으로 초점 체계는 광선이 부딪치는 눈의 망막이 사진판이 아니라 곡선으로 된 표면이라는 사실을 무시한다. 그리고 보는 것이 순전히 생리학적 과정인 것과 마찬가지로 뇌의 반응이기도 하다는 사실을 무시한다.

이러한 체계의 결점에도 불구하고, 왜 예술가들은 수학적 원근법을 받아들였을까? 물론 14세기에 알려진 부적절한 체계에 비해서는 엄청난 발전을 한 것은 사실이다. 그러나 15, 16세기 예술가들에게 더 중요했던 것은 그 체계가 철저하게 수학적인 것이었다는 사실이다. 이미 자연을 이해하는 데 수학의 중요성에 감명받은 사람들에게 만족스러울 만한 수학적 원근법이라는 업적은 결점에도 불구하고 눈이 멀 정도로 기쁜 일이었다. 사실 예술가들은 그것이 유클리드 기하학만큼이나 사실이라고 믿었다.

이제 기하학과 회화의 결합이 낳은 결과를 살펴보도록 하자. 브루넬레스키가 창도한 원근법 과학을 적용한 최초의 화가 중 하나는 마사초(Masaccio, 1401~1428)였다. 비록 후의 그림들이 새로운 과학의 영향을 더 분명히 드러내고는 있지만, 마사초의 〈조공(租貢)〉(그림 10-15)은 그 전에 나온 어떤 것보다도 더 사실주의적이다. 바사리(Vasari)가 말하듯, 마사초는 사물을 있는 그대로 모방하는 데 성공한 최초의 예술가였다. 이 그림은 깊이와 공간감, 자연주의를 훌륭하게 보여주고 있다. 개별적인 인물들은 부피감이 있다. 그들은 공간 속에서 존재하며 그들의 신체는 조토가 그린 인물들보다 더 사실적이다. 또한 등장인물들은 자신의 발로 서 있다. 게다가 마사초는 기하학이 보충해주는 기술을 사용한 최초의 예술가이기도 하다. 배경에 멀리 떨어져 있는 물체들의 크기뿐만 아니라 그 색의 강도도 줄임으로써, 거리가 있음을 암시하였다.

10-15. 마사초, 〈조공〉, 카르미네 대성당, 피렌체

사실 마사초는 빛과 그림자를 다루는 데 능숙하였다.

마사초 외에 원근법 과학에 주요한 업적을 남긴 사람 중 하나가 우첼로(Uccello, 1397~1475)였다. 학문에 대한 깊은 관심을 가진 우첼로는 "원근법의 소멸점을 만들어내느라 종종 밤을 지새우며 연구하곤 했으며", 아내가 부르면, "이 원근법은 정말 멋지다"라고 대답을 하곤 했다고 바사리는 전한다. 그는 어려운 문제를 탐구하는 데에서 즐거움을 느꼈으며, 정확한 원근법에 대한 열정에 힘을 빼앗겨 온전히 회화에만 몰두하지 못했다. 그림 그리기는 문제들을 해결하고 자신이 원근법에 능통하였음을 보여주는 하나의 일이었다. 그래서 그의 성공은 실지로 완전한 것이 아니었다. 그의 인물들은 일반적으로 너무 모여 있으며, 깊이에 대한 처리는 완벽하지 못하였다.

불행하게도, 우첼로의 원근법을 가장 잘 보여주는 사례들은 세월의 흐름에 너무나 큰 손상을 입어서 재생할 수 없게 되었다. 〈주님의 신성모독〉(그림 10-16)이라는 제목의 연작 중 하나는 그의 업적을 꽤 잘 보여준다. 그의 〈성체에 대한 원근법 연구〉(그림 10-17)는 정확한 원근법 그리기에서 표면과 선, 곡선이 얼마나 복잡한 것인지를 잘 보여준다.

원근법 과학을 완성시킨 예술가는 피에로 델라 프란체스카(Piero

10–16. 우첼로, 〈주님의 신성모독〉, 두칼 궁전, 우르비노

10–17. 우첼로, 〈성체에 대한 원근법 연구〉, 우피치 미술관, 피렌체

della Francesca, 1416~1492)였다. 매우 지적인 예술가였던 그는 기하학에 대한 열정으로 모든 작품들을 마지막 세부 묘사에 이르기까지 수학적으로 계획하였다. 각 인물의 위치는 정확히 다른 인물들과의 관계 속에 위치하도록, 그리고 전체 그림의 조직에 맞도록 계산하였다. 심지어 그는 신체의 부분과, 옷의 장식품까지 기하학적 형식을 사용하였고, 부드러운 곡선의 표면과 입체성을 좋아하였다.

피에로의 〈채찍질(The Flagellation)〉(그림 10–18)은 원근법의 걸작이라 할 수 있다. 주소멸점의 선택과 초점 체계의 원리들을 정확히 사용하여 뜰 뒤에 있는 인물들과 앞에 있는 인물들을 연결하고 있으며, 물체들은 정확히 정해진 공간에 모두 위치해 있다. 대리석 바닥 위의 검은 상감(象嵌)들의 크기를 줄인 것도 정확히 계산된 것이다. 원근법에 관하여 피에로가 쓴 책 속에서 이 그림을 그리는 데 얼마나 엄청난 노력을 들였는지를 알 수 있다. 다른 그림에서와 마찬가지로 이 그림에서

10-18. 피에로 델라 프란체스카, 〈채찍질〉, 두칼 궁전, 우르비노

도 그는 깊이의 느낌을 더 향상시키기 위하여 가공의 원근법을 사용하였다. 전체 그림은 너무나 주의 깊게 계획되어, 오히려 설계의 통일을 위하여 움직임이 희생된 셈이다.

몇몇 비평가들은 피에로의 〈그리스도의 부활〉(그림 10-19)을 전세계 최고의 회화 작품 중 하나라고 평가하기도 한다. 이 그림은 설계가 거의 건축학적이며, 독특한 원근법을 사용한다. 두 개의 시선이 있으며 따라서 주소멸점도 두 개다. 뒤쪽에서 잠자고 있는 두 명의 병사들의 목을 바라본다는 사실에서도 명백하게 드러나듯, 하나의 주소멸점이 석관(石棺)의 중앙에 있다. 그런데 무의식적으로 눈이 그리스도의 얼굴에 있는 두 번째 주소멸점으로 옮아간다. 상부와 하부의 두 그림들은 자연 경계선, 즉 석관의 위 가장자리에 의하여 분리되어 있으며, 그래서 관점의 변화가 방해가 되지 않는다. 언덕을 다소 급하게 올라가도록 함으로써, 피에로는 상부의 배경을 자연스럽게 보이도록 하는 동시에 두 부분을 결합하였다. 때로 비평가들은 피에로가 원근법을 너무나 좋아하여 그림을 너무나 수학적으로 만들어, 그 결과 차갑고 비인격적인 성격을 띠도록 했다고 말하기도 한다. 그러나 용서하는 듯한 그리스도의 생각에 가득 찬 슬픈 표정은 피에로가 감정의 미묘한 그림자들을 표현하는 데 능숙했다는 사실을 보여준다.

레오나르도 다 빈치(1452~1519)는 완벽한 원근법의 훌륭한 본보기들을 많이 배출하였다. 진정으로 과학적인 정신을 가졌으면서도 미묘한 미학적 천재라 할 수 있는 그는, 각 그림마다 세부 묘사에 대한 탐구를 수없이 하였다.(그림 10-20). 가장 칭찬을 받는 그림이자 아마도 모든 그림 중에서도 가장 유명한 그의 그림이 바로 완벽한 원근법의 본보기가 된다. 〈최후의 만찬〉(그림 10-21)은 실제 삶에서 눈에 보이는 인상을 정확히 주기 위하여 설계된 것이다. 그림을 보는 사람은 자신이 그 방에 있다고 느끼게 된다. 벽과 바닥, 천장에 있는 뒤로 물러나는 선들은 깊이를 분명히 전달할 뿐 아니라, 그리스도에게 주의가 집중되도록 그의 머리 위에 의도적으로 선택된 한 점에 모이게 된다. 또한 각각 세 명으로 구성

10-19(위). 피에로 델라 프란체스카, 〈그리스도의 부활〉, 산세폴크로 미술관, 보르고산세폴크
10-20(아래). 레오나르도 다 빈치, 〈동방박사의 에배 연구〉, 우피치 미술관, 피렌체

10-21. 레오나르도 다 빈치, 〈최후의 만찬〉, 산타마리아텔레그라치에 수도원, 밀라노

된 네 집단으로 열두 명의 사도가 배열되어 있으며, 그리스도의 양쪽에 대칭으로 자리를 잡고 있다는 사실도 주목해야 할 것이다. 그리스도 인물 자체는 이등변 삼각형의 형태를 띠고 있다. 이 설계의 요소들은 감각, 이성, 육체의 균형을 표현하기 위하여 의도된 것이었다. 레오나르도의 그림을 두치오의 〈최후의 만찬〉(그림 10-6)과 비교해보면 이러한 사실을 더 잘 알 수 있다.

훌륭한 원근법을 융합한 회화의 본보기들을 몇 개 더 살펴보면, 아마도 새로운 과학이 커다란 호소력을 가지고 널리 응용되었다는 사실을 알게 될 것이다. 보티첼리(Sandro Botticelli, 1445?~1510)는 패턴과 선, 곡선들로 자신을 표현하여 사실주의를 목표라고 볼 수 없는, 〈봄〉과 〈비너스의 탄생〉과 같은 그림으로 널리 알려져 있긴 하지만, 원근법에도 훌륭한 소질을 가지고 있었다. 그의 수많은 작품들 중 하나인 〈아펠레스의 비방〉(그림 10-22)은 그가 과학에도 능통했음을 잘 보여준다. 각 물체들은 아주 정확히 그려져 있다. 왕좌와 건물들의 다양한 부분들이 잘 처리되어 있으며, 모든 물체들을 정확하게 뒤로 좁혀서 그렸다.

원근법에 대단한 기술이 있음을 보여준 화가는 만테냐(Andrea

10-22. 보티첼리, 〈아펠레스의 비방〉, 우피치미술관, 피렌체

Mantegna, 1431?~1506)였다. 해부학과 원근법은 그에게 이상(理想)과 같은 것이었다. 그는 어려운 문제들을 선택하여 가혹한 사실주의와 대담함을 성취하는 데에 원근법을 사용하였다. 〈성인 제임스의 처형〉(그림 10-23)에서 그는 의도적으로 특이한 관점을 선택하였다. 주소멸점을 그림의 밑 바로 아래, 중앙 오른쪽에 두었다. 전체 장면은 이 특이한 관점에 맞추어 성공적으로 처리되었다.

16세기 사실주의 회화에 있어서 르네상스 시대의 발달은 최고 절정에 이르렀다. 화가들은 완벽한 원근법과 형식을 보여주었고, 공간과 색조를 강조하였다. 이상적인 형식을 너무나 사랑한 나머지 내용에는 관심이 없었다. 레오나르도와 미켈란젤로의 뛰어난 제자인 라파엘로(Raffaello Sanzio, 1483~1520)는 앞선 세기의 사람들이 추구하였던 이상과 표준, 업적을 드러내주는 훌륭한 본보기들을 많이 그려냈다. 〈아테네 학당〉(그림 10-24)은 조화로운 배치, 원근법의 숙달, 비례의 정확함이 명백히 드러나는 위엄 있는 건축학적 배경을 그리고 있다. 이 그림

10-23. 만테냐, 〈성인 제임스의 처형〉, 에레미타니 교회, 파도바

은 매우 흥미로운데, 그 이유는 공간과 깊이를 아주 훌륭하게 다루었을 뿐만 아니라, 르네상스 지성인들이 그리스 스승들에게 가지고 있는 존경심을 나타내고 있기 때문이다. 플라톤과 아리스토텔레스가 중앙의 좌우에 있는 인물이다. 플라톤의 왼쪽에는 소크라테스가 있다. 왼쪽 앞에는 피타고라스가 무언가를 책에 쓰고 있다. 오른쪽 앞에는 유클리드 또는 아르키메데스가 몸을 굽혀 어떤 정리를 증명하고 있다. 이 인물 오른쪽에는 프톨레마이오스가 구 하나를 들고 있다. 그리고 음악가들과 산술학자, 문법학자들이 나머지를 채우고 있다.

16세기 베네치아의 화가들은 선을 색과 빛, 그림자에 종속시켰다. 그럼에도 불구하고 그들도 또한 원근법에 능통했다. 공간 표현은 완벽하게 3차원적이며, 조직과 원근법 역시 분명히 느껴진다. 틴토레토(Jacopo Tintoretto, 1518~94)가 이 학파의 대표라 할 수 있는데, 〈성인 마르크의 주검 이송〉(그림 10-25)에서 그는 깊이를 완벽하게 처리하였다. 그리고 앞에 있는 인물들을 원근법에 맞추어 그린 것도 주목할 만하다.

한 가지 예만 더 살펴보기로 하자. 뒤러가 알프스 북쪽의 화가들에

10-24. 라파엘로, 〈아테네 학당〉, 바티칸

10-25. 틴토레토, 〈성인 마르크의 주검 이송〉, 레알레 궁전, 베네치아

게 원근법에 관하여 대단한 영향을 미친 화가 중 하나라는 사실을 이미 앞서 언급한 바 있다. 〈연구 중인 성인 제롬〉(그림 10-26)은 동판 조각으로, 뒤러 자신이 실천적으로 무엇을 할 수 있는가를 잘 보여준다. 주소멸점은 그림 오른쪽 중앙에 있다. 설계의 효과는 보는 사람으로 하여금 자신이 방안에서 성인 제롬과 단지 몇 피트 떨어지지 않은 곳에 있다는 느낌을 주기 위한 것이다.

10-26. 뒤러, 〈연구 중인 성인 제롬〉

이제 독자는 원근법에 대하여 자신이 얼마나 예리한가를 시험할 수 있다. 윌리엄 호가스(William Hogarth, 1697~1764)의 〈잘못된 원근법〉(그림 10-27)이라는 제목의 강판 조각에서 이상한 부분이 몇 개나 되는지 찾아낼 수 있는가를 보면 알 수 있다.

위에서 제시한, 초점 원근법 체계를 사용한 사례들은 천 배로 더 늘일 수도 있다. 그러나 수학적 원근법을 사용함으로써 어떻게 중세 회화의 금색 배경으로부터 인물들을 해방시키고, 그들이 자연 세계의 거리와 언덕을 자유로이 활보하도록 하였는지를 아는 데에는 몇 안 되는 이 그림들만으로도 충분할 것이다. 또한 이 사례들은 초점 원근법의 두 번째 가치, 즉 회화 구성의 통일성도 증진시켰음을 잘 보여준다. 또한 이 체계가 등장하였음을 설명함으로써 우리는 어떻게 순수 수학의 정리들과 수학이 지배하는 자연 철학에 의해 서구 회화의 발달 과정을 결정지었는지를 보여주었다. 비록 근대 회화는 자연에 대한 진실된 묘사로부터 현격히 멀어졌지만, 초점 체계는 여전히 미술 수업에서 가르치고 있으며, 사실주의적 효과를 내는 것이 중요한 곳이면 어디에나 응용되고 있다.

10-27. 호가스, 〈잘못된 원근법〉

11 예술에서 태어난 과학 : 사영 기하학

수학적 발명의 감동적인 힘은 추론이 아니라 상상력이다.
－A. 드 모건

17세기의 가장 독창적인 수학적 창조는 회화라는 예술에서 영감을 얻었다. 17세기에 과학은 수학적 활동에 가장 중요한 동기를 선사했다. 초점 원근법 체계를 개발하는 과정에서 화가들은 새로운 기하학적 아이디어를 도입하였고, 수학 연구에 전적으로 새로운 방향을 제시해줄 몇 가지 문제들을 제시하였다. 이런 식으로 화가들은 수학에 진 빚을 갚았다.

원근법을 연구하면서 제기된 첫 번째 아이디어는 인간이 만질 수 있는 세계가 보는 세계와 다르다는 사실이다. 이에 따르면 촉각 기하학과 시각 기하학, 두 종류의 기하학이 있어야 한다. 유클리드 기하학은 촉각적이라 할 수 있는데, 그 이유는 주장하는 바가 촉각과는 일치하지만 시각과는 반드시 일치하지 않기 때문이다. 예를 들어 유클리드는 결코 만나지 않는 선을 다루고 있다. 그러한 선들이 존재한다는 것은 실지로 만져보았을 때에만 주장할 수 있는 것이지 눈으로는 확인할 수가 없다. 사실 우리는 평행선을 본 적이 없다. 우리의 눈에는 철도가 저 멀리 어디선가 만나는 것처럼 보인다.

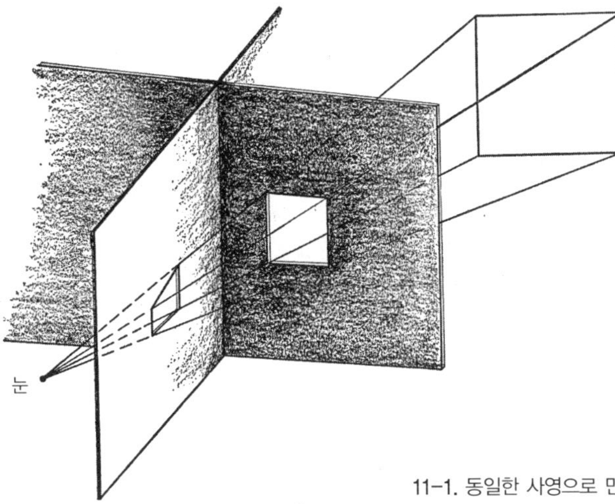

11-1. 동일한 사영으로 만든 두 단면

유클리드 기하학이 촉각 기하학의 특성을 갖는다고 규정하는 여러 이유들이 있다. 예를 들어, 유클리드 기하학은 어떤 것을 다른 것 위에 포갤 수 있는 합동 도형을 다룬다. 포갠다는 것은 손으로 하는 행위이다. 또한 종종 측정과 관련이 있는 유클리드 기하학의 정리들도, 손으로 행하는 행동의 결과이다. 마지막으로 유클리드의 세계는 유한의 세계, 즉 실제 촉각으로만 접근할 수 있는 세계이다. 그리하여 그는 완전한 직선을 생각하지 않았으며, 오히려 그것을 필요한 만큼만 어느 쪽으로든 확장할 수 있는 한 부분, 즉 선분으로 간주하였다. 주어진 도형으로부터 거리가 멀어지면 어떻게 될 것인지에 대해서는 생각하지 않으려 했다.

유클리드 기하학은 촉각과 관련된 문제들을 처리할 수 있다고 사람들이 생각하였기 때문에, 시각 기하학의 탐구는 남겨진 채로 있었다. 원근법 연구들은 이 목표를 향하여 두 번째로 주요한 제안을 하게 되었다. 초점 원근법 체계의 기본 아이디어는 사영과 단면의 아이디어이다. 사영이란 눈으로부터 어떤 대상이나 장면의 점들까지 이어진 일련의 선들을 뜻한다. 단면이란 눈과 보는 물체 사이의 놓여진 유리판에 이

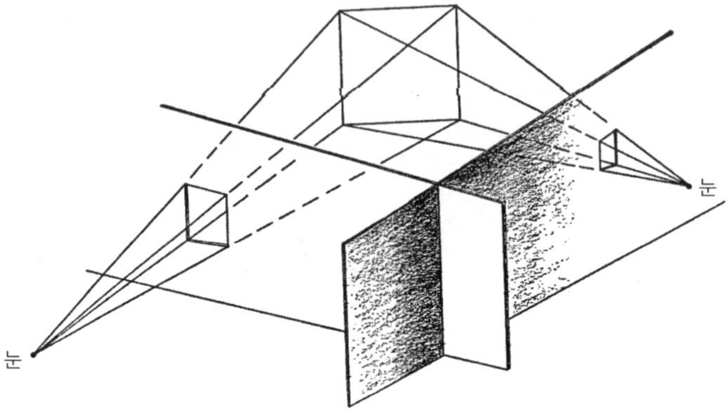

11-2. 동일한 장면을 서로 다른 두 사영으로 본 단면

선들이 교차하면서 생기는 패턴을 뜻한다. 유리판 위에 형성된 단면은 유리판이 놓여진 위치와 각도에 따라 크기와 모양이 다양해지기는 하지만, 이 단면들 각각(그림 11-1)은 물체 그 자체가 주는 인상과 똑같은 인상을 준다.

이 사실은 몇 가지 커다란 수학적인 문제를 제기한다. 동일한 사영으로 만든 서로 다른 단면이 있다고 가정해보자. 두 단면은 눈으로 볼 때 동일한 인상을 만들기 때문에 많은 기하학적 성질을 공유해야 할 것이다. 그렇다면 두 단면은 어떤 성질을 공유할까? 또한 물체와 그것이 만드는 단면은 어떤 성질을 공유할까? 마지막으로 서로 다른 관찰자들이 같은 장면을 보았다면, 두 가지 다른 사영이 형성된다(그림 11-2). 만일 이들 사영 각각이 하나의 단면을 만든다면, 이 두 단면들은 동일한 장면에 의하여 결정된 것이라는 점에 비추어보아, 같은 기하학적 성질을 공유해야 할 것이다. 그 성질은 어떤 것인가?

원근법에 대한 연구는 수학자들에게 또 다른 방향의 연구를 제시한다. 우리가 알다시피 예술가는 있는 그대로 물체를 그리지 않는다. 평행선도 캔버스 위에서 만나도록 그려야만 한다. 또한 눈에 실재라는 느낌을 주기 위하여 원근법을 사용하여 뒤를 줍혀 그리거나(foreshortening)

다른 장치들을 도입해야 한다. 이 계획을 실행하기 위하여 예술가는 선의 위치와 주어진 선이 어떤 선과 교차해야 하는지를 알려주는 정리(定理)를 알아야 한다. 그러므로 수학은 선과 곡선의 교차에 관한 정리들을 탐구하도록 동기를 부여받게 된 것이다.

원근법 연구에서 제기된 문제를 탐구한 최초의 주요한 수학자는 독학으로 공부한 건축가이자 공학자인 데자르그(Gérard Desargues, 1591~1661)였다. 공학과 회화, 건축을 하면서 동료들을 돕고자 한 것이 이 연구를 하게 된 동기였다. "나는 물리학이든 기하학이든, 그것들이 선(善)과 삶의 편리함, 건강을 유지하고, 예술을 실천하는 일을 위한 직접적인 대의명분에 대한 지식을 얻는 수단으로서 의미가 있지 않았다면, 연구할 마음이 전혀 없었다는 사실을 거리낌없이 밝힌다.…… 상당히 많은 예술들이 기하학에 기반을 두고 있다는 사실을 보아왔기 때문에, 가령 건축에서 돌을 깎는 방법, 해시계 만드는 방법, 특히 원근법에 있어서……." 그는 수많은 유용한 정리들을 조직하면서 이 일을 시작하였고, 발견한 것을 강의와 전단을 통하여 배포하였다. 후에 관심을 거의 끌지 못한 원근법에 관한 소책자를 쓰기도 하였다.

이 일에서 시작한 데자르그는 고도로 독창적인 수학적 창조로 발전하게 된다. 그의 주요한 공헌인 사영 기하학의 토대는 1639년에 나타나지만, 예술가들에 대한 그의 도움이 그렇듯 거의 주목을 받지 못했다. 이 책의 모든 인쇄 사본들은 없어졌다. 비록 몇몇 동시대인들이 그의 업적의 진가를 인정해주긴 하였지만, 대부분은 무시하거나 조롱하였다. 기하학과 공학적 문제를 해결하는 데 몇 년 더 몰두하고 나서, 그는 그 일을 그만두었다. 대신 그와 동시대인이었던, 필리프 드 라 히레(Philippe de la Hire)와 파스칼(Blaise Pascal)이, 다행스럽게도 데자르그의 학문이 긴 망각의 시간으로 사라져버리기 전에 그의 업적을 연구하고 발전시켰다. 라 히레가 데자르그의 책을 필사본으로 만들어놓았고, 이

기록이 우연히 2백 년 뒤에 발견되어 우리는 그의 업적이 무엇인지를 알게 되었다.

비록 가장 중요한 것은 아니지만, 데자르그의 새로운 기하학에 관한 사실 중 가장 놀랄 만한 것은 평행선을 전혀 포함하고 있지 않다는 것이다. 캔버스 위의 평행선을 재생하려면, 한 점에서 만나야 하는 것처럼 데자르그는 공간 속의 평행선들(유클리드적 의미에서)이 무한대로 먼 거리에 있지만, 그럼에도 불구하고 존재한다고 가정되는 어떤 점에서 만나도록 하였다. 이 점을 캔버스 위에 그린다면, 평행선들이 교차하게 되는 점과 실재 공간에서 대응하는 점이 된다. 그는 이 '무한대의 점'을 추가함으로써 유클리드 기하학과 모순을 일으키지 않으면서, 눈에 보이는 것과 일치하도록 확장하였다.

이제는 모든 수학의 근본이 된 정리인 사영 기하학의 기본 정리는 데자르그가 만든 것으로 우리는 그의 이름을 따서 '데자르그의 정리'라고 부른다. 이는 원근법이 제기한 질문에 수학자들이 어떻게 반응하였는가를 잘 보여준다.

점 O에 있는 눈이 삼각형 ABC를 본다고 가정해보자. O에서 삼각형의 변 위에 있는 여러 개의 점까지 이은 선들은 우리가 알다시피 하나의 사영을 구성하고 있다. 이 사영의 한 단면에는 삼각형 A′B′ C′이 포함되어 있을 것이다. A′는 A와 대응하고, B′는 B와 대응하며, C′는 C와 대응한다. 두 삼각형 ABC와 A′B′C′는 점 O에서 본 원근법이라 말할 수 있다. 데자르그는 다음과 같이 그의 정리를 진술하고 있다.

원근법에 의해 한 점에서 본 두 삼각형의 대응하는 세 쌍의 변들, AB와 A′B′, BC와 B′C′, AC와 A′C′는 각각 한 직선 위에 놓인 세 점에서 만난다.

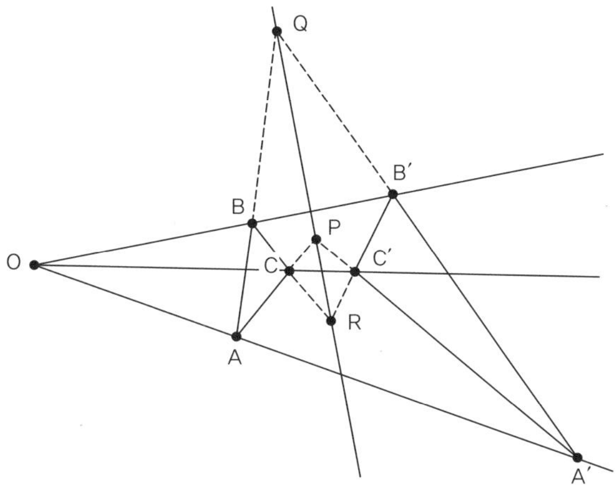

11-3. 데자르그의 정리

구체적으로 위의 그림과 관련지어 이 정리를 이해하면 다음과 같다. 즉 변 AC와 A′C′를 연장하면 점 P에서 만나게 될 것이며, 변 AB와 A′B′를 연장하면 점 Q에서, 그리고 변 BC와 B′C′를 연장하면 점 R에서 만나게 된다는 것이다. 그리고 세 점 P, Q, R은 한 직선 위에 있게 된다. 삼각형이 동일한 평면 위에 있든 다른 평면 위에 있든 위의 정리는 성립한다.

마찬가지로 사영 기하학에서 전형적인 또 하나의 정리는 조숙한 프랑스 철학자 파스칼이 16세의 나이에 증명한 것이다. 이 정리는 어린아이가 썼으리라고 믿을 수 없을 정도로 훌륭하다고 데카르트가 칭찬한 원뿔 곡선에 대한 글에 포함되어 있다. 파스칼의 정리는 데자르그의 정리와 마찬가지로, 기하학적 도형의 어떤 사영이든 모든 단면에 공통적인 기하학적 도형의 성질을 진술하고 있다. 더 수학적인 용어로 말하면, 사영과 단면에 의하여 변하지 않는 기하학적 도형의 성질을 진술하는 정리이다.

파스칼은 다음과 같이 말한다. 하나의 원 위에 꼭지점이 모두 오도

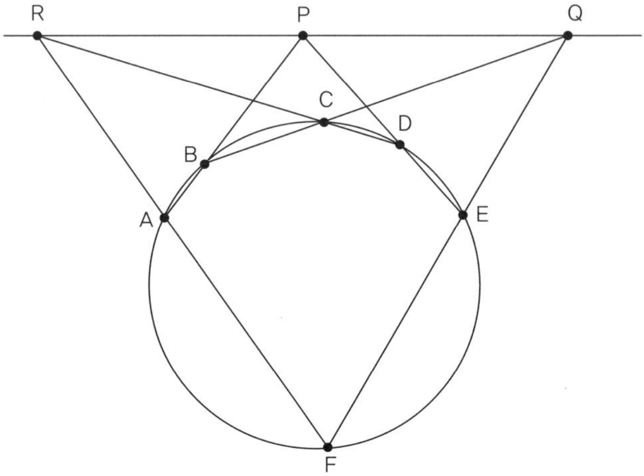

11-4. 파스칼의 정리

록 육각형을 그려라. 이 꼭지점들을 A, B, C, D, E, F라고 하자. 서로 마주 보고 있는 변들의 쌍, 예를 들어 AB와 DE를 점 P에서 만날 때까지 연장하라. 또 다른 쌍도 점 Q에서 만날 때까지 연장하라. 마지막으로 세 번째 쌍이 점 R에서 만날 때까지 연장하라. 그러면, 점 P, Q, R은 항상 한 직선 위에 놓이게 된다. 다시 말하여,

> 하나의 원에 내접하는 육각형에서 마주보고 있는 변들의 연장선은 각각 한 직선 위에 놓인 세 점에서 만나게 된다.

사영 기하학의 개념은 우리가 이미 잘 알고 있는 수학에 대하여 설명한다. 우리가 4장에서 살펴본 바와 같이, 그리스인들은 원과 포물선, 타원, 쌍곡선이 모두 한 원뿔의 부분(그림 4-5 참조)임을 알고 있었다. 만일 원뿔의 한 꼭지점인 O에 눈을 두고 있다면, 그리고 O에서 원 ABC 위의 점까지 그은 선인 OA와 같은 선들을 생각하게 되면, 그 선들은 하나의 사영을 형성하게 되며, 원, 포물선, 타원 그리고 쌍곡선은 이 사영을 자르는 다양한 단면들에 의해 생기는 도형이라는 것이다. 독자들은 다음에서 이 사실을 곧 인정하게 될 것이다. 철사줄로 원을 만들고 그곳에 플래시를 비추어 초점을 맞추고, 종이 위에 그 철사가 만드는 그림자들을 관찰해보라. 종이를 돌리면 절단면은 변화하게 되고, 원뿔의 다양한 부분들이 나타나게 된다. 네 개의 곡선을 한 원뿔의 부분임을 관찰할 수 있기 때문에, 그리고 파스칼의 정리가 투영법과 절단면에 따라 변화하지 않는 원에 관한 사실을 말하고 있기 때문에, 파스칼의 정리는 모든 원뿔에도 적용된다는 결론을 얻게 된다.

사영 기하학의 정리 하나만 더 살펴보기로 하자. 파스칼의 정리는 한 원에 내접한 육각형에 관한 것이다. 사영 기하학이 부활하던 19세기 초반에 연구를 했던 브라이언천(C.J. Brianchon)은 한 원에 외접하는 육각형의 성질을 기술하는 유명한 정리 하나를 만들어내었다. 그의 정리(그림 11-5)는 다음과 같다.

> 한 원에 외접하는 육각형에서 마주보고 있는 꼭지점들을 연결한 선들은 한 점에서 만난다.

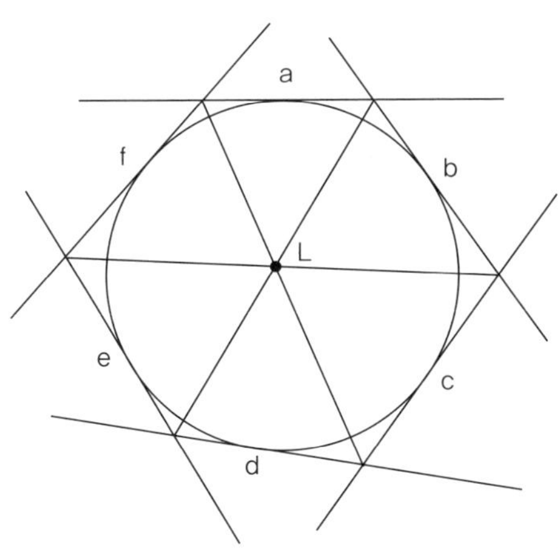

11-5. 브라이언천의 정리

예상했다시피, 브라이언천의 정리는 원뿐만 아니라 다른 원뿔 곡선에도 모두 적용된다.

데자르그, 파스칼, 브라이언천의 정리들은 모두 사영 기하학에서 입증된 정리들의 유형을 나타낸다. 그리고 그 사례들로서 충분하다. 이렇게 보면, 우리는 이 분야의 모든 정리들에 대해서 다음과 같이 말할 수 있다. 그 모든 정리들은 사영과 단면의 아이디어에 중심을 두고 있으며, 동일한 사영의 단면들이나 동일한 사물에 대한 다른 사영에 공통적인 기하학적 도형들의 성질을 진술하고 있다.

세속의 군주들과 성직자들이 예술가들을 후원함으로써 화가들은 회화에서 범상한 활동을 할 수 있었고, 그 결과로서 사영 기하학이 등장하였다. 그러나 한편에서는 급속하게 성장한 중간계급들이 지도 만들기에 대한 필요가 팽창하면서 이에 대한 관심을 가지게 되었다. 16세기 무역로를 찾는 일은 지리적 탐험 확장과 관련을 맺게 되었고, 탐험에 도움을 주고 발견한 것을 기입하기 위하여 지도가 필요하게 되었다.

그렇다고 하여, 이전 문명이 지도를 만들지 않았다는 것은 아니다. 이미 그리스인들과 로마인들, 아랍인들은 수세기 동안 사용하게 된 지도를 만들어놓았다. 그러나 15세기와 16세기 탐험의 결과, 현존하는 지도가 부정확하며 부적절하다는 것이 밝혀지게 되었고, 그 결과 더 나은 최신 지도가 필요하게 되었다. 게다가 지구가 구(球)라는 생각이 다시 살아나면서 그러한 생각을 기반으로 그린 지도를 요구하게 되었다. 따라서 구 위에서 최단 거리가 되도록 평면 지도 위에 항로를 어떻게 그릴 것인가와 같은 문제들이 제기되었다. 지도 인쇄가 15세기 후반에 시작되었고, 거대한 상업의 중심지인 안트베르펜과 암스테르담이 곧 지도 제작 기술의 중심지가 되었다.

비록 지도 제작자들의 실용적인 관심사는 화가의 미학적 관심사와는 거리가 먼 것이기는 하지만, 두 활동 모두 수학을 통하여 밀접하게 관련을 맺는다. 지도를 수학적으로 제작하는 문제는 어떻든 간에 구에서 나온 물체들을 평면에 투영하는 것이었고 따라서 이는 사영의 단면과 다르지 않았다. 그러므로 여기에 관련된 원리들은 원근법 과학이나 사영 기하학의 원리들과 동일한 것이다. 16세기 지도 제작자들은 새로운 방법을 개발하는 데 이러한 원리와 관련된 아이디어들을 사용하였다. 그 중에서 가장 유명한 것은 플라망의 지도 제작자인 메르카토르(Gerard Mercator, 1512~94)가 개발한 것으로, 메르카토르의 투영법으로 알려져 있다. 17세기에는 라 히레가 데자르그의 아이디어 몇 가지를 지도 제작에 응용하였다.

지도를 제작할 때 생기는 큰 문제점은, 구의 표면을 가느다랗게 찢어서 편평하게 펼치면 표면이 심하게 왜곡된다는 사실이다. 오렌지 하나를 쪼개거나 잡아늘이지 않고서 통째로 껍질을 가느다랗게 찢어서 편평하게 펼쳐보면 이 사실을 금방 알 수 있다. 편평한 지도를 만들려면, 거리나 방향, 또는 넓이 등이 왜곡될 수밖에 없다. 구 위에 존재하는 관계를 어떤 것도 정확히 재생할 수가 없다. 거리에 대한 정보를 담은 지도를 사용하려면 지도상에서 측정된 거리와 그에 상응하는 구 위

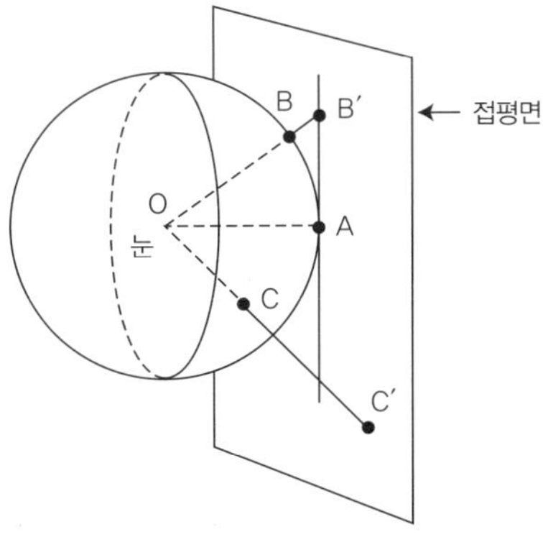

11-6. 해시계 투영법의 원리

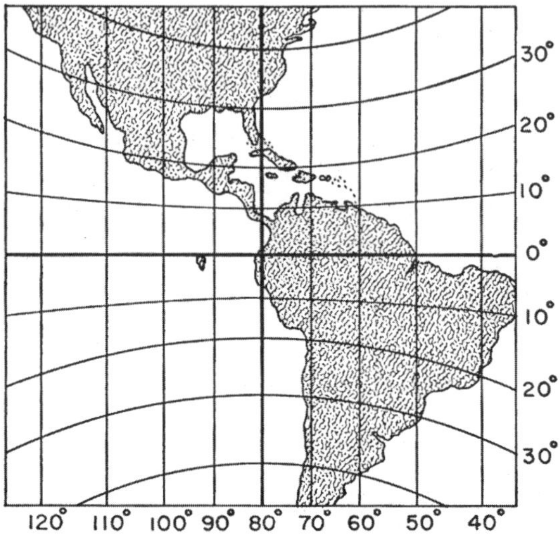

11-7. 해시계 투영법으로 만든 서반구 지도

에서의 거리와의 관계를 알아야 한다. 따라서 지도를 만들 때에 편평한 지도에서 본 것으로부터 구에 대한 지식을 끌어낼 수 있도록 구와 편평한 표면의 관계를 밝혀주는 수단이 이용되어야 한다.

이제 간단한 지도 제작 방법 몇 가지를 살펴보자. 아래 설명은 이 방법과 관련된 기하학적 원리들만을 포괄하고 있음을 이해해야 할 것이다. 특정 지도에서 한 측정이 어떻게 그에 상응하는 구에 대한 지식으로 전환되는지를 알기 위해서는, 훨씬 더 많은 수학을 도입해야 한다.

지도 제작의 단순 구조는 해시계 투영법(gnomonic projection)이다. 눈이 지구의 중심이 있으며 그 눈이 서반구(西半球)를 바라보고 있다고 상상해보자. 시선은 지구를 통과하여 서반구의 어느 곳에서 지구의 표면과 접하는 평면상의 한 점에 이르게 된다. 만일 이 점이 적도상에 있다면, 우리는 그림 11-7과 같은 지도를 얻게 된다.

경도의 자오선이 직선으로 나타난다는 것을 주목하자. 사실 지구상의 어떤 대원도, 즉 적도나 경도선이 그리는 원과 같이 지구의 중심을

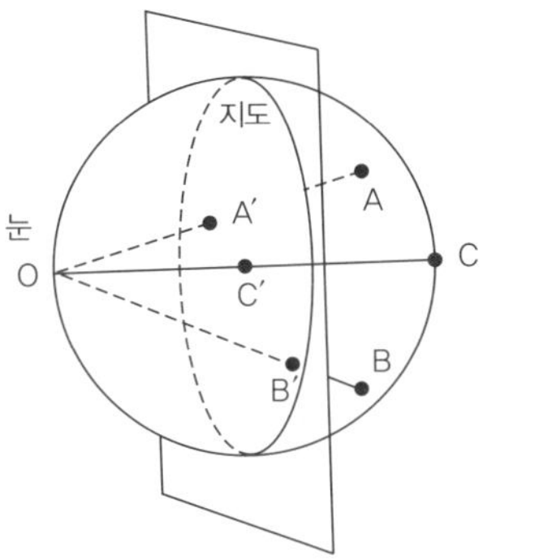

11-8. 평사 도법의 원리

중심으로 하는 원도 이 구조 아래에서는 직선으로 투영된다. 이 성질은 매우 중요하다. 지구 표면 위의 두 점 간의 최단 거리는 이 점들을 연결하는 대원의 호의 길이다. 이 호는 두 점을 연결하는 직선 부분으로 사영된다. 배나 비행기들이 일반적으로 대원의 경로를 따르는 것은 지도

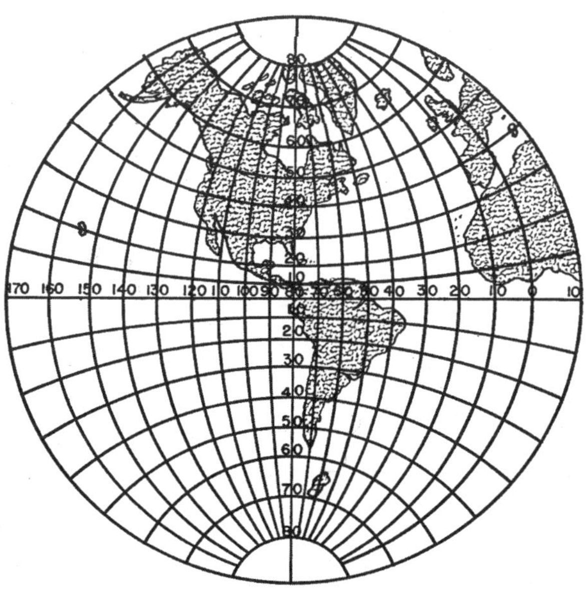

11-9. 평사 도법으로 만든 서반구 지도

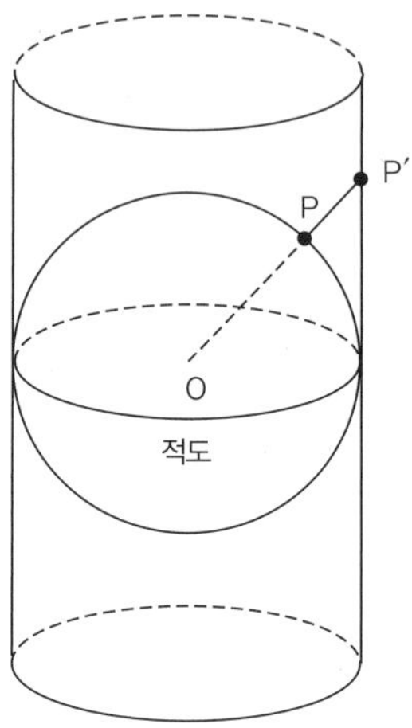

11-10. 원기둥 도법의 원리

상에서 이 경로가 직선으로 그려지기 때문이다. 뿐만 아니라 지도상의 이 모든 점들은 중심에서 정확한 방향에 놓여 있으며, 점들끼리의 방향도 정확하다. 이 지도 투영법의 단점은 반구의 가장자리에 있는 지역들이 지도상에서 너무나 멀리 사영되기 때문에, 거리와 각도, 넓이 등이 너무나 왜곡된다는 것이다. 이러한 이유로 그림 11-9의 지도는 전체 반구를 보여주지 못한다.

사영과 단면은 평사 도법(stereographic polar projection)이라는 두 번째 지도 제작 방법에서 다른 방식으로 사용된다. 우리의 눈이 동반구 중앙의 적도 위에 있으며 서반구의 점을 바라보고 있다고 가정해보자. 한 평면이 두 반구 사이에 오도록 지구를 가로지르도록 한다. 이 평면에 의해 만들어진 시선들의 단면이 바로 서반구에 대한 평사 도법 지도가 된다.

평사 도법은 각을 그대로 보존하고 있다는 점에서 매우 쓸모가 있다. 다시 말하여 두 곡선이 구 위에서 각 C로 만난다면, 이 곡선을 지구상에 그린 것도 각 C와 동일한 각 C′와 만나게 된다는 것이다. 예를 들

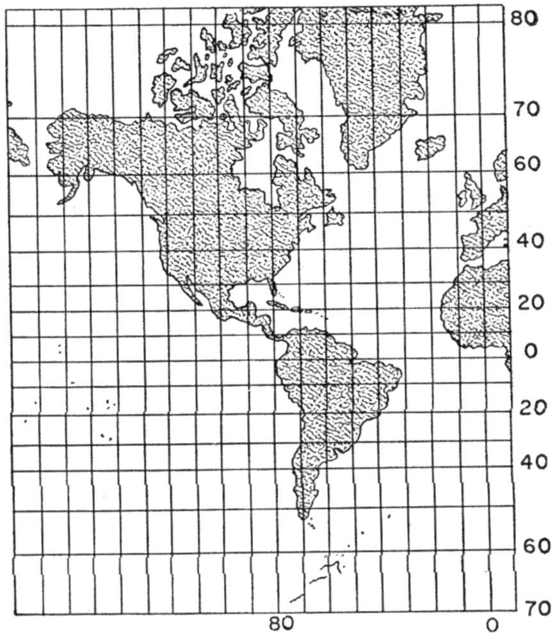

11-11. 메르카토르 도법으로 그린 서반구 지도

어 구 위에서 직각으로 자오선을 가로지르는 위도의 원들이 있다고 치자. 이 곡선들의 사영도 지도상에서 직각으로 만난다. 그러나 불행하게도 평사 도법에서는 넓이가 보존되지 못한다. 지도 중앙 부근에 있는 지역은 구 위에서 실제 크기의 약 1/4 정도로 축소된다. 그러나 지도의 가장자리에 있는 지역의 넓이는 거의 같다.

가장 많이 알려진 지도 제작 방법은 메르카토르 도법이다. 이 방법과 관련된 원리를 사영과 단면으로 제시할 수는 없다. 그러나 관련이 있는 사영법으로 비슷하게 기술할 수는 있다. 후자의 방법은 원근 원기둥 투영법(perspective cylindrical projection)으로 알려진 것으로 지구와 외접하고 지구의 대원(大圓)과 접하는 원기둥을 사용한다. 그림 11-10에서 이 원은 적도이다. 사영을 구성하고 있는 선들은 지구의 중심, 점 O

로부터 퍼져나오며 원기둥까지 뻗어나온다. 그래서 지구 표면상의 점 P는 원기둥 위의 점 P′로 사영된다. 원기둥을 이제 수직으로 잘게 찢어서 편평하게 펼친다. 편평한 지도 위에 위도의 평행선들이 수평선으로 나타나고 자오선들은 수직선으로 나타난다. 지도상에서 북극과 남극에 해당하는 점은 없다.

원기둥 도법과 메르카토르 도법 사이의 본질적인 차이는 특히 극단적인 북쪽과 남쪽 지역의 위도 평행선들의 간격이다. 그림 11-11은 메르카토르 도법을 예시하고 있다. 이 구조의 중요성은 두 가지이다. 첫 번째는 평사 도법의 경우와 마찬가지로 각도를 보존하고 있다는 점이다. 두 번째로 배를 조종할 때에 나침반의 방위각을 변경하지 않고서 한 항로를 따라가는 데에 편리하다. 이 말은 그 경로가 동일한 각도로 구 위에 있는 연속된 자오선들을 가로지르고 있다는 것을 뜻한다. 그러한 경로를 항정(航程)선, 또는 등사(等射)곡선이라고 부른다. 이 경로는 메르카토르 도법에 따라 만든 지도상에서 직선으로 나타난다. 따라서 배의 항로를 그리고 그 지도상에 나타난 항로를 따라가는 것은 어려운 일이 아니다.

그러나 대원이 적도거나 경도 자오선인 경우를 제외하고는 대원의 항로가 불변하는 나침반의 방위각을 가지는 것은 아니라는 사실을 주목해야 한다. 그래서 메르카토르 지도 위에서 대원 항로는 곡선으로 나타나게 된다. 실제 항해에서는 몇 개의 짧은 항정선으로 이 곡선을 대략적으로 나타냄으로써 배가 각 항정선을 따라 방위각을 변화시키지 않도록 운항하는 동시에 대원 항로라는 최단 거리의 이점을 얻는다.

메르카토르 도법은 너무나 흔하여 대부분의 사람은 이 도법이 가진 왜곡을 잘 깨닫지 못한다. 예를 들어 그린란드의 실제 넓이는 남미의 1/9밖에 되지 않지만, 지도상에서는 거의 동일한 크기로 나타난다. 캐나다는 미국 크기의 두 배로 나타나지만, 실제 1과 1/6배이다. 그런 왜곡에도 불구하고 이 지도는 위에서 말한 이유 때문에 항해에 너무나 유용하기 때문에 가장 널리 사용되는 지도가 되었다.

이처럼 지도 제작의 몇 가지 기법 이면에 놓인 기하학적 원리들을 간단히 기술하였기 때문에 다양한 기법들을 다 보여주지 못했다. 또한 지도상에 그려진 측정치를 실지로 구 위에서 해석하는 데 사용되는 수학적 원리들을 다 보여주지도 못했다. 그러나 수학이 지도 제작에도 필수적이라는 사실, 특히 사영과 단면이 원근법 연구에서와 마찬가지로 광범위하게 이용되고 있다는 사실은 명백해졌을 것이다. 또한 원근법의 사영과 단면이 수학적 질문들을 제기한 것과 마찬가지로, 지도 제작에서도 그러한 문제들이 제기되었다. 지도와 관련하여 구 위의 지역과 지도상에 대응하는 지역에 공통적인 원리들을 아는 것은 실용적인 이유에서 중요한 것이다. 예를 들어 각의 크기가 특정한 지도 도법에서 보존된다는 사실은 매우 중요하다. 따라서 원근법과 마찬가지로 지도 제작도 많은 새로운 수학적 문제들의 원천이 되었다.

이 장에서 논의된 아이디어들은 사영과 단면이라는 개념에 중심을 둔 것이다. 화가들은 만족스러운 광학 원근법 체계를 세우려는 노력 속에서 이러한 개념에 이르게 되었다. 그 개념으로부터 수학자들은 완전히 새로운 탐구 주제를 추출하였다. 그것이 바로 사영 기하학이다. 그리고 지도 제작자들은 새로운 지도 도법을 설계하기 위하여 그 개념을 사용하였다. 세 영역이 모두 하나의 기본적인 수학적 개념으로 밀접한 관련을 맺게 된 것이다.

이처럼 순수 사영 기하학은 중요한 실용적 문제들에 적용될 수 있다. 그러나 사영 기하학의 발전은 인류가 그 안에서 발견한 내재적 관심, 정리를 통찰하는 직관에 필요한 아름다움과 우아함이나 관용, 증명에 필요한 엄격한 연역적 사고 등에서 비롯된 것이다. 응용 수학 때문에 일시적으로 소홀히 되긴 했지만, 이 학문은 그 후 19세기 동안 활발하게 탐구되었고, 많은 새로운 기하학의 어머니임이 판명되었다. 어쩌면 그의 사고를 그림이라는 화려한 예술로 꾸몄기 때문인지는 모르겠지만, 어쨌든 데자르그가 창조한 '예술에서 태어난 과학'은 오늘날 가장 아름다운 수학의 분야 중 하나가 되지 않았나 생각한다.

12 《방법서설》

대수와 기하학이 각자 따로 떨어진 길을 가면서,
그들의 진보는 매우 느렸고, 그 응용은 제한되었다.
그러나 이들이 함께 결합하면서, 서로에게 신선한 활력을 주었고,
그때부터 완벽을 향해 빠른 속도로 진행하게 되었다.
– 라그랑주

근대적인 의미의 응용 수학이 공학자들이나 공학적 관점을 지닌 수학자들에 의해 창조된 것은 아니었다. 이 학문을 정립한 두 위대한 사상가들 중 한 명은 심오한 철학자였으며, 다른 한 명은 적어도 관념상으로는 도박꾼이었다. 전자는 진리의 본질, 신의 존재, 우주의 물질적 구조에 대하여 비판적이며 진지하게 사고하는 데에 몰두하였다. 반면, 후자는 법률가와 공무원으로서 평범한 삶을 살면서 밤에는 세상에 백만 달러짜리 정리들을 만들어 함부로 내놓으면서 자신의 정신적 술잔치에 탐닉하였다. 그러나 여러 분야에서 이룩한 이 두 사람의 업적은 불멸할 것이다.

심오한 철학자는 르네 데카르트(René Descartes, 1596~1650)이다. 그는 프랑스 라 헤이에(La Haye)의 부유한 부모에게서 태어났다. 여덟 살 나이에 그는 라 플레슈 예수회 대학에서 교육을 받았고, 그곳에서 수학에 관심을 가지기 시작했다. 17세에 일반 교과목을 모두 공부하고 나서, 그는 직접 경험을 통하여 자신과 세계에 대하여 더 많은 것을 배우기로 결심하였다. 그는 파리에서 방탕한 생활을 하면서 이 연구를 시

작하였다. 그 후 도시의 조용한 한 귀퉁이에서 자신의 삶을 반성하다가 군에 입대하여 여행을 다니기도 하였다. 그후 파리로 돌아온 후 전쟁을 겪고 나서 영원한 정착을 결심한다.

아마도 데카르트가 암스테르담에 거처를 정한 것은 네덜란드에서 완전히 고립된 삶을 살 수 있다고 생각했기 때문일 것이다. 그는 가족과 함께 지낸 것을 제외하면 고독하게 살았으며, 나머지 20년 대부분을 글을 쓰면서 보냈다. 거기서 그는 자신의 최상의 업적을 글로 옮겼고, 첫 책을 출판하자마자 명성을 얻었다. 그는 계속해서 글을 썼는데, 그의 글을 읽는 독자뿐만 아니라 자신이 이룩한 위대한 업적에 스스로도 감명을 받았다. 프랑스 언어를 명료하고 정밀하고 효과적으로 드러낸 문학적 고전으로 평가받는 그의 심오한 사상은 철학을 대중적으로 만들었다.

20년간의 은둔 후, 그는 스웨덴의 크리스티나 여왕의 가정 교사 제의를 받았고, 스톡홀름으로 이사하게 되었다. 여왕은 아침 5시에 얼음처럼 추운 서재에서 공부를 하면서 하루를 시작하는 것을 좋아하여, 데카르트는 그 시간에 깨어날 수밖에 없었다. 그러나 이 요구는 허약한 데카르트에게 너무나 심한 고통이었다. 그는 점차 쇠약해졌고, 정신조차 말을 듣지 않았다. 결국 그는 폐렴에 걸려 1650년에 사망한다.

데카르트가 라 플레슈에 있는 학교에 있었을 때, 그는 인간이 그렇게 많은 진리를 어떻게 안다고 할 수 있는가에 대하여 의심을 품기 시작하였다. 데카르트는 자신을 가르치는 선생님이나 그 당시 권위자들이 그렇게 강하게, 그리고 독단적으로 주장한 교의(敎義)들에 대하여 만족할 수가 없었다. 어느 정도는 그의 타고난 비판 정신 때문이며, 또 어느 정도는 천 년 동안 유럽을 지배했던 세계관이 격렬하게 도전을 받고 있던 시대의 영향을 받았기 때문일 것이다. 그는 자신이 유럽에서 가장 저명한 학교에 다니며 자신이 열등한 학생도 아님을 깨달았을 때,

자신의 의심이 정당하다는 것을 느꼈다. 그는 공부를 다 마치면서 어느 곳에도 확실한 지식은 없다는 결론을 내렸다. 교육을 통해서 그는 단지 인간이 무지하다는 사실을 발견한 것이다.

그는 일반적인 보통 연구들이 어느 정도 가치가 있다는 사실을 인정하기는 했다. "수사법은 비견할 수 없는 힘과 아름다움을 가지고 있다. 시에는 황홀한 우아함과 기쁨이 있다"라는 사실에 동의했다. 그러나 이들은 연구의 열매라기보다는 자연의 선물이라고 판단하였다. 신학이 천국으로 가는 길을 제시해주며, 그 또한 천국으로 가길 열망했기 때문에 신학을 숭배했다. 그러나 "가장 학식이 뛰어난 사람만큼 가장 무지한 사람에게도 똑같이 길이 열려 있다는 사실, 그리고 천국으로 이르게 하는, 계시받은 진리들이 우리의 이해를 초월해 있다는 사실을 확실히 이해하게 되었을 때, 그 이유가 자신의 이성이 무능해서라고 생각하지 않았다." 그는 철학이 "모든 문제에 대하여 진리와 같은 외양을 띠고 대화를 할 수 있는 수단을 제공하며, 더 간단한 것을 찬미하도록 한다"는 사실을 인정했다. 그러나 아무리 가장 저명한 사람들이 오랜 세월 동안 갈고 닦는다 하더라도 그것은 논쟁이나 모든 의심을 초월하는 어떤 것도 만들어내지 못한다. 그러므로 그는 자신이 전통 철학에서 성공하는 것을 대단한 것이라 생각하지 않았다. "법률학, 의학과 다른 과학들은 그것을 연구하는 사람들에게 명예와 부를 보장해준다……." 그럼에도 불구하고 그 학문들의 원리가 철학으로부터 파생되는 한, 그렇게 허약한 토대 위에서는 어떤 견고한 결론을 얻을 수 없다고 판단하였다. 결국 그는 자신의 출세를 위해 학문을 연구하겠다는 생각을 접은 것이다.

"논리학에 관해 말하자면, 삼단논법이나 다른 교훈 대부분은 이미 알고 있는 것을 전달하고자 할 때에 이용될 뿐이다. 즉, 미지의 것을 탐구할 때보다는 우리가 알지 못하는 것에 대하여 판단하지 않은 채 말할 때에 유용한 것이다……." 수없이 많은 아주 유용한 교훈들과 미덕에 대한 권고들이 도덕을 설파한 논문에 들어 있다." 그러나 고대 도덕주의자들의 장황한 논문들은 모래나 진흙과 다름없는 연약한 토대 위에 세워진 탑이며 장엄한 궁전이었다. 이 모든 분야에서 진정한 그리고 증명 가능한 진리로 부각되는 것은 단지 그것들이 존재하지 않는다는 사실뿐이다.

종군과 여행, 그리고 파리에서 생활하는 동안, 그는 진리를 어떻게 획득할 수 있는가에 대한 질문에 대하여 곰곰이 생각하였다. 점차 진리를 보장할 수 있는 계획이 명백해졌다. 그는 모든 견해, 편견, 소위 이제까지 자신이 얻은 지식을 모두 버림으로써 그 계획을 시작했다. 뿐만 아니라 권위에 기반을 둔 모든 지식을 거부하고 모든 선입견에서 벗어나고자 했다.

그러나 거짓을 거부하는 것, 그 자체만으로 진리를 낳는 것은 아니었다. 그때 그 자신이 스스로에게 제기한 질문은 새로운 진리를 정립할 방법을 찾는 것이었다. 바로 그 답이 군대에 있을 때 꿈속에서 나타났다고 말했다.

"기하학자들이 가장 어려운 논증의 결론에 도달하는 데 익숙하게 사용하는 방법에 의해 단순하면서 쉬운 추론을 연쇄적으로 해나감으로써 인간이 알고 있는 지식에 대하여 모든 것들이 동일한 방식으로 상호 연결되어 있다"는 것을 믿게 되었다. 그러고 나서 그는 건전한 철학은 단지 기하학자의 방법을 통해서만 연역될 수 있다고 결론지었다. 왜냐하면 그들만이 명백히 그리고 논쟁의 여지없이 추론할 수 있으며, 의심할 수 없는 진리에 도달하였기 때문이다. "인류가 우리에게 물려준 다른 어떤 것보다 수학이 가장 강력한 지식의 도구"라고 결론을 내리고 나서, 모든 분야에서 정확한 지식을 획득할 방법을 제공해줄 몇 가지 일반적 원리, 즉 그가 '보편 수학'이라고 부른 것을 연구함으로써 추출해내고자 하였다. 다시 말하여, 그는 수학자들이 사용한 방법을 모든 탐구에 응용할 수 있도록 하기 위하여 그 방법을 일반화하고 확장하고자 하였다. 본질적으로 그 방법은 모든 사고에 대한 공리적이면서 연역적인 구성물이 될 것이며, 결론은 그 공리에서 이끌어낸 정리가 될 것이다.

기하학자의 방법에 따라 데카르트는 자신을 진리 탐구로 이끌어갈 수 있도록 하는 규칙들을 조심스럽게 공식화하였다. 먼저, 그는 모든 의심이 배제될 수 있도록, 그의 마음에 분명하고 명확하지 않은 것은 어떤 것도 진리로 받아들이지 않았다. 그래서 그는 감각 자료들을 거부하였고, 따라서 맛이나 색과 같은 물체들의 모든 성질을 거부하게 되었다. 그것은 단지 물체 자체의 본질적인 특성이라기보다는 지각하는 사람의 개별적인 반응일 수도 있기 때문이다. 두 번째 원리는 큰 문제를 더 작은 문제들로 나누는 것이었다. 세 번째 원리는 단순한 것에서 복잡한 것으로 진행해 나가는 것이었다. 그리고 네 번째로 연역적 추론 단계들을 철저히 열거하고 검토하여 어떤 것도 부주의하게 생략하지 않는 것이다. 바로 이 원리들이 그가 진리를 찾아가는 방법의 핵심이었다.

그러나 그는 순수 수학에서 수행하는 공리와 동일한 역할을 자신의 철학에서 해줄 만한 단순하고 분명하며 명백한 진리를 발견해야만 했다. 그의 연구 결과는 매우 잘 알려져 있다. 자신이 의심하고 있다는 사실만이 상처를 입지 않은 채 남았다는 단 하나의 믿을 만한 원천으로부터, 즉 자아에 대한 의식으로부터 그는 자신의 철학의 기본 원칙들을 추출해내었다. (a) 나는 생각한다. 그러므로 나는 존재한다. (b) 모든 현상에는 필연적으로 원인이 있다. (c) 결과가 원인보다 클 수 없다. (d) 완벽함, 공간, 시간, 운동이라는 개념은 마음에 타고난 것이다.

인간은 너무나 의심을 많이 하고 너무나 조금 알고 있기 때문에 완벽한 존재가 아니다. 그러나 공리 (d)에 따르면, 그의 마음은 완벽함이

DISCOURS
DE LA METHODE
Pour bien conduire sa raison, & chercher
la verité dans les sciences.
LA DIOPTRIQVE.
LES METEORES.
ET
LA GEOMETRIE.
Qui sont des essais de cete METHODE.

12-1. 데크르트/1637년에 발간한 《방법서설》의 속표지, 파리 마자랭 도서관 소장

라는 개념을 가지고 있으며, 특히 전지 전능하고 영원하며 완벽한 존재에 대한 개념을 가지고 있다. 어떻게 이러한 개념들이 발생하는가? 공리 (c)에 따르면, 완벽한 존재에 대한 개념은 인간의 불완전한 마음으로부터 연역되거나 창조될 수가 없다. 그러므로 신이라는 완벽한 존재에게서만 얻을 수 있다. 따라서 신은 존재한다.

완벽한 신은 우리를 속이지 않는다. 그래서 어떤 진리가 우리에게 다가오는 것을 직관에 맡겼다. 그래서 가령 우리의 가장 명백한 직관인 수학의 공리는 진리임에 틀림이 없다. 그러나 수학의 정리들은 공리가 가진 단순함과 명백함을 지니지 못한다. 어떻게 우리는 그것이 진리임을 확신할 수 있는가? 인간은 오류에 빠지지 않는다고 믿는 방식으로 추론을 한다. 그러나 그 추론의 방법들이 필연적으로 진리에 이른다는 것을 어떻게 보장하는가? 다시 인간을 속이지 않는 신에게 의지하면서, 데카르트는 그 결론도 또한 진리이며 그러므로 그것들은 실재 세계에 대한 올바른 주장임에 틀림이 없다고 주장하였다. 그러한 기본 원리에서 데카르트는 인간과 우주에 대한 자신의 철학을 정립해나갔다.

방법에 대한 추구와 그 방법을 철학 문제에 적용한 그의 이야기는 그의 유명한 《방법서설(Discours de la Méthode)》에 제시되어 있다. 인간 이성의 우월성, 자연 법칙의 불변성, 물리적 물체들의 본질로서 확장(extension)과 운동의 원리, 몸과 마음의 구분, 물체에 실재하며 본질적인 성질들과 단지 현상적으로만 존재하며 실지로는 감각 자료에 대한 마음

의 반응에 기인한 것인 성질들의 구분 등이 이 글에 정교화되어 있으며, 이러한 그의 기본 사상은 근대 사상을 형성하는 데 큰 영향을 미쳤다.

데카르트가 따라간 철학의 길을 정교화하는 것이 이 글의 목적은 아니다. 그러나 공부할 가치는 있다. 우리 이야기와 관련 있는 것은 수학의 진리와 수학적 방법이 한 위대한 사상가가 17세기 지성의 폭풍우 속에서 자신의 길을 더듬어 찾아갈 때에 등대가 되었다는 사실이다. 아닌 게 아니라 그의 철학은 수학화된 철학으로 특징지을 수 있다. 중세와 르네상스 선배들의 철학보다 그의 철학은 훨씬 덜 신비롭고 형이상학적인 데다 신학적이며, 훨씬 더 합리적이다. 그는 자신이 밟아간 단계에 관련 있는 의미와 논리를 조심스럽게 탐구하였다. 그리고 사람들에게 진리를 자기 내부에서 찾으라고 가르쳤다. 그는 낡은 것과 권위적인 사람이 되기를 거부하였다. 데카르트에 와서 신학과 철학의 동행은 막을 내렸다.

데카르트는 자신이 수학에서 뽑아내고 일반화한 방법을 다시 수학에 재적용하였다. 이를 통하여 그는 곡선을 나타내고 분석하는 새로운 방법을 창조하는 데에 성공하였다. 그가 새롭게 창조한 것은 지금 좌표 기하학으로 알려져 있는 것으로 모든 근대 응용 수학의 기반이다. 이는 인간이 내다볼 수 있는 미래 그 언제까지나 가치를 지닐 것이다. 그러나 데카르트의 철학도 대부분의 철학과 마찬가지로 특정 시대에 얽매여 있다. 순수 수학에서 데카르트의 사고가 어떤 것인지 살펴보기 전에, 먼저 그의 동포이자 좌표 기하학을 함께 발견한 페르마(Pierre de Fermat)도 데카르트와 마찬가지로 가치 있고 독립적인 노력을 했다는 것을 인정해야 할 것이다.

데카르트의 모험적이고 낭만적이며 목적 지향적인 삶과는 대조적으로 페르마의 삶은 지루하고, 판에 박힌 평범한 것이었다. 그는 1601년 프랑스 피혁 상인의 집안에서 태어났다. 툴루즈에서 법을 공부한 후, 공무원으로 거의 평생을 보냈다. 페르마의 가정 생활 역시 매우 평범하였다. 나이 서른에 결혼하여, 평생 아내와 다섯 아이에게 헌신하였다. 조용한 삶을 살았고, 신이나 인간, 우주의 본질과 관련된 문제들을 무시하였으며 밤에는 자신이 좋아하는 소일거리인 수학으로 시간을 보냈다. 데카르트에게 수학은 철학적이며 과학적인 문제를 해결하고, 자연을 지배하는 데 도움을 주는 것인 반면, 페르마에게는 깊은 생각의 아름다움과 조화, 그리고 기쁨을 가져다주는 것이었다. 비록 그가 수학에 많은 시간을 쏟지 않았고, 취미 생활의 하나로 즐거움을 추구하기 위한 것이었지만, 그는 64세의 생애 이후 자신을 모든 시대의 진정으로 위대한 수학자 중의 하나로 세워놓았다.

뉴턴이나 라이프니츠에 의해 다소 그 빛이 가려지기는 했지만, 그가 미적분에 끼친 공헌은 최상의 것이었다. 그는 파스칼과 함께 수학적 확률 이론을 창조한 명예를 나누어 가졌으며, 데카르트와 함께 좌표 기하학을 창조하였다. 그는 혼자 힘으로 수학의 한 주요 분야인 수 이론의 토대를 만들었다. 이 모든 분야에서 이 '아마추어'는 찬란한 결과물을 낳았고, 자신의 흔적을 남겼다. 비록 철학의 보편적 방법에는 관심이 없었지만, 페르마는 곡선을 계산하는 일반적 방법을 찾아내었다. 그리고 여기에서 그는 데카르트와 결합한다.

잠시 빗나가는 이야기이긴 하지만, 그 시대의 위대한 수학자들이 왜 곡선에 대한 연구에 그렇게 많은 관심을 가졌는지를 이해하고 넘어가야겠다. 17세기 초반의 수학은 여전히 본질적으로는 기하학이었으며, 대수는 부속물이었고, 기하학의 중심은 유클리드 기하학이었다. 유클리드 기하학은 직선과 원으로 형성되는 모양에만 국한되어 있다. 그러나 17세기가 되자 과학과 기술이 발전하면서 새로운 여러 형태들에 대해서도 연구할 필요성이 발생하였다. 타원, 포물선, 쌍곡선은 행성과 유성의 경로를 기술했기 때문에 중요하였다. 또한 포물선은 대포알과 같은 발사체의 자취이기도 했다. 또한 바다에서 배의 위치를 확인하는 데 도움을 주기 위해서 달의 움직임에 대한 연구가 집중적으로 이루어졌다. 대기를 통해 들어오는 광선들의 곡선 경로는 천문학자들과 예술가들의 관심을 끌었고, 한편 안경, 망원경, 현미경에 사용하기 위하여, 그리고 인간 눈의 작동을 이해하기 위하여 렌즈의 곡률(曲律)이 연구되었다. 실지로 데카르트와 페르마 모두 광학에 많은 관심을 가졌다. 데카르트는 렌즈를 통한 빛의 투과에 대한 글을 발표하였으며, 페르마는 몇 가지 기본 법칙들을 만들어내었고, 그 중 하나는 이후에 다루게 될 것이다. 그러나 불행하게도 유클리드는 이러한 것과 다른 수많은 실용적 문제와 관련된 곡선에 대한 정보를 전혀 주지 못했다. 그리고 원뿔곡선들에 대하여 연구한 그리스의 현존하는 작품들은 불충분하였다.

그리스인들은 중요한 곡선들에 대한 바람직한 지식을 제공해주지 못했을 뿐 아니라 또한 그러한 지식을 얻을 수 있는 널리 적용 가능한 수학적 방법을 제공해주지도 못했다. 유클리드의 모든 증명은 새롭고 종종 천재적인 접근을 요구하는 것이었다. 여유시간도 많고, 즉각적인 응용에는 관심이 전혀 없었던 그리스 수학자들은 이러한 일반적 절차가 결핍되어 있는 것을 아쉬워하지 않았다. 그러나 17세기에 가지각색의 실용적이며 과학적인 필요가 생기면서 수학자들은 간단한 순서로 어려운 문제들을 해결해야 하는 압력을 받게 되었다.

바로 이 시점에서 데카르트와 페르마가 등장한 것이다. 그들은 유클리드 기하학에서 사용된 제한된 방법에 분명히 만족하지 못했다. 데카르트는 고대의 기하학이 너무 추상적이며 "도형에 너무 얽매어 있어서 상상력이 지치게 되었을 때에나 이해할 수 있다"라고 명시적으로 비판하였다. 대수 역시 완벽하게 규칙과 공식에 종속되어 있어서 '마음을 풍요롭게 하는 데 적합한 학문이라기보다는 사람을 당황하게 하려는 듯이 혼동과 모호함으로 가득 찬 기술이 되어버렸다고 비판하였다. 반면에 두 사람 모두 기하학이 현실 세계에 대한 정보와 진리를 제공해준다는 사실을 인정하였다. 또한 대수가 추상적이며 미지의 양에 대하여 추론하는 데 사용될 수 있다는 사실도 인정하였다. 그리고 그것은 추론 과정을 기계화하여 문제를 해결하는 데 필요한 노력을 최소화하는 데 사용될 수 있다는 것도 인정하였다. 그것은 잠재적으로 보편적인 방법의 학문이다. 그리하여 데카르트와 페르마는 기하학과 대수에서 가장 좋은 모든 것을 선택하여, 한쪽의 도움을 받아 다른 한쪽의 결점을 고칠 것을 제안하였다.

비록 다음에 우리가 하는 설명은 세부적으로는 데카르트의 설명과는 다르지만, 그들의 추론 과정을 따라감으로써 그들이 무엇을 달성하였는지를 가장 잘 이해할 수 있을 것이다. 방법에 대한 일반적 연구에서 우리는 데카르트가 모든 문제들을 단순한 것에서 복잡한 것으로 풀어나가기로 결심했음을 알았다. 기하학에서 가장 단순한 도형은 직선이다. 그러므로 그는 직선을 통하여 곡선의 연구에 접근하고자 하였고, 그 방법을 발견하였다.

여기 그림 12-2 같이 임의의 곡선 하나가 주어져 있다고 하자. 이 곡선은 수직선 PQ 위에 놓여진 점 P가 움직인 자취라고 생각할 수 있다. 이 수직선이 오른쪽으로 움직이면서, 곡선의 모양을 따라 점 P는 위아래로 이동한다. 따라서 수직선이 이전의 상태와 평행하게 움직임에

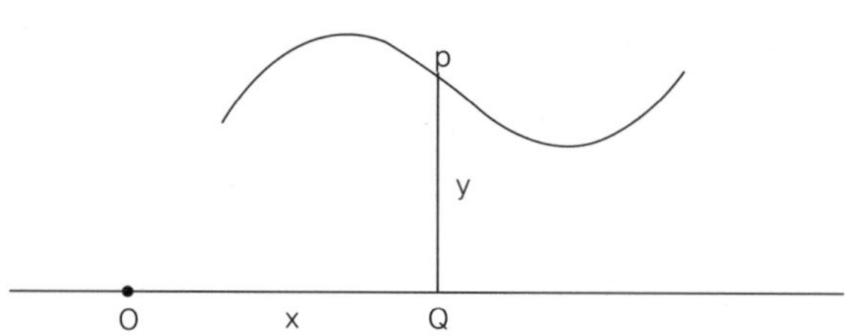

12-2. 다양한 길이를 가진 선분의 움직임으로 만들어진 곡선

따라, 수직선 끝에서 위아래로 움직이는 점 P의 움직임을 연구함으로써 어떤 곡선이든 연구 가능하다. 지금까지는 좋다. 그러나 어떻게 점 P의 움직임이 모든 곡선의 특징이 될 수 있는가?

이 문제를 풀기 위하여 데카르트는 대수를 사용하였다. 왜냐하면, 그는 대수의 언어가 기억을 보조하는 간단한 장치이며, 짧은 공간 속에 많은 사실을 담고 있음을 알았기 때문이다. 수직선이 오른쪽으로 움직이면서, 고정된 지점인 O로부터 그 직선까지의 거리가 그 위치를 가리킨다고 말할 수 있다. 이 거리를 x로 나타낸다. 움직이는 직선 위의 점 P의 위치는 고정된 수평선 OQ로부터의 거리로 나타낼 수 있다. 이 거리를 y로 나타낼 수 있다. P의 각 위치에 대하여 x라는 값과 y라는 값이 나온다. 그래서 곡선을 특징짓는 것은 이 곡선상의 점 P에 해당하는 x와 y의 관계이며, 이는 곡선마다 다르게 된다.

이제 이 아이디어가 점 O를 지나 수평선과 45도를 이루는 직선과 같은 간단한 곡선에 어떻게 적용되는지 살펴보자(그림 12-3). 만일 움직이는 직선 QP가 오른쪽으로 x의 거리만큼 움직인다면, 점 P는 직선에 도달하기 위해서는 x와 동일한 거리인 y만큼 올라가야 한다. 왜냐하면, 유클리드 기하학에 의하여 삼각형 OQP는 직각 이등변 삼각형이며 따라서 OQ는 QP와 같아야 하기 때문이다. 그래서 직전 위의 점들을 특징짓는 관계는 다음과 같다.

$$y = x \tag{1}$$

따라서 거리 OQ가 3이고 PQ가 3인 점 P는 이 직선 위에 있는 점이 된다. 왜냐하면, x값이 3이며 y값이 3인 경우 방정식 $y=x$를 만족시키기 때문이다.

직선 위에 있는 점 P와 다른 점 P′을 나타내기 위해서 점 O의 왼쪽

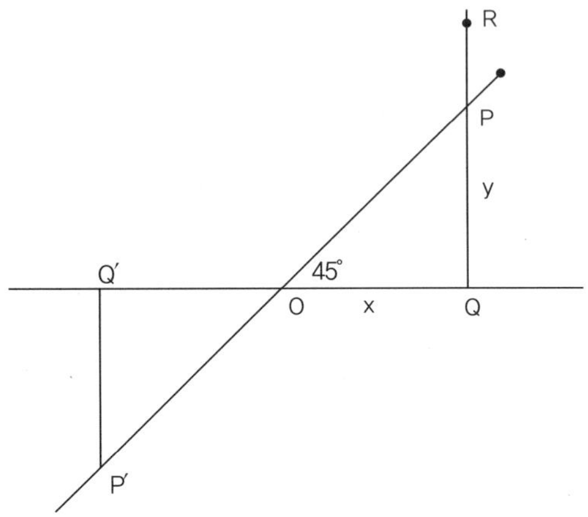

12–3. 수평선과 45도를 이루는 직선

으로 PQ만큼 옮겨진 거리와 수평선 OQ 아래로 내려간 QP의 거리를 나타내는 데에 음수가 사용된다. 따라서 점 P′의 x값과 y값은 둘 다 음수이며 같은 값이고, 따라서 여전히 $y=x$라는 등식이 성립하게 된다. 반면, P′OP 선상에 있지 않은 점 R에 대해서는 y값, 즉 QR이 x와 같은 값이 아니므로 직선 밖에 있는 점에 대해서는 $y=x$라는 등식이 성립하지 않는다.

우리는 다음과 같이 위의 논의에 포함된 사고를 체계화할 수 있다. 곡선의 등식을 논의하기 위하여 우리는 X축이라고 불리는 수평선을 도입하고, 원점으로 불리는 이 선상의 점을 점 O, 그리고 점 O를 지나는 수직선, Y축을 도입한다. 만일 P가 곡선 상의 어떤 점이라면, 그 위치를 나타내는 수가 두 개 있다. 첫 번째는 점 P에서 X축까지 이은 수선의 발인 Q과 O까지의 거리이다. 이 수를 x값, 또는 P의 가로좌표라고 부른다. 두 번째 수는 거리 PQ이며 이 수를 y값, 또는 P의 세로좌표라고 부른다. 두 숫자는 점 P의 좌표라고 부르며, 일반적으로 (x, y)로 쓴다. 만일 P가 Y축의 오른쪽에 있다면 x값은 양이 되며, 왼쪽에 있으면 음이 된다. 이와 같은 방식으로 만일 점 P가 X축보다 위에 있으면 y값은 양

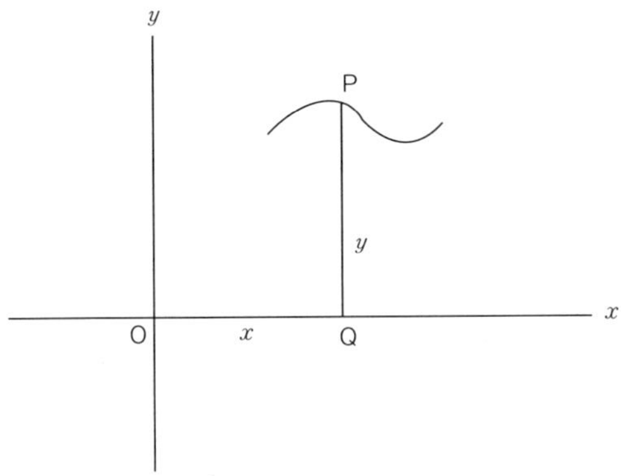

12-4. 직각의 좌표 체계

이 되며, 아래에 있으면 y값은 음이 된다.

곡선 자체는 그 곡선 위에 있는 점들의 x값과 y값에만 적용이 되는 등식으로 진술됨으로써 대수적으로 표현된다.

데카르트의 아이디어를 제대로 설명하기 위해서 그것을 12-5에 있는 원에 다시 한번 적용해보자. 원의 반지름이 5라고 하자. 점 P는 곡선상의 임의의 점이며 x와 y가 그 좌표가 된다고 하자. 그러면 유클리드 기하학의 피타고라스의 정리에 따르면, 직각삼각형의 두 변의 제곱의 합은 빗변의 제곱의 합과 같다. 따라서 다음과 같다.

$$x^2+y^2=25 \tag{2}$$

이 관계는 곡선상의 모든 점에 적용된다. 다시 말하여 각 점의 x와 y는 $x^2+y^2=25$가 된다. 예를 들어 (3, 4)의 좌표를 가진 점은 원 위에 있게 된다. 왜냐하면, $3^2+4^2=25$이기 때문이다. 그러나 (3, 2)는 곡선상에 있는 좌표가 아니다. 왜냐하면, $3^2+2^2=25$가 아니기 때문이다. 만일 x에 해당하는 가로좌표와 y에 해당하는 세로좌표가 등식의 왼쪽과 오른쪽을 동일하게 한다면, 그 점의 좌표는 등식 (2)를 만족한다고 말할 수 있다. 그 곡선 위에 놓여 있는 점들의 좌표는 등식을 만족한다. 그러나 곡선상에 있지 않은 점들의 좌표는 등식을 만족하지 못한다.

이제까지 하나의 곡선이 어떻게 독특한 방법으로 곡선을 나타내는 등식으로 표현될 수 있는지를 살펴보았다. 데카르트의 아이디어는 또한 위의 과정을 거꾸로 할 수 있도록 한다. 만일 다음과 같은 등식에서 출발해보자.

$$y = x^2 \tag{3}$$

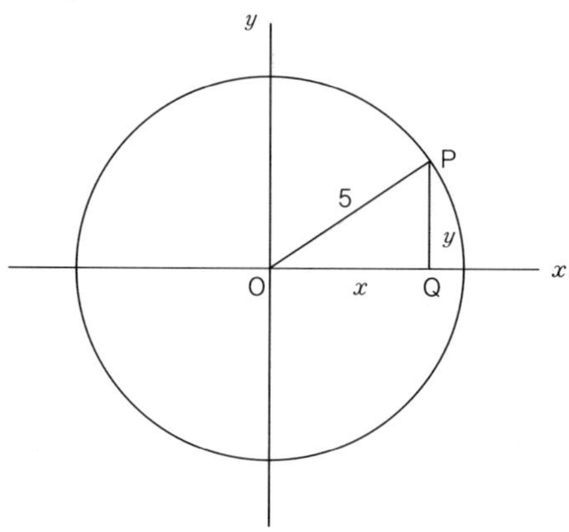

12-5. 직각 좌표 체계 위에 놓인 원

어떤 직선이 이 등식과 관련이 있는가? 다시 한번 움직이는 선 PQ 위의 점 P의 움직임에 비추어 생각해보자. PQ가 점 O의 오른쪽으로 움직이면 OQ, 즉 점 P의 x값은 양이 된다. 이제 등식 (3)에 따르면, 점 P의 y값, 즉 PQ는 반드시 x^2과 같아야 한다. x가 양일 때, x^2도 양이다. 그래서 점 P는 필연적으로 X축보다 위에 놓이게 된다. 뿐만 아니라 x가 작으면, x^2도 작게 되고, x가 크면, x^2도 크게 된다. 그러므로 양수인 x에 대하여 곡선이 어떤 모양을 하게 되는지 우리는 대략적이나마 알게 된다. 이제 PQ가 점 O의 왼쪽으로 움직이게 되면, 점 P의 x값은 음이 된다. 그러나 x^2은 여전히 양이 된다. 왜냐하면 음수의 제곱은 양수이기 때문이다. 따라서 점 P는 X축보다 위에 있게 된다. 게다가 x^2의 값은 주어진 x의 음의 값에 대해서도, 그에 대응하는 x의 양의 값과 마찬가지가 된다. 예를 들어, $x=+3$인 경우뿐만 아니라 $x=-3$인 경우에도 x^2은 9가 된다. 따라서 점 P는 오른쪽으로 움직이는 것처럼 Y축의 왼쪽에서 똑같이 움직이게 된다. 완전한 곡선은 그림 39와 같으며, 이 그림 속에서 우리는 곡선이 오른쪽과 왼쪽으로 갈수록 무한대로 계속 위를 향하게 된다는 것을 이해할 수 있다. 등식 $y=x^2$를 분석함으로써 우리는 곡선이 Y축에 대하여 대칭이라는 사실을 알 수 있다. 이는 그 곡선이 포물선이라는 사실을 입증해준다.

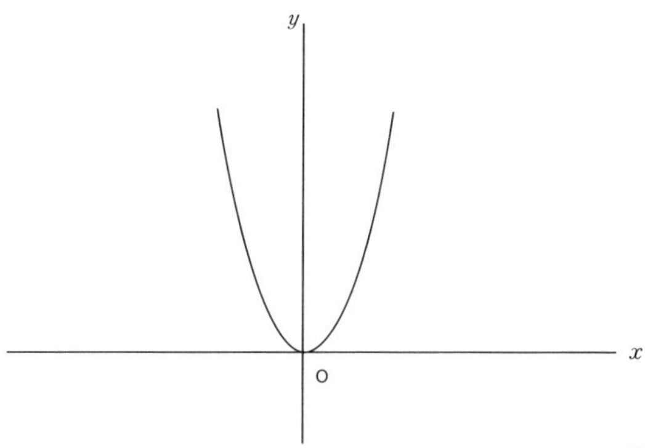

12-6. $y=x^2$ 곡선

만일 그 곡선에 대하여 좀더 정확한 그림을 얻고자 한다면, x값을 선택하여 $y=x^2$이라는 등식에 대입하여 그에 대응하는 y값을 구할 수 있다. 그래서 $x=1$일 때, $y=1$, $x=2$일 때, $y=4$, 또 $x=\frac{5}{2}$일 때, $y=\frac{25}{4}$ 등등이 된다. 이들 좌표의 쌍들 각각은 가령, (2, 4)인 경우 그것은 곡선상의 한 점을 가리키며, 우리는 이 점들의 위치를 정하고, 부드러운 곡선으로 연결할 수가 있다. 계산하는 좌표가 많으면 많을수록,

더 많은 점을 정할 수 있게 되고, 더 정확하게 그 곡선을 그릴 수 있게 된다.

데카르트와 페르마가 행한 아이디어의 핵심은 이제 명백하다. 각 곡선에는 다른 점이 아닌, 그 곡선의 점만을 유일하게 나타내는 하나의 등식이 존재한다. 역으로 x, y와 관련된 각 등식은 x와 y를 점의 좌표로 해석함으로써 곡선으로 나타낼 수 있다. 공식화하여 말하면, 어떤 곡선의 등식은 다른 점들의 좌표에 의해서가 아니라, 그 곡선상의 모든 점들의 좌표에 의하여 만족되는 대수식과 동일하다. 이제 등식과 곡선의 관련이 바로 새로운 사고의 핵심이다. 대수의 최선과 기하학의 최선을 결합함으로써, 데카르트와 페르마는 기하학적 도형을 연구하는 새롭고, 엄청나게 가치가 있는 방법을 가지게 된 것이었다. 이것이 데카르트가 수학에 적용했을 때 철학에서의 자신이 적용한 일반적 방법이 성취할 수 있는 것이 무엇인지를 증명하는 것으로서, 자신의 《방법서설》의 부록에서 구체화한 아이디어의 핵심이다. 아닌 게 아니라 약 두 세 달이 지나 데카르트는 자신의 새로운 방법으로 많은 어려운 문제들을 해결하는 데 성공하였다.

개별적인 곡선들의 성질을 분석하는 데에 그치지 않고 이를 넘어서

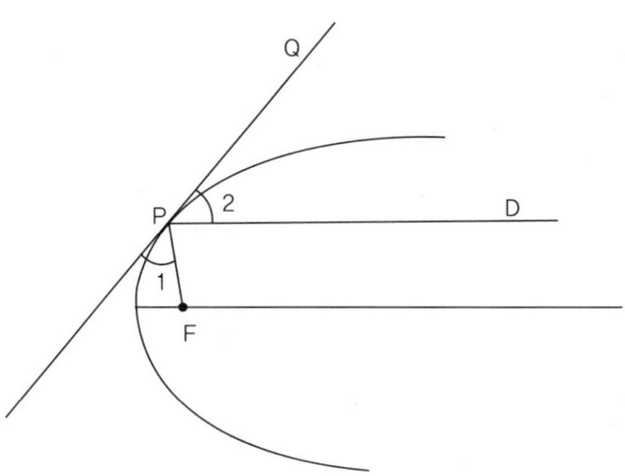

12-7. 포물선 초점의 성질

등식과 곡선을 연관지음으로써, 수학을 과학적으로 적용하는 많은 일이 가능하게 되었다. 이러한 연관 속에서 우리는 포물선의 응용을 살펴봄으로써 그 속에서 곡선의 등식이 불변하다는 것을 입증할 수 있다.

한 포물선은 늘 그것의 축이라고 불리는 하나의 직선에 대하여 대칭이다. 그림 12-6에서 이 대칭축은 Y축이다. 그러나 그림 12-7에서 그 축은 위에서 볼 수 있는 바와 같이 수평선이 된다. 이 축 위에 점 F가 있으며, 이를 초점이라 부른다. 만일 P가 곡선상의 어떤 점이라면, 선 PF와 그 축과 평행하며 P를 지나는 선, 그림 12-7에서 PD는 점 P에서의 접선인 PQ와 동일한 각을 이룬다. 다시 말하여 각 1은 각 2와 동일하다.

이제 그 포물선이 반사면의 단면도라고 가정하고, 빛의 원천이 점 F에 있다고 가정해보자. 점 F에서 나오는 광선들은 포물선에 부딪힐 것이며, 우리에게는 매우 운좋게도 그 축에 평행한 직선들을 따라 반사하게 될 것이다. 그리하여 점 F를 광원으로 하는 전형적인 광선은 FPD의 경로를 취하게 될 것이다. 그 결과 모든 빛은 축의 방향으로 집중하게 되며, 강한 광선을 만들어낸다. 이 원리를 실용적으로 응용하여, 우리는 축 주위에 포물선을 그림으로써 얻어지는 표면을 이용할 수 있다. 그 가장 친숙한 예가 자동차 헤드라이트이다(그림 12-11 참조).

이 포물선의 동일한 성질은 거꾸로 사용될 수 있다. 만일 포물선의 축을 먼 별을 바라보도록 그린다면, 광선들은 포물선의 축과 실제로 평행하게 와서 포물선에 부딪히며, 그 결과 점 F로 반사된다. 따라서 점 F에 빛이 집중하게 될 것이며, 과학자들은 멀리 있는 별을 더 명확히 볼 수 있다. 그러므로 포물선은 몇몇 종류의 망원경에 사용된다. 만일 별 대신 태양을 본다면, 점 F에 모이는 광선들은 많은 열을 내게 될 것이며, 그 지점에 놓인 가연성 물체를 태우게 될 것이다. 이 효과가 바로 초점(focus)이라는 단어가 사용된 이유를 설명하는데, 라틴어로 '난로' 또는 '타는 곳'이라는 뜻을 가지고 있다.

수학의 실용적 응용이 이 책에서 우리의 주요한 관심사가 아니기 때문에, 모든 원뿔 곡선들은 포물선에 대하여 방금 기술한 성질과 유사한 성질들을 가지고 있다는 사실만 지적하고 넘어가도록 하겠다. 그러므로 이들 곡선들은 렌즈, 망원경, 현미경, X선 기계, 강당, 라디오 안테나, 탐조등, 그리고 수백 가지의 주요한 장치에 효과적으로 이용된다. 케플러가 천문학에 원뿔 곡선을 도입하였을 때, 그것들은 일식과 유성의 경로를 포함하여 모든 천문학적 계산의 기본이 되었다. 그 원뿔 곡선들은 또한 다리의 케이블과 도로를 설계하는 데에도 사용된다. 이 모든 응용에서 이들 곡선의 등식을 만드는 것이 가능하게 되었고, 특히 신속한 계산이 가능하게 되었다. 유클리드 기하학의 방법이 정교하고 복잡한 구성을 필요로 하며, 단지 대략적으로만 측정할 수 있는 길이를 제공하였던 반면, 이제 데카르트의 대수 등식은 훨씬 더 간단한 도구이며, 개별적인 사례들이 요구하는 것만큼 많은 소수자리까지 답을 구할 수 있게 한다. 좌표 기하학이 모든 기하학 문제들을 해결할 수 있으리라는 데카르트의 기대에는 미치지 못했을 수도 있다. 그러나 그것은 데카르트가 17세기에 상상할 수 있는 것보다 훨씬 더 많은 것들을 현재 해결하고 있다.

진정으로 중요한 생각들은 예기치 않았던 분명한 개념들과 관계를 떠올리게 해주는 촉매 역할을 한다. 데카르트가 등식과 곡선을 연관지음으로써 자동적으로 곡선이라는 새로운 세계를 밝혀냈다. x와 y로 나타낸 각각의 대수 등식에 대하여 그 등식으로 기술되는 곡선 하나가 존재한다. 쓰일 수 있는 등식의 수와 다양성이 무제한적이므로, 마찬가지로 곡선의 수와 다양성도 그러하다고 할 수 있다. 그리고 이 수많은 곡선들이 등식을 통해서 발견되었을 경우에만, 새롭고 다양한 적용에 유용함이 입증되었다.

등식과 곡선의 연관은 곡선이라는 새로운 세계를 열어보인 그 이상의 것이었다. 그것은 새로운 공간에 대한 전망을 펼쳐놓았다. 이 아이디어를 3차원 공간으로 확장하면 즉시 그 모습이 드러난다. 그 아이디어를 훨씬 더 높은 차원으로 확장하고자 하는 도발적인 도전 또한 이를 넘어서는 것이었다. 이를 이해하기 위해서 좌표 기하학이 더 최근에 확장된 영역을 살펴보도록 하자. 아이디어를 이렇게 확장하는 것이 상대성 이론을 포함하여 근대 과학 발전 중 가장 복잡하고도 세련된 것의 기반이 되기 때문이다.

먼저 3차원으로 확장한 좌표 기하학을 살펴보자. 우리는 일찍이 평면상의 한 점의 위치를 숫자, 즉 좌표의 쌍으로 기술할 수 있다는 것을 알았다. 공간 속의 한 점의 위치는 세 개의 숫자로 나타낼 수 있다는 것을 곧 알 수 있을 것이다. 수평으로 놓여 있는 어떤 평면을 A라 하자. 그것이 수평으로 놓여 있다고 하자. 이 평면 속에 x값이 양의 방향인 것을 OX로 표시하고, y값이 양의 방향인 것을 OY로 표시하자.

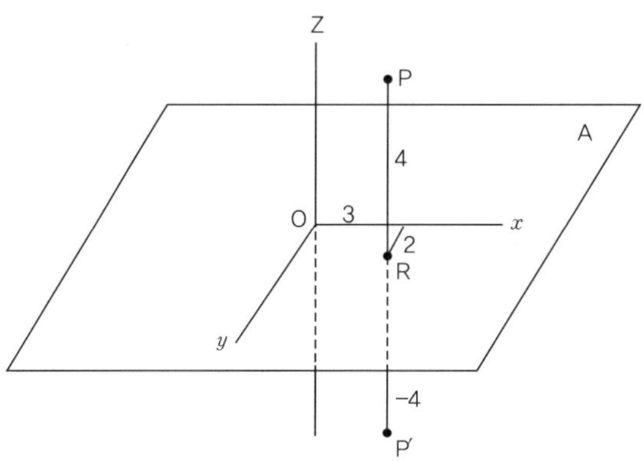

12-8. 3차원 직각 좌표 체계

이제 공간 속의 모든 점 P가 평면 A의 아래 또는 위에 z로 표시되는 거리에 놓여 있다. z는 평면 A보다 위에 있는 경우 양수이며, 아래에 있는 경우는 음수가 된다. 예를 들어 만일 점 P가 평면 A 위에 4단위만큼 떨어져 있으면, z의 값은 4가 된다. 공간 속의 점 P의 위치는 수평면 속의 점 R 바로 위에 있는 것을 보는 순간 완전하게 기술할 수 있다. 점 R은 평면 A 위에 있기 때문에 x값과 y값을 가지고 있기 때문이다. 이들의 좌표가 (3, 2)라고 가정해보자. 그러면 그 숫자들 3, 2, 그리고 4는 점 P의 위치를 완벽하게 결정하며, 어떤 다른 공간 속의 점도 이 좌표에 대응하지 않는다. 그러므로 우리는 3, 2, 4를 P의 좌표라고 부를 수 있으며 (3, 2, 4)로 나타낸다. 평면 A상의 점, 가령 R은 세 번째 좌표가 0이 되며, 지금 정립한 3차원 좌표 체계에서는 R의 좌표가 (3, 2, 0)이 된다. 좌표 (3, 2, −4)를 가진 P′도 또한 그림 41에서 볼 수 있다. 세 개의 축, OZ와 OY, OZ이 만나는 교차점인 O는 3차원 체계의 원점이 되며, 좌표 (0, 0, 0)을 가지게 된다.

3차원 좌표 체계를 사용하여 공간 속의 대수 등식과 기하학 도형들을 관련지을 수 있다. 그 관계를 설명하기 위하여 구를 생각해보자. 정의에 의하여, 구는 중심이라고 불리는 한 고정된 점으로부터 주어진 거리에 있는 공간 속의 모든 점들의 집합이다. 구의 모든 점들은 중심에서 5만큼 떨어져 있으며, 그 중심이 3차원 좌표 체계의 원점에 있다고

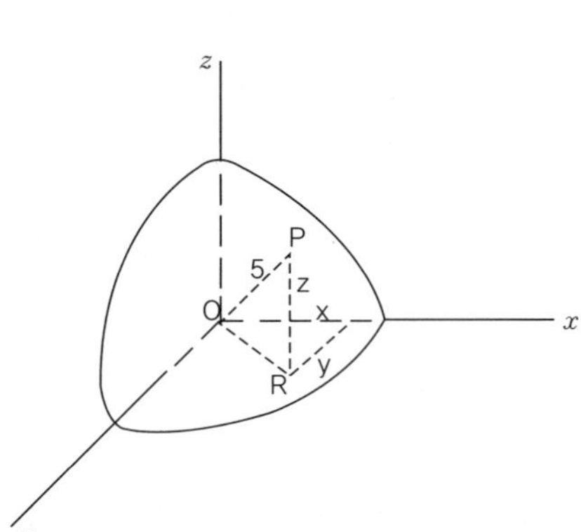

12-9. 3차원 직교 좌표 체계 위에 위치한 구

가정해보자.

(x, y, z)가 구 위의 임의의 점 P의 좌표라고 하자. 그러면, x와 y는 빗변이 OR인 직각 삼각형(수평면에 누워 있는)의 두 변이 된다. 피타고라스의 정리에 따르면,

$$x^2+y^2=\mathrm{OR}^2$$

OR과 z는 직각삼각형 ORP의 두 변이며, 빗변은 OP로 그 값은 5이다. 그러면 다음과 같다.

$$\mathrm{OR}^2+z^2=25$$

그러나 OR^2은 앞의 등식으로부터 값을 알 수 있다. 만일 이 값을 대입하면, 다음과 같은 등식을 얻게 된다.

$$x^2+y^2+z^2=25$$

이는 구 위의 한 점의 좌표가 x, y, z인 경우에 등식의 왼쪽과 오른쪽이 같다는 의미에서 구의 방정식이 된다. 예를 들면, 점 (0, 3, 4)은 방정식을 만족한다.

$$0^2+3^2+4^2=25$$

그러므로 이 점은 구 위에 있게 된다. 구의 방정식이 원의 방정식인 $x^2+y^2=25$와 유사한 이유는 이후의 논의를 위해서 주목해두어야 한다.

구의 사례는 중요한 새로운 사실을 설명하고 있다. x, y, z로 나타

낸 등식은 하나의 면을 가리키며, 각 면은 그러한 공식으로 나타낼 수 가 있다. 여기서는 세부적인 것을 제시하지 않고도, 우리는 몇 가지 등식과 그 면을 언급할 것이다. 이는 독자가 4차원 기하학의 논의를 더 잘 이해하도록 도움을 줄 것이다.

그러한 형식의 다음 등식(숫자는 자의적인 것이다)은 한 평면상의 점들의 집합을 나타낸다(그림 12-10).

$$3x+4y+5z=6$$

이 등식과 2차원 좌표 체계로 된 직선을 나타내는 등식과의 유사성은 $3x+4y=6$을 보면 명백하다.

다음 등식은 포물면을 나타낸다(그림 12-11).

$$x^2+y^2=z$$

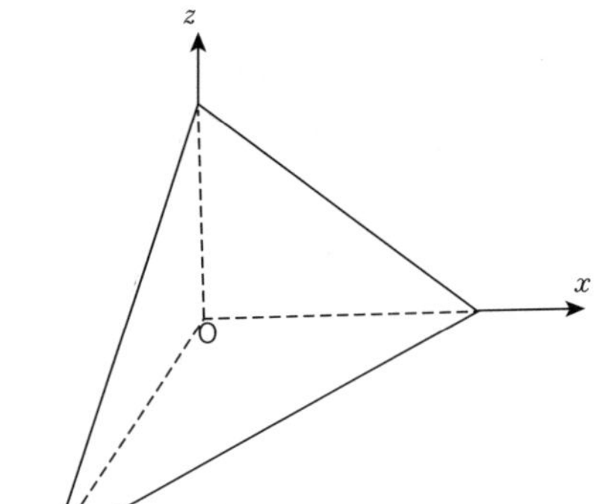

12-10. 3x+4y+5z=6에 대응하는 평면

여기 나타난 포물면은 대체로 푹 패인 그릇이나 자동차 헤드라이트의 모양을 띠고 있다. 이 등식은 포물선을 나타내는 $y=x^2$과 매우 유사하다.

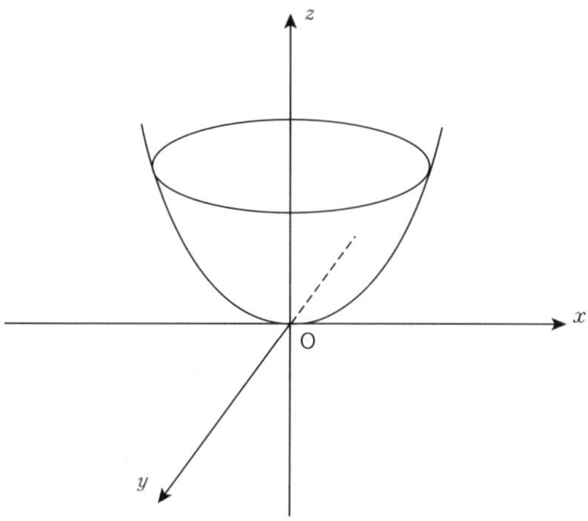

12-11. $x^2+y^2=z$에 대응하는 포물면

구, 면 그리고 포물면은 원, 선, 포물선의 3차원상의 유사물이다. 이러한 관계는 그들의 방정식을 비교할 때에 잘 드러난다. 만일 시간을 들여 다른 방정식들을 살펴보면, 유사한 기하학적 성질을 지닌 곡선들의 방정식을 자연스럽게 확장한 것이라는 사실을 알게 될 것이다.

언어는 개념을 전달한다. 풍부한 언어는 새로운 개념을 암시한다. 적어도 언어를 발명한 사람들보다도 사용되는 언어가 더 영리하다는 것이 종종 입증되는 수학에 있어서는 더욱 그러하다. 좌표 기하학의 대수 언어는 예기치 못한 힘을 가지고 있음이 판명되었다. 왜냐하면, 이를 이용하면 애써 기하학적으로 생각하지 않아도 되기 때문이다. 원을 나타내는 등식 $x^2+y^2=25$를 생각해보자. 둥근 도형, 끝을 알지 못하는 경로, 형태의 아름다움은 어디에 있는가? 모두 방정식 속에 들어 있다.

대수가 기하학을 대체하게 된 것이다. 정신이 '눈'을 대체하게 된 것이다. 우리는 기하학적 원의 모든 성질들이 이 방정식의 대수적 성질 속에 있음을 알 수 있다. 이 사실은 수학자들에게 기하학적 도형들의 대수적 표상을 통하여 데카르트나 페르마 시대 이전에 이미 발전했던 개념이지만 접근할 수 없었던 개념, 즉 4차원 기하학을 탐험할 수 있음을 암시하는 것이었다.

4차원 기하학이란 무엇인가? 그림으로 그 개념에 접근하는 것은 의미가 없다. 그러나 상호 수직을 이루는 4개의 선, 즉 나머지 3개의 직선에 대하여 각각 수직을 이루는 선에 대해서 생각할 수는 있다. 4차원 공간에서의 점은 또한 4개의 수, 또는 좌표로 나타낼 수 있으며, 이 숫자들은 4개의 축을 따라 각 점에 도달하는 거리를 나타내게 된다. 그래서 4차원상의 어떤 점이든 (x, y, z, w)로 쓰일 수 있게 된다. 다음에 4차원상에서 특정한 기하학적 도형들에 관해서도 생각하는 것이 가능하다. 이러한 도형들을 도입하고 연구하는 가장 편리한 방법은 좌표 기하학의 언어를 통해서이다. 가령, 다음과 같은 방정식을 세울 수 있다.

$$x+y+z+w=5$$

이 방정식은 x, y, z, w에 대한 값의 여러 집합으로 만족시킬 수 있다. 그래서 $x=1, y=6, z=2, w=4$의 값은 $x=1, y=5, z=3, w=4$의 경우와 마찬가지로, 이 방정식을 만족한다. 방정식을 만족하는 값들의 각 집합은 한 점이며 그 방정식이 표상하는 기하학적 도형은 점들의 집합으로, 각 점들의 좌표는 이 방정식을 만족시킨다. 방정식은 직선과 평면의 방정식을 네 문자로 확장한 것이기 때문에 이 도형을 4차원면(hyperplane)이라고 부른다. 이와 마찬가지로 4차원구(hypersphere)로서 다음 방정식에 속하는 도형에 관해서도 말할 수 있다.

$$x^2+y^2+z^2+w^2=25$$

왜냐하면 이 방정식은 원과 구의 방정식을 네 문자로 확장한 것이기 때문이다. 네 문자로 된 방정식은 4차원 공간 속의 도형을 대수로 기술한 것이다. 4차원 기하학의 도형은 2차원이나 3차원의 도형들이 존재하는 것과 같은 의미로 존재한다. 4차원면은 직선과 평면과 마찬가지로 '실재'한다. 그리고 4차원 구 역시 원과 구와 마찬가지로 '실재' 한다. 동일한 것이 고차원 기하학의 다른 모든 대상들에도 적용이 된다. 4차원 기하학과 그에 대응하는 방정식을 받아들이는 데 대부분의 사람들이 겪는 어려움은 그들이 정신적 구성과 시각화를 혼동한다는 데에 있다. 2차원, 3차원적인 유클리드 기하학을 포함하여 모든 기하학은 플라톤이 강조한 바와 같이 단지 마음에만 존재하는 아이디어들을 다루고 있다. 운좋게도 2차원과 3차원적 아이디어들은 종이 위에 그림을 그려봄으로써 시각화할 수 있다. 그리고 이들 그림은 우리가 우리의 생각을 기억하고 조직화하는 데에 도움을 준다. 그러나 그림이 기하학의 주제는 아니다. 그리고 그 그림에서 추론하는 것이 허용되지도 않는다. 그러나 수학자들을 포함하여 대부분의 사람들이 고차원 기하학 영역의 버팀목으로서 이 그림들에 의존을 하고 그 버팀목이 사라지면 걸을 수 없다는 것을 깨닫는 것도 사실이다. 그러나 고차원 기하학 영역을 여행할 때는 버팀목을 사용할 수 없다. 아무도 심지어 가장 재능 있는 수학자도 4차원 구조를 상상할 수 없다. 단지 마음속으로만 그려볼 수 있다. 따라서 구조 자체는 방정식을 이용해서만 취급할 수 있다.

사실 4차원 공간에서 도형들의 단면을 시각화하는 것은 가능하다. 이 진술이 의미하는 바는 3차원 상황을 참고함으로써 설명할 수 있다. 가령 우리가 타원체(가령, 미식 축구공의 표면과 같은 것)를 상세히 연구하길 원한다고 가정해보자. 물론 이 경우는 그다지 어렵지 않지만 전체 도형을 상상하는 데에 어려움을 완화하고자 하는 쉬운 수학적 장치는 타원체의 평면 절단면을 연구하는 것이다. 이 절단면으로부터, 즉 그림 12-12의 A, B와 같은 타원을 통하여 우리는 전체 타원체에 대한 지식을 얻을 수 있다. 그래서 3차원상의 한 도형을 연구하는 문제는 2차원상의 도형을 연구하는 것으로 환원된다.

이와 유사한 방식으로, 4차원 도형의 2차원과 3차원의 절단면을 연구하고 그 절단면에서 그 도형에 대한 지식을 추론해낼 수 있다. 그러나 독자들은 '전체 도형을 시각화할 수 있기 때문에 우리는 타원체의 평면 절단면이 무엇인지를 안다. 그러나 4차원 세계에서 어떻게 그런 일을 할 수 있는가' 라고 이의를 제기할 수 있다. 그 답은 대수 방정식을 이용하는 것이다. 먼저 그 절단면의 방정식을 알아내고, 보통 2차원과 3차원 좌표 기하학에 대한 지식으로 그 모양을 얻을 수 있다.

또 다른 방식으로 우리는 4차원 공간 속의 도형들을 시각화할 수 있다. 타원체의 타원 절단면을 연구할 때에 우리는 타원이 누워 있는 단면에만 국한해도 된다. 다시 말하여 2차원 세계만을 고려해도 된다. 이제 4차원 세계의 한 곡선을 생각해보자. 만일 이 곡선이 우연하게도

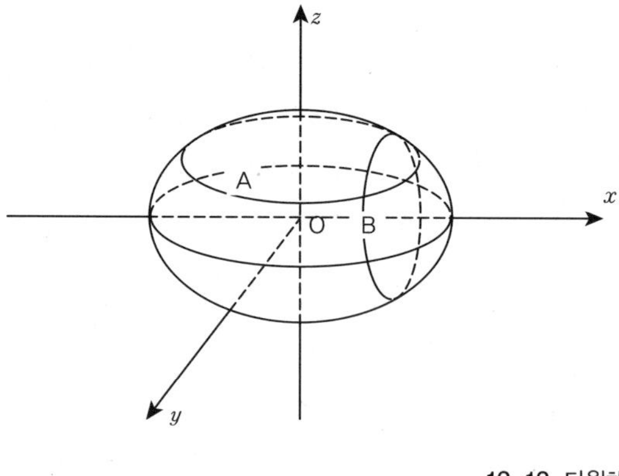

12-12. 타원체의 2차원 절단면

한 평면 위에 놓여 있다면, 우리는 그것이 비록 4차원 세계의 일부이지만, 완전히 시각화할 수 있다.

만일 2차원과 3차원의 절단면으로 4차원의 도형들을 연구할 수 있다면, 왜 먼저 4차원 세계를 인정해야 하는가? 그 답은 이 다양한 절단면들이 서로간에 맺는 올바른 관계는 단지 그러한 세계에만 존재하기 때문이다. 마치 12-12의 타원체의 절단면 A와 B의 올바른 관계들이 단지 3차원 공간에만 존재하는 것처럼 말이다.

4차원 기하학에 대한 개념은 실제로 물리 현상을 연구하는 데에 매우 유용한 개념이다. 물리적 세계는 4차원으로 간주될 수 있으며, 그래야 한다는 관점도 있다. 어떤 사건이든 특정한 장소와 특정한 시간에 발생한다. 이 사건을 다른 사건과 구분되는 것으로 기술하기 위해서는 그것이 일어난 위치와 시간을 제시해야 한다. 공간상의 위치는 세 개의 수로 나타낼 수 있다. 다시 말하여 3차원 좌표 체계 내의 좌표들로 나타낼 수 있다. 그것이 발생한 시간은 네 번째 수로 나타낼 수 있다. 네 개의 수, x, y, z와 t는 그리하여 그 사건을 오류 없이 구체화하는 데 사용이 된다. 네 숫자는 4차원 세계의 한 점의 좌표가 된다. 그래서 사건들의 세계를 4차원 세계로 생각하고 그러한 시각에서 물리적 현상들을 연구하는 것은 당연하다.

구체적인 예로 한 행성의 운동을 생각해보자. 행성의 위치를 제대로 파악하기 위해서는 그 행성의 위치뿐만 아니라 그 행성이 그 위치에 도달하는 시간도 구체화해야 한다. 그래서 그 행성의 위치를 기술하는 데에는 4개의 숫자가 필요하다. 이 네 개의 수는 4차원 기하학의 한 점으로 간주될 수 있다. 그 행성의 연속적인 위치들도 또한 4차원의 점으로 기술될 수 있으며, 그 행성의 공간-시간 속의 운동은 4차원 곡선으로 기술될 수 있다. 그러한 곡선을 시각화할 수도 없고 그릴 수도 없지만, 하나의 방정식으로, 더 정확히 말하면 네 개의 문자로 된 방정식의 집합으로 나타낼 수 있다. 만일 그 방정식들이 올바르게 선택된 것이라면, $x^2+y^2=25$가 원에 대한 완전한 기술인 것과 마찬가지로 그 운동을 완전하게 기술하는 것이 된다. 그리고 그 방정식을 연구함으로써 그 원에 대한 사실을 추론하는 것과 똑같이, 표현된 방정식들을 연구함으로써 한 행성의 운동에 대한 사실을 추론할 수 있다.

만일 우리가 4차원 공간 세계에 산다면 어떨까에 대해서 정말 상식을 벗어난 것처럼 보이는 많은 글들이 쓰였다는 것을 이번 기회에 지적하고 넘어가야 하겠다. 많은 작가들은 4차원 공간의 세계에서는 계란의 껍질을 깨지 않고도 계란을 먹을 수 있으며, 벽이나 바닥, 천장을 통과하지 않아도 방을 나갈 수 있다고 주장하였다. 이들 작가들은 낮은 차원에서 비교 가능한 상황들을 유추함으로써 이러한 추론을 한다. 가령, 한 사각형 내의 점 A가 밖에 있는 점 B로 가면서 그 종이의 평면상에 놓여 있으려면, 반드시 경계선 C를 가로질러야 한다. 그러나 만일 3차원을 이용하여 그 종이의 평면으로 나가는 것을 허용한다면, C를 피할 수 있다. 마찬가지로 한 육면체 속의 점 A로부터 밖에 있는 점 B로 가기 위해서, 우리가 3차원에 한정되어 있는 한은 육면체의 표면을 가로질러야 한다. 그러나 여기서도 만일 유추의 논리를 이용하여 만일 4차원 공간을 이용할 수 있다면, 정육면체의 표면을 피해갈 수 있게 된다.

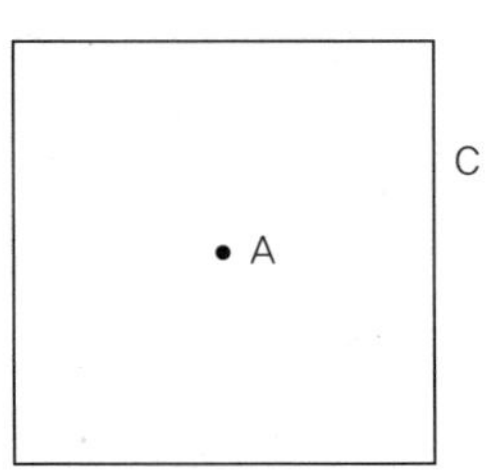

12-13

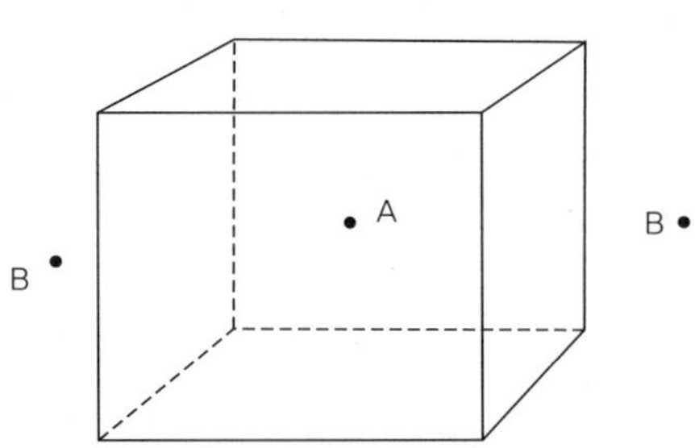

12-14

수학자들이 실지로 4차원의 공간 세계가 실존함을 믿고, 어느 날엔가 시각적 도구를 사용하여 이러한 세계를 인지할 수 있기를 바란다는 인상을 주지 않는다면, 그러한 상상들은 아무런 해를 주지 않는다. 그러나 아무도 그러한 믿음을 주장하지 않고 그러한 계획을 생각하지도 않는다.

차원과 고차원 기하학이라는 개념은 수학의 매력적인 분야이다. 그러나 이런 주제로 해서, 우리는 데카르트와 페르마의 시대와 업적을 넘어 너무 멀리 와버렸다. 우리가 이 장에서 관심이 있는 것은 그로부터 얻어낸 그들의 업적이며 교훈이다. 그러면 교훈은 무엇인가? 먼저, 수학은 데카르트의 철학적 사고에 있어서 하나의 영감이었으며 길을 안내하는 빛이었다. 둘째, 방법에 대한 철학적 관심과 수학적 활동에서의 지적인 기쁨이 수학을 실용적으로 물리적 세계에 적용할 때 항상 의존하게 된 좌표 기하학을 낳았다. 데카르트에서 출발하여 뉴턴 그리고 아인슈타인에 이르는 발달의 계보는 수학적으로 이상화하여 생각할 수 있는 가장 직선적인 것이다.

데카르트의 작업을 통하여 수학의 중요성이 상당히 증가되었다. 그는 진리에 대한 인간의 탐구 속에서 수학적 방법의 본질과 가치를 세상에 보여준 최초의 영향력 있는 사상가였다. 그는 한 시대가 막을 내리는 종말의 특징인 혼돈의 곤경 속에 빠진 세상에 그러한 문제들에 공격할 수 있는 프로젝트를 제공해주었다. 데카르트가 수학적 방법이라는 대의명분으로 전향함으로써 이 세계가 얻은 이익이 얼마나 되는지는 다음 몇 장을 통해서 명백해질 것이다.

13 자연에 대한 양적 접근

새로운 방법을 향한 문이 이제 처음 열렸다고 말할 수 있을 것이다.
그 방법은 훌륭한 수많은 결과를 낳을 것이며,
그 결과는 후세에 다른 사람들의 주목을 받게 될 것이다.
– 갈릴레오 갈릴레이

어느날 피사 대학의 한 젊은 학생이 그 유명한 도시의 한 성당을 방문하였다. 미사를 열심히 듣는 대신, 흔들리고 있는 거대한 등불의 움직임을 지켜보았다고 하니, 그 젊은이에게는 예배가 무척이나 지루했나 보다. 그는 등불이 큰 호를 그리며 흔들릴 때 한 번 그네를 타는 시간과 좁은 호를 그리며 흔들릴 때의 시간이 같다는 사실을 눈치챘다. 그는 자신의 관찰이 맞는지 주머니 시계를 사용하지 못했다. 당시에는 그러한 시계가 아직 발명되지 않았기 때문이다. 그래서 그는 자신의 박동을 사용해야겠다고 생각했다. 곧 관찰은 옳았다는 것이 입증되었고, 이 젊은이는 모든 추의 운동을 지배하는 과학 법칙을 발견하게 된다. 추가 한 번 그네를 타는 데 필요한 시간은 그 흔들리는 넓이하고는 상관이 없다. 오래지 않아 이 법칙은 당시 그 젊은이가 가지지 못했던 매우 쓸모 있는 시계를 설계하는 데에 사용되었다. 더 중요한 것은 그 발견이 근대 과학을 정의하고 동시에 과학에 '마술적' 힘을 부여한, 새로운 과학 활동의 개념을 암시한다는 것이다. 이것이 이제 우리가 살펴보고자 하는 개념이다.

13-1. 갈릴레이

교회에서 공상을 하고 있던 그 젊은이가 바로 갈릴레오 갈릴레이다. 그는 셰익스피어가 태어난 1564년, 피렌체 한 음악가의 아들로 태어났다. 17세에 피사 대학에 입학하여 의학을 공부하였고, 그곳에서 경험이 풍부한 한 공학자에게서 개인적으로 수학을 배웠다. 유클리드와 아르키메데스를 읽으면서 수학과 과학에 대한 타고난 재능을 불태우게 되었고, 아버지의 동의로 자신의 관심을 그 분야로 옮기게 되었다.

갈릴레이의 관심과 활동 영역은 '천재의 시대'에 활동한 위대한 지성이라 해도 믿을 수 없을 정도로 광범위하였다. 그는 항상 기계 장치에 예리한 관심을 가지고 있었고, 실지로 기계를 다루는 데에도 능숙하였다. 집에 작업장이 있어서 거기서 대부분의 시간을 보냈다. 이때 너무나 많은 새롭고 창의적인 장치들을 만들어내어 그를 근대 발명의 아버지라고 부를 수 있게 되었다. 망원경, 또는 벤 존슨이 '황당한 안경'이라 부른 것을 직접 고안하였다. 그것으로 갈릴레이는 목성과 토성의 위성들을 발견하였고, 은하수에서의 항성의 구성, 그리고 금성의 다양한 상(相)과 달 위의 산과 계곡을 발견하였다. 우연하게도 이러한 관찰은 천체들이 지구와 동일한 성질을 가지고 있음을 보여주었고, 결과적으로 지동설에 대한 강력한 증거를 추가하는 셈이 되었다. 갈릴레이의 또 다른 발명품으로 맥박계(pulsilogium)가 있는데, 이는 맥박의 횟수와 세기를 기계적으로 기록하는 데에 추의 운동법칙을 사용한 장치이다.

비록 그의 다른 활동이 과학적 연구에 가려지기는 했지만, 갈릴레이는 뛰어난 문학가이기도 하다. 그는 17세기 가장 훌륭한 이탈리아 산문을 썼다고 인정받았다. 그는 문학 형식을 실험하기도 하였고, 시에 대한 비평도 하였고, 단테에 대한 강의를 하기도 하였다. 심지어 그의 과학에 관한 글도, 천문학 · 물리학적인 연구 결과를 제시해서 그런 것뿐만 아니라, 그 자체로 문학 고전이기 때문에 유명한 것이다. 갈릴레이는 글쓰기에 대한 관심과 함께 그림에 몰두하기도 하고 음악가로서도 능숙하였다. 이 두 활동은 모두 어려웠던 시기 그를 위로해주었다.

다재다능한 갈릴레이가 창조한 것 중 가장 예술적이고도 가장 값진 것은 자연이라는 책을 읽겠다는 장엄한 계획이었다. 그것은 본질적으로 과학 목표와 그것을 이루는 데 수학이 행하는 역할에 대하여 완전히 새로운 개념을 제공하였다. 비록 선구자들의 노력이 초기의 것이며, 종합적이지 못하고 일반적으로 헛된 것이긴 했지만, 갈릴레이는 명시적으로 그 계획을 공식화하고, 수많은 기본 법칙들을 정립함으로써 이를 실행하였다. 1642년 갈릴레이가 명성을 얻은 채 노령으로 죽었을 때, 근대 과학은 이미 성공적인 출발을 시작한 것이었다. 그 업적은 모두 거의 혼자 노력으로 이루어진 것임에 틀림이 없었다. 이 장에서 관심을 둘 것이 바로 자연을 연구하고 지배하고자 했던 갈릴레이의 계획이었다.

의심할 바 없이 요즘 사람들은 거의 1600년경에 과학 분야에서 무언가 혁명적인 일이 일어났다는 사실을 알고 있다. 17세기에 전개된 과학적 활동은 왜 그렇게 두드러진 것일까? 데카르트, 갈릴레이, 뉴턴, 호이겐, 라이프니츠와 같은 이들이 초기 문명 사람들보다 더 위대한 지성이었나? 그렇다고는 말할 수 없다. 심오한 학식을 지닌 아리스토텔레스와 총명했던 아르키메데스도 17세기의 과학자들이 가졌던 지성만큼 훌륭한 지성을 지니고 있었다. 그렇다면 관찰, 실험, 귀납법, 그리고 로저 베이컨과 프랜시스 베이컨이 촉구했던 방법 때문인가? 명백히 그렇지는 않다. 관찰과 실험으로 전환된 것이 르네상스 시기에는 혁신이었을는지는 몰라도 적어도 그리스 과학자들에게는 친숙한 접근 방법이었다. 수학을 과학 연구에 단순히 사용했다는 이유로 근대 과학의 놀랄만한 업적을 설명할 수는 없다. 왜냐하면 17세기를 통하여 과학자들은 자신의 연구 목적이 다양한 현상 이면에 놓인 수학적 관계를 밝혀야 하는 것임을 알고 있기는 했지만, 자연 속에서 그러한 관계를 연구하는 일은 과학에 있어서 새로운 것은 아니었기 때문이다. 자연의 수학적 설계에 대한 믿음은 이미 그리스 시대에 시험된 것이었다.

근대 과학의 성공 비밀은 과학 활동에 새로운 목표를 선택한 데 있다. 이 새로운 목표란 갈릴레이가 세우고 그의 계승자들이 추구한 것으로, 어떤 물리적 설명과도 독립적으로 과학적 현상을 양적으로 기술(記述)하려는 것이다. 이 새로운 과학 개념의 혁명적 성격은 아래와 같이 앞선 시기의 과학 활동과 비교해보면 진가를 더 잘 알 수 있게 될 것이다.

그리스 과학자들은 현상을 일어나는 모습 그대로 왜 일어나는지 설명하는 데에 집중하였다. 가령 아리스토텔레스는 공중으로 던져 올려진 물체들이 왜 아래로 떨어지는지 설명하느라 많은 시간을 보냈다. 그리스 수학자이자 공학자인 헤론(Heron)은 다른 현상을 설명하기 위하여 자연은 진공을 싫어한다는 원리를 사용하였다. 마찬가지로 그리스 물리학은, 원운동은 자연적인 것이며 따라서 어떠한 힘도 필요로 하지 않는다고 주장함으로써 천체들의 원 운동의 원인이 되는 외부의 힘이 부재하다는 것을 설명하였다. 다른 '설명'들도 그들이 다루고 있는 현상을 꿰뚫지 못한 것 같다. 예를 들어 플라톤에 따르면, 지구는 우주의 중심에 고정된 위치를 유지한다. "왜냐하면, 불변인 물질의 중심에 균형을 두고 있는 물질은 어떤 방향으로도 기울지 않기 때문이다."

중세 유럽도 사건들이 왜 일어나는지에 관심이 있었다. 설명은 항상 현상의 목적에 비추어 이루어졌다. 비에 대한 그들의 '설명'은 비가 인간의 농작물에 물을 주기 때문이다는 식이다. 농작물은 인간에게 음식물을 주기 위하여 성장하였다. 그리고 인간은 신에게 봉사하고 그를 숭배하기 위하여 살았다. 아리스토텔레스를 따랐던 성 토머스는 원인이 무엇인가를 밝혀 운동을 설명하였다. 운동은 잠재성 속에 있는 것으로 그 자체를 실현하려는 행동이라고 말하였다. 이러한 설명이 우리에게 만족할 만한 것이든 아니든, 중요한 것은 그럼에도 불구하고 이전 과학 활동 속에서 제기된 질문에 대한 답이라는 사실이다.

갈릴레이는 사건에 대하여 원인과 이유에 비추어 생각하는 그러한 사변들이 그다지 과학적 지식을 발전시키지 못하며, 인간에게 자연의 과정을 예측하고 통제하는 힘도 그다지 가져다주지 못한다는 사실을 깨달은 최초의 사람이었다. 공이 한 사람의 손에서 떨어지는 단순한 상황이라면 우리는 왜 그 공이 떨어지는지에 대하여 끊임없이 숙고할 수 있다. 그러나 갈릴레이는 다른 방식으로 하라고 충고한다. 출발점에서 그 공이 떨어지는 거리는 그것이 떨어지는 순간으로부터 시간이 경과에 따라 증가한다. 수학적 언어로, 공이 떨어지는 거리와 공이 떨어지면서 경과하는 시간은 공이 떨어지면서 둘 다 변화하기 때문에 변수(變數)라 불린다. 이제 이 두 변수 사이의 수학적 관계를 찾아보자고 갈릴레이는 말했다. 갈릴레이가 찾은 답은 최근 하나의 공식으로서 과학적 속기 형식으로 표현된다. 논의되고 있는 상황에 대한 공식은 $d=16t^2$이다. 이 공식에서 공이 t초간 떨어지는 미터 값 d는, 시간의 제곱의 16배이다. 예를 들어, 3초에 그 공은 3^2의 16배, 즉 144미터 떨어진다. 4초가 되면, 그 공은 4^2의 16배, 즉 256미터 떨어진다.

먼저, 이 공식이 치밀하며 정확하고 양적으로 완벽하다는 사실을 주목해야 한다. 하나의 변수, 이 경우 시간의 각 값에 대하여 다른 한 변수, 즉 거리의 대응하는 값은 정확히 계산될 수 있다. 이 계산은 시간 변수의 수백만 값, 실지로 무한개의 수값에 대하여 행해질 수 있다. 그래서 간단한 공식 $d=16t^2$은 무한대의 정보 양을 포함한다.

공식은 변수들 간의 관계를 나타내는 한 방식이다. 그 관계 자체는 물리학적 토대 위에 존재한다고 알려져 있지만, 오늘날은 함수 관계라고 불린다. 이 함수 관계는 오늘날 실질적으로 모든 영역에서 통용된다. 대기의 압력은 지구 표면 위로 올라가는 데 따라 변화하기 때문에 압력과 높이 사이에는 함수 관계가 있다. 이와 마찬가지로 대량 생산된 물건 가격은 원료의 비용, 노동 비용, 그리고 일반 비용에 의존한다. 따라서 그것들의 함수이다. 여기서 마지막으로 언급된 사례에는 네 개의 변수가 관련되어 있으며, 그 중 하나인 비용은 다른 세 변수에 의존한다.

수학적 공식이란, 무엇이 일어나는지에 대한 기술이지 인과 관계에 대한 설명이 아니라는 사실을 깨닫는 것은 매우 중요하다. $d=16t^2$이라는 공식은 왜 공이 떨어지는가, 혹은 공이 과거에 떨어졌는가, 아니면 미래에도 계속 떨어질 것인가에 대해서는 아무 말도 하지 않는다. 단지 어떻게 공이 떨어지는지에 대한 양적 정보를 줄 뿐이다. 과학자들이 인과적으로 관계를 맺고 있는 것이 아닌가 의심한 변수들의 관계를 보여주기 위해 공식을 사용한다 하더라도 그 상황을 성공적으로 기술하기 위하여 인과 관계를 탐구하거나 이해할 필요는 없다. 자연에 대한 별로 성공적이지 못한 질적이며 인과적인 탐구에 반하여, 갈릴레이가 수학적 기술을 강조했을 때 그가 명백히 이해했던 것은 바로 이 사실이다.

자연의 행위를 기술하는 수학 공식을 추구하겠다는 것이 바로 갈릴레이의 결심이었다. 이러한 사고는 대부분 천재들의 사고와 마찬가지로 처음 접했을 때에 독자들에게 별로 감동적으로 다가오지 않을 수도 있다. 아무것도 덧붙여지지 않은 이러한 수학적 공식은 실재적인 가치가 없는 것처럼 보인다. 그것들은 아무것도 설명하지 않는다. 단지 정밀한 언어로 기술할 뿐이다. 그러나 그러한 공식들은 인간이 자연에 대하여 획득했던 지식 중 가장 귀중한 것이라는 사실이 입증되었다. 이제 우리는 근대 과학의 이론적 업적뿐 아니라 놀랄 만한 실용적 업적이, 현상의 원인에 대한 형이상학적이며 신학적이며 심지어 기계학적인 설명을 통해서라기보다는, 축적되고 조작된 양적이며 기술적인 지식을 통하여 이루어졌다는 사실을 알게 될 것이다. 근대 과학의 역사는 신과 악마들이 점차 사라져가는 역사이며 빛, 소리, 힘, 화학적 작용에 관한 모호한 개념과 다른 개념을 수와 양적인 관계로 환원시켜 나간 역사이다.

현상을 기술하는 공식을 찾고자 결심하면서 다음과 같은 질문이 생기게 되었다. 어떤 양들이 공식에 의하여 관계를 맺게 되는가? 하나의 공식은 압력과 온도와 같은 변화하는 물리적 실체를 수치로 관련짓는다. 그래서 이들 실체는 측정될 수 있어야 한다. 다음에 갈릴레이가 따랐던 원리는 측정할 수 없는 것을 측정하고, 아직 그럴 수 없는 것은 측정할 수 있도록 만드는 것이었다. 그러고 나서 그의 문제는 기본적이며 측정할 수 있는 자연 현상의 측면을 따로 떼어놓는 것이었다.

이러한 목표를 추구하면서 그는 완전히 새로운 일에 착수해야 했다. 아리스토텔레스 이후 중세 그의 계승자들은 기원, 본질, 형식, 질, 인과성, 목적과 같은 개념으로 자연에 접근하였다. 이러한 범주들은 수량(數量)화할 수 없는 것들이다. 대신 갈릴레이는 자신과 데카르트에 토대를 둔 자연 철학을 이용하기 시작하였다. 후자는 이미 자연의 근본 현상으로 공간과 시간 속에서 움직이는 물질에 초점을 두었다. 모든 결과는 그러한 운동의 기계적 결과로 설명할 수 있다. 물질 그 자체는 원자들의 집합일 뿐이며, 그 원자들의 운동이 사실 한 물체의 운동뿐 아니라 그 물체가 만들어내는 감각까지 결정하는 것이었다.

그래서 갈릴레이는 측정할 수 있고, 그래서 수학적 법칙으로 관계 지을 수 있는, 운동하는 물질의 특성을 따로 떼어놓았다. 자연 현상을 분석하고 그것에 대하여 숙고함으로써 그는 공간, 시간, 무게, 속력, 가속도, 관성, 힘, 운동량(momentum) 등과 같은 개념에 집중해야겠다고 결심하였다. 이후의 과학자들이 동력, 에너지, 그리고 다른 개념들을 첨가하였다. 이 특별한 성질과 개념을 선택하는 데도 갈릴레이는 다시 천재성을 보여주었다. 그가 선택한 것은 정말 가장 중요한 것으로 눈에 띄지도 않고, 쉽게 측정할 수 있는 것도 아니다. 관성과 같은 것은 사실

물질이 명백히 소유하고 있는 것도 아니다. 그 존재는 관찰을 통해서 추론해야 했다. 운동량과 같은 다른 것은 창조해야만 한다. 그러나 이 개념들은 합리주의와 자연의 정복에서 가장 중요한 것임이 입증되었다.

과학에 대한 갈릴레이의 접근에는 매우 중요한 또 다른 특징이 있다. 과학은 수학적 모델에 따라 패턴화되어야 한다는 것이다. 갈릴레이와 그를 바로 계승한 학자들은, 어떤 두 점이든 직선으로 연결할 수 있다는 유클리드의 공리처럼, 의심할 바 없이 진리처럼 보이는 물리 세계의 법칙들을 발견할 수 있다고 확신하였다. 아마도 심사숙고와 실험, 관찰 등이 이러한 물리학의 공리를 제시해줄 것이다. 어쨌든 일단 발견만 되면, 그 진리성은 직관에 의해 명백히 검증될 수 있다. 17세기의 과학자들은 그러한 기본적 직관을 통해 유클리드의 정리들이 그의 공리에서 도출된 것과 정확히 같은 방식으로 수많은 다른 진리들을 연역할 수 있기를 원했다.

갈릴레이가 계획한 일의 중요성을 인식하려면, 그것이 어떻게 지적으로 또는 능숙하게 실행되었는가와 상관없이 과학은 일련의 실험이 아니라는 사실을 깨닫는 것이 필요하다. 그것은 또한 실험적으로 또는 이론적으로 연역할 수 있는 일련의 사실도 아니다. 과학의 중요한 내용은 외관상 관련이 없는 수많은 사실들을 응집력 있고 일관된 방식으로 포괄하고 조직하며 관계 짓고 설명하여, 물리적 세계에 대한 새로운 결론에 도달할 수 있게 하는 이론의 총체이다. 개별적인 사실이나 실험 그 자체로는 별로 가치가 없다. 중요한 것은 결합하는 이론에 있다. 태양에서 행성들의 거리는 세부사항이다. 지동설은 가장 중요한 지식이다. 그래서 갈릴레이의 혁신 중 또 다른 것은 바로 과학적 이론을 만드는 것, 즉 사실들을 연결하는 조직, 일련의 공리적 법칙에서 연역할 수 있는 수학적 법칙의 총체를 만드는 것이었다.

그래서 갈릴레이의 계획은 주로 세 가지 특징을 포함하고 있다. 첫 번째 특징은 물리적 현상에 대한 양적 기술을 추구하고, 수학적 공식으로 구체화하는 것이었다. 둘째는 현상의 가장 기본적인 성질들을 따로 떼어내어 측정하는 것이었다. 이들이 공식 속의 변수가 된다. 세 번째는 기본적인 물리 원리에 기반하여 연역적으로 과학을 정립하는 것이다.

이 계획을 실행하기 위하여 갈릴레이는 기본 법칙을 발견해야 했다. 서울에서 이루어지는 결혼식 수와 뉴욕 경찰의 말 숫자가 매년 달라지는 것에 대한 함수를 나타내는 수학 공식을 얻을 수 있다. 그러나 그러한 공식은 과학에 전혀 가치가 없다. 왜냐하면, 직접적이든 함의를 통해서든 어떤 유용한 정보도 가지고 있지 않기 때문이다. 기본적인 법칙의 추구는 다시 한 번 갈릴레이가 선배들과의 인연을 끊어야 했기 때문에 엄청나게 힘든 작업이었다. 움직이는 물질에 대한 연구를 행할 때 그의 접근 방식에는 우주 속에서 공전을 하고 축을 중심으로 자전을 하는 지구를 고려해야만 했다. 이들 사실들은 그 자체로 르네상스가 소유하고 있던 유일하게 중요한 기계학 체계, 즉 아리스토텔레스의 기계학 체계의 많은 것들을 무효로 만들어야 했다.

이 고대의 성인은 지구상의 물체들의 운동을 다루면서 각각의 물체는 자연스러운 위치에 놓여지며 물체가 자연 상태에 있다는 것은 그 자연 상태 속에서 정지하는 것이라고 가르쳤다. 무거운 물체들은 그 위치를 자연스럽게 지구의 중심에 두며, 지구의 중심은 물론 우주의 중심이 된다. 기체와 같은 가벼운 물체들의 자연스러운 위치는 하늘에 있다. 자연스럽게 놓여 있지 않은 물체들은 다른 외부적 힘에 의하여 방해를 받지 않는다면, 자신의 자연스러운 장소를 찾아가게 마련이다. 그래서 자연의 운동이 일어나게 되는 것이다. 예를 들어, 손에서 떨어지는 물체는 지구의 중심을 찾아서 그쪽으로 움직이게 된다. 그러나 그 물체를 던지거나 잡아당기면, 그 결과 나타나는 움직임은 자연에 위배되는 것이다.

정지하는 것이 자연 상태이므로, 자연스러운 움직임과 부자연스러운 움직임 모두 끊임없이 움직이는 어떤 힘에 기인한 것임에 틀림없다. 그렇지 않다면 움직임은 멈출 것이다. 또한 모든 움직임은 끊임없이 저항을 받기 쉽다. 어떤 경우에서든 운동의 속력은 다음의 공식(근대적 표현을 쓰면) V=F/R로 표현될 수 있으며, 이를 말로 표현하면 속력은 힘에 정비례하고, 저항에 반비례한다. 자연 운동의 경우에 힘은 물체의 무게가 되며, 저항은 물체가 움직이는 환경으로부터 온다. 그래서 더 무거운 물체는, 공식 V=F/R에서 F가 더 크고, 그러므로 속력도 더 클 것이므로, 주어진 환경에서 더 빨리 떨어진다. 부자연스러운 운동에서 힘은 인간의 손이나 인간이 만든 기계에 의한 것이며, 저항은 무게에 기인한다. 그래서 더 가벼운 물체의 저항 R은 적고, 따라서 속력 V는 더 커진다. 그러므로 주어진 힘이 적용이 될 때, 가벼운 물체일수록 더 빨리 움직인다.

몇몇 현상을 설명하는 데에는 특별한 이론이 요구된다. 예를 들어 떨어지는 물체는 항상 가속이 붙게 마련이다. 이제 이 자연 운동에서 힘은 무게로 주어지며, 환경의 저항뿐만 아니라 양도 불변한다. 그러면 공식 V=F/R에 의하여 속력은 불변해야 한다. 가속, 즉 속도의 증가는 물체의 앞에서 뒤로 이동하는 공기라고 설명된다. 아마도 이 공기가 뒤에서 힘을 주어 그 속력을 증가시키기 때문일 것이다. 과학적 정신을 가지지 않은 사람들은 물체가 자기 위치에 가까이 오니 기뻐서 더 빨리 움직이는 것이라고 설명했다.

아리스토텔레스의 이 법칙은 두 부분의 관찰과 8가지 부분의 미학적 철학 원리로 구성되어 있다. 그것들은 수세기 동안 쓰인 종교, 철학, 과학의 수없이 많은 책들의 토대가 되어왔다. 코페르니쿠스가 지동설을 주장했던 것과 마찬가지로, 2천 년 간 확립된 사상을 깨뜨려야 했기 때문에 갈릴레이가 자연에 대한 기본 법칙을 밝혀내는 작업도 엄청나게 어려운 것이었음을 확인할 수 있을 것이다.

아리스토텔레스에 따르면, 한 물체를 계속 움직이도록 하기 위해서는 힘이 요구된다. 그래서 아무리 매끄러운 표면 위라도 자동차나 공을 움직이게 하기 위해서는 어떤 추진력이 있어야만 한다. 그러나 갈릴레이는 아리스토텔레스보다 이 현상에 대하여 더 나은 통찰력을 가지고 있었다. 실지로 구르는 공이나 움직이는 자동차는 어쨌든 공기의 저항에 의하여 방해를 받고 그것과 그것이 구르는 표면 사이의 마찰에 의하여 늦어진다. 만일 이렇게 방해하는 행동이 존재하지 않는다면, 그 자동차가 움직이도록 하기 위하여 추진력이 필요하지는 않을 것이다. 그것은 동일한 속도로 무한대로 계속 갈 것이다. 게다가 직선 경로를 따른다. 힘에 의하여 방해받지 않는 물체는 같은 속도로 직선으로 무한대로 계속 움직인다는 이 운동의 기본법칙이 갈릴레이에 의하여 발견되었고, 지금은 뉴턴의 제1운동법칙으로 알려져 있다. 그것은 명백히 아리스토텔레스가 동일한 상황에 대하여 만들어낸 법칙보다 더 통찰력 있는 원리이다. 그 법칙은 물체가 힘에 의하여 영향을 받을 때에만 속도가 변화한다고 말한다. 그래서 물체들은 속도의 변화에 저항하는 성질을 가진다. 이 물질의 성질, 다시 말하여 속도 변화에 대한 저항을 바로 관성질량, 간단히 질량이라고 부른다.

갈릴레이의 아이디어에 더 몰입하기 전에, 그의 최초의 원리는 바로 아리스토텔레스의 원리와 모순된다는 사실을 지적하고 넘어가야겠다. 이 말은 아리스토텔레스가 명백히 큰 실수를 저질렀다는 뜻인가? 혹은 그의 관찰이 너무 조잡하거나 너무 적어서 올바른 원리를 산출할 수가 없었다는 뜻인가? 전혀 그렇지 않다. 단순한 관찰만으로 아리스토텔레스가 더 나은 원리를 발견하거나 남들이 아리스토텔레스의 원리를 바탕으로 더 향상시킬 수 있지는 않았을 것이다. 아리스토텔레스는 실재론자였으며 그는 실제 관찰이 제시하는 바를 가르쳤기 때문이다. 그러나 갈릴레이의 방법은 더 정교하였으며, 결과적으로 더 성공적이었다. 갈릴레이는 수학자로서 문제에 접근하였다. 어떤 사실을 설명하기 위해 다른 것들을 무시함으로써 현상을 이상화하였다. 이는 수학자들이 다른 것을 배제시키고 어떤 성질에 집중함으로써 죽 뻗은 줄이나 자의 모서리 등을 이상화하는 것과 마찬가지이다. 마찰과 공기 저항을 무시함으로써, 그리고 순수한 유클리드적 진공 속에서 운동이 일어나고 있다고 상상함으로써 그는 정확한 기본 원리를 발견하였던 것이다. 그의 비결은 문제를 기하학화하는 것이었고 그리고 법칙을 얻을 수 있었다.

그러나 우리는 다음과 같이 질문할 수 있다. 마찰과 공기 저항은 실재하는 영향력이 아닌가? 그것들 때문에 물체의 속도가 감소되어 결국 완전히 멈추는 것은 아닌가? 때로는 그러하다. 이러한 일이 일어나면, 마찰과 공기 저항을 고려해야만 한다. 그러나 그것들은 기본 현상에 부과된 추가적인 효과이다. 다시 말하여 운동하는 물체는 불변의 속도로 무한대로 계속 움직인다. 1파운드짜리 납 조각이 몇백 피트 높이에서 땅으로 떨어질 경우처럼 때로는 마찰과 공기 저항이 실지로 무시되기도 한다. 또한 이러한 추가적인 힘들이 존재한다는 사실을 인식함으로써 그 효과를 최소화할 수 있다. 기름, 공 베어링, 그리고 매끄러운 표면은 기계를 움직이는 데 마찰을 감소시킨다. 효과가 최소화될 수 없는 곳에서는, 그 존재를 인식함으로써 명시적으로 고려할 수 있고, 정확한 움직임을 예측할 수 있다. 여기서 갈릴레이의 요점은 바로 수학자가 이상적인 도형을 다룰 때의 요점이다. 실제 삼각형들을 측정하면, 그 각의 총합이 아마도 160도에서 200도 등으로 다양하게 나타날 것이다. 기본적인 사실은 이상적인 삼각형의 내각의 총합은 180도라는 것이며, 실제 삼각형이 이상적인 삼각형에 근접하는 한, 그 각의 합은 180도에 가까워질 것이라는 것이다. 근대 과학의 업적 뒤에 있는 패러독스는 과학자나 수학자들이 상식을 모욕할 정도로 문제를 너무나 이상화함으로써 오히려 그 문제를 왜곡하는 것처럼 보이면서도 동시에 정확한 해결책을 얻는다는 것이다. 갈릴레이의 접근이 어떻게 성공적임이 입증되는지에 대한 설명을 간단히 하도록 하자.

만일 어떤 힘을 운동에 적용하면, 한 물체의 운동에 대하여 뭐라고 말할 수 있을까? 여기서 갈릴레이는 두 번째 기본적인 발견을 하게 된다. 힘을 계속 적용시키면 물체의 속력은 더 증가되거나 감소하게 된다. 시간의 기본 단위당 속력의 증가나 감소를 그 물체의 가속도라고 부르기로 하자. 그렇게 되면 만일 한 물체가 매 초당 30피트 비율로 속도가 증가하게 되면, 그것의 가속도는 초당 30피트가 된다. 이를 간략하게 표현하면, $30cm/sec^2$ 된다. 운동의 제2법칙은 만일 하나의 힘이 물체의 속도를 증가시키거나 감소시킨다고 하면, 적절한 단위로 표현된 그 힘은 물체의 질량과 가속도의 곱과 동일하게 된다. 이 법칙을 공식으로 표현하게 되면, 다음과 같다.

$$F = ma \tag{1}$$

이 공식은 매우 중요하다. 그 속에는 일정한 힘이 일정한 질량에 일정한 가속도를 산출한다는 뜻이 함축되어 있다. 왜냐하면 F와 m이 고정되면, a도 고정될 수밖에 없기 때문이다. 예를 들어, 동일한 공기 저항은 속도에서 일정한 정도의 속력 감소를 야기시키며 이 말은 매끄러운 바닥 위에서 굴러가는 또는 미끄러지는 물체는 그것의 속력이 0이 될 때까지 일정하게 속력을 잃게 된다는 사실을 설명한다.

반대로, 만일 움직이는 물체가 가속도, 즉 공식 (1)에서 a가 0이 아니라면, 힘 F는 0이 될 수 없다. 어떤 높이에서 지구로 떨어지는 물체는 이제 가속도를 가지게 되는 것이다. 틀림없이 어떤 힘이 작용한다.

갈릴레이의 시대에 이 힘은 틀림없이 지구가 당기는 힘으로 인식하고 있었다. 어쨌든 갈릴레이는 이에 대하여 숙고하느라 시간을 낭비하지 않고 떨어지는 물체에 관한 양적 사실을 탐구하였다.

그는 만일 공기 저항이 무시된다면, 지구 표면으로 떨어지는 모든 물체들은 동일한 가속도를 가진다는 사실을 발견하였다. 다시 말하여 초당 32피트라는 동일한 비율로 속도가 증가되는 것이다. 만일 그 물체가 그저 손에서 떨어지게 되면, 속력 0에서 시작하게 된다. 1초가 지난 다음의 속력은 초당 32피트가 된다. 2초가 지나면 그 속력은 32 곱하기 2, 즉 64피트가 된다. t초가 지난 다음 그 속력은 초당 $32t$가 된다. 기호로 나타내면,

$$v = 32t \qquad (2)$$

이 공식은 우리에게 낙하물체의 속도가 시간에 따라 얼마나 변화하는지를 정확히 보여준다. 또한 더 오랜 시간 떨어지는 물체는 더 큰 속력을 가지게 되리라는 것도 말해준다. 이것은 친숙한 사실이다. 대부분의 사람들은 높은 고도에서 떨어진 물체들이 낮은 고도에서 떨어지는 물체들보다 더 높은 속도로 땅에 부딪힌다는 것을 관찰해왔기 때문이다.

이 경우, 주어진 시간에 물체가 떨어진 거리를 알아보기 위하여 시간과 속력을 곱할 수는 없다. 속력이 일정할 경우에만 정확한 거리가 나올 수 있기 때문이다. 그러나 갈릴레이는 t초 동안 물체가 떨어지는 거리에 대한 정확한 공식이 다음과 같다는 것을 증명하였다.

$$d = 16t^2 \qquad (3)$$

d는 t초에 물체가 떨어지는 거리를 가리킨다. 예를 들어 3초에 그 물체는 16×3^2 또는 144피트만큼 떨어진다.

공식 (3)의 양변을 16으로 나누고 그 양변을 제곱근으로 나타내면, 한 물체가 주어진 거리 d만큼의 거리를 떨어지는 데 필요한 시간이 바로 공식 $t = \sqrt{d/16}$으로 나타난다. 바로 갈릴레이가 피사의 탑에서 물체를 떨어뜨려 알아낸 식일 것이다. 그럼에도 불구하고 사람들은 여전히 진공 속에서 납덩어리와 깃털이 같은 높이에서 떨어지면 동시에 땅에 떨어진다는 것을 믿지 못한다.

또 다른 유용한 공식은 공식 (2)와 (3)을 결합하여 얻을 수 있다. 공식 (2)의 양변을 32로 나누면 $t = v/32$라는 공식을 얻을 수 있다.

만일 이 t의 값을 공식 (3)에 대입하면, 다음과 같은 식이 나온다. $d = 16(v/32)^2 = 16(v/32)(v/32)$ 또는 아래 공식이 성립한다.

$$d = \frac{v^2}{64} \qquad (4)$$

공식 (4)는 만일 우리가 자유 낙하하는 물체의 속력을 알게 되면, 그 속력을 얻기 위하여 떨어진 거리가 얼마인지를 계산할 수 있게 된다는 것을 보여준다.

이 공식의 양변을 64로 곱하면, $v^2 = 64d$, 즉 다음과 같다.

$$v = \sqrt{64d} \qquad (5)$$

공식 (5)는 한 물체가 거리 d만큼 떨어질 때 그 물체가 얻게 되는 속력이 얼마인지를 알 수 있게 한다.

이제 운동 법칙들이 어떻게 중요한 공식을 산출하는 데 사용될 수 있는지 한 가지 예를 더 들어보기로 하자. 공 하나를 머리 위 직선 방향으로 던지는 현상을 고려해보자. 물론 땅 위에서 공이 올라가는 높이는 시간이 경과함에 따라 끊임없이 변화하게 된다. t는 공이 던져지는 순간부터의 시간인 초를 나타낸다고 하자. 그리고 h는 t초에 공이 도달하게 되는 지상으로부터의 높이라고 하자. 그러한 상황을 나타낼 공식은 변수 h와 t의 관계를 나타내는 것이다.

공이 손을 떠나는 순간 초당 100피트의 속도로 날아가도록 충분한 힘이 주어져, 하늘 위로 던져졌다고 가정하자. 만일 다른 힘이 그 공에 작용하지 않는다면, 뉴턴의 제1운동법칙에 따라 이 속도는 일정하게 유지될 것이다. t초 후 공은 움직인 시간과 속도를 곱한 거리, 즉 $100t$에 해당하는 거리를 위로 올라간다. 그러나 공이 위로 올라가는 동시에 지구는 떨어지는 공과 마찬가지로 잡아당기고 있다. 공식 (3)에 따라 공이 지구로부터 t초에 당겨지는 거리는 $16t^2$가 된다. 그래서 공의 움직임은 결과적으로 동시에 일어나는 두 분리된 운동, 즉 t초에 $100t$ 상승하고, t초에 $16t^2$ 하강하게 된다. t초가 되었을 때 지상 위에서 공의 높이 h는 그러므로 다음과 같다.

$$h = 100t - 16t^2 \qquad (6)$$

(4), (5), (6)을 추출하는 과정은 갈릴레이가 몇 가지 기본적 법칙으로부터 중요한 자연의 법칙을 추론해내려고 했던 자신의 계획을 어떻게 수행하기를 바랐는지를 어느 정도 보여준다. 이로부터 우리는 물리적 공리로부터 지원을 받은 수학적 추론이 법칙을 연역적으로 추출하도록 한다는 것을 알 수 있다. 우리가 앞으로 간단히 살펴보게 될 다른 예뿐만 아니라 이러한 예들을 통하여 우리는 또한 수학자가 안락의자에 기대어 앉아 수십 가지의 중요한 자연의 법칙들을 어떻게 얻는지를 알 수 있다. 종이와 연필을 제쳐두면, 그의 도구란 수학의 공리와 정

리들이며, 운동법칙과 같은 물리법칙뿐이다. 그의 작업의 핵심인 수학적 연역이 물리 세계에 대한 지식을 낳은 것이다.

이러한 증명으로부터 갈릴레이는 하나의 관찰을 하게 되는데, 이는 또 다른 운동 법칙으로 구체화되었다. 만일 비행기가 승객을 태우는 것처럼, 한 물체가 다른 물체를 싣고 가게 되면, 후자는 전자의 운동을 따라하게 된다. 이것은 너무나 분명한 사실이다. 만일 승객이 갑자기 비행기에서 튕겨나오더라도, 그는 여전히 비행기가 하는 수평운동을 하게 될 것이다. 사실 저항과 지구가 아래로 당기는 힘만 없었다면, 비행기와 똑같이 수평으로 움직일 것이다. 이 법칙은 지구가 자전을 하고 태양을 공전함에도 불구하고 지구상의 물체들이 뒤쳐지지 않는 현상을 설명해준다.

발사체 운동에 있어 이 법칙이 가지는 잠재적인 가치는 아주 명백하다. 갈릴레이는 곧 그것에 관심을 기울였다. 발사체 운동을 연구하면서 그는 한 물체의 운동이 두 개의 독립적인 동시적 운동의 결과라는 사실을 관찰하였다. 이 발견의 의미는 한 예를 보면 명백해진다. 수평으로 날아가고 있는 비행기에서 떨어지는 물체는 두 가지 운동을 하게 된다. 방금 설명한 법칙에 따라 그 물체는 지구가 가는 방향과 동일한 방향으로 직선으로 움직인다. 이 운동은 비행기의 속력으로 이루어진다. 다른 운동은 직선으로 내려오는 것이다. 이 두 동시적 운동이 결합됨으로써, 그 물체는 곡선, 즉 갈릴레이가 지적한 바와 같이 포물선의 한 부분을 따라 아래로 내려오게 되는 것이다. 그러나 떨어지는 물체의 수평과 수직 운동은 서로 독립적이다. 만일 비행기가 더 빨리 움직이고 있었다면, 물체의 수평 운동은 더 빨라지지만 하강 운동은 동일하다. 그래서 그 물체는 비록 땅에 닿기 전에 수평으로 더 많이 움직이기는 하지만, 전과 동일한 시간에 땅에 떨어진다. 그래서 물체가 그림 13-2에서 점 O로부터 비행기를 떠났다면, 속도가 더 느릴 경우에는 점 P에,

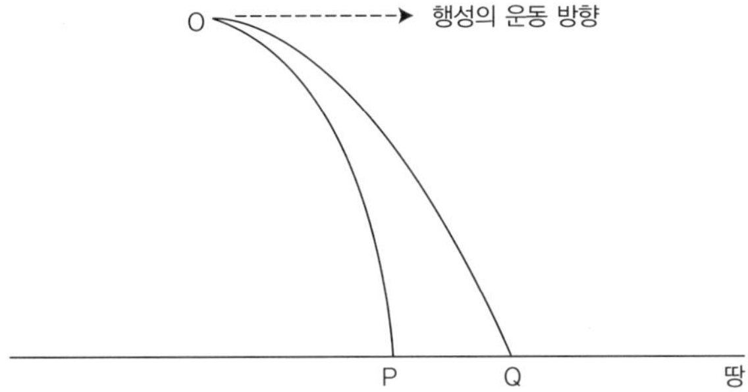

13-2. 다른 수평 속력을 가진 두 개의 자유낙하 물체도 동일한 시간에 땅에 닿는다

비행기의 속도가 더 빠른 경우에는 점 Q에서 땅에 부딪치게 된다. 그러나 P나 Q에 도달하는 데 걸리는 시간은 동일하다.

갈릴레이는 독립적인 동시 운동의 이러한 원리를 대포알의 운동에 적용하였으며, 이 경우의 경로 역시 포물선의 일부분이며, 최대로 날아갈 수 있는 범위는 대포알을 지상에서 45도의 각도로 발사하였을 때 얻어진다는 것을 증명하였다.

갈릴레이는 이 모든 결과와 다른 많은 것을 《두 개의 신과학에 관한 수학적 논증과 증명(Discourses and Mathematical Demonstrations Concerning Two New Sciences)》에서 설명하고 있다. 이는 그가 30년간에 걸쳐 연구한 걸작이다. 이 책으로 갈릴레이는 수학에 기초한 근대 물리과학을 창시하였고, 기계학을 창설하였으며 근대 과학적 사고의 패턴을 세웠다. 불행하게도 그 원고가 막 출판될 때쯤 갈릴레이는 교회와 사이가 좋지 않았고, 그가 쓴 어떤 책의 출판도 금지되었다. 그때 그는 비밀스럽게 네덜란드에서 그 책의 출판을 준비해야 했으며, 인쇄와는 아무 관련이 없는 척해야 했다. 그는 원고 사본이 우연히 네덜란드의 출판업자의 손에 들어갔고, 자신의 허락도 없이 출판이 되었다고 주장했다. 갈릴레이는 책이 출판된 몇 년 후인 1642년에 죽었다. 그리고 그와 함께 이탈리아 사상의 독립 정신도 사라졌다.

14 보편 법칙의 연역

내가 바라는 것은, 나이 든 코페르니쿠스가 자신이 발견한 진리가 어떻게 허망한 꿈을 물리치고, 천체의 잘못된 굴대를 깨뜨리며, 우주에 관한 모든 중심적인 확실성을 파괴하였는지, 그리고 인간, 아니 인간의 정신을 왜소하게 만들고, 법칙을 장악하였는지, 그리고 천천히 확실히 한단계 한단계 올라 자신의 왕국과 권력으로 들어가게 되었는지를 볼 수 있었으면 하는 것이다.*
–알프레드 노이스

이탈리아보다 더 자유스러운 지적 분위기를 가진 나라에서 갈릴레이의 훌륭한 계승자가 태어났다는 것은 과학과 수학을 위해서 다행스러운 일이었다. 1642년 갈릴레이가 죽은 바로 그 해, 외딴 잉글랜드의 한 촌락에 위치한 농장에서 얼마 전 과부가 된 한 여자가 연약한 조산아를 낳았다. 전혀 주목받지 못한 데다 약한 몸으로 태어나 삶이 고달팠지만, 아이작 뉴턴은 85세까지 살았고, 어느 누구보다 큰 명성을 얻었다.

기계 장치에 강한 관심을 가진 것을 제외하고는, 뉴턴은 다른 천재들처럼 어린 신동으로서의 특별한 재능을 전혀 보여주지 못했다. 그가 농사일에 관심을 보이지 않는다는 부정적인 이유 때문에 그의 어머니는 그를 케임브리지로 보냈다. 코페르니쿠스, 케플러, 갈릴레이의 작품들을 공부할 수 있는 기회와 유명한 수학자인 아이작 배로(Isaac Barrow, 1630~1677)의 수업을 들을 수 있는 기회를 얻은 것처럼 그에게는 그곳

---

* 〈하늘의 관찰자(Watchers of the sky)〉에서 인용. Alfored Noyes, 1880~1958, 영국의 시인.

이 여러 가지 도움이 되었을 것 같다. 그럼에도 불구하고 뉴턴은 그곳에서 별로 도움을 얻지 못했던 것 같았다. 그는 기하학도 별로 잘하지 못했고, 한번은 자연철학에서 법학으로 전공을 변경하기도 하였다. 4년의 공부도 처음과 마찬가지로 별로 인상적인 것 없이 끝나버렸고, 뉴턴은 공부하기 위해서 집으로 돌아왔다.

그런데 이 조용하고 겸손한 지성이 23세에서 25세 사이 화려하게 갑자기 발현되기 시작했다. 그때, 뉴턴은 세 단계의 엄청난 발전을 이루었는데, 이는 장래 그의 명성을 보장해주고, 근대 과학의 엄청난 발전을 가져다주었다. 첫 번째는 백색 빛을 해체함으로써 색의 비밀을 발견한 것이다. 둘째는 나중에 논의하게 될 미적분학을 창조한 것이다. 세 번째는 만유인력 법칙의 보편성을 입증한 것이다.

그가 이 업적 중 어느 것 한 가지라도 과학 세계에 발표했더라면, 그는 단번에 영구적인 명성을 얻었을 것이다. 그러나 뉴턴은 아무 말도 하지 않았다. 런던에서 창궐하던 흑사병이 사그라지자 그는 다시 케임브리지에 가서 석사학위를 얻고, 연구원이 되었다. 27세가 되었을 때, 그의 스승인 배로가 퇴임을 하고, 적어도 수학에 대한 진지한 연구자라고 인정을 받은 뉴턴이 그 자리에 임명되었다. 교수로서의 업적은 연구에서 이룩한 업적에 비해 보잘 것 없었다. 때로는 아무도 출석하지 않았다. 그가 제시한 독창적인 학습자료를 환호하여 인정하기는커녕 아무도 주목하지 않았다.

마침내 그는 백색 빛의 구성 성질에 관한 연구를 발표하였고, 더불어 자신의 과학 철학도 제시하였다. 빛에 관한 철학과 업적은 모두 비판을 받았고, 어떤 과학자들은 둘 다 완전히 거부하기도 하였다. 뉴턴은 넌더리가 났고, 더 이상 출판을 삼가겠다고 결심하였다. 7년 후 자신의 결심을 깨뜨리고 더 나아간 발견들을 발표하고자 했을 때, 그는 과학 논쟁과 발견의 우선권에 관한 다툼에 휩쓸리게 되었다. 이로 해서

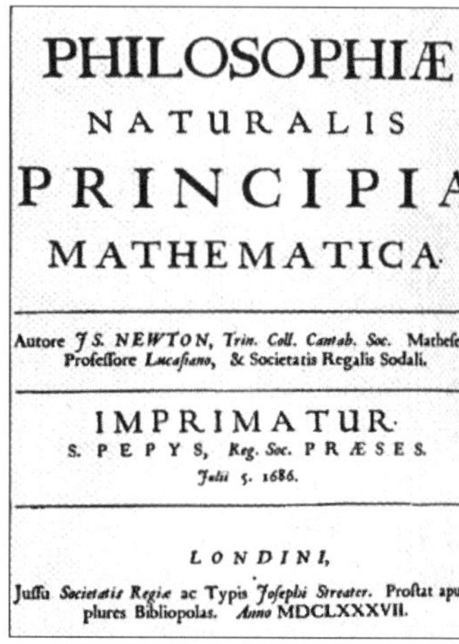

PHILOSOPHIÆ
NATURALIS
PRINCIPIA
MATHEMATICA.

Autore *J S. NEWTON*, *Trin. Coll. Cantab. Soc.* Mathefeos Profeffore *Lucafiano*, & Societatis Regalis Sodali.

IMPRIMATUR.
S. PEPYS, *Reg. Soc.* PRÆSES.
Julii 5. 1686.

LONDINI,
Juffu *Societatis Regiæ* ac Typis *Jofephi Streater*. Proftat apud plures Bibliopolas. *Anno* MDCLXXXVII.

14-1. 뉴턴/《프린키피아》 초판 표지(1687)

자신의 연구를 혼자만 알고 있겠다는 그의 마음은 더 굳어지게 되었다. 천문학자 에드먼드 핼리의 재정적 도움과 부추김이 없었다면, 뉴턴 연구의 열매를 구체화한 《자연철학의 수학적 원리(Mathematical Principles of Natural Philosophy; 프린키피아)》(1687)는 결코 출판되지 못했을 것이다.

출판 이후 마침내 그는 폭넓은 갈채를 얻게 되었다. 《원리》는 여러 판을 거듭하였고, 보급판도 흔했다. 1789년까지, 40판이 영어로 나왔으며, 불어로는 17판, 라틴어로는 11판, 독일어로는 3판, 그리고 포르투갈어와 이탈리어로도 적어도 1판이 나왔다. 보급판 중에서 《숙녀를 위한 뉴턴 이론》이라는 제목의 책도 여러 판이 거듭되었다. 실지로 《원리》는 보급판이 필요했다. 왜냐하면 비록 교육자들은 반대로 이야기하지만, 이 책은 사실 너무나 읽기 어려워서, 전문가가 아닌 사람은 이해하기 쉽지 않았기 때문이다. 가장 위대한 수학자들도 그 책의 내용을 완전히 명료화하는 데에 1세기 가량을 연구해야 했다.

뉴턴의 명성은 오늘날 아인슈타인의 명성과 비견될 수 있을 정도로 퍼져나갔다. 뉴턴은 자신의 선배들에게 그 명예를 돌렸다. "내가 다른 사람들보다 좀더 멀리 볼 수 있었다면, 그것은 내가 거인들의 어깨에서 있었기 때문이다." 그는 자신의 업적이 비견할 수 없을 만큼 중요하다는 것을 느끼지 못했다. "나는 세상에 내가 어떻게 보이는지 알지 못한다. 그러나 스스로에게는 나 자신이 마치 해변가에서 놀면서 가끔 보통 것보다 더 매끄러운 자갈이나 더 예쁜 조개껍데기를 발견하는 것을 즐기는 어린 소년처럼 보인다. 진리의 드넓은 바다는 전혀 발견되지 않은 채로 여전히 내 앞에 있다."

젊은 시절 그가 공헌한 위대한 것 중, 뉴턴의 과학철학과 만유인력 법칙에 대한 연구는 우리의 현재 주제와 매우 관련이 많다. 그 철학은 갈릴레이가 시작한 과학에 대한 연구를 더 명시적으로 진술하고 있다. 분명히 검증 가능한 현상들로부터 정밀한 수학의 언어로 자연의 행위를 진술하는 법칙이 짜여져야 한다. 수학적 논리를 이러한 법칙들에 적용하여 새로운 법칙을 연역해야 한다. 갈릴레이처럼, 뉴턴도 전능하신 분이 어떻게 우주를 만들었는지 알고 싶었다. 그러나 그는 어떤 목적을 향하여 탐구를 할 만큼 주제넘지 않았다. 또한 그는 많은 현상 이면에 숨은 메커니즘을 파헤치기를 희망하지도 않았다. 그는 "모든 사물들은 오묘한 특수한 성질을 부여받았고, 그 성질에 의하여 그 물질이 작용하며 명백한 효과를 산출한다고 우리에게 말하는 것은 아무것도 말하지 않는 것과 같다. 그러나 현상들로부터 일반적인 운동원리를 추출하는 것, 그리고 그 후에 어떻게 모든 물리적 사물들의 성질과 행동이 그러한 명백한 원리들로부터 따라나오는지를 우리에게 말해주는 것이, 비록 아직 그 원리들의 원인이 발견되지는 않았지만, 철학에 있어서 매우 위대한 발전이 될 것이다. 그러므로 나는 망설이지 않고 위에서 언급한 운동 원리들을 제안한다. 그 원리들은 매우 일반성을 지니는 것이며 그것들의 원인들은 여전히 밝혀지지 않은 채 남아 있다."

자연을 기술하는 이러한 임무에서 뉴턴이 이룩한 가장 유명한 공헌은 천체와 지구를 결합한 것이었다. 갈릴레이는 천체를 이전의 어떤 누구도 할 수 없었던 방식으로 바라보았다. 그러나 자연을 수학적으로 기술하는 데 그가 성공한 것은 지구상의 운동, 또는 지구 부근의 운동에 제한된 것이었다. 갈릴레이가 살아 있을 때, 그와 동시대인인 케플러가 천체의 운동에 대한 유명한 세 가지 수학적 법칙을 발견하였으며, 그로 인하여 지동설에 대한 논쟁은 결말을 짓게 되었다. 그리하여 한 과학자가 지구의 운동을 설명하는 과학을 만들어가는 동안, 다른 사람은 천체 운동에 대한 이론을 완성하였던 것이다. 과학의 두 분야는 서로 독립적인 듯이 보였다. 그들 사이의 관계를 찾고자 하는 도전은 위대한 과학자들을 자극하였다. 그것이 가장 위대한 과학자에 의하여 충족된 것이다.

이 둘을 결합하는 어떤 원리가 존재하리라는 것을 믿을 만한 이유는 충분하였다. 갈릴레이의 운동의 제1법칙하에서 물체들은 힘에 방해를 받지 않는 한, 직선으로 계속 움직이게 된다. 그러므로 행성들도, 어떤 방식으로든 운동을 시작하게 되면 직선으로 움직여야 한다. 그러나 케플러에 따르면, 그것들은 태양 주위를 타원을 그리며 돈다. 그러므로 어떤 힘이 그 행성들의 계속적인 직선 경로를 구부러지도록 작용하고 있음에 틀림없는 것이다. 마치 한쪽 줄 끝에 매달려 있는 물체는, 손의 힘이 그것을 잡아당기고 있기 때문에 직선으로 날아가지 않는 것과 마찬가지다. 아마도 태양 자체가 행성들에 인력으로 작용하고 있을 것이다. 뉴턴 시대의 과학자들은 또한 지구가 물체를 이끌고 있다는 사실을 인정하였다. 이 인력이 손에서 물체를 놓으면 지구 쪽으로 떨어지는 현상을 설명해준다. 그렇지 않으면, 물체가 손으로부터 아무런 힘을 받지 않았기 때문에 운동의 제1법칙에 따라 그냥 공중에 떠 있는 채로 있을 것이다. 지구와 태양이 모두 물체들을 끌어당기기 때문에 두 작용을 하나의 이론하에 결합하겠다는 생각은 진전되어 심지어 데카르트 시대에도 논의되었다.

뉴턴은 상식적인 생각을 수학적인 문제로 전환하였다. 그리고 관련된 힘들의 물리적 성질들을 결정하지 않고서도 아주 훌륭한 수학으로 이 문제를 해결하였다. 그는 똑같은 수학적 공식으로, 지구가 그 근처에 있는 물체에게 행하는 작용뿐 아니라 행성들에 대하여 태양이 행하는 작용도 기술할 수 있음을 보여주었다. 동일한 공식이 두 부류의 현상을 모두 나타내고 있었기 때문에 그는 두 경우에 모두 동일한 힘이 작용한다고 결론지었다. 물체에 대한 지구의 당김과 지구에 대한 태양의 당김의 정체가 바로 나무에서 사과가 떨어지는 것을 뉴턴이 주목함으로써 밝혀졌다는 이야기가 전해진다. 그러나 수학자 가우스는 어떻게 만유인력의 법칙을 발견하였느냐고 질문하는 어리석은 사람들을 처리하기 위하여 뉴턴이 이 이야기를 했다고 말했다. 어찌 되었건, 이 사과는 역사상 중요한 역할을 수행한 또 다른 사과하고는 달리 인간의 지위를 향상시켰다.

동일한 공식이 천체와 지구상의 물체 모두에 적용된다는 것을 보여주는 데에 뉴턴의 논리는 매우 고전적이다. 다음에서 우리는 그 논리를 다소 조잡하게나마 풀어볼 것이다. 그럼에도 불구하고 그 논리의 본질을 이해할 수 있을 것이다. 지구를 도는 달의 경로는 대략 원과 비슷하다. 달, 즉 그림 14-2에서 M은 MP와 같이 직선 경로를 따르지 않기 때문에 명백하게 어떤 힘에 의하여 지구 쪽으로 당겨지고 있다. 만일 MP가 어떤 인력도 작용하지 않는 경우 1초에 달이 움직이는 거리라고 한다면, PM′이 바로 그 1초 동안 지구 쪽으로 달이 당겨진 거리가 된다. 뉴턴은 PM′을 달에 대한 지구 인력의 측정치로 사용하였다. 지구 표면 근처의 물체의 경우 대응하는 양은 16피트가 된다. 왜냐하면 손에서 떨어진 물체는 1초에 지구 쪽으로 16피트 당겨지기 때문이다. 뉴턴은 동일한 힘으로 PM′과 16피트를 모두 설명할 수 있음을 증명하고 싶었다.

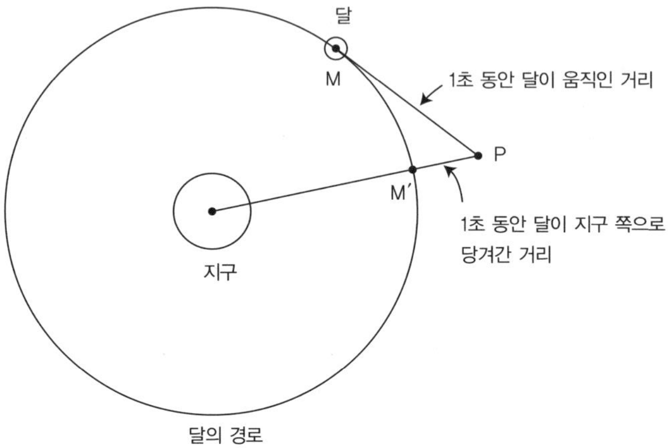

14-2. 달에 대한 지구 중력의 영향

대충 계산을 해보았을 때, 그는 한 물체가 또 다른 물체를 잡아당기는 힘은 관련된 두 물체의 중심 사이의 거리의 제곱에 따라 달라지며 이 힘은 그 거리가 증가함에 따라 감소한다는 것을 믿게 되었다. 달의 중심과 지구의 중심간의 거리는 지구 반지름의 약 60배이다. 그러므로 지구가 달에 미치는 영향은 지구 표면 근처의 물체에 대하여 지구가 미치는 영향의 $1/(60)^2$이어야 한다. 즉 달은 지구 쪽으로 매초당 16의 $1/(60)^2$배인 0.0044피트 당겨지게 되는 것이다. 삼각비에 의하여 얻은 수로 나타난 결과를 이용하여 뉴턴은 매초당 그 정도의 양만큼 달이 지구 쪽으로 끌어당겨진다는 것을 발견하였다. 그리하여 그는 우주의 모든 물체들은 동일한 법칙에 따라 서로를 끌어당긴다는 취지로 볼 때, 아주 중요한 증거를 획득하게 된 것이다.

좀더 확장된 탐구를 통해 뉴턴은 어떤 두 물체 사이에 작용하는 인력에 대한 정밀한 공식이 다음과 같은 공식으로 나타날 수 있다는 것을 알았다.

$$F = kMm/r^2 \qquad (1)$$

F가 인력, M과 m은 두 물체의 질량, r은 두 물체 사이의 거리, k는 모든 물체에 대하여 동일한 상수값이다. 예를 들어, M은 지구의 질량이 될 수 있으며, m은 지구 표면 위에 있거나 그 근처에 있는 물체의 질량이 될 수 있다. 이 경우에 r은 지구의 중심으로부터 그 물체에 이르는 거리가 된다. 물론 공식 (1)은 만유인력의 법칙을 뜻한다.

달의 운동을 연구하여 이 법칙의 올바른 형식을 발견한 후에, 뉴턴은 다음으로 그 법칙이 지구 근처, 또는 지구상에서의 운동에도 적용될 수 있음을 보여주었다. 이 법칙에 따르면 지구는 각 물체들을 잡아당긴다. 물체를 잡고 있을 때, 우리는 지구의 이러한 당김을 느낄 수 있다. M이 지구의 질량이며, m이 그 물체의 질량이 되면, 공식 (1)에서 F는 지구가 그 물체에 미치는 인력, 즉 무게를 나타내게 된다. 거기서 무게란 힘이며, 반면 질량은 운동의 변화에 대한 저항과 관련이 있는 물체 자체의 성질이 된다.

뉴턴은 물질의 이 두 가지 관련된 성질들, 즉 무게와 질량을 구분하는 데에 주의를 기울였다. 한 물체의 질량은 동일하지만 무게는 변화한다. 예를 들어, 지구 중심으로부터 떨어져 있는 한 물체의 거리가 변하면, 그 물체의 무게도 변화하게 된다. 구체적으로 질량 m을 가진 물체가 지구 위로 4000마일 올라가게 되면, 지구 중심으로부터 떨어진 거리가 두 배가 된다. 이제 만일 공식 (1)에서 그 중심으로부터 떨어진 원래의 거리를 r이라 하면, $2r$은 새로운 거리가 된다. 새 위치에서 질량의 무게를 계산하기 위하여 우리는 r을 $2r$로 바꾼다. 공식 (1)의 분모는 $(2r)^2$ 즉, $4r^2$이 된다. 따라서 F는 그 물체가 지구상에 있을 때의 단지 1/4밖에 되지 않는다. 다시 말하여 질량이 m인 물체가 지구 위로 4000마일 떨어지게 되면 지구 표면 위에 있을 때보다 단지 1/4밖에 무게가 나가지 않는다는 것이다. 요약하면, 우리는 비록 한 물체의 질량이 동일하게 유지된다 하더라도 무게는 지구 중심으로부터 거리가 변화함에 따라 변화될 수 있다는 것을 증명한 것이다.

공식 (1)의 또 다른 결과를 생각해보자. M을 지구의 질량이라고 하고, m을 표면 가까이에 있는 물체의 질량이라고 하자. 만일 공식 (1)을 다음과 같이 쓴다면,

$$F = \frac{kM}{r^2} m$$

그리고 이 등식의 양변을 m으로 나누면, 다음과 같은 식을 얻게 된다.

$$\frac{F}{m} = \frac{kM}{r^2} \qquad (2)$$

이제 우리가 지구 표면 가까이에 있는 어떤 물체를 생각하든 그것과 관계없이, 공식 (2)의 오른쪽의 양은 항상 동일하게 된다. 왜냐하면, r은 약 4000마일이며, M은 지구의 질량이고, k는 모든 물체에 동일하기 때문이다. 그래서 지구 표면 가까이 있는 어떤 물체에도, 비율 F/m, 즉 질량에 대한 무게의 비율은 일정하게 된다. 그래서 물질의 두 구분되는 성질들은 매우 간단한 방식으로, 양적인 관계를 가지게 된다. 이 놀라운 관계에 대한 설명은 상대성이론이 창조되어서야 비로소 알려지게 되었다. 우리는 거의 항상 지구 표면 가까이에 있는 물체들을 다루기 때문에, 질량과 무게 사이의 이 일정한 관계에 잘못 이끌려 둘 사이를 종종 혼동하게 되는 것이다. 예를 들어, 만일 자동차를 밀어서 시동이 걸리게 하려면, 우리는 힘이 필요한 이유가 자동차의 무게 때문이라고 생각하는 경향이 있다. 실지로 운동의 변화에 저항하는 것은 바로

질량이다.

운동의 제2법칙과 만유인력의 법칙으로부터 우리는 또 다른 결론을 도출해낼 수 있다. 운동 제2법칙은 질량 m을 가진 물체에 작용하는 어떤 힘이든지 간에 그 물체에 가속도를 준다는 것이다. 특히 지구가 물체에 가하는 중력의 힘은 가속도를 준다. 그러나 중력의 힘은 다음과 같다.

$$F = \frac{kMm}{r^2} \tag{3}$$

반면, 그것이 야기시키는 가속도에 대한 힘의 관계는 다음과 같다.

$$F = ma \tag{4}$$

공식 (4)에서 힘 F가 중력의 힘일 때, 우리는 공식 (3)과 (4)의 오른쪽을 등식으로 표현할 수 있다. 왜냐하면, 그렇게 될 때 왼쪽이 동일하기 때문이다. 즉, 다음과 같이 나타낼 수 있다.

$$ma = \frac{kMm}{r^2}$$

우리는 이 마지막 등식의 양변을 m으로 나누고 다음과 같은 식을 얻을 수 있다.

$$a = \frac{kM}{r^2} \tag{5}$$

이 결과에 따르면, 지구의 중력이 한 물체에 가하는 가속도는 항상 kM/r^2이 된다. k는 상수이며, M은 지구의 질량이고, r은 지구 중심으로부터 그 물체가 떨어져 있는 거리이므로, kM/r^2의 양이 지구 표면 가까이에 있는 모든 물체에 동일하게 된다. 그래서 그러한 모든 물체는 동일한 가속도를 가지고 떨어진다. 물론, 이것은 갈릴레이가 실험을 통하여 추론하여 얻은 것이다. 그리고 이 결과로부터 그는 동일한 높이에서 떨어지는 모든 물체가 동일한 시간에 땅에 닿는다는 것을 수학적으로 증명하였다. 우연하게도 a의 값이 측정되어 초당 32피트임이 밝혀졌다.

더 매력적인 많은 결과를 운동과 만유인력의 법칙으로부터 도출해낼 수 있다. 수학적 추론의 힘을 설명하기 위하여 한 가지 결론만을 더 도출해보도록 하자. 지구의 질량을 계산해보자. 이 목적을 위해서는 공식 (1)에 나타나 있는, 보편적인 만유인력의 상수인 k의 값을 알아야 한다. 이 양은 항상 동일하기 때문에 어떤 질량이 공식 (1)에 나온다 하더라도 이미 알려진 질량 m과 M, 그리고 그들 사이의 알려진 거리 r을 사용함으로써 연구실 안에서 구할 수 있다. 그래서 이 공식에서 유일하게 알려지지 않은 k가 계산되는 것이다. 이 실험은 많은 물리학자들에 의하여 이루어졌으며, 그 중에서 가장 유명한 사람이 헨리 캐번디시(Henry Cavendish, 1731~1810)였다. 그는 k는 센티미터와 그램, 초로 이루어졌다고 가정할 때, 극도로 작은 양, 즉 6.67×10^{-8}, 즉 6.67을 일억으로 나눈 것이라는 결론에 도달했다.

이제 공식 (5)를 사용할 경우, k는 위에서 논의한 수량이고 M은 지구의 질량, r은 지구의 반지름, 그리고 a는 지구 가까이에 있는 물체의 가속도가 된다. M을 제외하고, 이 모든 양들이 밝혀졌으므로 우리는 M을 계산할 수 있다. 그 결과는 $M=6.6\times10^{27}$, 즉 6.6×10톤이 된다.

이 계산에서 흥미로운 부산물은 지구의 구성요소에 대한 정보이다. 지구의 반지름을 알고 있기 때문에 그 부피는, 지구가 정확한 구의 모양을 하고 있다고 추정할 경우 구의 부피 공식, $V=\frac{4}{3}\pi r^3$으로 계산될 수 있다. 이제 물의 3제곱피트의 질량도 계산할 수 있으며, 지구가 완전히 물로 구성되어 있다면, 지구의 질량도 계산할 수 있게 된다. 위에 제시된 지구의 실제 질량은 그것이 완전히 물로 이루어졌을 때의 질량의 약 $5\frac{1}{2}$배이다. 그러므로 지질학자들은 지구의 내부가 무거운 광물로 구성되었음에 틀림없다고 결론짓게 된다.

이제 뉴턴이 만유인력의 이론에 공헌한 것을 다음과 같이 정리할 수 있을 것이다. 달의 운동을 연구함으로써 그는 만유인력 법칙의 정확한 형식을 추론하였다. 그러고 나서 이 법칙과 두 가지 운동법칙으로도 지구상의 모든 물체들의 운동에 대한 귀중한 지식을 정립하기에 충분하다는 것을 보여주었다. 그러므로 그는 갈릴레이의 프로그램에서 주요한 목적 중 하나를 성취한 셈이다. 왜냐하면 운동과 만유인력의 법칙이 기본적인 것이라는 사실을 입증하였기 때문이다. 유클리드의 공리와 마찬가지로, 그 법칙들은 다른 귀중한 법칙에 대한 논리적 기반으로 작용하게 되었다. 게다가 천체들의 운동 법칙까지 연역해냈으니 얼마나 대단한 성취인가!

이 승리도 또한 뉴턴을 위해 보류해두었다. 그가 행한 진짜 중요한 일련의 연역들로 해서, 그는 케플러의 법칙 세 가지 모두가 두 개의 기본적인 운동의 법칙과 만유인력의 법칙으로부터 따라나온다는 것을 보여주었다. 우리는 앞으로 이 추론 중에서 하나의 핵심을 보여주고자 한다. 이는 물론 연역적 절차에 의하여 물리적 세계에 대한 지식을 얻는데 수학의 힘이 어떤 것인지를 보여주려는 목적에 따른 것이다. 우리가 제시하게 될 추론은 뉴턴이 실지로 행한 작업보다 다소 단순화된 것일 것이다. 왜냐하면, 우리는 각 행성의 경로를 타원보다는 원으로 생각할 것이기 때문이다. 뉴턴 자신은 타원 모양의 경로로 작업을 하였지만, 우리는 더 어려운 논증을 할 필요가 없기 때문이다.

케플러의 세 번째 법칙이란, 어떤 행성의 공전시간의 제곱은 그것과 태양간의 평균 거리의 세제곱과 비례한다는 것이다. 공식으로 이 법칙을 나타내면 $T^2=KD^3$이 된다. 여기서 T는 공전 시간, 즉 행성의 한 해의 길이가 되며, D는 행성과 태양까지의 평균 거리가 되고, K는 상수, 즉 모든 행성들에 동일한 수이다. 케플러의 제3법칙을 추출하기 위해서 우리는 운동에 관한 한 가지 사실을 더 알 필요가 있다. 그것은 그 자체로는 증명하기 쉽지만, 우리의 주된 관심사와는 거리가 멀다. 원을 그리며 운동하는 물체는 직선 경로로 출발하도록 하는 어떤 힘에 영향을 받는다는 것이다. 원을 그리지 않았다면, 뉴턴의 제1운동 원리에 따라 그 물체는 직선으로 운동했을 것이기 때문이다. 이 힘의 측정치를 보통 구심력이라고 부르는데, 공식으로 나타내면 다음과 같다.

$$F=\frac{mv^2}{r} \tag{6}$$

여기서 m은 그 물체의 질량이며, v는 그 속도이며 r은 그리는 자취인 원의 반지름이다. 그러한 힘은 각 행성에 모두 작용하며, 그것은 태양의 만유인력 때문이다. 그러나 공식 (6)은 그것이 만유인력에 의한 것이든 아니든 간에 구심력에 대한 정확한 표현이 된다.

케플러의 법칙을 추출해 내기 위해서는 먼저, 행성이 원을 따라 일정한 속도로 움직인다고 가정할 경우, 그 행성의 속도는 공전 시간으로 원의 둘레를 나눈 값이 된다는 사실에 주목해야 한다.

$$v=2\pi\frac{r}{T} \tag{7}$$

만일 공식 (6)에 v의 이 값을 대입하면, 한 행성에 작용한 구심력 F에 대한 공식을 얻을 수 있게 된다.

$$F=\frac{m}{r}\left(\frac{2\pi r}{T}\right)^2=\frac{m}{r}\frac{4\pi^2r^2}{T}=\frac{m4\pi^2r}{T} \quad (8)$$

이제 이 구심력 F는 질량 M인 태양이 가하는 만유인력에 기인한 것이다. 즉 다음과 같다.

$$F=2\pi\frac{kmM}{r^2} \quad (9)$$

공식 (8)과 (9)에서 주어진 두 힘을 등식으로 표현하면 다음과 같다.

$$\frac{kmM}{r^2}=\frac{m4\pi^2r}{T^2} \quad (10)$$

이 등식의 양변을 이제 m으로 나누어 양변에서 이 요소를 제거한다. 만일 양변을 T^2r^2으로 곱하고, 그것을 kM으로 나누면, 다음과 같은 식을 얻게 된다.

$$T^2=\frac{4\pi^2}{km}r^3 \quad (11)$$

이제 우리는 어떤 행성의 질량 m이 무엇이든지 간에, 태양의 질량인 M과 만유인력 상수 k가 추론 과정에서 변화하지 않는다는 것을 알았다. 그래서 $4\pi^2/kM$의 양이 상수이며 그것을 K로 나타낼 것이다. r을 D로 쓰면, 다음과 같이 말할 수 있다.

$$T^2=KD^2 \quad (12)$$

바로 이 결과가 케플러의 제3법칙이다. 그래서 케플러가 몇 년간의 관찰과 시행착오 후에나 얻었던 그 유명한 행성의 법칙을 단 몇 분간에 뉴턴의 법칙에 의하여 증명한 것이다.

이들 법칙에는 수학의 힘을 이해하고자 하는 보통 독자들에게 좀더 도움이 될 만한 중요한 추론이 있다. 뉴턴 법칙의 주요한 가치는 우리가 방금 본 것처럼, 그것들이 천체와 지구상의 너무나 많은 다양한 상황에 적용이 가능하다는 사실에 있다. 그 동일한 양적 관계들은 모든 것에 공통적인 특징을 전형적으로 보여준다. 그래서 그 공식들에 대한 지식은 실지로 그 공식이 포괄하는 모든 상황에 대한 지식을 대표하고 있다. 수학 공식을 보고서 그 추상성과 건조함, 그리고 쓸모 없음에 대하여 불평하는 사람은 진짜 가치를 파악하지 못하고 있는 것이다.

갈릴레이와 뉴턴의 작업은 과학 연구의 끝이 아니라 시작이었다. 뉴턴 자신이 《자연철학의 수학적 원리》 서문에 그 연구를 공식화하고 있다. 이 책은 그의 젊은 시절 업적을 담고 있는 고전이다.

> 우리는 이 책을 철학(과학)의 수학적 원리로 제시한다. 왜냐하면 철학의 모든 어려움이 운동 현상에서 자연의 힘을 탐구하고, 이 힘에서 다른 현상을 논증하는 것에 이르기까지, 이곳에 있는 것처럼 보이기 때문이다. 이 목적을 위하여 첫 번째와 두 번째 책에 일반 명제들을 제시하였다. 세 번째 책에서 우리는 세계 체계를 설명하면서 그 사례를 보여준다. 왜냐하면, 첫 번째 책에서 수학적으로 논증된 명제들을 가지고, 천체 현상으로부터 물체들을 태양과 다른 행성들 쪽으로 기울게 하는 중력을 이끌어내기 때문이다. 그러고 나서 또한 수학적인 다른 명제들을 가지고 이들 힘으로부터 행성, 유성, 달, 바다의 운동을 연역해낸다. 나는 기계적 원리들로부터 동일한 종류의 추론을 통하여 나머지 자연 현상들을 추출해낼 수 있기를 바란다. 왜냐하면 여러 가지 이유로 해서 그 나머지 자연 현상들도 모두 어떤 힘에 의존하고 있지 않은가 생각하고 있기 때문이다. 이 힘들은 이제까지

알려지지 않았지만, 그 힘 때문에 물체의 부분들이 서로서로를 향하여 상호 끌려가고 있으며 규칙적인 모양으로 결합되어 있거나, 또는 서로 물리쳐서 서로로부터 멀어지고 있다고 생각하기 때문이다.

가파른 언덕을 굴러 내려가는 바위처럼, 기본적인 수학적 법칙을 확인하고 그로부터 결론을 연역해내는 운동이 드디어 힘을 얻었고 마침내 눈사태를 일으켰다. 이 장에서 예시한 것과 유사한 절차를 통하여 태양의 질량과 관찰할 수 있는 위성들을 가진 행성의 질량이 계산되었다. 위에서 언급한 구심력과 정반대인 원심력에 대한 아이디어가 지구의 운동에 적용되어 지구 표면 위에서 위치에 따라 달라지는, 한 물체의 무게의 변화량뿐만 아니라 지구 적도의 부풀어오른 크기를 산출하게 되었다. 몇몇의 행성들의 구형도(球形圖)에서 출발하여 관찰된 지식으로부터 행성의 자전주기를 계산하는 것이 가능해졌다. 밀물과 썰물은 태양과 달의 인력에 의하여 야기된다는 것이 밝혀졌다. 혜성들의 경로가 계산되었고, 언제 다시 나타날지에 대해서도 정확히 예측하게 되었다. 또한 혜성들이 갑자기 지구를 지나가는 것은 그들의 타원 궤도의 변칙성에 기인한 것으로 설명되었다. 우연하게도 혜성들의 운동에 대한 이러한 수학적 연구로 해서 사람들은, 혜성이 사람들의 마음속에 공포심을 불러일으키려고, 또는 지구를 산산조각 내려고 신이 보낸 사자가 아니라 규칙적으로 설계된 우주의 합법적 구성원이라는 것을 확신하게 되었다. 동시에 그것은 자연의 수학적 행위와 양적 접근의 힘에 대하여 왈가왈부할 수 없게 하는 증거가 되었다.

법칙의 추구가 성공을 거두자 그것은 천문학 분야를 넘어서 뻗어나가게 되었다. 소리라는 현상을 공기 중에 분자의 운동으로 연구하여 이제는 잘 알려진 수학적 법칙을 산출하게 되었다. 후크는 고체의 탄성을 측정하였다. 보일, 마리오트, 길릴레이, 토리첼리와 파스칼은 액체와 고체의 압력과 밀도를 측정하였다. 밴 헬몬트(Van Helmont)는 물질의 무게를 재는 데에 천칭을 사용하였고, 이는 근대 화학의 발전에 중요한 진전을 이루었다. 그리고 헤일(Hales)과 함께 체온과 혈압의 측정과 같은 생리학에서도 양적 연구들이 시작되었다. 하비(Harvey)는 양적 접근을 통하여 심장으로부터 나온 혈액이 다시 심장으로 되돌아가기 전에 신체를 완전히 한바퀴 돈다는 것을 입증하였다. 양적 연구는 또한 식물학에도 퍼져나가, 식물이 물을 흡수하고 증발시키는 비율을 결정하였다. 뢰머(Römer)는 빛의 속력을 측정하였다. 겨울의 추위와 여름의 더위는 만유인력의 법칙에 따라 서로 서로를 끌어당기는 공기 분자들의 다소 흥분된 운동임이 밝혀졌다. 곧 분리된 과학의 분야들을 함께 묶는 법칙들이 밝혀졌다. 예를 들어, 화학, 전기, 기계학, 열 현상 등은 모두 에너지 보존의 법칙으로 묶을 수 있었다.

이 모든 것은 단지 근대 세계를 형성한 광대하고도 비견할 수 없는 과학적 운동의 시작일 뿐이었다. 운동의 과정은 운동 법칙과 만유인력의 법칙으로부터 모든 자연 현상들을 도출할 수 있다는 가능성에 대한 뉴턴의 확신을 계속하여 뒷받침하였다. 18세기 최고의 업적 중에서 선택한 한두 가지 사례만으로도 그의 연구가 어느 정도 진행되었는지를 알 수 있을 것이다.

뉴턴이 1727년 사망할 때쯤 천체는 불변의 수학적 질서를 따른다는 사실에 대한 증거가 압도적으로 쏟아져 나왔지만 천체의 운동에서 학자들은 수많은 불규칙성들을 관찰하게 되었고, 이를 모두 설명할 수는 없었다. 예를 들어 달은 항상 지구에게 같은 면만을 보여주지만, 그 가장자리 근처의 지역들이 조금씩 주기적으로 보이게 되었다. 게다가 관찰이 점점 정확해지자 평균 태음월(太陰月)의 길이가 1세기에 1/30초 만큼씩 감소한다는 것도 드러났다. (이것이 관찰과 이론이 취급하게 된 정확성의 정도였다.) 마지막으로 행성 궤도의 이심률(異心率)이 약간 변화한다는 것도 또한 관찰되었다.

완벽한 법칙과 질서로부터의 이와 같은 이탈은 한 가지 커다란 질문이 덧붙여졌다. 태양계는 안정된 것인가? 다시 말하여 이들 불규칙성들이 비록 작은 것이지만, 점차적으로 증가하게 되는 것인가, 그리고 천체들이 서로 서로에게 미치는 복잡한 영향력 때문에 태양계는 균형을 잃게 되는 것은 아닌가? 이러한 불규칙성들의 영향이 누적되면, 행성들은 어느 날엔가 우주로 배회하게 되는 것은 아닐까, 혹은 미래 어느 날 지구가 태양과 부딪치게 되는 것은 아닌가?

뉴턴은 이러한 불규칙성 중 많은 것을 잘 알고 있었다. 그는 달의 운동에 대하여 열심히 연구하였다. 이 물체는 마치 술 취한 사람이 직선을 따라 걷는 것과 같이 타원 경로를 따라 움직인다. 그것은 서두르기도 하고 머뭇거리기도 하고 이리저리 갈지자로 걷기도 한다. 뉴턴은 몇 가지 범상치 않은 이 행동이 지구뿐만 아니라 태양도 달을 당기며 진짜 타원 경로에서 이탈하려는 사실 때문이라고 확신했다. 그러나 그는 달과 행성들의 운동에서 관찰되는 그 모든 불규칙성들이 만유인력에 기인하는 것이라는 증거가 없었으며, 누적적인 영향이 궁극적으로 태양계를 분열시키지 않으리라는 것을 보여줄 수가 없었기 때문에, 신의 개입으로 우주를 계속 움직이도록 할 수밖에 없다고 느꼈다. 그러나 뉴턴의 18세기의 계승자들은 신의 의지에 의존하기보다는 자신이 가진 연역의 힘에 더욱 의존하였다.

태양의 주위를 도는 각 행성의 경로는 그 한 행성과 태양만 있을 때에만 타원이 된다. 그러나 태양계는 8개의 행성을 포함하고 있으며 많은 것들은 위성을 가지고 태양 주위를 돌고 있을 뿐만 아니라 뉴턴의 만유인력의 법칙에 따라 서로 서로를 끌어당긴다. 그러므로 그들의 운동은 진짜 타원형일 수 없는 것이 확실하다. 각각 만유인력의 작용 아래 자신 외에 다른 모든 것을 끌어당기고 있는, 엄청나게 많은 물체들

14-3. 라그랑주

14-4. 라플라스

의 운동을 결정하는 일반적인 문제를 해결하는 것이 가능하다면 그들의 정확한 경로는 알 수 있을 것이다. 그러나 이 문제는 어떤 수학자도 해결할 수 있는 범위의 것이 아니다. 그러나 18세기의 가장 위대한 수학자 중 두 명이 정말로 이 문제의 해결에 놀랄 만한 진전을 이루었다. 이탈리아에서 태어난 라그랑주(Joseph Louise Lagrange, 1736~1813)는 신동과 같은 천재성을 화려하게 보여주면서 태양과 지구의 인력하에 이루어지는 달의 운동에 대한 수학적 문제에 도전하였고, 그것을 28세에 해결하였다. 그는 눈에 보이는 달의 부분이 변화하는 것은 지구와 달 모두가 적도 부풀기에 의하여 야기되는 것이라는 것을 보여주었다. 게다가 지구상에서 태양과 달의 인력은 계산할 수 있는 정도만큼 지구의 자전축을 교란시킨다는 것을 보여주었다. 그리하여 적어도 그리스 시대 이후로 알려져 있던 관찰된 사실인, 지구 자전축의 흔들림과 그 결과 나타나게 되는 춘분점의 세차(歲差)가 만유인력 법칙에 의한 수학적 필연이라는 사실이 밝혀졌다. 라그랑주는 목성 주위에 있는 위성들의 운동을 수학적으로 분석하여 또 하나의 주목할 만한 진전을 이루어내었다. 그 분석을 통하여 그곳에서 관찰되는 불규칙성들 또한 만유인력의 결과라는 것을 밝혔다. 이 모든 결과들을 그는《해석역학(Mécanique Analytique)》에서 구체화하였다. 이 책은 기계학 분야에 대한 뉴턴의 작업을 확장하고 공식화하고 명예롭게 한 작품이다. 라그랑주는 우주가 단 하나밖에 없는데, 뉴턴이 벌써 그것의 수학적 법칙을 발견했다는 점에서 매우 운좋은 사람이라며 불평을 한 적이 있었다. 그러나 라그랑주는 전세계에 뉴턴 이론의 정확성을 밝혔다는 명예를 지니게 되었다. 프랑스인 라플라스(Laplace)는 라그랑주와 마찬가지로 어린 시절 천재성을 나타내었으며, 뉴턴의 만유인력 법칙을 태양계에 적용하는 문제에 전 생애를 바쳤다. 라플라스의 눈부신 업적 중 하나는 행성들이 보여주는 타원 궤도의 이심률의 불규칙성이 주기적인 것이라는 사실을 증명한 것이다. 다시 말하여 이 불규칙성들은 정해진 값을 중심으로 진동하나 점점 더 커지지 않으며, 따라서 천체의 질서정연한 운동들을 붕괴시키지도 않는다는 것이다. 간단히 말해, 우주는 안정되어 있다는 것이다. 이 결과를 라플라스는 자신의 획기적 저서인《천체역학(Mécanique Céleste)》에서 증명하였다. 그는 이 책을 26년간에 걸쳐 5권의 책으로 출판하였다.

우주의 완벽한 수학적 질서는 라플라스가 사망할 때(뉴턴이 사망하고 정확히 백 년 후)쯤에는 너무나 명백한 것이 되었다. 그것은 라플라스가 나폴레옹에게 보낸 유명한 답장에 잘 반영되어 있다. 나폴레옹은《천체역학》한 권을 받자마자, 신을 언급하지 않은 우주의 체계에 대한 작품을 썼다고 꾸짖었다. 그러자 라플라스의 답은 이러했다. "나는 그 가설이 전혀 필요하지 않습니다." 세계는 안정되어 있으며, 뉴턴이 신을 필요로 했던 것과는 달리 우주의 불규칙성을 올바르게 하고, 괴기한 행동을 막기 위하여 그에게 신이 더 이상 필요하지 않았다.

라그랑주와 라플라스의 일반 천문학 이론으로부터 연역해낸 주목할 만한 사실은 특히 여기서 언급할 가치가 있다. 행성 해왕성의 존재와 위치를 순전히 이론적으로 예측한 것이었다. 천왕성의 운동에 나타나는 설명하지 못하는 변이들은 아직 알려지지 않은 행성이 천왕성에 만유인력을 미치고 있기 때문이라고 추론이 이루어졌다. 두 천문학자, 영국의 존 카우치 아담스와 프랑스의 리베리어(U.J.J. Leverrier)가 관찰된 불규칙성 자료와 일반 천문학 이론을 토대로 미리 가정된 행성의 궤도를 계산하였다. 그렇게 되자 관찰자들은 아담스와 리베리어가 수학적으로 결정한 그 시간 그 장소에서 그 행성이 나타나는지 찾아나서게 되었다. 그 행성의 위치가 드디어 확인되었다. 당시 망원경으로 겨우 관찰할 수 있었으며 만일 천문학자들이 예측된 위치에서 그것을 찾으려고 하지 않았다면 거의 눈에 띠지 않았을 것이다. 아담스와 리베리어가 해결한 문제는 거꾸로 작업을 해야 했기 때문에 극도로 어려운 것이었다. 질량과 경로가 알려진 행성의 영향을 계산하는 대신, 그들은 천황성의 운동에 대한 그것의 영향으로부터 미지의 행성의 질량과 경로를 연역해내야 했던 것이다. 그러므로 그들의 성공은 이론의 위대한 승리로 간주되었고 뉴턴의 만유인력의 법칙이 보편적으로 적용된다는 최종적인 증명으로 널리 인정을 받게 되었다.

18세기 중엽, 갈릴레이와 뉴턴의 자연에 대한 양적 접근이 가진 무한한 지혜가 명백히 정립되었다. 그들이 질적으로 물질과 힘을 분석하겠다는 어쩌면 해결될 수 없는 문제를 해결하려 했다면, 그들은 중세학자들이 했던 것에서 한 치도 더 나아가지 못했을지도 모른다. 물질의 구조 문제는 매우 복잡하다. 아닌 게 아니라 원자 이론에 대한 근대 연구로 해서, 우리는 거의 믿을 수 없을 정도의 이 복잡성을 인식하기 시작하였다. 갈릴레이와 뉴턴은 물질구조에 대한 논의를 피하고, 시간과 거리를 이용하여, 즉 가속도를 이용하여 관성과 만유인력의 성질을 측정하는 방법을 보여주었다. 중력 또한 질적 분석을 시도하지 않았다.

사실 뉴턴도 이 힘의 본성이 불가사의라는 것을 인정하였다. 그것이 구천삼백만 마일까지 어떻게 도달하며, 지구를 태양 쪽으로 잡아당길 수 있는가 하는 것도 그에게는 설명할 수 없는 것으로 보였다. 그래서 그는 이에 대하여 어떤 가설도 세우지 않았다. 이 힘의 본질에 대하여 다른 사람들이 연구하길 희망하였다. 사람들은 다른 매개 환경이나 다른 과정 때문에 생긴 압력으로 이를 설명하려고 하였다. 그러나 그 모두 불만족스러운 것으로 판명되었다. 후에 그러한 모든 시도를 포기하였고, 만유인력을 하나의 '공통으로 이해 불가능한 것'으로 받아들이게 되었다. 그러나 만유인력의 물리적 본질에 대하여 전혀 무지했음에도 불구하고 뉴턴은 그것이 어떻게 행동하는지에 대한 수량적 공식을 세웠고, 이는 매우 중요하고도 동시에 유용하였다. 근대 과학의 패러독스는 너무나 적은 것을 추구하였음에도 불구하고 너무 많은 것을 성취했다는 데에 있다.

갈릴레이와 뉴턴의 작업이 가지는 또 다른 중요한 의미가 있다. 코페르니쿠스 이론은 천체를 베일로 가렸던 신비주의, 미신, 신학을 몰아내고, 좀더 합리적인 시각에서 볼 수 있도록 하였다. 뉴턴의 만유인력의 법칙은 구석에 처박혀 있던 거미집을 걷어냈다. 왜냐하면, 행성들이 지구상에서 움직이는 친숙한 물체들과 마찬가지의 동일한 행동 패턴을 따르고 있다는 것을 보여주었기 때문이다. 이러한 사실은 행성들이 평범한 물질들로 이루어졌다는 결론에 추가적이며 압도적인 증거를 제공하는 것이었다. 지구의 부스러기와 함께 천체들의 내용물을 확인함으로써 천체의 본질에 대하여 쓴 엄청난 양의 교리들을 싹 쓸어버렸다. 특히 위대한 그리스인과 중세의 사상가들이 완벽하고 불변인 영적인 천체들과 속세의 불완전한 지구 사이를 구분한 것이 이제는 인간의 상상력이 꾸며낸 것에 지나지 않는다는 것을 너무나 명백히 보여주었다.

지구와 천체들의 확인보다 더 중요한 것은 갈릴레이와 뉴턴의 작업이 보편적이며 수학적인 법칙들의 존재를 확실히 했다는 것이다. 이들 법칙들은 먼지 한 점과 가장 멀리 있는 항성 모두의 행동을 기술하였다. 우주의 어느 구석도 이 영역에서 벗어나지 않았다. 그래서 우주의 수학적 설계에 대한 증거는 엄청나게 강화되었다. 게다가 자연현상들이 이 법칙의 패턴을 변함없이 따르고 있다는 것은 자연의 균일성과 불변성을 주장하는 것이었고, 우주는 끊임없이 신의 의지에 종속되어 있다는 적극적인 신의 섭리에 대한 중세의 믿음에 반대하는 것이었다.

17세기는 질적인 세계가 신의 의지에 종속되어 있음을 발견하였고, 그것을 단지 창조주의 방식과 목적에 의해서만 이해하였다. 그러나 그것은 인류에게 불변의 보편적 수학적 법칙에 따라 실수 없이 작동하는 기계적 우주를 인류에게 물려주었다. 그 시기에 시작된 변화가 거의 문화적 혁명과 다름이 없었다는 사실은 앞으로 더 명백하질 것이다.

이 지적 대변동을 이끈 주요 단계들을 검토함으로써 배운 교훈이 하나 있다. 천체들에 대한 연구를 통하여 에우독소스의 천문학 이론의 형태로 된 최초의 위대한 과학적 종합이 이루어졌다. 이것은 히파르코스와 프톨레마이오스의 양적이면서 실질적으로 유용하고, 매우 영향력 있었던 체계를 뒤따르는 것이었다. 천체들에 대한 심화된 연구는 코페르니쿠스와 케플러의 혁명적 천문학을 낳았다. 지동설을 기반으로 하여 만유인력이라는 보편적 법칙은 논쟁의 여지가 없는 가설이 되었다. 그 법칙의 유효성은 케플러의 법칙들을 그 가설로부터 연역해냄으로써 검증되었다. 마지막으로 라그랑주와 라플라스의 천문학적 작업은 자연에 보편적 수학 법칙들이 지배하고 있음을 의심하는 모든 것을 제거하였다. 이 역사에서 얻을 수 있는 교훈은 실용적인 '실무가'보다 별을 응시하는 호기심 많은 사람이 이 세계에 대하여 더 많은 것을 말해줄 수 있다는 것이다. 심지어 우리 바로 옆의 환경에 스며들어 있는 그런 자연 현상들에 대한 최선의 지식도 실용적인 문제를 추구하는 것에서 얻을 수 있는 것이 아니라 천체에 대하여 숙고함으로써 얻어진다는 것이다. 모든 현상, 심지어 완전히 설명할 수 없는 현상들까지도 자연의 비정상적인 행위가 아니라 규칙적인 것으로 보려고 하는 인간의 법칙 의식, 즉 초자연적인 개입을 법칙으로 대체하려는 이러한 습관들은 인간의 즉각적인 문제에서 눈을 돌려, 가장 거리가 먼 별들의 운동을 연구함으로써 개발되었던 것이다.

코페르니쿠스, 케플러, 갈릴레이, 뉴턴의 작업은 많은 꿈을 실현 가능하게 하였다. 고대와 중세의 점성술가들도 자연의 방식을 예측하려는 꿈과 희망을 가지고 있었다. 또한 베이컨과 데카르트가 인간 복지의 향상을 위하여 자연을 지배하려고 발전시킨 계획도 있었다. 인간은 두 가지 목표, 즉 과학적 목표와 기술적 목표를 향하여 한 걸음씩 앞으로 나아가고 있었다. 보편적 법칙은 확실하게 자신들이 구성한 현상들의 예측을 가능하게 했다. 그리고 자연의 지배는 이제 이를 예측할 수 있는 단계에 거의 접근할 수 있게 되었다. 왜냐하면 자연의 확실한 경로를 앎으로써 기계 장비에 자연의 성질을 이용하는 것이 가능했기 때문이다.

자연을 탐구하고 이해하려는 또 다른 프로그램은 갈릴레이와 뉴턴의 작업에서 그 완성을 보았다. 수의 관계가 우주의 핵심이며, 모든 사물들은 수를 통하여 알 수 있다는 피타고라스와 플라톤 철학 공식을 통하여 현상들의 양적 측면을 관계 지으려는 갈릴레이의 계획의 본질적 요소이다. 이 철학은 비록 종종 피타고라스 학파 학자들과 함께, 수를 모든 창조된 물체의 형식이자 원인으로 보는, 다소 거대한 신비주의적 창조이론의 일부이긴 하였지만, 중세를 통하여 살아남았다. 갈릴레이와 뉴턴이 피타고라스의 원리에서 모든 미신적 연상들을 벗겨버리고, 그것에 근대 과학의 유행을 만든 그 스타일로 새 옷을 갈아입혔던 것이다.

15 달아나는 순간 포착하기 : 미적분학

사과 한 알이 떨어지는 것을 보았을 때, 뉴턴은 알았다.
조금 놀랐지만 심사숙고 끝에
이 사과가 다음과 같이 말하는 것을.
(나는 땅 위에서 답하지 않으리라, 어떤 성현의 말씀에도, 계산을 위해서도 답하지 않으리라.)

'만유인력'이라는 매우 자연스러운 인력에 의해
지구의 회전을 증명하는 한 방식으로,
떨어짐 그 자체를 또는 사과 한 알의 의미를 아담 이래 파악할 수 있는 유일한 사람이니.
그것을 파악할 수 있는 유일한 사람이다.
–로드 바이런

보편적 법칙을 도출하기 위해서는 또 한 시대를 더 기다려야만 했다. 근대 과학 활동의 목적과 방법을 구축하였던 데카르트나 갈릴레이 그리고 뉴턴과 같은 선구자를 그리고 이들의 사고를 도와주는 전문용어들이 나타나려면 시간이 걸렸던 것이다. 그러고도 없어서는 안 될 도구인 미적분학이 나타나기를 또한 기다려야 했다. 아닌 게 아니라 미적분학이 없었다면 보편적 법칙의 도출은 불가능했을 것이다. 17세기 천재들이 탐험하였던 사고의 줄기 중에서 가장 풍부한 열매를 얻은 것으로 입증된 것이 바로 미적분학이다. 이미 논의한 많은 보편적 법칙들을 도출하는 데에 중요한 가치가 있음은 말할 것도 없고, 여러 수많은 새로운 과학적 기획들을 실행할 수 있도록 하였기 때문이다.

천재는 자신의 시대와 완전히 단절되어 있다는 일반인들의 믿음과는 반대로, 17세기 위대한 지성인 페르마, 뉴턴, 그리고 라이프니츠 이 세 사람은 서로 독립적으로 연구를 했지만 모두가 공통의 과제인 미적분학 문제에 몰두하게 되었다. 페르마는 프랑스에서, 뉴턴은 영국에서, 라이프니츠는 독일에서 연구하였다. 우리 이야기에 처음 등장하는 천재 삼인방 중의 세 번째 인물인 라이프니츠(Gottfried Wilhelm Leibniz)는 1646년 라이프치히에서 태어나, 15세의 나이에 라이프치히 대학에 입학한다. 겉으로는 법학을 공부하겠다는 목적이었으나 실질적으로는 모든 것을 공부하겠다는 의도를 내심 지니고 있었다. 그가 라이프치히를 떠난 직후 법에 관하여 한 편의 글을 썼는데, 그 글이 마인츠 제후의 눈에 띄어 라이프니츠는 외교관으로 임명되었다. 그러나 불행하게도 이 시기에 라이프니츠가 공부할 수 있는 시간은 매우 제약되었다. 가난 때문에 그는 독일의 군주들을 위한 심부름 소년으로 계속 일을 해야만 했기 때문이다. 그러다가 1676년 그는 하노버 제후의 비서이자 사서로 임명되었다. 비록 외교적 임무를 위해 여전히 많은 여행을 해야 했지만, 전에 비하면 꽤 많은 여유 시간을 얻을 수 있었다. 그는 이 여가 시간을 이용하여 논문, 수필, 편지를 쓸 수 있었다. 이 글들은 법, 종교, 정치, 역사, 철학, 문헌학, 논리학, 경제학 그리고 물론 과학과 수학에 지대한 공헌을 한 것들로 모두 25권을 채우고도 남았다. 모든 학문에 보편적 재능과 관심을 가진 이 사람은 이후 '걸어 다니는 학교'라는 별명을 가지게 되었다.

15-1. 라이프니츠

당시는 이미 능력 있는 수많은 수학자들이 미적분학 분야의 발전에 많은 기여를 해놓은 상태였다. 그러므로 페르마, 뉴턴 그리고 라이프니츠의 업적은 그들 선배들이 장기간에 걸쳐 이루어놓은 노력의 연장이자 그 절정이라고 해야 할 것이다. 개인적인 천재성이 기여하는 바가 아무리 위대하다 할지라도 명백히 그 사고의 정신과 실질적인 내용들은 그 시대에 한정된다. 천재의 공헌은 특정한 시대가 불러일으킨 아이디어를 감지하고 열매 맺는 일이다. 그렇게 형성된 아이디어는 다시 그 사회의 중심 사고로 사회를 위해 공헌하게 된다.

시대와 천재와의 관련에 대하여 어떠한 결론을 내리든 상관없이, 17세기 미적분학의 개념들은 너무나 대단한 것이었기 때문에, 영국에서 분 산들바람이 뉴턴의 아이디어를 라이프니츠에게 전달한 것은 아닌가를 가지고 뉴턴의 친구들과 라이프니츠의 친구들 사이에 논쟁이 일어나기까지 하였다. 그 논쟁이 낳은 앙금은 너무나 심해 가장 합리적인 주제라 할 수 있는 이 영역의 주도적 사상가들조차 국수적 감정에 치우치게 되었다. 그 결과 영국과 유럽 대륙의 수학자들은 뉴턴과 라이프니츠가 서거한 후 거의 100년 동안 아이디어나 서신도 교환하지 않을 정도였다. 그 어느 쪽도 상대방의 연구에 대하여 합리적으로 그리고 공손하게 논평조차 하지 않았다. 이 사태에서 딱 한 가지 예외가 있다면, 그것은 매우 관대했던 라이프니츠의 다음과 같은 한마디였다. 즉 “만일 세상이 창조될 때부터 뉴턴이 살았던 시대까지의 수학을 한 덩어리로 본다면, 뉴턴이라는 한 영국인의 업적은 가히 그 절반을 족히 차지할 것이다.”

페르마와 뉴턴, 라이프니츠가 수학을 연구했던 시기에 유럽의 수학자들은 아주 특별히 어려운 문제, 즉 어떤 변수의 순간 변화율을 해결하기 위한 연구를 공동으로 하고 있었다. 이 세 사람이 이루어낸 결정적인 공헌을 살펴보기 전에 그들이 맞닥뜨렸던 문제의 본질이 무엇인지를 먼저 명확히 할 필요가 있다.

끊임없이 변화하는 수량, 즉 변수를 다룰 때에는 변화와 변화율을 구분할 필요가 있다. 총알이 공기를 통과해서 지나갈 때에 총알이 지나가는 거리와 시간은 계속 변화한다. 그러나 총알이 사람에게 맞는 순간, 중요한 것은 바로 그때의 속도, 즉 시간에 따른 거리의 변화율이지, 그 동안까지의 거리나 시간이 아니다. 만일 그 속도가 시간당 1마일이라면, 총알은 그 사람에게 아무런 상처도 입히지 않고 그저 발 밑에 떨어지게 될 것이다. 만일 속도가 시간당 천 마일이라면, 그 사람은 곧 닥칠 위험을 피하기 위해 신속하게 땅에 엎드릴 것이다. 명백한 사실은 변화하는 수량, 즉 변량의 변화율이 적어도 그들이 변화하고 있다는 사실만큼이나 중요하다는 점이다.

변량의 변화율 중에서 우리는 평균 변화율과 순간 변화율을 구분해야 한다. 만일 어떤 사람이 뉴욕에서 필라델피아까지 자동차를 타고 세 시간에 90마일을 간다면, 그 사람의 평균 속도, 즉 시간에 따른 거리의 평균 변화율은 시간당 30마일이 될 것이다. 그러나 이 숫자가 반드시 여행 도중의 특정 시간, 가령 3시 정각의 속도를 나타내는 것은 아니다. 이 여행자가 3시 정각이라는 시간에 자신의 자동차 속도계를 보고, 시속 35마일로 달리고 있음을 알았다고 가정해보자. 이 수량이 바로 순간 속도로, 즉 3시 정각의 시간에 대한 거리의 순간 변화율이다. 물론 그것이 반드시 그 이전, 또는 그 이후 어느 순간의 속도는 아니다. 어쩌면 어떤 순간에서의 시간은 말할 수 없으며, 따라서 순간적인 움직임이란 있을 수 없기 때문에 한순간의 속도라는 것은 있을 수 없다고 주장할 수도 있다. 현재로서는 그냥 단순하게 어떤 사람이 자동차로 여행할 때에 순간순간마다 어느 특정한 속도로 움직이고 있다는 주장을 우리의 경험에 의해 인정할 수 있을 것이다. 길을 걷다가 어느 순간에 나무와 부딪힌다는 것을 상상해보면, 의심스럽게 생각하던 독자들도 쉽게 납득할 수 있을 것이다.

순간 속도를 다루어야 할 필요성은 특히 어떤 물체가 다양한 속도로 움직이고 있을 때이다. 그렇지 않다면, 평균 속도라는 개념으로도 충분할 것이다. 17세기 과학자들이 만나게 된 가장 큰 문제가 바로 속도의 변화라는 것이다. 예를 들어 케플러의 제2법칙에 따르면, 행성들은 그리스인들이나 르네상스 이전의 과학자들이 믿었던 것처럼 동일한 속도로 움직이는 것이 아니라 계속 변화하는 속도로 움직인다. 이와 마찬가지로 갈릴레이에 따르면, 지구 표면 가까이에서 상승하거나 하강하는 물체들은 끊임없이 변화하는 속도로 움직인다. 그 당시 집중적으로 연구되던, 추와 발사체의 운동은 모두 변화하는 속도와 관련이 있었다. 그러나 당시 이와 같은 운동을 연구하는 연구자들은 순간 속도에 대하여 확실하게 이해하지 못했을 뿐 아니라 그에 대한 계산 방법도 모르고 있었다.

우리는 먼저 평균 속도를 구하는 방법으로 순간 속도를 구할 수 없다는 사실을 이해해야만 한다. 순간이라는 것에는 지나간 거리도 0이고, 지나간 시간도 0이라는 뜻이 들어 있으므로, 0을 0으로 나누는 것은 의미가 없기 때문이다. 이 문제에 대해서 조금만 생각해보아도, 독자들은 순간 속도를 정의하고 계산하는 문제를 해결하기 위해서는 특이한 해결책이 필요하다는 것을 깨닫게 될 것이다. 바로 이 문제에 페르마, 뉴턴, 그리고 라이프니츠가 그들의 천재성을 활용한 것이다.

먼저 그들의 수학적 접근이 어떤 것이었는지 간단히 기술해보도록 하자. 만일 한 자동차가 오후 2시에 뉴욕을 출발하여 오후 5시에 필라델피아에 도착한다면, 평균 속도는 지나간 거리인 90마일을 그 거리를 가는 데 필요한 시간인 3시간으로 나눈 결과라는 사실에 우리는 이미 동의하였다. 즉 평균 속도는 시간당 30마일이 되는 것이다. 그렇다면 3시 정각, 그때의 속도에 대하여 우리는 무슨 말을 할 수 있을까? 평균 속도는 시간당 30마일이지만, 3시 정각의 속도는 시속 40마일일 수도 있고 어떤 다른 속도이어도 상관이 없다. 우리는 이 문제에 대해 3시를 전후하여 짧은 시간 동안의 평균 속도를 살펴봄으로써 그 해결책을 생각해볼 수 있다. 만일 자동차가 3시부터 1분간 0.6마일을 갔다면, 이 1분간의 평균 속도는 0.6마일 나누기 1분, 즉 시속 36마일이 될 것이다. 그렇다면 이것이 3시의 평균 속도인가?

물론 1분이라는 시간은 꽤 짧은 시간이지만, 이 1분간의 평균 속도는 3시 정각의 속도와는 전혀 다른 것일 수도 있다. 왜냐하면, 자동차는 이 1분간에도 얼마든지 속도를 빠르게 하거나 늦출 수 있기 때문이다. 그러면 다시 3시 정각을 기준으로 시간의 간격을 줄여보도록 하자. 이제 1초간의 평균 속도, 아니 1/10 초간, 1/100 초간, …의 평균 속도를 계산할 수 있다. 평균 속도를 계산하는 시간의 간격이 짧으면 짧을수록, 그 시간의 평균 속도는 3시 정각의 속도와 가까워질 것이다.

점점 시간의 간격을 줄여 계산한 평균 속도가 3시 정각에 가까워질수록 36, $35\frac{1}{2}$, $35\frac{1}{4}$, $35\frac{1}{8}$, …로 나왔다고 가정해보자. 3시까지의 시간 간격이 작아지면 질수록 3시 정각의 속도에 대한 추정치에 가까워지므로, 우리는 3시의 순간 속도를 시간 간격을 점점 0에 가까워지게 할 때 평균 속도의 극한값으로 정의할 수가 있다. 평균 속도—36, $35\frac{1}{2}$, $35\frac{1}{4}$, $35\frac{1}{8}$, …—의 경우, 이들 값은 35에 접근하고 있다고 생각할 수 있고, 그래서 35를 3시의 순간 속도로 볼 수 있는 것이다. 여기서 순간 속도는 거리를 시간으로 나눈 몫이 아니라는 사실에 주목해야 한다. 오히려 평균 속도가 한없이 가까워지는 어떤 일정한 값을 순간 속도로 받아들인 것이다.

이제 순간 속도 구하는 방법을 좀더 상세히 살펴보도록 하자. 낙하하는 물체가 떨어지는 거리와 시간의 관계에 대한 실제 공식을 예로 들어, 공을 떨어뜨린 후 정확히 3초 되는 순간의 속도를 계산해보자. 갈릴레이에 따르면, 낙하하는 거리를 피트 단위로 나타내고, 경과한 시간을 초로 나타낼 때 그 관계는 다음과 같다.

$$d = 16t^2 \tag{1}$$

3초 후의 거리 d_3를 구하려면 이 식의 t에 3을 대입하여 얻을 수 있

다. 즉,

$$d_3=16\cdot3^2=144$$

3시를 전후하여 자동차 속도를 계산할 때와 마찬가지로, 마지막 3초에 가까운 여러 시간 간격에 대하여 평균 속도를 계산하는 대신, 이번에는 좀더 효율적으로 다음과 같이 계산해보기로 하겠다.

시간 간격을 h로 나타낸다고 하면, $3+h$는 3초에서 h만큼 경과한 어느 시각을 나타내게 된다. 공이 $3+h$초간 얼마나 먼 거리를 떨어지는가 알아보려면 공식 (1)의 t에 이 시간 값을 대입하면 된다. 이때의 새로운 거리는 144가 아니라 d의 다른 값이 된다. 이제 그것을 d_3+k라고 불러보자. k값은 추가적인 h초간 움직인 거리가 된다.

$$d_3+k=16(3+h)^2$$

$(3+h)$를 제곱하면, 다음과 같은 식을 얻을 수 있다.

$$d_3+k=16(9+6h+h^2)$$

이제 괄호의 각 항을 16으로 곱해보자. 그 결과는 다음과 같다.

$$d_3+k=144+96h+16h^2 \tag{2}$$

그리고 3초라는 시간에 떨어진 거리는 이렇게 된다.

$$d_3=144 \tag{3}$$

h초간 떨어진 거리의 변화인 k의 값을 얻기 위해서, 우리는 등식 (2)에서 등식 (3)을 뺄 수 있다. 그러면 결과는 다음과 같다.

$$k=96h+16h^2 \qquad (4)$$

자동차의 평균 속도를 구하기 위해 거리 90마일을 3시간으로 나눈 것처럼, 거리 k를 그 거리를 가는데 필요한 시간인 h로 나누어보자. 그러면 h초간의 평균 속도를 얻을 수 있게 된다. 식 (4)의 양편을 모두 h로 나누면, 다음 식을 얻는다.

$$k/h=96+16h \qquad (5)$$

식 (5)로부터 평균 속도 k/h는 h에 대한 함수이며, 그 함수값은 $96+16h$가 된다는 사실을 알 수 있다. h가 작아짐에 따라, 3초 중 마지막 1초로부터의 간격이 점차 작아지면서 나타나는 평균 속도가 k/h가 된다. 우리는 위에서 이 평균 속도들이 점차 가까워지는 값을 3초의 마지막 순간 속도로 받아들인다는 사실에 동의하였다. 그러므로 우리는 h가 0에 가까워짐에 따라 k/h가 접근하게 되는 값이 얼마인지를 보면 된다. 식 (5)의 오른편에서 보듯 k/h는 96이라는 값에 가까워진다. 그러므로 3초라는 마지막 순간 속도는 96ft/sec이 된다. 이것은 어떤 물체든지 진공 속에서 3초간 떨어질 때 얻게 되는 속도이다.

독자들은 96이라는 숫자를 순간 속도로 결정하기 위해서 먼저 h가 0에 가까워질 때 식 (5)의 오른편이 어떻게 변화하는지 주목해야 한다. 우리는 h가 작아지면 질수록 $96+16h$가 96에 가까워진다고 추론하였다. 그 사고의 과정은 단순히 h 대신 0을 넣는 것과 동일한 것이 아니다. 물론 이 간단한 함수에서는 대입함으로써 동일한 결과를 얻을 수 있지만 말이다.

이제 왜 두 사고의 과정이 같지 않은지를 살펴보자. h가 0이면, k는 0이 된다. 왜냐하면, k는 시간 h 동안 공이 움직인 거리를 나타내기 때문이다. 그래서 h가 0이 되면, $k/h=0/0$이 되고, 이는 의미 없는 표현이 된다. 그래서 k/h라는 표현에 h 대신 0을 대입함으로써 3초의 마지막 순간 속도를 얻을 수 있다고 말하는 것은 틀린 것이다. 그러나 순간 속도를 계산하기 위해서 시간의 변화를 한없이 0으로 할 때 평균 속도가 한없이 가까워지는 값을 순간 속도로 보는 것이 논리적으로 올바르다. 그리고 이것은 순간 속도라는 개념이 갖는 어려움을 극복하기 위해서 도입된 아이디어이다. 물론 그 모두가 시간 간격이 0은 아니므로 평균 속도를 계산하는 데는 어려울 것이 없기 때문이다.

이제 순간 속도 개념에 대해서 알아보자. 그것은 평균 속도가 계산되는 시간의 간격이 0에 가까워질 때 평균 속도가 한없이 가까이 가는 값이다. 시간과 거리의 관계로 나타난 공식으로부터 순간 속도를 계산하는 방법을 얻었다는 사실은 매우 중요하다. 덧붙여 말하자면, 만일 3 대신 t초 때의 속도를 계산하였다면, 그 결과는 속도 v가 $32t$와 같다고 나왔을 것이다. 그래서 우리는 어떤 순간 t이든 그때의 속도를 계산하는 공식을 얻을 수 있다.

방금 살펴본 사고 과정이 수학의 특징이다. 순간 속도의 개념을 다루기 위하여 수학자들은 시간과 공간을 이상화하였다. 그래야 시간상의 순간과 공간상의 어느 점에 존재하는 무언가에 대해서 말할 수가 있기 때문이다. 그리고 순간에서의 속도를 얻을 수 있다. 잘 모르는 사람들은 자신의 상상력과 직관이 순간, 점, 그리고 순간에서의 속도라는 관념들에 의하여 제약을 받는다고 생각한다. 그리고 오히려 아주 짧은 시간 동안의 속도를 이야기하는 것이 더 낫다고 생각할 수도 있다. 그러나 수학자들은 이상화를 통하여 순간 속도의 개념을 만들었을 뿐 아니라 순간 속도의 공식도 만들어내었다. 그 개념과 공식은 충분히 작은 시간 동안의 평균 속력이라는 개념만큼이나 정확하고 오히려 응용하기가 더 쉽다. 이상화한 개념과 공식에 따라서 상상력은 위축될 수 있지만, 지성은 도움을 받는다. 이것이 수학의 패러독스이며, 우리는 이미 다른 천재에게 이러한 사실을 목격했다. 외관상 어려워보이는 것들을 도입함으로써 복잡한 문제들을 단순하고 쉽게 만든 것이다.

순간 속도를 정의하고 계산하는 방법은 이제까지 보아서 알 수 있는 것보다 훨씬 더 널리 응용된다. 수학의 어떠한 것도 d는 거리를, t는 시간을 나타내야 한다고 요구하지 않는다. 우리는 이 변수들에 어떤 물리적 의미도 부여할 수 있으며, 변수의 변화율, 즉 한 변수의 값에 따른 다른 변수의 값의 비율을 앞에서 했던 동일한 수학적 절차를 통하여 얻을 수가 있다. 예를 들어, d가 속도를 나타내고 t가 시간을 나타내면, 우리는 어떤 순간의 시간에 따른 속도의 변화율을 계산할 수 있다. 이 속도변화율이 순간 가속도이다. 또 다른 예로써, 대기의 압력은 지표상의 고도에 따라 변화한다. 이 함수에 대해서도 우리는 어떤 주어진 고도에서의 높이에 따른 압력의 변화율을 계산할 수가 있다. 또한 만일 변수 d가 상품의 가격 수준을 나타내고, t가 시간을 나타낸다면, 우리는 어떤 순간의 시간에 대한 가격의 순간변화율을 계산할 수 있다. 그리하여 우리는 이러한 방법을 통하여 한 변수에 대한 다른 변수의 중요하고도 유용한 변화율을, 두 번째 변수에 임의의 값을 대입함으로써 수천 가지도 넘게 정의하고 계산할 수가 있다. 이왕 내친 김에 더 말하자면, 그런 모든 비율을 순간비율이라 부를 수 있다. 물론 속도와 가속도라는 원래 미적분 문제들은 시간과 관련이 있고, 어떤 순간에서의 비율에 관심이 있었지만, 이들 새로운 순간비율들은 시간이라는 변수를 포함하지 않을 수도 있다. 이제 미적분학은 이 개념을 다양하게 응용하여 한 변수에 대한 다른 한 변수의 순간변화율을 취급하는 하나의 학문으로 정의된다.

한 변수에 대한 다른 변수의 순간변화율은 보통 특별한 기호로 지칭된다. 만일 두 개의 변수가 y와 x라면, 일반적으로 사용되는 기호인 D_xy로 표기하며 이는 x에 대한 y의 도함수라고 읽는다. (보통 흔하게 사용되지만 종종 잘못 오해되는 기호로 dy/dx가 있다.) 두 기호 모두 수학적 언어의 정밀함을 보여주는 훌륭한 예이다. 한 단어가 들어가기에도 작은 공간에 표기된 이 기호는 독립 변수 x에 대한 다른 변수 y의 순간변화율을 구하는 연산 전체의 결과를 보여준다. 얼마나 많은 것들이 이 기호 속에 구성되어 있는지를 우리는 알 수 있다. 명백히 그러한 기호의 사용은 미지수를 나타내기 위해 문자 x를 사용하는 것에서 한 걸음 더 나아간 것이다. 좀더 발전된 고등수학은 이렇게 기호를 효과적으로 사용하여 복합적인 개념들을 표현한다는 점에서 기초 수학과 다르다.

이제까지 살펴본 순간변화율의 개념을 적용할 때에 우리는 두 변수의 관계식에서 시작하여 변화율을 알아보았다. 그렇다면 만일 한 변수에 대한 다른 변수의 변화율이 주어져 있을 때 거꾸로 두 변수의 관계식을 찾는 반대의 과정은 의미가 있을까? 물론 변화율을 찾는 과정을 거꾸로 하는 과정이 의미 있는가 하는 문제는 우선 중요한 변화율을 알고 있는가 또는 그렇지 않은가에 달려 있을 것이다. 다행히도 이러한 정보는 수많은 자연 현상이나 사회 현상으로부터 쉽게 얻을 수 있다. 이들로부터 관계식을 만들 수 있고 여러 문제를 해결할 수가 있다. 실질적인 사례를 예로 들어보자.

가령, 어떤 물체가 떨어지는 거리와 이때 걸린 시간이라는 두 변수의 관계식을 찾는데 관심이 있다고 하자. 낙하하는 물체의 가속도가 동일하다는 것은 앞장에서 살펴본 바와 같이 뉴턴의 법칙에 따라 논리적으로 추론된 결과이다. 다시 말하여 시간에 대한 속도의 변화율은 어떤 순간이건 동일하다. 갈릴레이가 행한 간단한 실험들을 통하여 우리는 이 상수값이 32ft/sec^{2}이라는 것을 알고 있다. 만일 a가 가속도를 나타낸다면 다음이 성립한다.

$$a=32 \tag{6}$$

로키 산맥 위를 날아가는 비행기, 총에서 발사되어 날아가는 총알, 공중으로 던져진 공 등 지구 위 공중에 떠 있는 모든 물체들은 이러한 하강 가속도를 가지고 있다.

이제 a는 시간에 대한 속도의 순간변화율이 되었다. 우리는 그것이 속도 v와 시간 t의 관계식에서 나온 것이라 생각할 수 있다. 만일 우리가 이 관계식을 발견할 수 있다면, 이는 시간에 의해 표현된 속도일 것이다. 우리는 변화율을 찾는 과정을 거꾸로 되짚어감으로써 그 관계식을 얻을 수 있다. 독자들은 이미 속도와 시간의 관계를 나타내는 다음 식을 알고 있을 것이다.

$$v=32t \tag{7}$$

또는 t에 대한 v의 변화율을 찾음으로써 이 식이 맞는지, 즉 식 (6)처럼 결과가 나오는지를 확인할 수 있다. 그러나 식 (7)은 우리가 찾는 답이 아니다. 왜냐하면, 이 공식은 주어진 시간에 물체가 떨어지는 매 순간마다의 속도를 나타내는 반면, 우리가 알고 싶은 것은 시간과 거리의 관계이기 때문이다. 그런데 속도는 시간에 대한 거리의 변화율이다. 그러므로 t초간 물체가 떨어진 거리를 찾기 위해서는 식 (7)이 순간변화율을 나타낼 수 있도록 새로운 관계식을 찾아야만 한다. 다시 변화율을 찾는 과정을 거꾸로 하여, 우리는 물체가 떨어진 거리 d와 경과된 시간인 t의 관계를 나타내는 관계식을 얻을 수 있다. 그 결과 다음과 같은 식을 얻을 수 있다.

$$d = 16t^2 \tag{8}$$

t에 대한 d의 변화율이 식 (7)이라는 사실을 보면, 이 결과가 옳다는 것을 알 수 있다. 그러므로 순간변화율을 찾는 과정을 두 번 거꾸로 하여, 우리는 낙하하는 물체가 지나간 거리와 시간의 관계식을 얻게 된 것이다.

변화율에 대한 정보를 가장 흔하게 얻을 수 있는 문제 중에서 하나만 더 예로 들어도 변화율로부터 관계식을 발견하는 과정이 얼마나 중요한지 충분히 알 것이다. 뉴턴의 두 번째 법칙, 즉 물리학의 가장 근본적인 탐구의 기반이 되는 법칙이 바로 변화율에 대한 진술이다. 그 법칙에 따르면, 한 물체에 작용하는 힘은 그 물체의 운동 가속도 곱하기 물체의 질량과 동일하다. 이제 힘의 크기를 알면, 이 법칙은 가속도, 즉 시간에 대한 속도의 변화율에 대한 진술이 된다. 그러면 위에서처럼 식 (6)에서 식 (7)로 진행함으로써 그 힘이 작용하는 상황에서의 시간과 거리에 관계된 관계식을 얻을 수 있다. 변화율을 찾는 과정을 거꾸로 함으로써 얻는 관계식들은 다른 방식으로는 얻을 수 없는 것들이 아주 많다.

순간변화율과 관련된 표현들은 대개 (6), (7)로 쓰인 것처럼, 방정식의 형태로 쓰이며, 이를 미분방정식이라 부른다. 미분방정식은 한 변수에 대한 다른 한 변수의 순간변화율에 대하여 몇 가지 사실을 나타내 준다. 미분방정식으로부터 이 변수들의 관계식을 발견하는 과정이 미분방정식의 해를 찾는 과정이다. 뉴턴이 케플러의 법칙을 그렇게 쉽게 연역할 수 있었던 것은 바로 이 유명한 미분방정식을 해결함으로써 가능했던 것이다. 미분방정식은 과학의 모든 분야를 공식화하고 발전시키는 가장 효과적인 수단이기 때문에 혹시 자연과 신이 그런 방정식을 통하여 '말하기'를 하는 것이 아닌가 종종 생각되기도 한다.

만일 미적분학의 실용적 용도에 관심이 있다면, 순간변화율을 찾는 과정을 거꾸로 하여 곡선의 길이, 곡선을 경계로 한 도형의 넓이, 면을 경계로 한 도형의 부피 등등, 이 식이 아니었다면 얻을 수 없는 수많은 수치들을 찾는 데 어떻게 적용될 수 있는가를 보는 것이 도움이 되리라. 먼저 미적분학이 그러한 응용에 어떻게 관련되어 있는지 알아보자.

간단한 예로서, 그림 15-2에 나타난 넓이를 살펴보자. 우리는 이 넓이가 점 P(길이가 0)에서 출발하여 수직선 AB를 오른쪽으로 움직인 자취에 의해 형성되었다고 생각할 수 있다. 선분 AB가 어떤 위치에 있든지 간에 그 넓이는 그림과 같이 빗금 친 부분이다. 이제 AB가 오른쪽으로 움직인다면, 넓이는 선분 AB의 길이가 증가하는 속도와 동일하게 증가할 것이다. 선분 AB가 어느 위치에서 다른 위치로 이동할 때 그 길이는 변화하기 때문에 이에 따라 형성되는 넓이도 선분의 위치마다 다르게 되므로 이때 순간변화율의 개념이 등장하게 된다. 그림에 나타난 넓이와 다른 도형의 넓이를 실제로 어떻게 구할 수 있는지 완벽하게 알려면, 미적분학의 순수한 기술적 측면까지 너무 깊이 들어가야 할 것이다. 한편으로는 변화율의 일반 개념과 또 한편으로는 길이, 넓이, 부피

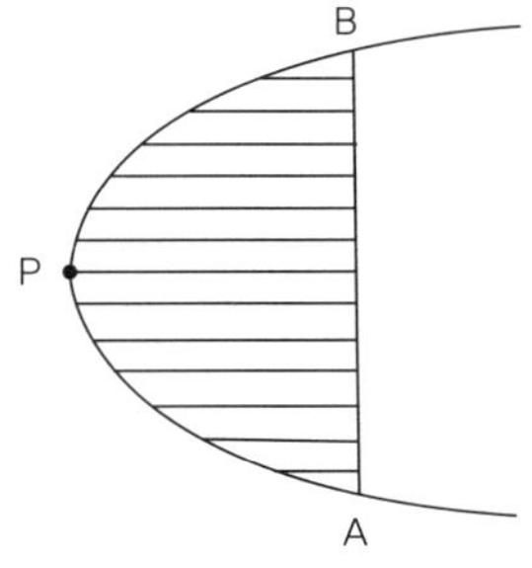

15-2. 선분의 길이가 변화하면서 형성되는 도형의 넓이

의 결정이 서로 관계가 있음을 인식한 것이 바로 미적분학에 있어서 뉴턴과 라이프니츠가 이룬 단 하나의 가장 위대한 발견이라 하겠다.

깡통을 효율적으로 생산한다는 것도 우리 문명 사회에서는 하나의 수학적 아이디어를 연구하는 데에 충분한 동기가 된다. 수학의 다른 분야와 마찬가지로 미적분학이 주목할 만한 가치가 있는 이유는, 그것이 근대 문명과 문화의 창조에 지대한 역할을 수행했기 때문이다.

물론, 과학 법칙을 도출하는 데 미적분학 기술이 사용되었다는 것은 이미 설명한 바 있다. 게다가 뉴턴이 운동을 지배하는 보편 법칙의 발견에 성공한 것에 힘입어, 다른 물리학 분야의 과학자들도 그러한 법칙을 찾으려고 노력하기도 하였다. 결과적으로 거대한 자연 현상 집단을 포괄하는 기본적 법칙이 전기, 빛, 열, 음향과 같은 영역에서 발견된다. 그러나 미적분학이 탄생하면서 나타나는 가장 중요한 발전에 대해서 우리는 아직 언급조차 하지 않았다.

다른 모든 사람들처럼 과학자들은 쉽게 만족하지 않는다. 일단 어느 정도의 성공을 거두게 되면, 그들은 즉시 더 큰 성공을 바라게 된다. 18세기 과학자들은 미적분학이라는 강력한 무기를 가지고 있었기 때문에 용기가 충천하였으며, 처음 이루어낸 성공에 자극을 받아 물리학 몇 개 분야의 보편적 법칙조차도 전체 우주를 설명할 수 있는 단 하나의 보편적 법칙으로부터 모두 연역될 수 있을 것이라는 생각까지 감히 할 수 있었다. 최소한 그들은 몇 개의 과학 분야를 단 하나의 일반 수학 법칙 아래 결합할 수 있기를 희망하였던 것이다. 그것은 용기와 능력의 승리였다. 아닌 게 아니라 수학자들과 과학자들은 광대한 과학적 발전 과정을 안내해줄 뿐 아니라 우주의 설계에 대한 기본 원리로서 받아들여질 수 있는 완전히 새로운 원리를 발견하였다. 미적분학과 우주 계획과의 관련성은 좀더 명료히 살펴볼 필요가 있다.

공을 공중으로 똑바로 던진다고 생각해보라. 그리고 그것이 땅 위로부터 도달할 수 있는 최대한의 고도를 알아야 한다고 가정해보자. 미적분학은 이 질문에 대한 답을 쉽게 알려준다. 예를 들어 땅 위로 올라간 공의 높이 h는 다음 식에 따른다고 생각해보자.

$$h = 128t - 16t^2 \tag{9}$$

여기서 t는 공을 던져 올린 순간부터 경과된 시간을 나타낸다. 공은 처음 출발하면서 올라가기 때문에 h는 t와 함께 증가한다. 그러나 만유인력이 위로 올라가는 속력과 반대로 작용하기 때문에 공의 속도는 감소하게 된다. 공은 그 속도가 0이 될 때까지 계속 올라간다. 공은 가장 높이 올라갈 수 있는 지점까지 계속 올라간다. 따라서 만일 속도가 0이 되는 순간을 알 수 있다면, 적어도 공이 최대 높이에 있는 순간만은 알 수가 있다. t에 대한 h의 순간변화율을 찾는 과정을 식 (9)에 적용하면, 속도를 다음 공식에 의해 구할 수 있음을 알게 될 것이다.

$$v = 128 - 32t \tag{10}$$

속도 v는 공이 가장 높이 오른 순간 0이 된다. 그래서 식 (10)에, $v=0$을 대입하면, 공이 가장 높이 올라갔을 때의 시간 t가 이 방정식을 만족시켜야 한다.

$$0 = 128 - 32t$$

명백히 $t=4$라는 답은 이 방정식의 해이다. 그리고 이 공은 땅을 떠난 후 4초였을 때 가장 높은 곳에 있다. 그때 공의 높이는 얼마인가? 식 (9)는 어떤 순간에서든 그 공의 높이를 구할 수 있게 한다. 이 식의 t 대신에 4를 대입하면 다음과 같다.

$$h=128\times4-16\times4^2=256$$

그리하여 공이 올라간 최대 높이는 지상에서 256피트가 된다. 이 설명의 요점은 미적분을 이용하면 순간변화율이라는 개념으로 위의 예에서처럼 변수 h의 최대값을 알 수 있다는 것이다. 최소값을 갖는 변수도 동일한 절차를 적용하면 구할 수가 있다.

18세기, 과학자들은 수많은 현상 속에서 자연의 움직임은 최대값 또는 최소값을 가지도록 이루어진다는 사실을 알게 되었다. 예를 들어, 점 A에서 거울로 그리고 다시 점 B(그림 6-3 참조)로 움직이는 광선은 여러 경로를 거칠 수 있다. 그러나 그리스인들이 발견한 바와 같이, 직선은 최단 경로를 택한다.

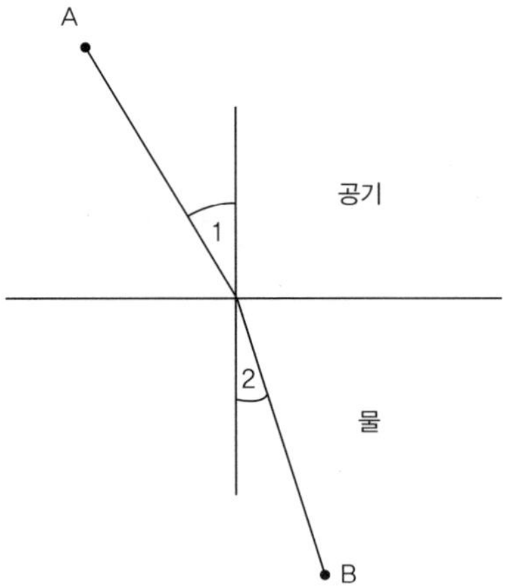

15-3. 굴절된 빛도 최소한의 시간을 필요로 하는 경로를 택한다.

빛은 균질한 대기 속에서 동일한 속도로 움직이기 때문에, 최단 경로는 최소한의 시간을 필요로 하는 경로가 된다. 그러므로 자연은 이러한 현상 속에서 시간과 거리 둘 다 최소한이 되도록 움직이게 되는 것이다.

공기 중의 빛이 물로 들어갈 때와 같이, 한 매체에서 다른 매체로 이동을 할 때는 그 속도도 c_1에서 c_2로 변화할 뿐 아니라, 광선의 방향도 1에서 2로 변화하게 된다. 다시 광선은 처음 매체의 한 지점 A에서 두 번째 매체의 한 지점인 B로 갈 때 여러 가지 경로를 택할 수 있다. 라이덴 대학의 수학 교수인 빌레브로드 스넬과 데카르트는 모두, c_1을 c_2로 나눈 값이 사인 1을 사인 2로 나눈 값과 같이 되는 경로를 광선이 택한다는 사실을 보여주었다. 그리고 페르마도 이 경로가 또한 최단시간의 경로라는 사실을 보여주었다.

빛은 지구상의 대기와 같이 다양한 특성을 가진 매체를 통과할 때에도 최단시간의 경로를 따른다. 우리는 거의 매일 이러한 빛의 행동을 볼 수 있다. 지구 표면 가까이 있는 대기의 밀도는 지구 표면에서 멀리 떨어진 대기의 밀도보다 더 높다. 그러나 광선의 속도는 대기 밀도가 낮은 곳보다 높은 곳에서 더 느리다. 따라서 우리에게 도달하는 태양광

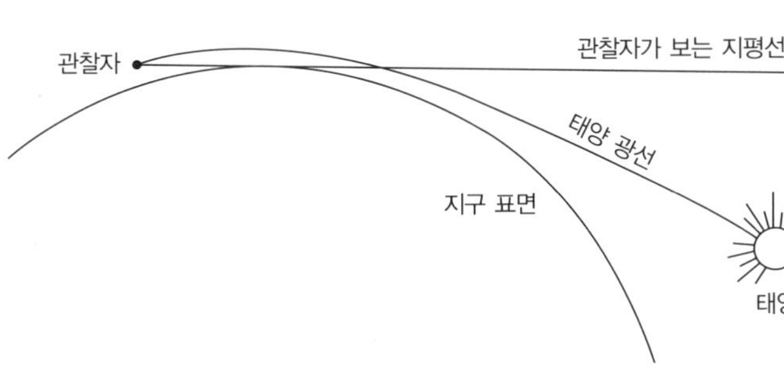

15-4. 변화무쌍한 대기권을 통과하는 빛은 최단시간의 경로를 택한다.

선은 밀도가 희박한 대기 속에 가능한 한 오래 머물러 있으면서 높은 속도의 이점을 이용하게 된다. 그 결과로 나타나는 광선의 곡선 경로 때문에 우리는 해가 진 후에도 태양을 볼 수가 있다. 실제로 그때 태양은 지평선 아래에 있지만 말이다.

페르마는 이러한 증거들을 기반으로 최단시간의 원리를 주장하였다. 그 원리에 따르면, 한 지점에서 다른 지점으로 운동하는 광선은 항상 최단시간의 경로를 선택한다. 빛이 지나가는 경로는 걸리는 시간이 최소인 경로이며, 미적분학을 사용하여 관련된 변수의 최소값 혹은 최대값을 결정할 수 있기 때문에, 페르마의 정리를 통하여 우리는 실제로 미적분학을 이용하여 광선들의 경로를 파악할 수가 있다. 그러나 페르마의 정리는 단지 광선들의 행동에만 적용이 된다. 그렇다면 다른 현상들은 어떠한가?

자연이 최소의 원리를 따른다는 다른 증거들을 여러 사람들이 찾으려 하였고 곧 발견하였다. 균일한 고무 풍선을 불면 구의 모양이 되고, 비눗방울도 그러하다. 주어진 부피를 가진 모든 표면 중에서 최소의 넓이를 가지는 도형이 바로 원이라는 사실은 수학적 정리이다. (고대 그리스인이라면 자신이 애지중지하던 구에 대하여 이렇게 귀중한 사실을 증명하게 해준다면 자신의 피라도 아낌없이 내놓았을 것이다.) 그러므로 풍선과 비눗방울은 공기에 의해 일정한 부피를 가질 때 최소의 겉넓이를 필요로 하는 모양을 취한다고 말할 수 있다. 왜 그들은 이러한 수학적 정리를 따르는 것일까? 구 모양을 해야만 고무와 비누 표면은 최소 넓이로 퍼져나가고 뻗어나간다. 인간과 같이 명백하게 자연도 가능한 한 작은 형태를 취하면서 자신을 확장하는 것이다.

이러한 모든 예들을 좀더 넓은 하나의 원칙에 포함시킬 수는 없을까? 18세기 중엽, 유명한 물리학자인 모페르튀(Pierre Louis Moreau de Maupertuis)는 〈최소 행동의 원리〉를 발표했다. 이 〈원리〉는 모페르튀가 빛 이론을 연구하다가 발견한 것이다. 이 원리에 따르면, 자연은 전문적인 용어로 행동이라고 부르는 복잡한 수학적 양을 최소가 되도록 움직이며, 그것은 질량, 속도 공간 모두에 적용된다. 이 행동 공식에 미적분학을 적용함으로써 뉴턴은 기계학과 빛의 다른 법칙뿐만 아니라 처음 두 개의 운동 법칙을 연역해냈다. 그러므로 혹성과 같이, 뉴턴의 법칙에 따라 움직이는 물체들은 최소의 원리를 따르고 있다 말할 수 있다. 게다가 모페르튀는 기계학과 빛의 법칙들을 최소의 원리라는 하나의 원리로 묶어서 설명하는 데에 성공하였다.

그런데 모페르튀가 이 원리를 발견하려 했고 또 이를 주장하게 된 것은 순전히 신학적인 이유에서였다. 그는 물질의 행동 법칙이 하느님이 창조한 완벽함을 드러내어야 한다고 믿었다. '최소 행동의 법칙' 은 이러한 그의 생각을 만족시켜주었다. 왜냐하면, 이 법칙은 자연이 매우 경제적임을 드러내기 때문이다. 그러므로 그는 그것이 자연의 보편 법칙뿐만 아니라 하느님이 존재한다는 최초의 과학적인 증거임을 선포하였다. 그것은 최고의 존재에게만 가능한 아주 지혜로운 원리이기 때문이다.

모페르튀와 마찬가지로, 18세기의 위대한 스위스 수학자인 레온하르트 오일러(Leonhard Euler)도 최소 행동과 같은 최소의 원리가 존재한다는 것이 전혀 우연은 아니라고 믿었다. 그래서 그는 모페르튀의 모든 주장을 믿었다. 그리스와 르네상스 시대 과학자들에게는 단지 기하학자에 불과했던 하느님이 이제는 상당한 교육을 받은 셈이다. 하느님은 곧 기하학자뿐 아니라 모든 영역의 수학에서 능숙한 만능 수학자가 되었던 것이다.

사실, 페르마, 모페르튀, 오일러는 자연이 항상 자신을 나타내는 함수값이 최소가 되도록 행동한다고 주장한다는 점에서 잘못을 범하였다. 예를 들어, 빛은 여러 가능한 경로 중에서 가장 많은 시간을 필요로 하는 경로를 택하는 상황이 있기 때문이다. 그러므로 이들 수학자들이 추구하였던 정확한 원리 공식은 자연의 함수가 최대 혹은 최소가 되도록 행동한다로 바꾸어야 한다. 모페르튀는 자연이 경제적이라고 말하지 말았어야 했다. 대신 자연은 종종 극단으로 치닫는다고 말했어야 했다.

모페르튀와 그의 동료들이 한두 가지 사소한 실수를 저질렀는지는 모르지만, 19세기와 20세기 그들을 계승한 학자들은 이들이 옳았다는 것을 확신하였다. 신학과 결부짓는 것을 배제하고 이제는 최대와 최소 원리가 물리학을 지배하게 되었다. 지난 세기 눈에 띄는 물리학자인 윌리엄 해밀턴 경(Sir William Hamilton)은 거의 모든 중력, 광학, 역학, 전기 법칙들이 자신이 만든 함수를 최대화하거나 최소화함으로써 얻을 수 있으며, 그것들은 전문적으로 동력학의 시간에 대한 적분값임을 증명하였다. 해밀턴의 함수는 매우 뛰어난 가치를 지니고 있는데, 그 이유는 아주 많은 물리 법칙들이 이 함수에 포섭되기 때문이기도 하며, 이들 법칙들이 최대화 혹은 최소화의 과정을 적용함으로써 연역될 수 있기 때문이다. 더욱이 금세기 뛰어난 수학 물리학자인 알베르트 아인슈타인(Albert Einstein)도 시공간에 놓여진 물체들의 자연 경로가 간격(interval)이라고 불리는 함수를 최대화하는 경로라는 사실을 보여줌으로써 자신의 가장 위대한 성공 작품인 상대성 원리를 이루어내었다. 이 말이 중요하다는 것은 그 원리가 관찰된 혹성들의 경로를 설명한다는 사실을 보면 알 수 있다. 하나의 원리에 의해 모든 현상들을 포괄하겠다는 목표, 즉 실제 자연의 행동이 매우 일반적인 수학적 양들을 최소화하거나 최대화한다는 원리를 학자들은 오늘날에도 적극적으로 추구하고 있다. 아인슈타인 자신도 여전히 모든 전기·기계학적 지식을 하나의 수학적 문장으로 압축하려는 작업에 종사하였다. 즉 자연 법칙이란 최소화 혹은 최대화하는 과정에 의해서 연역된다는 문장 말이다.

이제 우리는 과학자들이 아직도 최대·최소 원리를 강조하고 있음을 알았다. 이전에는 그 원리가 하느님의 섭리에 기인한 것이라고 믿었던 반면, 지금은 그것이 미학적으로 매력적이고 과학적으로 도움이 되기 때문에 받아들이고 환영받는다는 사실이라는 점만 다를 뿐이다. 그럼에도 불구하고 에딩턴(Arther Stanley Eddington, 1882~1944)과 진스(James Hopwood Jeans, 1877~1946)와 같은 20세기의 유명한 과학자들은 여전히 하느님이 최초의 원인, 즉 궁극적인 이유라고 생각한다.

위대한 수학자와 과학자들은 곧 미적분학을 우주의 건축물에 적용하고자 하였다. 그러나 수세대 동안, 이 주제에 대한 적절한 논리적 기반을 세우려는 시도는 좌절되었다. 말이 없는 마차와 근대 자동차라는 개념 사이의 간격을 넘기 위해서 백여 가지의 중요한 발명들과 수백 가지의 소소한 발명들이 있어야 했던 것과 마찬가지로, 뉴턴과 라이프니츠의 미적분학과 현재 그 주제에 대한 만족스러운 설명이라고 할 만한 것 사이에는 수백 명의 위대한 수학자들과 그렇지 못한 수학자들의 연구가 필요했다. 미적분학을 논리적으로 제시하는 데에는 150년이라는 연구가 필요했던 것이다.

그 중 한 가지 어려움은 순간 속력을 산출하는 바로 그 단계에서 발생한다. 우리는 $d=16t^2$이라는 식으로부터 다음과 같은 표현을 얻을 수 있었다.

$$k/h=96+16h$$

이 식은 h초라는 시간 동안의 평균 속도를 뜻한다. 이때 순간 속력은 h가 0에 가까이 갈 때, 이 식의 값이 가까이 가는 일정한 값, 즉 미적분학 용어로 이 식의 극한 값이다. 가까이 가는 숫자가 96이라는 사실이 독자들에게는 명백하게 보일 수도 있다. 아마도 이 간단한 예에서는 명백한 사실이다. 그러나 그럼에도 불구하고 이 극한의 개념은 아주 미묘하고 손에 잡히지 않는 개념이다. 이제 이 개념에 어떤 어려움이 관련되는지를 살펴보자.

$0, \frac{1}{4}, \frac{3}{8}, \frac{7}{16}, \frac{13}{32}, \cdots$이라는 수열은 점점 1에 가까워지지만 명백히 1에 접근한다고는 할 수 없다. 왜냐하면, 이 수열 중 어느 것도 1/2에 이르지 못하기 때문이다. 만일 h가 0에 가까워짐에 따라 k/h의 값이 이와 같은 수열로 이루어져 있다면, k/h가 가까이 가는 수, 즉 극한은 어떤 값일까? 명백히 그 극한을 구하려면 접근하는 수들이 어떻게 이루어지고 있는가에 대하여 더 많은 정보를 알아야만 한다. 수열들이 극한에 한없이 가까이 간다는 사실을 분명하게 말할 수 있어야 하기 때문이다. 그러나 '가깝다'라는 말은 아주 모호하다. 화성은 지구와 5천 마일 떨어져 있어도 가까이 있다고 말할 수 있지만, 반면 총알은 몇 인치 정도 접근해야만 사람에게 가까이 있다고 말한다.

미적분학을 창설한 사람들이 해결하느라 고생한 어려움은, 수량 k/h의 정확한 극한, 즉 순간 속력이 의미하는 바를 만족스럽게 정의할 수 있는가의 문제였다. 17세기 초반의 연구자들은 그 주제에 대한 자신들의 부분적인 연구 성과들을 이해하고 정당화하려고 노력하였다. 그러나 그러한 노력은 근대적 기준에서 보면 우스꽝스러운 것이다. 수학 내에서 엄격한 증명이 오랜 전통을 가지고 있긴 하지만, 몇몇 수학자들은 그 기준을 기꺼이 포기하였다. 왜냐하면 자신들이 손대고 있는 가치 있는 아이디어를 좀더 발전시키고 싶었지만 정당화할 수 없다는 사실을 깨달았기 때문이다. 갈릴레이의 제자이자 볼로냐 대학의 교수였던, 카발리에리(Bonaventura Cavalieri, 1598~1647)는 엄격함이 철학의 관심사이지 기하학의 관심사는 아니라고 말하였다. 파스칼 역시 수학적 단계들을 확실하게 하려는 것은 마음의 간섭 때문이라고 주장하였다. 논리보다 적절한 '솜씨 좋은 해결'이 일을 올바르게 하는 데에 필요한 것이다. 마치 종교적 은총에 대한 감사가 이성보다 우선하는 것처럼 말이다.

15-5. 카발리에리

비록 뉴턴과 라이프니츠가 미적분학 기술의 가장 중요한 발전을 이룩하였다고는 하나, 그들이 그 주제의 엄밀한 정립에 많은 기여를 한 것은 아니었다. 그들이 미적분학에 대하여 연구한 연구물들을 세세히 읽어본 사람들은 누구나 그들이 극한 개념을 정확히 꼬집지 못하고 여기저기 주위만 맴돌며 쑤셔보기만 했다는 사실에 놀라게 될 것이다. 그들은 몇 번씩이나 접근 방식을 바꾸었고, 이후의 진술은 이전의 진술과 모순되기도 하였다. 두 사람 중 어떤 누구도 적절한 극한 개념을 정의하는 데에 성공하지 못했고, 단지 자신과 동시대인들, 심지어 자신의 계승자들까지 혼란스럽게 만들고 있다. 뉴턴은《원리》의 어느 부분에서 변화의 순간 속도에 대한 정확한 개념을 진술하여 놓았지만, 분명한 것은 그가 이 사실을 제대로 알고 있지 못했다는 점이다. 왜냐하면, 이후의 저작에서 그는 자신이 행한 절차의 논리를 더 형편없이 설명하고 있었기 때문이다. 라이프니츠는, h가 0에 가까워지게 될 때, 비율 k/h에 나타나는 h와 k의 양의 본성을 철학적으로 주장함으로써, 속도에 관한 자신의 연구를 정당화하려고 하였다. 그러나 형이상학적 설명은 제쳐놓더라도, 미적분학은 유용하지만 단지 대략적으로만 옳을 뿐이며, 관련된 오류가 너무나도 미미하기 때문에 실제 응용에서는 별 문제가 되지 않는다고 확신하고 있었다. 그는 미적분학을 수학적으로 설명하면서 단지 규칙만을 제시할 뿐 증명을 하지 않았다. h가 0에 가까워질 때, k/h가 가까워지는 값을 가지는 k와 h를 기술하기 위한 설명에서 h는 무한히 가까이 있는 두 다른 시간 t 사이의 차이라고 말하였다. 마찬가지로 k는 거리 d의 그러한 두 값 사이의 차이라고 설명한다. 그의 저작 중 몇 군데에서 그는 무한대로 작은, 사라지는 양, 즉 보통 존재하는 수량과는 반대되는 막 시작되는 양으로, k와 h의 극한값을 설명하였다. 뉴턴은 k/h의 극한에 대하여 '근본적이자 궁극적인 비율'이라는 어구를 사용하였다. 그러나 이 모든 표현들은 그 어려움을 그럴 듯한 말로 얼버무리는 것 외에는 아무것도 제시하는 것이 없었다. 이처럼 미적분학에 관한 초기 연구들에는 엄밀성이 부족하였기 때문에 그 학문 자체가 건전한 것인가에 대한 갈등과 논쟁이 장기화될 수밖에 없었다. 뉴턴과 동시대인인 수학자 미셸 롤(Michel Rolle)은 미적분학이 독창적인 오류들을 모아놓은 것뿐이라고 가르쳤다. 뉴턴이 죽은 직후 훌륭한 수학자인 콜린 매클로린(Colin Maclaurin, 1698~1746)은 자신이 미적분학을 엄밀하게 하리라 결심하고 1742년 그에 대한 책을 출판하였다. 그 책은 의심할 바 없이 심오한 것이었으나 여전히 읽을 만한 것이 못 되었다. 미적분학에 논리를 부여하려는 명확한 목적하에 다른 많은 설명서들이 18세기에 쓰였다. 그들의 업적은, 미적분학이란 '그것이 존재하는지조차 알 수 없는 하나의 사물을 계산하고 측정하는 기술'이라고 한 볼테르의 진술로 요약할 수 있을 것이다. 약 백 년간 뉴턴과 라이프니츠를 좇아 최선을 다하였던 위대한 두 수학자 라그랑주와 오일러는, 미적분학이 여전히 완벽하지 못하지만 개재된 오류들이 서로 상쇄되기 때문에 산출된 결과는 정확한 것이라고 둘 다 믿고 있었다. 18세기가 거의 저물 무렵, 달랑베르(Jean Le Rond, D'Alembert, 1717~1783)는 연구자들에게 이 주제에 대한 연구를 계속하라고 충고하였다. 그들에게는 궁극적으로 신념이 더 다가왔던 것이다. 뉴턴 시대에 수학과 과학이 밀접히 연관되어 있었다는 것, 그리고 물리적 추론

15-6. 달랑베르

이 수학자들을 안내하고 그들이 잘못된 길에 빠지지 않게 했다는 것은 매우 다행스러운 일이었다. 그들이 얻은 결과들이 매우 유용하였고 이를 적용할 때에 잘 들어맞았기 때문에 그들은 계속하여 자신들의 방법에 확신을 가지고 더 진행시키고자 하는 용기를 유지할 수 있었다. 사실 미적분학 절차들은 너무나 효율적으로 적용되었고 너무나도 유익하였기 때문에 때로는 수학자들이 엄밀성이라는 문제에 대해서 기꺼이 관심을 두지 않기도 하였던 것이다.

이제 우리는, 논리보다는 직관과 물리적 논쟁들을 통하여 뉴턴과 라이프니츠가 올바른 길을 걷게 되었음을 알았다. 주요한 아이디어를 처음 만든 사람들의 사고가 불완전한 것은 쉽사리 예상되는 바이다. 개척자들은 지적인 모험을 감행하면서 번쩍이는 섬광이 아주 짧게 비추는 길을 따라 큰 걸음으로 성큼성큼 걸어간다. 만일 사소한 것들에 시간을 들여가며 관찰을 하느라 시간을 지체하였다면, 그들의 진보는 근시안적인 학자들의 까다롭고, 자잘한 발걸음에 그쳤을지도 모른다. 그렇지만 미적분학의 역사는 수학에서 진보가 어떻게 이루어지고 있는가를 보여준다는 점에서 매우 많은 것을 시사한다고 할 수 있다. 완벽하게 추론하고 곧바로 결론을 내리는 통상적인 수학자에 대한 개념이, 미적분학 창시자들의 경우만큼이나 아주 현격하게 역사와 모순되는 것도 없을 것이다. 물론 많은 수학적 증명들은 수정되어야 한다. 왜냐하면 몇 가지 실수들은 무의식적으로 저질러진 것이기 때문이다. 유클리드조차도 실수를 했으며, 이것이 19세기 후반이 되어서야 비로소 밝혀졌다는 것은 우리 전문가들만의 비밀이다. 미적분학의 경우에는, 과학의 가장 중대한 문제들에 수학을 적용하여 18세기의 가장 무게 있는 법칙들을 만들어내었다. 그러나 다른 한편 줄곧, 수학자들과 과학자들 그리고 다른 지성인들은 그 학문이 만족스러운 토대를 가지고 있지 못함을 인식하고 있었으며, 심지어 그것의 성립 자체까지 의심하였던 것이다.

15-7. 코시

아마도 두 세기의 가장 훌륭한 수학자들 모두가 미적분학을 엄밀하게 완성하는 문제에 몰두하였지만 비참하게도 실패로 끝났다고 기억하는 것이 우리 자신에게도 위로가 될 것이다.

이러한 실패들의 코미디가 행복하게 끝났다는 것은, 수학자들에게도 그리고 세상에게도 다행스러운 일이었다. 마침내 총명한 프랑스 수학자인, 오거스틴 루이 코시(Augustin-Louis Cauchy, 1789~1857)가 극한 개념을 정확히 공식화하는 데에 성공하였다. 그리고 그 기술들을 정당화하는 데에 필요한 극한에 관한 정리를 증명하는 데에도 성공하였다. 1821년 코시는 명쾌한 작품인 《분석 과정(Cours d'Analyse)》을 출판하였다. 그렇다고 수학자들이 이미 150년 전에 쓰인 엉터리를 던져버리고 코시의 아이디어를 채택했다고 추측하는 것은 잘못일 것이다. 지난 50년간 미국에서 가장 널리 사용되는 미적분학 교과서이자, 여전히 가장 인기 있는 책은 1700년에 쓰인 것이기 때문이다.

상식적인 믿음과는 반대로 미적분학은 소위 '고등 수학'의 정상이 아니다. 사실 그것은 시작일 뿐이다. 미적분학은 만들어진 후 곧 대수와 기하학보다 훨씬 넓은 수학의 한 분야인 '해석학(analysis)'의 초석이 되었다. '해석학'이 이후의 자연과학에 도움을 주고 그것을 안내하고 이끌었다는 것은 주목할 만하다. 미분방정식, 무한대, 편차의 미적분학, 미분기하학, 복소변수 함수에 대한 미적분학과 같은 학문들은 해석학의 영역 중 단지 일부에 지나지 않는다. 과학자들은 이들 도구들을 가지고 자연의 수학 법칙들을 계속해서 추구할 수 있었으며, 자연의 광대한 부분들에 대하여 강력한 지배를 행사할 수 있었다. 이들 업적 중 몇 가지는 이후 좀더 살펴볼 것이다.

이러한 수학의 분야들이 창조되면서 16,17세기 수학자들의 업적에서 비롯된 새로운 문화가 생겨나고 있었다. 음식, 과학, 철학, 종교, 문학, 예술, 미학은 이전까지 자신들을 키워주었던 중세 지식이라는 말라빠진 나무를 버리고 새롭게 우주를 해석하는 데 기여한 알찬 수학으로부터 영양분을 얻었다. 이렇게 되살아난 우리 문화의 각 분야가 어떤 방향으로 전개되는지 다음 몇 장에서 살펴보게 될 것이다.

16 뉴턴의 영향: 과학과 철학

인간 세계의 삼라만상을 그렇게 자유롭게 설명하다니, 그 엄청난 미로를!
그것도 단 하나의 설계로.
– 알렉산더 포프

만일 17세기에 가장 영향력 있는 '인간' 을 선출하는 투표가 있다면, 아마도 틀림없이 악마가 뽑혔을 것이다. 신학자들이 소개하고 강의하였던 악마론에 따르면, 악마와 그를 도와주는 악령들은 전쟁과 기근, 역병, 그리고 폭풍우를 불러일으킨다. 또한 아이들에게 겁을 주고, 크림을 휘저어도 버터가 되지 않도록 하면서 즐거워한다. 게다가 악마에게서 힘을 부여받아 '부름을 받은' 인간인 마녀들이 악마가 하는 일을 돕는다. 마녀들은 병을 전염시키고, 늑대로 변하여 가축들을 집어삼키고, 심지어 악마와 육체 관계도 가진다. 한가로울 때에는 빗자루를 타고 굴뚝 위아래를 오가며 공중을 날아다니기도 한다.

신이 아무리 전능하다 할지라도, 악마가 침투한 악령과 그의 협조자들은 너무나 극악무도하여, 정치적이며 영적인 신의 대리자들이 가장 비중을 두는 또는 가장 신성한 사명이 바로 이들 인류의 적들을 전멸시키는 일이었다. 자칭 사회의 지도자인 사람 중에서도 이러한 마법을 굳건하게 믿는 사람들이 있었다. 예를 들면 영국의 제임스 1세, 루터, 칼뱅, 그리고 몇몇 교황들, 존 웨슬리(John Wesley, 1703~1791, 영국의 종교 개혁자 · 신학자), 그리고 뉴잉글랜드의 코튼 매더(Cotton Mather, 1663~1728, 미국의 목사 · 역사가)가 그런 사람들이었다. 가장 빈약한 증거에 따르더라도, 노인과 젊은이, 여자 그리고 아이들까지 마녀로 고소를 당했다고 한다. 어떠한 용의자도 그냥 눈감아주어서는 안 되었기 때문에 심지어 예배 중에도 이름을 밝히지 않고 고발을 했다고 한다. 신자들이 쪽지에 이름을 써서 넣은 상자를 규칙적으로 돌렸던 것이다. 고소를 당한 사람들은 감옥에 갇히고, 고문을 당했으며, 자백하도록 강요받았다. 고소당한 사람이 자백을 하든 하지 않든 간에, 고문은 죽을 때까지 계속되었다. 왜냐하면 자백을 하지 않을 경우에는 완고한 고집쟁이로 몰아붙였고, 자백을 했을 경우는 당연히 처벌받았다. 혹시나 판사들이 가지고 있을지도 모를 눈꼽만큼의 양심을 편안하게 해주기 위하여 자백을 하지 않은 사람들에게는 죽고 나서야 결백하다는 증명서를 수여하기도 하였다.

지금은 기상천외한 교리들을 당시에는 믿을 수 없을 정도로 너무 완고하게 지켰기 때문에, 세속적인 판사들과 목사들은 마녀와 마술사들에게 냉정하게 죽음을 선고할 수 있었다. 17세기 유럽에서 마녀 위협을 계속 고수한 것은 '개혁' 조치 중 하나로 평가할 수 있다. 교황 그레고리 15세는 마력으로 이혼과 질병, 무능력을 일으키거나 동물들과 농작물에 해를 끼친 마녀들에게 사형이 아닌 징역형을 선고하였다.

비록 마녀들을 만들어냄으로써 17세기 수천 명의 죄 없는 사람들이 죽게 되었지만, 그것이 당시 폭력적인 시대 삶의 유일하게 어두운 측면만은 결코 아니었다. 사람들은 죽음 이후에 자신들을 기다리고 있다고 들었던 것 때문에 끊임없는 공포 속에서 살았다. 사제들과 목사들은 거의 모든 사람들이 사후에 지옥으로 가게 된다고 장담하였고, 영원히 저주받은 사람들을 기다리고 있는 무시무시하고 참을 수 없는 고문들을 아주 상세하게 묘사하였다. 펄펄 끓는 유황과 강렬한 불꽃은 희생자들을 계속 태웠고, 그들은 사그라지지 않는 고문을 계속 겪어야만 했다. 하느님은 구세주가 아니라 인간에 대한 저주로 나타났고, 그 힘으로 지옥과 고문을 만들어서 몇몇 인간에게 위탁하였으며, 하느님의 애정은 단지 불과 몇 안 되는 무리에게만 한정시켰던 것이다. 기독교도들은 죽음 이후의 삶에 대비하기 위하여 영원한 저주에 대하여 생각하느라 많은 시간을 보낼 수밖에 없었다. 종교가 유일한 출구였던, 신앙만 깊고 사고가 부족했던 사람들은 자신들의 운명에 대한 이러한 설명들을 글자 그대로 진실로 받아들였다. 인간들이 '하느님의 방법들을 정당화' 할 수밖에 없다고 느끼는 것은 어쩌면 당연하였다.

17세기에 종교의 자유란 존재하지 않았다. 그러나 이보다 더 나쁜 것은 한 나라 안, 그리고 이웃 나라들에 있는 이단을 없애기 위하여 정규적으로 전쟁을 벌였다는 사실이다. 신앙의 완전한 획일성을 주장하여 어떤 독자적인 사고도 존재해서는 안 된다는 지경에까지 이르게 되었다. 스페인, 로마, 멕시코의 종교재판, 프랑스에서 있었던 성 바르톨로메오의 대학살, 이탈리아 피드몽의 대학살, 독일의 30년 전쟁은 인간을 교육시키기 위하여 '신에게 영감을 받은' 노력 중 일부에 지나지 않았다. 어떤 나라에서든 이단이란, 그 나라를 지배하고 있는 교회를 불쾌하게 하는 모든 행동과 가톨릭을 믿는 국가에서 교황에 반대한 말 모두를 포함하였으며, 발견 즉시 무자비하게 짓밟혔다. 심지어 미국에서도 퀘이커교도들이 감히 청교도를 믿는 보스턴에 들어왔다는 이유만으로 교수형에 처해지기도 하였다. 종교의 자유는 거의 없었을 뿐 아니라, 처벌과 저주, 악마, 하느님, 그리고 죽음 이후의 고문에 대한 두려움으로 인간은 종교 때문에 떨어야만 했다.

그러한 반동적 분위기에서 언론의 자유는 종교의 자유만큼이나 예상할 수 없는 것이었다. 1543년 이래로 계속하여 종교재판에서 허가하지 않은 문헌은 어떤 것이든 인쇄와 매매, 소유나 운반, 수입은 모두 가톨릭 국가 내에서는 법을 위반하는 행위였다. 금서들은 신앙인들조차 볼 수가 없었다. 문학을 말살시키는 데에 이보다 더 날카로운 칼은 없었다. 심지어 프리데릭 대제가 통치했던 프러시아와 같이 종교적 자유가 어느 정도 있는 곳에서도, 언론의 자유는 통치집단에 위험한 것으로 간주되었다. 프리데릭은 '모든 사람은 자신의 방식대로 천국에 간다' 라는 사실에는 동의를 했지만 그럼에도 지구상에서 자신의 삶을 통치하는 정부에 대해서는 아무런 말도 해서는 안 된다고 완강하게 주장하였다. 그리하여 책과 논문의 검열이 엄격하게 이루어졌다. 지식의 전파를 제한한 결과 대중의 무지는 아주 심각한 상태에 이르렀고, 전통적으로 교육을 받은 계급만이 신학적 문제들을 '해결' 하고, 아리스토텔레스에 대하여 아는 척할 수 있었던 것이다.

민주주의 이념 자체는 이 세상에서 성취될 수 있는 목표로 선언된 것이라기보다는 그저 사변 철학 내에서 아리스토텔레스적 개념으로만 받아들여졌다. 노예나 가재 도구와 다름없이 취급받던 평민은 아직도 자신의 왕이 가진 신적인 권리에 도전해야 한다는 것을 배우지 못했다. 게다가 대중들은 어떤 시민권도 누리지 못하였다. 사람들은 구체적인 죄가 무엇인지도 모르는 상태에서 수감되었고, 재판을 몇 년씩이나 기다리곤 하였다. 양이나 소액의 돈을 훔친 일과 같이 아주 사소한 잘못에 대해서도 사형을 선고받았고, 빚을 갚지 못하여 감옥에 가게 되는 일은 아주 허다했다. 영국과 그 이외의 지역에서도 상류집단의 '신사 숙녀' 들이 가장 좋아하는 스포츠는 잔인한 방법으로 고문을 하는 것이거나 죄인을 사형하는 일이었다. 당시 많은 사람들이 한 곳에 모여 있는 광경은 연설할 때만 볼 수 있는 것이 아니었다.

다행스럽게도, 이러한 지적·사회적·도덕적 타락상은 사라져가는 문화의 최후 몸부림이었다. 17세기 중세 문명은 완전히 파괴되었다. 서구 세계에서는 그 자리를, 이제 막 생겨나기 시작한 좀더 계몽된 문명이 차지할 수 있었다. 수학과 과학이 이러한 새로운 문명에 어떻게 기여하게 되었는가를 살펴보는 것은 확실히 가치 있는 일이다. 마치 수학과 과학이 라디오와 텔레비전과 같은 현대적 '기적'을 어떻게 일으켰는지에 대하여 살펴볼 가치가 있는 것처럼 말이다.

르네상스 시기에 종교와 사회가 급격히 변화하고, 지리적 탐험과 수학·과학적 연구 결과가 급격히 축적됨에 따라 처음에는 지적 혼동만 발생하였다. 그러나 이 시기 내내 코페르니쿠스에서 시작하여, 케플러, 갈릴레이, 데카르트, 페르마, 호이겐스, 뉴턴, 라이프니츠를 포함한 일군의 과학자와 수학자 집단은 꾸준히 연구를 진행하고 있었다. 그들의 연구가 궁극적으로 가져온 효과는 중세의 타락을 새로운 문화적 질서로 대체하는 것이었지만, 그들 스스로 마음에 그리고 있었던 목적은 상대적으로 제한된 것이었다. 갈릴레이가 정의한, 과학의 임무에 대한 새로운 개념에 따라, 그리고 뉴턴이 《자연철학의 수학적 원리》에서 제시한 명시적인 진술에 따라 그들은 물리적 우주에 적용되는 수학적 관계의 발견을 목적으로 삼았던 것이다.

이 목적을 이루기 위하여 뉴턴은 운동법칙과 만유인력의 법칙을 발견하는 주요한 공헌을 이룩하였다. 이들 법칙은 그 자체로도 아주 놀랄 만큼 다양한 현상을 포괄할 수 있음이 밝혀졌다. 그보다 먼저 나타난 케플러의 법칙은 관찰에 기반을 두고 뉴턴의 수학 법칙으로부터 즉시 연역될 수 있음을 깨닫게 되었다. 뉴턴과 그를 따르는 다른 학자들이 빛은 미립자들의 운동이며, 소리는 공기 분자들의 운동임을 성공적으로 증명하였을 때, 뉴턴의 법칙은 이들 연구에서도 효과적임이 증명되었다. 과학의 다른 많은 분야에서도 수학 공식들을 산출하기 시작하였다. 양적 법칙이 전기와 열 분야에서, 즉 액체와 기체에 작용하는 힘에 대하여, 그리고 많은 화학적 현상들에 관하여 발견되었다. 비록 천문학과 물리학에서 많은 성공들이 이루어졌고 화학 분야에서는 그보다 작은 업적이 이루어졌지만, 그 중요성은 다가올 일들을 미리 보여주었다는 점에서 더욱 높아졌다.

망원경과 현미경의 발전은 빛에 대한 수학적 물리적 연구를 통해서 이루어진 것이지만, 정말 글자 그대로 생물학자들에게 새로운 세계를 펼쳐준 도구였다. 힘과 운동으로 분석되기 시작한 양적 연구의 성공으로 생리학자들과 심리학자들은 점성술의 예언, 영혼, 마음, 정신, 유머, 그리고 다른 모호한 관념들이 아닌 기계학적인 용어로 자신들의 문제를 설명할 수 있게 되었다. 파이프를 따라 흐르는 물의 흐름에 대하여 양적 연구를 함으로써 그들은 정맥과 동맥을 흐르는 혈액의 흐름을 발견할 수 있을 것이라 믿었다. 아닌게 아니라 하비(Harvey)는 혈액이 심장으로 되돌아가기 전에 신체에서 순환한다는 것을 증명함으로써 이러한 기계학적인 견해를 강화하였다. 왜냐하면, 그러한 견해에서는 신체를 펌프와 같은 심장을 가진 기계로 보았기 때문이다. 빛에 관한 연구를 통하여 시각의 신체적 기능을 많이 설명할 수 있게 되었으며, 소리를 연구함으로써 청각과 관련된 문제들을 명료화할 수 있게 되었다. 저명한 프랑스 내과의사인 라메트리(Julian O. de La Mettrie, 1707~1751)가 쓴 《인간 기계론(Man a Machine)》과 프랑스의 급진주의자 올바크(Baron Paul Henric Dietrich d'Holbach, 1723~1789)가 쓴 《자연의 체계(The System of Nature)》라는 위대한 두 작품은 모든 인간의 사고와 행동, 신체 과정, 의식들을 물질과 운동에 비추어 '설명'하고자 한 것이었다. 뉴턴이 천체를 연구한 지 얼마 지나지 않아, 라메트리는 인간 정신의 미적분학을 발견했다고 자부하였으며, 프랑스 경제학자인 프랑수아 케네(François Quesnay, 1694~1774)는 경제적 · 사회적 삶의 등식을 선포하였다. 자연 · 사회 · 정신적 현상 모두를 수학 법칙으로 환원하여 설명하는 일은 이제 시간 문제인 것처럼 보였다.

이미 성취한 성공 그리고 아직 드러나지 않았지만 곧 이루어질 성공의 비결은 18세기 사상가들에게 자명한 것이었다. 프랑스의 주도적 자연주의자인 뷔퐁(Comte de Buffon, 1707~1788)과 유명한 형이상학자인 콩도르세(Marquis de Condorcet, 1743~1794)와 같은 사람들은 과학에 양적 방법을 도입함으로써 자연을 합리화하고 지배할 수 있는 새로운 힘을 가지게 되었다는 사실을 알았다. 사실 칸트는 과학의 진보가 수학자들이 그 방법과 내용을 어느 정도 들여오는가에 따라 결정될 수 있다고 말하기까지 하였다. 그래서 수학은 아주 중요한 지식의 열쇠, 즉 '과학의 여왕'이 되었던 것이다.

수학과 과학이 동맹함으로써 놀랄 만한 힘을 가지게 되었다는 사실을 알게 되면서 사상가들은 모든 지식을 완전히 재조직화하고자 하는 열망을 가지게 되었다. 무엇보다도 그들은 인간의 이성을 진리를 획득하는 데에 가장 효과적인 도구로 찬양하였다. 두 번째로, 그들은 수학적 추론이 모든 사고의 형식 중에서도 가장 순수하고 심오하며 가장 효율적인 형식의 구현체, 즉 인간의 정신 능력에 대한 가장 완벽한 정당화라고 생각했기 때문에 지식을 얻는 데에 수학적 방법과 순수 수학을 사용할 것을 촉구하였다. 세 번째로, 각 영역의 연구자들은 적절한 자연적 · 수학적 법칙을 추구해야 했다. 특히, 철학, 종교, 정치학, 경제학, 윤리학, 미학 등의 개념과 결론을 그 분야의 자연법칙에 따라 다시 고쳐 써야 했다.

이러한 지식에 대한 새로운 접근이 가지는 주요한 특징은 이성에 대하여 무제한적으로 믿었을 뿐 아니라, 물리 과학과 형식 과학 전체에 수학적 방법을 확장하는 것이 타당함은 물론 그것들을 넘어 모든 지식 분야에 적용하는 것이 타당하다는 것을 믿었다. 그러나 많은 위대한 학자들의 기대와 노력에도 불구하고 모든 문제들이 수학적 방법으로 해결되는 것은 아니었다. 그러나 그 시기의 합리주의적 분위기는 거의 모든 분야에서의 사고 과정을 완전히 바꾸어놓았다. 계몽주의자들은 수학이 현재의 세계 질서를 전복시킬 지레의 받침대이자, 새로운 질서를 형성할 주요한 도구가 될 것이라는 데에 믿어 의심치 않았다.

18세기 사상가들의 가장 중요한 노력 중 하나가 모든 문제들에 대한 수학적 접근을 공식화하는 것임은 거의 예상된 바라 할 수 있다. 우리가 보았듯이, 데카르트는 의심할 바 없는 토대 위에 모든 지식을 재구성하려고 하였으며, 유일하게 믿을 수 있는 탐구 방법으로 수학의 연역적 방법을 받아들였다. 비록 그는 '보편 수학'을 상상하긴 하였지만, 곡선 연구에 대수를 도입한 것과 비견될 수 있는, 비수학적인 문제를 해결할 상징이나 기술을 만들지는 못하였다.

데카르트와 같이 동일하게 폭넓은 목표를 추구하였던, 수학자이자 철학자인 라이프니츠는 더욱더 큰 야망에 찬 계획을 세웠다. 그는 보편적이고 기술적인 언어와, 모든 탐구를 포괄하여 효과적으로 수행할 수 있는 적절한 미적분학을 고안하려고 애썼다. 그를 통해 인류의 모든 문제들이 쉽게 해결될 수 있으리라고 희망하였다. 수학은 단지 라이프니츠의 야심찬 계획에 영감을 주었을 뿐 아니라 이를 실행하기 위한 출발점이기도 하였다. 이 학문은 이미 이상적인 언어를 가지고 있었으며, 목적에 적합한 연산 양식도 가지고 있었다. 수학적 언어와 수학적 기계의 범위를 넓혀 모든 연구를 포괄하면 안 될 이유가 없지 않은가라고 라이프니츠는 생각했다. 그래서 그는 자신의 보편 연역 과학을 세우기 위한 첫 단계로서 사고에 적용되는 모든 아이디어를 근본적이면서 다른 것과 구별되고 겹치지 않는 것으로 분해할 것을 주장하였다. 이는 마치 24와 같은 합성수를 2와 3이라는 소인수로 분해하는 것과 다르지 않았다. 먼저, 그는 근본 아이디어에 대한 기호로 소인수를 사용하였으며, 이후 한자 비슷한 기호로 특수 언어를 구성하려고 결심하였다. 복잡한 아이디어들은 마치 $a(b+c)$라는 식이 복잡한 대수적 양을 나타내는 것과 마찬가지로 기본 상징들의 결합을 통해 나타낼 수 있으리라 생각하였다. 그러고 나서 그는 어떤 사람이든 대수를 통해 수학을 연역해내듯, 기호들을 적용하여 결합하고 기계적으로 그리고 효율적으로 결론을 연역해낼 수 있도록 추론의 법칙들을 부호화하려고 마음먹었다.

언뜻 보기에 라이프니츠의 계획은 터무니없는 것처럼 보인다. 모든 분야의 모든 문제들이 해결될 수 있다는 기대는 우리들에게도 거의 당치않은 것처럼 생각된다. 그러나 라이프니츠를 대신하여 이 정도는 말할 수 있다. 수학의 역사를 보면, 점점 더 좋은 기호와 연산을 도입하여 선진 기술이 아니면 도저히 이루지 못할, 지금 보면 흔해빠진 일반적 문제 해결 과정을 이루어냈던 사실을 알 수 있다. 아주 간단한 예를 들면, 힌두-아라비아 기호를 사용함으로써 오늘날의 초등학교 학생들은 그리스, 로마, 중세의 학식 있는 수학자들의 능력을 훨씬 넘어서는 문제를 해결할 수가 있다. 그러나 라이프니츠의 야망은 너무나도 컸다. 그 자신도 이 목적을 이루기 위한 노력을 완성하지 못했을 뿐 아니라, 모든 아이디어들을 상대적으로 작은 근본 아이디어로 분해할 수 있다는 믿음도 현실화시키지 못했다.

그러나 그가 세운 계획은 중요한 행동을 불러일으켰고, 19세기에 그 결과를 맺게 되었다. 추론에 사용되는 근본 아이디어와 연산 기호를 사용할 정도로 논리학이 그의 방법을 받아들였고, 이와 같이 순수한 상징적 언어로 자연에 대한 탐구를 수행하여 타당한 추론의 형식을 형성하기에 이르렀다. 그리하여 라이프니츠는 오늘날 상징 논리학이라 알려진 과학의 창시자가 되었다. 이 학문은 러셀(Bertrand Russell)과 화이트헤드(Alfred North Whitehead)와 같이 오늘날 박식한 사람들이 열심히 추구하는 학문이 되었다.

만일 보편 미적분학으로 모든 문제들을 해결하려는 시도가 아무런 성과도 거두지 못했다면, 뉴턴 시대가 떠맡아서 행한 다른 수정된 지식들에도 똑같은 말이 적용될 수 있을 것이다. 가장 널리 영향을 미친 변화는 과학 그 자체에서 이루어졌다. 데카르트, 갈릴레이, 뉴턴은 과학의 목적이 자연의 수학적 법칙들을 발견하는 것이라고 확신하고 두 분야, 즉 수학과 과학의 힘을 결합하였다. 성공적 결과물들이 점점 많아짐에 따라 이 둘 사이의 관계는 점차 더 가까워졌다. 과학을 좀더 향상시키기 위하여 수학의 각 분야들이 생겨났으며, 과학은 주요한 수학적 문제들을 만들어내었다. 사실 가장 중요한 수학적 성취와 가장 좋은 과학적 성취는 같은 사람들에 의하여 이루어졌다. 아닌게 아니라 뉴턴, 라이프니츠, 베르누이 가족, 달랑베르, 르장드르, 라그랑주, 라플라스 등이 수학자로서 더 성공한 인물들인지 아니면 과학적으로 더 성공한 학자들이었는지 판단하기는 쉽지 않다. 그러나 점차 두 파트너 중 한쪽이 그 결합을 지배하기 시작하였고, 18세기에 이르러 둘 사이의 관계에 새로운 국면이 시작된다. 즉, 수학이 과학을 흡수하기 시작했던 것이다. 과학이 꾸준히 자연을 연구하고 파악하는 자신의 목적을 고수하고 있기는 하였지만, 그 내용과 언어, 방법 등은 점점 더 수학적으로 되어갔기 때문이다.

점점 더 수학적으로 되어가면서도 동시에 18세기 지성들이 보기에 자연을 설명하고 표상하는 데 완벽한 성공을 거두게 된 과학 분야 중에서 가장 눈에 띄게 발전한 분야가 바로 기계학 분야였다. 갈릴레이와 데카르트는, 자연은 운동하는 물질로 구성되어 있으며, 과학이란 단지 운동의 수학적 법칙을 발견하기만 하면 된다는 하나의 프로그램이자 철학을 제안하였다. 백 년 후 이 프로그램은 아주 구체화되고 가장 인상적인 실체로 바뀌었다. 창시자들의 연구와 십수 명의 다른 주도적 연구가들을 통하여 지구상의 물체 운동에 대한 연구, 특히 천체들에 대한 연구는 외관상 완벽함과 궁극성에 도달한 것처럼 보여 이러한 과학철학의 진리성과 가치를 믿어온 계몽주의자들에게 확신을 주었다. 기계학에 관한 기념비적인 작품인 라그랑주의 《해석역학(Mécanique Analytique)》과 라플라스의 《천체역학(Mécanique Céleste)》에서 자연이란 과학에서 관찰한 모든 운동 현상들을 포괄하여 설명할 수 있는 정확하고 영원한 수학적 법칙들에 의하여 지배되고 있음을 증명한 시기가 바로 18세기였다.

동시에 이들 과학 고전들은 기계학을 순수한 방정식으로 환원시켰다. 그리하여 기계학은 수학자들이 자유롭고 행복하게 거닐 수 있는 낙원임이 판명되었다. 이 영역에서 어떠한 문제도 풀리지 않아 그들의 마음을 괴롭힌 적이 없었고, 자연 현상은 그저 따기만 하면 쉽게 얻을 수 있는 열매에 지나지 않았다. 17세기가 훌륭한 수학적 창조를 자랑스러워했다면, 18세기는 자연의 성공적인 기계학적 철학을 자랑하였을 것이며, 그 시기를 수학적 기계학의 시대라고 기술한다 해도 전혀 틀리지 않았을 것이다.

과학 내용의 변화와 함께 언어와 처리 방식에도 변화가 일어났다. 언어는 점점 더 정확하고 애매하지 않으며, 편리한 보편적 기호를 가진 수학의 언어가 되었다. 과학은 또한 추상적인 혹은 관념적인 개념들을 점점 더 많이 사용하기 시작했다. 실지로 우리 모두는 끊임없이 경험으로부터 개념들을 추상화한다. 마치 자신의 삶 자체를 산문으로 말하고 있다는 것을 깨닫지 못하는 몰리에르의 등장인물처럼, 우리가 종종 이를 의식하지 못하고 있을 뿐이다. 만유인력은 17세기의 주목할 만한 추상적 개념 중의 하나였다. 역시 17세기 이후 널리 사용된 개념인, 우주에 퍼져 있는 에테르와 과학적 개념인 질량 역시 다른 중요한 추상적 개념이었다. 17세기 이래로 도입된 유명한 추상적 개념 중에서 우리는 또한 힘과 에너지라는 개념들을 언급할 수 있을 것이다.

연역법이 널리 사용됨에 따라 과학은 점차 수학적인 방법을 따르게 됐다. 이 말은 그리스 시대의 수학자들이 그랬듯이, 공리를 채택하여 그로부터 정리를 연역해내기 위하여 이들 공리를 수학의 공리와 정리에 관련지어 사용하였다는 뜻이다. 그러면 우리는 다음과 같은 질문을 던질 수가 있다. 순수하게 수학적인 공리 말고, 예를 들면 물리학적 추론에 기반이 되는 어떤 다른 공리가 있는가라고. 뉴턴의 운동법칙과 만유인력법칙이 그러한 공리며, 우리는 앞선 장에서 공리로써 사용되는 예를 보았다. 또 다른 예로, 물리학의 공리라고 할 수 있는 것이 바로 에너지 보존 법칙이다. 이 공리는 에너지가 하나의 형식을 벗어나, 다른 형식으로 다시 나타난다는 사실을 관찰함으로써 제안된 것이다. 만일 근육 에너지가 나무를 자르는 데에 사용된다면, 열 형태의 에너지가 톱과 나무에 나타나게 되는 것이다. 석탄에 내재되어 있는 에너지는 전기의 형태로 에너지를 만드는 데에 사용된다. 이러한 관찰과 많은 정확한 측정에 기반하여, 물리학자들은 물리학적 과정과 화학적 과정에서 에너지란 것은 결코 소실되지 않으며 단지 그 형태를 바꿀 뿐이라는 사실을 공리로써 받아들이게 된 것이다.

추상과 연역과 같이 과학에서도 수학의 언어와 결론, 그리고 과정을 점차 많이 사용하게 되었을 뿐 아니라, 과학의 전체 분야를 하나의 근본적인 수학으로 전환하게 된 사실을 우리는 과학의 수학화라고 이름 붙일 수 있을 것이다. 참으로 18세기에는, 모든 과학이 수학화되고, 아닌 게 아니라 수학이 과학을 계속 흡수함으로써 과학의 진보가 점점 더 빨라지게 되리라는 것은 단지 시간 문제라는 것이 명백해졌다.

르네상스 시기의 과학자들은 자연을 탐구하면서 수학적 진리들을 추구하고 발견하였다. 물론, 수학은 그리스 시대 이후로 그러한 진리들의 근원으로 인식되었다. 그러나 르네상스 직후, 수학적 법칙들은 우주에 대하여 흔들리지 않는 확언을 함으로써, 진리의 영역에서 전통적인 철학적 그리고 종교적 지배자들의 타이틀을 위협하게 되었다. 진실로 수학은 이전 어느 때보다도 웅대한 우주의 새로운 질서와 계획을 밝혀 놓았다. 그리고 수학이 인간의 상상력을 뛰어넘는 성취를 이루어 우월성을 과시하고 그 절정에 다다름으로써 철학과 종교 모두가 오랜 세월 세워놓은 사고 체계를 버리고, 새로운 수학적·과학적 지식에 비추어 새로운 체계를 재구축해야만 했다.

철학자들은 새로운 질문을 제기함으로써 재구축에 들어갔다. 인간은 어떻게 진리를 알 수 있는가? 물론 신학자들도 이 질문에 관심이 있었다. 왜냐하면 새로운 수학과 과학이 그 전까지 지식으로 확립되었던 것을 너무 많이 파괴해버려서, 적어도 지성인들 사이에서는 신에 대한 정통적인 종교적 믿음이 빠르게 사라지고 있었기 때문이다. 신의 존재에 대한 증명은 수학적 정리나 과학적 실험을 통하여 알아낼 수 있는 것이 아니었기 때문에 몇몇 학자들은 그러한 믿음을 새로운 지식 이론 안에 성립할 필요가 있음을 깨달았다. 아마도 신성의 개념을 인간에게 타고난 것으로 봄으로써 모든 의심으로부터 벗어날 수 있었던 것 같다.

인간은 어떻게 진리를 알 수 있는가? 어떻게 인간은 자신이 기꺼이 맹세할 수 있을 만한 지식을 얻을 수 있는가? 어떻게 인간은 그러한 지식에 대한 확신을 설명할 수 있는가? 철학자들은 이러한 문제들에 고심하였으며, 결국 시대에 대한 새로운 전망을 반영하는 동시에 신학자들을 실망시켰던 네 번째 답을 만들어내었다.

수학과 과학이 획득한 지식에 직접적으로 반응한 철학자는 토머스 홉스(Thomas Hobbes, 1588~1679)였다. 그는 자신의 저서 《리바이어던(Leviathan)》에서 우리의 바깥 세계에는 단지 운동하는 물질만 있다고 제일 먼저 확언하였다. 바깥 세계의 물체들은 우리의 감각 기관을 누르고, 순수하게 기계적인 과정을 통하여 우리 두뇌에 감각을 만들어낸다고 보았다. 우리가 얻는 지식 모두는 이러한 감각을 통하여 만들어진 것이다.

감각은 두뇌에 머무른다. 모든 물체와 마찬가지로 관성을 가지고 있기 때문이다. 이때 감각은 이미지라 불린다. 연속적으로 이미지들이 도달하게 되면, 그것은 이미 수용된 다른 이미지들을 불러일으킨다. 가령, 사과의 이미지가 사과나무의 이미지를 불러일으키는 것처럼 말이다. 사고는 연속된 이미지들을 조직화하는 것이다. 구체적으로 물체들의 성질이 이미지로 나타날 때, 이름이 불려지고, 사고는 이를 확인하면서 그 이름들을 결합하고 이 때의 확인을 통하여 필연적으로 존재하는 관계를 추구하는 과정을 말한다. 지식은 두뇌가 그 확인들을 조직화하고 관계지을 때 발견되는 규칙성으로 구성된다. 이제 수학적 활동들이 바로 그러한 규칙성을 만들어낸다. 수학을 통하여 두뇌는 즉각적으로 보면 명백하지 않은 물체들의 필연적인 관계들을 추출하여 추상화하기 때문이다. 그리하여 두뇌의 수학적 활동들은 물리적 세계의 진정한 지식을 산출하며 수학적 지식은 진리가 된다. 사실상 현실은 오직 수학의 형식을 통해서만 우리가 접근할 수 있는 대상이다.

16-2. 《리바이어던》, 무수히 많은 작은 국민들이 왕관을 쓴 거대한 국왕의 몸을 구성하고 있는 표지 그림.

홉스는 수학의 진리에 대한 배타적 권리를 너무나 강력하게 주장하였기 때문에 심지어 수학자들마저 이의를 제기하였다. 그 시대의 주도적 물리학자인 호이겐스에게 보낸 편지에서 수학자인 존 월리스는 홉스에 대해서 다음과 같이 썼다.

> 우리의 《리바이어던》이 우리 대학, 아니 모든 대학을 격렬하게 공격하고 파괴하고 있습니다. 특히 목사와 성직자 그리고 모든 종교를 파괴하고 있습니다. 마치 기독교 세계는 철학에서든 종교에서든 우스꽝스러운 지식만을 만들어낼 뿐, 그러니까 제대로 된 아무런 지식도 가지지 못하고 있는 것처럼, 또한 수학을 모르면 철학을 이해할 수 없고, 철학을 이해하지 못하면 종교도 이해할 수 없다는 듯이 말이죠.

홉스가 감각과 추론이라는 두뇌 작용의 순수한 물리적 특징만을 강조함으로써 많은 철학자들은 충격을 받았다. 그들은, 정신이란 기계적으로 작용하는 물질 그 이상이라고 생각하였으며, 신과 영혼과 같은 종교적 개념들을 지지하는 지식을 추구하고 있었기 때문이다. 1690년 출판된 《인간오성론(Essay Concerning Human Understanding)》이라는 저서에서 존 로크(John Locke)는 홉스가 행한 것과 다소 유사한 일을 하기 시작하였지만, 인간에게는 본유관념(本有觀念)이 없다고 주장했다는 점에서 데카르트와는 달랐다. 사람들은 텅 빈 백지와 같이 비어 있는 정신을 가지고 태어난다고 보았다. 감각 기관이라는 매개체를 통하여 경험은 텅 빈 백지의 칸을 채우고 일차적 관념을 산출한다. 일차적 관념은 물체에 실지로 내재되어 있는 성질과 정확히 닮은꼴이다. 이러한 성질을 그는 일차적 성질이라고 불렀고, 그 예로는 견고함, 연장, 모양, 운동 혹은 휴식, 숫자가 있다. 그러한 성질은 사람들이 그것을 지각하든 못하든 간에 존재한다. 감각으로부터 발생하는 다른 생각들은 물체들의 실재 성질이 정신에 작용한 것이지만, 실제로 그 성질과 일치하는 것은 아니다. 그러한 이차적 성질에는 색, 맛, 냄새, 소리 등이 있다.

비록 정신이 일차적인 관념을 발명하거나 만들어내지는 못하지만, 일차적 생각에 대하여 반성하고 비교하고 통합하는 능력이 있어서 복합적인 관념들을 형성한다. 바로 여기서 로크는 홉스와 결별한다. 게다가 정신은 실재 그 자체를 알 수 없으며, 단지 실재들에 관한 관념들만 알 수 있고 그 관념들을 가지고 작동한다. 지식은 그것들간의 일치 또는 불일치와 같은 관념들의 연결과 관련이 있다. 진리는 사물들의 실재에 일치하는 지식에 있다.

논증을 통하여 관념들 사이에 관련을 짓고, 그를 통하여 진리를 성립한다. 논증이 도달할 수 있는 확실성 속에서 수학적 논증은 가장 완벽하다. 로크는 수학적 지식을 더 선호하였는데 그 까닭은 첫째, 수학적 지식이 다루고 있는 관념들이 가장 명백하고 신뢰할 만하다고 느꼈기 때문이며, 둘째로 수학은 관념들 사이의 필연적 관계를 드러냄으로써 관념들의 관계를 형성하며, 정신은 그러한 관계들을 가장 잘 이해할 수 있기 때문이다.

로크는 과학이 이루어놓은, 물리 세계에 대한 수학적 지식을 선호했을 뿐 아니라 심지어 직접적인 물리적 지식을 거부하기까지 하였다. 그는 물체들이 서로 끌거나 밀어내는 물리적 힘처럼, 물질 구조에 대한 많은 사실이 명백하지 않다고 주장하였다. 게다가 우리는 외부 세계의 실재하는 내용에 대하여 알지 못하며 단지 감각이 만들어놓은 관념만을 알 수 있기 때문에, 물리적 지식이란 전혀 만족스러운 것이 못된다. 그럼에도 불구하고 그는 수학이 기술해놓은 성질을 가지고 있는 물리 세계가, 마치 신과 우리 자신이 존재하듯, 실제로 존재한다고 확신하였다.

로크의 철학은 뉴턴의 과학을 거의 완벽하게 반영한 것이다. 결과적으로 그가 대중적 사고에 미친 영향력은 엄청났다. 데카르트의 철학이 17세기를 지배하였듯이 그의 철학은 18세기를 지배하였다.

지식에 대한 그들의 이론에서 홉스와 로크는 둘 다 인간 외부의 물질 세계가 존재한다는 것을 일차적으로 강조하였다. 모든 지식이 이 근원에서 생겨나는 것이지만, 궁극적으로는 정신, 혹은 두뇌에 의하여 획득되는 이 세계에 대한 진리들은 바로 수학 법칙들이었다. 성직자로서뿐만 아니라 철학자로서도 유명한 버클리(George Berkeley, 1685~1753) 주교는 물질과 수학에 대한 이러한 강조가 순수 종교와 신 또는 영혼과 같은 개념들에 위협이 된다

16-3. 버클리

는 사실을 깨달았다. 그는 정교하고도 통렬한 주장으로 홉스와 로크 모두를 계속 공격하였으며, 자신의 지식 이론을 내놓기에 이르렀다.

그의 주요 철학적 저작인, 《인간 지식의 원리에 관한 논문: 회의주의, 무신론, 반종교에 근거한, 과학에서 실수와 어려움을 일으키는 주요 원인에 대한 탐구》에서 버클리는 전면적인 공격을 감행하였다. 홉스와 로크 모두, 우리가 아는 모든 것이 관념이며 이들 관념은 외부의 물질적인 사물들이 우리 정신에 가한 작용에 의하여 생산된다고 주장하였다. 버클리는 감각 혹은 감각 인상과 관념이 그러한 사물에 의하여 생겨난다는 것을 인정하였지만, 감각과 관념이 이를 지각하는 마음 외부에 존재하는 물체에 의하여 야기된다는 믿음에는 반대하였다. 우리는 단지 감각과 관념만을 지각하기 때문에 우리 외부에 무언가 있다고 믿을 이유가 없다는 것이다. 물체의 일차 성질에 대한 우리의 관념은 정확한 반영이라는 로크의 주장에 대하여, 버클리는 하나의 관념은 단지 하나의 관념일 뿐이라고 반박하였다.

버클리는 로크가 별 의도 없이 행한 주장을 이용하여 자신의 입장을 강화하였다. 로크는 일차적 성질에 관한 관념과 이차적 성질에 관한 관념을 구분하였다. 전자는 실재 성질과 일치하는 반면, 후자는 단지 정신 속에만 존재하는 것이다. 여기서 버클리는 질문한다. 색과 같이 분별 가능한 성질을 포함하지 않고서 물체의 연장과 운동만을 생각할 수 있을까? 연장, 모양, 운동은 그 자체만으로 생각할 수 없는 성질이다. 그러므로 만일 이차적 성질이 단지 정신 속에서만 존재한다면, 일차적 성질도 마찬가지로 그러하다.

간단히 말하여, 버클리는 우리가 단지 감각과 감각에 의하여 형성된 관념만을 알고 있고, 외부 물체 그 자체는 알지 못하기 때문에 외부 세계의 존재를 전혀 가정할 필요가 없다고 주장한 것이었다. 그 세계는 마치 우리가 머리를 맞았을 때 보이는 별이 실지로 존재하지 않는 것처럼 존재하지 않는 것이다. 물질이라는 외부 세계는 의미 없고 이해할 수 없는 추상일 뿐이다. 만일 외부 물체가 있다고 하더라도, 우리는 그것을 결코 알 수 없을 것이다. 그리고 만일 없다면, 역시 그러한 물체가 있다고 생각할 만한 이유와 똑같은 이유가 있어야 한다. 정신과 감각이 유일한 실재이다. 이렇게 버클리는 물질을 없애버렸다.

독자들은 이 결론에 저항하여 아마도, 사무엘 존슨이 아주 단단하게 보이는 돌을 발로 걷어차면서 이에 대한 반박을 했듯, 그 결론에 반박하려고 할 수도 있을 것이다. 그러나 그렇다고 하여 버클리의 입장이 가진 논리가 무효화되지는 않는다. 기껏해야 체스터필드 백작이 아들에게 쓴 편지에 기술한 다음 내용이 그 이유가 될 수 있을 것 같다.

> 매우 지혜로우시며 학식 있는, 클로인의 주교 버클리 박사가 물질 같은 것이란 전혀 없으며 단지 관념 속에서만 존재한다는 것을 증명한 책을 썼단다. 너와 나도 단지 먹고, 마시고, 잠자고 하는 것을 상상만 하고 있을 뿐이란 말이지. 엄격히 말해서 그의 주장은 쉽게 답할 수 없는 것이란다. 그러나 나는, 아직 내 몸을 현재 구성하고 있다고 잘못 상상하고 있는 바로 그 물질을 가능한 한 최상의 상태로 유지하기 위하여, 계속해서 먹고 마시고, 걷고 타기로 결심했다. 상식이 내가 생각할 수 있는 최선의 생각인 것 같다. 물론 상식이 가장 비상식적인 것이긴 하지만 말이다.

심지어 버클리 자신도 그 존재를 부인한 바로 그 물리적 세계로 가끔씩 여행 가지 않을 수 없었다고 고백해야 할 것이다. 그의 마지막 작품인 《사이리스: 타르-물의 미덕에 관한 철학적 성찰(Siris: A chain of Philosophical Reflections concerning the virtues of Tar-Water)》에서 그는 천연두, 폐병, 통풍, 늑막염, 소화불량, 천식 등 많은 질병에 타르를 담근

물을 마실 것을 권유하였다. 그러나 이처럼 그가 때때로 잘못 발을 내딛는 것이 자신의 주장에 반하는 것은 아니다. 그가 쓴 유쾌한《힐라스와 필로노스의 대화(Dialogues of Hylas and Philonous)》를 본 독자라면, 그의 철학이 아주 재미있고 스스로를 적절하게 방어하고 있음을 알게 될 것이다. 어쨌든 물질주의로부터 물질을 빼앗음으로써, 버클리는 자신이 물리적 세계를 제거하였으며, 그와 함께 뉴턴식의 과학도 제거했다고 믿었다.

그러나 여전히 버클리에게는 수학과의 대결이 아직 남아 있었다. 정신은 어떻게 외부 세계의 과정을 기술할 뿐만 아니라 그 과정을 예측할 수 있는 법칙을 획득할 수 있단 말인가? 수학이 제공한, 외부 세계에 대한 진리에 대하여 18세기에 아주 굳건히 정립된 믿음과 대적하기 위하여 그는 도대체 무엇을 할 수 있는가?

그는 수학을 계속하여 파괴해 나갔다. 그리고 아주 약한 부분을 공격할 만큼 영리하였다. 미적분학의 근본 개념은 함수의 순간변화율이라는 개념이다. 그러나 앞서 진술한 바와 같이, 이 개념은 분명하게 이해할 수 없었으며, 뉴턴과 라이프니츠 어느 누구도 제대로 제시하지 못했다. 그래서 버클리는 정당화와 확신을 가지고 그것을 공격할 수 있었다.

1734년《분석가(The Analyst)》에서 그는 신앙심 없는 수학자에게 아무 조심스러움 없이 거칠게 말하였다. 순간변화율을 그는 "유한한 양도 아니고, 그렇다고 무한대로 작은 양도 아니며, 그저 아무것도 아닌 것"이라고 하였다. 이들 변화율은 그저 "막 출발한 양의 유령일 뿐이다. 내 생각에 틀림없이…… 두 번째, 세 번째 미분계수(순간변화율을 뉴턴이 지칭한 전문용어)를 이해할 수 있는 사람이라면, ……신에 관한 어떤 이야기도 받아들일 수 있을 것이다." 그런데도 버클리는 실수들이 서로서로 상쇄되었기 때문에 미적분학이 유용하다고 입증된 것이라고 설명하였다. 미적분학을 비판하긴 하였지만, 그가 실지로 물리적 세계에 관하여 수학이 산출해낸 모든 진리를 부정하는 것은 아니었다. 어쨌든 자신의 반대편에게 생각할 거리를 제공함으로써, 그는 수학에 관한 공격을 중지한 셈이 되었다.

버클리의 철학은, 인간과 물리 세계의 관계라는 주제에 관한 매우 극단적인 사고인 것처럼 보인다. 그러나 회의주의적인 스코틀랜드인인 데이비드 흄은 버클리가 그다지 극단적이라고 생각하지 않았다. 버클리는 감각과 관념들이 존재하는 사고하는 정신을 받아들였기 때문이다. 그러나 흄(David Hume, 1711~1776)은 그 정신을 부인하였다.《인간 본성에 관한 논문(Treatise of Human Nature)》(1739~1740)에서 그는 정신도 물질도 모두 알 수 없다고 주장하였다. 우리는 둘 중 어느 것도 지각하지 못한다. 우리는 인상(감각)을 받아들이며, 이미지, 기억, 사고와 같은 이 세 가지 관념 모두는 그저 인상이 남긴 희미한 효과라고 보았다. 둘 다 허구라는 것이다. 단순 인상 그리고 복합 인상과 관념들이 있다는 것은 사실이다. 그러나 복합 인상은 단지 단순 관념들의 결합일 뿐이다. 그러므로 정신은 인상과 관념들의 집합과 다르지 않다. 정신은 단지 이러한 집합에 대한 관습적인 용어일 뿐이다.

물질에 관하여 흄은 버클리와 의견을 같이 하였다. 견고한 물체들의 세계가 영원히 존재한다는 것을 누가 우리에게 보장하겠는가? 우리가 아는 것이란 단지 그러한 세계에 대한 우리 자신의 인상일 뿐이다. 유사성, 순서나 위치상의 접근을 통하여 관념들을 연합함으로써 기억은 관념들의 정신 세계를 질서 지운다. 만유인력이 물리 세계의 질서를 규정하는 것처럼. 공간과 시간은 관념들이 우리에게 떠오르는 방식이며 질서일 뿐이다. 공간과 시간, 인과성 모두 객관적 현실이 아니다. 우리는 그러한 현실을 믿도록 하는 우리 관념들의 힘과 단호함 때문에 미혹당하는 것뿐이다.

고정된 성질을 가진 외부 세계가 존재한다는 것은 정말 확신할 수 없는 추론이다. 어디에도 속하지 않고 어떤 것도 재현하지 못하는 인상과 관념들을 초월하여 무언가가 존재한다는 것을 주장할 증거가 없다. 그러므로 영원한, 객관적 물리 세계에 관한 과학적 법칙이란 있을 수 없게 된다. 그러한 법칙은 단지 인상을 편리하게 결합해놓은 것을 의미할 뿐이다. 게다가 인과성이라는 관념은 과학적 증명에 기반을 둔 것이 아니라, 단지 '사건'들의 일상적인 순서를 자주 관찰함으로써 생긴 마음의 습관이기 때문에, 우리가 관찰한 연속성이 다시 일어날지를 알 방법은 사실상 없다.

인간 그 자체는 단지 하나의 고립된 지각들의 집합일 뿐이다. 다시 말하여 인상과 관념의 집합이다. 인간은 그렇게 존재한다. 스스로를 인지하고자 하는 시도는 결국 하나의 지각이 된다. 다른 모든 사람들과 외부 세계도 그 사람에게는 단지 지각일 뿐이며, 그것들이 존재한다고 확신할 수 없다.

흄의 철저한 회의주의적 방식을 방해하는 유일한 장애물은 순수 수학이라는, 일반적으로 인정된 진리의 존재였다. 그는 이것을 파괴할 수 없었기 때문에, 그들의 가치를 계속 비하하려고 하였다. 그에 따르면, 순수 정리들은 똑같은 사실을 다양한 방식으로 반복하여 말하는, 중언부언하는 진술에 지나지 않는다. 2×2가 4라는 것은 전혀 새로운 사실이 아니다. 실지로 2×2라는 것은 4라는 것을 말하는, 혹은 기록하는 또 다른 방식일 뿐이다. 그러므로 산수에서 이런저런 진술들은 단지 중언부언일 뿐이다. 기하학의 정리에 관해서도 그것은 공리들을 좀더 정교한 방식으로 반복한 뿐이다.

그래서 인간이 진리를 어떻게 알 수 있는가라는 일반 문제에 대한 흄의 해결책은 알 수 없다가 된다. 수학의 정리도, 신의 존재도, 외부 세계, 인과 관계, 자연의 존재도, 심지어 기적도 진리를 구성하고 있지 않다. 그러므로 흄은 추론이 정립해놓은 것을 추론함으로써 파괴하였지만, 동시에 이성의 한계를 드러내었다.

흄의 연구는 과학과 수학이 이루어놓은 노력과 결과의 가치를 떨어뜨렸을 뿐 아니라 이성의 가치 그 자체에 도전을 한 셈이었다. 루소와 같은 철학자들은 명백한 추론을 이끌어내었다. 그들은 상상력이 풍부하고 직관적인 삶에 대한 접근을 위하여 이성을 포기할 것을 촉구하였다. 그들에게 이성은 하나의 자기 기만이며, 불행한 환상이었다. 결국 생각하는 인간이란 단지 병든 동물에 지나지 않았다.

그러한 결론, 즉 인간의 최고의 능력에 대한 부정이라는 결론은 대부분의 18세기 사상가들에게 혁명적인 것이었다. 수학과 다른 인간 이성의 표현물들이 너무나 발달하여 쉽게 내버릴 수가 없었다. 최고의 철학자인 칸트(Immanuel Kant, 1724~1804)도 실지로 흄이 로크의 지식이론을 과도하게 확장시킨 것에 대하여 반감을 드러냈다. 이성은 다시 왕좌에 올라야만 했다. 인간이 감각 경험의 단순한 결합을 초월하는 관념과 진리를 소유하고 있다는 사실은 칸트에게 의심할 수 없는 것처럼 보였기 때문이다.

그리하여 칸트는 인간이 진리를 어떻게 획득하는가라는 문제에 대하여 완전히 새로운 접근을 택하였다. 그가 최초로 택한 단계는 우리에게 지식을 부여하는 진술 혹은 판단을 두 종류로 구분하는 것이었다. 그가 분석적이라고 부른 첫 번째 종류는, 모든 물체는 연장된다라는 진술에서 그 예를 볼 수 있는데, 이는 지식에 어떤 기여도 하지 못한다. 물체가 연장된다라는 진술은 단지 그것이 물체라는 바로 그 사실에 따라 물체가 가진 성질을 명시적으로 진술한 것뿐이지, 새로운 것을 말하는 것이 아니다. 그러므로 우리는 물체가 연장된다는 것을 앎으로써 새롭게 배우는 것은 없다. 물론 그 진술들이 강조의 역할을 하지만 말이다. 반면, 모든 물체들은 색을 가지고 있다는 진술은 우리가 가진 지식에 새로운 것을 더해준다. 그 진술은 물체로서의 본성 그 자체에 내재해 있지 않은 어떤 사실을 물체에 대한 정보에 덧붙여주기 때문이다. 이러한 판단 유형을 칸트는 종합적 판단이라고 하였다. 칸트는 또한 경험으로부터 직접 얻을 수 있는 지식과, 경험과는 독립적으로 정신이 얻을 수 있는 지식을 구분하였다. 후자가 바로 아프리오리(a priori, 선험 지식)이다.

칸트에 따르면, 진리를 경험만으로는 얻을 수 없다. 왜냐하면, 경험이란 개념과 조직이 없이 그저 감각들을 모아놓은 것이기 때문이다. 그러므로 단순히 관찰만으로 진리를 만들어낼 수 없다. 만일 진리가 존재한다면, 그것은 반드시 선험적 판단이어야 하며, 게다가 진정한 지식이 되기 위해서는 종합 판단이어야 한다. 흄과 루소에 대항하기 위하여 칸트는 먼저 인간이 진리를 소유하고 있음을 보여주었다. 다시 말하여 인간이 선험적 종합 판단을 가지고 있음을 보여주었다.

이에 대한 명백한 증거가 바로 수학적 지식이다. 칸트가 보기에 수학의 모든 공리와 정리는 거의 대부분 선험적 종합 판단이다. 직선이 두 점 사이의 최단 거리라는 진술은 확실히 종합적이다. 왜냐하면 그것은 두 개의 관념, 즉 직선과 최단 거리를 결합하고 있으며, 이들은 각자 서로에게서 연역될 수 없기 때문이다. 또한 그것은 선험적이기도 하다. 왜냐하면 칸트가 보기에는 직선이라는 경험, 심지어 측정들도 이 진술이 의미하는 불변의 보편적 진리를 보장해줄 수 없기 때문이다. 그래서 칸트에게는 인간이 선험적 종합 판단을 가지고 있다는 것, 즉 진정한 진리를 가지고 있다는 것은 의문의 여지가 없는 사실이다.

칸트는 이보다 더 깊이 탐구해 나갔다. 그는, 직선이 두 점 사이의 최단 거리라는 진술을 '왜 진리로서 기꺼이 받아들이는가'라고 질문하였다. 우리의 정신이 어떻게 그것을 진리로 받아들이는 것이 가능할까? 이 질문은 우리가 만일 '수학이 어떻게 가능한가'라는 질문에 답할 수 있다면 그 대답이 가능하다. 칸트가 내놓은 대답은 우리의 정신이, 경험과는 독립적으로, 공간과 시간 형식을 소유하고 있다는 것이다. 칸트는 이들 형식을 직관이라고 불렀다. 그러므로 공간은 인간이 감각을 조직하고 이해하기 위하여 필연적으로 물리적 세계를 '조망하게 하는' 직관인 것이다. 공간이라는 그 직관이 바로 정신에 기원을 두고 있기 때문에, 정신이 공간에 관한 공리를 즉시 받아들일 수 있는 것이다. 그러고 나서 기하학에 의해 이러한 공리들의 논리적 함의를 탐험하게 된다.

그렇다면, 정신적 구성물인 기하학의 정리들은 왜 정신 바깥의 물리적 세계에 적용이 되는가? 칸트의 답은, 본래 정신이 가지고 있는 공간 형식이란 것이 공간 관계를 이해할 수 있는 유일한 방법이라는 것이다. 우리는 공간 형식에 맞추어 경험을 지각하고 조직하고 이해한다. 다시 말하여 경험이란, 마치 반죽을 주형 틀에 맞추듯 공간 형식에 맞추는 것이다. 바로 이 때문에 유클리드 기하학과 물리 도형들에 대한 우리의 경험이 일치될 수가 있다.

좀더 일반적으로 말하여, 칸트는 과학의 세계가 선천적 원리 혹은 범주에 맞추어 정신이 정리해놓은 감각 인상의 세계라고 주장하였다. 이들 감각 인상은 현실 세계에서 발생하지만, 불행하게도 이 세계는 알 수 없는 것이다. 정신이 바로 경험들의 조직과 이해를 제공한다. 실재는 단지 지각하는 정신이 공급하는 주관적 범주들에 비추어보았을 때에만 알 수 있다.

칸트의 지식 이론을 위와 같이 간단히 그려보면, 그가 자신의 철학을 전개할 때에 수학적 진리가 존재함을 그 중심 기둥으로 삼았다는 사실이 자명하다. 특히 그 무엇보다도 유클리드 기하학의 진리에 의존하고 있다. 여타 다른 기하학을 생각할 수 없었기 때문에 그는 그밖에 다른 어떤 것은 없다고 확신하였다. 그러므로 칸트에게는 유클리드의 진리와 선험적 종합 명제들의 존재가 확실하게 보장된 것이다.

그러나 오호 통재라, 19세기 창조물인 비유클리드 기하학은 칸트의 주장을 파괴하고 말았으니 말이다. '어떻게 인간이 진리를 획득할 수 있는가'라는 질문은 연이은 철학적 사고를 통하여 답할 수 있는 것이 아니었다. 아닌 게 아니라, 우리가 나중에 알게 되겠지만, 그 학문은 비유클리드 기하학자들에 의하여 엄청난 혼동에 빠지게 된다. 그처럼 위대했던 18세기 철학자들이 '인간은 진리를 어떻게 알 수 있는가'라는 질문에 답을 내놓지는 못했지만, 적어도 인간 사고의 댐을 열어놓아 새로운 생각들이 자유롭게 인간의 정신을 흐를 수 있도록 해주었다는 점은 인정해야 할 것이다.

18세기 철학자들이 '인간은 진리를 어떻게 알 수 있는가'라는 질문에 대하여 격렬한 논쟁을 벌이고 있었지만, '무엇이 진리인가'에 대해서는 그들 사이에서도 모순되는 점을 그다지 많이 발견할 수 없었다. 운동과 만유인력의 법칙들이 자연 현상에 대한 그들의 지배력을 점점 더 확장시켜주었으며, 행성, 유성, 항성들이 너무나도 정확하게 수학이 기술해놓은 경로를 따라 운행하였기 때문에 우주가 물질, 힘, 운동에 비추어 이해될 수 있으리라는 데카르트와 갈릴레이의 가정은 거의 모든 유럽 지성들의 정신에 확고히 자리잡게 된다.

운동하는 물질인 낙하 물체들과 행성의 운동을 수학적으로 기술하는 것이 핵심이었기 때문에, 과학자들은 자신들이 전혀 이해하지 못한 현상들에도 그러한 물리적 설명에 맞추려고 시도하였다. 열, 빛, 전기, 자기장들은, 단지 이러한 종류의 물질들의 밀도가 너무나 작아 측정할 수 없다는 점에서, 헤아릴 수 없는 종류의 물질이며 헤아릴 수 없는 의미를 지니고 있다고 보았다. 열 속의 물질을 칼로리라고 부른 것이 그 한 예이다. 물체가 열을 받으면, 마치 스펀지가 물을 빨아들이는 것처럼, 이 물질을 빨아들인다고 보았던 것이다. 이와 마찬가지로, 전기는 유동체 속의 물질이어서 전선을 통하여 흐르는 이러한 유동체를 전류라고 불렀다.

물질, 힘, 운동의 세 개념 중에서, 힘은 물질에 작용하며 운동은 물질의 성질이 된다. 그러므로 물질이 가장 근본적이다. 이로부터 철학자들은 고정된 수학적 법칙에 따라 행동하는 물질을 유일한 실재라고 선포하였다. 이것이 바로 유물론의 교리이다. 홉스는 유물론에 대하여 다음과 같이 매우 조잡한 주장을 펼친다.

> 우주, 존재하는 모든 전체는 물질(정신이 아닌—옮긴이)이며, 즉 물체이며, 크기의 차원, 즉 길이, 넓이, 부피를 갖는다. 또한 물체의 모든 부분도 역시 마찬가지로 물체이며 같은 크기의 차원을 가진다. 결과적으로 우주의 모든 부분은 물체이며 물체가 아닌 것은 우주의 부분이 아니다. 그리고 우주가 모든 것이기 때문에 우주의 부분이 아닌 것은 아무것도 없으며, 따라서 그 어디에도 존재하지 않는다.

그는 계속하여, 물체는 공간을 점유하는 어떤 것으로 나눌 수 있고 움직일 수 있으며, 수학적으로 행동한다고 주장하였다.

그러므로 유물론에서는, 실재란 공간과 시간을 움직이는 물체들의 기제인, 단지 하나의 복잡한 기계일 뿐이라는 주장을 펼친다고 말할 수 있다. 인간 역시 물리적 자연의 일부이기 때문에 모든 인간도 또한 물질, 운동, 그리고 수학으로 설명할 수 있어야 한다. 홉스의 언어로 표현하면, 존재하는 모든 것은 물질이다. 발생하는 모든 것은 운동이다. 의식은 단지 물질적 입자들이 두뇌 물질에 대한 충격을 준 것일 뿐이다. 이 새로운 철학의 주창자들, 가령 《인간 기계론》에서 조악하게 그 주제를 기술한 라메트리와 유물론의 성서라고 불리는 《자연의 체계》를 쓴 올바크 등은 이보다 더 나아갔다. 의식뿐만 아니라 사고 또한 분자 운동이라고 생각한 것이다. 정신은 두뇌와 구분될 수 없으며, 두뇌와 함께 사라진다. 영혼과 같은 비물리적 '물질'이라는 개념은 완전히 폐기되어야 한다. 인간의 도덕적 상태는 단지 그의 물리적 상태의 특수한 측면일 뿐이며, 그의 조직과 물리적 환경이 야기한 행동의 특수한 양식일 뿐이다. 편견만으로는 우리의 도덕적 행위를 결정하는 영향력을 연구할 수가 없다. 간단히 말하여, 물질이 모든 현상의 원인이자, 모든 현상의 설명이다. 즉 놀랍게도 물질이 신의 대체물로 자리잡은 것이다.

유물론의 결론이 사람을 얼마나 황폐하게 만들었는지 살펴보기에 앞서 우리는 먼저 그 위력이 정확하게 어디에서부터 비롯되었는지 좀 더 명백히 알아보아야겠다. 물질, 힘, 그리고 운동이라는 과학적 개념뿐만 아니라 관찰과 실험이라는 과학적 활동이 순수 수학과 결합하여 유물론의 교리를 증명하기에 이르렀다. 그러나 물질의 근본적 실재를 주장하는 이 교리는 수학적 토대보다는 과학적 토대에 더 많이 의존하고 있는 것처럼 보인다. 그런데 뉴턴 자신이 명백히 깨달았던 것처럼, 유물론적 주장의 힘은 지상의 구체적 물질에 있는 것이 아니라, 천상의 수학이라는 비물질적인 추상에서 비롯된다. 갈릴레이와 데카르트가 창설하고 뉴턴이 정립한 자연 과학의 전체 체계는 만유인력이라는 보편 법칙에 기반을 둔 이론이었다. 뉴턴이 이 보편적 힘의 이론을 필수 불가결한 것으로 만들었음은 사실이지만, 자신도 그 힘의 성질을 알지 못함을 인정하고 있었다. 사실, 그는 그것의 물리적 성질과 작동 방식 문제를 탐구할 것을 강조하였지만, 그 주제에 대한 자신의 추측들이 모호하고 성숙하지 못한 것이라는 부정적 입장을 취하고 있었다. 단지, 예언자적 통찰력을 지니고 있던 그는 만유인력이라는 행위를 수학적으로 공식화하였으며, 공식화된 수학적 결론들을 탐구하는 데에 몰두하였던 것이다. 수학은 뉴턴이 정복한 기호였다.

물론 뉴턴과 그 계승자들은 언젠가는 만유인력의 움직임에 대하여 물리적 설명을 할 수 있으리라 예상했다. 적어도 호이겐스, 라이프니츠, 요한 베르누이와 같은 유명한 과학자들은 물리적 설명이 결여되었으며, 이러한 물리적 이론의 결함 때문에 만유인력이라는 움직임을 순전히 수학적으로 취급할 수밖에 없음을 인식하고 있었다. 그러는 동안, 마치 어구 하나가 물리적 설명을 해줄 듯이, 변변치 못한 과학자들이 이 이론을 '저 멀리 떨어져 있는 움직임'라고 불렀다. 점차 '저 멀리 떨어져 있는 움직임'이라는 말이 계속 반복되어 나타나자 문제 자체가 흐릿해졌고, 그 말을 설명이 아닌 단지 설명에 대한 대체물로서 받아들여야 한다는 비판적 분별력도 무디어졌다. 물리적 의미가 수학적 비옥함이라는 제단에 올려져 제물로 희생되었다. 아직까지 만유인력이라는 힘의 성질과 움직임의 방식을 설명한 사람은 그 누구도 없었다.

이러한 이유로, 유물론자들이 수세기 동안 견고하면서도 만질 수 있는 관찰 가능한 자연 현상에 대하여 그렇게 열심히 단호하게 주장하였음에도 불구하고, 실제로 그들의 주장은 더 신비롭고 어둠에 가려져 있는 관념의 중요성을 강조한 셈이 되었다. 과학에서 유물론적 전망이 발전하고 있음을 자랑하였지만, 그들이 무의식적으로 주장한 것은 결국 수학적 법칙의 중요성이었기 때문이다. 왜냐하면, 외관상 유물론적 철학이 물질을 과학적으로 다룸으로써 힘을 얻은 것처럼 보이지만, 사실상 그 힘은 과학적 추상 중에서도 가장 추상적인 수학에서 얻는 것이기 때문이다. 결국 궁극적인 실재로서 수 사이의 관계를 중시하였던 피타고라스 학파가 유물론으로 위장한 채 다시 그 정당성이 확립된 것이다.

유물론의 물질적 기반이 그리 충분하지 못하였음에도 불구하고, 이 우주가 힘, 물질, 그리고 운동이라는 기계적 개념들 그리고 이들 간의 수학적 관계에 의하여 완전히 설명될 수 있다는 믿음은 그 당시 사람들의 정신을 사로잡았으며 이제는 상식적인 믿음으로 자리잡게 되었다. 아직도 이러한 믿음은 의식적으로든 무의식적으로든 뉴턴과 그 계승자들의 견해를 따르고 있는 많은 사람들의 확신이기도 하다. 지금에 와서야 자연이란 것이 기계학적으로 사고하던 18세기 과학자들이 생각하던 것보다 훨씬 더 복잡하다는 것을 알게 되었지만, 이와는 관계없이 오늘날에도 그 확신은 힘을 발휘하고 있다. 과학의 완벽함, 그리고 암 치료제나 화학적 수단으로 생명을 창조하는 것과 같은 모든 문제에 대한 궁극적 해결책이 있으리라 믿었던 19세기의 신념은 모두 이러한 확신을 기반으로 하고 있다.

18세기 유물론이 낳은 필연적 결과는 결정론이었다. 수학적 공식들이 너무나도 많은 현상을 정확하게 기술하고 있음이 입증되었고, 그 응용에도 성공적이라는 사실이 밝혀지면서, 사람들은 이 세계가 그와 같은 공식에 맞추어 신중하게 계획되고 작동되고 있다는 결론을 내릴 수밖에 없었다. 이 세상의 진행 과정이, 모든 사건에 대하여 필연적인 귀결을 처방하는 조화로운 수학적 법칙에 의하여 완벽하게 결정되어 있는 것처럼 보였던 것이다. 이러한 견해를 대표하는 주창자들이 바로 18세기의 위대한 수학자들인 라그랑주와 라플라스였다. 라플라스에게 미래는 과거만큼 명백하게 독파할 수 있는 대상이었다.

> 우리는 우주의 현재 상태를 과거의 결과이자 미래의 원인으로 간주할 수 있다. 어떤 순간이든 자연을 움직이게 하는 모든 힘을 알고 있고, 자연을 구성하는 존재들의 상호간의 위치를 알고 있다면, 그리고 만일 지성이 그 자료들을 분석할 수 있을 만큼 많은 것을 알고 있다면, 우주라는 가장 거대한 물체들의 운동과 가장 가벼운 원자의 움직임 모두를 단 하나의 공식으로 압축할 수 있을 것이다. 그러한 일을 해낼 수 있는 지성에게 불확실한 것은 아무것도 없다. 미래는 과거와 마찬가지로 바로 눈앞에 존재하게 될 것이다.

이성의 시대는 지나갔다. 철학적으로 말한다면, 우리는 18세기 이래로 계속 발전해왔다. 그러나 결정론은 여전히 가장 대중적으로 받아들여지고 있는 견해이다. 세계는 수학적 법칙에 맞추어 생성되었고, 미래는 그 법칙에 따라 결정된다는 것이 지배적인 견해이다. 사람들이 여전히 이러한 교리에 대하여 느끼는 확신을 좀더 잘 살펴보면, 그것은 우리 자신의 행동에서 얻어진 것이며, 그 행동은 18세기 사고를 반영한 것과 다르지 않다. 예를 들어, 일식에 대한 현대적 반응을 살펴보자. 원시인들과 달리 우리는 야외로 뛰어나가, 떨리는 무릎을 꿇고, 다가올 사건이 예견하는 재앙을 막아줄 것을 기도하지 않는다. 대신에 우리는 스톱워치를 손에 쥐고 나가 일식에 대한 과학자들의 예측이 일초 일각까지 맞는지 확인해보려고 한다. 그리고 그러한 일이 끝나면, 우리 모두는 자연 현상의 규칙성과 법칙성을 더 확신하게 된다.

결정론적 관점을 너무 굳건히 믿었기 때문에 유물론자들은 그러한 견해를 자연의 일부인 인간에게도 즉각 적용하려고 하였다. 그 견해를 인간에게 적용한 결정론자들은 무자비하게 다음과 같이 선포한다.—자유의지란 없다. 인간의 의지는 외부의 물리적 그리고 생리학적 원인들에 의하여 결정된다. 이러한 주제에 관하여 홉스는 아주 조악하지만 직설적이었다. 자유의지란, 의미 없는 단어들의 조합일 뿐이며 무의미한 헛소리이다. 그리고 볼테르도《무지한 철학자(Ignorant Philosopher)》에서 다음과 같이 말하였다.

> 모든 자연, 모든 행성들이 영원한 법칙을 따르고 있다는 것, 그와 동시에 이러한 법칙을 경멸하여 완전히 자신의 변덕에 따라, 자기 마음대로 행동할 수 있는, 5피트밖에 안 되는 아주 조그마한 동물이 있다는 것은 정말 기이한 일이다.

이러한 결론은 너무나 파괴적인 것이어서 심지어 유물론자들조차도 이를 다소 수정하고자 하였다. 어떤 이들은 육체적 행동은 결정되지만, 사고만큼은 그렇지 않다고 말하였다. 이러한 결론은 생각이 행동을 일으킨다는 사실에 정면으로 위배되기 때문에 그다지 위로가 되지 못했다. 이러한 견해에 따른다 해도, 인간은 여전히 자동인형인 셈이다. 다른 사람들은 자유와 유사한 것을 주장함으로써 그 의미를 재해석하기도 하였다. 볼테르가 "자유롭다는 것은 자신이 하고싶은 바를 할 수 있다는 것이지, 하고싶은 바를 스스로 결정하여 의지대로 이루어낼 수 있다는 뜻이 아니다"라고 말하였다. 분명한 사실은 우리가 자유로우려면 우리에게 예정된 것을 좋아해야만 한다는 점이다. 이러한 불행한 입장이 또한 라이프니츠가 취했던 입장이기도 했다.

자신의 의지에 따르는 행동을 취하기 위해, 우리는 이 문제에 대한 토론을 중단하고자 한다. 이후 철학자들이 행한, 자유의지에 찬성하는 주장과 반대하는 주장 중 가장 중요한 것은 좀더 최근의 수학적 발달을 살펴본 후에야 이해가 가능하기 때문이다. 어쨌든 우리는 수학이 철학 영역에 침투하는 데에 성공하였음을 알 수 있었다. "수학이야말로 유일하게 훌륭한 형이상학이다"라는 유명한 19세기 물리학자인 켈빈경의 말이 이를 명백하게 보여준다.

17 뉴턴의 영향: 종교

고래로부터 시나이 산꼭대기에서
하느님은 하나라고 하느님이 말하였다,
엄격한 과학으로, 이제 하느님은 말한다.
우리에게, 하느님은 없다고!
지구는 화학적 힘으로 움직인다. 천체는
기계적인 하늘일 뿐!
그리고 인간의 마음과 정신은
다른 것과 마찬가지로 시계 태엽일 뿐이다!
– 아서 클러프

지오다노 브루노는 "인간은 무한이란 존재 앞에 있는 한 마리 개미에 지나지 않는다"라고 선언했다. 인간은 창조의 정점이며 하느님이 보호하고 갈망하는 중요한 목적이라는 기독교의 교리에 정면으로 대항하는 16세기의 이러한 도전에 대한 응답은 화형이라는 형벌이었다. 과학의 세계가 브루노를 도와주기에는 1세기나 더 기다려야만 했다.

이제 100년이라는 시간에 걸쳐 수많은 법칙들이 새로이 밝혀지면서 자연은 좀더 영광스러운 존재로 부각된 반면, 인간의 신세는 초라해져버렸다. 인간은 우연적 결과이자 관계없는 방관자가 된 채, 연장과 운동의 수학적·기계적 영역만이 실재 세계로서 존재한다. 인간의 정신이 현상의 핵심을 꿰뚫어보고 있으며, 자연을 기술하고 합리화하는 수학적 법칙을 고안했다는 사실은 아무도 주목하지 않았다. 대신, 법칙이 존재한다는 것만 강조할 뿐, 인간의 제한된 정신이 그 법칙을 점차적으로밖에 읽지 못한다는 점 때문에 인간은 비난받았다. 사실 인간은 자연을 천천히 읽어내고 있었고, 반면 인간은 인간을 그 대상에서 제외하였다. 우주가 인간의 영혼, 욕망 혹은 욕구를 전혀 고려하지 않았다는 것은 명백하다. 하느님이 우주를 계획하고 조직할 때에 인간에게 특별한 의도를 가지고 있었다는 것은, 신화 그 이상의 증거를 가지고 있지 못한 기반 없는 생각인 것처럼 보였다.

인간과 마찬가지로 하느님도 자신의 자리를 잃었다. 뉴턴 시대는 천상의 기계학을 창조하였지만, 하느님의 왕좌이자 특권을 부여받은 인간 영혼들의 영원한 거주지인 천국을 파괴하였다. 태양 중심설에 대한 코페르니쿠스, 케플러, 그리고 갈릴레이의 작업을 통하여, 프톨레마이오스의 이론이 지적한 것보다 더 간단한 수학적 법칙이 하늘을 지배하고 있다는 사실을 알게 되었다. 그뿐만 아니라 그들의 작업을 통하여 아리스토텔레스 철학과 토머스 철학에 내재되어 있다가 기독교에 의하여 받아들여졌던, 우주에 대한 아주 순진한 개념들을 포기하지 않을 수 없게 되었다. 후에 뉴턴은 천체가 지구상의 물체들과 동일한 법칙에 지배받는다는 사실을 밝혔다. 그리하여 천체는 지구를 이루고 있는 물질과 같은 것으로 이루어져 있음이 거의 명백해졌다. 이 발견을 통하여 행성들과 관련되어 있던 두려움과 미신뿐만 아니라 신비로움 모두가 사라져버렸다.

하느님은 자신의 집뿐만 아니라 중요성도 잃어버렸다. 데카르트가 보기에는 아무리 전지전능하다는 하느님이라도 연장, 혹은 운동 법칙을 폐지할 수 없다는 사실이 명백하였다. 데카르트와 마찬가지로, 뉴턴도 하느님의 창조는 인정하였지만, 그의 일상적인 기능은 제한하였다. 하느님은 별들이 서로 충돌하는 것을 막고, 행성과 유성들의 운동에서 일어나는 불규칙성을 교정하는 일이 전부였다. 호이겐스와 라이프니츠는 신의 역할을 훨씬 더 축소하였다. 그들 또한 하느님이 최초의 창조를 행했다는 사실을 인정하였고, 그때 바로 우주의 수학적 질서를 정립하였다고 믿었다. 그러나 바로 이 때문에 하느님이 우주와 맺었던 능동적 관계는 끝나게 되었다. 사실, 그의 창조물이 수선할 필요가 있음을 믿는 것은 오히려 하느님에 대한 모욕이 되는 것이었다.

실지로, 호이겐스(Christiaan Huygens, 1629~1695)와 라이프니츠는 당시에 되지 못한 불규칙성이 천문학적으로 관찰되고 있다는 사실을 무시하였다. 외관상 수학적 법칙에서 벗어나 있는 것처럼 보이는 것은 뉴턴이 생각하기에 분열적인 것이며, 따라서 하느님의 개입을 필요로 하는 것이라 생각하였다.

17-1. 호이겐스

그러나 이것은 후에 라그랑주와 라플라스에 의하여 정기적인 것이며, 따라서 자연 질서의 일부라는 것이 밝혀졌다. 우주는 안정적이었다. 변덕이나 우연이 들어설 자리는 없었다. 이러한 수학적 업적에 따라 이전에는 하느님을 필요로 했던 교정 작업조차도 필요 없게 되었다. 하느님은 자신의 의무를 빼앗겼다. 사실 자연의 일에 하느님이 개입하는 것은 불가능하게 되었으며, 동시에 인간을 대신하여 중재를 위한 기도를 하는 것도 명백히 쓸모 없는 일인 것처럼 보였다.

얼마 지나지 않아, 하느님 자체가 완전히 쓸모 없게 되었다. 흄이 인과성을 공격하면서, 그 결과 우주의 창조자, 즉 최초로 움직이게 만드는 자도 필요 없게 되었기 때문이다. 세계는 영원하고, 무한한, 스스로 움직이는 기계가 되었다. 이 세계는 하찮은 존재에 불과한 인간이 태어나기 전에 이미 존재하였고, 인간이 멸망한 후에도 존재하는 기계로 탈바꿈하였다. 세계의 유일한 존재 이유라면 매우 천천히 그러나 확실하게 이 기계를 지배하는 원리들을 밝혀내는 수학자들에게 기쁨을 가져다주는 것이라고나 할까. 어떤 사건이 일어나는 이유가, 하느님이 적절히 고려한 후에 각각의 사건이 일어나라고 개별적으로 명령하였기 때문이 아니다. 사건들은 고정된, 이미 존재하는 수학 법칙에 따라 미리 예정되었기 때문에 일어날 뿐이다. 그리하여 중세적 사고에서는 우주를 만든 목수일 뿐만 아니라 우주 안의 모든 사고, 활동, 목적의 목적이었던 하느님이 이제는 기껏해야 목적을 위한 수단이 되었다. 이제 목적은 우주의 모든 과정을 규칙적으로 정확히 작동시키는 것 그 자체가 되었다.

17세기와 18세기의 위대한 수학·과학적 업적으로 가득 채웠던 내용과 정신은 모두 종교적 사고를 위협하는 것이었다. 이성을 찬양하였기 때문에 신앙은 진리에 대한 의미 없는 보증서가 되었다. 게다가 합리주의가 날카롭게 따지고 들면서 정통 종교의 신비와 정서적 호소력은 많은 부분 없어져버렸다. 감정 그 자체는 눈을 찌푸리게 하였고, 의심스러운 것으로 간주되었다. 유물론은 심령론을 잠식해 들어갔으며, 영혼과 내세를 파괴하였고, 내세를 위하여 준비해야 한다는 기독교인들의 강조도 의미 없는 일이 되어버렸다. 결정론은 자유 의지를 공격하였고, 인간의 원죄를 용서하였고, 그럼으로써 구원의 필요성을 없애버렸다. 종교와 뉴턴주의는 모든 전쟁의 최전방에서 적으로 대치하는 상황이 되었다.

이러한 사고 과정은 위대한 17세기 과학자들이 바라던 바, 의도하던 바와는 정반대의 것이었다. 그들은 하느님을 두려워하는 사람들이었다. 그들이 다름 아닌, 하느님의 법칙과 질서를 알기 위하여 자연을 연구했다는 점에서 그들의 과학적 업적들은 종교적 감정의 표현일 뿐이었다. 제임스 톰슨의 말을 바꾸어 말하면, 그들은 운동의 단순한 법칙들로부터, 이 우주의 틀 여기저기서 널리 작동하고 있는 하느님의 비밀스러운 손자국들을 찾아나가고자 했던 것이다. 위대한 지성들은 수학적 혹은 과학적 천재성과 종교적 정통성 모두를 함께 지니고 있었다. 오늘날의 입장에서 보면, 양립 불가능하며, 단지 과도기에나 가능한 것이었다. 그러나 자신들의 업적이 종교적 신앙에 대한 위협이 된다는 것을 인식하게 되었을 때, 그들은 자신들의 지적 확신과 영혼적 확신을 화해시키려고 시도하였다. 근대 화학의 아버지라 할 수 있는, 유명한 보일(Robert Boyle, 1627~1691)은 실험실 밖에서의 거의 모든 시간을 종교에 바쳤다. 그는 유언을 통하여 자신의 재산을 무신론자, 회의론자, 그리고 이단자들과 싸우는 데 쓰도록 하였다. 뉴턴의 스승인 아이작 배로(Isaac Barrow, 1630~1677)는 교수직을 사임하고 종교 연구에 몰두하였다. 뉴턴 또한 신학에 몰두하였고, 종교 토대의 강화를 자신의 수학적 · 과학적 업적보다 더 중요한 것으로 생각하였다. 왜냐하면, 자신의 업적은 단지 자연 세계에 대한 하느님의 설계를 밝히는 것에 지나지 않기 때문이다. 이러한 목적을 위하여 그는 다니엘의 예언과 요한계시록의 시구들이 의미가 통한다는 것을 입증하려고 하였으며, 구약성서의 날짜와 역사상의 날짜를 일치시켜려 하였다. 또한 단지 그것이 우주에 하느님의 질서가 존재함을 보여줌으로써 종교에 도움이 되기 때문에, 그는 종종 설명하기 어렵고, 때로는 따분한 과학적 업적을 정당화하기도 하였다. 그것이 성서의 연구만큼이나 경건한 것이었기 때문이다.

17-2. 배로

하느님의 존재에 대하여 우호적인 고전적 주장에 대한 뉴턴의 진술은 그래서 매우 웅변적이다.

> 자연 철학이 해야 할 주요한 일은 가설을 꾸며대지 않고서 현상으로부터 자신의 논리를 주장하고, 결과로부터 원인을 추론해내어, 마침내 절대로 기계적이지 않을 최초의 원인에 도달하는 것이다. 물질이 거의 없는 곳에는 무엇이 있는가, 그리고 태양과 행성들 사이에는 물질이 빽빽이 차 있지 않은데, 서로가 서로를 어떻게 해서 끌어

당기는가? 어떻게 자연이 헛되이 아무런 일도 안 할 수 있으며, 우리가 세상에서 보는 이 모든 질서와 아름다움이 어떻게 일어나는가? 유성들은 어떤 목적을 가지고 있으며, 행성들은 매일 같은 궤도를 동심원적으로 돌아가는데, 유성들은 중심을 달리하여 궤도를 돌고 있는가, 그리고 고정된 항성들이 서로 부딪히지 않게 막아주는 것은 무엇일까? 어찌하여 동물들의 몸은 그렇게 정교하게 구성되어 있으며, 각 부분들은 어떤 목적을 가지고 있는가? 눈은 광학 기술 없이 설계되었나, 귀는 소리에 대한 지식 없이 만들어졌나? 어떻게 물체의 운동은 의지로부터 행해지며, 어떻게 동물에게는 본능이 있는가? 그리고 이들 모두가 완전히 사라지게 되면, 현상들로부터 육체를 가지지 않았지만, 살아 있고, 지적인 편재해 있는 무언가가 존재한다는 것이 나타나지 않을까? 감각 세계에서 그러하듯, 그것들을 자신 앞에 나타나게 하여 무한 공간 속에서 사물들을 아주 자세히 바라보고 철저히 지각할 수 있으며 완전히 파악할 수 있는 누군가가 있음이 나타나지 않을까?

뉴턴은《원리》두 번째 판에서, 자신의 문제에 스스로 답을 하였다.

태양, 행성, 유성들의 이 가장 아름다운 체계는 오직 지적이며 유일자의 조언과 지배에 따라 진행될 수 있다. 이 존재는 세계의 영혼으로서가 아니라 모든 것의 주인으로서 모든 것을 지배한다.

요셉 애디슨의 '찬송가'는 뉴턴의 주장을 다음과 같이 시적인 용어로 나타냈다.

저 높이 넓은 창공에서,

모든 푸른 하늘과
반짝이는 구슬을 가진 천체, 빛나는 틀로,
그들의 위대한 기원은 선포한다.
매일매일 지치지 않는 태양이
자신을 창조한 이의 힘을 드러낼 것이며,
또한 모든 땅에
전능한 손의 작품을 펼쳐보일지어다.
엄숙한 침묵에도 불구하고
무엇이 어두운 지구를 돌고 있는가.
목소리도 소리도 없이
그들의 빛나는 궤도 사이에서 무엇을 찾을 수 있을까
이성의 귀로 그들 모두는 즐겁고,
영광된 목소리를 낸다.
영원히 빛나듯이 노래하리,
'우리를 만든 손은 하느님의 것이라고.'

뉴턴은 또한 하느님이 능력 있는 수학자이자 물리학자라고 믿었다. 그는 편지에서 다음과 쓴 적이 있다.

그러므로 이 모든 운동이 일어나는 태양계를 만들기 위해서는, 태양과 몇몇 행성들의 물체 속에 들어 있는 물질의 양과 그를 통해 나타나는 만유인력을 이해하고 비교할 수 있는 하나의 원인이 필요하다. 가령, 태양에서 주요 행성까지의 거리와 달과 같은 이차적 행성과 토성, 목성, 그리고 지구까지의 거리, 그리고 중심 물체를 돌 수 있도록 하는 이 행성들의 속력, 그리고 너무나 거대한 물체들 속에 이 모든 것을 함께 비교하고 조정할 수 있다는 것은 그 원인이 맹목적이거나 우연적인 것이 아니라 기계학과 기하학에 아주 능숙한 어떤 것이라는 사실을 주장하는 것이다.

라이프니츠는 점차 퍼져나가는 배교(背教)에 대항하기 위하여 많은 논문과 책을 썼다. 그는《무신론자에 대항하는 자연의 증거(Testimony of Nature Against Atheists)》라는 책에서, 물질, 힘, 운동에 의거하여 과학적으로 기술하는 것보다 하느님이 존재한다는 것을 가정함으로써 자연현상의 많은 측면을 설명할 수 있다는 것을 입증하려고 하였다. 반면《신정론(神正論)에 관한 에세이(Essais de Théodicée)》에서 그는 주의 깊게 설계된 이 세계를 창조한 지성은 바로 하느님이라는 아주 익숙한 주장을 되풀이하기도 하였다.

보일, 뉴턴, 라이프니츠, 그리고 다른 이들의 종교 옹호가 아무런 효과가 없었던 것은 아니다. 종교를 우호적으로 믿고 있던 사람들은 엄청난 흥분을 경험하였다. 창조주인 하느님은 인간이 이전에는 꿈꿔보지도 못할 만큼 광대한 천체와 지구를 건설하였던 것이다. 그것도 매우 훌륭하게 정확한 수학적 법칙에 따라 실수 없이 작동하는 우주였다. 게다가 이 법칙들은 모두 그 어구가 뜻하는 두 가지 의미 그대로, 하느님이 가진 본성의 새로운 측면들을 밝혀주었다. 하느님의 장엄함을 드러냄으로써 신앙을 새롭게 해주었을 뿐 아니라 그러한 신앙을 믿고 있는 이들이 열광할 만한 이유를 주었던 것이다.

그런데도 이들의 노력은 실패로 돌아갈 수밖에 없는 운명이었다. 수학자들과 과학자들이 하느님과 영혼이 존재한다는 것을 주장하고 그 사실을 수호하려고 했음에도 불구하고, 이 개념들은 마음속 깊이 자리잡은 확신보다는 지적인 추상 개념으로 제시되었다. 그러한 실체를 받아들이기 위해서 정신은 그 실체들을 수학적 결론을 아는 것과 마찬가지로 명확하고 분명하게 알아야만 했다. 하느님을 그렇게 명료하게 알 수 없었기 때문에 하느님이 존재하지 않는다는 결론이 따라나오게 된 것이었다. 적어도 역사는 보일과 뉴턴, 라이프니츠 등이 자신의 신학적 저술을 통하여 주장하려고 의도했던 것보다는 위와 같은 추론을 선택했던 것이다.

그들의 저술은 현존하는 종교적 체계의 거대한 부분을 집어삼키고 있는 강력한 흐름을 막을 수 없었다. 데카르트와 갈릴레이가 창시하고 보일과 뉴턴, 라이프니츠가 발달시킨 기계학적인 과학 철학이 창조주의 존재를 영원히 증명하고, 그리하여 기독교에 도움되리라는 그들의 희망을 계승자들은 내동댕이쳤다. 그 시대의 수학과 과학의 업적은 정통 종교에 대항하는 지적인 십자군들의 토대가 되었으며, 이러한 신앙에 반대하는 모든 것의 버팀목이 되었다. 특히 뉴턴이라는 이름은 종교에 대한 반역 정신의 상징이 되었다.

종교적 지위를 내버리는 일도 허다하였다. 예를 들어 17세기 모든 위대한 프랑스 지성들은 가톨릭에 대하여 온건한 지지를 보냈던 반면, 그 다음 세기에서는 바로 가톨릭에 반대하였다. 이들 지성들의 입장은 정통의 수호에서 정통의 합리화로 옮겨가게 되었고, 신앙에서 기독교적 자연신론으로, 그리고 '과학적 자연신론'으로, 회의주의로, 마침내는 무신론으로 옮겨갔던 것이다.

뉴턴주의가 종교에 미친 영향을 살펴보기 위해서는 18세기의 이러한 주도적 흐름에 대하여 알아볼 필요가 있다. 신앙은 종교의 주요한 버팀목이었다. 그러나 새로운 과학과 수학 때문에 그 시대는 이성에 편파적인 입장을 취하게 되었다. 어찌 됐든지 간에 종교는 이성과 동맹을 맺어야 했다. 이러한 목적을 위하여 몇몇 사람들은 신학의 목적이란 계시보다는 이성에서 기독교적 종교를 찾는 것이라고 주장하기도 하였다. 그러한 기반을 가졌을 때에야 비로소 그 진리성을 입증할 수 있다. 그리고 이성과 자연이 그 시대에는 동일한 것으로 취급되었기 때문에,

또한 자연 종교를 제시하는 셈이 되었다.

합리적 원칙에 따라 기독교를 재정립하려는 운동은 때로는 합리주의적 초자연주의로 언급되기도 한다. 그것을 주창하던 이들 중에 가장 유명한 사람이 바로 존 로크이다. 그는 《기독교의 합리성(Reasonableness of Christianity)》과 《기적에 관한 담론(Discourse on Miracles)》에서 '종교란 본질적으로 과학'이라고 주장하였다. 다시 말하여, 합리적인 공리들로부터 합리적일 뿐 아니라 유용한 명제들이 연역될 수 있을 것이라 주장하였던 것이다. 합리적인 공리 중에서 그는 세 가지를 제안하였다. 우리의 존재와 자연에 드러난 지혜를 알게 됨으로써 입증이 되는 공리인, 전지전능한 하느님의 존재, 그리고 하느님의 의지에 복종하는 덕 있는 삶, 마지막으로 하느님이 덕 있는 이들에게 보상을 하고, 사악한 이들을 벌할 내세의 존재가 그것이다. 이들 공리로부터 인간은 천국에서 보상을 얻기 위하여 살아야 한다는 결론을 얻는다.

기독교의 모든 것이 합리화될 수는 없다. 그래서 몇 가지 변명의 여지를 남겨야 했다. 이성과 일치하는, 혹은 합리적인 공리들로부터 연역될 수 있는 진리 외에도, 로크는 이성 위에 존재하며, 계시에 의하여 제시되는 진리가 있음을 인정하였다. 죽은 자의 부활이 바로 그러한 진리이다. 그러나 계시란 진정 하느님으로부터 나온다는 것을 확신해야 한다. 또한 어떠한 계시도 우리의 명백한 직관적 지식과 모순되어서는 안 된다. 이성이 판단해야 하는 것이다. 사실 이성은 계시이다. 하느님은 이성을 통하여 우리의 선천적 능력이 도달할 수 있는 범위 내에서 얻을 수 있는 모든 진리를 우리에게 전달한다. 어떤 경우이든 이성은 최종적인 재판관이며 최선의 안내자이다. 불행하게도 사제들의 악덕과 교활함 때문에 종교 문제에서는 이성의 목소리를 들을 수 없었던 것이다.

로크는 또한 다음과 같은 변명의 여지도 남겨놓았다. 종교는 그 자체의 본성상 인간과 초월적 힘의 관계에 연관이 있음에 틀림없다. 그렇기 때문에, 기적과 같은 초자연적 요소들을 포함하고 있는 것이다. 만일 초자연적인 것이 그 자체로 합리화될 수 없는 것이라면, 적어도 그러한 요소들을 인정해야 했을 것이다.

로크가 정통성을 지키려고 했던 것으로 보아, 아마도 계시와 기적을 정당화하는 것, 이 두 가지 어려움이 가장 핵심이었던 것이 명백하다. 로크의 주장에 만족하지 않았던 사람들은 계시가 이성과 불일치하는 것이 아니라는 근거로 계시를 옹호하였다. 또 다른 사람들은 자연과 이성이 설명할 수 없는 현상들을 포함하고 있으므로, 계시와 같이 황당한 것도 존재한다는 식의 부정적인 옹호 방식을 채택하기도 하였다. 가령, 악마 역시 설명할 수 없는 것이다. 또 다른 사람들은 하느님이 계시의 행위로써 우리의 이해력을 시험하려고 하기 때문에 계시는 명료함이 없는 것이 당연하다고 주장하기도 하였다.

전에는 기적이야말로 하느님의 존재를 주장하는 최선의 증거라고 생각하였다. 그러나 이제 그것도 합리화되어야 했다. 왜냐하면, 그것은 자연의 질서와 일치하지 않는 것이기 때문이다. 어떤 사상가들은 이성 '안에' 혹은 적어도 이성과 모순되지 않는 기적을 받아들이기로 하였다. 예를 들어 죽은 자는 다시 부활할 수 있지만, 여자들이 소금 기둥으로 변한다는 것은 합리적으로 있을 수 없는 일이다. 마치 눈이라는 현상이 열대 원주민들에게는 불합리한 것으로 보이듯이, 많은 사람들에게 기적은 실지로 단지 외관상으로 불합리하게 보이는 자연 사건일 뿐이었다.

예상된 바와 같이 이성으로 정통을 옹호하려는 시도는 모든 이들을 만족시켜주지는 못하였다. 계몽된 사람들 대부분은 그것이 기독교든 아니든, 완전히 합리적인 종교를 원했다. 그러나 기독교는 그들에게 완전히 합리화될 수 없었다. 그래서 이들은 새로운 종교, 즉 자연신학을 정의하고 세우기에 이르렀다.

자연신학자들에게는 이성이 하느님이며, 뉴턴의 《원리》가 성서이고, 볼테르가 예언자라고 종종 언급된다. 자연신학자들은 천체와 지구에 대하여 선험적인 수학적 법칙들이 존재하는 것과 마찬가지로 자연과 같은 종교가 존재한다고 믿는다. 그러나 이 종교의 교리를 찾기 위하여 계시나 성서에 의존할 필요는 없었다. 그 교리들은 바다, 하늘, 꽃, 지구, 그리고 사람을 연구함으로써 얻을 수 있는 것이었다. 창조에 대한 연구가 창조주에 대한 최선의 연구이다. 성서보다는 이러한 자연적 원천으로부터 어떤 근본적인 원리들은 즉시 이해할 수 있으며, 다른 원리들은 합리적인 논증을 통하여 얻을 수 있다. 인간 이성이 물리 과학에서 성공적이었던 것과 마찬가지로, 이러한 문제를 해결하는 데에도 성공적일 것이다.

여기서 반복하기에는 너무나 상세하기 때문에, 자연신학자들이 도달한 몇 가지 원리들만 살펴보도록 하자. 하느님은 우주의 설계자로서 위치를 차지한다. 그리고 뉴턴이 발견한 보편 법칙들의 원천이다. 사람들 각각은 자신의 장점에 따라 받게 될 미래의 삶이 있다. 하느님에 대한 숭배와 회개는 지구상에서의 더 나은 삶을 강화시키기 때문에 권장된다. 원죄는 이성의 명령에 거역하는 것이다. 이러한 원리를 통해 알 수 있듯이 자연신학자들은 종교의 본질이 도덕성에 있다고 믿었다.

그러한 교리가 기독교에서 크게 이탈하는 것은 아니다. 그러나 자연신학자들은 이성에 의하여 옹호될 수 있는 기독교 교리만이 유효하다고 주장하였기 때문이다. 미신, 비합리성, 신화로 오염된 교리는 어떤 것이든 거부되어야 했다. 처녀 출산, 예수의 신성, 원죄의 개념은 합리적으로 설명될 수 없는 것이었기 때문에, 제일 먼저 내던져버렸다. 기적과 구체적인 섭리, 그리고 초자연적 계시 등도 거짓으로 버렸다. 그러한 믿음을 거부함으로써 자연히 기독교와 정면으로 갈등을 빚게 된다. 자연신학자들이 비록 뉴턴적 우주의 지배자의 자리이긴 하지만, 하느님을 인정했음에도 정통 기독교도인들은 그들을 무신론자라고 불렀다.

계몽시대의 주도적 정신이자 천재이며, 뉴턴 수학과 물리학의 충직한 추종자였던 볼테르가 바로 자연신학 운동의 주요 주창자였다. 그의 생기 있고, 풍부한 저술에 힘입어, 자연신학은 교육받은 이들 사이에서 가장 강력한 18세기 종교 운동이 되었다. 미국에서도 토머스 제퍼슨과 벤자민 프랭클린이 개종하였다. 이 합리적 종교의 영향력이 너무나 대단하였기 때문에, 여러 사람이 정치 연설을 하며 기독교적인 하느님을 언급하기도 하였지만, 미국의 최초 7명의 대통령 중 어느 누구도 기독교인이라고 공식적으로 선언한 적이 없었다. 자연신학은 18세기 이후 공식적인 운동으로 자취를 감추었다. 그러나 여전히 20세기에도 교육받은 이들 사이에 널리 퍼져 있는 종교적 태도의 핵심이라 할 수 있다.

자연종교를 찾고자 해서, 결국 본질적으로 자연신학자가 된 많은 사상가들은 때로는 하느님을 없애버리기도 하였다. 그들은 자연신학이 과학의 한 분야라고 주장하였다. 우주의 작동에 필연적인 행위자로서 하느님이 존재한다는 것은 과잉 실험적인 것이라며 거부되었다. 게다가 우주는 항상 지금과 같은 상태로 있었을는지도 모르기 때문에, 창조주를 설정할 필요가 없다. 최초의 원인으로서 하느님을 주장하는 것은 '파악 가능하지 않은 물질에 파악 가능하지 않은 행위를 수행하는 파악 가능하지 않은 존재'의 행위를 추론하는 것이라 여겼다. 다른 한편 설명할 수 있는 현상들은 그것이 무엇이든 간에 하느님의 존재를 필요로 하지 않았다.

하느님을 인정하든, 그렇지 않든 간에, 자연신학은 완전히 합리적이 되려고 하였다. 그리고 실지로, 신앙과 신비에 대한 인간의 욕망을 채워주었다. 그래서 자연신학자들을 종교에 항수를 둔 합리주의자라고 부르기도 하였다. 이러한 이유로, 완전히 회의적인 위대한 사상가들 몇몇은 만족할 수가 없었다. 그들 중에서도 철학자인 홉스, 흄, 몽테뉴, 디드로, 그리고 디드로가 《백과전서(Encyclopedie)》를 집필할 때 조수를 맡았던 수학자 달랑베르, 그리고 역사학자 에드워드 깁슨 등은, 종교가 없어서 안 되는 것은 아니지만, 어떤 민족에게든 자연스럽게 나타나는 역사적 현상 그 이상은 아니라고 보았다. 홉스는 공식적인 종교가 존재한다는 것을 단지 미신이 받아들여진 것뿐이라고 설명하였다. '정신이 상상한, 혹은 이야기가 상상한 보이지 않는 힘에 대한 두려움이 공식적으로 허용되면 종교가 되며, 그것이 허용되지 않으면 미신이 된다'고 말하였다. 예를 들어, '불경한 흄'에게 종교는 단지 하나의 인간 행동 양식일 뿐이었다. 어떤 신앙이든 그 안에 있는 초자연적 요소들은 조금도 믿을 수 없는 것이다. 주류 신앙이 점차적으로 만들어놓은 광대한 신학 체계에 대한 그의 경멸은 명백한 것이었다.

> 만일 우리가 하느님에 대한 혹은 스콜라 학파의 형이상학에 관한 책을 쥐고 있다면, 스스로에게 물어보라. 그것이 수량에 관한 어떤 추상적 논리를 포함하고 있는가라고. 물론 없다. 그렇다면 사실과 존재의 문제에 관한 실험적인 논리를 가지고 있는가 물어보라. 없다. 그렇다면 그것을 불 속에 집어넣어라. 그 책에는 궤변과 망상 외에는 아무것도 없으니.

회의주의는 보통 즉각적이고 과도기적 국면으로 존재한다. 인간은 그물 위에서 정확히 계속 균형을 잡아야 하는 일이 자신의 능력 밖이라는 것을 알게 된다. 18세기 프랑스에서 회의주의는 단지 무신론의 서곡일 뿐이었다. 18세기 초 종교를 거부한다는 것은 너무나 드물고 대담한 견해라서 하느님을 믿지 않는 자가 평화롭게 죽을 수 있을 것인가라는 질문에 대하여 자주 토론하였고, 회계를 하지 않고서도 웃으면서 죽은 무신론자는 세상을 들썩이게 하였다. 그러나 후에 무신론은 많은 추종자를 갖게 되었다. 합리적 초자연주의자들과 자연신학자들이 그랬듯이 프랑스의 유물론자들도 뉴턴의 우주 구조에서 추론을 시작하여 직접 종교를 완전히 부정하는 데에까지 이르렀다.

창조주를 없애고 뉴턴 우주론에서 궁극적인 결론을 이끌어낸 것은 다름 아닌 프랑스의 주도적 수학자인 라플라스였다. 우리는 이미 나폴레옹이 천체에 관한 책 속에서 '왜 하느님은 전혀 등장하지 않는가' 라는 질문을 했을 때 라플라스가 그런 '가설'은 필요 없다는 대답을 했다는 사실을 언급한 바 있다. 그는 단지 수학과 뉴턴 법칙에만 의존하여 천체의 운동을 설명할 수 있었다. 그래서 물론 과학자들에게 불필요한 가설을 포함시키지 말 것을 명령한 것은 바로 뉴턴이었지만, 라플라스는 가설을 극도로 사용하지 않았다는 점에서 뉴턴을 뛰어넘었다.

뉴턴이 자신의 수학적 발견을 기반으로 하여 하느님의 존재를 '입증' 할 수 있었다는 것과, 라플라스가 우주의 수학적 설계를 좀더 경이롭게 확증함으로써 하느님이 필요 없음을 깨달았다는 것은 겉보기에는 서로 역설적인 것처럼 보인다. 그러나 이러한 역설은, 자연은 이미 하느님을 믿고 있던 사람들에게만 그 존재를 입증한다는 파스칼의 말로 쉽게 설명될 수 있다.

종교에 대한 라플라스의 입장은 많은 다른 주도적 프랑스 사상가들이 공유하고 있는 것이었다. 올바크 남작에 따르면, 하느님이라는 관념은 실재하는 어떤 것과도 일치하지 않는다. 두려움과 재앙에 기원을 두고 있기 때문에, 그것은 허구적인 힘과 화해하기 위하여 상상력이 창조해낸 것이다.

이렇게 교리 체계의 토대는 무지로부터 도입되었다. 종교는 통치자들이 민중들에게 가한 악에 대하여 인간 정신의 관심을 딴 데로 돌리고, 현세의 불행에 동의한다면, 내세에서는 행복을 보장해준다고 함으로써 그들의 불행을 지속시키는 데에 일조를 할 뿐이다. 올바크는 "무지가 하느님을 낳는다"고 말했다. 계몽은 하느님을 파괴한다. 하느님은 단지 자연일 뿐이며, 영혼은 육체일 뿐이다.

올바크의 《자연의 체계》는 널리 읽혔으며 '무신론의 성서'라고 불리기도 하였다. 그 중 많은 부분은 하느님의 존재를 부정하는 주장이다. 이 견해에 철저히 동조하였던 의사 라메트리는 더 나아가 종교는 단지 사제들과 정치가들에게만 유용한 것이라고 선언하였다. 인간은 자연을 이해할 수 있었기 때문에 현존 종교가 제공하는 원시적이며 미신적인 설명은 필요 없게 되었다. 라메트리가 하느님의 존재를 기꺼이 인정하기는 하였다. 그러나 그는 그 존재란 단지 가설일 뿐이며, 실제적인 쓸모가 전혀 없다고 생각하였다. 오히려 그러한 생각은 위험하며 사악한 것이었다. 도덕성을 보장해주기는커녕, 종교적 지도자들이 하느님의 이름으로 전쟁을 일으키는 것을 허용하기 때문이다. 그리하여 프랑스에서 유물론의 절정은 모든 종교의 정신적 폭압에 대항한 반역이 되었다.

무신론을 주장하면서, 종교적 사고는 많은 사람들이 도달하기에는 너무 높은 산꼭대기에 이르게 되었다. 지적 등반에 참여한 사람들은 등산 도중 펼쳐지는 전망에 현기증을 느끼고, 춥고 희박한 공기 속에서 불편함을 느끼게 되었다. 등반을 시도했던 다른 사람들은 올라가는 길을 찾지 못하여 친절한 불빛이 자신들을 인도해주었으면 하고 바라기도 하였다. 이러한 인도(引導)가 가지는 호소력을 테니슨은 다음과 같이 날카롭게 표현하였다.

> 불멸의 사랑, 하느님의 강한 아들이시여,
> 우리는 비록 당신의 얼굴을 보지는 못했지만,
> 신념으로, 아니 신념만으로 당신을 포옹합니다.
> 우리가 증명할 수 없는 곳을 믿고서……

우리는 신념 밖에 없습니다, 우리는 알 수 없습니다.

왜냐하면 지식은 우리가 보는 사물에 관한 것이고

그리고 여전히 우리는 그 지식이 당신에게서 오는 것이라고 믿기 때문에,

어둠 속에 빛, 이를 더 밝혀주소서.

당황한 이들 몇몇은 자신의 절망감을 표현했지만, 다른 사람들은 이를 행동으로 옮기기도 하였다. 웨슬리 형제들, 뉴만 추기경, 그리고 옥스퍼드 운동(Oxford Movement)의 지도자들은 종교적 정통성으로 돌아가는 것이 문명에 대한 유일한 구원이라고 보았다. 18, 19세기 다른 종교운동뿐만 아니라 이들 행동의 동기도 바로 수학과 과학의 영향력에 대한 반작용으로 이해하는 것이 가장 정확할 것이다.

우리 중 많은 사람들은 18세기의 무신론 경향을 악으로 간주할지도 모른다. 그러나 그 추세와 더불어 관용과 자유로운 사고가 등장했다는 것은 최상의 선으로 보아야 할 것이다. 중세와 초기 근대 시기의 역사를 읽는 사람은 항상 종교가 휘두른 권력에 충격을 받을 것이다. 신이라는 이름으로 인간은 가난하고 더럽고, 교육을 받지 못한 채로 있어야 했다. 사람들은 유린과 고문과 화형과 죽음을 당해야 했다. 사고와 행동의 독립성은 좌절되었고, 억압되었으며, 심지어 질식하기도 하였다.

종교적 차이에 대한 박해의 역사는 결코 르네상스 시대 기독교인들의 행동에 국한된 것은 아니지만 인류 역사에서 공포스럽고, 수치스러운 부분임에 틀림없다. 자신의 종교적 신앙을 지키기 위해 오직 신앙밖에 없는 사람들은 가장 기묘하고도 악마적인 고문으로 이단자들을 살해하기도 하였다. 발을 묶는 형틀이나 팔다리를 잡아당기는 고문대, 사람들 앞에서 채찍질하기, 천천히 태워 죽이기, 낙인찍기, 그리고 몸에 못 박기 등등. 이와 같이 완고한 편견에 사로잡힌 자들은 오랫동안, 그

리고 열심히 너무나 '기묘한' 고문 수단 발명에 고심하여 현재 박물관에 전시될 정도였다. 극히 개인적인 판단에만 의존한 인간들이 감히 자신이 독단적으로 진리에 도달할 수 있음을 확신하고 불과 칼로써 대중의 믿음을 강요하였던 것이다. 몽테뉴는 이러한 상황을 다음과 같은 아이러니로 매우 적절하게 표현하였다. "자신들의 이념을 유지하기 위해 사람들을 불에 태우는 것이 그 이념의 가치를 고양시키는 것으로 생각했다."

물론 관용이란 것이 직접 수학에 의해 주어진 선물은 아니다. 오히려 그 운동이 발생한 것은 17, 18세기의 합리주의 정신에 기인한 것이라 할 수 있다. 그러나 보편 수학 법칙이라는 형태로 나타난 인간 이성의 승리는 합리주의의 몸 전체를 구성하였다. 게다가 수학은 인간이 할 수 있는 가장 엄밀한 추론을 기반으로 설립되기도 하고 무너지는 것이기 때문에, 권위와 맹목적 믿음, 기적, 그리고 '진리'를 비논리적으로 받아들이는 것에 정반대 입장을 취한다. 과학이 자연을 관찰하고, 그 결론을 끊임없이 증명하고, 그것이 비록 태양 중심설과 상대주의 이론의 무모함을 가진다 하더라도 사실에 맞는 이론이면 어떤 것이든 받아들일 것을 가르치지만, 결국 대부분 수학에 의존하고 있다. 그러므로 이 학문 체계가 어떤 측면에서는 간접적이기는 하지만, 자비의 정신을 널리 퍼뜨리는데 아주 중요한 기여를 했다고 말할 수 있을 것이다.

자유로운 사고와 종교가 대립하는 전쟁은 코페르니쿠스 시절에 선포된 것이었다. 그 전투의 먼지가 채 가라앉지도 않았지만, 우리는 적어도 숭배의 자유, 언론의 자유, 표현의 자유, 탐구의 자유가 얼마나 중요한지를 깨닫게 되었다. 다행스럽게도 '신학이 아니라 자유가 우리 시대의 열광' 인 것이다.

뉴턴 시대에 이룩한 수학적 성취로부터 얻어낸 또 다른 하나의 자유가 있다. 바로 미신으로부터의 자유다. 대부분의 서구 사람들은 이제 자연의 모든 과정이 신비스러운 악마나 악령, 유령, 또는 주문, 인간의 실수에 영향받는 것이 아님을 확신하게 되었다. 자연법칙의 지배를 확신함으로써 인간의 어떤 사소한 행동이 행운을 보장한다거나 불행을 막을 수 있다는 믿음도 사라지게 되었다.

사람들은 보통 종교가 진화한다는 것을 인식하지도 인정하지도 않는다. 그러나 합리주의가 성장하면서 종교 자체에 유익한 영향을 미쳤다는 점에는 의심의 여지가 없다. 종교는 더 이상 과학의 영역을 선취하지 못한다. 그 결과 수학자들과 과학자들의 작업이 상대적으로 구속받지 않게 되었고, 사람들은 과학의 성과물을 자연에 관한 지식이 존재하는 최선의 원천으로 인식하였다. 이제 종교학자들도 신학과 과학을 상호 양립 가능한 것이며, 서로 강화시켜주는 것으로 여기게 되었다. 반면 과학의 정복도 합리적인 신학적 사고의 기반으로 받아들였다. 요즘 신학자들은 신의 존재를 입증하기 위하여 뉴턴과 라이프니츠가 세웠던 바로 그 주장을 반복하고 있다. 그리고 이 논증에서 과학이 이루어놓은 성과를 자유롭게 인정하고 있다. 수학적 자연 법칙은 창조주이자 입법자로서의 신과 조화롭게 설계된 우주에 대한 증거로 제시된다. 발견되는 법칙이 많으면 많을수록, 과학은 점점 더 하느님을 드러내보인다고 환영받고 있다.

18세기 이전에, 도덕 법칙들은 일반적으로 종교로부터 인가를 받았다. 그러나 종교가 약화되고 부정됨으로써 이들 법칙은 진공 속에 떠 있는 상태가 되어버렸다. 더욱이 세속적인 쾌락을 유물론에서 강조함으로써 기독교적 윤리 내용에 반하게 되었고, 결정론 때문에 원죄와 구원의 교리 또한 힘을 잃게 되었다. 유물론은 물질의 결정된 행동 속에 의지가 박혀 있다고 주장했기 때문이다. 이러한 견해에 따르면, 인간은 자유로운 행위자가 아니기 때문에 자신의 행동을 책임질 필요가 없다. 원죄를 부인함으로써 그 보답으로 이 지구상에 왜 악이 존재하는가라는 질문이 재개되었다. 우연하게도 이것은 신학자들뿐만 아니라 합리주의자들에게도 심각한 문제가 되었다. 기독교는 인간의 원죄와 타락의 이야기로 악을 설명한다. 그러나 이러한 '설명'은 원죄가 붕괴하면서 함께 붕괴하였다.

합리적으로 따져보았을 때, 많은 윤리적 교리들은 확실한 기반이 없는 것처럼 보였다. 일단 하느님의 본성을 꼼꼼히 살펴보게 되면, 한 가지 질문이 떠오르게 된다. 왜 그는 악보다 선을 더 좋아해야 하는가? 교양이 높았던 샤프츠베리 백작 3세는, 덕이란 선과 악에 보답을 내리는 초자연적 힘과 협상한 결과물이라고 말하면서 그 이론을 조롱하였다. 이보다 더 급진적인 것은 '쾌락은 원죄가 아니라 예술'이라는 라메트리의 확신이었다. 특히 감각적 쾌락을 찬성하였던 것이다.

도덕적 규범은 종교보다 오래 살아남을 수 있었는가? 18세기 사상가들은 몇 가지 임시방편적인 답을 제시하였다. 이성 그 자체가 행동에 대한 지침이 되어야 한다. 그렇게 생각한 사람이 로크인데, 그는 도덕성의 원리들은 수학적 논증이 가능하다고 믿었다. 적절한 행위를 하려거든 우리 안에 있는 하느님, 즉 이성을 따르도록 하라. 합리적이어야 한다는 어려움을 감수한다면, 이성은 충분히 우리를 인도할 수 있다. 이성의 적용을 강조한 사람 중에서 몇몇은, 인간이 자신의 이성과 조화롭게 작용하는 도덕성을 지니고 있다고 덧붙이기도 하였다. 하느님을 두려워하고, 천국에서 보답을 찾는 것은 필요하지 않다. 사실 그러한 동기는 비기독교적인 것이다. 마치 미감(美感)이 인간을 아름다움으로 이끌듯이, 도덕성은 인간에게 악을 피하고 선을 택하도록 한다.

이성과 자연을 동일시하는 18세기의 조류를 따르는 사람들 중에는, 자연 상태의 인간을 연구하고, 그를 모방해야 한다고 말하는 사람도 있었다. 그래서 어려운 탐험을 통하여 유럽인들이 알게 된 원시인들의 방식이 이상적인 삶의 방식으로 떠받들어지기도 하였다. 브라질 사람들은 문명화된 악덕을 가지고 있지 않으며 140세까지 산다고 마젤란이 말한 이후로 브라질식 삶의 방식이 찬양되기도 하였다. 또한 중국인의 삶의 방식이 유럽인들의 방식보다 더 원시적이므로, 중국인들이 더 도덕적이며 그들의 사회가 모범적인 사회라고 생각하기도 하였다. 그리고 탐험가인 보우겐빌레가 타히티 사람들의 삶을 아름답게 기술한 책이 출판되자, 어떤 유럽인들은 이들을 모방하면, 에덴 동산이 회복되리라고 확신하게 되었다. 심지어 예수회의 선교사들조차, 더럽혀지지 않은 자연인, 즉 고귀한 야만인의 미덕을 칭찬하기까지 하였다.

많은 철학자들은 종교와의 관계에서 윤리의 위치는 역사학의 위치와 정반대가 되어야 한다고 결론을 지었다. 로크는 성서가 이성이 발견한 도덕적 법칙을 확증한다고 말하였다. 또한 칸트는 종교가 도덕성의 기반이 되는 것이 아니라, 그 반대로 우리의 도덕성이 종교의 기반이 되어야 한다고 믿었다. 성서는 도덕적 규범과 일치하고, 그것을 보완해 주는 만큼만 가치가 있다. 그리고 종교 역시 인간이 사회의 훌륭한 구성원으로 살아가기 위하여 삼켜야 하는 도덕이라는 알약에, 달콤한 껍질을 입히는 한에서만 유용하다. 그의 견해로 보면, 기독교는 '경찰력에 대한 찬미할 만한 보조물' 그 이상이 아니다. 이와 마찬가지로 매튜 아놀드도 종교를 '정서로 물들인 도덕성' 이라고 평가하였다.

윤리라는 규범은 종교의 약화와 함께 너무나 황폐화되었고, 완전한 재건이 필요하게 되었다. 수학은 새로운 계획을 제공함으로써 그 대안을 마련했다. 즉 사회 모두를 위하여 도덕 법칙을 마련한 새로운 유클리드가 탄생한 것이다. 그러나 이 이야기는 다음으로 미뤄두기로 하자.

18 뉴턴의 영향 : 문학과 미학

모든 자연은 예술, 당신이 이를 알지 못할 뿐
모든 우연과 결정을 당신이 볼 수 없을 뿐
모든 부조화와 조화도 이해할 수 없을 뿐
–알렉산더 포프

걸리버는 라푸타를 여행하는 도중에 언어 전문가 몇 사람을 만난다. 그들은 다음절(多音節)을 단음절로 쪼개고, 동사와 접사들을 생략하여 말을 짧게 하는 일을 하고 있다. 실제 상상할 수 있는 것은 모두 명사밖에 없기 때문이다. 또 다른 사람들은 모든 단어를 없애고, 단지 사람들에게 그 대상을 주위에서 가져와 보여주도록 하였다. 이 두 번째 계획이 매우 과감하며 심지어 건강에도 커다란 이익이 된다고 하여 많은 지지를 얻었는데, 만일 그렇게 되면 자신들의 혀를 사용할 수 없게 된다며 오직 라푸타의 여자들만이 반대하였다.

다른 곳에서와 마찬가지로 위의 글에서도, 조나단 스위프트는 자신의 가장 강력한 무기인 풍자를 사용하여 당시의 수학이 문학에 미친 엄청난 영향력을 비꼬았다. 20세기 미국에서는 성공한 사업가가 가장 권위 있는 사람인 것 같이, 그 당시는 자연의 질서를 드러내고 표현하는 데에 성공적인 수학자들이 17, 18세기 문학의 언어, 문체, 정신과 내용에 있어 권위자가 되었다. 당시의 가장 위대한 문학적 인물들조차도 자신들의 작품이 모든 면에서 수학과 과학의 작품보다 열등하며, 따라서 산문과 시도 수학과 과학을 모범으로 모방함으로써 향상될 수 있다고 보았다.

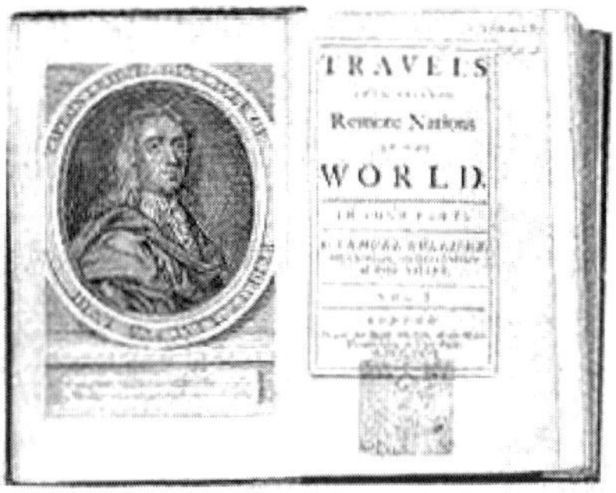

18-1. 《걸리버 여행기》

작가들은 언어를 표준화함으로써 재구성하기 시작하였다. 마치 수학자들이 알려지지 않은 성질에 대하여 자의적이며 고정된 상징의 기호인 x를 사용하듯, 그들은 관념에 대하여 언제나 고정된 채로 있을 수 있는 자의적인 상징을 채택하였다. 소녀를 요정에, 애인을 백조에, 그리고 잔디는 이슬 맺힌 것으로, 샘과 시내는 이끼가 낀 것으로, 물은 맑은 것으로 보는, 고정된 지시 관계에서 영어의 표준화를 볼 수가 있다. 반면 특정 단어들은 지겹다는 뜻을 연상하도록 그 관계를 설정하였다.

수학을 좀더 모방하면서 일상적인 대화에 추상적 개념을 사용하게 되었다. 총은 겨누어신 듀브가 되었고, 새는 깃털이 있는 떼, 물고기는 비늘이 있는 종이 되었으며, 대양은 물의 평야, 그리고 하늘은 하늘빛의 아치 천장이 되었다. 특히 시인들은 미덕, 어리석음, 기쁨, 번성, 우울, 공포, 빈곤과 같은 추상적인 용어들에 탐닉하였고, 그것들을 의인화하여 대문자로 쓰기도 하였다. 표준화를 지향하고 추상화를 선호함으로써 언어는 구체적이고 화려하며 그림과 같은 신선한 단어들을 잃어버리게 되었다.

표준화를 향한 움직임은 영어에 있어 획기적인 사건이라 할 수 있는, 사무엘 존슨의 《사전》에서 그 절정을 이룬다. 존슨은 '필연적으로 만들어지고, 우연적으로 확대된' 언어를 규칙화하려고 하였다. 그는 사전의 위치를 단어들의 의미를 포괄적으로 설명하는 것으로부터 권위를 가진, 좋은 용법의 표준이자 언어 양식의 중재자로 바꾸어놓았다. 명백하고 신중하게 구별짓고, 때로는 인용의 도움을 받아 단어들의 정확한 의미와 적절한 용도를 정립하였다. 마치 삼각형이라는 단어가 수천 년 동안 정확하게 같은 의미를 뜻했던 것과 마찬가지로 단어들의 의미와 용법이 항상 고정적일 수 있다는 것이 그가 사전을 쓴 의도였다.

사전의 개념에 대한 이러한 변화는 사전의 역사에서 매우 급진적인 것으로 보인다. 그러나 이는 18세기에 이미 예상된 바라 할 수 있다. 존슨은 모든 활동 영역에서 막 시작된 것을 영어에 시도해보려고 했던 것이다. 다시 말하여 가장 합리적이고, 가장 효율적이고, 가장 영구적인 표준을 결정하고 설립하려 했던 것이다. 그의 시대 이후로 언어학자들은 규칙과 정의가 있음에도 불구하고 언어는 필연적으로 유동적이며 진화하는 현상이라는 것을 알게 되었다. 단어의 의미는 시대마다 그리고 장소마다 변화한다. 이러한 사실은 어떤 단어에 지금은 쓰지 않은 케케묵은 옛 의미까지 알려주는 현재의 사전을 보면 알 수 있다.

언어를 표준화하는 일은 일상적 언어의 효율성을 비판적으로 검토하는 일을 동반한다. 영국의 철학자이자 법학자로 유명한 제레미 벤담(Jeremy Bentham, 1748~1832)도 이러한 일에 관심이 있었다. 그에 따르면 명사는 동사보다 더 좋다. 명사에 구체화된 관념은 '바위에 위치를 정한' 것이다. 반면 동사에 구체화된 관념은 '뱀장어처럼 손가락 사이를 빠져나간다.' 이상적인 언어는 대수와 닮았다. 문자가 숫자를 나타내듯, 상징이 관념을 나타낸다. 이를 통하여 애매하고 부적절한 단어나 사람을 오도하는 은유들은 제거될 것이다. 모든 숫자가 단지 몇 개의 연산, 즉 덧셈, 곱셈, 등호 등등에 의하여 관련을 맺듯이, 관념들도 가능한 한 최소의 구문적 관계로 관련지어야 한다. 그렇게 되면 어떤 두 문장을 비교하는 것도 두 개의 방정식을 다루는 것처럼 행할 수가 있다. 가령 하나의 방정식에 상수를 곱하여 또 다른 방정식을 얻을 수 있는 것처럼 말이다. 벤담은 명사와 접속사를 나타내는 상징 기호를 사용하자는 운동에 참여하였는데, 이는 언어의 상징화를 주장한 라이프니츠의 계획과 관계가 있다. 그러나 라이프니츠가 논리적 추론을 용이하게 하려고 했던 반면, 벤담을 비롯한 다른 이들은 언어의 정확성을 얻는 데에 관심이 있었다.

언어 자체의 개혁은 수학이 문학에 미친 영향 중에서 아주 소소한 것이었다. 문체도 급격히 변화하였다. 수학적 논의와 논증에서의 진술이 간결하고 애매하지 않고, 명확하고 정확하다는 것은 뉴턴 시대에 너무나 잘 알려진 사실이었다. 많은 작가들은 수학이 누린 성공이 거의 전적으로 이와 같이 꾸밈없고 소박한 문체에 기인한 것이라고 믿었다. 그리하여 이를 모방하기로 결심하였던 것이다.

17세기 왕립 협회의 회원들은 영어 산문의 개혁을 위엄 있는 영국령 식민지 내부에서 달성하자고 결정하였다. 스프랫, 월러, 드라이든과 이블린을 포함한 한 위원회에 언어 연구 위원회를 결성하도록 하였다. 프랑스어 학회를 흘깃흘깃 훔쳐보면서 그 위원회는 '말하기와 쓰기의 향상'을 위하여 영어 학회 설립을 제안하였다. 그러고는 협회 회원들에게 자신들의 실험을 기술하면서 표현의 과장과 수사법을 거부하도록 촉구하였다. 그들은 모든 '문체의 부연과 이탈, 그리고 과장을 거부해야 했다. 그리고 원시적인 소박함과 간결함으로 돌아가, 거의 동일한 숫자의 단어로 아주 많은 것을 전달할 수 있는 시기로 되돌아가는 노력을 해야 했다.' 또한 '정확하고, 소박하고, 자연스러운 말하기 방식, 다시 말하여 긍정적으로 표현하고 명확한 의미를 사용하며', 있는 그대로 쉽게 써서, '모든 사물들이 가능한 한 수학적인 명료함을 가질 수 있도록 해야 했다.' 그리고 재치 있는 사람이나 학자들의 언어보다는 수공업자들과 시골사람 그리고 상인들의 언어를 더 선호하도록 하였다.

그 시대의 위대한 지성이자 과학을 대중화시킨 가장 유명한 과학자인 퐁트넬(Bernard Le Bovier de Fontendlle, 1657～1757)은 〈수학과 물리학의 유용성에 관하여(On the Utility of Mathematics and Physics)〉라는 글에서 다음과 같이 썼다.

> 기하학적 정신을 기하학으로부터 분리시켜 다른 지식 분야에 적용할 수 없을 만큼 그 정신이 기하학에 얽매어 있는 것은 아니다. 윤리학, 정치학, 그리고 비평, 심지어 웅변술에 대한 저술 등도 기하학자들이 직접 행한다면 더 좋아질 수 있을 것이다. 좋은 책 속에 드러나 있는 질서와 깔끔함, 정확성, 정밀함 등이 다른 어느 때보다 지금 널리 퍼져 있는 기하학적 정신 속에서 일어나고 있다는 것은 어찌 보면 당연한 일이다.

앞서 살펴본 훌륭한 수학자들 중 많은 사람들이 18세기 문학의 모델이 되었다. 데카르트의 문체는 명료하고 깔끔하며 읽기 쉽고 명쾌하여 찬양받았고, 결국 데카르트주의라는 말은 철학뿐만 아니라 하나의 문체 양식이 되었다. 파스칼의 우아함과 합리성도 많은 갈채를 받았는데 특히 《시골 친구에게 쓴 편지(Lettres Provinciales)》는 문학적 문체가 가질 수 있는 최고의 특징을 가진 것으로 환영받았다. 거의 모든 분야에서 작가들은 데카르트, 파스칼, 호이겐스, 갈릴레이, 그리고 뉴턴의 작품에서 허용한 주제만을 따라하기 시작하였다.

18-2. 파스칼

그러한 영향을 받아 산문 문체에서도 많은 변화가 일어나게 되었다. 객관적 현실을 묘사하는 정확한 언어를 사람들이 선호하게 되면서 은유는 사라져버렸다. 이와 관련하여 로크는 은유와 상징이 나쁘지는 않지만, 합리적이지 못하다고 말하였다. 라틴

어식으로 복잡하게 구성된 글들이 가졌던 현학적이고 화려한 학자투의 문체는 사라지고, 단순하고 직접적인 산문이 호응을 얻었다. 또한 즉흥적으로 상상력이 표출된 것, 격정적이고 정서적으로 충만한 표현들, 그리고 시적 과장과 열광, 격조 높고 고상한 암시를 주는 문장들도 사라졌다. 그리하여 포프에 따르면, 작가가 하는 일이란,

> 뮤즈 신들의 군마에 박차를 가하기보다는 길을 안내하며,
> 속도를 높이려 하기보다는 그의 격분을 가라앉히는 것이다.

작가들의 관심사는 논리적 사고의 높은 기준에 맞는 문체로 사실을 전달하는 것이었다. 명료함, 비례, 형식에 대한 건축학적 본능, 리듬, 대칭적 구조, 그리고 운율과 엄격한 정해진 패턴을 고수하는 일 등이 새로운 산문 문체의 특질이 되었다. 산문은 과장이 없고, 간결하고 정확하며 경구적이어야 한다. 모든 어구와 단어들은 쉽게 이해할 수 있고 명료해야 할 필요가 있었다. 그리하여 간결한 문장이 유행을 탔다. 사람들은 도치법에 얼굴을 찡그렸다. 문장 내에 단어의 어순은 사고에 의하여 정해져 있기 때문이다. 또한 문장은 명백히 그리고 한번에 그 사고가 어떻게 나왔으며 어디로 갈 것인가를 보여줄 수 있도록 서로서로 조직되어야 했다. 산문 문체의 목적과 법칙은 '쉽게 이해할 수 있는 정신과 정신의 상호작용'이 되었다.

정서적인 요소를 희생하고 문체에 합리적 요소들을 강조하면서 좋은 수사학과 논리, 서사에 적절한 성질들이 강화되었고, 위대한 시들에 영감을 주었던 강한 감정과 열정의 표현은 억제되었다. 그러므로 이성의 시대는, 서정시와 연극을 억제하며, 산문, 소설, 일기, 편지, 저널, 그리고 수필 등에 스스로를 가장 특징적으로 표현하게 된다. 사실 소설이 상상에 의한 글쓰기의 배출구로서 많은 부분 시를 대체하였고, 반면

그 시대의 서정시들은 산문화되어, '시적인 산문'이 되어버렸다.

산문 형식 중에서는 풍자가 가장 인기가 있었다. 이성을 숭배하게 되면서 합리적이지 않은 것은 이상하게 비쳤고, 그래서 작가들은 새로운 주제를 찾아야 했다. 18세기 들어 자연과 이성은 동일시되었기 때문에, 인간이 자연의 상태를 벗어나는 방식들, 예를 들어 권력, 부, 그리고 지위를 얻으려고 하는 것은 쉽게 선택되어 공격을 받았다. 그 시대 최고의 풍자가인 조나단 스위프트의 책은 지금도 여전히 많이 읽히며, 그가 쓴 글에는 여전히 힘이 있다. 걸리버가 이상한 나라들에서 발견한 것은 바로 18세기 유럽 문명의 측면에 대한 풍자이다. 보잘것없는 소인국 사람이 처음에는 우습고 무식하고 어찌할 바 모르는 사람들처럼 보이지만, 정신없이 그들을 비웃다보면, 우리는 그 농담이 우리 자신에 대한 것이라는 사실을 깨닫게 된다. 걸리버가 말들 사회의 엘리트 계층(Houyhnhnm)에게 유럽인들의 풍습과 생활 방식을 설명하려고 시도한 것은 다름 아닌 바로 유럽인들 자신을 조롱한 것이었다.

방금 살펴본 바와 같이, 이성의 시대는 시보다 산문을 더 선호하였다. 게다가 뉴턴 정신 때문에, 산문과 시의 차이, 그리고 분별력 및 판단력을 갖춘 사람과 스스로를 시인으로 생각하는 사람의 차이, 또한 자연에 대한 지식과, 수사학의 화려함, 환상적 표현, 우화적인 속임수 등의 차이가 명확하게 분리되었다. 산문은 사실을 다루었고, 시는 즐거움과 환상을 다루었다. 사람의 느낌은 시적 용어로 가능하지만 생각은 산문으로 해야 한다. 그래서 추론 능력을 강조하게 되었고, 시의 개념과 이미지, 가치 등은 격하되었다. 게다가 뉴턴 시대의 진리는 명백하고 명확한, 사물의 수학적 성질을 가지고 있었고, 그것은 시적 진리일 수 없기 때문에 시적인 진리는 허구로 거부당하였다. 사실 진리를 얻기 위해서는 상상력이라는 환영을 쫓아내어야만 했다. 시는 기껏해야 수학과 과학의 추상적 진리들을 장식하거나 유쾌하게 만들 수 있을 뿐이었다.

그 당시 지도급 인사들은 시를 비난하고, 때로는 실지로 시에 대하여 전쟁을 선포하기도 하였다. 로크는, 시가 단지 쾌락적인 그림과 보기 좋은 상만 제시할 뿐 진리나 이성에는 전혀 도움이 되지 않는다고 말하였다. 실제로 시는 이성의 빛을 본 사람에게는 전혀 필요가 없다는 것이다. 그러므로 시를 이용하여 진리 탐구에 어떤 노력이나 생각을 쏟아서는 안 된다. 사실 시의 쾌락은 그 내용에 이성을 적용함으로써 훼손된다. 게다가 로크는, 만일 아이가 시적인 소양을 가지고 있다면, 부모들은 그 소양을 없애기 위하여 노력해야 한다고 말하기까지 하였다. 뉴턴은, 시는 일종의 천재적인 난센스라는 그의 스승인 배로의 글을 인용하면서 시에 대한 견해를 제시하였다. 흄은 이보다 더 지독하였다. 그에 따르면 시는 허구로 사람들을 웃기려는, 전문적인 거짓말쟁이들이 하는 일이다. 벤담은 커다란 범주로 시와 산문을 구분하였는데, 그에 따르면, 산문에서는 마지막 행을 제외한 모든 행들이 끝까지 연결되지만, 시에서는 대부분이 끝까지 미치지 못한다. 뿐만 아니라 시는 아무것도 증명하지 못한다. 그것은 감상주의와 모호한 일반화로 가득 차 있다. 그 어리석은 딸랑거림은 야만인들의 귀를 만족시킬 수 있을지는 모르지만, 성숙한 정신에는 어떠한 감명도 일으키지 못한다.

심지어 시인들조차도 위압을 당하여 스스로 열등한 위치를 받아들였던 것처럼 보이다. 드라이든(John Dryden, 1631~1700)은 자신의 《영웅시와 시적 허용을 위한 변명(Apology for Heroic Poetry and Poetic License)》에서 우리는 시의 이미지에는 즐거워할 수 있지만, 그 허구에 기만당해서는 안 된다고 썼다. 애디슨이 시를 옹호하면서 할 수 있었던 최선의 말이라고 해봐야, 만일 물질 세계가 실제 현재 소유하고 있는 성질만을 부여받는다면, 그것은 즐거움도 없고 안락하지도 않은 시적 형상이 되었을 것이라는 말이었다. 다행히도 친절한 하느님은 인간이 유쾌한 감각으로 기뻐하고 즐거워할 수 있도록, 스스로 즐거운 상상을 발휘할 수 있는 힘을 물질에 부여하였다. 18세기 문학의 독재자인 사무엘 존슨(Samuel Johnson, 1709~1784)은 칭찬하는 듯하면서 비난하였다. 그의 말에 따르면, 시는 상상력을 통해 이성을 도와 진리와 즐거움을 결합하는 예술이다.

물론 시는 고통을 받았다. 예술이 완벽함을 성취하기 위해서는 단지 제한된 시각과 약간의 상상력 그리고 약간의 규칙만을 알면 된다는 견해가 만연하였다. 시인들도 또한 자신들의 창작이 진리가 아니라 그냥 듣기 좋은 허구라는 신념을 받아들였다. 그들은 단지 사람들의 즐거움을 채워주기만 하였다. 그들은 환상에 호소하지만, 심지어 시인들 자신에게도 현실에서는 의미 없는 장식만을 제공하였다.

예술은 그저 이류의 즐거움이라고 여겨질 만큼 추락하였다. 그리고 좀더 철학적이 되고, 좀더 유용하게 됨으로써 자신의 존재를 정당화하고자 하였다. 결과적으로 몇몇 시인들은 시의 기능이란 운율을 가진 교훈이며, 추론이고 논쟁이어야 한다고 결론지었다. 비록 그 말이 감정을 휘저어놓지는 않았지만, 시는 열정을 세련되게 하고, 두려움을 절제하며, 위대한 미덕의 사례를 제시하는 것으로 인식되어야 했다.

시가 이류의 활동으로 전락하는 추세에 만족하지 않았던, 그 시대의 비평가들은 이 매체 속의 모든 개인적 노력을 억압함으로써 수학적 객관성을 성취하려고 애썼다. 먼저 그들은 시인이 수학자적 기질을 가지고 있어야 한다고 규정하였다. 드라이든에 따르면, '인간은 몇 가지 과학에서 학식을 얻고, 합리적이고 철학적이며, 어떤 측면에서는 수학적인 머리를 가지고 있어야 완전하고 훌륭한 시인이 될 수 있다.' 에머슨의 글에 따르면, 신생국 미국도 그 영향력을 벗어날 수 없었다.

> 우리는, 어떤 사람이 그저 시만 알고 있는 시인이라면 그의 시는 열심히 듣지 않고, 그가 그저 대수학자일지라도 그의 문제에는 별로

귀를 기울이지 않는다. 그러나 그가 만일 사물들의 기하학적 토대를 잘 알고 있을 뿐 아니라, 기분 좋은 화려함까지 능통하다면, 그의 시는 정확할 것이며, 그의 산술은 음악과 같을 것이다.

수학자들은 과학과 마찬가지로 예술도 자연을 연구함으로써 얻을 수 있는 자연법칙을 가지고 있다고 생각했을지도 모른다. 사실 드라이든은 세대를 뛰어넘어 모든 사람들을 기쁘게 하는 것은 자연을 모방하는 것이라고 말한 바 있다. 포프도 역시 시를 위한 자연 법칙에 대한 믿음을 표현한 바 있다. 《비평론(Essay on Criticism)》에서 그는 이렇게 썼다.

> 먼저 자연과 너의 판단을 따르라
> 언제나 변하지 않는 자연의 정확한 기준으로
> 여전히 신적인 총명함을 가진, 실수 없는 자연,
> 하나의 분명하고 불변하는 보편적 빛,
> 삶, 힘, 그리고 아름다움은 모든 것에 부여해야 한다,
> 예술의 원천이자 목적, 그리고 시험이기도 한 것을.

참으로 이상하게도, '자연을 따르는' 것은 정확히 물리 과학에서 뜻하고자 하는 바를 의미하는 것, 다시 말하여 자연의 수학적 법칙을 따르는 것은 아니었다. 오히려 역사적으로 정당화된 그리스인들과 자연과의 관련성, 즉 그리스 고전의 형식을 모방하는 것을 의미하는 것이었다. 그리하여 포프는 다음과 같이 말했다.

> 고안된 것이 아니라, 고래로 발견된 규칙들,
> 자연은 여전하지만, 자연은 질서가 정해져 있다.
> 자연은, 자유처럼

> 처음 자신에게 정해진 법칙에 의해서만 제약을 받는다.
> 최초의 어린 마로(버질*)가 자신의 광대한 정신 속에
> 불변의 로마보다 오래 갈 작품을 설계하였을 때,
> 아마도 그는 비평가의 법칙을 초월한 것 같았다.
> 그리고 단지 자연의 샘물에서 끌어왔다는 사실로 조롱받았을 뿐
> 그러나 자신이 기원을 두고 있는 모든 부분들을 살펴보았을 때,
> 자연과 호메로스는 같은 것이었다는 것을 깨달았다.

그럼에도 불구하고, 포프가 호메로스의 《일리아드》를 번역하였을 때, 그는 호메로스가 아니라 포프를 만들었다. 레슬리 스티븐(Leslie Stephen, 1832~1904) 경이 《18세기의 영국 문학과 사회》에서 지적하였듯이, '그리스인들에게 집착을 포기하라고 권장하는 아가멤논의 연설을 읽노라면,

> 사랑, 의무, 안전이 우리를 불러낸다.
> 이것은 자연의 목소리며 우리는 자연에 복종하니,

굳이 말하지 않아도, 호메로스의 아가멤논이 아니라 가발을 뒤집어쓴 아가멤논의 말을 듣고 있음을 알 수 있게 된다. 또한 우리가 듣고 있는 목소리는 18세기의 기본적 가정, 즉 합리주의의 타당성과 지배적인 자연 법칙의 사조에 맞춘 18세기의 목소리임을 굳이 말하지 않아도 된다. 그래서 시의 규칙 혹은 법칙은 자연과, 고대인 그리고 이성을 동일시함으로써 성장하였다. 하나를 따르면 모두를 따르는 것이다. 예술의 규칙은 '질서가 정해진 자연'이었다.

---

* 베르길리우스, BC 70~19, 고대 로마의 시인.

포프, 애디슨, 그리고 존슨은 위에서 기술한 철학과 일치하는 시적 문체를 주장하였다. 엄격한 규칙은 고전을 연구하면서 얻을 수 있다. 반면, 드라이든은 라틴 고전을 영어 운문으로 번역하는 규칙을 규정하였다. 운문은 규칙에 따라 쓸 수 있다고 생각되었다. 서정시, 서사시, 소네트, 서간문, 교훈적 운동, 송가, 경구 등은 형식을 이루는 법칙들을 준수함으로써 만들어낼 수 있었다. 질서와 명료성, 균형이 그 과정에서 추구해야 할 목표였다. 문법적 규칙과 문장 구조에 주의를 기울인다면 더 권장할 만하다. 시의 형식 원리는 수학적 공리와 유사하였다. 공리들이 정리의 내용뿐만 아니라 형식까지 결정지었기 때문이다. 2행의 영웅시가 그 균형과 대칭으로, 물론 이러한 관점이 우리에게는 극단적인 것처럼 보이지만, 그 형식이 일련의 등식 비례와 유사하기 때문에 인기를 얻었다. 2행의 영웅시는 운율적인 규칙성의 핵심으로 간주되었다. 그 시대 문학 비평가에게 아름다움은 이러한 엄격한 시작법(詩作法)을 따랐을 때에 얻어지는 것이었다.

시인들은 일련의 수학적 명제들로 정해진 규범을 채택하였고, 비평가들이 제시한 규칙을 꼼꼼하게 따랐다. 위대한 시는 규범에 복종하는 정확한 글쓰기가 되어버렸다. 시는 온건하고, 규칙을 준수하여 지적인 것이 되었다. 시인들은 포프의 형식적이고 엄격히 규제된 시작법을 채택하고 명료성과 절제, 우아와 비례, 보편성과 같은 신고전적 이상들을 강조하였다. 주제, 내용, 형식의 조화를 뜻하는 단정함도 또한 준수하였다.

형식뿐만 아니라 정신도 규정되었기 때문에, 비록 모순되는 것이기는 했지만 시인들은 감정을 억제하였다. 열광은 혐오의 대상이 되었고, 감정과 포기, 황홀, 신비주의적 사고 등은 불법이 되었다. 이성과 냉정함, 신중함으로 상상력을 극도로 제한하여, 상상력은 "너무나 사납고 제멋대로이어서 마치 날뛰는 스패니얼처럼 나무통을 매달아 판단을 흐리지 않도록 해야 한다"는 드라이든의 명령을 따랐다. 그리하여 위대한 비극은 상식이라는 새로운 문학적 분위기의 비극적 희생양이 되었다. 가슴과 마음의 결합, 사고와 감정의 종합은 파괴되었다.

18세기에는 무언가 무시무시하고 영적이고 신성한 것이라는 시의 개념이 거의 잊혀졌다. 열정에 가득찬 시 쓰기를 고집한 몇 안 되는 작가들은 자신의 작품들을 위장하거나 출판하면서도 자신의 노력 그 자체를 조롱하는 체하며 작품들을 문학 세계로 몰래 들여와야 했다. 콜린스, 스마트, 쿠퍼, 블래이크와 같이 자신의 몸 속에 광기의 흔적이 있다고 생각한 극소수의 사람들만이 용감하게 그 규칙을 위반하고 자신의 의지에 따라 글을 썼다.

비록 18세기에는 시의 정신이 메말랐다고 할지 몰라도, 적어도 그 내용면에서는 풍요롭게 변모하고 있었다. 뉴턴이 젊었을 때 그러니까 17세기의 주요 시인들은 헌신의 시, 즉 사랑의 서정시를 썼다. 거의 모든 이들이 수학과 과학을 무시하였다. 우연히 이러한 학문에 접하더라도 그 발달의 엄청난 의미를 깨닫지 못한 것처럼 보였다. 또 어떤 이들은 수학을 경멸하기까지 하였다. 1663년 사무엘 버틀러(Samuel Butler, 1612~1680)는 〈휴디브라스(Hudibras)〉에서 다음과 같이 썼다.

> 수학에서는 그가 더 훌륭했다,
> 티코 브라헤 혹은 에라 패터보다.
> 기하학적 저울로
> 에일 맥주 통의 크기를 재어,
> 사인과 탄젠트로 풀 수 있었을 것이다.
> 만일 빵이나 버터가 무게를 원했다면,
> 그러고 나서 현명하게 하루의 시각을 말하라.
> 시계는 대수에 맞추어 종을 칠 것이다.

뉴턴의 작품이 출판된 후, 조롱은 무한대의 찬양으로 바뀌었다. 시는 새로운 수학과 과학에 대한 감사와 칭찬으로 가득 찼다. 작가들은 이성, 수학적 질서와 설계, 그리고 광대한 자연의 매커니즘이라는 주제가 너무나 감동적이라는 것을 알고는 하찮은 인간의 탄생과 사랑, 죽음에 대한 관심을 거두어들였다. 어느 누구도 드라이든만큼 새로운 세계의 경이로움에 대한 열정을 억제하지 못한 사람은 없었을 것이다.

조화로부터, 천체의 조화로부터
이 보편적 틀은 시작되었다.
조화에서 조화로
그것이 연주하는 모든 음역을 통하여
인간에게 완전히 닫혀 있던 화성이……

신성한 노래의 힘으로부터
천체들은 움직이기 시작하였고,
위대한 창조자를 기리어 노래하나니
모든 천상의 축복받은 자들에게.

알렉산더 포프가 쓴 웨스트민스터 사원에 있는 뉴턴의 무덤 비문에 나오는 다음의 시구도 역시 유명하다.

자연과 자연의 법칙들이 어두운 밤에 숨어 있었다.
'뉴턴이여, 나타나라' 하느님이 말하자, 모든 것이 밝아졌다.

불행하게도 뉴턴 시대에 등장하는 위대한 시들의 내용을 여기서 살펴보는 것은 불가능하다. 이 책과 각 장들의 모토에 등장하는 인용구들을 통하여 새로운 주제에 대한 그들의 관심을 부족하나마 알 수 있을 것이다.

18세기 비평가들이 냉정하고 기계적이며 몰개성적인 문학을 아무리 옹호하더라도, 예민한 사람들의 가슴은 어찌할 수 없었다. 19세기에는 시에 대한 규범이란 것이 도대체 너무나도 부적절하며, 그것 때문에 시의 이미지들이 메말라버렸다는 깨달음이 생겼다. 도형을 묘사하는 기하학의 규칙들이 장인의 스케치를 만들어낼 수 있을지는 몰라도 건축 작품을 만들어낼 수는 없다. 로버트 번즈가 말한 바와 같이 고대의 고전을 모방하는 것만으로 시인은 그리스인의 힘으로 파르나소스 산에 도달하기를 바랄 수는 없었다.

영혼의 억압은 너무나 철저하여 초기 19세기의 시인들은 모든 아름다움이 사라졌다고 느낄 정도였다. 키츠는 시인의 목을 베었다는 이유로 데카르트와 뉴턴을 비난하였고, 블레이크는 그들을 저주하였다. 1817년 한 저녁 파티에서 워즈워스, 램, 키츠 등은 다음과 같은 말로 건배를 하였다. "뉴턴의 건강과 수학의 혼란을 위하여"라고. 비록 블레이크, 콜리지, 워즈워스, 바이런, 키츠와 셸리 등은 수학과 과학이 성취해 놓은 업적을 이해하고, 그 업적을 찬미하기도 하였지만, 한편으론 시의 본질에 대하여 저질러진 것에 저항을 하였다. 셸리는 상상력의 제약에 관하여 다음과 같이 말하였다. "인간은 자신의 구성요소들을 노예화함으로써 스스로 노예가 되었다." 블레이크는 또한 이성을 악마라고 불렀다. 그 악마의 고위직 사제가 바로 뉴턴과 로크라는 것이다. "예술은 생명의 나무이며…… 과학은 죽음의 나무이다." 그는 자연을 기계학적으로 설명하는 것이야말로 자연을 너무나 형편없이 불충분하게 표현하는 것이라고 느꼈다.

호랑이, 호랑이, 밝게 타오르는

밤의 숲 속에서,
어떤 불멸의 손 혹은 눈이
당신의 두려운 대칭성을 틀 지울 수 있을까?

워즈워스는 이성이 홀로 불멸의 괴물을 만들어냈다고 주장하고, 과학자들이 솟구쳐 오르지 않고 물 속에 뛰어들어서 자연과 영혼을 꼬치꼬치 캐묻고 다니지만 그 장엄함과 신비로움은 놓쳐버리고 말았다며 비난하였다.

이제 인간이 지배한다.
권력을 가지고, 한때 자신의 연약함에 떨고 지냈던 그 권력 속에서
과학은 성큼성큼 앞을 내닫는다.
그러나 우리는 사랑과 온화함 속에서 풍요로워지지 않는가?

반발과 반역은 그것이 의식적인 것이든 무의식적인 것이든 간에, 18세기 자연이라고 부른 물질적이고, 무채색의 물리적 기계에 대항한 것이었다. 1세기 동안 억압되었던 감정들이 족쇄를 풀고 터져나와 수학과 과학이 사고와 감정을 지배하고 있는 현실에 대항하였다. 18세기 선포된 우주의 완벽한 질서는 하나의 환상으로 선언되었다. 이성이 해결하지 못한 신비로움과 모순이 여전히 있었기 때문이다. 시인들은 감각과 느낌, 그리고 인간 본래의 의식의 중요성을 강조하였다. 자연이란, 과학자들이 부적절하게 수학적으로 설명해놓은 것을 통해 이해되는 것이라기보다는 함께 살아야 하는 것이라고 그들은 말하였다. 이제 합리주의자들의 주연에 탐닉해 있지 말고, 자연을 직접 감상하자고 워즈워스는 말하였다.

위대한 신이시여, 나는 차라리
낡아빠진 시조로 배부른 이교도가 되겠소.
그렇게 되면 나는 이 유쾌한 초원 위에 서서,
나를 더 이상 고독하게 하지 않을 눈빛을 가지게 되겠죠.

시는 기계학적 전통의 사슬에서 해방되었다. 감정은 부활되고 표현되었다. 신화와 상징은 재생되었다. 사람들은 상상력을 이성보다 우위에 놓았다. 아니, 어떤 사람들은 상상력이 직관적 진리를 부여해주기 때문에 이성의 가장 고상한 형식이라고 말하기도 하였다. 시인은 합리적인 논평가 이상이 되어야 했다. 시인은 자신의 천재성을 발휘하여 자신의 가슴에 살아 있는 신성을 표현해야 했다. 자연과 인간의 영혼 사이를 연결한다면, 죽은 자를 살려내 직접 만나볼 수도 있을지 모른다.

천국과 작은 숲
극락의, 행운의 들판 — 왜 그들은
떠나간 것만의 역사가 되어야 하는가,
아니면 결코 존재하지 않은 것의 허구여야 하는가?
인간의 식별력으로
언제 이 좋은 우주와 결합하여
사랑과 신성한 열정 속에서, 찾을 수 있을 것인가
평범한 날의 소박한 산물을.

우주는 냉정하지 않고 활동적이며 인간 내부의 힘으로 주조할 수 있는 것이다. 시는 고귀한 행동을 기록하고, 시인의 영혼은 생기 없는 세상을 생명으로 바꾸어놓는다. 그러므로 나는 여전히 존재한다고 워즈워스는 말한다.

마른 풀과 숲을
그리고 산을 사랑하는 자, 우리가 이 푸른 지구에서
보는 모든 것을 사랑하는 자,
볼 수 있고 들을 수 있는 모든 강력한 세계를 사랑하는 자
모두 눈과 귀로 반쯤은 창조해낸 세계,
그리고 지각하는 것, 알면 즐거운
자연과 감각의 언어 속에서,
내 가장 순수한 사고의 정박지,
내 마음과 영혼, 아니 모든 내 도덕적 존재의
유모이자 안내자 그리고 수호자……
자연이 결코 자신을 사랑하는 마음을
배반하지 않았다는 것을 아는.

이리하여 자연은 시인들의 주요한 주제로 남게 되었다. 그러나 이때 자연은, 추상적 법칙의 사슬에 묶인 자연이 아니라, 풍부한 색깔과 생명력 있고 진동하는 느낌으로 충만하며, 감각과 신비에 호소하는 자연이었다. 19세기의 시인들은 '달콤한 감각과 피 속에서 느껴지고 가슴으로 통하는' 자연의 구체적인 경험을 선택하였다. 그들은 생명 그 자체의 소리, 빛, 냄새, 장면을 즐겼다. 일출과 일몰은 빛의 수학적 분석을 현혹시켰다. 태양의 살아 있는 불은 다른 질량들을 그것이 인력으로 당기고 있다는 사실을 잊어버리게 하였다. 사나운 서풍은 '가을이라는 존재의 입김'이며, 어디든지 움직이는 통제할 수 없는 영혼이자 푸른 지중해를 깨우는 자가 되어 공기 분자들의 규칙적이고 기계적인 운동을 휩쓸어버렸다.

비록 낭만주의 시인들이 반기를 들긴 하였지만, 그들의 영혼을 묶어놓았던 사슬로부터 완전히 자유로웠던 것은 아니다. 사실 19세기 동

안에 수학적 사고와 과학적 사고가 발전하면서 18세기 합리주의자들이 너무나 열심히 발전시켜놓았던 우주의 개념이 강화되었다. 그리고 물론 시인들도 이러한 사실을 아주 날카롭게 인식하고 있었다. 그들의 열정적인 외침이 다소간 누그러들자 그들은 다시 우주의 의미라는 문제에 직면할 수밖에 없었다. 19세기 내내 그들은 수학과 과학이 내놓는 자연에 대한 설명과 감각이 내어놓은 설명 사이에서 계속 숙고하고 때로는 갈등하기도 하였다. 매튜 아놀드(Matthew Arnold, 1822~1888)는 자신의 동시대인들을 대신하여 다음과 같이 말하였다.

> 우리 앞에 꿈의 땅과 같은 세계가 놓여 있는 것처럼
> 너무나 다양하고, 너무나 아름답고, 너무나 새롭게 보이던,
> 그 세계가 진정으로 기쁨도, 사랑도, 빛도
> 확실함도, 평화도, 고통의 치유도 가지고 있지 않다니.
> 그리고 여기 우리는 어슴푸레한 평원 위에 있듯
> 투쟁과 비약의 혼란스러운 놀라움으로 압도당한 채로 있다,
> 무지한 군대들만이 어두움 속에서 충돌하는 그곳에.

가슴과 의식 사이의 갈등은 지금도 시의 주요한 주제이다. 이성이 많은 것을 성취하면 할수록, 시인은 점점 더 갈등에 빠지게 된다.

뉴턴 시대에 문학만이, 수학적 정신이 번성하고 거의 지배하게 되면서 강력하게 영향을 받았던 유일한 예술은 아니었다. 18세기의 회화, 건축, 조경, 심지어 가구 디자인도 엄격한 인습과 명시적으로 세워진 기준에 영향을 받았다. 화가인 조슈아 레이놀즈 경이 내린 권고 사항들은 그 시대 예술가들의 기질을 잘 보여준다. 그는 회화의 대상물에 아주 충실하고, 색조를 관념에 종속시키며, 세부 묘사를 희생하여 일반적이고 영구적인 요소들을 부각시켜야 함을 강조하였다. 게다가 화가에

게 눈이 아니라 정신에 의존할 것을 요구하였다. 건축과 이류 예술에서도 질서와 균형, 대칭과 잘 알려진 기하학적 형식을 엄격히 고수할 것 등이 그 시대를 지배하였다. 성공적인 과학 아카데미의 패턴을 쫓아 형성된 예술 아카데미가 예술의 범주를 선포하였으며, 그 양식을 고수하도록 하고 계속 유지하는 데에 엄청난 영향력을 행사하였다. 불행하게도 이렇게 뉴턴의 영향력을 간단하게 살펴보는 것만으로 예술의 역사를 폭넓게 탐색할 수는 없다.

문학, 회화, 그리고 다른 예술들의 특징이 변화됨에 따라 미학, 철학도 변화하게 되었다. 그것은 새로운 태도를 합리화하고 정당화하는 것이었다. 미학의 새로운 주제는 과학처럼 예술도 자연을 연구하고 모방함으로써 파생되며, 따라서 자연과 마찬가지로 그것도 수학적 공식에 영향을 받게 된다는 것이었다. 조슈아 레이놀즈 경에 따르면,

> 그림이 원래의 대상과 일치하는 데에 기뻐하고 음악의 조화에 감동을 받는 것이나 기하학의 논증을 즐기는 것은 똑같은 취향이다. 이 모든 것은 자연에 변화하지 않는 고정된 토대를 두고 있다.

게다가 조슈아 경은 아름다움의 본질은 보편 법칙의 표현이라고 말하였다.

관찰을 통하여 케플러의 법칙을 산출하였듯이, 자연을 연구함으로써 예술의 법칙을 발견할 수 있다는 것이다. 그러나 몇몇 사람들은 관찰과 관계없이 이성만으로도 미학의 수학적 법칙을 선험적 기하학적 방법에 의하여 연역해낼 수 있다고 믿기도 하였다. 진리처럼 아름다움도 이성적 능력으로 이해할 있기 때문이다.

그리하여 사람들은 자연을 연구하고 그들의 이성적 능력을 적용하여 예술을 규칙 체계로 만들어버리고, 아름다움을 일련의 특성화된 공

식으로 바꾸어버렸다. 미를 획득하는 데 요구되는 권고사항이 세워지고, 숭고의 본질에 대한 분석이 이루어졌다. 자연에서 아름다움을 추구하게 되면, 미의 추상적인 이상뿐만 아니라 그것의 주요한 특징들을 알 수 있을 것이라 기대하였다. 이러한 지식을 가지면, 아름다운 작품은 거의 마음대로 창조될 수 있을 것이다. 물론 그렇게 발견된 예술 법칙을 준수할 때에만 가능한 것이긴 하지만 말이다. 불행하게도 위대한 예술은 여전히 대량 생산으로 만들어지지 않는다. 아마도 이러한 이유 때문에, 근대의 어떠한 거부(巨富)도 18세기의 발견에 투자를 하지 않았을 것이다.

앞서 살펴본 것 중 마지막 세 장은 뉴턴 수학이 야기한 문화 혁명을 어느 정도 기술하였다고 생각한다. 뉴턴이 사망할 당시 그 변화는 이미 측정 불가능할 정도이며 영향력을 막 행사하고 있었다. 뉴턴 수학이 함의하고 있는 바와 그 영향력은 삶의 양식뿐만 아니라 여전히 우리의 사고의 틀을 형성하고 있다. 아닌 게 아니라 18세기 이성의 시대는 이전의 기독교적이고 중세적인 문화에 반하는 본질적으로 근대적인 문화의 시작을 알린 것에 지나지 않는다.

뉴턴과 그의 동시대인들이 성취한 업적은 세계, 인간, 사회, 그리고 거의 모든 인간의 제도와 관습의 성질에 대한 광대한 지적 탐구의 시작일 뿐이었다. 그 시대는 후계자들에게 일반적이며 모든 것을 포괄하는 법칙이라는 이상을 넘겨주었다. 또한 전지(全知)함에 대한 추구라는 기반 위에 우리의 문명을 출범시켰고, 사고를 수학적 유형 위에 세워진 체계로 조직하고자 하는 욕망을 불러일으켰으며, 수학과 과학의 힘에 대한 신념을 주입하였다. 17세기와 18세기 수학적 창조가 가지는 역사적으로 가장 큰 의미는, 그 창조물들로 하여 이제는 우리 문화의 거의 모든 분야를 뒤덮고 있는 합리주의적 정신이 살아 움직이게 되었다는 것이다.

천문학과 기계학 분야에서 뉴턴 수학과 과학이 이루어놓은 놀랄 만한 성공에 기반하여 18세기 지성인들은 인간의 모든 문제들을 곧 해결할 수 있으리라 확신하였다. 이들이 만일 과학과 수학이 곧 밝히게 될 경이로운 지식을 좀더 알았더라면, 그들의 기대가 훨씬 더 솔직했을 것이다. 이제는 이들 사상가들이 보장되지 않은 낙관주의에 빠져 있었다는 것이 명백하다. 그러나 그들의 확신은 적어도 반 정도는 예언적이었다. 왜냐하면 수학과 과학이 세상의 모든 문제를 해결하지는 못했지만, 세계를 재구성해나갔기 때문이다. 심지어 기본적인 문제 해결도 이루지 못하고 있는 영역에서조차도 이성의 시대가 물려준 이상은 여전히 그 목표와 원동력이 되고 있는 것이다.

19 G장조의 사인함수

음악이란, 자신이 셈을 하고 있다는 사실조차 모르는 인간 영혼이 바로 그 셈에서 얻는 즐거움이다.
– 라이프니츠

아마도 피타고라스는 몇 시간이고 올리브 나무 그늘에 앉아 수금의 현을 뜯으며 보냈을지도 모른다. 그는 현을 뜯을 때 나는 소리의 고저가 길이에 따라 달라지며, 길이의 비율이 정수가 되는 현을 뜯을 때 화음이 나온다는 사실을 깨달았다. 피타고라스 시대로부터 음악에 관한 연구는 본질상 수학적인 것으로 간주되었으며, 수학과 같은 부류로 취급되었다. 이러한 관련성은 산술, 기하, 천문학, 그리고 음악이 그 유명한 4과(科)를 이룬 중세 교육 과정 체계를 통하여 공식화되었다. 4과는 각각 순수한 수, 정적인 수, 동적인 수, 응용된 수로 기술될 수 있다는 점에서 더욱 깊은 관련을 맺고 있다.

피타고라스 시대로부터 19세기까지 오랜 기간 동안 그리스, 로마, 아랍, 그리고 유럽의 수학자들과 음악가들은 똑같이 음악적 소리의 본질을 이해하고자 하였고, 수학과 음악간의 관계를 확장해보려고 하였다. 음계와 화성 이론, 그리고 대위법으로 나누어 재구성하였다. 수학적 관점에서 보면, 이런 오랜 기간의 연구에 있어서 그 절정은 바로 수학자인 푸리에(Joseph Fourier, 1768~1830)의 업적이었다. 그는 목소리와 악기 소리, 단순한 소리와 복합적인 소리, 이 모든 소리들을 수학적 용어로 완벽하게 표현할 수 있다는 것을 보여주었다. 푸리에의 업적 덕택에 음악이라는 가장 손에 잡기 어려운 아름다움까지도 수학적 공식화에 종속되는 것을 피할 수는 없었다. 피타고라스는 수금의 현을 뜯는 데에 만족할 수밖에 없었지만, 푸리에는 전체 오케스트라의 소리를 낼 수가 있었다.

19-1. 푸리에

1768년 프랑스의 옥제르에서 태어난 조셉 푸리에는 수학을 뛰어나게 잘하는 학생이었다. 그러나 그는 포병대 장교가 되기로 결심하였다. 그러나 재단사의 아들이라는 이유로 임명을 거부당하고 나서, 어쩔 수 없이 성직자가 되는 길을 택하게 되었다. 뛰어난 수학적 능력으로 자신이 다녔던 군사 학교에서 교수직을 얻었지만 그 직책을 포기하였다. 직책이 너무 낮아 사회적 지위에 어울리지 않았기 때문이었다.

나폴레옹을 위하여 몇 년간 정치와 과학과 관련된 일을 맡아 한 후 그가 물리 과학의 발전에 전례 없이 중요한 정리를 프랑스 아카데미에 제출한 것이 바로 1807년이었다. 뉴턴의 업적이 천체들의 운동에 관한 연구를 진전시킨 것과 마찬가지로 이 정리는 공기 파동의 움직임을 수학적으로 통제하는 일을 가능하게 하였다. 명백히 19세기는 18세기의 장엄한 기대를 앞다투어 채워주고 있었다.

이제 어떻게 푸리에의 업적이 음악적 소리의 수학적 분석을 철저하게 가능하도록 하였는지를 살펴보도록 하자. 한 바이올린 연주자가 커다란 극장의 무대 위에 서서 바이올린의 현 위에 자신의 활을 놓고 당기고 있다고 상상해보자. 그가 연주하는 곡조는 1초의 몇 분의 1동안만 소리를 내지만 다른 곡조는 더 오래 끌 수도 있다. 어떤 소리는 크고,

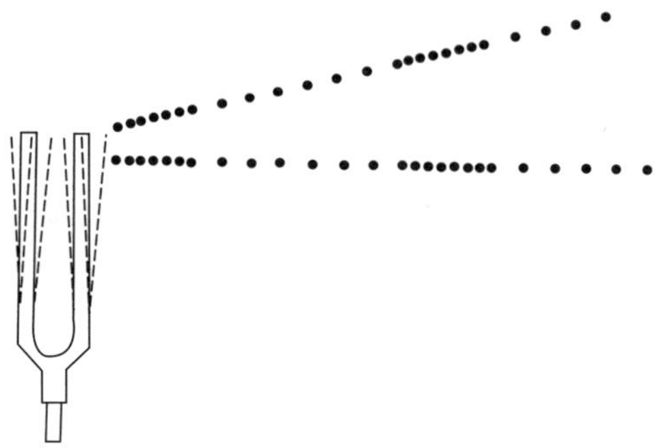

19-2. 진동하는 소리굽쇠 때문에 발생한 공기 분자들의 운동

어떤 소리는 또한 부드럽다. 또 어떤 소리는 높고, 어떤 소리는 낮다. 100피트 떨어진 곳에 앉아 있는 사람들은 연주되는 그대로 이 모든 소리들을 정확하게 들을 수 있다. 그렇다면 바이올린 연주자가 연주할 때 물리적으로 어떤 일이 일어나는 것이며, 어떻게 그의 음악이 청중들에게까지 닿게 되는 걸까?

설명을 쉽게 하기 위하여 먼저 소리굽쇠가 내는 단순한 소리를 살펴보자. 소리굽쇠의 갈라진 끝을 치게 되면 소리굽쇠는 매우 빠르게 진동한다. 처음에 소리굽쇠가 오른쪽으로 움직일 때, 공기 분자들을 한쪽으로 모이게 만든다. 이렇게 모이는 것을 응축이라고 부른다. 공기 압력은 스스로를 균질화하려는 경향이 있기 때문에, 모여 있던 공기 입자들은 공기가 별로 없는 오른쪽으로 이동하게 된다. 이 과정이 반복되면서 공기 분자들의 응축은 오른쪽 아주 멀리까지 퍼져나가게 된다.

그 동안 소리굽쇠의 끝은 원래 있었던 위치보다 왼쪽으로 이동한다. 이렇게 되면 그 끝의 원래 위치에는 상대적으로 빈 공간이 생기게 된다. 이때 오른쪽에 위치해 있던 공기 분자들은 상대적으로 비어 있는 이 공간으로 돌진해 들어오며, 이는 그 위치에 다시 또 다른 희박한 공간의 형성을 초래한다. 이제 오른쪽으로 넘어가 있던 공기 분자들은 다시 왼쪽으로 움직여서 이 희박한 공간으로 이동하며, 이러한 과정이 계속 반복된다. 이와 같이 공기가 희박한 공간이 생기는 것을 희박화라고 부른다면, 지금 일어나고 있는 이러한 현상은 희박화가 소리굽쇠의 끝에서 오른쪽으로 점점 멀리 이동하여 발생하는 것이라고 말할 수 있다. 굽쇠의 끝이 오른쪽, 왼쪽으로 움직이면서 응축과 희박화가 오른쪽으로 이동하는 것이다.

우리는 지금까지 소리굽쇠 끝의 오른쪽에서 일어나고 있는 운동을 눈여겨보았다. 실제로 응축과 희박화는 모든 방향으로 이동해간다.

이 응축과 희박화가 우리의 고막에 도달하여 그것이 일으키는 진동이 바로 소리 감각을 불러일으키는 것이다.

여기서 공기 분자들은 소리굽쇠로부터 우리의 귀까지 이동하지 않는다는 사실에 주목하는 것이 중요하다. 각각의 분자는 진동하기 이전에 차지하고 있던 위치의 제한된 영역 내에서 앞뒤로 움직일 뿐이다. 전달되는 것은 연속되는 응축과 희박화이며, 이것들이 음파를 구성한다.

엄격히 말하면, 특정 영역의 모든 공기 분자들이 정확하게 똑같은 방식으로 움직이는 것이 아니다. 그러나 우리의 관심을 끄는 것은 이들의 집단적 움직임에서 비롯되는 연쇄 효과이다. 이는 전형적인 분자 운동의 관점에 비추어 설명될 수 있다. 이 분자가 원래 점 O에 있다고 가정해보자. 응축을 하게 되면, 이 분자는 오른쪽 A로 밀리게 된다. 이어서 희박화가 일어나면 다시 원래 위치를 지나 B로 이동한다. 다음 응축이 일어나면 다시 점 O로 돌아간다. 완벽하게 한 번의 진동이 일어난

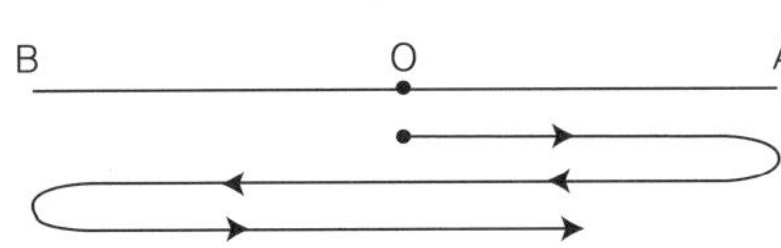

19-3. 전형적인 공기 분자들의 운동

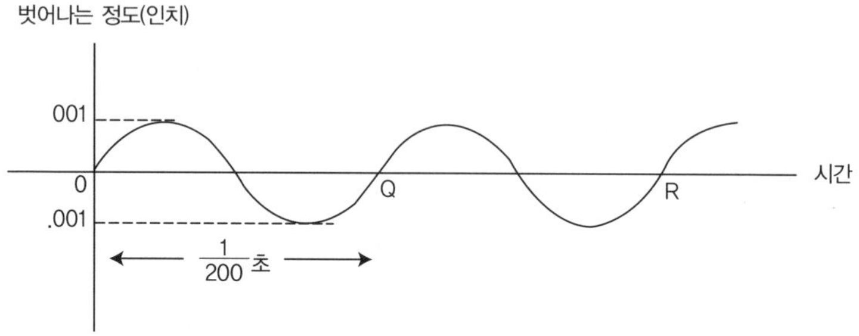

19-4. 전형적인 공기 분자가 시간에 따라 벗어난 거리의 그래프

것이다. 그러나 분자는 점 O에서 멈추지 않고 소리굽쇠에서 일어나는 연속적인 충격에 따라 이러한 운동을 반복하게 된다. 그리고 분자가 원래 위치에서 벗어나는 정도는 이동하는 시간에 따라 끊임없이 달라진다.

전형적인 공기 분자의 운동은 포노데익(phonodeik)이라 부르는 아주 미묘한 기구를 통하여 생생하게 눈으로 관찰할 수가 있다. 이 기구 근방에서 소리가 발생하면, 전형적인 공기 분자가 원래 위치로부터 벗어나는 현상을 그래프의 형태로 나타내어 공기의 진동을 기록한다. 분자는 직선을 따라 앞뒤로 이동한다. 이때 그래프상에는 원래 위치에서 벗어난 정도를 수직선 위에 나타내고 반면에 경과된 시간은 수평축 위에 나타낸다. O에서 Q까지의 곡선 부분은 소리굽쇠가 완벽하게 한 번 진동할 때의 전형적인 분자 운동을 나타내고 있다. 그리고 Q에서 R까지의 곡선은 또 하나의 새로운 진동을 나타내고 이는 계속 반복된다. 만일 소리굽쇠를 쳐서 전형적인 공기 분자가 처음 원래 위치의 한쪽으로, 또 반대쪽으로 최대한 0.001인치 움직이도록 했다면, 포노데익은 진폭, 즉 최대 벗어난 거리 0.001을 기록한다. 만일 소리굽쇠가 1초에 200번 완전한 진동을 한다면, 전형적인 공기분자도 그렇게 할 것이다. 그러면 포노데익은 O에서 Q까지의 부분을 200번을 기록하게 된다.

지금까지 소리굽쇠의 소리가 어떻게 공간 속으로 퍼져나가는지 물리적으로 설명해보았다. 그렇다면 이 소리를 하나의 공식으로 나타낼 수 있을까? 만일 가능하면 그러한 표현으로 무엇을 얻을 수 있는가?

소리굽쇠의 소리는 목소리나 악기 소리와는 다르다. 그러나 당분간 이 단순한 소리를 수학적으로 나타내는 일에 집중해보자. 한 물체가 떨어지는 시간과 그에 따른 거리의 관계를 하나의 식으로 나타내었듯이, 전형적인 분자의 벗어난 거리와 이동시간과의 관계를 나타내는 하나의 관계식을 구하려는 것이다.

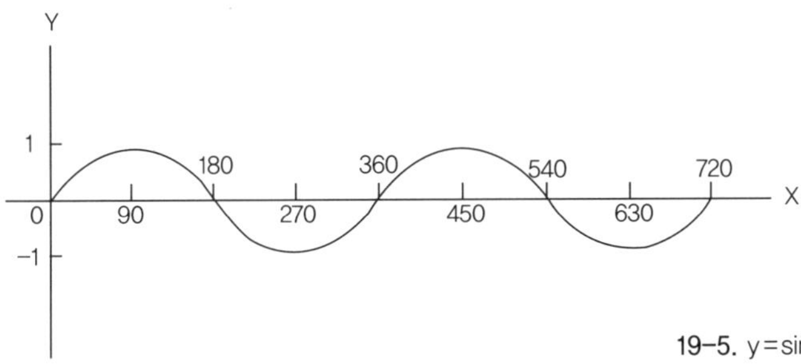

19-5. y=sin x 그래프

수학자들은 이미 준비된 공식을 가지고 있었다. 변수들간의 관계를 모아놓은 저장고에 이미 공식 $y=\sin x$를 넣어두고 있었던 것이다. 그래프에 의해 이 식의 성질은 파악할 수가 있다. 그림 19-5에서 볼 수 있는 바와 같이, 이 함수의 y값은, x값이 0에서 90까지 증가함에 따라 0에서 1까지 증가하며, x값이 그 이상을 넘어가면 y값은 다시 0이 되었다가 −1까지 줄어든다. 그리고 다시 x값이 360에 이르게 되면 0이 된다. $x=360$에서부터 $x=720$일 때까지의 구간에서 y값은 $x=0$에서 $x=360$까지의 변화를 똑같이 반복하게 된다. 연속되는 x값이 360 단위의 구간마다 y값은 처음 360 단위 때와 같은 행동을 반복하게 된다. 다시 말하여 함수는 규칙적 혹은 주기적으로 변화한다. 그래서 우리는 y값의 주기가 x값의 매 360단위 간격마다 반복되어 나타난다고 말할 수 있다.

독자는 여기서 사인(sin)이라는 단어에 주목하고는 알렉산드리아의 그리스 시대의 수학과 관련하여 그 쓰임새를 생각해보았을지도 모르겠다. 함수 $y=\sin x$에서 y값은 x값이 0도에서 90도까지 변화할 때의 $\sin x$의 삼각비와 정확하게 일치한다. 히파르코스에서 시작하여 스위스의 수학자인 오일러에 이르기까지 수세기 동안 원래 삼각비는 직각 삼각형의 각에 대하여 정의되었던 것인데, 그것이 각과 분리되어 이제는 독자적으로 변수들간의 관계식으로 간주되고 있다. 그리하여 $y=\sin x$는 두 변수 y와 x간의 관계식이다. 이 시기에 이 관계식은 더욱 확장되어 아무리 큰 값이라 하더라도 각 x값에 대하여 하나의 y값이 그림 19-5에서 볼 수 있는 바와 같이 정해진다. 그래서 공식 $y=\sin x$는 우리를 고문하기 위하여 새로운 얼굴로 다시 돌아온 오랜 숙적이 되었다. 따라서 그 기원이 삼각 측정법에서 도입된 비율이기 때문에, 우리는 $y=\sin x$를 삼각함수라고 부른다.

이 함수가 소리굽쇠의 소리를 정확히 나타내는 것은 아니지만, 아

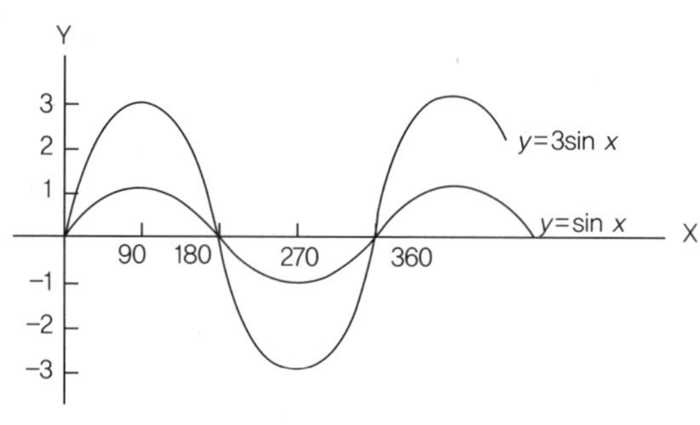

19-6. y=sin x와 y=3sin x의 그래프

주 조금만 수정하면 그 소리를 정확히 나타낼 수도 있다. 약간의 노력만 기울이면 적절히 수정할 수가 있다. $y=3\sin x$라는 식을 생각해보자. 이 식은 $y=\sin x$와는 다르다. 같은 x값에 대하여 전자의 y값은 후자의 y값의 세 배가 된다. 그림 19-6은 $y=3\sin x$가 어떻게 변화하는지를 보여주고 있으며 이를 $y=\sin x$와 비교하고 있다. 이렇게 보면, $y=3\sin x$의 그래프는 보통의 사인 곡선과 같은 모양을 하고 있다고 말할 수가 있다. 그러나 그 진폭은, 다시 말하여 $y=3\sin x$의 최대값은 3이 되는 반면, $y=\sin x$의 최대값은 1이다. 이와 마찬가지로, 임의의 양수 a에 대하여 $y=a\sin x$의 그래프는 일반적인 사인 곡선의 모양을 가지고 있지만, 최대값은 a이다.

$y=\sin 2x$에서 우리는 조금 달리 변형된 사인 함수를 볼 수 있다. 이 함수가 $y=2\sin x$와 같은 것이 아닌가 생각할 수 있으며, 방금 분석한 것의 또 다른 예라고 생각할 수도 있다. 그러나 조금만 자세히 관찰하면 그렇지 않다는 것을 곧 알게 된다. 공식 $y=2\sin x$에서 2가 미치는 영향력은 그래프에서 아주 두드러지게 나타난다. 그림 19-7에서 볼 수 있는 바와 같이 0에서 180까지의 간격에서 $2\sin x$는, $\sin x$가 0에서 360까지의 간격에서 취하게 되는 y값의 주기를 따르게 된다. x가 360에 이르게 되면, $y=\sin 2x$는 y값의 주기를 두 번 돌게 되는 반면, $y=\sin x$는 한번만 그 주기를 가지게 된다. 그러므로 360의 x값의 단위에서 이전 공식 값이 나타나는 빈도가 2라고 말할 수 있다. $y=\sin 2x$의 최대값은

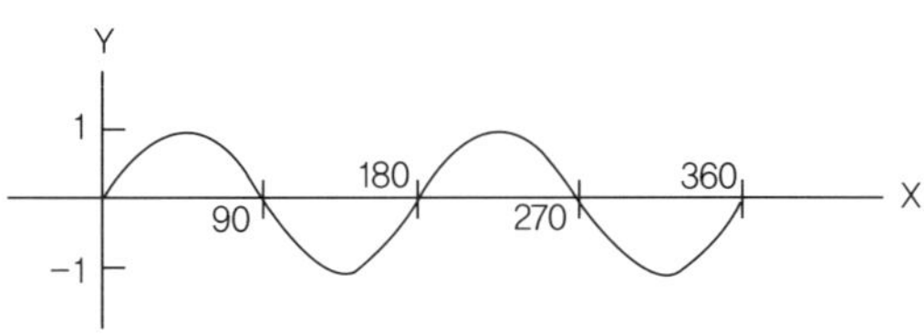

19-7. y=sin 2x 그래프

1이다. 어떤 수이든 그것의 사인 값의 최대치는 1이기 때문이다.

우리는 위에서 얻은 결론을 $y=\sin bx$라는 함수에 일반화할 수 있다. 이때 b는 임의의 양수를 의미한다. $y=\sin 2x$의 빈도는 2이다. 이와 마찬가지로 x의 간격이 360 단위인 $y=\sin bx$라는 함수에서 그 빈도는 b가 된다. 이 말은 x값이 0에서 360까지 변화해갈 때에 y값이 b번 자신의 주기를 반복하여 거치게 된다는 말이다. $y=\sin 2x$의 경우에서처럼, $y=\sin bx$의 진폭은 1이 된다.

$y=\sin x$와 진폭과 주기가 다른 사인 함수의 예로 $y=3\sin 2x$가 있다. 이 함수에서 y값은 같은 x값에 대하여 $y=\sin 2x$에서 얻은 값의 세 배가 된다. 그러므로 $3sin\ 2x$의 진폭은 3이 되며 그 주기는 x값을 360 단위로 보았을 때 2가 된다.

그리하여 우리가 얻은 결론은, a와 b가 양수일 때 $y=a\ sin\ bx$라는 함수는 360 단위의 x값에서 진폭 a와 빈도 b를 가지게 된다.

이제 수학적으로 소리굽쇠의 소리를 나타낼 준비가 다 되었다. 실지로 소리굽쇠의 그래프를 방금 설명한 그래프들과 비교해보면, 어떤 이론적 추론이 가능할지 확실해진다. 전형적으로 진동하는 공기 분자의 시간과 시간에 따른 변위의 관계를 나타낸 함수가 바로 $y=a\sin bx$의 형식을 띠게 된다. 이제 소리굽쇠의 행동을 나타내기에 적합한 a와

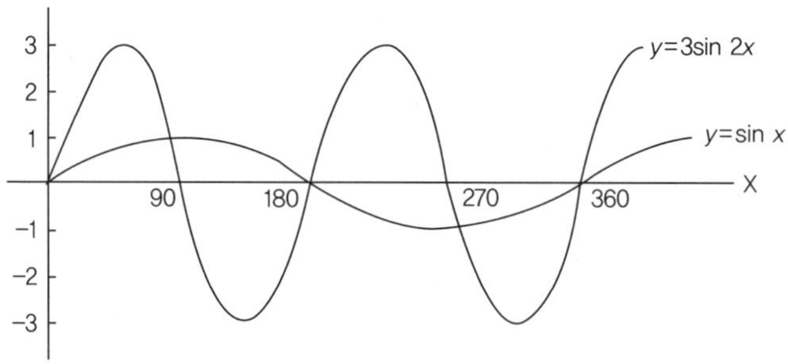

19-8. y=sin x 그래프와 y=3sin 2x 그래프

b를 적절히 결정하면 되는 것이다.

만일 소리굽쇠에서 일어나는, 전형적인 공기 분자의 운동 진폭이 0.001이라면 이 숫자는 공식 $y=a \sin bx$의 a값이 될 것이다. 그리고 전형적인 공기 분자가 초당 200번 진동한다면, 이 분자의 운동 그래프는 초당 빈도가 200이 될 것이다. 그러나 $y=a \sin bx$의 빈도는 360단위에서 b가 되며, 따라서 한 단위에서는 $b/360$이 될 것이다. 그러므로 $b/360$은 200이 되어야 한다. 그렇게 되면, $b=360 \cdot 200$ 즉 72000이 된다. 그러므로 소리굽쇠의 소리를 나타내는 공식은 다음과 같다.

$$y=0.001 \sin 72{,}000\, t$$

여기서 x대신 t를 쓴 이유는 이 변수가 시간 값을 나타내기 때문이다.

물론 음향이 소리굽쇠가 내는 소리만큼 간단한 것은 거의 없다. 플루트가 내는 소리는 소리굽쇠가 내는 단순한 소리와 비슷하다. 그러나 플루트는 일반적인 것이라기보다는 예외에 가깝다. 그렇다면 더 복잡한 소리에 대하여 수학이 무슨 말을 할 수 있을까? 어떻게 수학이 때로는 달콤하고 또 때로는 쉰 듯한 소리를 설명할 수 있는가? 왜 바이올린과 피아노 모두 같은 음을 내도 우리 귀에는 다른 소리로 들리게 되는가?

다양한 소리들의 그래프를 관찰하게 되면, 이러한 질문들에 대한 어느 정도의 답을 얻을 수 있다. 인간의 목소리를 포함한, 모든 음향의 그래프는 규칙성을 나타낸다. 다시 말하여 시간에 대한 변위의 관계를 나타낸 그래프들은 정확히 초당 몇 번씩 반복하여 나타난다. 이러한 주기성의 예를 바이올린, 클라리넷, 그리고 'father' 라고 발음할 때의 a 소리의 그래프에서 볼 수 있을 것이다.

이 그림에서 규칙성을 가지는 소리들은 전체적으로 듣기에 즐거우며, 깡통이 길거리를 구를 때 나는 소음과는 구분된다. 보통 이런 소음

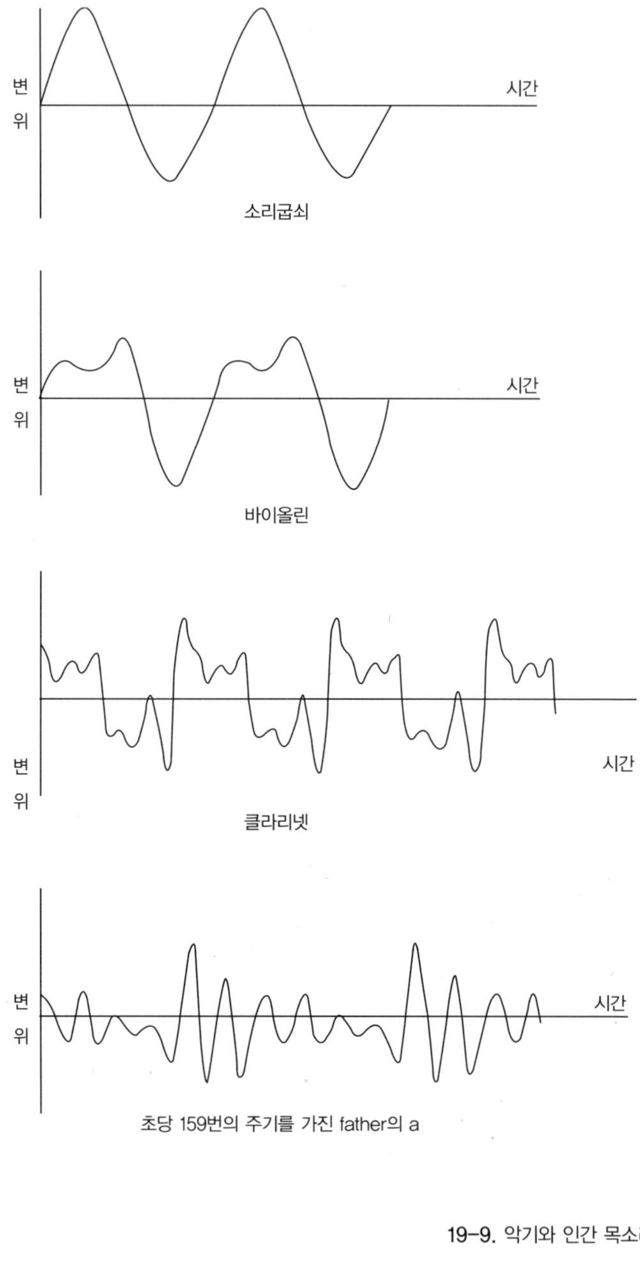

19-9. 악기와 인간 목소리의 주기

은 아주 불규칙한 그래프를 보여준다. 그래프상의 규칙성, 즉 주기성을 가지고 있는 모든 음은, 그것이 어떤 방식으로 나오든 간에 전문적으로 음향이라고 불린다.

'그래프'로 보면, 유쾌한 음과 그렇지 않은 음, 즉 넓은 의미에서의 음향과 소음을 구별하는 특징을 알 수 있다. 불행하게도 이러한 규칙성을 가지는 음향은 당황스러울 정도로 너무 다양하여, 더 많은 분석과 특성화가 요구된다. 이러한 분석은 19세기까지는 불가능한 것처럼 보였다. 이때 푸리에가 등장하여 그 혼란을 단 한번에 제거해버렸다.

순수 수학의 정리라고 말하기에는 푸리에의 공헌이 너무나 단순한 것처럼 보인다. 그 정리에 따르면, 주기적인 음을 나타내는 공식은 $a \sin bx$의 형식에서 단순한 sin 항들의 총합이다. 게다가 $a \sin bx$의 형태로 나타난 간단한 사인 항들의 빈도는 두 배, 세 배처럼 가장 낮은 것의 정수 곱으로 나타난다.

푸리에의 정리가 가지는 의미를 이해하기 위해서는 친절한 바이올린 연주자들이 내는 소리들을 분석할 필요가 있다. 예를 들어 그 소리가 그림 19-9에서처럼 그래프로 나타난다고 해보자. 이 그래프를 나타내는 공식은 다음과 같다.

$$y = 0.06 \sin 180000t + 0.02 \sin 360000t + 0.01 \sin 540000t.$$

먼저 푸리에의 정리와 마찬가지로 이 공식은 간단한 사인함수들로 이루어진 항들의 총합이다. 두 번째로, 첫째 항의 진동수는 360 단위의 t, 즉 360초에 180000이다. 이 말은 일 초에 180000/360, 즉 500번 진동을 한다는 말이다. 이와 마찬가지로 다음 항의 진동수는 1000번이며 세 번째는 1500번이 된다. 그러므로 둘째 항과 셋째 항의 진동수는 가장 낮은 진동수의 정수배가 된다. 이러한 사인 항들 각각을 그래프로 표현한 것이 그림 19-10이다.

그렇다면 푸리에의 정리는 물리학적으로 어떠한 중요성을 지니고 있는가? 수학적 언어로 보면, 이 정리는 어떤 음향의 공식이든 모두 $a \sin bx$의 형태로 된 항들의 합이라는 것을 보여준다. 이 항들은 각각 적절한 진동과 진폭을 지닌 소리굽쇠의 소리와 마찬가지로 단순 음향을 나타내기 때문에, 이 정리에 따르면 아무리 복잡한 음향이라도 모든 음향은 소리굽쇠가 내는 소리인 단순 음향들의 결합으로 나타낼 수 있다는 것이다.

복잡한 음향이 실제로는 단순한 음향으로 구성될 수 있다는 수학적 결론은 물리적으로 검증 가능하다. 실험을 해보면, 피아노나 바이올린에서처럼 진동하는 현이 마치 동시에 여러 가지 단순음을 내는 것처럼

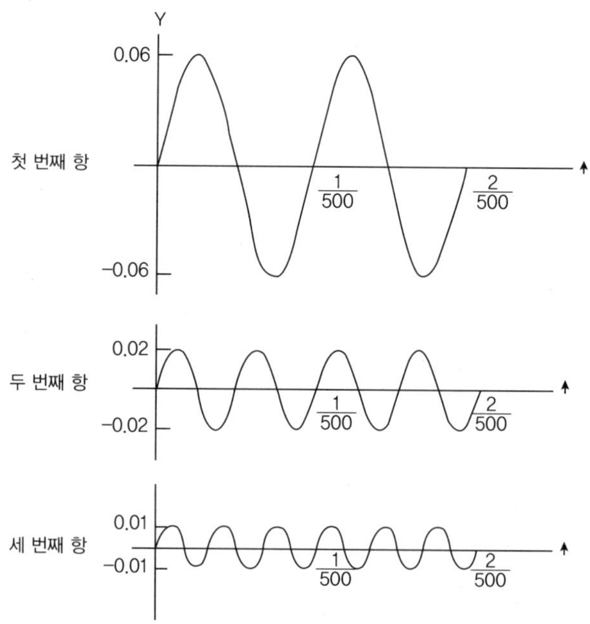

19-10. 바이올린의 소리를 구성하는 각 항의 사인함수를 나타낸 그래프

보인다. 단순음은 실제 각각 특수한 악기들이 낼 수 있는 음이다.

음향의 구성적 특성을 이보다 더 명백하게 드러내 보여주는 증거는, 어떤 음향이든 소리굽쇠의 단순음들을 적절히 결합하여 복제할 수 있다는 사실에서 찾을 수 있다. 예를 들어, 세 개의 소리굽쇠의 초당 진동수를 500, 1000, 1500으로 하여 소리 크기를 적절히 조절해 소리를 내면 위에서 논의한 바이올린에서 나는 음조의 질과는 실제로 구분이 될 수 없는 음질을 만들어낼 수 있다는 것이다. 이 세 개의 소리굽쇠는 각각 전형적인 공기 분자 운동을 하는 진동을 통해, 이에 영향을 받은 공기분자들이 단일한 그래프로 포노데익에 기록된다. 만일 소리굽쇠가 각각 적절한 순간에 진동을 시작하게 되면, 포노데익은 복잡한 바이올린의 음향을 기록할 때와 똑같은 그래프를 기록하게 된다. 그러므로 완전히 소리굽쇠만으로도 합창곡을 포함하여 베토벤의 9번 교향곡을 연주하는 것이 이론적으로 가능하다는 것이다.

그러므로 단순음들을 적절하게 결합하기만 하면 아무리 복잡한 소리라도 만들어낼 수가 있게 된다. 단순 음조들은 소리의 배음(背音)이라고 부른다. 배음 중에서 가장 낮은 진동을 가진 음조를 제1배음 혹은 기본음이라고 부른다. 다음으로 진동이 높은 음조를 제2배음이라 하며, 푸리에의 정리에 따르면 그 진동은 제1배음의 두 배가 된다. 그 다음으로 높은 진동의 음조는 제3배음으로 그 진동수는 제1배음의 세 배가 된다.

복잡한 소리들을 이렇게 배음으로 풀어놓는 작업을 통해 우리는 모든 음향들의 주요한 특징들을 수학적으로 표현할 수 있게 되었다. 단순음이든 복합음이든 그러한 소리들은 다른 음향들과 구분되는 세 가지 특질을 가지고 있다. 그것이 고저, 크기, 음질이다. 우리가 어떤 소리를 높거나 낮다고 말할 때에 우리는 그 소리의 고저를 언급하고 있는 것이다. 예를 들어, 피아노의 음들은 키보드의 왼쪽에서 오른쪽으로 나아가면서 음조가 낮은 곳에서 높은 곳으로 상승한다. 두 번째 성질인 소리의 크기는 금방 이해할 수 있다. 어떤 소리들은 너무나 약하여 듣지 못하는 경우도 있다. 또 어떤 소리는 너무 강렬하여 겁먹게 하기도 한다. 마지막으로 음질은, 같은 크기와 높이를 가진 소리이지만 달리 구분되어 들리는 것을 말한다. 바이올린 연주자나 플루트 연주자들이 같은 높이와 크기의 음을 내더라도, 두 악기의 차이 때문에 다른 음질의 소리를 낸다.

크기, 고저, 음질과 같은 특징은 각각 수학적으로 '설명될' 수 있다. 두 소리 중 더 큰 소리는 그래프상 진폭이 더 크다. 그래프의 진폭은 소리를 운반하는 공기 분자들의 최대 변위를 의미하는 것이므로, 소리의 크기는 진동하는 공기 분자들의 최대 변위가 얼마인가에 달려 있다. 변위가 크면 클수록 소리는 더 크다. 이러한 결론은 쉽게 받아들일 수 있다. 왜냐하면 우리는 기타를 부드럽게 울렸을 때보다 크게 울렸을 때, 현이 중심으로부터 더 많이 벗어나는 것을 경험으로 알고 있기 때문이다.

같은 고저를 가진 소리들은 진동이 같은 그래프를 보여주는 반면, 높은 소리의 그래프들은 낮은 소리의 그래프보다 진동이 더 크다. 그리하여 피아노에서 중간음 C로 알려진 음의 그래프를 보면, 그 진동이 초당 261.6이지만, 한 옥타브가 높은 음의 진동은 초당 523.2가 된다.

복합음의 고저, 즉 그 그래프의 진동은 항상 기본음의 진동이다. 예로 들었던 바이올린 소리의 함수식을 살펴보자. 여기서 배음은 각각 500, 1000, 1500의 진동을 보인다. 이는 두 번째 배음의 그래프에서, 기본음의 그래프가 주기를 한 번 지날 때 두 번 지나게 된다는 뜻이다. 이와 마찬가지로, 세 번째 배음의 그래프는 주기를 세 번 지나게 되며 그 동안 기본음은 한 번 지나게 된다. 그러나 복합음의 그래프는 기본음의 그래프가 1/500초가 지난 후 반복될 때에 반복된다. 이 말은 공기분자들이 1/500초 후에 자신의 행동을 반복하기 시작할 것이라는 뜻이다.

소리의 고저를 결정하는 것이 이 빈도이기 때문에 우리는 복합음의 고저가 왜 기본음에 의하여 결정되는지를 이해할 수가 있다.

음향의 질은 그래프의 모양, 혹은 형태에 영향을 미친다. 만일 같은 고저와 크기를 가진 음을 연속적으로 소리굽쇠, 바이올린, 클라리넷이 연주한다면, 다양한 악기들의 그래프는 같은 주기와 진폭을 가지지만 모양에 있어서는 다르다(그림 19-11). 이는 각 악기들이 나름대로의 특징적인 음질을 가지고 있음을 뜻한다.

바꾸어 말하면, 그래프의 모양은 부분적으로는 어떤 배음들이 그 소리에 존재하는가, 그리고 또 부분적으로는 이 배음들의 상대적 강도가 어떠한가에 따라 달라진다. 진동이 기본음의 두 배인 제2배음은 너무나 약하기 때문에 거의 소리에 아무런 영향을 미치지 못할 수도 있다. 수학적으로 말하여, 제2배음의 그래프는 너무나 진폭이 작아서 전체 음향 그래프의 모양에 거의 영향을 미치지 못할 수도 있다는 것이다. 예를 들어 플루트의 높은 음들에는 기본음을 제외한 모든 배음들이 너무나 약하여 그 복합음이 사실상 단순음과 다르지 않다. 이러한 점에서 플루트의 음은 마치 동일한 음을 가진 소프라노의 목소리와 유사하다. 그래서 플루트는 오페라의 아리아에서 소프라노와 함께 자주 연주

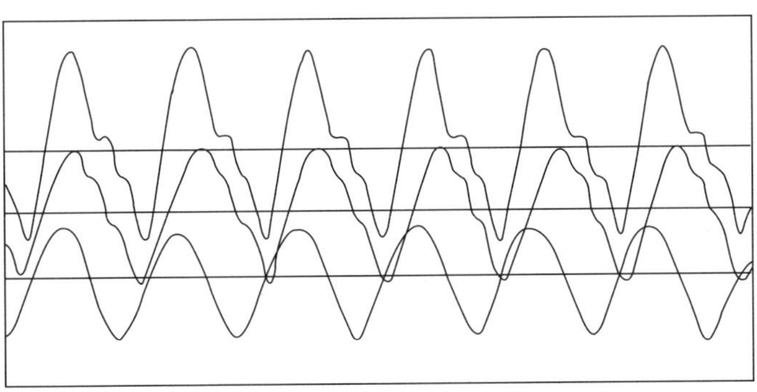

19-11. 플루트의 다양한 음

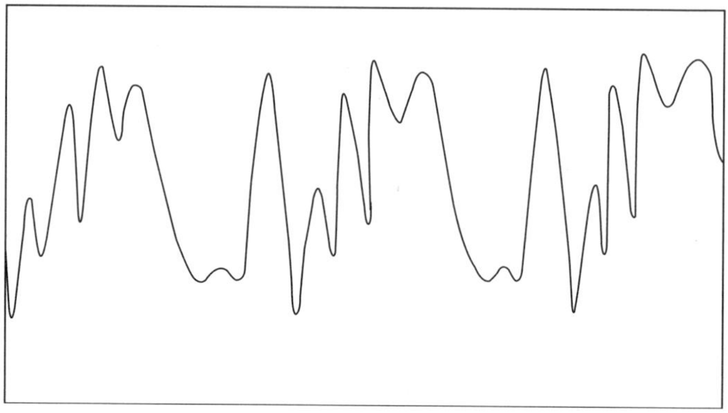

19-12. 오보에의 음

되며, 그 결합이 아주 듣기 좋은 소리로 들리게 된다. 바리톤 목소리에서 배음들은 일반적으로 6번, 7번, 5번, 3번, 8번 등의 순서대로 강도의 차이가 난다. 그러한 음들은 그림 19-9에서처럼, 초당 159번의 주기를 가진 고저로 바리톤이 내는 a 소리에서 볼 수 있다.

오보에의 음조에서는(그림 19-12) 4번, 5번, 6번 배음이 처음 세 개의 배음보다 더 강하다. 그리고 클라리넷의 소리에서는 그림 19-9에서처럼 8번, 9번, 10번 배음이 지배적이며 그 후에 7번, 1번, 3번 배음이 따라온다.

이제는 음향의 일반적 본질뿐만 아니라 그 구조와 주요한 성질을 모두 수학적으로 나타낼 수 있음이 명백해졌을 것이다. 푸리에가 펜을 한번 갈기면, 사람의 목소리, 바이올린의 음조, 그리고 고양이 우는 소리 등 수없이 다양한 소리가 단순음의 기본적 배합으로 환원되며, 이들 각각은 단순한 삼각함수가 그렇듯 수학적으로 복잡한 것이 아니다. 고등학교 학생들과 대학생들을 끊임없이 지루하게 만드는, 정말로 재미없고 추상적인 함수식들은 실제로 언제나 우리 주변에 떠돌아다닌다. 우리가 입을 열 때마다 우리는 이 함수들에 맞추어 소리를 내고 있으며, 귀를 쫑긋 세울 때마다 이 함수들을 듣고 있는 것이다.

푸리에 덕분에, 개별적인 음향들의 본질은 이제 명백해졌다. 그러나 음향의 조화로운 조합에 대하여, 그리고 아름다운 작곡의 본질에 대하여, 아니 음악의 '영혼'에 대하여 수학은 무슨 말을 할 수 있을까? 이에 대한 답을 풀어놓자면 아마도 여러 권의 책이 될 것이다. 여기서 우리가 할 수 있는 것이란 우선 그 책의 첫 페이지를 읽는 것이다.

피타고라스의 발견에 따르면, 가장 듣기 좋은 코드, 즉 화음은 그 진동수가 단순 정수들의 비율이 되는 소리들로 구성된다. 예를 들어 장음 3도는 그 진동수의 비가 4 대 5인 한 쌍의 음, 즉 음정이 된다. 4도는 그 진동수가 3 대 4인 음정이며, 5도는 2 대 3인 음정이다. 이들 화음이 우리 귀에 즐겁게 들리는 것은 화음의 고저 사이에 이와 같은 산술 관계를 인식하는 것으로 잘 설명된다.

귀는 단지 특정 음들의 결합만을 조화로운 것으로 받아들이기 때문에, 만족스러운 음계를 구성한다는 것은 다소 어려운 문제이다. 조화로운 코드를 연주하기 위해서는 음계가 적절한 진동 비율을 가진 음들을 제공해야 한다. 이외에도 대위법상의 음, 즉 대위선율을 도입해야 하고 다양한 정서적 효과를 얻기 위하여 서로 다른 조를 사용하는 것이 바람직하다는 또 다른 필요조건들이 부과된다. 많은 음악가들과 수학자들은 이 모든 요구를 만족시키려고 시도해왔다.

19-3. 바흐

각 음의 진동수가 고정되어 있는 피아노와 같은 악기들로부터 무한한 또는 아주 넓은 범위의 진동수를 창출하는 것이 불가능하기 때문에 동일하게 조율한 음계를 구성함으로써 그러한 어려움을 해결하였다. 바흐(Johann Sebastian Bach, 1685~1750)와 그의 아들 카를 필립 에마누엘이 이 음계를 주창하였으며, 이후 서구 문명은 이를 영구히 채택하기에 이르렀다.

동일하게 조율된 음계에는 12개의 음이 있다. 예를 들어 C에서 한 옥타브 높은 C′까지는 12개의 음정이 있게 된다. 11개의 중간 음들의 진동은 고정되어 있으며 각 음들은 앞선 음과 일정한 비율을 가진다. C에서 C′ 사이에 12개의 음정이 있고, 이 두 음의 진동 비율은 2이기 때문에 연속한 음들의 진동 비율은, $(1.0594)^{12}=2$이므로 1.0594이다. 그러므로 반음으로 불리는, 동일하게 조율된 음계에서 각 음정은 동일하게 된다. 결과적으로 어떤 음이든 작곡할 때 조로 사용될 수 있다. 그러나 이 음계의 음을 이루고 있는 음정들이 정확히 가장 듣기 좋은 소리를 내는 음정은 아니다. 두 음 사이의 빈도 비율이 3 대 2인 제5음의 소리를 내기 위해서 동일하게 조율된 음계에서 할 수 있는 최선의 것이란 그 빈도 비율이 1.498이 되는 두 음을 찾아내는 일이다. 빈도 비율이 4 대 3이 되어야 하는 제4음 음정은 대략 비율 1.335가 된다. 겉보기에는 별로 중요하지 않아 보이지만, 이러한 차이는 귀가 좋은 사람들에게는 감지된다. 물론 바이올린 연주자는 현의 길이와 팽팽함을 조정할 수 있으며, 가수는 동일하게 조율된 음계의 빈도에 스스로를 제한할 필요는 없다. 그럼에도 불구하고 피아노가 기본 악기이기 때문에 그 음계는 지난 200년의 서구 음악을 지배하게 된다.

음악에서 수학이 하는 역할은 작곡에까지 이른다. 바흐나 쇤베르크(Arnold Schönberg, 1874~1951)와 같은 거장들은 작곡을 위한 광대한 수학 이론들을 구성하고, 그것을 주장하였다. 그러한 이론에서는 말로 표현할 수 없는 영혼의 감정들보다 차가운 이성이 창조적 패턴을 제공해주었다.

그러나 코드, 음계, 그리고 작곡이론들과 같은 주제들은 우리 관심 밖의 것이다. 수학의 문화적 의미를 살펴보기 위해서는 이러한 분야에 너무 오래 눈길을 둘 수 없다. 피타고라스가 천체들의 음악이 수학으로 환원될 수 있다는 사실을 처음 인식한 이후로 수학이 음악 영역에 얼마나 깊이 침투했는가를 설득하기 위하여 이제 굳이 많은 말을 하지 않아도 될 것이다.

물론, 음향을 수학적으로 분석하는 일은 실질적으로 매우 중요하다. 이러한 사실을 받아들이는 데에는 아마도 하나의 예를 들어보는 것으로도 충분할 것이다. 전화는 충실하게 소리를 재생하려고 한다. 소리의 다양성에 비추어보면, 한때 이러한 목표는 단순한 물리적 장치들을 가지고서는 거의 이룰 수 없는 것처럼 보였다. 그러나 푸리에의 정리를 통하여 우리는 모든 목소리도 단지 다양한 진동을 가진 단순음들의 결합일 뿐이라는 사실을 알게 되었다. 결국 이 문제는 적어도 단순음을 재생하는 정도의 간단한 문제가 되었다. 푸리에의 정리를 이용하여 실제 인간 소리의 그래프를 분석해보면, 가청 소리가 되기 위해서는 진동수가 초당 400에서 3000까지이어야 된다는 사실을 알 수 있었다. 이에 따라 전화를 설계할 때에는 이 범위 내의 진동수를 가진 단순음을 재생하는 것에 초점을 맞추게 되었다. 결국 재생된 소리의 품질은 이후 엄청나게 향상되었다.

악기의 음향도 수학을 적용함으로써 상당히 향상되었다. 현의 진동을 분석함으로써 피아노 설계에 유용한 지식을 얻었다. 또한 막이 진동하는 것을 분석하여 드럼 설계에 적용하였다. 마찬가지로 진동하는 공기 기둥을 분석하여 오르간 설계에 엄청난 발전을 이루었다. 음향의 화음을 분석하여 피아노 제조업자는 불협화음을 억제하도록 해머들의 위치를 결정한다. 수학은 이들 악기들의 설계에 도움이 되는 정도에 그치지 않고, 적어도 어떤 점에서는 설계가 완전한지를 판단하는 결정자도 되었다. 많은 악기 제조업자들은 악기의 소리들을 포노데익과 유사한 기계에 의해 그래프로 바꾸어놓았다. 이들은 이 그래프가 이상적인 그래프와 얼마나 일치하는가를 살펴봄으로써 자신이 만든 악기의 품질을 판단하게 되었다.

그런데도 악기 설계에 관한 한, 수학보다는 경험이 더 중요한 공헌을 한다는 것은 의심할 여지도 없다. 그러나 라디오, 축음기, 유성 영화, 스피커 체계와 같은 재생기구들의 설계에는 정확히 그 반대라고 할 수 있다. 복잡한 이들 기구들의 모든 구성성분들을 실제로 설계하기 위해서는 음향에 대한 푸리에의 분석에 거의 의존해야 한다. 심지어 하이파이(hi-fi, 고충실도)에 열광하는 사람이라면, 수학자가 아니더라도 푸리에의 언어를 말하고 있는 것이다. 음악적 아이디어를 만들어내고 재생하는 데에 수학이 많은 공헌을 했다는 점에 비추어보면, 근대 음악 애호가들은 명백히 베토벤만큼이나 푸리에에게도 빚을 지고 있는 셈이다.

푸리에의 연구에는 철학적 의미가 담겨져 있다. 아름다운 음악의 본질은 수학적 분석의 결론 그 이상이다. 그럼에도 푸리에의 정리를 통하여 음악이라는 예술을 완벽하게 수학적으로 기술할 수 있게 되었다. 이리하여 예술 중에서도 가장 추상적인 예술을 과학 중에서 가장 추상적인 과학으로 번역할 수 있게 되었으며, 예술 중에서 가장 숙고 끝에 이루어낸 예술이 이성의 음악과 유사하다는 것을 명백히 인식하게 되었다.

20 에테르 파동을 알게 되다

신비는 공기 속에 있다.
–작자 미상

19세기에 해왕성을 발견하게 되면서 우리는 물질적인 우주에 대하여 상당히 많은 것을 추가적으로 알게 되었다. 수학자인 애덤스(John Couch Adams, 1819~1892)와 르베리에(Le Verier, 1811~1877)가 해왕성의 존재와 위치를 예측한 후에 그 혹성이 관찰되었다는 것은 이미 언급한 바 있다. 그러나 우리의 우주에 이 행성을 하나 덧붙였지만, 지구 크기보다 몇 배나 더 큰 혹성은 인류의 일상사에 아무런 파장도 일으키지 못하였다. 코페르니쿠스와 케플러, 그리고 뉴턴의 영혼들은 그저 흡족한 듯 웃음을 지으며 중얼거릴 뿐이었다. '내가 이미 말했었지' 라고.

얼마 지나지 않아 물리적 우주에 대한 새로운 발견이 이루어졌다. 해왕성의 발견과 마찬가지로 이것 역시 수학의 도움이 없었다면 이루어지지 못했을 것이다. 그러나 해왕성과는 달리 이 발견은 결정적으로 실체가 없는 것이었다. 다시 말하여 그것은 무게도 없고, 볼 수도, 만질 수도, 맛볼 수도, 냄새를 맡을 수도 없었던 것이다. 인간은 물리적 실체로서 이를 과거에도 알지 못했고, 지금도 알지 못한다. 또한 해왕성과는 달리 이 그림자 같은 '물질'은 서구 문명 세계에 살고 있던 거의 모

20-1. 젊은 시절의 맥스웰

든 사람들의 일상 생활에 확실한, 아니 거의 혁명적인 영향을 미쳤다. 그것은 눈 깜짝할 사이에 전세계의 의사소통 방식을 휩쓸어버리고 말았다. 즉 정치적 공동체를 거리에서 지구 전체로 확장시켰다. 또한 삶의 속도를 빠르게 만들어놓았고, 교육이 전파되는 것을 촉진하였으며, 새로운 예술과 산업을 창조해내었고, 전쟁을 혁명적으로 바꾸어놓았다. 아닌 게 아니라 인간 삶의 한 단면도 이것의 영향을 받지 않은 것이 없었을 것이다.

이 두 번째 발견의 주인공은 스코틀랜드 사람인 맥스웰(James Clerk Maxwell, 1831~1879)이었다. 그는 1831년 에든버러에서 태어나 케임브리지에서 공부하고 그곳에서 교수 생활을 하였다. 맥스웰은 어렸을 때에도 추상을 다루는 데 뛰어난 적성을 보였고, 학교에서 이루어낸 그의 수학 연구는 눈부신 것이었다. 그는 15세에 최초의 논문을 출판하였을 정도였다. 그러나 그는 항상 자연 현상과 기계 장치의 물리적 작동을 알고 싶어했다. 어렸을 때부터 끊임없이 의문을 가졌다. '저것은 어떻게 진행되는 거야?' 스스로의 만족을 위하여 그는 토성의 고리 구조를 이론적으로 분석하고, 모델을 만들어보기까지 하였다. 그렇게 물리적 설명을 고집하는 사람이 가장 신비스럽고, 물리적으로 설명할 수 없는 현상에 대하여 순수하게 수학적으로 그렇게 뛰어난 추론을 할 수 있었다는 것은 거의 믿을 수 없을 정도였다.

맥스웰이 맞닥뜨린 문제를 충분히 이해하기 위해서는 약간 역사를 돌이켜볼 필요가 있다. 수천 년 전 크레타의 양치기인 마그네스는 자신의 샌들에 박힌 철못과 철로 된 자루 끝이 땅 속 어떤 바위에 이끌리고 있음을 알아챘다. 양치기는 천연자석을 발견한 것이었다. 그리고 그것이 철을 잡아당긴다는 사실을 알아냈다. 유럽 사람들은 12세기에 천연자석이 나침반의 역할을 할 수 있다는 사실을 중국인에게서 배웠다. 그러나 자기장이라는 현상을 폭넓게 연구하기 시작한 것은 엘리자베스 여왕의 왕궁 물리학자 길버트(William Gilbert, 1544~1603)가 그 특질을 조사하면서부터였다. 길버트는 특히 지구 그 자체가 자석이라는 사실을 정립하여 나침반 바늘의 움직임을 설명한 것으로 사람들에게 알려져 있다. 그는 많은 노력을 했지만, 자석이 이끄는 힘의 본질이 무엇인지에 대해서는 거의 이해하지 못하였다. 또한 그의 연구는 그 자석 현상에 대하여 사람들이 가지고 있던 미신적 태도에 대해서도 아무런 변화를 가져오지 못하였다. 그가 연구를 하기 전에도 그리고 그 후에도 사람들은 자석의 힘을 마술적인 것이라고 여겼다. 이 마술적 힘이 거의 모든 질병을 치료해줄 것이며, 심지어 남편과 아내가 화해하는 것도 도와주리라 생각하였다. 자석의 끌어당기는 현상은 오늘날에 와서야, 자석이 주변에 장을 형성하고, 그 장에 들어온 철은 그 장에 따라 행동한다고 설명되었다.

이와 매우 유사하며, 관련이 있는 발견을 그리스의 과학자인 탈레스가 해냈다. 탈레스는 잘 닦인 호박을 문지를 때 그 문지른 부분이 끈이나 마른 잎과 같은 가벼운 물체들을 끌어당긴다는 사실을 발견하였다. 자석과 마찬가지로, 문지른 호박은 장을 형성하여 그 장 안에 떨어진 물체들을 호박 쪽으로 끌어당긴다. 오랫동안 호박, 그리고 자석과 관련된 현상은 같은 것으로 간주되었다. 그 차이를 지적한 것이 길버트이며, 그는 그 둘을 구별하기 위하여, 문지른 호박의 끌어당기는 힘을 호박을 나타내는 그리스어인 'electric'이라 불렀다.*

---

* 전기라는 단어의 유래.

18세기 후반에 이탈리아의 갈바니(Luigi Galvani, 1737~1798) 교수는 서로 다른 금속을 연결하여 만든 전선의 끝 부분을 개구리의 신경 끝에 연결하자 다리가 경련을 일으킨다는 사실을 발견하였다. 이 발견의 중요성을 다른 이탈리아인인 볼타(Alessandro Volta, 1745~1827)가 감지하고 이용하였다. 볼타는 서로 다른 금속 둘이서 그것으로 이루어진 전선의 끝에, 현재 기전력이라고 불리는 어떤 힘을 생성한다는 사실을 깨닫고는, 더 효과적인 금속의 결합, 즉 배터리를 만들어내었다. 개구리의 신경 대신에 전선을 놓고, 그 전선의 끝을 자신이 만든 배터리 끝에 붙임으로써 그 힘으로 미세한 물질 입자들이 그 전선을 따라 흐르도록 할 수 있다는 것을 보여주었다. 전자로 확인된 이 입자의 흐름이 바로 전류이다. 비록 갈바니도 볼타도 그 사실을 깨닫지는 못했지만, 전자는 명백히 문지른 호박에 나타난 바로 그것이었으며, 다른 물체 속의 입자들을 끌어당긴 것도 바로 이 전자였다. 볼타의 배터리는 문지른 호박 위에 뭉쳐 있는 채 정지 상태로 내버려두지 않고, 이 전자들을 흐르도록 한 것이다.

전기와 자기장 사이의 중요한 관계는 덴마크의 물리학자인 외르스테드(Hans Christian Oersted, 1777~1851)에 의하여 1820년에 밝혀졌다. 그는 코펜하겐 대학에 재직 중이었다. 외르스테드는, 볼타의 새로운 배터리를 사용하여 전선에 전류가 흐르도록 할 때에, 전류가 전선을 통과하여 지나면서 그 전선은 마치 자석처럼 작용한다는 사실, 다시 말하여 전류가 전선 주위에 자기장을 형성한다는 사실을 발견하였다. 그렇게 생긴 장은 자연자석과 마찬가지로 다른 자석을 끌기도 하고, 밀어내기도 한다. 이러한 발견은 정말 우연적인 것이었으나, 파스퇴르가 썼던 '우연은 단지 준비된 사람에게만 도움을 준다'는 말을 떠올릴 수 있을 정도로 그는 이러한 도움을 받을 만한 가치가 있었으며 이러한 발견을 충분히 탐색할 능력이 있었다. 그후 프랑스 물리학자인 앙페르(André

Marie Ampére, 1775~1836)가 전류가 흐르는 두 개의 평행 전선은 두 개의 자석처럼 작용한다는 사실을 보여주었다. 만일 전류가 같은 방향으로 흐르고 있다면, 그 전선들은 서로를 끌어당기지만, 다른 방향이라면 서로를 밀어낸다.

20-2. 1820년 자기나침반에 미치는 전류의 영향을 발견한 외르스테드

이제 전기와 자석간의 다른 본질적 관계를 발견하여 맥스웰이 극적으로 등장할 무대를 준비하는 것은 패러데이(Michael Faradey, 1791~1867)와 헨리(Joseph Henry, 1797~1878)의 일로 남겨졌다. 패러데이는 전(前) 제본업자의 도제였으며 고학으로 영국에서 연구를 하고 있었고, 헨리는 뉴욕 앨버니 아카데미의 교사였다. 만일 전류가 흐르는 전선이 자기장을 형성한다면, 자기장은 전선 속의 전류를 끌어당기지 않을까? 만일 전선 주변의 장을 변화하도록 전선을 자기장 속에서 움직인다고 가정하면, 그렇다는 것을 이들이 증명하였다.

패러데이와 헨리가 이룬 발견의 본질을 좀더 자세히 살펴보도록 하자. 전선으로 된 직각 모양의 틀이 축 R에 단단히 부착되어 있다고 하자, 그리고 그 틀과 축이 자기장에 놓여 있다고 생각하자. 가령, 수력이나 증기 엔진을 사용하여 그 축을 돌리면, 전선의 틀도 따라 돌게 된다. 또한 장대가 시계 반대 방향으로 동일한 속도로 돌고 전선 BC가 가장 낮은 위치에서 출발한다고 가정해보자.

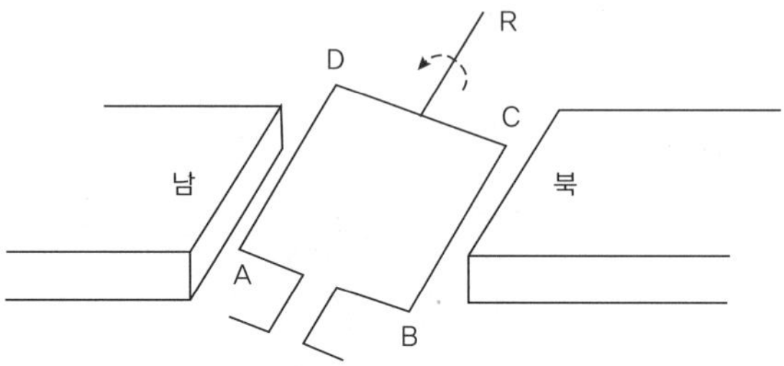

20-3. 전기 생성기의 원리

BC가 이 위치에서 시작하여 오른쪽 수평 위치로 가게 되면, 전류의 흐름이 C에서 B 방향으로 전선에 발생한다. 이 흐름은 BC가 수평 위치에 접근하면 할수록, 그리고 그 위치의 최대치에 도달할수록 강도가 강해진다. BC가 계속 위로 올라가게 되면, 전류의 흐름은 양적으로 줄게 되고, BC가 가장 높은 위치에 있을 때에 사라지게 된다. BC가 계속 돌게 되면, 전류가 전선에 다시 나타나게 되고, 이때 방향은 B에서 C의 방향으로 흐르게 된다. 다시 전류 흐름은 전선이 돌면서 증가하게 되고, BC가 수평이 될 때에 처음과는 다른 방향으로 흐름의 최대값에 도달하게 된다. BC가 그 경로의 가장 낮은 위치로 돌아오게 되면, 전류의 흐름은 줄어들고 마침내는 사라지게 된다. 이러한 변화의 주기는 장대가 완전히 돌 때마다 반복된다. 자기장에서 움직이는 전선의 전류의 등장과 흐름이 바로 전자기 유도 현상이다.

배터리에 의하여 야기된 흐름과 마찬가지로, 생성된 전류는 전자라고 불리는 수십 억 개의 미세하고 보이지 않는 물질 입자들의 흐름이다. 이 전류는 전류와 동시에 전선 속에 나타나고, 전류의 변화와 동일한 변화를 겪는 어떤 힘에 의하여 야기된다. 다시 말하여 그것은 증가하고 떨어지고, 다시 새로운 방향으로 증가하고 떨어진다. 이 힘은 물을 파이프 속으로 흐르게 만드는 압력에 비유할 수 있다. 그렇게 되면,

전류 그 자체는 물의 흐름에 비유할 수가 있다.

전자석 유도에 의하여 발생한 흐름의 양과 힘은 모두 시간에 따라 달라진다. 우리는 시간을 측정할 수 있으므로 이에 대한 함수 관계를 발견할 수가 있다. 전류와 시간의 관계는 확실히 주기적이다. 전선으로 만든 틀이 완전히 한바퀴 돌 때마다 변화가 반복적으로 일어난다. 음향에 대한 연구에서 본 것처럼, 이러한 주기적 현상에서는 함수 $\sin x$가 도움을 줄 수 있다. 그러나 자연은 인간의 수학에 스스로를 맞추기 위해서 멈추지는 않는다. 전류 I 와 시간 t 사이의 관계를 식으로 나타내면 다음과 같다.

$$\mathrm{I} = a \sin bt$$

a의 크기는 자석의 힘과 같은 요인에 따라 달라지며, 주기 b는 그 틀이 얼마나 빨리 회전하는가에 따라 달라진다. 만일 1초에 60번 틀이 돈다면, 앞선 장에서 주파에 대하여 논의한 것에 비추어보면, h의 값은 60×360, 즉 21600이 된다. 대부분의 가정에 전기를 공급하는 전류는 1초에 사인곡선으로 정확히 60번 변화 사이클을 겪게 된다. 이러한 이유로 60주파 교류전기라고 부른다.

그렇다면 전류는 전자의 흐름으로 생각할 수 있고, 이는 수학 공식으로 나타낼 수 있다. 그러나 전자기 유도 과정이 어떻게 전류를 만들어내는 것일까? 이 현상은 신비로 가득 차 있다. 어찌 됐든지 간에 단지 자기장에서 전선이 움직이는 것만으로도 전선에는 기전력이 유도된다. 그리고 이 힘은 전류가 흐르도록 만든다. 그러나 어떻게 자기장이 이러한 효과를 내는지는 아무도 모른다. 또한 물질로 말하자면, 자석이 어떻게 강철 등을 끌어당기는지도 알지 못한다. 아무도 물질적인 원인을 두 현상에서 찾아낼 수가 없다. 자기장의 물리적 성격에 대한 우리의 무지로 보면, 아마도 멀리 떨어진 별에 닿는 것보다 전자기 유도를 설명하는 일이 더 힘들지도 모른다.

그렇지만 인간이 물리적으로 닿을 수 없음에도 불구하고 이 현상은 수학적으로 파악하는 것이 가능하였다. 맥스웰이 살던 시기, 19세기의 물리학자들은 지난 몇 세기 동안 연구해온 다양한 전기적·자기장적 현상들의 양적 측면을 수학적으로 공식화하는 데에 성공하였다. 호박을 문지를 때 나타나는 것처럼, 고정된 전하와 관련된 자기장의 움직임과 자석을 둘러싸고 있는 장의 움직임을 그들은 두 개의 법칙으로 설명하였다. 이는 오늘날 정전기와 자기의 법칙으로 각각 알려져 있다. 세 번째 법칙은, 전자기 유도 현상이 처음 패러데이와 헨리에 의하여 관찰되었기 때문에 패러데이의 법칙이라는 이름으로 불리게 되었다. 마지막으로 전류가 흐르는 전선을 둘러싸고 있는 자기장의 움직임에 대한 연구를 외르스테드와 앙페르가 했기 때문에 앙페르의 이름을 따서 네 번째 법칙 이름을 지었다. 이 마지막 두 개의 법칙은 전기역학 법칙이라고 불리는데, 그 까닭은 그 법칙들이 움직이는 전류 혹은 자기장의 움직임을 기술하고 있기 때문이다. 이 네 개의 모든 공식들은 미분 방정식의 형태를 띠고 있다. 여기서는 너무 복잡하여 다룰 수 없지만, 맥스웰이 그 공식들을 가지고 어떠한 일을 했는지는 살펴볼 수 있다.

맥스웰은 이 전자기 법칙들을 연구하면서 그 법칙들이 연속 방정식으로 알려진 수학적 물리학의 다른 법칙들과 일치하지 않는다는 사실을 연역적 추론에 의해 발견하였다. 수학자에게 그러한 모순은 참을 수 없는 것이었으며, 맥스웰은 그 어려움을 해결하고자 하였다. 그리고 앙페르의 법칙에 새로운 항을 첨가하는 것이 자기장 법칙의 일관성을 유지해준다는 것을 발견하고는 이를 덧붙이기로 결정하였다.

수학만으로는 만족할 수 없는 사람이었기 때문에 맥스웰은 자신이 행한 일이 물리학적으로 어떤 의미를 가지는지 찾고자 하였다. 그리고 곧 변하는 전기장을 나타내는 새로운 항이 전선 속의 전류의 흐름을 나타내는 앙페르의 법칙에서의 그 항과 유사한 수학적 성질을 가진다는 사실을 발견하였다. 대담하게도 맥스웰은 자신이 덧붙인 그 수량을 해석하였다. 바로 전류의 성질을 밝혀낸 것이다. 그런데 변하는 전기장은 공간 속에 존재하지만, 이전에 알려진 전류는 전선 속을 흐르고 있었다. 그에 대하여 맥스웰은 그 새로운 항이 전류, 즉 공간을 통하여 흐르는 파동을 나타낸다고 결론지었다. 전선 속의 전류와 달리 이 공간은 어떤 물질도 가지고 있지 않는 것처럼 보였고, 물리적으로 그에게 명백하게 보이는 어떤 흐름 방식도 없었다. 그럼에도 불구하고, 수학으로 확신을 얻은 맥스웰은 그 존재가 있음을 믿고 그것에 변위 전류라는 용어를 부여하였다. 추론을 통하여 이렇게 변하는 전기장이 전선 속의 전류처럼 그에 따른 자기장을 가지고 있음에 틀림 없다는 사실도 보여주었다. 그 결합된 장이 지금의 전자기장이다.

전자기의 미분 공식을 바르게 고침으로써 맥스웰은 전기장과 자기장이 적절히 생성되기만 하면, 음파가 그러한 것처럼 공간을 이동할 수 있다는 것을 보여주었다. 공간의 어떤 지점이든 각 장의 강도는 시간이 변화함에 따라 사인 곡선을 따라 달라진다. 이동하는 전자기장은 그 끝을 재빨리 위아래로 움직일 때, 수평으로 늘어뜨린 로프를 따라 움직이는 파동으로 비유될 수 있다. 그리하여 맥스웰은 전자기 파동이라는 위대한 발견을 이루어낸 것이다.

그가 다음으로 발견한 것은 아마도 그의 대담함에 대한 보상일 것이다. 그는 전자기 파동이 공간 속에서 움직이는 것을 기술하는 공식이 다른 과학자들이 빛의 운동에 대하여 발견한 공식과 같다는 사실을 알아내었다. 게다가 그의 전자기 파동은 빛 파동이 가지고 있는 것과 같은 속력을 가지고 있었다. 맥스웰은 망설임 없이 그 명백한 추론 관계를 유추해내었다. 동일성이 두 방식 모두에 명백히 작용하고 있었다. 빛 파동은 전자기 파동임에 틀림이 없다. 그러므로 전자기 파동에 관하여 이미 알려진 수학적 지식과 물리학적 지식이 빛에도 적용됨에 틀림이 없다. 반대로 빛에 대한 지식도 전자기 현상 연구에 적용될 수 있다. 다시 말하여 이전에는 물리학의 서로 독립된 분야였던 것이 동일한 것으로 확인되었고, 각각에 대한 지식들은 실제적으로 중복되는 것이었다.

수학을 물리학적으로 완전히 해석하기 위해서 맥스웰은 여전히 어떤 매체가 자신이 새로 발견한 파동들을 운반하는지 설명해야만 했다. 그의 시대에 과학자들은 빛 파동이 에테르라고 불리는 매체에 의하여 움직인다는 사실을 받아들였다. 에테르란 어떤 식으로든 실험으로는 발견되지 않았지만, 모든 공간과 모든 물체들에 침투해 있다고 믿는 '물질' 이다. 전자기 파동과 빛 파동 사이에 세운 관계에 비추어보면서 맥스웰은 자신이 발견한 공간 파동도 또한 에테르의 움직임으로 설명될 수 있다고 가정하였다. 이미 너무 남용된 에테르에 너무나 많은 임무가 이미 부여되었기 때문에 하나쯤 더 첨가한다고 크게 변하지는 않을 것이다.

맥스웰이 이전에는 한번도 제안되지도 않았고, 그 시대의 과학자들이 실험적으로 관찰할 수도 없었던 새로운 물리 현상이 존재한다는 것을 선언한 것은 아닌 게 아니라 대담한 발전이었다. 그 시대에 가장 유명한 수학 물리학자들이었던 헤름홀츠(Hermann von Helmholtz, 1821~1894)와 켈빈(Kelvin)은 변위 전류를 믿으려하지 않았다. 으레 그렇듯이 천재는 쉽게 굴복하지 않는다. 전자기 공간 파동이 물리적으로 실재한다는 것을 확신한 맥스웰은 더 나아가 그것을 만들 수 있는 장치를 제안하기까지 하였다. 맥스웰이 공간 파동의 존재를 연역해낸 지 23년만에, 그리고 그가 죽은 지 10년만에 독일의 물리학자인 헤르츠(Heinrich Rudolf Hertz, 1857~1894)가 이 파동이 존재한다는 것을 증명하였다. 그것도 바로 맥스웰이 제안한 그 방식에 의해 생성, 관찰함으로써 말이다.

헤르츠는 추론을 통하여 맥스웰의 변위 전류 혹은 변하는 전기장이 본질상 정지해 있는 전하 혹은 전자를 둘러싸고 있는 장과 동일한 것이어야 한다고 생각하였다. 그래서 그는 전하를 둘러싸고 있는 장이 또한 움직이도록, 전선 위에서 전하가 앞뒤로 움직이도록 하는 방법을 고안해내었다. 마치 로프의 한 끝을 충분히 빨리 위아래로 움직여주면 그 로프를 따라 파동이 발생하는 것과 마찬가지로, 전하의 운동 주파를 충분히 높이자, 눈에 띌 만한 장이 공간으로 떨어져 나왔다. 장에서 떨어져 나온 거리는 다른 전선의 정지된 전자에 영향을 주어 그것들이 앞뒤로 움직이도록 하였다. 그리하여 헤르츠가 탐지한 전류가 두 번째 전선에서 유도되었다. 헤르츠가 사용한 전선이 바로 근대 안테나의 원조격이다. 즉 방송국 탑에 높이 올려진 수송 안테나와, 지금은 라디오 세트 뒤에 있지만 예전에는 지붕 위에 있었던 수신 안테나가 그것이다. 무선전신술은 전자기파를 보낼 때에 단지 길게 짧게 중단함으로써 이루어지는 것으로 얼마 안 있어 이용된다.

20-4. 헤르츠

그러나 목소리와 음악의 무선 송신은 또 다른 문제가 있었다. 앞서 논의했던 것처럼 음파를 수학적으로 분석하면서 19세기 과학자들은 이러한 소리가 1초에 몇 번에서 수천 번까지의 주파를 가진 사인 곡선의 공기 파동으로 이루어졌다는 것을 알게 되었다. 전화에 대한 연구를 통하여 이러한 음파가, 정확히 동일한 수학적 성질을 가진 전파로 완전히 바뀔 수 있다는 것이 증명되었다. 음향을 나타내는 이러한 전류들이 직접적으로 전자기 파동으로 바뀌어 공간을 이동할 수 있을까? 이것은 이론적으로는 가능하다. 그러나 라디오 엔지니어들이 잘 아는 것처럼, 목

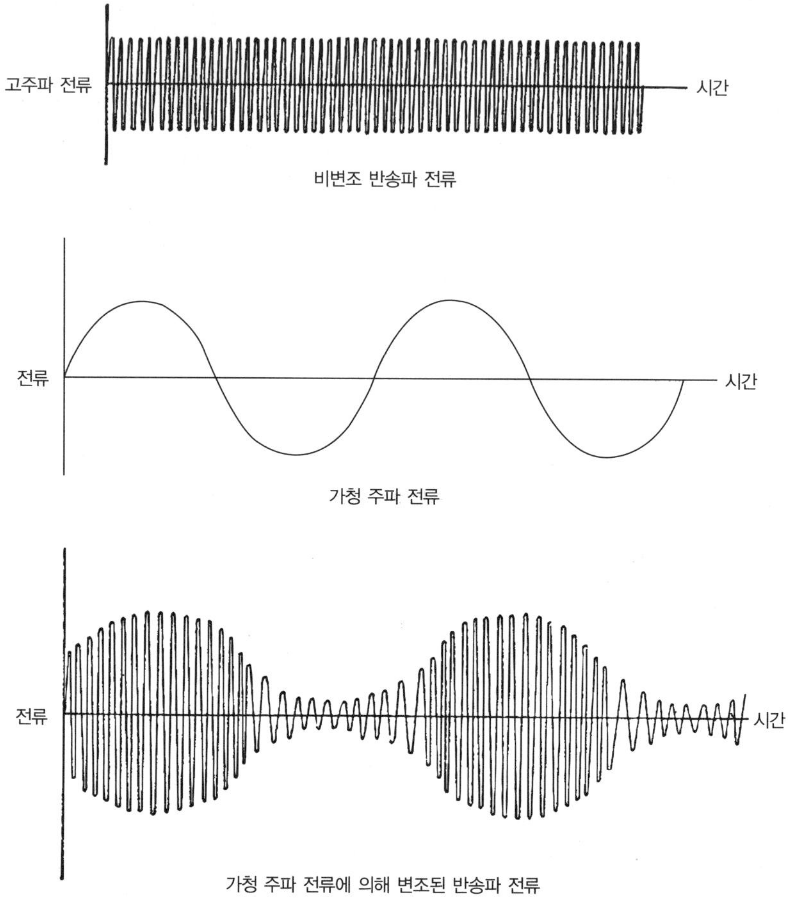

20-5. 진폭 변조 반송파

소리와 악기의 소리에 일치되는 낮은 주파수를 방송하는 것보다는 1초에 수백만의 주파를 가진 고주파수의 전류를 보내는 것이 더 쉽다. 그러므로 저주파수의 전류를 고주파수로 바꾸거나 거기에 붙여 보내는 어떤 새로운 방법이 필요했다.

몇 가지 방법이 개발되었다. 현재에 사용하고 있는 것은 진폭변조라고 알려진 시스템이다. 사인곡선 모양의 고주파수 전류의 진폭은 공간에 쉽게 방송할 수 있다. 이것은 음파의 진폭을 보내는 것과 똑같이, 정상값의 위아래로 변화를 줌으로써 가능하다. 이것이 바로 모든 라디오 방송국의 장비에서 이루어지는 일이다. 그 결과 생성되는 진폭 변조, 고주파 전류 혹은 반송파가 공간에 방송되고, 수백 수천 마일을 지나 수신기에 도달하게 된다. 각 수신기는 반송파를 '제거' 한다. 다시 말하여 고주파 전류의 진폭이 그러하듯 반송파의 진폭의 변이를 전선에서 생성하여, 시간에 따라 변화하는 저주파수 전류로 바꾼다. 그렇게 되면 저주파수 전류는 스피커를 작동시켜 진동을 통하여 음파를 발생한다. 이러한 과정을 통하여 라디오 스튜디오에서 연주되고 발화된 소리들이 가정에서 재생산된다. 상상을 초월하는 즉각적인 변화에도 불구하고 1초의 몇 분의 일 정도 늦게 말이다.

일반적인 방송국의 진폭 변조 라디오 전파에 사용되는 실질적인 반송파주파는 초당 50만에서 150만에 이른다. 라디오를 특정 방송국에 맞추는 사람은 그 방송국의 반송파 주파를 수신하기 위한 것이다.

최근에는 라디오에서 목소리와 음악을 수송하는 또 다른 체계가 개발되어 사용 중에 있다. 그것이 바로 주파 변조이다. 이 시스템에서는 사인곡선의 고주파 전류의 진폭보다는 주파 자체를 수송할 소리에 맞추어 변화시킨다. 공간 속에서 전달하는 라디오 전파, 즉 반송파의 주파가 초당 90,000,000이고, 수송되어야 할 소리가 초당 100 사이클의 진폭 1의 음이라고 가정해보자. 반송파를 변조되지 않는다면, 그것을 물론 초당 90,000,000 사이클의 속도로 계속 진동해야 한다. 그러나 이제 이 주파가 90,000,000에서 90,002,000로 변했다가 다시 90,000,000으로 돌아오고 그것이 89,998,000이 되었다가 90,000,000으로 다시 돌아온다고 생각해보자. 이러한 일련의 주파 변화는, 즉 주파 변조는 초당 100번의 속도, 즉 음의 주파에 맞추어 일어나게 된다. 반송파 주파

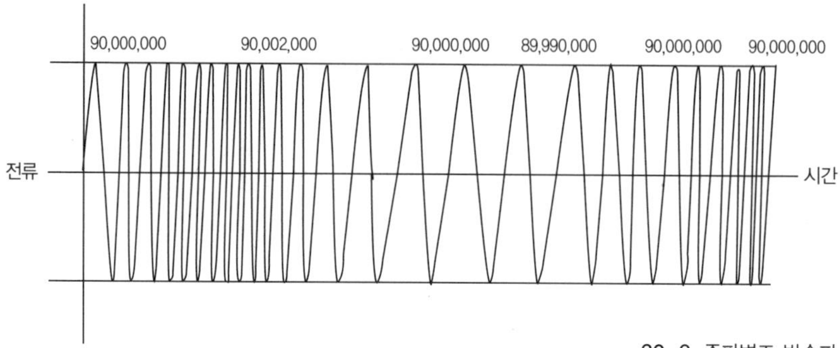

20-6. 주파변조 반송파

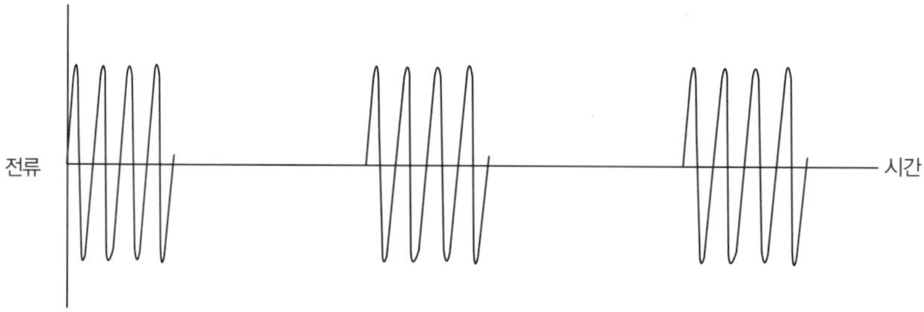

20-7. 레이더 펄스

의 변이 정도, 즉 2000 사이클은 음의 진폭에 의하여 결정되는 것이다. 만일 이 진폭이 1이 아니라 2라면, 반송파 주파의 변이는 그 두 배가 되어 4000 사이클이 되어 반송파 주파가 90,000,000의 위아래로 4000 주파씩 초당 100번의 비율로 변화하게 될 것이다(그림 20-6).

주파 변조 방송에 사용되는 것보다 훨씬 더 높은 주파가 레이더 세트에 사용된다. 공간에 방송되는 전자기파는 초당 높게는 100억 주파의 강도로 사인곡선 모양으로 변화한다. 그러한 파동은 각각 1초의 백만 분의 일 정도 지속되는 짧은 파열(burst)이 된다(그림 20-7). 만일 이러한 파열 혹은 펄스가 비행기나 배와 같은 금속성 표면에 부딪히면, 그 펄스는 다시 수신자에게 반사되어, 그것을 통하여 반사된 표면의 존재를 탐지하게 된다.

이 주파들은 믿을 수 없고 경이적인 것이기는 하지만, 빛 파동에서 발견되는 주파와 비교해보면, 인간이 상상하는 데에 전혀 부담이 되지 않는다. 맥스웰 이전에도 사람들은 빛이 일종의 파동이라고 믿었다. 빛이 전자기적인 성격을 가지고 있다는 것을 맥스웰이 수학적으로 증명함으로써 빛과 라디오 전파 간의 본질적인 차이는 단지 에테르 운동 변화의 주파라는 것이 명백하게 되었다.

빛 전파 주파수는 초당 1 다음에 14개의 0이 등장하는 양이다. 즉, 주파수가 4×10^{14}에서 7×10^{14}에 이르는 모든 전파는 눈에 보이는 파동이며, 우리의 눈은 이들 중 다른 주파들을 다른 색깔로 볼 수 있다. 수신된 빛이 위에 제시된 영역의 가장 적은 주파에서 가장 큰 주파까지 변화하게 되면, 우리의 색깔 인식은 신경과 두뇌의 도움으로 빨강에서 노랑, 파랑, 녹색, 파랑, 마지막으로 보라색으로 점차 변화하게 된다. 그러므로 빛에서의 색은 소리에서의 고저와 유사하다. 그리고 단순음을 결합하여 복잡한 음을 만들어내듯이 단순한 색을 결합하여 새로운 색을 만들어낼 수 있다. 가령, 하얀 빛은 단순한 '색조(tone)'가 아니라 많은 색들의 결합 효과인 빛의 '코드(chord)'이다. 그러므로 태양 빛은 빨강에서 보라까지 모든 색을 포함하고 있어서 그 복합 효과로 하얀 빛이 되는 것이다.

전자기의 조각 그림 맞추기에서 점점 더 많은 조각들이 곧 채워졌다. 사진 필름을 검게 하면 보이는 발광인 자외선과, 그것을 뜨겁게 하면 보이는 적외선은 전자기파임이 밝혀졌다. 하나는 빛 파동보다 주파를 높인 것이며 다른 하나는 낮게 한 것이다. 또한 19세기 후반에 최초로 발견된 X선도 자외선의 주파보다 더 높은 주파를 가진 전자기파동임이 확인되었다. 마지막으로 방사능 물질로부터 추출되는 감마선도 또한 X선의 주파보다 훨씬 높은 주파를 가진 전자기파이다.

전자기파동의 이러한 다양한 유형들 간의 유사성은 맥스웰의 연구로 밝혀졌으며, 이제는 널리 사용되고 있다. 예를 들어 우리 가정의 전등은 전선을 통하여 이동한 60사이클 전파를 공간을 이동하는 빛 파동으로 변화시킨다. 많은 유형의 전파들이 가진 본질적인 동일성은 모든 현대 가정을 침입하고 있는 최신의 과학 기적, 바로 TV에서 가장 두드러지게 사용되고 있다. 방송될 장면의 빛의 변이들이 전류로 변환되고, 그것이 다시 고주파 라디오 파동에 찍혀서 공간으로 방송된다. 가정의 수신기는 라디오 파동을 전류로 바꾸고, 전류는 빛 파동으로 바꾸어 우리가 눈으로 그 원래 장면을 정확하게 볼 수 있게 된다. 그리하여 전자기파의 한 가지 형식은 다른 형식으로 바뀌고 또 다른 형식으로 바뀔 수 있게 된다. 또한 그 변환의 순서도 거꾸로 할 수 있다. 영화관을 갈 때마다 우리는 한 가지 형식의 전자기파가 다른 형식으로 변환되는 것을 보게 된다. 다양한 음영을 지닌 필름의 음향 트랙을 빛이 통과하면서, 그것은 광전자 셀에 충격을 주게 된다. 이 장치는 수송된 빛을 다양한 전류로 변환시키고, 다시 그 전류는 스피커를 활성화시킨다. 그리하여 아름다운 여인들에게 말을 거는 격정적인 남성들의 감미로운 소리들이 우리를 낭만적인 분위기로 둥실 뜨게 만든다.

이러한 실용적인 성취는 아닌 게 아니라 대단한 것이며, 기적을 일상적인 것으로 만들어놓았다. 또한 광대하고 측정할 수 없을 정도의 사회적 변화를 가져왔으며, 그 영향 중 일부가 바로 이 장 처음에 기술한 것이었다. 정치 연설에 라디오를 사용한 것만 언급하여도, 전자기 과학의 사회적 의미에 대하여 더 말할 필요가 없을 것이다.

그러나 맥스웰의 공헌에는 사회와 일상적인 생활사에 대한 계산할 수 없는 영향력을 우습게 만들 만한 가치가 있다. 인간은 빵만으로 살 수 없으며, 정치적 매력만으로도 살 수 없다. 인간은 자연을, 그리고 자연과 자신과의 관계를 이해하기를 원한다. 소리와 빛과 같이 영원한 현상에 대한 자신의 호기심을 충족시키기를 원하며, 다양한 현상들이 자신의 감각에 던진 다양한 인상들에 질서를 부여하길 원한다. 그러한 가치들은 물리적 현상을 수학적으로 설명함으로써 얻어지는 것이다.

맥스웰의 전자기 이론은 총괄적인 수학 법칙 체계로 외관상 엄청나게 다양한 현상들을 포괄한다는 점에서 뉴턴의 만유인력 이론을 넘어서는 것이다. 모래 알갱이와 가장 무거운 별들의 움직임은 뉴턴의 운동 법칙에 의하여 설명되고 예측될 수 있다. 눈에 보이지 않는 전자와 태양 빛은 맥스웰의 전자기 법칙에 의하여 기술되고 설명될 수 있다. 전류, 자기 효과, 라디오 전파, 적외선, 빛 파동, 자외선, X선, 그리고 감마선, 초당 60번의 낮은 주파를 가진 사인곡선 모양의 파동과 1 다음에 0이 24개 등장하는 수량의 높은 주파를 가진 파동에 이르기까지 이 모두는 이면에 존재하는 하나의 물리 수학적 구조의 표현일 뿐이다. 이 이론은 너무나 심오하면서 동시에 너무나 포괄적이어서 상상을 불가능하게 할 정도이며, 자연 속의 계획과 질서를 인간에게 더욱더 호소력 있게 드러내보였다. 이 법칙으로, 인간이 동물과 구별된다고 주장하는 유일한 근거이자 자신의 중요성을 주장하는 유일한 기반인 인간의 이성은 또 다른 승리를 보장받았던 것이었다. 다시 한번 인간은 날뛰는 자연을 다스리는 고삐를 정신의 힘으로 쥘 수 있게 되었다.

전자기 이론은 우리에게 자연의 비밀을 캐는 수학의 힘에 대한 또 하나의 사례를 제공한 셈이었다. 기술자들이 모델을 만들기 오래 전에 잠수함과 비행기를 상상할 수 있게 되었고, 심지어 시각화하는 것도 가능해졌다. 한편, 라디오 전파라는 아이디어는 사실 상상 속에서도 가능하지 않은 것이었으며, 혹시 상상을 했다손 치더라도 즉각 상상으로 치부되었을 것이었다. 그 물리적 성질은 여전히 이해되지 못하였지만, 라디오 전파는 발견되었다. 아니 거의 발명되었다고 해도 상관이 없었다. 그것이 존재한다는 것을 알기 위해서는 수학적 추론이 필요했기 때문이다. 그리고 과학은 이제 맥스웰의 거대한 이론으로 거의 윤곽이 그려진 다른 광대한 전자기 세계의 영역을 체계적으로 탐구한다.

특히, 라디오 전파의 예측은 단순한 보통 수학적 추론에 의한 것이 아니었다는 사실이 중요하다. 그것은 정확한 추론을 고집한 결과였다. 수학자들은 다른 무엇보다도 자신이 세운 방정식의 논리적 일관성을 가치 있게 여기기 때문에, 약간의 모순도 그냥 지나치지 않는다. 또한 물리적 이해는 실수하기 쉽고 유한한 지각으로 제한되어 부적절하기 때문에, 그 불일치를 제거해야 할 필연적인 단계를 단념하지는 않는다. 정확한 추론 정신에 고취되어 수학자들은 정확성을 위한 어떠한 요구 사항도 불필요한 사치라고 여기지 않는다. 수학적 엄격함을 단순한 탁상공론으로 생각하는, 소위 실용적인 사람들과 심지어 과학자와 엔지니어조차도 맥스웰의 연구를 곰곰이 생각해보는 것이 좋을 것이다.

전자기 이론에 대하여 이렇게 잠시 살펴보기만 해도 우리가 배울 수 있는 것은 훨씬 많다. 그것을 통하여 수학은 다른 물리적 세계의 일부를 지배하게 되었다. 또한 이 이론에 맞추어 설계되고 작동되는 라디오, 모터, 광학 장치, 그리고 X선 기계 등은 의심할 바 없이 수학이 실재하는 현상들을 다루고 있다는 것을 보여준다. 그러나 수학자가 기술한 효과를 생성해내는 물리적 근원은 어디에 있으며, 또 그것은 무엇인가? 전선을 흐르고 빛을 내는 전자는 무엇인가? 물체들을 끌어당기고 밀어내며, 서로 상호작용을 하는 전자기장은 무엇인가? 특히 공간을 흐르면서 우리 주변 모든 공기 속에 존재하는 이 변위 전류는 무엇인가? 전자기 파동을 운반하는 에테르는 무엇인가? 가장 위대한 수학자들과 물리학자들이 이 질문을 해결하기 위하여 애써왔지만, 아무도 답을 내지 못하고 있다. 전자기 현상을 엮어내는 물리적 설명은 생각해낼 수 있는 가장 이상한 유령들만큼이나 실감할 수 없고, 만져지지 않는 것이다. 전자, 정지 · 역동 자기장들, 그리고 에테르는 단지 허구일 뿐이며 '사변의 그림자'일 뿐이다. 전자기 현상은 어떤 미신적 현상만큼이나 신비스럽고 경외심을 불러일으키는 현상인 것이다.

맥스웰 자신이 직접 자신의 사고를 진전시키기 위하여 사용한 그림, 전자기 유도에 대한 물리적 그림을 구성하는 데 가장 재능이 있던 사람도 그 전체 현상을 물리적으로 이해하려는 시도에서 매번 좌절했다고 고백하였다. 1857년, 맥스웰에게 보낸 한 편지에서 패러데이는, 맥스웰이 '수학 공식만큼 충분히, 명백하고 정확하게 상식적인 언어로 수학적 업적의 결과를 표현할 수는 없었는지, 만일 그러하다면 나 같은 사람도 실험으로 연구할 수 있게끔 암호 같은 문자를 쉽게 번역하는 일일 텐데…… 그렇게 표현하는 일은 엄청난 혜택이 아니었을까? 만일 그것이 가능하다면, 수학자가 이러한 주제를 연구하여 그들 자신에게 적절할 뿐만 아니라 우리에게도 아주 대중적이고 유용하며 효과를 낼 수 있는 상태로 그 결과를 제시하는 일이 좋은 일이 아니었을까?'를 묻고 있다. 불행하게도 패러데이의 요구는 오늘날까지 이루어지지 않고 있다.

어떤 경우에도 실제 세계 혹은 그 궁극적인 성질에 대한 우리의 무지 중에서도 빛 현상 그 자체에 대한 무지만큼 충격적인 것이 없다. 틀림없이 태양이나 전등과 같은 빛의 근원으로부터 우리의 눈에 와닿을 때에는 무언가가 공간에서 이동한다. 그러나 그것이 무엇인가? 3세기 동안, 과학자들은 빛의 성질에 대하여 진지하고 고집스럽게 탐구를 해왔다. 실험적 증거를 통하여 두 가지 모호하고 모순적인 이론이 제기되었다. 그 한 가지는 빛이란 에테르 속의 끊임없는 파동 운동이라는 것이며, 다른 하나는 미세하고 보이지 않는 입자, 즉 미립자의 움직임이라는 것이다. 한 이론에서 다른 이론으로 과학적 견해가 자주 변화되고 있어서 파동 이론은 매달의 홀수날에 지배적이며, 입자 이론은 짝수날에 지배적이라는 농담까지 생길 정도였다.

자신이 탐구한 모든 현상을 기계학적으로 모델화하는 것을 맥스웰이 고집하였다는 것은 사실이다. 예를 들어 그는 상상의 유동체가 흐르는 것처럼 전기가 흐른다고 생각하였다. 그리고 심지어 전기 흐름에 적용 가능한 수학 법칙을 도출해내기 위하여 실제 유동체를 연구하기도 하였다. 그는 전자기장의 전파를 그려보고 연구하기 위하여 입자와 기어들로 이루어진 기계적 모델을 발명하였다. 그러나 유동체와 기계학적 모델이 단지 사고하는 데에 도구가 될 뿐이라는 사실을 결코 잊지 않았고, 비록 그것들이 암시한 수학적 공식을 간직하기는 하였지만, 결국에는 버렸다. 자신의 고전적 논문인 〈전자기장의 역동 이론〉을 1864년 왕립 학회에 제출할 때에 그는 수학적 건축물을 세우기 위하여 사용했던 물리적 비계들을 생략하였다. 맥스웰의 계승자 중 다수는 그 물리적 모델들을 간직하고 그것을 진짜 설명으로 받아들이기도 하였다. 아마도 그들 자신이 그 그림 없이는 연구를 할 수 없었기 때문일 것이다. '빛을 내는 에테르의 실재와 물질성을 만족시키기 위해서는' 전자기파를 운반하는 매체에 비추어 생각할 필요성이 곧 대두되었던 것이다. 그러나 이러한 그림들은 심각하게 받아들여져는 안 된다. 부적절하며 실험적으로도 검증할 수 없는 것이기 때문이다.

전자기 현상을 질적으로 혹은 물질적으로 설명할 수 없다는 것은 맥스웰과 그의 동료 연구자들이 제시한 정확한 양적 기술과 현격히 대조된다. 에테르를 설명하지 않고서도 뉴턴의 운동법칙으로 과학자들이 물질과 힘에 대한 연구를 할 수단을 얻은 것처럼, 그 물리적 현상은 비참하게도 제대로 이해하지 못함에도 불구하고 과학자들은 맥스웰의 이론으로 경이로운 전기 현상들을 이루어낼 수 있었다. 양적 법칙은 결합되고 이해 가능한 설명을 가능하게 하는 우리가 가진 유일한 것이다. 수학 공식들은 정확하고 포괄적이다. 그에 비하여 질적 이해는 모호하고 불완전하다. 전자, 전자기장, 그리고 에테르 파동은 단지 공식에 나타나는 변수들에 이름을 붙인 것뿐이다. 헬름홀츠가 요점을 지적한 바와 같이, 맥스웰의 이론에서 전하란 단지 상징을 담는 그릇일 뿐이다. 전자기 현상의 물리적 성질에 관하여 하인리히 헤르츠는 다음과 같이 명확히 진술하였다. "맥스웰의 이론이 무엇인가라는 질문에 나는 다음보다 더 정확하고 짤막한 답을 본 적이 없다. 즉 맥스웰 이론 전부는 맥스웰의 연립방정식뿐이다."

만일 전자기 현상에 관한 물리학적 용어로 물리학을 이해하고 추론할 수 있는 힘이 부족하다면, 인간이 그러한 실재의 단면을 파악한다는 것의 본질은 무엇인가? 인간의 지배라는 것이 무엇을 근거로 한 주장인가? 물리적 세계라는 이 광대한 영역을 탐구하고 지배할 수 있는 유일한 수단은 수학적 법칙이다. 그와 같은 신비스럽고 이상한 현상에 대한 수학 법칙만이 인간이 가질 수 있는 유일한 지식이다. 비록 질문에 대한 이 답이 현대적인 델포이의 신비에 입문되지 못한 보통사람에게는 만족스럽지 않겠지만, 이제 과학자들은 이를 인정하게 되었다. 너무나 많은 자연의 신비에 직면한 과학자들은 그것들을 수학적 기호의 무게 아래 묻어둘 수 있는 것만으로도 기쁨을 감추지 못한다. 너무도 철저하게 묻어서 다음 세대의 수많은 연구자들은 그것이 묻힌지도 모를 지경이 되었다.

맥스웰의 연구를 통하여 물리학은 새로운 전환을 맞이하게 되었다. 그의 시대 이전에는 자연을 보는 기계학적 관점이 대중적이었을 뿐 아니라 자연 현상을 물리적으로 설명하는 점에서도 합리적으로 만족스러운 것이었다. 오랫동안 과학자들은 실지로 그렇지 않다는 것을 알면서도 전기와 자기장을 유동체의 운동으로 그려왔다. 에테르를 고도로 탄력성 있는 고체로 여겨서, 빛의 전파를 기계적으로 설명하는 것이 가능했다. 그러나 전자기파의 도입과 빛과 이들 전파의 동일시는 이러한 물리적 설명의 타당성을 파괴하였다. 과학자들은 기계학적인 자연 철학에 대하여 심각한 의심을 품기 시작하였고, 주저하면서 그 철학을 버렸다.

그리하여 물리학은 기계학적 토대에서 수학적 토대로 바뀌게 되었다. 이전에 수학은 현상에 대한 기계학적 분석을 표현하고 연구하고 발전시키는 데 도움을 주는 것이었지만, 오늘날 수학적 설명은 근본적인 것이 되었다. 사실 기계학적 설명은 아주 제한된 영역을 제외하고는 거의 폐기되었다. 어떤 현대 물리 이론의 핵심도 모두 일단의 수학 방정식이다. 그리하여 뉴턴 시대에 물리학적 사고의 하인이었던 미분방정식은 이제 그 주인이 된 것이다.

맥스웰의 연구가 기계학적인 자연철학을 전복하였지만, 그것은 또한 기계학적 견해와 함께 성장하였던 결정론적 철학을 강화시켰다. 19세기 과학자들이 보기에 맥스웰의 연구는 코페르니쿠스, 케플러, 그리고 갈릴레이 등이 시작한 프로젝트의 최고 성취였다. 그렇게 광대한 숫자의 새로운 현상들이 이제는 정확한 수학법칙으로 수렴되면서 우주의 수학적 설계라는 아이디어는 거의 의심할 수 없는 것이 되었다. 아닌 게 아니라 이들보다 더 건방진 과학자 집단은 없었을 것이다. 자신감에 가득 차서 무엇이든 해결할 수 있다고 낙관했던 18세기 과학자들이 세운 모든 목적을 완수하였다는 사실은 19세기 계승자들의 자랑이었다.

그러나 맥스웰 자신은 이에 도취되지 않았다. 그는 통찰력이 있었기 때문에 자신이 이룬 위대한 성취의 신봉자가 될 수 없었다. 자신의 동료 연구자들보다 더 예리한 형이상학 학자였던 그는 당시 거의 모든 이들이 믿었던 결정론적 우주에 대한 신념을 거부함으로써 자신의 천재성을 다시 한번 입증하였다. 맥스웰은 기체 이론과 관련하여 분자 운동에 대한 기초 연구를 수행한 적이 있었다. 그는 보통 물체가 모두 분자로 이루어져 있으며, 그 분자 각각은 대포알의 속력으로 움직이고 있지만, 여전히 평균 위치에서 결코 시야로부터 사라지지 않는다는 생각으로 마음이 혼란스러웠다. 그래서 그는 안정적인 현상과 불안정적인 현상을 구분하게 되었다. 지표면을 따라 구르는 바위는 안정적인 현상이다. 왜냐하면, 바위를 조금 밀면 아주 조금 움직이게 되기 때문이다. 그러나 산꼭대기에 놓여 있는 바위는, 조금만 밀어도 산사태를 일으키기 때문에 불안정하다. 이와 마찬가지로 산불을 촉발하는 성냥불, 세계를 싸움으로 몰고가는 한 마디 말, 그리고 우리를 철학자로도 혹은 바보로도 만드는 어린 싹들은 불안정한 현상이다. 그러한 불안정한 요소 혹은 맥스웰이 이름 붙인 특이점(singular)은 그가 보기에 결정론적 세계의 흠과 같았다. 이 순간에 법칙들은 힘을 잃고, 다른 환경에서 일어났더라면 무시해도 좋을 영향이 순간을 압도할 수가 있다.

맥스웰은 특이점의 존재가 무엇을 의미하는지 동료 과학자들에게 조심스럽게 일러주었다. '그러므로 물리과학 연구자들이 사물들의 연속성과 안정성보다 특이성과 불안정성을 연구하는 과학 영역을 추구하게 된다면, 자연에 관한 지식의 증진은 결정론을 믿는 편견을 없애게 될 것이고, 그렇게 되면, 미래의 물리학이 과거의 물리학을 단순히 확대한 이미지일 뿐이라는 가정에서 벗어날 수 있게 될 것이다.'

그가 살던 시대의 지도자는 실제로 미래의 예언자였다. 기체 이론에 대한 맥스웰의 공헌은 결정론이 붕괴되는 과정으로 이어진다. 그가 이 구조 내에서 발견한 틈과 결함들은 곧 확대되었으며, 결국 결정론적 세계는 붕괴하였다. 그러나 그 엄청난 결과를 일으킨 이 대재앙은 후에 좀더 적절하게 논의할 필요가 있다. 맥스웰 자신의 연구는 수학 물리학의 많은 분야에서 누구도 쫓아오지 못할 수월성을 인정받았지만, 48세의 젊은 나이의 죽음으로 너무나 불행하게 그 끝을 맺게 되었다.

21 인간 본성에 대한 과학

인류에 대한 가장 적절한 연구는 바로 인간이다.
– 알렉산더 포프

"모든 과학에서 가장 유용하면서도 가장 발전하지 못한 것이 바로 인간에 대한 과학이다"라고 루소는 말하였다. 노동자의 아들이었던 그는 주변을 돌아다보았지만, 보이는 것이라곤 타락하고 부패한 인간 사회뿐이었다. 정치적 부정, 약자를 착취하는 강자, 소수를 위한 사치, 그리고 많은 사람들의 말할 수 없을 정도의 비참함, 사악함, 탐욕, 전쟁, 군사 정복자에 의한 사람들의 노예화, 그리고 대중에 대한 지도자들의 배반 등이 그를 소름끼치게 하였다.

인간사는 자연사와 현격한 대조를 이루었다. 자연의 법칙과 질서는 아주 자명한 것이었다. 혹성들은 정해진 경로를 지켰고, 결코 거기서 벗어나는 일이 없었다. 자연과학자들은 어디서 탐구를 하든지 간에, 설계와 조화로운 움직임을 증명해주는 규칙성과 수학 법칙을 발견해냈다. 자연은 질서정연하며, 법칙적이고, 합리적이며 예측 가능하였다.

그런데 인간은 자연 질서의 한 통합된 부분이다. 그도 신이 창조해낸, 자연 세계와 같지 않은가? 유물 철학은 몸과 마음이 자연 세계의 일부라고 가르치지 않았는가? 그렇다면 인간 행위에도 보편적인 자연 법칙이 있어야 한다. 인간도 혹성과 마찬가지로 인력과 척력에 지배를 당해야 하고, 인간의 행위도 또한 그러한 힘의 작용에 의한 기계학적 결과물이어야 한다. 마찬가지 방식으로 기본적인 경제적 힘의 상호작용으로부터 경제 법칙을 도출하는 것이 가능해야 한다. 다른 인간에 대한 인간의 학대, 정치사의 혼란, 만연된 궁핍과 비참함, 그러한 사악함은, 단지 인간이 사회의 자연 법칙을 추구하지 않았기 때문에 나타나는 인간 관계의 특징인 것처럼 보였다. 진정한 법칙들은 일단 획득되면, 더 나은 삶과 안정되고 정의로운 제도를 이루는 방법을 가르쳐줄 수 있을 것이다. 왜냐하면, 그 법칙들은 결국에는 '자연 질서'와 조화를 이루게 될 것이기 때문이다. 그리고 만일 사회를 그러한 자연법칙에 순종할 필요가 있고, 그렇게 되도록 설득할 수만 있다면, 문명의 악은 사라지게 될 것이다.

그렇기 때문에 인간에 대한 과학이 있어야 한다. 그러나 루소는 이 과학이 실험적으로는 이루어질 수 없다고 지적하였다. 적절한 실험을 고안해내기 위해서는 가장 위대한 철학자들이 있어야 하고, 그것을 시행하기 위해서는 가장 위대한 군주들이 있어야 하기 때문이다. 다행히도 그러한 실험들은 필요하지 않다. 왜냐하면 진리란 제1원칙에서 연역적으로 추론해냄으로써 얻을 수 있는 것이기 때문이다. 홉스는 언제나처럼 단도직입적으로 이 생각을 진술하였다. 정치학, 경제학, 윤리학, 심리학은 정확한 과학으로 환원되어야 한다. 인간은 사회 · 윤리적 지식의 근원으로 경험에만 의존해왔다. 그러나 이러한 방법이 유용하기는 하지만, 신중함만을 얻을 수 있을 뿐이다. 그러나 과학의 방법을 통해서 우리는 오류가 없으면서 예측할 수 있는 지혜를 얻을 수 있다. 홉스에게 과학이란 단지 한 가지 학문만을 가리키는 것이었다. '기하학이야말로 인류에게 안겨준, 신을 기쁘게 한 유일한 과학이다.' 칸트는 사회 과학이 필요하다는 점에 동의하였고, 케플러나 뉴턴도 문명의 법칙을 발견할 필요를 느꼈다는 말도 덧붙였다.

그리하여 인간은 인간사에 관한 연역 과학을 세울 필요가 있다는 믿음을 가지게 되었다. 그에 따라 사회 과학자들은 인간 관계에서 작동하는 보편 법칙을 확인하고 분리시켜 추상화하는 작업에 착수하였다. 여성을 해부하여 가장 복잡한 신비를 해결하겠다는 기대에 가득 찬 탐정처럼, 이들 사회 과학자들은 몇 개의 기본 법칙을 발견함으로써 모든 문제를 해결할 수 있다는 기대를 했다. 수학적 분석으로부터 완전히 소외되어 있고, 접근 가능하지 않다고 여겨졌던 사고의 분야에서 정확한 과학에서 성취된 업적에 필적하는 결과를 성취하겠다는 목적으로 재검토하였다. 쾌락을 위해 필요한 부와 함께 포도주, 여자, 노래 등이 수학적 탐구의 대상이 되었다. 이 탐구 과정에 수학적 사고가 어떤 영향을 미쳤는지를 추적하는 것이 바로 이 장의 관심사이다.

사회 법칙이 존재한다는 것을 받아들인다면, 사회 과학자들은 그것을 어떻게 발견할 수 있을까? 수학의 사례가 그 답을 제공해주었다. 사회 과학자들은 먼저, 모든 과학자들이 받아들일 수 있도록 사고와 경험이 허락하는 한, 인간 본성에 대한 가장 자명한 진리성을 가진 기본 공리들을 찾아야 했다. 이러한 공리들로부터 인간 행위에 대한 정리들을 수학에서 사용하는 엄격하고 결점 없는 추론으로 연역할 수 있을 것이다.

그렇게 되면, 운동과 만유인력의 공리들의 도움을 받아 수학의 정리들이 수학적 천문학을 만들어낸 것과 마찬가지로, 인간에 대한 과학의 정리들이 윤리학, 정치학, 경제학의 특수한 공리들과 결합하여 이들 분야의 과학을 만들어낼 수 있을 것이다. 이들 새로운 사회과학의 결론들은 심지어 양적으로도 공식화될 수 있을지 모르며, 그렇게 되면 그 이상의 진리를 연역하기 위하여 대수 기법을 적용할 수 있게 될 것이다.

인간 행위에 대한 과학이 기초를 두어야 하는 공리적 진리를 추구하는 일은 마치 골든 러시의 외양을 띠었다. 다소 급하게 연속적으로 기본 원리를 발견할 목적으로 인간 본성을 분석하는 위대한 작업들이 줄지어 나타났다. 그 주제에 관한 17,18세기 고전에는 로크의 《인간 이해에 관한 에세이》, 버클리의 《인간 지식의 원리》와 흄의 《인간 본성에 관한 논문》, 벤담의 《도덕과 법 원리 개론》이 있다. 제임스 밀의 《인간 마음의 분석》은 1829년 출판되어 그 운동은 다음 세기까지 이어졌다. 이 모든 작품 속에서 저자들은 자신이 인간 본성에 대한 과학의 공리라고 여긴 것을 내놓았으며, 연역적 방법에 따라 인간의 행동과 사고를 지배하는 법칙을 도출해내었다.

이들 작품에서 주장하고 있는 인간 행위의 몇 가지 공리들은 그 자체를 위해서뿐만 아니라 그 시대의 기본 가정과 생성 아이디어들을 나타내고 있다는 점에서 살펴볼 가치가 있다. 모든 인간은 평등하게 태어났다는 것, 지식과 믿음은 감각 자료에서 온다는 것, 쾌락을 추구하고 고통을 피하는 것이 인간 행위를 결정하는 기본 힘이라는 것, 또한 인간 본성은 문화적 그리고 환경적 영향력에 대하여 잘 알려진 동일한 방식으로 반응을 보인다는 것, 인간은 항상 자신의 이해 관계에 따라 행동한다는 것 등이다. 이 마지막 공리는 그 보편성에서 만유인력의 법칙에 비견할 만큼 기본적인 것으로 매우 강조되었다. 20세기의 사람들은 자신의 이해 관계가 사회의 파괴적 힘이 될까봐 두려워하지만, 18세기 사람들은 그렇지 않았다.

그러므로 인간과 자연은 보편적인 틀을 정하였다.
그리고 자기애와 사회애가 동일한 것이 되도록 하였다.

사적인 악은 단지 공적인 이익일 뿐이었다. 물론 위에 제시된 공리 모두를 모든 이론가들이 다 받아들이거나 옹호하였던 것은 아니지만, 제시된 공리들은 가장 대중적인 것이었다.

인간 본성에 대한 과학에서 이루어진 다양한 연역을 모두 살펴보기에는 지면이 허락지 않아서 다소 어려운 작업인데, 다행히도 이는 우리의 목적에도 그다지 필요한 일은 아니다. 다만 그러한 과학이 성립되었다는 것을 아는 것만으로도 충분하다.

보편적 프로그램은 윤리학, 정치학, 경제학의 특수 분야에서 결과를 얻어내기 위해서 각기 특수한 분야의 고유한 공리들에다가 일반적인 인간 본성 과학을 덧붙여야 했다. 이성의 정신으로 충만한 사람들이 발달시킨 윤리적 체계 중에서도 특히 하나가 20세기 문명에 직간접적으로 너무나 큰 영향을 미쳤다. 우리는 이를 좀더 자세히 살펴볼 필요가 있다. 이 체계는 제레미 벤담(Jeremy Bentham, 1748~1832)이 세운 것으로 합리적이고 연역적일 뿐만 아니라 수량적이기까지 하다.

만일 수학적 정신과 같은 어떤 것이 있다면, 벤담은 아마도 이를 가지고 있었던 것 같다. 그는 너무나 논리적이고 정확하게 사고하여 단 하나의 명제라도 약간이라도 의심스럽다고 생각되면 작업 전체를 중지하고 새로 시작하곤 하였다. 그는 끊임없이 새로운 지식을 분류하고, 보편 아래에 특수를 포섭하는 방식으로, 적절한 논리적 관계 속에 아이디어를 배열하고자 하였다. 그리고 모든 아이디어를 분석하여 그 구성 요소를 찾고자 하였다. 분류하는 인간으로 벤담을 표현하면 가장 적절할 것이다.

특히 연애와 같은 별 재주없는 분야에까지 그의 해석은 수학자들을 연상시킨다. 57년간 독신으로 지내다 결혼하기로 결심한 그는 아주 신중하게 어떻게 선택할 것인지를 생각하였다. 그러고 나서 그는 16년 동안이나 보지 못한 한 여자에게 편지로 구혼하였지만 당연히 거절당하였다. 그러나 그의 구혼의 논리는 여전히 그대로여서, 다시 22년 후 완전무결한지를 아주 주의 깊게 재검토한 끝에 같은 여인에게 구혼을 하였다. 아마도 그 사이 그녀가 수학을 조금 공부를 하여, 수학의 위력이 도움되길 희망하면서 말이다. 그러나 그녀도 자신의 논리, 즉 직관을 확신하고 있었던 것 같다. 또다시 거절한 것이다.

벤담이 자신의 논리적 확신에 용기를 가졌던 것은 단지 여자뿐만이 아니었다. 다양한 종교 조직이 강력한 힘을 발휘하던 시기에 그는 퉁명스럽게 모든 조직이 해로우며, 교회와 국가 연합과 싸우고 있다고 말하였다. 민주주의의 지혜를 확신하게 되면서 그는 보통선거권과 군주제와 귀족 의회의 폐지를 감히 주장하였다. 그는《오류에 관한 책》에서 특권 계층을 공격했다. 부패한 개인, 부패한 법정, 정직하지 못한 법률가도 책을 통해 공격했다.《특수 배심원들에게 적용되는 (포장 기술의 요소들)》이라는 팸플릿에서 그는 배심원을 고정시키는 관습을 비판하며 군주에 직접 비난의 화살을 돌렸다.

쾌락과 고통은 인간 행동의 이면에 있으면서 그것을 결정하는 실재라는, 벤담의 인간 본성에 관한 기본 공리는 이미 언급된 바 있다. 인간은 끊임없이 행복을 추구하며, 고통을 피한다. 쾌락과 고통이라는 단어는 물론 널리 사용되었다. 악의도 어떤 이들에게는 쾌락을 주며, 그렇기 때문에 쾌락 속에 포함되어야 한다.

이제 인간 본성 과학과 일치되는, 아닌 게 아니라 거기서 도출되는 윤리학 체계가 쾌락과 고통의 동기라는 공리 위에 세워져야 한다. 그래서 벤담은 인간의 행복을 증진시키는 행위는 옳고, 감소시키는 행동은 잘못된 것이라고 가정하였다. 특정한 행동이 어떤 사람에게 즐거움이 되기도 하고, 또 어떤 사람에게는 해가 되기도 하기 때문에 그는 '최대 다수의 최대 행복이 옳고 그름의 척도'라고 덧붙였다.

그리하여 윤리학을 발전시키면서, 벤담은 당시를 지배하고 있던 사고를 반복하고 정교화하였다. 그는 그 결과를 계속 탐구하고 수학 개념을 도입함으로써 이를 세련되게 만들었다. 그의 목적은 쾌락과 고통을 측정하여 '행복을 최대화' 하는 것이었다. 이 목적을 위하여 도덕 세계의 뉴턴은 '행복의 미적분학' 을 발달시켰던 것이다.

먼저, 그는 감각, 부, 기술, 권력과 같은 14가지 단순 쾌락과 궁핍과 증오 같은 12가지 단순 고통의 목록을 제시하였다. 쾌락 혹은 고통을 야기하는 각각의 행동에 대하여 측정을 하도록 하였다. 그러한 행동의 수학적 값은 지속성, 강도, 확실성, 근접성, 순수성(다른 쾌락과 고통이 없다는 의미에서), 생산성(다른 쾌락과 고통을 만들어내는 경향)이라는 객관적 요소에 따라 달라진다. 이들 요소들은 그 행위에 의하여 생성된 쾌락 혹은 고통의 측정에 기여한다. 그러나 하나의 행동을 평가하기 위해서는 한 가지 요소가 더 고려되어야 한다. 쾌락이나 고통은 사람들에게 영향을 미치며, 인간은 고도로 복잡한 기계이기 때문에 분별력에서 차이가 있게 된다. 예를 들어, 각각 1000달러를 가지고 있는, 두 사람이 500달러를 한 사람에게서 빼앗아 다른 사람에게 준다고 하면, 그 행동은 쾌락보다는 고통을 초래한다. 왜냐하면, 받는 이의 부는 1/3이 늘어나지만, 잃는 사람은 반이 줄기 때문이다. 따라서 부는 어떤 행동에 있어서 분별력의 척도가 된다. 이와 마찬가지로 교육, 인종, 성, 인격, 그리고 다른 요소들도 사람의 분별력을 결정짓는다.

한 행동의 가치는 다음과 같이 계산할 수 있다. 쾌락의 객관적 척도는 당사자들의 다양한 분별력들을 각각 곱한 값이다. 그리고 나서 이 값들을 더한다. 이때 얻은 수치는 양의 값이다. 그리고 이 똑같은 행위가 사람들에게서 유발할 수 있는 고통을 같은 방식으로 계산하여 음의 값을 부여한다. 그 행위의 가치는 이들 양수와 음수를 더한 것이다. 이 '계산법' 으로 우리는 한 행동의 값을 얻을 수 있을 뿐 아니라 행동의 두 경로도 비교할 수 있게 된다.

이를 실용적으로 적용하는 작업이 곧 이루어졌다. 몇몇이 벤담의 도덕 산술을 받아들여서 천연두 예방 접종을 하는 것이 옳은지 아닌지를 결정하는 데 적용하였다. 그 당시 몇몇 어린이들이 예방접종의 결과로 죽었기 때문에 그 절차가 보편적으로 승인된 상황은 아니었다. 그러나 예방접종을 주장하는 사람들은 만일 접종받은 이들 중에서 10퍼센트가 그 접종의 결과로 죽게 되고, 그 집단의 50퍼센트가 접종을 받지 않아서 그 질병으로 죽게 될 것이라면, 더 많은 수의 생존이 사회 전체를 위해서는 선이 된다는 조건에서 분명히 그 접종은 옳은 것이 된다.

도덕성에 대한 벤담의 양적 접근뿐 아니라 이러한 종류의 논의들은 우리가 보기에는 전혀 관련 없는 분야에 수학을 억지로 적용하는 것 같다. 분명히 그가 제안한 가치 측정이 쉽게 계산될 수 없다는 것은 사실이다. 이러한 결점은 간과해야만 한다. '엄격한 논리학자는 면허받은 몽상가' 인 것이다. 중요한 것은 그가 대담하게도 이전에는 권위적인 전통주의자들이 지배했던 사고의 영역에 이성의 깃발을 들여왔다는 것이며, 또한 보통 사람에게 도움을 주는 윤리학 체계에 합리적 접근을 추구했다는 점이다. 이제 비로소 윤리학은 종교적 교훈이나 현존하는 사회적 패턴의 합리화가 아니라 인간 본성 과학에 기반을 두게 되었다. 신의 의지가 아니라 인간 본성이 새로운 윤리학을 일으킨 것이다. 특히 덕은 더 이상 하늘이 보상을 하는 것이 아니라 그 자체가 보상이 되었다. 벤담 철학의 적용은 오늘날에도 여전히 바람직스러운 것이다.

벤담을 그 전형으로 한 윤리학 이론가들은 기본적 계획을 수행하는 데에 성공하였다. 즉 그들은 인간 본성 법칙과, 동료 인간에 대한 인간의 행위에 대한 특수한 공리들을 활용함으로써 논리적인 윤리학 체계를 수립하였다. 정치적 이론가들도 같은 일을 진행해나갔다. '정치는 과학으로 환원될 수 있다' 는 데이비드 흄의 확신에 자극을 받아서 자신들은 그들의 특수 학문을 위한 공리들을 찾았다. 물론 학파마다 다른 공리들을 선택하였다. 홉스와 같은 이들은 절대 군주제를 정당화하는 공리를 찾았고, 볼테르와 같은 이들은 계몽된 전제정치를 확실히 하고자 하였다. 또 다른 이들은 벤담처럼 민주주의를 주장하기도 하였다.

다양한 정치 이론 중에서 적어도 두 가지는 우리 시대에 비교할 수 없을 정도만큼 중요한 의미를 지닌다. 그것이 바로 로크와 벤담의 이론이다. 로크는 자연의 기원과 정부의 존재 이유, 즉 정부가 존재해야 하는 논리적 이유를 확실히 하고자 하였다. 정부가 등장하는 실제적 역사는 그의 탐구와 무관한 것이었다. 그의 논의는 자신의 유명한 지식론에서 시작하였다. 모든 인간은 텅 빈 마음을 가지고 태어난다. 그들의 성격과 모든 지식은 경험을 통하여 획득된다. 사람들 간의 본질적인 차이는 환경에 기인한 것이므로, 모든 인간은 평등하게 태어났다고 말하는 것이 옳다. 가상의 초기 국가를 18세기에는 자연 국가라고 불렀는데, 그 국가의 모든 사람들은 자유와 같은 선천적이며 양도 불가능한 권리를 소유하였고 이성의 법칙에 따라 행동하였다. 생명, 자유, 재산을 보호하기 위해서 인간은 '사회 계약'을 맺고, 사회에 대한 범죄를 결정하고 처벌할 수 있는 권리를 정부에 제공하였다. 계약을 맺게 되면서, 그들은 다수의 의지에 따라 행동하기로 동의한 것이었고, 정부는 그에 따라 그 의지와 행동을 결정하게 되었다. 그리하여 통치자들, 주로 법률가들이 그들의 선거권자들을 배반하게 되면, 반역이 정당화된다. 그러므로 정부의 본질에 대한 이성적 탐구는 그것이 왜 존재하는가, 어디서 그 권력이 파생되는가, 언제 이 권력을 남용하게 되는가, 그리고 독재정치에 대하여 무슨 일을 할 수 있는가라는 질문에 대답을 할 수 있게 된다.

로크의 정부에 관한 철학과 그것에 대한 합리적 접근을 18세기의 유명한 '수학적' 논문만큼 잘 표현한 곳은 없을 것이다. 이 논문은 우리 모두에게 잘 알려져 있으며, 실제로 로크의 많은 명언을 인용하였다.

모든 인간은 평등하게 태어났으며, 창조주에게서 생명, 자유 그리고 행복 추구와 같은 특정한 양도 불가능한 권리를 부여받았다는 이 진리를 우리는 자명한 것이라 생각한다. 이 권리를 보호하기 위하여 인간 사이에서 정부가 생겨났으며, 피지배자들의 동의로부터 정당한 권리가 도출된다. 어떤 형태의 정부든지 이 목적을 파괴하게 되면, 그것을 바꾸거나 폐지하고 그들이 보기에 자신들의 안전과 행복을 당장 가져올 것 같은 그런 형식으로 그 권력을 조직하여 새로운 정부를 세우는 것이 국민의 권리이다.

21-1. 제퍼슨

앞으로 지적하겠지만, 이 논의는 모든 수학 체계의 토대가 되는 자명한 공리에 대등한 자명한 진리를 진술하면서 시작된다. 그러고 나서 왕은 위에 제시된 공리에 따라 정부가 지켜야 할 것으로 여겨지는 그러한 권리를 국민에게 부여하지 못한다는 것을 보여주는 사실을 진술한다. 그리하여 이들 공리 중 또 다른 하나를 사용하여 국민이 이 정부를 폐지하고 새로운 정부를 세우는 것을 정당화하였다.

윗글의 저자가 가진 개인적 견해는 이보다 더 나아간다. 토머스 제퍼슨(Thomas Jefferson, 1743~1826)은 각 세대는 자신만의 사회 계약을 해야 한다고 말하였다. 그는 21세가 넘은 국민들의 반이 18년 8개월마다 죽는다는 것을 계산하였다. 그러므로 19년마다 새로 계약을 해야 하고 새 헌법을 만들어야 한다.

독립선언의 수학적 형식보다 더 중요한 것은 그것이 의도하고자 하는 정치철학이다. 머리말이 핵심을 가장 잘 표현하고 있다.

인간사의 과정에서 한 국민이, 그들을 다른 국민과 연결시켜놓은 정치적 연대를 해체할 필요가 있게 되면, 그리고 지구상의 많은 권력 중에서 자연 법칙과 자연 신의 법칙이 그들에게 부여한 평등한 분리된 상태를 취할 필요가 있다면, 인류의 의견을 제대로 존중하기 위해서는 그들로 하여금 분리하지 않을 수 없도록 하는 대의를 공표할 필요가 있다.

핵심 어구는 '자연 법칙'이다. 인간을 포함한 전체 자연 세계가 자연 법칙에 의하여 질서를 이루고 있다는 18세기 믿음을 명료하게 표현한 것이 바로 이것이다. 물론 이러한 믿음은 뉴턴 시대의 철학자들과 과학자들이 발견한, 법칙에 대한 증거에 기반을 두고 있다. 명백히 그러한 법칙이 존재하므로 그것들이 인간의 이상, 행동, 제도를 결정한다. 정부의 타당한 법은 자연 법이어야 한다.

'하느님의 자연'이라는 표현 역시 중요하다. 물론 하느님의 의지와 하느님의 후원은 많은 다양한 대의(cause)와 심지어 반대하는 대의가 자주 사용한 표현이다. 그러나 여기서 하느님의 원리는 계시를 통하여, 성서를 통하여 인간에게 알려진 신의 원리가 아니다. 하느님은 자연을 통하여 말하고 있음을 말한다. 이성은 그의 의지를 발견한다. 왜냐하면 인간의 일부인 이성은 자연의 일부이기 때문이다. 사실 18세기 사상가들은 실질적으로 '올바른 이성'과 자연을 동일시하였다.

독립선언문은 대영제국으로부터의 반역을 정당화하고자 했던 소수 집단의 정치 지도자들이 쓴 것이었다. 그 정당화는 국민들의 믿음을 표현하였기 때문에 그들의 지지를 얻을 수 있었다. 제퍼슨이 직접 지적한 바와 같이 그는 새로운 아이디어나 정서를 발명한 것이 아니었다. 그는 단지 모든 사람이 생각하고 있는 바를 진술한 것뿐이었다. 미국의 혁명을 성사시킨 것은 인지 조례나 차에 매겨진 세금이라기보다는, 널리 받아들여진 이 정치 철학이었다. 아닌 게 아니라 미국 혁명과 프랑스 혁명은 모두 불의에 대한 자연과 이성의 승리로 널리 받아들여졌다.

수학적 다양성이라는 합리주의와 자연권의 교리가 정치학에 적용되어, 새로운 정부 철학을 만들어내었고, 사람들에게 부정에 대한 반역이 결정론적이라는 생각을 불어넣었다. 그러나 자연권의 교리가 19세기에 그다지 좋은 대접을 받은 것이 아니었다. 반역의 지도자 중 많은 이들, 특히 해밀튼, 메디슨, 그리고 존 아담스 등은 대중의 권리보다는 사유 재산의 보호에 더 관심이 있었다. 게다가 많은 변호사들은, 자연법을 한참 성장하는 상인 계층의 이익과 동일한 것으로 보았다. 상인 계층들은 더 돈을 벌기 위하여 정부의 개입으로부터의 자유를 원했으며, 그 교리를 자유인의 자연권이라는 뜻으로 받아들여 노예제를 정당화하였다. 영국에서는 노동자들의 교육에 대한 자연권이 거부를 당하였는데, 그 근거는 그들이 교육을 받게 되면 자신의 운명에 대하여 불행을 느끼게 되고, 그들을 다루기 어렵게 하는 선동적인 팸플릿, 사악한 책들, 기독교에 반대하는 출판물을 읽을 수도 있다는 이유에서였다. 게다가 그것이 프랑스 혁명에 영감을 부여하였기 때문에, 자연권의 교리는 공포 정치와 나폴레옹 제국의 강화 등과 같이 잇따라 일어난 사악함을 책임져야 했다. 이 모든 이유로 해서, 그 교리는 특권과 후원을 상실하였다. 결과적으로 정부가 피지배자의 동의로부터 정당한 권력을 얻어야 한다는 민주주의의 원리는 그 이론적 토대를 잃게 되었고, 아닌 게 아니라 민주주의의 실천은 고초를 겪게 되었다. 다행히도 근대 민주주의 철학이 로크보다 훨씬 더 이성의 적확성을 믿었던 벤담에 의하여 재건되었다. 새로운 철학이 바로 공리주의이다.

벤담은 인간 본성에 대한 견해와 자신의 윤리 체계를 《도덕과 입법 원리 개론》(1789)에서 설명하였다. 바로 이 책에서 정부에 대한 과학을 취급하였고, 정치 과학을 정말로 정치적 수완과는 구분되는 도덕 철학의 한 분야로 만들었다. 벤담은 자연권과 신의 의지를 포기하고 정부에 대한 아주 순수한 이성적 기반을 추구하였다. 그에게 정치 분야의 근본적 공리 혹은 기본 진리는, 정부가 최대 다수의 최대 행복을 추구해야 한다는 것이다. 이러한 기본적 원리로부터 그는 많은 결론을 도출하였다. 정의란 그 자체로 목적이 아니다. 그것은 전체의 행복량을 증가시키기 위한 수단이다. 법은 행동의 동기가 아니라 행동의 결과를 고려해야 한다. 왜냐하면, 사회의 행복에 대한 행동의 영향력이 중요한 것이기 때문이다. 형벌학에서 벤담은 법이란 처벌을 통하여 행복을 감소시키는 행위를 규제해야 한다는 연역적 결론에 공헌하였다. 그러나 형벌은 고통을 의미하는 것이기 때문에 그것이 더 큰 고통을 막을 수 있을 때에만 가해질 수 있다.

그때 벤담은 이 명백한 역설에 대하여 곰곰이 생각하게 되었다. 통치자들은 당연히 자기 자신의 행복을 추구한다. 그러나 정부는 최대 다수의 최대 행복을 추구해야 한다. 어떻게 이러한 반대되는 이해관계가 화해할 수 있는가? 그것은 단지 지배자와 피지배자의 이해의 동일성을 보장함으로써만 가능하다. 즉 권력을 모두의 손에 맡겼을 때에야 가능해진다. 그러므로 민주주의가 가장 적절한 정부의 형태가 된다. 논의의 결말을 짓기 위하여 벤담은 '미국이 끊이지 않고 겪은 가장 유명한 경험'에 호소하였다. 그의 주장에 따르면, 그 나라에는 대영제국에서 발견되는 어떠한 부패도 쓸모 없는 지출도, 그리고 사악함도 없었다.

벤담의 저명한 제자인 제임스 밀은 민주주의에서 선거민을 누구로 구성할 것인가라는 문제에 관심을 기울였다. 밀은 아내의 이해는 남편이 보호한다고 생각하였는데, 그 경우와 같이 그 이해가 다른 투표자들에 의하여 잘 보장이 되는 투표권자를 제하면, 40세 이상의 남성들만 투표를 해야 한다는 결론을 내리게 되었다.

벤담이 미국의 상황에 대하여 다소 오해를 했을 수도 있다. 그러나 그의 민주주의에 대한 주장은 매우 효과적인 것이었다. 보통의 미국인들은 그 말을 제대로 이해하지 못했다 하더라도 공리주의자이다. 벤담의 최대 다수의 최대 행복과 로크의 자연권과 사회 계약 철학이 혼합되어 미국의 민주주의를 형성하고 있었던 것이다.

여기서 정치 이데올로기의 과정을 더 이상 살펴볼 필요는 없다. 이론가들이 천체에 대한 수학 이론만큼이나 성공적인 정부에 대한 과학을 정립할 수는 없었다. 아마도 그들은 단지 보통 사람의 정치적 등장을 정당화하고 선포하였던 것에 지나지 않았다. 그러나 합리적인 탐구를 통하여 그들은 적어도 민주주의의 목표와 이상 그리고 슬로건을 다른 것과 분리하여 진술하였다.

민주주의의 완전한 실현은 철학에서의 변화와 인간의 경제적 제도 형식의 변화가 없이는 이루어질 수 없었다. 왜냐하면, 정치적으로는 자유롭지만 경제적으로 노예인 사람은 기껏해야 자유의 환상만을 누릴 수 있기 때문이다. 이미 모든 지식을 재조직하는 임무를 수행하고 있던 18세기의 위대한 사상가들은 곧 다가올 산업 혁명 때문에, 경제적 사고를 개조해야 한다는 압박을 더 받게 되었다.

새로운 경제학은 합리적이며 수학적으로 영감을 얻은 윤리학과 정치학 이론가들의 뒤를 따랐다. 그것의 기본은 인간 본성의 과학이 되는 것이었다. 이를 위하여 경제학 공리들이 추가되어야 했다. 그렇게 되면 경제 법칙의 연역은 쉽게 이루어질 수가 있다.

18세기를 주도했던 경제학파는 케네(François Quesnay, 1694~1774)를 주축으로 하는 중농주의자들과 아담 스미스와 그 후 존 스튜어트 밀이 주도한 영국 고전주의자들이었다. 그들은 공리적 경제 진리가 존재한다는 사실에 동의하였다. 또한 자연 현상에서와 마찬가지로 경제에서도 영원한 불변 법칙이 지배한다는 사실에 동의하였다.('중농주의자 physiocrat'라는 단어는 '자연의 지배'라는 뜻을 가지고 있다.) 그리하여 부에 대한 자연과학을 가능하게 하였다. 경제학자는 그 법칙을 확인하고 이를 선포해야 한다.

이들 학파가 채택한 공리들은 우리 모두에게 익숙한 것이며, 지금도 여전히 지배적인 견해를 대표하고 있다. 개인은 자신의 이해에 따라 행동한다. 자유, 사유 재산, 안전에 대한 권리를 똑같이 공리적인 것이며, 토지와 노동이 유일한 부의 원천이라는 명제도 공리적인 것이었다.

자유 방임과 통행 허가라는 어구에서 잘 표현되어 있는 원리인 자유 무역과 무제약의 경쟁 등을 그러한 공리로부터 연역해내는 것은 어려운 일이 아니었다. 생계를 유지하고자 하는 인간의 정상적이고 자연적인 노력을 방해하는 것은 무엇이든지 신의 우주 설계를 방해하는 것이며 주제넘은 것이다. 특히 정부는 사업을 방해해서는 안 된다. 사업은 성공적인 경제 체제를 보장하기 위하여 사업가에게 맡겨야 한다. 정부는 단지 계약권리만 보장하고 보호해주면 된다. 토지가 부의 유일한 원천이라고 믿었던 중농주의자들은 토지에 특별한 세금을 매길 것을 주장하였다. 반면, 아담 스미스는 노동이 부의 유일한 수단이라고 간주하였고, 노동자들의 문제에 동정을 보이기는 하였지만, 수입에 세금을 매길 것을 주장하였다.

수학적 정신에 연역이 들어 있다면, 이들 경제 이론에도 그런 공리들이 있었다. 그러나 사회의 경제적 악을 교정하는 법칙은 없었다. 아무리 무의식적이라 해도, 이들 경제학자들은 상인과 제조업자 계층의 변호사였다. 이론가들은 단지 자유 방임 원리를 논리적으로 방어하기 위하여 그 시대의 합리주의적 태도로부터 자신이 필요로 하는 것을 빌려왔을 뿐이다. 아닌 게 아니라 산업화가 19세기 초기에 크게 진전되면서 이 원리들은 비참하게도 노동 계층의 원망을 누그러뜨리지 못하게 되었다. 단지 부자가 더 부유해지고, 가난한 자가 빈털터리가 되는 것을 정당화할 뿐이었다. 불평등과 부정이 너무나 명백했기 때문에 경제학자들은 기아선상의 임금을 받고 공장에서 일하는 거대한 대중들의 존재를 정당화해야만 했다. 그들이 취한 방법은, 여성들과 어린 아이들이 하루에 16시간씩 땀을 흘려야 하는 것은 신의 계획이며 불가피한 일이라는 것을 정립하기 위하여 자연법을 찾는 일이었다.

21-2. 맬서스

토머스 맬서스는 인구 법칙에서 그 해답을 찾았다. 그가 찾은 결론은 너무나 쉽게 드러나는 것이어서 주변 세계에 눈 한번 돌릴 필요 없이 《인구론(An Essay on the Principle of Population)》를 쓸 수 있었다. 그 책으로 맬서스는 명성을 얻게 되었고, 역사와 정치 경제학의 교수직도 얻을 수 있었다.

맬서스의 글은 다음과 같이 시작된다.

> 나는 두 개의 공리를 만들 수 있다고 생각한다. (보통 논의는 공리에서 시작된다.) 먼저, 인간이 생존하기 위해서는 식량이 필요하다. 둘째로, 남녀간의 열정이 필요하다. 그리고 현재 상태가 앞으로도 그러할 것이다. (다시 말하여 섹스는 존재할 수밖에 없다). 나의 가정을 인정한다고 하면, 나는 인간의 생계를 생산하기 위한 지구의 힘보다 인구의 힘이 명확히 더 커질 것이다라고 말할 수 있다.

존 아담스의 언어로 표현하면, 남자는 두 개의 욕구를 가지고 있다. 하나는 식사이며 하나는 여자이다. 그러나 두 번째 욕구가 너무나 강하기 때문에 그는 첫 번째에 대하여 잊어먹게 되고 무모한 결혼에 돌입하게 되고, 자식을 낳는다. 그러므로 인구의 증가는 생계수단의 증가를 초월하게 된다.

아마도 수학적 논증의 권위를 조금이나마 얻기 위하여, 맬서스는 인구는 기하학적으로 증가하는 반면, 고정된 땅에서 나오는 생계수단은 단지 산술적으로만 증가한다고 말했던 것 같다. 인구는 25년마다 두 배가 된다고 그는 추측하였다. 만일 다른 요소들이 존재하지 않는다면, 아마도 2세기 후면 256배가 될 것이며, 반면 식량 공급은 9배만 증가하게 될 것이다.

그러나 맬서스는 실제 인구가 기하학적으로 증가하지 않는다는 사실을 알고 있었다. 왜 그런가? 대답은 기아, 질병, 악과 전쟁 등이 인구 증가를 억제하기 때문이다. 이러한 눈에 보이는 악은 종국에는 진실로 이로운 것이 된다. 그것들은 자연의 의지이며, 두렵기는 하지만 필요한 것이다. 이러한 일들은 신이 수립한 계획의 일부이기 때문에, 어떠한 입법도 불행한 인간의 운명을 누그러뜨릴 수 없다. 모든 구성원들이 편하고 행복하게 여가를 누리며 살아갈 수 있는 사회는 존재하지 않는다. 그리하여 맬서스는 자신들이 부양하지 못할 아이들을 가지지 못하도록 욕구를 자제하도록 가르치는 것이 바람직하다고 강조하였다. 사실 그는 11번째 명령을 덧붙이곤 했다. "여섯 아이를 부양할 만한 능력을 갖출 때까지는 결혼하지 말라."

자연법에 호소하여 사악한 사회적 조건을 정당화하는 것은 맬서스로 그치지 않았다. 그 과업을 이어받은 또 다른 유명한 경제학자는 리카도(David Ricardo, 1772~1823)였다. 먼저 그는 자본, 노동, 가치, 유용성, 임대료, 임금, 이윤 등 경제 생활에 도입되는 요소들을 분리하고 이름을 붙였다. 리카도에 따르면, 사업의 모든 것은 이러한 요소들을 관계 짓는 피할 수 없는 자연 법칙을 따르고 있다. 그리고 그 법칙은 가정들

21-3. 리카도

로부터 연역해낼 수 있다. 예를 들어 상품의 가격이 공급과 수요에 의하여 결정된다는 것은 자명하다. 이 가정을 노동 상품에 적용하면, 노동에 대한 자연 가격이 존재한다는 결론을 얻게 된다. 만일 임금이 이 수준보다 올라가면, 노동자들은 더 많은 가족을 가지게 될 것이고, 그렇게 되면 노동 공급량이 증가하여 임금의 감소를 가져올 것이다. 그러므로 임금을 올릴 필요가 없게 된다. 리카도는 이러한 생각을 자신의 유명한 임금 법칙에서 요약하였다. "노동의 자연 가격은 노동자를 재생산하는 데에 필요한 가격이다. 증가하거나 감소하지 않고 이들 부류를 유지하고 영속화하는 데에 필요한 가격인 것이다." 그러므로 맬서스에게는 물론이고 리카도에게도, 가난과 고통, 기아 등이 존재하는 것은 당연하다. 노동자와 토지 소유주 그리고 자본가가 서로 서로에게 반감을 가지는 것도 또한 당연하다. 이 모든 법칙과 그것이 유발하는 조건들은 멀리 내다보는 신의 섭리인 것이다.

산업화가 진전됨에 따라 경제학이라는 '과학'은 사회의 주요 문제들을 점점 더 해결하지 못하게 되었다. 사실 그것은 개혁 운동에도, 노동 조합에도 그리고 구제 입법에도, 자선에도 반대하였고, 인간에게 도움을 주는 대신 자신의 적들에게 도움만을 줄 뿐이었다.

그러나 경제학에서 합리주의 운동이 소진된 것은 아니었다. 18세기보다 19세기에 자연과학의 경이로움은 훨씬 더 화려하고, 수학의 힘도 훨씬 더 자명하였다. 그러나 경제 이론은 수학과 과학의 방법을 채택하였지만, 더 큰 혼란에 빠져 있었다. 몇몇 경제학자들의 추론에 따르면, 문제는 그들이 수학 법칙을 사용하고 자연 법칙을 추구했음에도 불구하고 수학 자체를 감지할 수 있을 정도로 사용하지 않았다는 것이다. 또한 그들은 한번에 자신들이 삼킬 수 있는 이상의 것을 베어 물었던 것 같다. 나누고 나서 남은 것을 삼키는 것이 더 나았을지도 모른다.

그래서 경제학자들은 전체 분야 대신 구체적인 현상에, 그리고 전

21-4. 쿠르노

체적인 탐구 대신 단편적인 탐구에 양적이며 연역적 접근을 시도하기로 하였다. 모든 경우의 제일 목표는 그 구체 현상을 지배하는 기본 공식을 찾는 일이었다. 두 번째 목표는 이들 공식과 수학적 기법을 활용하여 결론을 도출하는 일이었다. 이러한 좀더 제한된 노력을 통하여 경제학자들은 이전보다 훨씬 더 성공적인 연구를 수행할 수가 있었다.

1838년, 쿠르노(Antoine Augustin Cournot, 1801~1877)의 《부 이론의 수학적 원리에 대한 연구》가 출판되면서 경제학 분야에 새로운 학파, 즉 수학학파가 발생하였다. 20세기의 빌프레도 파레토(Vilfredo Pareto, 1848~1923)의 연구도 그 학파에 속한다. 구체적 문제들에 관한 접근 방법을 설명하기 위해서는, 먼저 간단히 동시대의 두 미국인이 행한 연구를 살펴볼 필요가 있다. 바로 인구 성장이라는 중요한 문제에 관한 연구로서 레이몬드 펄과 로웰 리드의 연구가 그것이다.

다음에 제시될 글에 대하여 먼저 우리는 1947년 미들타운의 인구에 관심이 있는 것이 아니라는 사실을 명심해야 한다. 우리는 대체적인 인구 변화, 즉 우연적 요소보다는 근본적인 성장 요소를 발견하기를 원한다. 모든 문제에 대한 수학적 접근에 따라 펄과 리드는 합리적인 추론으로 시작한다.

a) 특정 지역이나 나라의 물리적 조건은 인구의 상한계(L로 표현)를 설정한다.
b) 인구 성장 비율은 현재 인구에 비례한다.
c) 인구 성장 비율은 또한 인구 팽창 가능성, 즉 L과 현재 인구의 차

이에 비례한다.

이러한 공리들은 수학자들이 쉽게 해결할 수 있는 미분 공식을 암시한다. 그 결과는 인구 성장에 대한 일반 공식이다. 만일 y가 특정한 날짜의 t년 후의 인구를 나타낸다면, 그 공식은 다음과 같다.

$$y = \frac{L}{I + a(2.718)^{kt}} \tag{1}$$

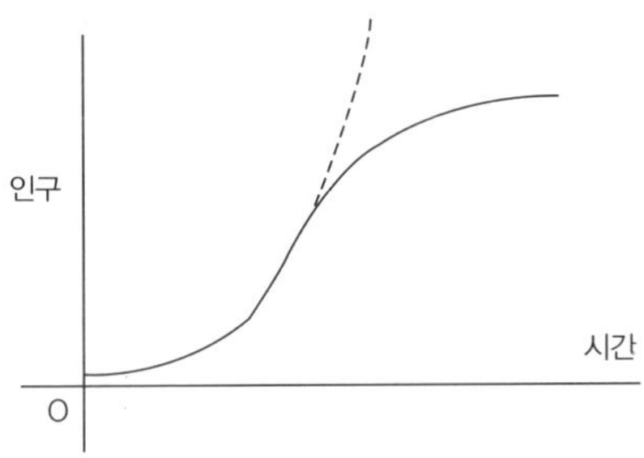

21-5. 성장 곡선

여기서 a와 k의 값은 공식(1)이 적용되는 지역에 따라 달라진다.

독자는 공식(1)의 세부적인 것에 대하여 그렇게 걱정을 할 필요는 없다. 이 공식을 나타낸 곡선 모양은 21-5에 나타나 있다. 로지스틱 곡선으로 알려져 있는 이 그림은 전체적으로, 성장 사이클이라고 부른다. 21-7의 점선은, 만일 맬서스의 주장대로 인구가 기하학적으로 성장한다면 어떻게 변화하는지를 보여주는 그래프이다.

공식(1)은 인구 성장의 일반 법칙을 제시하고 있으며 어떻게 많은 인구가 행동해야하는지를 말해주고 있다. 그러나 사람들이 그렇게 행동하는가? 펄과 리드는 1790년에서 1910년까지의 미국 인구 조사 수치에 약간의 대수를 적용하여 공식 (1)의 a와 k의 값을 정하였다. 따라서 미국 인구 성장의 일반 공식은 다음과 같다.

$$y = \frac{197.27}{I + 67.32(2.718)^{-0.0313t}} \quad (2)$$

이 공식에서 t는 1780년 이후 경과한 연수이며, y는 백만 단위로 표현된 인구이다. 그림 69는 공식 (2)에 따라 그린 곡선이다. 작은 원들은 실질적인 데이터를 나타낸다. 그리고 1790년 이전과 1910년 이후의 그래프의 끊어진 부분은 공식 (2)에 의하여 나타날 수밖에 없는 경향을 나타내고 있다. 우리는 1790년에서 1910년까지의 데이타가 공식 (2)의 곡선으로 나타나 있음을 알 수 있다.

그 공식이 1910년 이후에 일어난 일을 얼마나 비슷하게 나타내고 있을까? 공식에 따르면, 1930년 인구는 122,397,000이 되어야 한다. 그런데 인구조사를 해보니, 인구는 122,755,000이었다. 1950년을 보면 공식으로 예측된 인구는 148,400,000이었다. 그런데 인구조사를 해보니, 150,700,000이었다. 이론과 사실이 상당히 일치하는 것처럼 보인다.

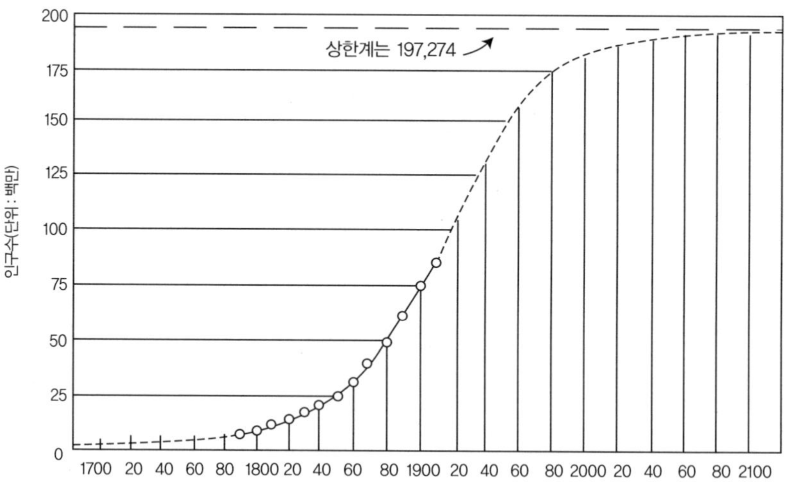

21-6. 미국의 인구성장

공식 (2)로부터 우리는 몇 가지 다른 재미있는 결론을 연역해낼 수 있다. 공식을 보면, 인구의 상한계가 197,270,000이며, 2100년이면 이 수치에 거의 도달하게 된다. 펄과 리드 공식에서 얻을 수 있는 또 다른 결과는 미국이 1914년에 최고의 성장률 지점을 통과하였다는 것이다. 인구 성장에 대한 실제 연구를 통하여 우리는 그 문제에 대한 순수하게 합리적이며 이론적인 접근이 그 사실들을 표현하는 하나의 공식 혹은 하나의 법칙을 만들어낼 수 있다는 것, 적어도 거시적 측면에서는 이를 나타낼 수 있다는 사실을 알게 되었다.

펄과 리드의 연구를 전형으로 하는 수학적 경제학에서 이루어진 훨씬 더 제한된 연구들이 항상 생산적인 것은 아니었다. 정확한 대전제를 발견하지 못해서 그렇게 된 경우가 대부분이었다. 거대한 양의 수학적 상징에도 불구하고 문제에 대한 실질적인 기여가 없는 경우도 허다했다. 그럼에도 불구하고 구체적인 경제 문제에 대한 연역적인 수학적 접근이 꽤 유용한 지식들을 산출하였다는 사실에는 의심의 여지가 없다.

수학의 적용가능성과 힘에 대한 무한한 낙관은 다소 이상한 결과를 초래하기도 하였다. 한 심리학자는 애정의 강도에 대한 공식을 산출하고자 하였고, 자연스럽게 사랑으로 시작하였다. 그는 남자와 여자간의 사랑은 교제 시간의 제곱에 정비례하고, 떨어진 거리의 세제곱에 반비례한다고 결론지었다. 이 '법칙'에서 우리는 거리가 마음을 더 차갑게 만든다는 격언의 수학적 공식화를 얻게 된 것이다.

또 다른 다소 수상한 수학 공식은 철학자 데이비드 하틀리(David Hartley, 1705~1757)가 도출한 것이다. 그는 아주 작은 크기의 문고판 도덕 종교 철학 책에서 공식 $W=F^2/L$을 제시하였다. 여기서 W는 세상에 대한 사랑이며, F는 신에 대한 두려움이고, L은 신에 대한 사랑이다. 여기에 사람이 나이가 들어감에 따라 L은 증가하며 거의 무한대가 된다는 사실만 덧붙이면 된다고 하틀리는 말하였다. 그렇게 되면, 세상에 대한 사랑인 *W*는 감소하고 0에 가까워지게 된다. 이것이 도덕적 진리의 총합이며 실체이다.

우리는 수학과 수학이 낳은 합리적 정신이 인간에 대한 과학에 어떠한 영향을 미쳤는지를 살펴보았다. 그 정신이 낙천적으로, 그리고 때로는 지나치게 낙관적으로 인간 행위의 자연적인 보편 법칙을 발견할 수 있고, 그 결과로 모든 사회 문제를 해결할 수 있다고 예측하는 한, 그것은 물론 잘못된 것이었다. 인간은 대체로 자신의 행동을 이해하고 예측하는 데 실패하였다. 그의 신체와 감정, 그리고 욕망은 명백히 엄격한 법칙을 준수하길 거부하였고, 다시 말하여 수학적 규칙에 종속되길 거부하였다. 적어도 그 분야에서 현상들을 지시하고 통제하며 예측할 수 있게 하는 전체 사회 과학에 대한 양적인 연역적 접근을, 어떤 사상가들도 아직껏 수립하지 못하였다. 특히 경제학 분야에서의 성공은 눈에 띌 정도로 희박하였다.

왜 인간은 스스로가 자신의 아킬레스건이 되는가? 사회과학이 부재하는 한 가지 원인을 홉스가 오래 전에 제시한 바 있다. "다음과 같은 일이 있을 수도 있다고 나는 생각한다. 만일 삼각형의 세 각이 사각형의 두 각과 동일하다는 그 원리가 그 사람의 지배 권리에 반하는 것이라면, 그 원리는 바로 어떤 사람이 힘 있는 사람인 경우에 한해서 논쟁을 일으키지는 않는다 하더라도 모든 기하학 책을 불태움으로써 억압받았을 것이다."

18세기와 19세기의 사회과학 연구자들에게 겨눌 수 있는 가장 가혹한 비판은 아마도 사회과학이 너무나 수학적이며 충분히 과학적이지 못했다는 사실일 것이다. 그들은 정치학 혹은 경제학이 쉽게 따를 수 있는 공리나 일반 원리를 찾고자 원했다. 그러나 몽테스키외(Montesquieu, 1689~1755)처럼 거의 어떤 사람도 사회 그 자체를 연구하지는 않았다.

단지 먼저 자신의 공리가 올바른가를 검토하고 난 후 연역된 결론을 점검하기만 하였던 것이다.

사회과학과 심리학에 대한 연역적 접근의 장점과 단점이 무엇이든간에, 하나의 가치는 분명하다. 윤리학, 정치학, 경제학, 혹은 심리학이라는 개념 자체와 그러한 학문을 만들고자 하는 자극이 뉴턴 시대의 비옥한 합리주의에서 직접 파생된 것이라는 점이다. 결과적으로 이성은 적어도 전통, 관습, 그리고 미신이 가리고 있던 분야에 빛을 비추어주었던 것이다. 특히 현존 제도에 순응하는 대신 정부에 대하여 합리적인 태도를 취하게 됨으로써 인간은 불평등과 부정, 그리고 잔혹함에 대하여 눈을 뜨게 되었다. 수학적 정신은 그리스 합리주의가 수학에 했던 일을, 이 모호하고 제대로 정의도 되지 않은 혼란스러운 사고 영역에서 이루어냈다. 수학적 정신은 '개인적 판단이라는 폐허 위에 이성이라는 대건축물을 세웠던 것이다.'

22 무지에 대한 수학 이론: 인간 연구에 대한 통계학적 접근

어디서나 실용적인 인간을 억압하는 것은, 그가 파악할 틈도 없이 끊임없이
앞을 지나가는 사물과 사건의 수치이며 그 흐름이다.
그에게 필요한 것은 그 엄청난 수치를 파악하는 일이다.
-테오도르 메르츠

손에 든 패 중에서 별로 좋은 것이 없을 때에는 가장 약한 패를 내는 것이 브리지 게임의 중요한 규칙이다. 앞으로 알게 되겠지만, 이 규칙은 과학자들의 카드놀이에도 적용된다. 자신들의 손에 들고 있는 카드가 시원치 않음을 인식한 사회과학자들도 이 규칙을 적용하여 엄청난 성공을 거두었다.

우리는 성공적인 수학자들과 자연과학자들의 전술을 '선험적인' 그리고 '연역적인'이라는 말로 간단히 표현할 수 있다. 어떤 현상에 대한 지식이 쓸 만한 것인가 아닌가에 대하여 주의 깊게 사고함으로써 그들은 공리로 사용되는 일반적인 근본 원리들을 얻는다. 그러고 나서 연역적 추론에 의해 새로운 결론과 새로운 지식을 도출해낸다. 이러한 '안락의자' 식의 접근에서 관찰과 실험은 제일 원리에 도달하거나 연역을 점검하는 데에 도움을 줄 수는 있지만, 감각보다는 정신이 더 효율적으로 작용한다.

대체로 선험적·연역적인 접근이 사회과학자들에게 실패를 안겨준 데에는 매우 타당한 이유가 있다. 가장 주요한 이유는 아마도 연구하는

현상이 지나치게 복잡하다는 사실일 것이다. 상대적으로 제한되어 있는 문제에도 너무나 많은 변수들이 관련되어 있어서 주요 요소를 뽑아내는 것조차 불가능하였다. 예를 들어 국가의 번영 시기를 어떻게 설명하겠는가? 그런 행복한 상황은 천연 자원, 노동 공급, 이용 가능한 자본, 해외 무역, 전쟁과 평화, 심리적 고려사항들과 다양한 변수들에 의존을 하고 있다. 그러므로 어떤 사람도 이 문제의 핵심에 도달하지 못한 것처럼 보이는 것도 놀랄 일이 아니다. 만일 경제학자가 관련된 몇몇 변수에 대한 가정을 함으로써 그 문제를 단순화하고자 시도를 한다면, 그 사람은 문제를 실제 상황과는 아무런 관계가 없이 인위적인 상황으로 만들 가능성이 높다.

많은 경우에 선험적·연역적 접근은 실행 가능하지 않았다. 왜냐하면, 실질적으로 연구를 시작하기에는 선험적 지식이 없었기 때문이다. 질병의 원인에 대하여 아는 것이 없고, 전염되어 퍼지는 요인들에 대한 정보가 거의 없기 때문에 그 질병의 치료를 처방할 수가 없다. 신체의 화학반응과 두뇌의 작용에 대한 광대한 부분이 생물학자들에게는 완전히 신비로 남아 있었다. 신체적 유전의 메커니즘은 거의 겉장도 못 넘긴 책과 같다. 이러한 분야에서 분석이란 애초부터 시작될 수도 없지 않은가.

그러나 어떤 문제에서는 공리로부터 연역을 해내는 고전적인 방법을 통하여 기본 법칙을 얻지 못하는 이유가, 역설적이게도 정보가 너무 많기 때문인 경우도 있다. 기체는 만유인력의 법칙에 따라 서로를 잡아당기는 분자들로 구성되어 있다. 게다가 분자들은 뉴턴의 운동 법칙의 지배를 받는다. 만일 어떤 일정한 부피의 기체가 단지 두 개 혹은 세 개의 분자만을 가지고 있다면, 그 기체의 행동은 과학자들이 혹성의 움직임을 예측할 수 있는 것과 마찬가지로 예측할 수 있다. 그러나 1세제곱피트의 기체는 일반적인 조건에서 6×10^{23}개의 분자를 포함하고 있다.

각 분자는 만유인력의 법칙에 따라 다른 모든 분자들에게 영향을 미친다. 분명한 것은 모든 개별적인 분자들이 서로에게 미치는 영향을 종합하여 이 기체의 행동을 연구할 수 없다는 사실이다. 엄청난 개수의 분자들을 하나의 단위로 취급하기 위해서는 몇 가지 방법이 필요하다.

사회 문제에 대한 선험적 · 연역적 접근이 불만족스러운 또 다른 이유는 19세기에만 해당하는 독특한 것이었다. 산업혁명은 거대 규모의 공장 생산을 도입하였고, 도시 인구의 증가를 가져왔다. 이로부터 인구 변화, 실직, 상품의 생산과 소비, 대규모 사업의 위험 부담에 대한 보험, 그리고 혼잡한 지역의 비위생적인 생활 조건에 의한 질병 등, 엄청나게 많은 사회 문제들이 발생하였다. 이러한 문제들이 사회과학 연구자에게 너무나 빨리 들이닥쳐서, 선험적 · 연역적 접근이 해결책으로 제시되었다 하더라도 시간이 절약되기보다는 더 많은 시간이 필요했을 것이다. 코페르니쿠스, 케플러, 갈릴레이, 그리고 뉴턴과 같은 천재들이 새로운 방법을 적용하여 운동 법칙과 만유인력의 법칙을 산출하는 데에도 백 년 이상이 걸렸다. 사회 분야와 의학 분야에서의 결과를 이보다 더 빨리 산출할 수 있으리라고는 상상할 수도 없을 것이다.

이 모든 이유로 해서, 선험적 · 연역적 접근은 사회 과학자들에게 실패를 안겨주었고, 그들의 문제에는 새로운 접근 방법이 필요한 것처럼 보였다. 누군가 과학 법칙을 얻기 위한 새로운 방법을 찾기 위해서 어느 정도 노력해야 하는지 혹시라도 생각했다면, 그는 아마도 금방 절망에 빠져들었을 것이다. 결론은 빨리 도출될 수 있어야 한다. 또한 하나의 상황에 작용하는 많은 변수들의 효과를 요약할 수 있어야 한다. 이해를 전혀 할 수 없는 경우에도 적용이 되어야 한다. 그리고 하나의 현상에 셀 수 없이 많은 수백 만 가지의 구성요소들을 포괄할 수 있어야 한다. 게다가 측정할 수 없는 요소들 자체의 효과도 측정할 수 있어야 한다. 이러한 과도한 요구에도 불구하고 그 모두를 충족시키는, 과학의 문제에 대한 새로운 접근이 탄생하였다.

새로운 접근은 일상사의 상태에 대한 분석과 함께 시작되었다. 여기에 그 본질적 성격을 전혀 이해할 수 없는, 이해할 수 있다고 해도 기체 분자의 운동의 경우처럼 이해가 전혀 도움을 주지 못하는 그런 현상, 그러니까 실질적인 목적으로 보면 아무것도 모르고 있다고 과학자들이 주장하는 현상이 있기 때문이다. 그래서 연역적 접근의 기반으로는 도움이 될 만한 포괄적인 근본 원리들을 가지고 있지 못한 현상말이다. 반면에 우리가 가진 약점은 바로 우리를 압도하고 우리의 무지만을 부각시키는, 엄청난 양의 소화되지 못한, 있는 그대로의 사실들만 대면하고 있다는 사실이다.

사회 과학자들이 브리지 게임의 규칙을 회상하는 지점이 바로 이곳이다. 그들은 트럼프 카드패로 활용할 수 있는 근본 원리들을 가지지 못했기 때문에 약점을 과감히 통과하기로 결심하였다. 만일 비가 채소에 어떤 영향을 주는지 이해할 수 없더라도, 먼저 그 현상이 어떤 것인지 일단 측정을 해보자. 예방접종이 왜 죽음을 예방하는지 알 수 없더라도, 그 실행의 결과를 표로 만들어보자. 국가적 번영의 복잡성을 간파할 수 없더라도, 적절한 지표를 세워서 그 증가와 하락을 도표로 만들어보자. 만일 식물, 동물, 혹은 인간에게서 유전의 메커니즘을 이해하지 못한다 하더라도, 우선 종들을 번식시켜서 다음에 이어지는 세대들에게 무엇이 드러나는지를 기록해보자. 세계를 우리의 실험실로 만들어, 그 속에서 일어나는 일에 대한 통계를 수집하자.

통계를 단지 모은다는 것은 새로운 생각이 아니다. 왜냐하면, 통계는 성서와 그보다 더 오래된 문서에서도 발견되기 때문이다. 새로운 것은 그것을 실지로 행했다는 것이다. 17세기 영국의 부유한 잡화상인인 그랜트(John Graunt, 1620~1674)가 최초로 이를 실행하였는데, 그는 사회 과학의 문제들에 대한 주요 공격 무기로 통계를 이용하였다. 그랜트는 심심풀이로 영국 도시의 사망기록을 연구하였고, 사건, 자살, 그리고 다양한 질병에 의한 죽음의 비율이 변하지 않는다는 사실을 알았다. 그리하여 표면상으로는 우연히 시작한 재미처럼 보였던 일이 놀랄 만한 규칙성을 가진 것으로 드러났던 것이다. 이 통계에 기반하여 그는 한 가지 주장을 하였다. 남자는 직업적인 위험과 부딪히고 또한 군 복무에도 임하므로 결혼 적령기의 남성의 수가 어느 정도 여성의 수와 동일하게 된다. 그러므로 일부일처제는 결혼의 자연적 형태임에 틀림이 없다.

그랜트의 연구는 해부학과 음악 교수이자 후에 군의관이 된, 그의 친구 윌리엄 페티 경의 지지를 받았고, 동의를 얻었다. 비록 페티는 그랜트의 연구처럼 놀라운 관찰을 한 것은 아니지만, 그의 관점이 포괄적인 것이었다는 점에서 특히 주목할 만하다. 사회과학도 자연과학처럼 양적이어야 한다고 주장한 것이다. 의학, 수학, 정치학, 경제학에 관한 그의 저술에서 그는 다음과 같이 말한다. "나의 방법은 아직 많이 사용되지 않는다. 왜냐하면, 비교급과 최상급의 단어와 지적인 논쟁을 이용하는 대신에 나는 수치와 무게, 그리고 측정으로만 나 자신을 표현하고, 자연에 가시적인 토대를 두고 있는 그런 원인만을 고려하는 경로를 택하고 있기 때문이다." 그는 유아적인 통계학에 '정치적 산술'이라는 이름을 붙였다. 그리고 그것을 '정부와 관련된 사물에 대하여 수치로 추론하는 기술'이라고 기술하였다. 사실, 그는 모든 정치 경제학을 단지 통계학의 한 분야로 간주하였다.

멀리 예견할 줄 아는, 이 각성된 영국인이 통계학의 잠재성을 주장하였을 때, 그리고 17세기 성직자들이 통계학을 이용하여 달의 다양한 국면들이 건강에 영향을 미친다는 미신과 싸웠을 때, 새로운 학문에 대한 토대는 이미 배태된 것이었다. 잉태의 시기는 약 100년 동안 지속되었다. 이 시기 동안 통계학은 아주 일반적으로 한 나라에 대한 주목할 만한 양적 정보를 의미하게 되었다. 다시 말하여 정치학자를 위한 자료로 여겨진 것이다. 19세기 초반까지, 페티와 그랜트의 연구가 제안하고 있는 사항을 따르는, 다시 말하여 자료에 기반하여 법칙을 얻는 일은 거의 이루어지지 않았다. 이 시기에 효과적인 연구자 집단은, 사회과학에서 선험적인 연역적 접근이 성공할 수 없다는 사실과 통계학에 잠재성이 들어 있다는 사실을 인식하면서 중요한 문제들을 공략하기 시작하였다.

페티와 그랜트는 사고의 한 광맥을 발견한 사람들이었다. 그러나 순수한 금을 얻기 위해서는 그 일이 아무리 고되다 하더라도 광석을 파내는 일만으로는 충분하지 않았다. 광석은 체로 치고, 걸러내고, 정련해야 한다. 마찬가지로 통계만을 축적한다고 해서 그 자체로는 아무것도 얻을 수 없다. 왜냐하면 가장 간단한 문제일 경우에만 결론을 자료로부터 직접 도출할 수 있을 것이기 때문이다. 거대한 양의 자료로부터 지식을 추출하는 일을 바로 수학이 해냈다.

자료로부터 지식을 증류하는 일에 필요한 가장 단순한 수학적 장치가 바로 평균이다. 가령, 어떤 작은 사업 조직체의 고용인들이 달러로 다음과 같이 주급을 받는다고 치자.

20, 30, 40, 50, 50, 50, 60, 70, 80, 90, 100, 1000, 2000 (단위:달러)

평균 주급은 얼마인가? 보통 우리는 이 모든 봉급을 합하고 그것을 봉급받은 수로 나눈다. 이 경우에 총합은 3640이며, 봉급받은 수는 13이다. 그러면 평균은 280이 된다. 이러한 유형의 평균을 산술 평균이라고 부른다.

평균이 주는 정보가 미약한 것만은 분명하다. 실제로 어떤 사람도 이 액수의 급료를 벌지 못한다. 더욱이 13명 중 겨우 두 사람만이 그보다 더 많은 돈을 번다. 다른 사람들은 그보다 훨씬 적게 번다. 다시 말하여, 산술 평균은 만일 그것을 구성하고 있는 수량 중 몇몇이 다른 것과 비교하여 아주 클 경우에는 그 집단의 대표 수치가 되지 못한다. 그런 경우에는 다른 평균이 더 많은 정보를 줄 수 있다. 자주 사용되는 또 다른 평균을 중앙값이라고 하는데, 이를 중심으로 위아래에 분포된 사례의 수가 동일한 변량을 가리킨다. 13개의 사례가 있는 위의 경우에 중앙값은 60이다. 60달러보다 더 많이 버는 사람이 6명이며, 덜 버는 사람이 6명이기 때문이다.

위의 경우에 중앙값은 산술평균보다는 좀더 대표적인 수치인 것처럼 보인다. 그러나 전체를 보여주기에는 역시 부족하다. 만일 중앙값 아래의 6명이 받은 임금이 그 위의 수치들보다 훨씬 더 적고, 중앙값 위의 6명의 임금이 훨씬 더 많다고 하더라도, 중앙값은 달라지지 않는다. 임금에서의 그런 심한 불균형이 60이라는 중앙값에는 반영되지 않는다. 그러므로 중앙값도 역시 대표 수치가 되지 못할 경우가 많다.

흔히 사용되는 또 다른 평균은 최빈값이다. 이는 가장 자주 나타나는 변량의 수치를 말한다. 우리가 제시한 사례에서 봉급의 최빈값은 50이다. 가장 많은 수의 사람이 이만큼의 봉급을 받는다. 이 값이 다른 평균처럼, 비록 임금의 분포를 어느 정도 나타내주기는 해도 마찬가지로 불충분하다. 최빈값의 위아래 범위가 반영되어 있지 않기 때문이다.

각각의 대표값만으로는 알 수 없는 것이 바로 그 위아래에 있는 변량들의 분포이다. 산술평균은 모든 값에 따라 달라지지만, 그것으로부터 분포가 어떤 성질을 가지고 있는지 추론할 수 없다. 예를 들어 1000과 2000의 두 값이 각각 100과 2900으로 바뀐다 하더라도 산술평균은 여전히 그대로이지만 분포의 성질은 변한다. 따라서 평균을 중심으로 변량들이 어떻게 분포되어 있는지를 측정하는 일이 필요하다. 이러한 목적을 위하여 통계학자는 표준 편차라는 양을 이용한다. 그리고 보통

σ(시그마)로 나타낸다. 이 양은 다음과 같이 계산한다. 먼저 산술 평균과 변량 사이의 차이, 다시 말하여 평균으로부터 변량의 편차를 계산한다. 그리고 음수를 피하기 위하여 평균으로부터의 편차는 제곱을 한다. 편차들의 제곱을 더하고, 이들을 변량들의 총 개수로 나누어서 평균을 구한다. 이 평균의 제곱근은 바로 이전에 수행한 제곱을 상쇄하기 위하여 취해진 것이다. 간단히 말하여 어떤 집단의 변량들의 표준 편차는 그 집단의 평균으로부터 떨어진 각 편차들의 제곱값을 변량으로 하여 평균값을 구한 후 다시 제곱근을 하여 얻는다.

위에서 제시한 봉급을 사용하여 표준 편차의 계산을 설명할 수도 있다. 그러나 산술에서 헤맬까봐 좀더 단순한 것을 사용하기로 한다. 아래 자료의 표준편차를 계산해보자.

1, 3, 4, 7, 10, 13, 18.

이 자료의 평균은 8이다. 그러므로 평균으로부터의 편차들은 각각 다음과 같다.

7, 5, 4, 1, 2, 5, 10.

그리고 이 편차들의 제곱을 구하면 다음과 같다.

49, 25, 16, 1, 4, 25, 100

이 제곱들의 합은 220이므로, 이 제곱들의 평균은 220을 7로 나눈 값, 즉 대략 31.4가 된다. 이 평균의 제곱근은 약 5.6이다. 이 수치가 8이라는 평균값과 많은 차이를 보이면, 자료의 산포도 역시 큰 것이다.

우리가 봉급에 대한 자료로 유사한 계산을 했다면, 556이라는 표준편차를 얻을 것이다. 평균이 280이었다는 것을 상기해보라. 그러면 우리는 그 산술 평균 주위의 산포 정도가 크다는 추론을 정당화할 수 있다.

물론, 산술 평균과 표준 편차와 같은 두 개의 대표 수치들조차도 자료 자체만큼 많은 것을 보여주지는 못한다. 그러나 머릿속에 이 모든 자료를 가지고 다니면서 연구를 할 수는 없기 때문에 이 수치는 매우 유용하다고 할 수 있다.

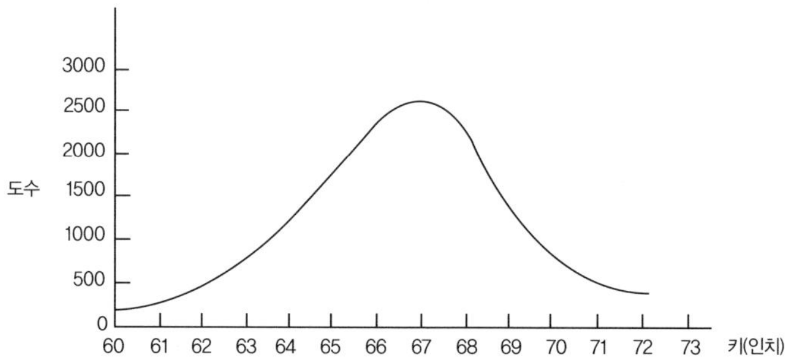

22-1. 특정 지역의 남자들의 키

모은 자료를 전부 외우거나 두 개의 대표 수치만에 의존하지 않는 대안적 방법으로 그래프가 있다. 그래프가 아니면 거의 눈에도 띠지 않았을 사실들이 그래프로 제시하여 명백하게 드러내보일 수 있음을 신문을 읽는 사람이라면 알고 있을 것이다. 생활비의 증가와 감소를 나타내는 그래프나 주식 가격을 나타내는 그래프 등은 흔히 볼 수 있다. 자료를 그래프로 나타내면 단지 증가와 감소를 나타내는 것 이상의 훨씬 더 중요하고도 심오한 결론을 얻을 수 있다.

만일 우리가 어떤 지역의 모든 남자들의 키를 측정했다고 해보자. 각 사람의 키에 따라 해당하는 도수가 있을 것이다. 만일 남자들의 키를 x좌표로 그 도수를 y좌표로 나타내면, 우리는 새로운 키의 분포 그래프를 얻게 될 것이다. 실제 데이터의 그래프가 22-1에 나타나 있는데, 이때의 부드러운 곡선은 그 좌표들을 이어 그린 것이다. 분명한 것은 그래프를 통해 쉽게 마음속에 기억할 수 있는 그림을 그릴 수 있으며, 동시에 원래 자료에 포함되어 있던 많은 정보를 제시해준다.

키의 분포에 대하여 생각해볼 점은, 우리가 짧게 논의하게 될 다른 많은 특성뿐 아니라 특히 중요한 것이 그 분포가 정규분포곡선으로 수학자들에게 알려진 이상적인 분포에 거의 근접하고 있다는 사실이다. 사실상 키를 측정한 집단의 크기가 크면 클수록, 그 곡선은 이상적 형태에 가까워지게 된다. 마치 정다각형의 변이 많아지면 많아질수록, 원의 모양과 같아지는 것과 같은 이치이다.

정규분포곡선 혹은 정상 분포는 너무나 흔하고 또 너무나 중요하기 때문에 그것의 주요한 특징 몇 가지를 살펴볼 필요가 있다.

이 곡선은 자료 중에서 가장 높은 빈도를 나타내는 수직선을 중심으로 좌우 대칭을 이룬다. 중심선의 오른쪽, 왼쪽으로 그 곡선을 따라가게 되면, 곡선은 처음에는 천천히 하락하다가 나중에서 급격히 하락하고, 결국에는 x축에 한없이 가까워진다. 그 모양이 종의 모양과 유사하여 이 곡선을 종모양곡선이라고도 부른다.

정상 분포에서 도수가 가장 큰 값, 즉 최빈값은 중간값이기도 하다.

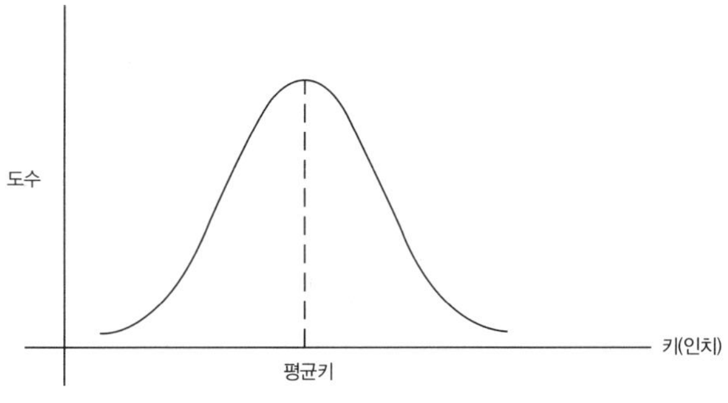

22-2. 정규분포곡선

왜냐하면 그래프의 대칭에 의해 최빈값을 중심으로 오른쪽에 있는 사례의 숫자와 왼쪽에 있는 사례의 숫자가 같기 때문이다. 또한 최빈값은 산술평균이 된다. 최빈값의 양쪽에 최빈값으로부터 동일한 거리에 있는 값의 도수는 같기 때문이며, 산술 평균의 계산에서 동일한 거리에 있는 값의 평균값이 모두 그 중간이기 때문이다. 그러므로 정상 분포에서 최빈값, 중간값, 그리고 산술평균은 모두 일치한다.

정규분포곡선은 1800년대 이래로 천문학자들과 과학자들에게 매우 친숙한 것이었다. 측정과 관련하여 자주 등장하였기 때문이다. 어떤 과학자가 어떤 전선의 정확한 길이에 관심이 있다고 하자. 손과 눈은 완벽하게 정확하지도 않으며, 또한 온도와 같은 주변 상황이 변화하기 때문에 그 과학자는 이 길이를 한 번이 아니라 50번 정도 측정하게 된다. 이 50번의 측정값은 매번 측정할 때마다 다르다. 그 차이를 인지할 수 있을 때도 있고, 없을 때도 있다. 그런데 이 50번의 측정 결과를 그래프로 나타내면 정규분포곡선에 접근한다. 실제로 측정을 많이 하면 할수록 그것들의 도수 분포는 이 곡선을 따르게 된다.

조심스럽게 행한 측정이 정규분포곡선을 따르게 되리라고 기대할 만한 충분한 이유가 있다. 측정에서의 실수는 눈과 손 때문에 생긴 실수 때문이거나 사용한 도구가 조금씩 달라지기 때문이다. 이러한 실수는 참값을 중심으로 양쪽으로 몰려서 분포하게 된다. 이는 마치 사수가 표적을 보고 총알을 발사하였을 때 표적을 중심으로 총알이 주변에 모이게 되며 중심으로부터 거리가 멀면 멀수록 그 숫자가 드물어지는 것과 같은 이치이다.

측정이 정상 분포를 따른다는 사실은 과학자들에게 매우 유용한 것이다. 정상 분포에서 자료들은 참값이 되는 산술 평균 주변에 모여 있다. 그러므로 여러 개의 측정치들이 정상 분포를 따른다면, 평균값은 참값에 꽤 가까운 근사값이 된다. 게다가 만일 측정치가 정상 곡선을 따르지 않는 것처럼 보이면, 어떤 방해 요인이 측정에 개입되었다는 것이며, 이는 마땅히 제거되어야 한다. 예를 들어, 금속 조각의 길이를 온도가 계속 올라가는 방 안에서 측정을 하였다면, 그 측정치는 꾸준히 증가하여 정상 곡선을 이루지 않을 것이다. 이러한 측정 방법은 큰 실수를 범하게 될 수 있는데, 우리는 측정치의 그래프를 통하여 이러한 방해 요소를 한눈에 발견할 수가 있다.

정상 곡선은 천문학적 거리를 결정하는 데에도 수천 번 이용된다. 질량, 힘, 속력을 측정하고, 녹는점과 끓는점, 어는점들을 결정하고, 수백 가지의 화학적 수량을 결정하는 데에 사용된다. 측정의 실수를 제거하는 데에 이 곡선을 사용하기 때문에 정상 곡선은 또한 '실수 곡선'으로 불리기도 한다. 그것이 존재한다는 것 자체가, 측정에서의 우연적 실수가 진짜 우연적으로 일어나는 것이 아니라 위의 곡선을 항상 따른다는, 외관상으로는 역설적이지만 그럼에도 불구하고 변하지 않는 다음과 같은 결론을 보여준다. 인간은 실수조차 자기 마음대로 할 수 없다는 사실이다.

정규 분포를 사용할 때에, 측정된 수량의 주어진 범위 안에 얼마나 많은 사례가 포함되어 있는지를 아는 것은 중요하다. 가령, 미국인 10만 명의 키의 분포를 생각해보자. 다양한 키의 도수가 정규분포곡선에 어떻게 놓여져 있는가는 이미 기술되었다.

이 분포의 산술평균과 표준 편차가 각각 67인치와 2인치라고 가정해보자. 이때, 이론적으로는 키의 측정값 중에서 68.2퍼센트가 65인치와 69인치 사이에 분포한다. 그리고 95.4퍼센트는 표준편차의 두 배, 즉 산술평균를 중심으로 4인치 안팎에 놓이게 될 것이다. 산술평균으로부터 표준편차의 몇 분의 몇까지 떨어진 범위 내에 측정치들이 얼마나 분포되어 있는지 백분율 또한 계산할 수 있으며 표로 나타낼 수도 있다. 그러므로 정규분포의 산술평균과 표준편차를 알게 되면, 이 두 수

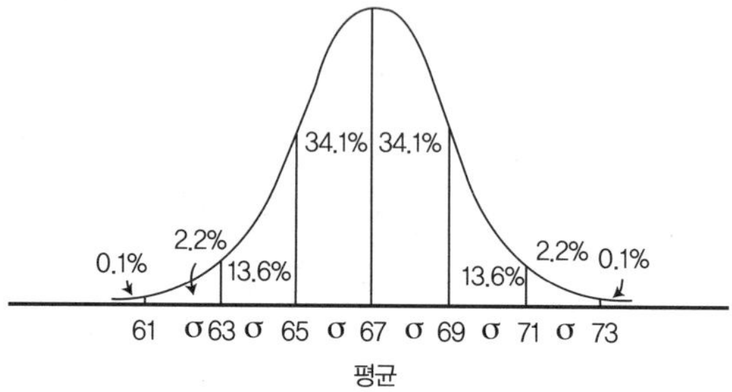

22-3. 정규분포곡선의 서로 다른 영역에 놓인 사례들의 백분율

량으로부터 분포에 대한 원하는 정보를 모두 얻을 수 있을 것이다.

1833년경 벨기에의 천문학자이자 기상학자며 통계학자였던 케틀레(L.A.J. Quételet, 1796~1874)는 정규분포곡선에 비추어본 인간 특성과 능력의 분포를 연구하기로 결심하였다. 우연하게도 그의 자료들 대부분이 르네상스 예술가, 예를 들어 알베르티, 레오나르도, 기베르티, 뒤러, 미켈란젤로를 비롯한 여러 사람들이 인간 신체 부분에 대하여 측정한 수천 가지의 자료로부터 얻은 것이었다. 케틀레는 그 이후 수백 명의 후속 연구자들이 확증한 사실을 발견하였다. 인간의 거의 모든 정신적 신체적 특징들이 정규분포곡선을 따른다는 사실 말이다. 키, 한쪽 갈비뼈의 크기, 머리의 크기, 두뇌의 무게, 지능(지능 검사를 통하여 측정한), 전자기적 스펙트럼의 가시 부분을 볼 때의 눈의 민감도 등, 이 모든 것이 하나의 '인종' 혹은 '민족' 유형 내에서 정규 분포를 띠고 있다는 사실이 그것이다. 이는 동물, 채소, 그리고 광석에도 그대로 적용되었다. 어떤 한 종의 포도의 크기와 무게, 어떤 한 종의 옥수수 알의 길이 등 모두가 정규분포를 보인다.

인간의 특성과 능력이 측정의 실수와 같은 분포 곡선을 따른다는 사실은 케틀레에게 더 없이 중요한 것이었다. 그는 모든 인간은 빵 덩어리처럼 하나의 주형틀에서 창조된 것이며, 그 창조의 과정에서 발생한 우발적인 변화로 인해서 조금씩 달라진 것이라고 주장하였다. 이러한 이유로 실수의 법칙이 적용되는 것이다. 자연은 이상적인 인간을 목표로 하지만, 표적에서 벗어나게 마련이며 그렇기 때문에 양쪽으로 벗어나는 변이가 발생한다. 반면에 만일 인간에게 어떤 이상적인 유형이 전혀 없다면, 가령 키의 경우처럼 그들의 특징을 측정할 수는 있지만 그 분포가 나타나는 그래프에서 어떤 의미도 발견하지 못할 것이며 그들 사이의 어떤 관계도 발견할 수 없을 것이다.

케틀레는 측정의 사례를 증대하면 할수록, 개인적 변이는 지워지고 인류의 중심적 특성이 확연히 정의되는 경향이 있다는 것을 더 자주 보게 되었다. 이러한 특성들 각각의 평균은 이상적인 혹은 '평균 인간'의 존재를 확인해준다. 게다가 평균 인간은 사회가 돌아가는 만유인력의 중심이었다. 중심적 특성들은 보편적인 원인에 의하여 야기되는 것이므로 사회는 존속되고 유지되는 것이라고 선언하였다. 이제 우주 설계와 결정론의 증거가 물리적 현상에서뿐만 아니라 사회 현상에서도 명백한 것처럼 보였다.

케틀레의 철학적 추론에 대한 판단은 이후로 넘기기로 하겠다. 당분간은 정상 곡선을 사회 문제와 생물학적 문제에 적용할 수 있게 되면서 이 분야에 지식과 법칙이 발생하게 되었다는 것을 아는 것에 만족하기로 하자. 아닌 게 아니라 오늘날에는 어떤 신체적 혹은 정신적 능력도 정상 곡선을 따라야 한다는 확신이 너무나 확고하게 자리잡고 있어서 대규모 사람들을 측정하여 얻은 결과가 이를 따르지 않으면 뭔가 오류가 있지 않나 하고 의심까지 하게 되었다. 예를 들어, 만일 큰 집단을 대상으로 시험을 치렀는데, 성적의 분포가 정규분포를 이루지 않으면 그 검사가 타당하지 못한 것으로 판정하기까지 한다.

그래프를 통해 자료의 분포를 연구하게 되면서 논쟁을 불러일으킬 만한 몇 가지 질문이 야기되었다. 우리는 정신·신체적 특징들이 정상 분포를 이룬다는 것을 알고 있다. 그러나 소득의 분포를 그래프로 그리면 그림 22-4와 같은 모양을 띠게 된다. 이 곡선은 대부분 사람들의 소득이 낮음을 보여준다. 사실 가장 자주 나타나는 소득, 즉 소득의 최빈값은 거의 생계만 유지할 수 있는 정도라는 것을 보여준다. 그리고 이 곡선을 보면, 생계점 이하의 또는 그보다 훨씬 더 적은 소득의 사람들이 상당수이며, 그보다 소득이 많은 사람들은 극소수라는 것을 알 수가 있다.

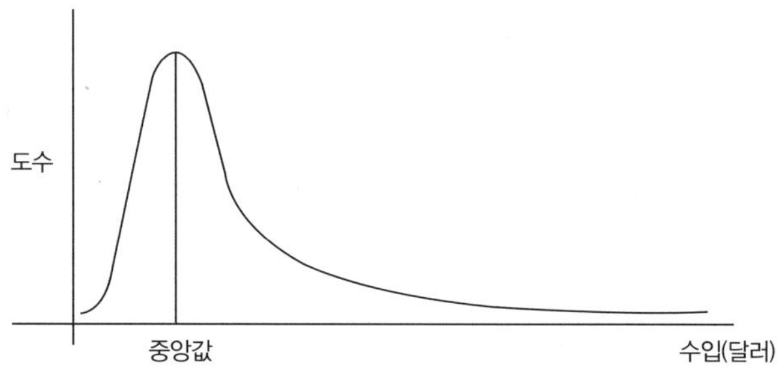

22-4. 소득의 분포

그리하여 그래프는 소득 수준간의 차이를 한눈에 볼 수 있게 해주고, 한편으로는 소득간의 불균형을 보여주며, 다른 한편으로는 신체·정신적 능력에 주의를 기울이게 한다. 이러한 불균형을 이해하기 위해서는 다음과 같은 질문에 대한 설명이 필요하다. 왜 소득 분포는 사람들의 능력 분포와는 다른 것인가?

구체적인 문제에 유용하며 이론적으로도 중요한 가치가 있는 결론을 자료로부터, 혹은 자료에 기반을 둔 그래프로부터 얻을 수 있다. 그러나 모든 과학적 탐구의 정수는 근대적 기준에서 판단해보면 오로지 수학 공식뿐이다. 한 공식에 숨겨진 결론은 이중적 가치를 가진다. 공식은 그 자체로 간결하고도 가치 있는 결과이지만 동시에 모든 수학적 기법들, 가령 대수, 미적분학, 그리고 새로운 결론을 도출하는 데에 필요한 다른 분야의 지식들을 적용할 수 있도록 하게 한다. 여기서의 요점은 이전에 설명했던 사례를 통해서 이해할 수 있다. 보편적인 만유인력이라는 개념은 그 자체로 고도의 정보를 지닌 일반화이다. 그러나 그 행동을 하나의 공식으로 진술할 수 있으므로, 운동 법칙과 이를 결합한 태양 주위를 도는 혹성들의 경로를 유추할 수도 있는 것이다.

이제 자료를 공식으로 압축하는 일이 가능해졌다. 그리고 이 과정에 의미를 부여할 수가 있다. 우선은 자료를 하나의 공식으로 나타내는 과정을 설명하기로 하겠다. 이를 위해서 우리는 다소 전문화되고, 약간 지나치게 단순화된 문제를 살펴보게 될 것이다.

몇 년간에 걸쳐 식품 가격의 변이를 조사했다고 가정해보자. 식품 가격의 수준은 다른 상품과 마찬가지로 '지수'로 측정된다. 이 지수는 여러 가지 방법으로 계산된 평균 가격을 말한다. 다음 표는 수년 간 미국에서의 식품 소매가격 지수(y로 표시)를 나열하고 있다. 표에서 x는 1900년 이후 연수를 나타낸다. 즉 $x=1$은 1901년을 나타내는 식이다.

x	1	3	5	7	9	11	13	15
y	71.5	75.0	76.4	82.0	89.0	92.0	100.0	101.3

관찰만으로는 x와 y의 관계식을 산출할 수가 없다. 다음 단계로 x와 y의 값을 쌍으로 하는 그래프를 그린다(그림 22-5). 찍힌 점은 직선을 따라 놓여 있는 것처럼 보인다. 사실 (3, 75)와 (9, 89)이라는 두 점을 지나는 선은 각 점을 아주 근접하게 통과한다. 지수를 결정하는 데 피할 수 없는 실수로 해서 이들 점들이 정확히 선에 놓여 있지 않다고 설명할 수도 있을 것이다. 우리는 이 함수의 그래프가 직선이라고 결론짓는다.

이 직선의 방정식을 찾는 일은 좌표 기하학의 간단한 문제이다. 그 결과는 다음과 같은 식이다.

$$y=\frac{7}{3}x+68$$

여기서 y는 주어진 해 x에 해당하는 지수이다. 이 공식은 그림 74의 점들이 직선에 가까워지는 것과 마찬가지로 비슷하게 주어진 자료에도 들어맞는다.

공식은 상당히 중요한 것을 보여준다. 식품 가격의 증가와 하락에 영향을 미치는 요소들이 무언지 전혀 알지 못하더라도, 그 패턴을 기술하는 법칙은 얻을 수 있다. 그 패턴은 확실히 1900년에서 1915년까지의 기간을 포괄하고 있으며, 다른 과학법칙과 마찬가지로, 그 이상을 예측하는 데에도 사용될 수 있다. 즉 1915년 이후 몇 년간의 식품 가격 수준을 알 수가 있다.

여기서 더 나아가고 싶을지도 모른다. 이 공식이 혹시 모든 시기의 식품 가격의 변화를 나타내는 진짜 법칙을 제시하는 것은 아닌가? 물론 아니다. 사실 식품 가격이 어떤 불변하는 패턴을 따르는가 아닌가라는 근본적인 질문이 존재하는데, 어떤 경우라도 식품 가격은 끊임없이 증가하지 않으며, 그렇기 때문에 위의 공식은 기껏해야 짧은 시기 동안에 대한 그것도 단지 대략적으로만 그 패턴을 보여준다. 제한된 양의 자료

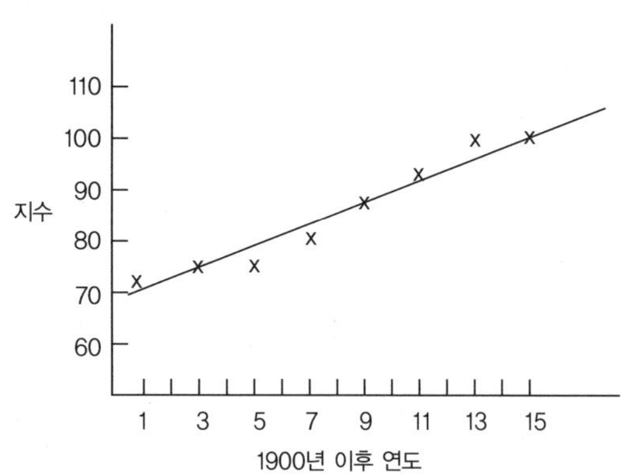

22-5. 식품가격을 나타내는 그래프

에 기초하고 있기 때문이기도 하며, 식품 가격의 지표가 신뢰할 수 없기 때문이다.

식품 가격 수준이라는 특정 문제가 어떤 기본적이거나 보편적인 법칙에 이르지 못할 수는 있다. 그러나 위에서 기술한 접근 방식에 의하여 식품 가격이 정해지는 곳이면, 다시 말하여 자료가 정해진 패턴을 따르는 곳이면 그런 법칙에 이를 수는 있다. 그 기법은 자료를 그래프로 나타내고, 그래프에 알맞은 공식을 찾아내는 것이다. 그래프가 직선으로 나타나지 않을 경우에는 좀더 복잡한 수학이 그 과정에 관련될 수도 있다는 것은 쉽게 예상할 수 있을 것이다.

자료로부터 공식을 얻는, 좀더 중요한 사례이자, 진짜 경제 법칙이라고 알려져 있는 사례가 바로 유명한 정치 경제학자인 파레토의 식이다. 파레토는 특정 사회의 소득 분포를 연구하여, $N=Ax^m$이라는 식을 얻었다. 이 식에서 N은 어떤 수량 x와 같거나 높은 소득을 얻는 사람들의 숫자를 나타내며, A와 m은 특정 국가의 데이터로부터 결정되어야 하는 상수이다. 파레토는 자신이 검사한 모든 나라에서 m이 대략 -1.5 정도의 거의 같은 값을 가진다는 것도 발견하였다. 나라에 따라, 그리고 시대에 따라 이 숫자가 변하지 않는다는 사실은 파레토에게 아니, 다른 많은 경제학자들에게 너무나도 중요한 것이었다.

파레토는, 소득 분포가 많은 나라에서 동일한 규칙에 따르는 이유는 사회의 경제 구조가 아니라 인간의 선천적 특성 분포가 공통이기 때문이라고 생각하였다. 그는 자신의 법칙이 늘 적용된다는 사실을 이용하여 칼 마르크스에게 반박하였다. 마르크스는 자본주의 사회가 점점 더 많은 사람들의 소득을 감소시킨다고 주장하였기 때문이다. 더 나아가 파레토는 이 법칙을 이용하여 국가가 수입 불평등을 향상시키는 입법을 할 필요가 없다고 주장하기까지 하였다.

식품 가격의 변화에 대하여 제기했던 것과 같은 질문을 우리는 파레토의 수입 분포 연구에도 제기할 수 있을 것이다. 소득 분포에 보편 법칙이 존재하는가 그리고 만일 그렇다면, 파레토의 공식이 그 법칙을 제시하고 있는가? 식품 가격의 경우보다 소득의 경우에 우리는 그런 법칙이 존재한다고 기대할 만한 이유가 더 많다. 소득에 영향을 미치는 주요한 요소들이 모든 사회, 모든 시기에 거의 동일한 방식으로 작동한다고 믿을 수 있기 때문이다. 적어도 이 법칙이 존재할 가능성은, 선험적 근거에 기반하여 혹성들이 매년 변하지 않는 경로를 따를 가능성만큼이나 높은 것이다.

실제로 경제학자들 사이에서는 파레토의 법칙이 옳은 것인가 아닌가에 대한 논쟁이 많이 있었다. 그 법칙은 1896년에 발표되었고, 그 이후 수많은 나라에서 얻은 자료로 검증되었다. 19세기와 20세기 초반 영국과 같은 여러 곳의 검증 과정에서 그 공식은 관찰된 자료에 잘 들어맞았다. 반면, 들어맞지 않은 경우가 있었지만 그렇다고 이 법칙을 파기해야 하는 것은 아니었다. 왜냐하면, 항상 자료의 신뢰도에 문제가 있을 수 있기 때문이다.

사실상 공식을 자료에 맞춤으로써 얻은 법칙이 옳은지에 대하여 우리는 확신할 수 없다. 지수와 시간의 표를 그래프로 그리고 나서 우리는 되도록 많은 점들을 통과하며 나머지 다른 점들과도 가까운 직선을 선택하였다. 그러나 이와 같이 몇 개의 점을 통과하고 다른 점에도 가까운 직선은 하나 이상이 될 수 있다. 만일 그 직선이 변하면, 거기서 도출되는 공식도 변한다. 물론 그 차이는 실제 목적에서 무시해도 좋을 것이다. 그러나 이를 언제나 미리 확인할 수는 없다.

공식은 위에서 논의한 것보다 훨씬 더 부정확할 수도 있다. 지수 그래프상의 점들이 거의 직선상에 놓이게 되면, 그래프는 진짜 직선으로 추정된다. 그리고 불균형은 자료를 모으는 과정에서 일어나는 실수 탓으로 돌리게 된다. 그러나 실상은 자료가 정확하고 그 점들이 직선이 아니라 그 모든 점들을 정확히 통과하는 곡선 위에 놓여 있는 것일 수도 있다. 만일 이런 경우라면 우리가 찾는 공식이 아무리 실용적 목적에서 볼 때, 충분히 근접한 것이라 하더라도 결코 정확한 것은 아니다.

그렇다면, 공식을 자료에 맞추는 과정에 개입될 수 있는 실수에 대하여 우리가 할 수 있는 것은 무엇인가? 우리가 진짜 할 수 있는 일이란 어제와 오늘을 내일을 위한 지침으로 삼는 것이다. 우리가 얻은 공식을 이용하여 예측을 하고, 그 예측을 실제로 일어난 일에 비추어 점검하는 것이다. 만일 예측이 틀렸다면, 그 새 자료를 오래된 자료와 합하여 더 확대된 자료에 맞는 하나의 공식을 발견할 수 있다. 자료로부터 공식을 도출하고, 그 공식에 기초하여 예측을 하는 과정의 이면에 불확실함이 존재하고 있기는 하지만, 공식이 무엇을 요약하는지, 그리고 공식이 가장 바람직한 형식으로 자료를 나타내고 있는지에 대해서는 의심의 여지가 없다. 게다가 자료에 맞추어진 공식들은 실지로 언제든 적용 가능한 것으로 입증되어, 뉴턴의 운동법칙과 만유인력 법칙이 그러하듯 자연의 불변하는 행동을 표현하는 것처럼 보이기도 하는 것이다. 이러한 사실이 지닌 중요한 의미는 나중에 다루기로 하겠다.

그러나 통계적 연구에서 공식이라는 개념 자체는 적용될 수 없다. 우리는 자료로부터 정보를 얻기 바란다. 이제 골턴(Francis Galton, 1822~1911) 경이 탐구한 문제를 살펴보자. 그는 다윈의 사촌이며 우생학의 창시자였다. 그는 비정상적인 신장이 유전적인가라는 문제를 연구하고 있었는데, 그가 취한 방법은 본질적으로 다음과 같은 것이었다. 그는 먼저 1000명의 아버지를 표본으로 하여 그들의 키를 기록하고, 함께 아들의 키도 기록하였다. 공식이라는 것이 적용 가능한 것이라면, 아버지의 신장과 아들의 신장 두 변수의 관계를 나타내야만 한다. 게다가 이 공식은 한 변수의 각 값에 대하여 두 번째 변수의 값 하나를 산출해야 한다. 예를 들어 공식 $y=3x$는 하나의 x값에 대하여 하나의 y값만을 산출한다. 그런데 아버지의 신장 값에 대하여 대응하는 아들들의 신장 값은 여러 개가 있다. 그러므로 공식의 산출은 불가능하게 되었다. 여기서 골턴이 한 일은 상관관계라는 개념을 도입한 것이다. 두 변수간의 상관관계는 둘 사이의 관계를 측정한 것이다. 이 측정치, 혹은 수치는 −1에서 +1까지의 값을 갖는 특별히 고안된 상관계수를 말한다.

1의 상관이 있으면, 이것은 정적인 관계가 있다는 것을 나타낸다. 하나의 변수가 증가하고 하락하면, 다른 변수도 그렇게 된다. 하나가 커지면, 다른 하나도 커진다. −1의 상관이 있다는 말은 한 변수가 정확히 다른 변수가 변화하는 것과 반대로 변화하는 것을 뜻한다. 첫 번째 변수가 증가하면 두 번째 변수는 그만큼 반대로 감소한다. 상관계수가 0이라면, 한 변수의 변화는 다른 변수의 변화와 아무런 관계도 없음을 말한다. 그들의 변화는 서로 독립적이라는 뜻이다. 그리고 3/4의 상관이라면, 이것은 한 변수의 변화가 비록 똑같지는 않더라도 다른 변수의 변화와 비슷하다는 것을 뜻한다.

골턴은 아버지와 아들의 키 사이에는 명확히 정적인 상관관계가 있다는 사실을 발견하였다. 아버지의 키가 크면 아들의 키도 크다. 또한 골턴은 아들들의 키의 편차가 아버지들 키의 편차보다 더 적다는 것을 알았다. 다시 말하여 아버지의 키가 크면 아들의 키는 크지만 그렇게 크지 않다는 것이다. 아들의 키는 아버지보다 좀더 자신들의 산술평균에 가까웠던 것이다. 골턴은 지능의 유전에 대한 연구에서도 유사한 결론을 얻었다. 평균적으로 지능은 유전되지만, 아이들은 부모의 지능보다 평균지능에 좀더 가까이 접근한다. (자기 아이들의 지적인 초라함에 고통스러워하는 부모들이 이 연구를 읽어야 한다.)

케틀레처럼, 골턴은 자신의 연구 결과에 대하여 매우 흡족해했다. 키와 지능에 관하여 얻은 연구 결과를 다른 인간의 특성에도 적용할 수 있음을 알고는, 인간 생리는 안정적이며, 모든 생물 조직은 몇 가지 유형으로 좁혀지는 경향이 있다라는 비약적인 결론을 내렸던 것이다.

골턴 연구에서 가장 가치 있는 부분은 상관 관계라는 개념이다. 이것은 광범위하게 사용될 수 있고, 또 실제로 그렇다는 것이 입증되었다. 가령, 미국의 산업 생산 수준을 연구하기 위해서는 복잡한 자료를 수집하는 일이 필요하다. 그러나 만일 산업 생산과 주식거래소에서 거래되는 주식의 수량 사이에 높은 상관 관계가 있다면, 그 중에서 더 쉽게 얻을 수 있는 자료, 즉 주식의 수량을 이용할 수가 있다. 만일 일반 지능이 수학적 능력과 높은 상관 관계가 있다면, 지능이 높은 학생이 수학을 잘하리라고 예상할 수 있다. 고등학교에서의 성공과 대학에서의 성공 혹은 대학에서의 성공과 이후 삶에서의 경제적 성공 사이에 상관 관계를 알고 있으면, 개인들이 모인 개별 집단들의 미래를 예측하는 데에 아주 가치가 있을 것이다.

통계적 방법 사용의 어려움은 수학이 아니라 주의력과 판단이 더 요구되기 때문이다. 그 어려움 중 하나는 한 연구에서 사용되는 용어의 의미로부터 발생한다. 가령 우리가 미국의 실업 현황을 연구하고 싶다고 하자. 실업자란 누구인가? 그 용어가 일을 할 필요는 없지만 일을 하고 싶어하는 사람들까지 포함하는가? 또 일주일에 이틀 일을 하지만 전일제 직업을 원하는 사람도 실업자인가? 아니면, 택시를 모는 일밖에 찾을 수 없는 숙련된 엔지니어도 실업자인가? 또 고용에 적합하지 않은 사람도 실업자인가?

통계적 결론을 해석하는 것 역시 어려움이 있다. 통계는 해마다 더 많은 사람들이 암으로 죽어간다는 것을 보여준다. 이 말은 현대의 삶이 암을 유발할 가능성이 더 높다는 것을 뜻하는가? 거의 그렇지 않다. 많은 사람들이 50년 전에도 암으로 죽었지만, 의료 기술이 아직 발달하지 않았기 때문에 그 원인을 알 수 없었던 것이다. 또한 오늘날의 사람들은 50년 전보다 더 수명이 길다. 암은 나이 많은 사람들에게 주로 걸리는 병이기 때문에 더 자주 발생하는 것이다. 몇 년 전 결핵으로 죽은 사람 중 많은 이들은 아마도 더 오래 살았더라면, 암에 걸릴 수도 있는 것이다. 마지막으로 예전보다 오늘날에는 기록을 더 잘 보관해놓는다. 다시 말하여, 암이 이전보다 더 많은 사람들의 '살인자'일지 모르지만, 그렇다고 해서 현대적 삶이 암을 유발할 가능성이 높다든가 또는 오늘을 살아가는 사람들이 더 암에 걸리기 쉽다고 결론을 내릴 수는 없는 것이다.

아무리 통계가 남용된다 하더라도 인구 변화, 주식 시장의 변화, 실업, 임금 규모, 생활비, 출생과 사망률, 음주와 범죄의 정도, 신체적 특징과 지능의 분포, 질병의 발생 등의 연구에서 통계의 유용함을 간과해서는 안 된다. 통계는 생명 보험, 사회 보장 제도, 의료, 정부 정책, 그리고 계산의 기반이 된다. 심지어 고지식한 사업가조차도 가장 좋은 시장이 어디인가를 살피고, 제조 과정을 통제하고, 광고 효과를 검증하고, 새로운 상품에 대한 관심을 측정하기 위하여 통계적 방법을 사용한다. 통계적 접근은 우연에 기반을 둔 추측과 개인적 판단으로 인한 분쟁의 소지를 없애주었고, 대신 고도로 유용한 결론들로 대체해주었다.

아닌 게 아니라 통계적 방법은 수많은 문제를 해결하는 데에 성공적이었다고 말해도 과언이 아니다. 그 방법은 사변적이고 뒤떨어진 분야에서 과학을 만들어내는 데에 결정적인 역할을 하였고, 모든 분야의 문제에 접근하고 사고하는 하나의 방식이 되었다. 측정이라는 아이디어는 이제 서구 문명의 모든 활동을 지배하게 되었다. 오래 전, 유명한 오슬러(William Osler, 1849~1919) 박사는 의사가 숫자 세는 걸 배울 때에 의학은 하나의 학문이 되리라고 확언한 적이 있다. 그리고 통계 연구가 중요하다 보니, 프랑스(Anatole France, 1844~1924)는 "별로 중요하지 않은 사람은 셈을 하려고 하지 않는다.(people who don't count won't count)"라고 말하기도 하였다. '정치가를 위한 자료'에서 시작된 수학적 결론이 이제는 국가가 나아갈 길을 제시하게 되었다.

23 예측과 확률

운에 좌지우지되는 도박에 대한 관심으로 시작된 과학이 인간 지식의
가장 중요한 학문 분야가 되었다는 것은 주목할 만하다.
–피에르 시몽 라플라스

르네상스 시대의 수학자이자 의사인 카르다노(Girolamo Cardano, 1501~1576)는 천재적인 사람이었지만 40년 동안 매일 도박에 빠져 살았다. 초기에 그는 도박을 하지 않으면, 잃어버린 시간을 보상할 방법이 없다고 생각하였다. 물론 그렇지 않았다면, 공부하는 데에 시간을 보냈겠지만 말이다. 그는 이익이 남지 않은 일에 시간 낭비하기를 싫어하여, 카드 더미에서 7을 던지고 에이스를 얻게 될 확률을 심각하게 연구하였다. 동료 도박꾼들을 도와주기 위하여 그는《주사위 게임에 대하여(Liber De Ludo Aleae)》라는 안내서에 연구 결과를 적어놓았다. 이 연구에는 자신의 생각뿐 아니라 자신이 실제로 경험한 결과도 제시해놓았다. 예를 들면, 카드 뭉치에서 카드를 가져갈 때에 비누로 카드를 문지르면, 특정 카드를 얻을 가능성이 상당히 높아진다고 지적하기도 하였다. 그리하여 기체 이론, 보험 사업, 그리고 원자 물리학에서 이제는 기본이 된 수학의 한 분야가 창시되었다.

약 100년 후, 또 다른 도박꾼인 슈발리에 드 미어(Chevalier de Mere)가 확률 문제에 맞부딪치게 되었다. 하지만 카르다노가 가진 수학적 능력

이 그에게는 없었기 때문에 그는 그것을 천재 수학자인 파스칼(Blaise Pascal, 1623~1662)에게 보냈다. 파스칼이 그것을 해결해보겠다고 얼마나 민첩하게 달려들었는지는 다음과 같은 그의 기대에 잘 드러나 있다. 평생 그의 마음속에 수수께끼 같은 존재로 늘 당혹스럽게 만들고, 그의 신체를 긴장하게 하고, 영혼을 괴롭혔던 근본적이고도 복잡한 문제를 해결하는 것이 확률이론이라고 생각했던 것이다.

파스칼의 행동보다 더 모순으로 점철된 수수께끼 같은 행동은 없을 것이다. 온통 서로 갈등하는 신념과 욕망으로 이상스럽고 괴팍한 행동을 하였고, 늘 성인과 속인 사이에서 왔다 갔다 하는 그였다. 그의 문학적인 노력은 《주교의 편지(Provincial Letters)》와 같은 걸작에서처럼 신학적 논쟁에 대한 진지한 논의에서도 나타나지만, 《사랑이라는 열정에 대한 담론》에서처럼 사랑에 대한 조언에 이르기까지 항상 극단을 달리는 것이었다. 성서의 교리와 로마 가톨릭 교회의 교리 차이에 대하여 항상 깊은 고민에 빠졌음에도 불구하고 자신의 누이로부터 유산을 빼앗고자 했을 때에는 두 교리 모두 무시하기도 하였다. 그는 자신이 살던 시대의 과학자들에게 선의의 경쟁을 하라고 수여했던 상을 스스로 차지하기도 하였다. 그러고 나서는 그들이 지식을 추구하는 데 성실함이 부족하다고 불평하기도 하였다. 그는 또한 사람들에게 사랑을, 심지어 아이들에 대한 사랑이라 할지라도 정서적인 행동보다는 정신적인 것에 제한해야 한다고 충고하였다. 그러나 스스로는 사랑이라는 열정에 대한 결론을 실험적으로 점검하는 데에도 주저하지 않았다. 비록 구원의 길에 대하여 근심을 했지만, 너무 자주 법을 위반하여 결국에는 전적으로 구원에 매달려야 할 지경이 되었다. 그가 종교적 경험에서 느낀 정열적인 기쁨은 성인의 것과 다를 바가 없었지만, 그가 사람들에게 보이는 행동은 죄인과 다르지 않았다. 인간의 활동 중 가장 합리적인 활동인 수학에 대한 공헌은 엄청났으면서도 진리란 머리가 아닌 가슴에서 나오는 것이라고 주장하였다. 기적이 일어날 확률은 너무나 작아서 결코 믿을 수 없음을 증명할 수 있다고 하면서도 여전히 기적을 믿는 사람이었다. 또한 이성의 시대를 확립하는 데 조력하면서도 신앙의 옹호자이기도 하였다.

파스칼은 과학자로서의 삶에서도 갈등이 많았다. 어린 시절 아버지는 그에게 수학 공부를 금지하였다. 어린 아들의 건강에 저해가 될까 두려워했기 때문이다. 그러나 마침내 12세의 나이에 수학이란 학문이 무엇인지를 알아야 한다고 주장하였고, 아버지로부터 수학을 배우며 그 내용을 전부 흡수해버리고 말았다. 2년 후 그는 당대의 위대한 프랑스 수학자들이 매주 모이는 과학 회의에 참석하는 것을 허락받았다. 16세의 나이에 그는 이미 논의한 사영 기하학의 유명한 정리를 증명하였다. 39년이라는 그의 짧은 생애에서 31년째 되는 해에 슈발리에가 그에게 확률 문제를 제시한 것이다. 파스칼은 이 문제에 대하여 페르마와 의견을 교환하였고, 이후 편지를 주고받으면서 두 사람은 이 분야의 근본 법칙을 내놓았다.

확률 이론의 잠재적인 이용가능성은 명백하다. 우리의 미래는 지금부터 한 시간 이후 어떤 것이라도 확실한 것이 하나도 없다. 우리가 딛고 있는 땅이 다음 순간 밑으로 가라앉아 꺼져버릴 수도 있다. 그러나 그렇게 일어날 수도 있는 재앙에 우리가 걱정하지 않는 것은 그런 일이 일어날 확률이 매우 작다는 것을 알고 있기 때문이다. 다시 말하여 그런 사건에 대한 우리의 태도와 행동을 결정하는 것은 그 사건이 일어날 것인가 아닌가에 대한 확률이라는 것이다.

매일 매일 확률이라는 개념을 사용하면서 우리는 단지 그 확률이 높은지 낮은지를 추측하는 것에만 만족한다. 게다가 확률이 어떤 수치로 판단되든지 간에 그것은 언제나 엉성한 추측일 뿐이다. 그러나 목표치로부터 많이 벗어나는 추측은 공학에서의, 의료에서의, 그리고 상업에서의 거대한 모험에 대한 결정을 내리는 기반으로는 충분하지 못하다. 그런 상황에서는 특정 사건이 일어날 정확한 확률을 알 필요가 있다. 이는 바로 수학을 통해 알 수 있다. 수학은 우리가 얼마나 불확실한 상황에 처해 있는지를 정확히 알려준다. 그런 수량적 확률이 우리의 행동에 대한 믿을 만한 지침이 되는 것이다.

이제 예를 들어 알아보자. 주사위를 한 번 던져서 4의 눈이 나올 확률은 얼마인가? 이 문제를 해결하는 한 가지 방법은 주사위를 10만 번 던져서 4의 눈이 몇 번 나오는지를 세는 것이다. 10만 번 던져서 4의 눈이 나올 비율이 그 정답이거나 정답과 아주 근사치가 된다. 그러나 수학자들은 꼭 그래야 하는 것이 아니라면, 그런 절차를 실행하지 않을 것이다. 천성적으로 게으른 그들은 주사위를 던져 팔을 피곤하게 하는 대신 가만히 앉아서 그 문제에 대하여 고민하길 좋아한다. 카르다노의 경우에서처럼, 지적인 실습이 문제가 생길 경우를 제외하고 말이다.

파스칼과 페르마는 그 대신 다음과 같이 추론하였다. 주사위에는 6개의 면이 있다. 이 면 중 어떤 것도 주사위의 모양이나 던지는 방법에 차이가 나서 한 면이 더 자주 나오도록 하지만 않는다면, 각 면이 나올 확률은 똑같다. 나올 가능성이 똑같은 6개의 숫자 중에서 단 하나인 4의 눈이 우리가 나오기를 바라는 숫자이다. 그러므로 4의 눈이 나올 확률은 1/6이다. 만일 4나 5의 눈이 나오기를 바란다면, 그 확률은 2/6이라고 말할 수 있다. 왜냐하면, 이 경우에는 6개의 가능성 중에 두 가지이기 때문이다. 그리고 만일 4나 5의 눈이 나오지 않는 경우에 관심이 있다면, 4개의 가능성이 있고, 확률은 4/6가 된다.

일반적으로, 확률에 대한 수량적 정의는 이러하다. 만일 똑같이 일어날 가능성이 있는 n가지 경우 중에서, 특정 사건이 일어나는 경우의 수가 m이라면, 그 사건이 일어날 확률은 m/n이 되며, 그 사건이 일어나지 않을 확률은 $(n-m)/n$이 된다. 만일 어떤 사건이 일어날 가능성이 하나도 없다면, 다시 말하여 그 사건이 일어나는 일이 불가능하다면, 그 사건의 확률은 $0/n$이 되며, 반면, n개의 가능성이 모두 일어날 수 있다면, 다시 말하여, 그 사건이 항상 틀림없이 일어나는 경우의 확률은 n/n, 즉 1이 된다. 그러므로 확률 값은 0에서 1 사이에 놓이게 된다.

이 정의에 따라서 52개의 카드 더미 중 에이스 하나가 선택될 확률을 살펴보자. 여기서는 카드 52개 중 어떤 카드가 선택될 가능성이 모두 같고 그 중 4개가 에이스이므로, 구하는 확률은 4/52, 즉 1/13이다.

52개의 카드 더미에서 에이스 하나가 선택될 확률이 1/13이라는 말이 무엇을 뜻하는지 살펴볼 필요가 있다. 만일 어떤 사람이 카드를 13번 뽑으면(매번 뽑은 카드는 다시 집어놓는다) 그 중 하나가 에이스라는 뜻인가? 그렇지는 않다. 30번 아니 40번이나 카드를 뽑아도 한 장의 에이스가 선택되지 않을 수도 있다. 그러나 뽑는 횟수가 많아질수록 뽑는 전체 횟수에 대하여 에이스가 나올 횟수의 비율은 1/13에 가까워지게 된다. 뽑는 횟수가 많아질수록 각 카드가 뽑힐 횟수가 같게 될 확률이 높아진다는 것이기 때문에 이것은 합리적인 예상이라고 할 수 있다.

이와 관련된 또 다른 오해는 만일 어떤 사람이 에이스를 뽑으면, 다시 말하여 한번만에 뽑았다면, 다음에 에이스를 뽑을 확률은 1/13보다 적어야 한다고 생각하는 것이다. 실지로 확률은 여전히 1/13이다. 에이스가 연속적으로 세 번 나온다고 하더라도 말이다. 카드 한 장, 혹은 동전은 모두 기억이나 의식을 가지고 있지 않으며, 이미 일어난 일이 미래에 영향을 미치지 않는다. 1/13이라는 확률에서 가장 본질적인 요점은 뽑는 횟수가 충분히 클 때 어떻게 되는지 알 수 있다는 것이다.

확률 진술과 관련하여 자주 사용되는 용어가 '승산(odds)'이다. 주사위를 한 번 던져서 4가 나올 확률은 1/6이다. 그리고 4가 나오지 않을 확률은 5/6이다. 4가 나올 승산은 두 번째에 확률에 대한 첫 번째 확률의 비율을 뜻한다. 그러므로 1/6 대 5/6이므로, 1대 5가 된다. 4가 나오지 않을 승산은 거꾸로 5대 1이 된다. 동전을 던져서 '앞'이 나올 확률은 1/2이다. 앞이 나오지 않을 확률은 1/2이다. 그러므로 앞이 나올 승산은 앞이 나오지 않을 승산과 같으므로 1/1이 된다. 이 경우 승산이 동일하다고 말하는 것이다.

여기서 우리가 논의한 확률의 정의는 아주 간단하고 명백히 쉽게 정의할 수 있는 것이다. 그러나 안전하게 건너는 것과 그렇지 못한 것, 두 개의 경우가 있고, 그 둘 중에서 안전하게 건너는 것은 그 하나의 경우이므로 어떤 사람이 도로를 안전하게 건널 확률이 1/2이라고 고집한다고 생각해보자. 이 주장이 제대로 된 것이라면, 독자는 이 책을 끝까지 읽으려고 고생하지 않는 편이 좋을 것이다. 이 논의의 오류는 두 가지 경우, 즉 안전하게 건너는 것과 그렇지 않을 가능성이 각각 동일하지 않다는 점이다. 페르마와 파스칼의 정의는 주어진 상황에서 일어나 사건의 가능성이 모두 동일한 경우일 때만 적용된다.

각 경우가 일어날 가능성이 똑같다는 것이 확률의 정의를 적용하는 데에 너무나 중요하기 때문에 우리는 주사위의 각 면이 나올 가능성이 정말로 똑같은지를 검토해보아야 한다. 주사위를 던지는 사람들 몇몇이 이 일을 시도한다. 다시 말하여 다양한 면들이 나타나는 횟수를 점검해본다는 것이다.

그러나 만일 우리가 확률 수학으로 도출한 주사위에 관한 결론을 증명하기 위하여 실제로 주사위를 던져야 한다면, 확률 이론은 아예 생각하지 않는 것이 나을 것이다. 사실 주사위를 공중에 던지는 경우, 굳이 검사를 해보지 않더라도 그 가능성이 동일하다는 것을 확신할 수 있다. 물론 그것은 논리적인 가정이다. 평면 기하학의 공리들을 경험이 뒷받침해주는 것과 마찬가지로, 주사위는 아니더라도, 정육면체에 대해서 우리가 알고 있는 지식이 강하게 뒷받침을 해주는 가정이다. 그리고 그 경우들이 동일하게 일어날 가능성이 있는 곳에서는 위에서 기술한 파스칼과 페르마의 접근을 활용할 수 있다.

이제 그 문제를 동전 던지기에 적용해보자. 두 개의 동전을 공중으로 던진다고 가정해보자. 둘 다 앞이 나올 확률 (a)와 앞과 뒤가 하나씩 나올 확률 (b), 그리고 둘 다 뒤가 나올 확률 (c)는 무엇일까? 이 확률을 계산하기 위해서는 먼저 이들 동전이 떨어지는 서로 다른 경우의 수가 4라는 사실에 주목해야 한다. 이 수는, 둘 다 앞, 둘 다 뒤, 앞이 나온 첫 번째 동전과 뒤가 나온 두 번째 동전, 뒤가 나온 첫 번째 동전과 앞이 나온 두 번째 동전이 된다. 이 중 마지막 두 개의 경우는 둘 다 한쪽이 앞이고 한쪽이 뒤이기 때문에 잘못하면 하나의 경우로 셈할 수도 있다. 그러나 두 동전 중 하나는 1센트짜리고 하나는 5센트짜리라고 생각해보면, 1센트짜리가 앞인 경우와 5센트짜리가 뒤인 경우와 1센트짜리가 뒤인 경우와 5센트짜리가 앞인 경우는 서로 다른 것이며, 따라서 일어날 가능성이 같다는 것이 분명해진다. 이렇게 되면, 4개의 경우 중에서 둘 다 앞이 나올 경우는 한 번밖에 없다. 그러므로 둘 다 앞이 나올 확률은 1/4이다. 그러나 하나는 앞, 하나는 뒤가 나올 확률은 2/4이다. 왜냐하면, 동전이 떨어지는 4가지의 방식 중 이 결과를 나타내는 것이 두 가지이기 때문이다.

만일 어떤 사람이 세 개의 동전으로 동전 던지기의 문제를 풀려고 한다면, 먼저 동일하게 일어날 수 있는 경우를 분석해보아야 한다. 여기서도 1센트, 5센트, 10센트 세 개의 다른 동전으로 생각을 하는 것이 쉬울 것이다. 물론 세 번 모두 앞이 나올 경우는 단 한 번뿐이다. 그러나 앞이 두 번이고 뒤가 한 번 나올 경우는 세 번이다. 왜냐하면, 다른 두 개가 앞이 나올 때에 아무 동전이나 뒤가 하나 나오면 되기 때문이다. 또한 앞이 하나, 뒤가 두 개 나올 경우는 세 번이며 뒤만 세 번 나올 경우는 한 번이다. 경우의 총 수는 8이 된다. 그러므로 모든 경우의 확률은 다음과 같다. 셋 모두 앞이 나올 확률은 1/8, 둘은 앞이고 하나가 뒤가 나올 확률이 3/8, 둘이 뒤이고 하나가 앞이 나올 확률이 3/8, 셋 모두 뒤가 나올 확률은 1/8이다.

순수하게 지적인 오락으로 동전 4개, 동전 5개 등등과 관련된 확률을 모두 생각해볼 수도 있다. 그러나 불행하게도 동전의 숫자가 증가하면 할수록 경우의 수는 한없이 많아진다. 파스칼은 오늘날 자신의 이름이 붙은 아주 흥미로운 '삼각형'을 생각해내어 수학자들을 도와주었다. 아래 그림과 같이 삼각형 모양의 숫자 배열을 살펴보자.

$$
\begin{array}{ccccccccccccc}
 & & & & & & 1 & & & & & & \\
 & & & & & 1 & & 1 & & & & & \\
 & & & & 1 & & 2 & & 1 & & & & \\
 & & & 1 & & 3 & & 3 & & 1 & & & \\
 & & 1 & & 4 & & 6 & & 4 & & 1 & & \\
 & 1 & & 5 & & 10 & & 10 & & 5 & & 1 & \\
1 & & 6 & & 15 & & 20 & & 15 & & 6 & & 1 \\
 & & & & & & \vdots & & & & & &
\end{array}
$$

이 '삼각형'의 각 숫자는 바로 위에 두 숫자의 합이 된다. 물론 두 숫자 중 하나가 빠진 경우에는 0을 넣는다. 4번째 열의 4는 1과 3의 합이며, 6은 3과 3의 합이다. 우리는 이렇게 단지 계산만으로도 계속 열을 구성해나갈 수 있다.

파스칼의 삼각형이 지닌 진짜 흥미로운 특징은 한번에 동전 던지기와 관련된 모든 확률을 제시해준다는 사실이다. 예를 들어, 4번째 열의 숫자들, 가령, 1, 3, 3, 1은 더하면 8이 되고, 이 숫자는 동전 세 개의 앞면과 뒷면이 나오는 경우의 수가 된다. 게다가 이 열의 숫자를 8을 분모로 하여 분수로 만들면, 1/8, 3/8, 3/8, 1/8이라는 서로 다른 경우의 확률을 얻게 된다. 다시 말하여 세 번 모두 앞, 두 번 앞과 한 번 뒤 등등. 만일 5개의 동전을 던질 때의 다양한 확률을 알고 싶다면, 6번째 열을 이

23-1. 멘델과 멘델이 완두콩 실험을 한 성 토마스 수도원 안뜰

용하면 된다. 이 열이 바로 5개의 동전이 떨어질 수 있는 방식의 총수이다. 1/32, 5/32, 10/32, …로 분수로 나타내면, 모두 앞인 경우, 4개가 앞이고 하나가 뒤, 3개가 앞이고 둘이 뒤 등등 각 경우의 확률을 얻을 수 있다. 삼각형의 맨 꼭대기 1이라는 숫자는 0개의 동전을 던질 때의 경우와 분명히 관련되어 있어야 한다. 사실 0개의 동전을 던질 때 내기를 한다면 우리가 돈을 보전할 가능성은 1이 된다.

역사적으로, 확률 이론은 도박꾼들에게 도움을 줄 목적으로 시작된 것이다. 그러나 이 학문에 대하여 현재 널리 관심을 가지고 있다고 해서 도박 행위가 엄청나게 늘어났다는 것을 말하는 것은 아니다. 오히려 통계적 방법이 산업, 경제, 보험, 의료, 사회학, 심리학 문제에까지 침투하면서 이전에 수학을 적용할 때에는 나타나지도 않았던 질문이, 확률 이론만이 해결할 수 있는 질문으로 바뀐 것이다. 이 이론의 몇 가지 용도를 살펴보면, 이 학문의 현재 범위를 이해할 수 있게 될 것이다.

가장 독창적이면서도 가장 인상적인 적용 중의 하나는 수도원의 대수도원장인 멘델(Greger Mendel, 1822~1884)에 의하여 이루어졌다. 그는 1865년에 잡종 완두콩을 가지고 아름다울 정도로 정밀한 실험을 행하여 유전학을 창설하였다. 노란색과 녹색의 두 개의 순종 완두콩이 있다고 하자. 이들 완두콩을 교차 수정하면, 두 번째 세대에는 둘 다 녹색이거나 둘 다 노란색이 나올 것이다. 멘델은 이들 색깔 중 하나가 다른 색깔보다 우세하다고 말함으로써 이 사실을 설명하였다.

녹색이 우성인 색이라고 가정해보자. 두 번째 세대의 녹색 완두콩들이 첫 번째 세대의 완두콩과 같지는 않다. 첫 세대는 순종이며, 둘째 세대는 잡종이기 때문이다. 만일 두 번째 세대를 교차 수정하면, 다음과 같이 유전적 형질을 가진 유전자들이 혼합되리라는 것을 예상할 수 있다. 두 개의 잡종 완두콩에서 나온 유전자들이 혼합되어 녹색은 녹색과 혼합되고, 노란색은 노란색과, 노란색은 녹색과, 녹색은 노란색과 혼합될 수 있다. 이들은 정확히 두 개의 동전을 던질 때 앞과 뒤가 나올 경우와 정확히 일치한다. 그렇게 되면 제3세대에서 1/4은 녹색-녹색 혼합이 될 것이며, 1/4는 노란색-노란색, 1/2는 녹색-노란색의 혼합이 될 것이다. 녹색이 우성이기 때문에 적어도 녹색 유전자를 하나라도 가진, 제3세대의 모든 완두콩들은 녹색을 띠게 되며, 나머지 것들은 노란색을 띠게 될 것이다. 그러므로 3/4이 녹색으로 나타나며, 1/4이 노란색으로 나타난다. 확률이론으로 예측된 이러한 비율을 실지로 멘델이 얻었으며, 훨씬 나중에 다른 많은 실험을 통하여 검증되었다. 이 비율을 진술한 것이 바로 멘델의 형질유전 제1법칙이다.

멘델은 더 나아가 여러 가지 독립적 형질들이 동시에 교차 수정될 때에 나타날 비율뿐만 아니라 제3세대의 다양한 유형들을 교차 수정하여 얻은 다음 세대들에 나타날 확률도 살펴보았다. 각 경우에 확률이라는 수학 이론은 실지로 일어난 일을 예측해주었다.

이 지식을 이제 원예와 농업 전문가들이 적용하여 탁월한 실용적인 결과들을 산출하고 있다. 새로운 열매와 꽃을 만들어내고, 우유를 많이 만들어내는 암소를 키우고, 식물과 동물의 스트레스를 이완시키고, 녹병에 걸리지 않는 밀을 재배하고, 깍지가 없는 깍지 콩을 만들고, 흰 살이 많고 가정용 냉장고에 들어갈 만한 크기의 작은 칠면조를 생산해낸다.

인간 유전의 연구에도 확률이론이 이용된다는 것은 특히 가치 있는 일이다. 과학자들은 남성과 여성의 짝짓기를 통제할 수 없다. 그럴 수 있다 하더라도, 실험 결과를 그렇게 빨리 쉽게 얻을 수 없었을 것이다. 그러므로 그들은 위에서 설명한 이론으로부터 바로 유전에 관한 사실들을 연역해 내었다. 또한 각 개인들은 인간 형질의 판단에 편견을 가질 수 있으므로, 수학적 접근의 객관성이 식물과 동물 연구에서보다 훨씬 더 중요하다.

확률 이론은 미국에서 가장 큰 사업인 보험의 모든 일을 실질적으로 결정한다. 보험 회사가 직면하는 문제를 존스라는 사람과 관련지어 살펴보자. 그가 매년 보험료를 지불하면서, 만일 그가 20년 안에 죽는다면, 회사는 죽을 때에 1000달러를 주기로 동의한다. 회사는 존스에게 1년치 보험금으로 얼마를 내라고 요구해야 하는가? 명백히 이 문제는 존스가 앞으로 얼마나 오래 살 것인가에 달려 있다.

이 확률을 결정하기 위하여 먼저 회사는 가능한 사망의 다양한 원인들을 열거할 수 있다. 암, 심장병, 당뇨병, 자동차 사고, 추락 등등. 그러고 나서 이들 원인들이 어느 정도 존스에게 영향을 미치는지 결정해야 한다. 이 질문에 답하기 위해서 회사는 가족적 배경과 개인사, 그리고 존스의 일상적 활동들을 연구해야 할 것이다. 또한 그의 신체 기관 모두의 상태도 연구해야 할 것이다. 이 정보를 가지고, 답을 계산할 수 있다. 며칠 동안 계산한 후에 한 가지 사실, 즉 기껏해야 그 계산이 쓰레기통에나 들어가게 되리라는 사실에 반드시 직면하게 될 것이다. 존스라는 한 개인을 아무리 분석해도 다양한 사망 원인들이 어느 정도 영향을 미칠지 회사는 결정할 수 없기 때문이다.

문제의 해결책은 아주 다른 방식으로 얻을 수 있다. 존스는 그 회사가 관계하고 있는 수십만 명 중의 단 한 사람일뿐이다. 가장 적은 오차 범위 내에서 평균인에게 일어날 일을 알기만 하면, 회사는 안전할 것이다. 왜냐하면, 존스에게서 잃은 것은 스미스에게서 보상하면 되고, 종국에는 게임에서 이기기 때문이다.

보험 회사가 하는 일이란 10세까지 생존한 10만 명의 사람들을 임의 표집하여 사망 기록을 연구하는 것이다. 기록을 보니, 가령 40세에 10만 명 중에 78,106명이 살아 있다고 가정해보자. 그러면 회사는 열 살 먹은 어떤 사람이 40까지 살 확률이 78,106/100,000라고 결정할 수 있다. 같은 방식으로, 마흔 살인 사람이 60세까지 살 확률을 얻으려면, 60세에 살아남은 사람들의 숫자를 찾아서 그것을 40세에 살아 있는 사람들의 수로 나누면 된다.

보험 회사의 이러한 절차가 보여주는 확률적 접근은 기본적이다. 본질적으로 수학적 추론이 적용되는 기본 자료는 경험에 의존한다. 확률을 얻는 데에 이런 식으로 경험을 이용하는 것은 엄격히 말하여 수학의 영역 밖이다. 확률을 알고 난 후에 수학이 사용되며, 그렇게 해서 얻은 수치로 추론할 때에 수학이 관계를 맺는다. 예를 들어, 보험회사가 한 부부와 관련된 30년짜리 보험을 만들고 싶다면, 그 보험을 시작한 후부터 30년간 둘 다 살아 있을 확률을 알아야 한다. 만약 둘 다 40세라고 가정해보자. 이제 40세의 사람이 70세까지 살 확률이 약 0.5가 된다. 왜냐하면 40세에 살아 있는 78,106명이 70세에는 38,569명이 살아 있었기 때문이다. 이것은 동전 하나를 던져서 앞이 나올 확률과 같다. 그러므로 둘 다 70세까지 살 확률은 두 개의 동전을 던져서 둘 다 앞이 나올 확률과 같다. 그러므로 둘 다 70세까지 살 확률은 0.25가 된다. 앞서 말한 것은 간단하고도 평범한 것이다. 예상한 대로, 수학은 보험에서 일어나는, 훨씬 더 복잡한 확률 문제를 해결하는 데에 사용된다.

기본 확률을 얻기 위하여 경험을 이용하는 것은 의학적인 문제에 있어서도 피할 수 없다. 가령, 아주 많은 사례를 통하여 어떤 질병에 걸린 사람의 50퍼센트가 죽는다는 것을 알게 되었다고 가정해보자. 그렇게 되면 그 질병으로 사망할 확률은 1/2이 된다. 이 확률은 이제 실질적인 문제에 적용될 수 있다. 새로운 치료법을 가지고 있다고 생각하는 의사가 네 명의 환자에게 시험해보았는데, 네 명이 모두 치료되었다. 이 결과에 따르면 새로운 치료법이 효과적이며, 모든 사례에 완벽하게 적용할 수 있음을 뜻하는 것인가?

언뜻 보면 치료법은 아주 획기적인 것처럼 보일 수도 있다. 반면 두 명이 죽을 것이라 예상했는데 아무 일도 일어나지 않을 수도 있다. 문제를 해결하는 데에 확률 이론을 이용해보자. 선택된 4명 중에서 반드시 둘이 죽는다는 것은 사실이 아니다. 그런 집단에서는 0에서 4까지, 그러니까 모두 죽을 수도 있고, 아무도 죽지 않을 수도 있다. 아주 많은 수의 사례를 보았을 때에 50퍼센트가 나올 수 있는 것이다. 그 질병에서 어떤 사람이 회복될 가능성 역시 동전을 던져서 앞이 나올 가능성과 같다. 4명이 회복될 확률은 4개의 동전을 던져서 모두 앞이 나올 확률과 같다. 만일 파스칼의 삼각형의 5번째 열을 찾아보면, 4개를 던져서 모두 앞이 나올 확률은 1/16이 된다. 이 숫자는 또한 그의 치료를 받지 않고서도 그 질병에서 모두가 회복될 그런 사람들을 이 의사가 선택할 확률이기도 하다. 이 확률은 만일 우리가 그 질병에 걸린 사람들을 4명씩 모아 여러 집단으로 구분할 때, 평균적으로 16집단마다 환자 모두가 회복되는 집단이 한 집단 나온다는 것을 뜻한다. 이제 4명의 환자에게 치료를 행한 그 의사는 바로 모두가 치료되는 그 한 집단을 선택한 셈이 된다. 이것이 전혀 일어나지 않는 일이 아니므로, 새로운 치료법이 효력이 있다는 결론을 내리기는 성급하다. 결론을 내리기 전에 여러 사례에 시험해보아야 할 것이다.

이제까지 우리가 살펴보았던 문제들은 단지 몇 가지의 경우만 일어나는 상황과 관계된 것이다. 예를 들어, 어떤 사람이 주사위를 던질 때 결과와 관계된 경우의 수는 겨우 6이다. 죽음과 관련된 경우는 경우의 수가 2이다. 그러나 많은 확률 문제들의 가능한 경우의 수는 무한대이거나 너무나 커서 수학적으로는 무한대로 취급하는 것이 더 편한 경우가 많다. 가령, 어떤 길이를 측정한다고 치자. 이 측정은 일어날 수 있는 무한대의 서로 다른 측정치 중 일부일 뿐이다. 그러므로 측정치의 산술평균이 옳은지 확률을 계산하기 위해서는 무한대의 경우의 수를 고려해야 한다. 이와 마찬가지로, 수십만 개의 물품을 생산하는 기계 하나의 결과는 일정하지 않다. 단위마다 약간씩일지라도 그 변이가 너무나 많아서 전체를 모두 모아놓으면, 그것을 거의 무한대의 일부로 취급해야 한다.

가능한 경우의 수가 무한대인 문제들을 해결하는 데에 필요한 이론, 즉 연속 확률 이론은 농부이자 귀족이며, 정치가이자 훌륭한 수학자인 라플라스가 만들었다. 카르다노와 파스칼, 그리고 페르마는 도박 문제 때문에 확률에 이끌렸다. 그러나 라플라스의 관심은 실용적이지 않다는 점에서는 마찬가지였지만, 천체에 관심이 있었다. 그는 확률이론을 이용하여 자료로부터 도출한 수치 결과의 신뢰도를 측정하여 특정한 천문학적 현상이 순수한 우연이 아니라 명백한 원인을 가진다고 결론을 내리고 싶었다. 천문학자에게 도움을 주려고 고안한 수학이론이 수천 가지의 직업에 유용하다고 입증되는 일은 이제 더 이상 놀랄 일도 아니다. 그럼에도 불구하고, 수학이 도달하는 범위가 얼마나 넓은지를 한번 더 이해하기 위해서는 이들의 용도 중 몇 가지를 살펴볼 필요가 있다.

특정 현상에서 경우의 수가 무한대인 경우 이들 다양한 경우들의 도수 분포는 다행스럽게도 거의 정상 분포이다. 그래서 연속 확률 분포에 대하여 얻은 지식을 적용하는 것이 가능해진다. 이 목적을 위해서 그 지식을 활용하기 위해서는 정상 곡선과 관계된 사실에 약간의 변형만 가해주면 된다. 정상 분포가 평균과 표준 편차에 의하여 특징이 정해지면, 고정된 것이라는 사실을 상기할 수 있다. 게다가 68.2퍼센트의 사례들은 모두 평균으로부터 하나의 표준편차 그러니까 양 옆으로 시그마(σ)만큼 떨어진 범위 내에 존재한다. 사례 중 27.2퍼센트는 평균으로부터 σ와 2σ 사이에 위치하게 된다. 4.4퍼센트는 2σ와 3σ만큼 떨어진 그 사이에 위치하며, 그 사례들의 나머지인 2퍼센트는 평균으로부터 3σ 이상 떨어진 곳에 위치하게 된다. 이러한 진술을 확률로 풀이하면 된다. 예를 들어 어떤 자료가 평균으로부터 σ 이내에 존재할 확률은 0.682가 된다. 왜냐하면, 모든 사례 중 68.2퍼센트가 그 사이에 위치하기 때문이다. 이 사실을 다르게 표현하여 1000개의 사례 중 평균 682개가 평균으로부터 표준편차만큼 떨어진 지점 내에 존재한다고 말할 수도 있다. 물론 다른 간격에 떨어질 퍼센트에 대해서도 똑같이 풀이하면 된다. 정규분포곡선은 방금 기술한 방식으로 재해석이 가능하기 때문에 정상확률곡선이라 부르기도 한다.

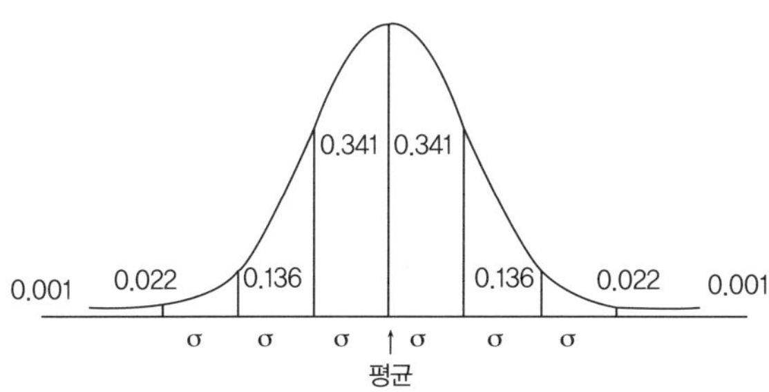

23-2. 정상확률곡선

정상확률곡선을 활용한 사례를 한두 가지 살펴보자. 모든 미국인들의 신장 분포는 약 67피트를 평균으로, 약 2피트를 표준편차로 하여 정상 분포를 이루고 있다. 그렇다면 무작위로 선택한 미국인의 신장이 65

피트에서 69피트 사이에 놓이게 될 확률은 얼마인가? 65피트에서 69피트 사이에 모든 신장은 평균에서 σ이내에 놓이고, 사례들의 68.2퍼센트가 이 범위의 신장을 가지고 있으므로, 확률은 0.682가 된다. 마찬가지 방식으로, 무작위로 선택한 사람이 67피트와 71피트 사이의 신장을 가질 확률은, 그 범위가 평균의 오른쪽으로 2σ이고, 사례 중 47.7퍼센트가 이 범위 내의 신장을 가지고 있으므로 0.477이 된다.

무작위로 선택한 사람의 신장이 정확히 68인치일 확률은 무엇인가라는 질문은 할 수 없다는 점을 염두에 두어야 한다. 이 질문에 대한 답은 0이다. 왜냐하면, 이것은 무한한 숫자로부터 단 하나의 경우가 나타날 확률이기 때문이다. 그러나 그런 질문은 그다지 중요하지 않다. 모든 측정은 대략적이다. 만일 신장을 측정할 때에 오차가 가령 1인치라면, 오히려 무작위로 선택한 사람의 신장이 67.9에서 68.1 사이에 놓일 확률은 얼마인가라는 질문이 더 의미가 있을 것이다. 앞의 문단에서 그 질문에 답을 한 것과 마찬가지로, 정상 곡선 위에 자료를 지적함으로써 답할 수 있을 것이다.

더 재미있는 확률 문제는 제한된 수의 사례에서 남자아이와 여자아이가 똑같이 나올 가능성이 있는지를 결정하려고 할 때에 일어난다. 한 지역의 통계에 따르면, 3600 사례들 중에서 남자아이가 1890명, 여자아이가 1710명이 태어났다. 50 대 50 비율과 다르게 나왔다는 사실이 남자아이와 여자아이가 출생할 확률이 동일하지 않다는 것을 나타내는가? 반드시 그렇지는 않다. 왜냐하면, 남자아이와 여자아이가 동일하게 출생할 가능성을 가졌다고 말하는 것이, 다시 말하여 남자아이가 태어날 확률이 1/2라고 말하는 것은 단지 아주 많은 수의 경우에서만 여자아이와 남자아이의 수가 비슷할 것이라는 것만을 의미하기 때문이다. 그렇게 되면, 3600명의 사례에 대한 자료로는 어떤 결론을 내릴 수 있는가?

남자아이와 여자아이가 똑같이 태어날 가능성이 있다는 것을 가정함으로써 이 문제에 접근하여 3600명이 출생하였을 때에 1890명의 남자아이가 태어날 확률을 물을 수 있다. 3600명의 출생 중에서 가능한 결과는 한정되어 있다. 다시 말하여 0명이든가 한 명, 두 명, …, 3600명까지 정해져 있다. 남자아이 하나가 태어날 확률은 동전의 앞면이 나올 확률과 같기 때문에, 1/2이라고 추정할 수 있으므로 우리는 파스칼의 삼각형에서 3601번째 열을 참조하여 1890명의 남자아이가 태어날 확률을 얻을 수 있다. 그러나 이 삼각형을 필요한 만큼 그려 계산하는 일은 대수 기법으로 아무리 빨리 속도를 한다고 하더라도 아주 지겨운 일일 것이다.

대신 우리는 3600명의 출생을, 아주 큰(엄격히 말하여 무한대) 수로부터 표집한 한 집단으로 간주할 수 있다. 그러니까 3600명의 출생을 각각 포함하는 집단 중의 하나로 생각하는 것이다. 이 많은 집단 중에서 어떤 집단은 남자아이가 하나도 없을 것이고, 어떤 집단은 한 명 등등이 될 것이다. 만일 남자아이의 각 숫자에 일치하는 집합들의 수를 구성해본다면, 정상 도수 분포를 얻을 수 있을 것이다. (이 사실을 우리는 파스칼의 삼각형 연구에서 예견할 수 있다. 예를 들어, 7번째 열을 보면, 6개의 동전을 던져서 앞이 세 번 나오고 뒤가 세 번 나오는 경우의 확률이 20/64라는 것을 알 수 있다. 반면, 다른 결과의 확률은 이 결과의 양쪽으로 대칭적으로 존재하는 숫자들을 계산하면 된다.) 남자아이와 여자아이가 동일하게 출생할 가능성을 가지고 있다는 가정하에 가장 큰 숫자의 집합들을 상정한다면, 1800명의 남자아이와 1800명의 여자아이를 포함하게 될 것이다. 그러면 1800이라는 남자아이의 숫자는 남자아이의 평균 도수가 된다. 이제 이 도수 분포의 표준 편차를 얻으려면, 여기서는 제시되지 않았지만, 통계 공식을 이용하면 된다. 이 경우 $\sigma=30$이 된다. 이 말은 집합 중의 68.2퍼센트가 1770과 1830 사이의 수의 남자아이를 포함한다는 뜻이다. 실지로 관찰한 3600명에서 남자아이의 숫자는 1890이었다. 이 숫자는 평균의 오른쪽으로 3σ의 거리 내에 놓여 있다. 그렇다면 3σ, 다시 말하여 평균의 오른쪽으로 3σ만큼 떨어져 있을 확률은 단지 0.001 그러니까 1000번 중에 1번이 된다. 이 확률은 너무 작기 때문에 남자아이와 여자아이가 출생할 가능성이 동일하다는 우리의 가정은 틀린 것임에 틀림없다. 사실 수천 명의 출생 기록을 보면, 여아 출생에 대한 남아 출생의 비율이 51 대 49이다. 이는 신이 판단을 잘했다는, 그러니까 여자가 남자보다 조금 더 가치가 있다는 사실을 입증하는 것일지도 모른다.

우리가 방금 검토해본 문제는 3600명의 아이 중에서 남자아이가 1890명 출생할 확률이 전체 경우의 수의 범위 내에서 특정한 간격 속에 존재할 확률을 묻고 있다. 이 문제는 정상 확률 곡선을 참고함으로써 쉽게 답을 하였다. 다소 다른 질문이 다음 유형의 문제로 제시될 수 있다.

한 밧줄 제조업자는 각각 평균 1파운드 무게가 되도록 공처럼 꾸러미를 만들어 상품을 팔고 있다. 그는 밧줄 꾸러미 중 어느 하나도 1파운드의 기준에서 0.1파운드라도 벗어나는 것은 공장 밖으로 보내지 않는다고 주장한다. 한 소매업자가 2500개의 밧줄 꾸러미를 사서 전체 무게를 재었더니, 밧줄 각각의 무게인 1파운드의 0.98이라 할 수 있는 2450파운드가 된다는 사실을 알았다. 꾸러미의 평균 무게는 제조업자가 주장한 바에 따르면, 1파운드의 0.1 이내에 존재하게 된다. 그러나 그 제조업자가 1파운드의 0.98의 무게가 나가도록 의도적으로 밧줄을 생산하고 나서 숨겨진 이득을 취할 수도 있다. 그 제조업자는 정직한가? 다시 말하여 제조업자가 생산해낸 상품 중에서 2500개의 꾸러미를 무작위로 선택했을 때에 우연하게도 평균보다 1파운드의 0.2의 무게가 적게 나오는 경우가 있을 수 있는가?

그 문제는 표본의 평균들이 어떻게 달라지는가와 관련이 있다. 그것이 전체 상품들의 표본이라고 믿을 수 있으려면, 표본의 평균이 전체 인구, 그러니까 그 공장의 상품들의 평균과 얼마나 가까워야 하는가? 이는 2500개의 단위 모두의 표본들의 평균을 도수 분포로 나타내어 연구하면 답할 수 있다. 여기서 평균들의 분포 이론을 개발할 수는 없다. 이 평균들이 정상 분포를 이룬다는 것을 알면 그것으로 충분하다. 게다가 평균 분포의 평균이 전체 상품의 평균인 1이라는 것과 이 평균 분포의 표준 편차가 0.0006이라는 것은 알 수 있다. 이제 고객이 받은 특정 표본이 0.98의 평균을 가지고 있다. 이 평균은 1이라는 평균과 0.02의 차를 가지고 있으며, 표본들의 평균의 왼쪽으로 약 30σ, 그러니까 0.0006의 30배 정도에 위치해 있다. 평균으로부터 30σ 떨어진 곳에 자료가 존재할 확률은 너무 작아서 무시할 수 있다. 그러므로 고객이 받은 2500개의 꾸러미가 제조업자가 1파운드의 꾸러미로 생산한 것 중 하나의 표본일 가능성은 아닌 게 아니라 거의 없는 것이다. 무게가 1파운드보다 적게 나가는 밧줄 꾸러미를 의도적으로 만들었다고 결론을 지어도 우리는 충분히 정당화될 수 있는 것이다.

수학적 확률이론을 적용한 최근의 가장 흥미로운 예는 초감각적인 지각의 존재를 '입증' 한 일이다. 여기에서도 증명은 표본과 모집단 간의 관계에 따라 결정된다. 초감각적인 지각의 존재는 라인(Joseph banks Rhine, 1895~1980)과 다른 사람들이 강력하게 주장한 것이었다. 어떤 사람들은 수학적 확률에 의하여 일어날 수 있는 경우보다 더 많이 카드 더미에 있는 카드의 색과 숫자를 예측할 수 있기 때문이다. 다시 말하여 특정한 경우에 올바른 예측을 할 확률이 1/5이라면, 예언자는 매번 약 1/5 정도로 올바른 추측을 할 수 있게 된다. 그러나 800번 시도하였을 때, 예언자가 예상된 160번이 아니라 207번 옳게 추측을 하였다고 가정해보자. 라인은 그런 예상치 못한 많은 수의 올바른 추측을 초감각적 지각으로 숨겨진 카드를 읽는 특별한 정신 능력을 뜻한다고 해석하였다. 47번 더 올바른 추측을 하였다는 것이 그런 믿음에 대한 충분한 증거가 되는지 아닌지가 논쟁거리가 되었다. 라인은 800번의 시도에서 47번 더 올바른 추측을 하게 될 확률은 1/250,000이라고 계산하였다. 이 확률은 너무나 작았기 때문에 라인은 이 추가적인 추측을 단순한 우연 탓으로 돌리지 못했던 것이다.

우리가 이제까지 살펴본 적용의 예에서 모두 확률 이론은 어떤 사건이나 경우가 일어날 가능성을 측정하는 데에 사용되었다. 그러나 이렇게 과학과 산업에만 겸손하게 사용되는 것에 만족하지 못한 이 확률 이론은 독재적인 지배자가 되었다. 이 단계로 넘어가는 데 자극이 된 문제는 이전에 언급했던 것이다. 기체의 분자들은 뉴턴의 만유인력의 법칙에 따라 서로 끌어당긴다. 그러나 뉴턴의 이 법칙에 기반하여 기체의 운동, 팽창, 압축, 온도의 변이들을 예측하고자 시도하려고 하면, 분자들의 숫자가 너무 많기 때문에 절망적일 정도로 복잡하게 된다. 수학으로는 소수의 다른 분자들의 인력에 영향을 받는 단 하나의 분자 운동조차도 정확히 설명할 수 없다.

이 문제를 성공적으로 해결한 것이 클럭 맥스웰(Clerk Maxwell, 1831~1879)이었다. 그리고 그 방법이 바로 확률 이론을 이용한 것이었다. 일정한 부피의 기체 속에 있는 분자들의 끝없이 많은 숫자를 하나의 이상(ideal), 그러니까 모든 기체 중에서 가장 있을 법한 크기를 가지고 가장 있을 법한 속력과 또한 가장 있을 법한 거리만큼 다른 분자들과 떨어져 있으며, 가장 있을 법한 성질을 가진 대표적 분자로 대체하는 것이다. 이 이상적인 분자의 가장 일어날 법한 행동을 그 기체 자체의 행동으로 보면 된다. 그럼에도 불구하고 천문학 법칙들이 혹성들의 운동을 예측하는 것과 마찬가지로 정확히 이런 방식으로 기체들의 행동을 기술하고 예측하는 법칙을 얻을 수 있다는 것은 놀랍지만 사실이다. 실제로 기체의 가장 있을 법한 행동이 실제 행동임이 판명되었다.

이러한 확률 이론 적용이 담고 있는 폭발적인 함의는 이후에 살펴볼 것이다. 당분간은 이렇게 해서 확률 이론이 법칙을 구하는 주요 방법으로 존경을 받게 되면서, 자료와 가설 평가자로서의 역할을 얻게 되었다는 것을 아는 것으로도 충분하다.

확률이론이 과학 연구와 철학적 사고에서 떠맡게 된 중요한 역할은 파스칼의 연구에서 이미 예견된 것이었다. 그는 그 이론을 도박에 적용하면서 시작하였지만, 신에게 적용함으로써 끝을 맺었다. 파스칼은 새로운 과학이 오랜 믿음에 격렬히 도전하기 시작하는 역사의 전환점에서 있었다. 그가 살던 세기의 모든 사상가들처럼 그는 그 투쟁에 참여하여, 어느 정도 그 문제를 해결하는 철학을 찾을 수밖에 없었다. 선천적으로 정말 종교적이었으나 과학과 수학에도 주목할 만한 공헌을 하였던 파스칼은 그 투쟁을 다른 사람들보다 더 마음에 사무치게 느꼈다. 그는 두 측면을 모두 잘 이해하고 있었기 때문에 그의 마음이 곧 전쟁터가 되었던 것이다. 정말 호소력 있는 문장으로 그는 자신이 느낀 당황스러움을 솔직히 고백하였다.

> 이것이 바로 나를 혼란스럽게 하는 것이다. 나는 모든 곳을 보고 있지만, 어디서나 모호함만을 발견할 뿐이다. 자연은 의심과 동요만을 제시할 뿐이다. 만일 내가 신의 흔적을 어디에서도 보지 못했다면, 쉽게 부정할 수 있을 것이다. 마찬가지로 창조주의 흔적을 어디서나 보았다면, 나는 내 신앙 안에서 편히 쉴 수 있을 것이다. 그러나 부인을 하기에는 너무나 많은 흔적을 보았고, 긍정하기에는 확신이 도무지 서지 않기 때문에 나는 불쌍한 처지에 놓여 있는 것이다. 나는 수백 번이고 신이 만일 우주를 주관하고 있다면, 자연이 확실히 그 사실을 보여줄 수 있도록 해달라고 기도하였다. 아니면, 신의 흔

적이란 것이 거짓된 것이라면, 자연이 그것을 완전히 억압하였으면 하고 기도하였다. 어느 편이든 내가 갈 수 있도록 완전한 진리가 아니면 아무 말도 하지 않았으면 하고 바랐던 것이다.

그러나 신은 자신을 드러내길 거절하였다. 파스칼은 그리하여 스스로 확률에 대한 연구를 생각하게 되었고, 그것으로 도박 문제를 해결하였다. 그 이론이 종교적 신앙의 문제에 대한 어떤 메시지를 담고 있는가? 그 질문에 대한 답이 파스칼의 내기라고 알려져 있는 형태로 그에게 왔다.

제비뽑기에서 한 장의 티켓이 가지는 가치는 이길 수 있는 확률과 걸린 상금의 산물이다. 확률이 아무리 적다 해도, 상금이 많기만 한다면, 그 한 장의 가치는 크다. 그래서 파스칼은 신이 존재하고 기독교적 믿음이 사실일 가능성이 정말로 작긴 하지만, 믿음에 대한 보상은 영원한 은총이라고 생각하였다. 천국으로 가는 이 티켓 한 장의 가치는 그러므로 아주 지대한 것이다. 반면 기독교적 교리가 거짓이라면, 그것을 믿음으로써 잃는 가치는 기껏해야 짧은 인생을 즐기는 것뿐이다. 그러니 신의 존재에 내기를 걸어라.

파스칼의 내기는 경솔한 발언이 아니었다. 그것은 절망의 외침이었다. 그가 직면한 문제는 약간 다른 모습으로 나중에 다시 등장한다. 그가 만든 이론에 의하여 최근 다시 제기된 것이다.

24 무질서한 우주: 자연에 대한 통계적 관점

여기가 바로 우리의 안식처이다.
하나의 목적에 맞추어 보편적 원인이 작동을 하고 있기는 하지만,
다양한 법칙에 지배를 받는 바로 이곳.
–알렉산더 포프

이 우주에 법칙과 질서가 있는 것일까, 아니면 단지 우연과 변덕에 의해 우주가 움직이는가? 지구와 다른 행성들은 태양 주위를 계속 맴돌 게 될까, 아니면 어떤 알려지지 않은 물체가 멀리서 다가와 우리의 행성 체계를 파괴하고 행성들의 경로를 바꾸어놓을까? 우리의 태양도 다른 별들이 매일 그러하듯 언젠가는 폭발하여 모두 산산조각 파괴될까? 인간은 자신의 생존을 위해 특별히 생성된 행성 위에 의도적으로 놓여진 것인가, 아니면 아무 의미 없이 단지 우연의 일치로 작동하는 것일까?

조금이라도 생각하는 사람이라면 다른 어떤 것보다 그런 질문에 궁금해할 것이다. 이와 비교해보면 국가연합(UN)이라는 웅장한 계획도 하잘 것 없으며, 돈 걱정이나 일상 생활의 모든 어려움도 잊어버리게 된다. 답을 찾고자 하는 인간의 억누를 수 없는 욕망이 바로 인간을 고귀하게 만드는 특질이다. 다시 말해 자신과 자연의 신비, 그리고 우주의 구조에 대한 지식을 끊임없이 추구하게 하고, 그렇게 하지 않았다면 그냥 의미 없는 떠들썩한 잔치로 시간을 보냈을 삶에 의미를 주는 모든 활동을 하게 하는 힘이다. 결코 완전한 답을 찾을 수는 없다. 그러

나 위대한 수학자들 덕분에 인간은 수많은 중요한 단서를 가지게 되었다. 이 단서를 해석하는 방식이 하나 이상이라는 것이 불행일 뿐이다.

그 해석 중 하나는 이미 우리가 알고 있는 친숙한 것이다. 18세기 사상가들은 뉴턴 시대에 밝혀진 수학 법칙에서부터 추론하여 근대의 가장 포괄적이고도 영향력 있는 철학 체계를 수립하였다. 그 철학 체계는 계획에 따라 설계된, 질서정연하게 작동하는 세계를 제시하였다. 수학 법칙은 그 설계를 명백하게 하였고, 과학적 예측을 실수 없이 해냄으로써 그 설계가 잘 지켜지고 있다는 증거를 제시해주었다. 물론, 행성과 다른 무생물의 운동을 규제하는 법칙들은 인간의 삶이 실현되는 곳에서는 그리 명백하게 적용되지는 못하였다. 그러나 설계에 대한 증거가 결점이 없다면, 인간도 이에 포함되는 것이 당연하지 않을까?

이 결정론이라는 철학은 여전히 우리의 사고와 신념을 지배하며 우리 행동의 지침이 되고 있다. 그러나 불행하게도 근대 과학의 창시자들에게는 조화롭고 너무나도 단순하였던 자연의 질서가 19세기와 20세기를 거친 현재 너무나도 효율적으로 사용되었던 통계학과 확률이라는 큰 소용돌이 속에서 붕괴될 지경에 놓인 것 같다.

두말할 필요도 없이, 수학자들은 통계적 자료를 처리하는 데에 자신들이 도입한 새로운 아이디어와 기법에 자긍심을 가진다. 또한 확률이라는 직관적인 관념을 인간 행동의 지침에 아주 유용하게 사용될 도구로 바꾸어놓은 것에 대하여 만족스러워했다. 그러나 자신들이 활동하는 지식인 공동체의 구성원들로서 가졌던 그 기쁨은 순간에 그칠 수밖에 없었다. 왜냐하면, 질서정연한 자연의 구조가 자신들의 머리 위에서 붕괴한 이유가 바로 통계적 방법과 확률 이론의 성공이었기 때문이다.

만일 새로운 절차에 의하여 이렇게 얻은 공식과 법칙이 부정확하였다면, 아무도 의심할 수 없는 수학적 과학적 공리들로부터 결론을 연역하는 확실한 절차가 적용되지 않을 때에만 비록 신뢰할 수는 없지만 어쩔 수 없이 사용해야 하는 하나의 대체물로만 여겼을 것이다. 그러나 상황은 그렇지 않았다. 사실 그 법칙과 공식들은 놀랄 정도로 정확하고 효과적이었다.

이제 문제의 핵심으로 다가가 통계적 방법이 등장하며 결정론 철학에 제기한 도전을 살펴보도록 하자. 먼저 플라톤의 대화 기법을 빌려와서 찬성과 반대 논의를 결정론 씨와 확률론 씨가 하도록 해보자. 젊은 주인공인 확률론 씨가 먼저 그 문제를 충분히 설명함으로써 논의는 시작된다.

"가장 곤란한 문제는 통계적 방법과 확률이론이 전혀 어떤 것도 기대할 수 없는 분야에서 너무나 철저하게 믿을 만한 법칙을 산출해낸다는 사실에 있습니다. 예를 들어, 지능의 분포를 살펴봅시다. 무작위로 대집단의 사람들을 선택하여 정확히 설계한 검사로 그들의 지능을 측정합니다. 분포는 정규분포곡선과 유사할 것입니다. 집단의 크기가 클수록, 완벽한 정상 분포에 더 근접하게 될 것입니다. 명백히 지능을 결정하는 다양하고 설명할 수 없는 특질을 계획 없이 무작위적으로 제시하게 되면, 누구든 거의 어떤 법칙도 제시할 수가 없습니다. 그러나 지능 분포는 희한하게도 규칙성과 불변 관계를 표현하는 곡선을 따르게 되죠."라고 확률론 씨는 지적한다.

"이번에는 유전 현상을 살펴봅시다. 부모들의 염색체는 영양이 풍부한 수정란 속에서 자유롭게 뒤섞이며 임신에서 성숙에 이르기까지 끊임없이 변화합니다. 그러나 유전 형질들의 전이는 확률 이론에 의하여 정확히 예측될 수 있습니다. 이제 길이를 여러 번 측정하여, 그 다양한 수치를 빈도와 함께 그래프로 나타내 봅시다. 눈과 손은 어설프기 때문에 이러한 측정치에는 상당한 불규칙성이 존재할 수밖에 없습니다. 그러나 곡선은 거의 정상 분포를 나타내며, 측정 횟수가 많을수록 그 곡선도 정상 분포에 가까워지게 됩니다. 심지어 인간의 실수조차도 법칙을 따르는 것입니다. 요컨대, 외관상으로는 전혀 법칙과는 거리가 먼 현상까지 법칙에 의한 기술된다는 놀랍고도 혼란스러운 결과를 얻게 된 것입니다"라고 확률론 씨는 결론지었다.

그러나 나이 많은 결정론 씨는 "누구도 예상하지 못한 현상들을 설명하는 법칙이 존재하는데, 왜 혼란스러운가?"라고 질문을 한다. "더 많은 법칙을 가지게 된 것은 고마운 일이 아닌가? 결정론의 주장이 더 강해지는 것이 아닌가? 자연의 설계는 명백히 어디에나, 우리가 기대하지 않는 곳에서도 존재하는 것이지."라고 말한다.

확률론 씨는 "제가 걱정을 하는 것은 정확히 그런 이유 때문입니다"라고 답한다. "우리는 이런 상황에서 법칙을 기대할 이유도 없을 뿐 아니라 기대하지 않는 것이 당연한 것입니다. 그런 상황을 지배하는 법칙을 가지고 있는데, 뉴턴 과학이 만들어놓은 수학 법칙의 존재에 얼마나 대단한 의미를 부여할 수 있겠습니까? 그런 법칙의 존재로부터 자연의 설계와 결정론을 어떻게 추론할 수 있습니까?"

결정론 씨가 답하기를, "너무 서두르지 말게. 이런 식으로 말해보지. 우리가 알고 있는 모든 지식을 동원하더라도 우연적이며 무질서하게 보이는 현상들이지만 어쨌든 이를 기술할 수 있는 수학 법칙을 우리가 가진 것 아닌가. 이런 이유로 우리는 우주 설계를 증명한다고 생각한 법칙들의 중요성을 의심하게 되지. 그러나 겉으로 보기에 무질서한 현상들이 자연 법칙을 따른다면, 이 현상들이 너무나 복잡해서 우리의 제한된 지능으로는 우연의 결과처럼 보일 수도 있지 않겠는가?"

"당신의 주장은 꽤 합리적인 것처럼 들리는군요"라고 확률론 씨는 답을 하고, 몇 가지 우호적인 말로 상대방을 편안하게 한다. "아주 정밀하게 조사를 해도, 기체 분자들의 운동은 완전히 불규칙한 것처럼 보입니다. 그러나 물리학자는 각 분자들이 지구가 태양 주위를 도는 그와 같은 자연 법칙을 따르고 있다고 믿겠죠. 이와 마찬가지로, 지능이나 유전 과정을 이루는 성질들의 분포도 각 개인의 상태를 정확히 결정하는 질서 정연한 물리적 절차를 따른다고 주장할 수 있겠지요. 그러나 이 모든 절차들은 너무나 복잡하여 우리의 이해로는 파악할 수가 없습니다. 이는 경제 현상, 사망, 그리고 외관상 다른 불규칙적인 현상에도 똑같이 적용될 수 있을 것입니다. 그렇다면 무질서해보이는 현상들이 완전히 결정되어 있고, 통계 연구를 통하여 얻은 수학 법칙이 질서 정연한 물리적 과정 이면에 존재하는 법칙들의 존재를 반영하는 것일 수도 있습니다."

결정론 씨는 자신이 잘 방어한 것에 만족하며, 확률론 씨는 확률이론을 잘 알고 있으므로 공격할 준비를 한다.

"그러나 다음 사실을 한번 생각해봅시다. 결정론 씨. 동전 6개를 동시에 던지면, 나올 수 있는 앞면의 수는 0에서 6까지가 됩니다. 앞면이 정확히 몇 개가 나올지 우리는 전혀 알 수 없습니다. 왜냐하면, 우리가 알고 있는 너무나 많은 요소와 알고 있지 못한 너무나 많은 요소가 그 결과를 결정하기 때문이죠. 바람의 강도, 동전에 가해진 손의 힘, 동전들이 떨어진 바닥의 모양, 그리고 다른 요소들. 그렇게 되면, 우리는 동전을 던지는 결과가 단지 우연의 문제라고 생각하게 되죠. 게다가 동전을 던지는 횟수가 커질수록 더 많은 우연이 작용하게 됩니다. 그러나 이들 6개의 동전을 아주 여러 번 던지게 되면, 확률 이론을 통하여 우리는 미리 앞면이 하나도 안 나올 횟수, 앞면이 한 번 나올 횟수 등등 마지막 경우의 수까지를 계산할 수 있게 됩니다. 던지는 횟수가 클수록, 그 결과는 이론의 예측과 일치하게 될 가능성이 높죠. 그러므로 동전 떨어지는 것이 어떤 일련의 위반할 수 없는 규칙에 의해 결정되든 그렇지 않든 아무런 상관없이, 우연에 의해서만 결과가 결정된다는 가정을 함으로써 우리는 바로 결과를 예측하는 수학 법칙을 산출할 수 있게 되는 거죠."

확률론 씨는 이어 말한다. “사실, 당신도 알다시피, 19세기의 물리학자들은 내가 방금 동전 던지기를 묘사했던 것과 같은 바로 그런 절차로 기체 운동에 대한 아주 유명한 법칙을 얻었습니다. 그들은 질량과 속력, 그리고 다른 성질들이, 기체 분자의 다양한 질량과 속도 중에서 나타날 수 있는 가장 있을 법한 값을 가진 이상적인 허구의 분자로 연구함으로써, 수십억 개의 분자에 대한 수십억 개 분자의 작용을 연구하는 어려움을 피해갔습니다. 그러나 이러한 이상적인 분자로 추론하여 얻은 법칙들은 수학과 과학이 산출해놓은 어떤 법칙만큼이나 유용합니다. 필연적인 행동이 아니라 한 기체의 가장 있을 법한 행동만을 진술하고 있는 데도 말이죠. 그러므로 개별 분자들이 미리 정해진 패턴을 따른다는 믿음은 다수 분자들의 법칙적인 행동으로 전혀 지탱될 수 없다는 것이죠. 아닌 게 아니라 그 믿음은 부적절한 것입니다.”

결정론 씨는 전혀 자신의 입장에서 후퇴할 마음이 없다.

“확률론 씨, 당신도 기체 분자들의 운동과 동전 던지기가 명확하고 피할 수 없는 법칙을 따르고 있다는 것을 동의하고 있소. 그러나 편의상 당신은 동전 각각이 우연한 방식으로 떨어지며, 기체 분자들도 가장 있을 법한 특징을 가진다고 가정을 했소. 우연적 행동이라고 가정하고, 그것을 당신의 확률 이론이 성공적으로 예측하고 있다고 해서 이면에 존재하는 근본적 법칙이 존재한다는 엄청난 의미를 놓쳐서는 안 되오. 비록 복잡한 현상을 설명하는 데 확률을 사용하는 것이 편리하고 유용하기는 해도, 그 자체로 이면에 존재하는 법칙의 권위를 손상시키는 것은 아니오. 사실은 확률 논의를 통해 이성적이고 유용한 결론을 내리도록 이들 법칙이 뒤에서 작동하기 때문에 가능한 것이지요.”

“결정론 씨, 당신은 아직도 내 말이 가지는 힘을 전혀 이해하지 못하고 있습니다. 아닌 게 아니라 당신은 어떤 필연적 법칙이 존재한다는 것을 믿는다는 점에서 실수하고 있는 것이라는 걸 알게 될 것입니다.

예를 들어, 동전 던지기를 생각해봅시다. 특히 그 무게를 생각해봅시다. 이것은 그 운동을 결정하는 뉴턴 법칙과 관련 있습니다."

"동전이 떨어지고 있는 동안에도, 그 무게는 동일하지 않습니다. 동전은 아주 많은 수의 그러나 끊임없이 변화하는 수의 분자들로 구성되어 있습니다. 왜냐하면, 모든 고체는 계속하여 분자를 얻고 또 잃기 때문이죠. 또 떨어지고 있는 동전 위로 부는 바람은 수십억 개의 분자들로 구성되어 있습니다. 그리고 우리가 알지 못하는 방식으로 작용하여, 그 모든 분자들이 동전 주위에서 엄청나게 다른 방식으로 춤을 추게 되는 것이죠. 동전이 떨어지는 마루의 표면도 모양이 정해져 있지 않습니다. 나무 분자들이 붙어 있다가 떨어지기도 하기 때문에 모양은 변화하고, 동전이 마루에 떨어지는 그 각도도 정확하지 않습니다. 동전이 떨어지는 거리도 마찬가지죠. 동전의 중심으로부터 마루 표면까지의 거리를 측정한다고 생각해봅시다. 모양이 계속 변하고 있는 동전의 중심이 어디일까요? 분자층들이 완전히 불규칙한데 마루 표면은 어디서부터 시작한다고 할 수 있을까요? 거리를 재는 데에 자를 사용할까요? 사실 자조차도 질량이 일정하지 않은 만큼, 길이도 일정하지 않습니다. 자 끝에 있는 분자들이 떠나고 돌아오면서 계속하여 길이를 변화시키죠."

확률론 씨는 서둘러서 덧붙인다. "이제는 물질 구조의 복잡성을 이해할 수 있기 때문에, 모든 과학 법칙에 대해서 말할 수 있을 만큼 뻔뻔할 수는 없지 않습니까? 그러한 모든 법칙이 물질, 그러니까 어느 물체에도 결코 일정하지 않은 질량, 표면, 길이, 압력, 밀도, 그리고 다른 성질을 다루고 있습니다. 우리의 손과 눈, 그리고 측정 기구의 조잡함만이 우리를 속여서 고정된 길이와 질량이 있으며 정확한 과학 법칙에 대하여 말할 수 있다고 믿는 것이지요. 이들 수량에 대한 평균 수치를 사용하는 한에서만 법칙이 질량과 법칙, 부피, 무게, 그리고 다른 성질과 관련이 있는 것이지요. 그러므로 법칙이란 단지 평균 수치 주변에 변이들이 뭉쳐서 존재하는 불규칙한 물리적 상태를 편의적으로 종합한 것에 지나지 않는다는 것이죠. 요약하여 말하면, 법칙이 명백히 혼란스러운 현상을 포괄하고 있다는 사실을 검토할 때, 사실 모든 과학 법칙이 그러하다는 결론을 내리게 됩니다. 이제 질서정연한 자연이 존재하는가에 대하여 과학 법칙이 무슨 말을 할 수 있죠?"

"확률론 씨, 내가 이해한 바에 따르면, 당신 주장의 요점은 물질 그 자체의 구조를 검토할 때, 겉보기에 동일한 특질들도 실제로는 끊임없이 변화하고 있다는 것이죠. 그래서 당신은 그 모든 것들이 마치 노동자들의 평균 수입에 대한 진술이 평균인 것처럼 평균적인 결과에 대한 편의적인 진술일 수 있는데, 어떻게 명백한 불변의 과학 법칙에 대하여 말할 수 있느냐고 질문하는 것이죠. 그러나 잠시 생각해봅시다, 확률론 씨. 법칙이 포괄하고 있는 모든 주요한 현상에 전혀 영향을 미치지 않는, 단지 그 어떤 극미한 불규칙성 때문에 포괄적이고 명백하며 잘 검증된 법칙을 믿을 수 없다는 것이오?"

"결정론자 씨, 당신이 말하는 것이 사실일 수도 있소. 만일 내가 이제까지 기술한 것보다 상황이 더 나쁘지만 않다면 말이죠. 그러나 물질 그 자체의 성질로 좀더 파고 들어가서 분자들을 생각해봅시다. 알다시피 그것들은 원자로 구성되어 있고, 또한 자유로운 전자들과 그 자체로도 아주 복잡한 구조를 가진 핵으로 구성되어 있습니다. 그리고 결정론 씨, 내가 당신에게 핵과 전자에 관하여 한두 가지를 말할 테니 꼼꼼히 들으세요. 아마도 당신은 이들 소립자들이 특정 시간, 특정 공간에 존재하는 작은 물질 덩어리라고 생각하겠죠. 물론, 몇 년 전에는 그렇게 말할 수 있었습니다. 그러나 오늘날에는 더 이상 그렇게 말할 수 없습니다. 각각의 전자와 핵의 각 구성요소들은 모든 곳에 존재하지만, 다소간 그 장소에 있을 확률을 가지고 있을 뿐이라고 말해야 하지요. 사실 근대 원자 이론에 따르면, 당신은 이 방 구석에 있는 의자에 앉아 있는 것이 아닙니다. 당신은 장소마다 조금씩 달라지는 어느 정도의 확률로 모든 곳에 존재하고 있는 것이지요. 당신이 앉아 있다고 생각하는 그 구석에 있을 확률이 제일 높겠지요. 아주 환상적인 물질이죠? 중세의 지옥 개념만큼이나 환상적이지 않습니까? 아마도 원자 폭탄이라는 지옥을 우리 세계에 가져온 것도 바로 이 이론이기 때문이겠지요."

"결정론 씨, 정확하고 피할 수 없는 수학 법칙에 순종하는 훌륭한 구식의 고체 물질이 이제 어디 있습니까? 존슨 박사가 물질이 실재한다는 것을 보이기 위하여 어느 날 걷어찬 돌이 수학 확률의 어지러운 분포로 흩어져 있게 되었습니다. 데카르트, 갈릴레이, 뉴턴, 라이프니츠가 천체를 측정하기 위하여 세운 사다리는 끊임없이 변화하는 불안정한 토대 위에 놓여진 것이지요."

"확률론 씨, 이해할 수 없습니다. 당신은 단지, 우리의 현재 이해에 비추어볼 때, 원자의 구조가 너무 복잡하여 과학자들이 그것을 통제하기 위해서 확률 이론에 의지하게 되었다고 말하고 있는 것뿐이오. 그것이 무엇을 증명하지요? 단지 당신은 동전 던지기에서 원자의 구조로 논의를 옮긴 것뿐이오. 원자 구조가 복잡하다는 것도 의심하지 않고, 그 구조를 연구하는 데 확률 이론을 사용하는 지혜에 대해서도 나는 의문이 없소. 그러나 지능 분포나 형질 유전에 대한 법칙이 존재하는 것처럼 원자 법칙도 존재한다는 것이 이면의 결정된 행동의 가능성 자체를 부인하지는 않소. 아인슈타인 박사도 바로 이 점에 대하여 적절한 말을 했지요. '신이 세계와 주사위 놀이를 하고 있다고 나는 결코 믿지 않는다'라고 말이오."

"결정론 씨, 아마도 당신이 이해하지 못하겠다고 말하는 내 요점은 유효한 법칙을 획득한다고 해서 그 자체로, 필연적으로 자연의 설계와 불변의 질서와 인과성, 한마디로 결정론을 정립한다고 결론지을 수 없다는 것입니다. 내 생각에 당신은 그 정도는 인정해야 할 것입니다. 그러나 당신은 여전히 유사시에 사용할 몇 가지 사실을 가지고 있다고 느끼는 것 같습니다. 물질의 복잡한 구조에도 불구하고, 물질의 행동을 기술하는 법칙이 존재한다는 것 자체가 이들 법칙이 설계를 함의하고 있다는 증거를 오히려 더 보여주고 있는 것은 아닌가라고 주장할 수도 있다는 것이죠."

확률론 씨는 물론 결정론 씨의 주장을 진술하고 있었다. 왜냐하면, 자신의 주장을 할 때에도 이야기를 멈추는 것이 힘들다는 것을 알았기 때문이며, 젊은이들이 가지게 마련인 과잉된 자신감으로 자신이 결정론 씨보다 결정론 씨의 생각을 더 잘 표현할 수 있다고 생각했기 때문이다. 의사 진행 절차에 따라, 그 논의에 대한 자신의 입장을 표명하는 발언권은 여전히 확률론 씨에게 있다.

"결정론 씨, 당신을 위해 법칙 하나를 만들어보죠. 당신이 얼마나 만족하는지 봅시다. 지난 50년 간 국가의 번영과 그 시기 동안의 태양 흑점의 강도에 대한 자료를 열거해보세요. 물론 자료에 하나의 공식을 맞추는 통계적 과정을 잘 알고 계실 겁니다. 이 과정을 통하여 공식, 그러니까 국가적 번역과 태양 흑점의 강도를 관계 짓는 수학 법칙을 얻을 수 있을 겁니다. 이 두 변수들 간의 불가피한 관련이 있다는 것에 대하여 우리는 어떤 결론을 끌어낼 수 있을까요? 전혀 없다고 당신은 말하겠죠? 그러나 이 공식이 우주법칙을 나타내는 다른 많은 과학 공식과 어떻게 다릅니까?"

결정론 씨는 이 지점에서 감정적으로 의자에서 일어난다.(다양한 확률로 모든 곳에 존재하는 그 의자에서.)

"대답은 명백합니다. 확률론 씨. 과학 법칙은 불명확하게라도 계속 적용되겠지만, 태양흑점과 국가의 번영 자료에 맞춘 공식은 그렇지 못할 것이오. 케플러의 법칙들을 예로 들어봅시다. 과거 4백년 간 관찰한 모든 것들이 그 법칙에 들어맞았소. 지구가 그렇게 오랜 기간 같은 법칙을 따른다는 것이 의미가 없소?"

"케플러의 법칙을 예로 선택해주다니 기쁩니다, 결정론 씨. 먼저 케플러의 법칙은 원래 공식을 자료에 맞춤으로써 얻은 것이라는 사실을 당신에게 상기시키도록 하겠습니다. 몇 년간 엄청난 노력을 하고, 50여 가지 서로 다른 유형의 곡선을 시도해본 끝에 케플러는 화성의 경로가 타원이라는 사실을 발견했습니다. 코페르니쿠스와 브라헤가 행한 모든 관찰들이 그를 지원해주었구요. 케플러와 과학사의 측면에서 보면 다행스러운 것이지만, 그 관찰들은 그렇게 충분한 것이 아니었어요. 오늘날 이론과 더 정확한 관찰을 통하여 진짜 경로는 타원이 아니라 다른 행성들의 만유인력에 의하여 일어난 다양한 섭동(攝動)으로 삐뚤어져 있다는 것을 알게 되었죠. 그렇게 되면, 케플러의 법칙은 행성들의 평균 행동을 우연히 기술한 것에 지나지 않습니다. 엄격히 말하여 오늘날에는 그 법칙들이 적용되지 않습니다.

게다가 케플러 법칙의 운명은 모든 과학 법칙들의 운명이었죠. 그것들은 잠시 적용이 되지만, 일반적인 과학 지식의 증가로 나중에 좀더 세련된 것이 필연적으로 나타나게 되지요. 케플러의 법칙들은 그 자체로 코페르니쿠스 이론을 세련시킨 것이고, 알다시피 코페르니쿠스는 프톨레마이오스의 것을 향상시킨 것이지요. 케플러가 초기 이론들 위에 세울 수 있는 이점을 가지고 있었기 때문에 그의 법칙들이 상당히 맞는 것으로 판명된 것이지요. 그러나 그의 연구조차도 마지막이 아니라는 것이 이제는 알게 되었지요."

결정론 씨가 한시도 쉬지 못하고 초조하게 왔다갔다하다가 서둘러 반박을 가한다. "그러나 그런 법칙의 역사가 점점 더 세련되고 가고 있음을 보여준다는 사실에 동의하지 않소. 그런 세련화가 어디에 도달하겠소? 의심할 여지없이 진정한 법칙일 것이오. 케플러의 법칙도 마지막

것은 아니더라도 꽤 가까이 온 것이죠. 그러나 목표가 될 만한 진짜 법칙이 없다면, 어떻게 진짜 법칙에 접근할 수 있겠소?"

"결정론 씨, 그 해답은 만일 운동하는 지구가 케플러 법칙의 아주 근접한 한 패턴에 정확히 일치한다고 하더라도, 여전히 그 패턴은 가장 있을 법한 행동일 뿐입니다. 동전이 얼마나 자주 앞면으로 떨어질지 알 수 있도록 하는 필연이 없는 것처럼, 지구가 계속해서 가장 있을 법한 행동을 하도록 하는 필연성은 없습니다. 내일 지구는 태양과 충돌할지도 모릅니다. 다시 말하여, 결정론 씨, 만일 당신이 초조하게 걷기를 멈춘다면, 당신은 더 잘 집중할 수도 있다는 것이지요. 우리는 효과적인 법칙이 존재한다는 것을 의심하는 것이 아니라, 그 법칙에 부여한 의미를 의심하는 것입니다."

"내가 왔다갔다해서 당신을 신경 쓰이게 했다면 미안하오. 확률론 씨, 당신의 통계 법칙, 그러니까 자료에 공식을 맞춤으로써 얻은 법칙에 적용되지 않는 케플러의 법칙과 다른 법칙이 있다는 것을 보여주는 주장을 해보도록 하겠소. 먼저 갈릴레이와 뉴턴이 성공적으로 운동 현상을 분석하였다는 것을 기억해봅시다. 결과적으로 우리는 만유인력 법칙으로 행성의 행동을 물리적으로 설명하게 되었습니다. 이 힘으로 인하여 행성들은 자신의 경로를 돌며, 계속 케플러의 법칙에 따르고 있습니다. 아닌 게 아니라 이들 법칙들은 만유인력 법칙의 수학적 결과이지요. 행성들의 경로에 작용하는 섭동조차도 이제는 만유인력의 작용으로 설명되고 있지요."

"결정론 씨, 정말 당황스럽습니다. 당신의 설명이 창피하지도 않습니까! 체, 만유인력 법칙이 뭡니까! 당신은 그것이 허구나 마찬가지라는 것을 잘 알고 있습니다. 행성들이 경로를 지키게 한다는 이 만유인력이 도대체 뭡니까? 태양이 지구를 어떻게 끌어당기고 있는가를 이해하려는 시도만큼 문학적 환상이 우리의 지성을 억압하고 있는 것도 없지요. 아마도 태양 흑점과 국가적 번영을 관계짓는 데 고안된 공식이 훨씬 더 합리적일 것입니다. 우리가 정말 가지고 있는 것은 공식일 뿐, 태양 흑점과 국가의 번영 사이를 관계짓는 공식의 존재만큼이나 이러한 공식의 존재에도 철학적 중요성을 붙일 만한 이유가 없는 것입니다."

결정론 씨는 다시 한 번 그 존재를 의심하기 시작한 자신의 안락의자를 재확인해보았다. 확률론 씨는 계속하여 자신의 주장을 끝까지 몰고가기로 결정하였다.

"잠시 돌이켜봅시다. 우리 사이의 논쟁이 이제 어느 한 지점으로 좁혀지지 않았나요? 몇 가지 자연 법칙에 기반하여 당신은 자연철학을 세운 겁니다. 통계적 방법과 확률 이론의 도입으로 우리는 이제 몇 가지 법칙의 발견, 아니 조작이 얼마나 하찮은 것인가를 인정하지 않을 수 없게 되었습니다."

결정론 씨는 거의 듣고 있지 않았다. 그는 생각에 잠겨 있었다. 달변인 그의 상대자가 내뱉는 다양한 주장들로 해서 그는 이전에는 법칙적이라고 여겼던 현상 속에서조차 불규칙성과 무질서가 존재한다는 사실을 받아들이게 되었다. 화학자들과 물리학자들이 원자 이론을 발달시킴으로써 그 영역에 새로운 문제들과 불확실성을 드러내었다. 그리고 확실히 물질은 예상보다 훨씬 더 복잡하다는 사실이 명백해졌다. 열운동 법칙이 발달하여, 분자 운동의 속도에 비추어 이 현상을 설명하게 되었다. 그로 인하여 열과 추위의 흐름이 단지 수십억 개의 분자들의 불규칙한 운동의 집단적 결과로 드러났다. 액체가 가진 동일한 압력은 동일한 힘이 작용한 결과가 아니라, 단지 액체의 개별 분자들이 용기벽에 불규칙하게 부딪히면서 나타낸 집단적 결과였다. 매끄러운 거울 표면은 실제로는 분자들의 집합일 뿐이며, 비록 전체 집합이 빛을 꾸준히 반사하는, 수학 법칙에 따른 그물망 효과를 내기는 하지만, 각각의 분자들은 서로 다르게 움직이고 있다. 인간의 목소리와 악기의 음향도 거의 완벽한 충실도로 매일 재생되며, 수학 공식이 잘 표현하고 있지만, 단지 공기 분자들의 불규칙한 집단 운동의 평균 결과일 뿐이었다. 골턴(Francis Galton)이 유전 법칙을 발견하기 위하여 그 메커니즘을 찾아내거나 이해하려다가 실패한 후, 확률 법칙을 사용함으로써 그 현상은 이제 완전히 우연의 장난인 것처럼 보이게 되었다. 식물, 동물, 심지어 인간의 형태와 다양성은 한계가 없다. 날씨는 법칙을 따르는 것보다 오히려 반하는 경우가 많다. 인간은 가뭄, 태풍, 폭우를 통제하기는커녕 예측할 수도 없었다. 단순함과 질서, 불변성으로 칭송을 받던 자연의 그 힘에는 예상할 수 없고 설명할 수 없는 파도와 화산 폭발 그리고 지진이 포함되어 있었다. 자연이 갑자기 예측불가능하고, 괴팍하고 변덕스러운 것으로 보이게 되었다.

그리하여 18세기에는 불변의 수학 법칙에 따라 엄격하게 결정되고 설계된 것으로 보았던 바로 그 똑같은 세계가, 이제는 혼란스럽고 법칙이 없고, 예측 불가능한 것으로 보아야 했다. 실재는 전체적으로 목적이 없는 듯이 보였고, '아무것도 의미하는 것이 없는 음향과 분노로 가득 찬, 한 바보가 말한 이야기'에 지나지 않는 것처럼 보였다. 특히 인간은 이제 맹목적이고 우연적인 과정의 우발적인 사고만 할 뿐이다. 과학의 수학적 법칙은 이제 단지 무질서한 일들의 평균적 결과를 이용가능하고 편리하게 요약한 것 이상이 아니다. 자연과 그 법칙에 대한 이러한 태도는 자연이 혼돈스럽고 예측 불가능하다는 것을 입증하는 것이며, 그 법칙이란 평균 결과의 편의적이고 순간적인 기술에 불과하다는 것을 입증하는 것이었다. 바로 이러한 태도가 자연에 대한 통계적 관점이다.

이러한 통계적 관점과 결정론적 견해는 서로 반대되는 것이다. 그들이 비록 과학 법칙이 존재하며, 그것을 적용할 수 있다고 본다는 점에서는 일치하지만, 이 사실을 해석하는 방식에서 완전히 다르다. 결정론은 과학 법칙이 자연적 대상의 필연적이고 불변하며, 보편적인 행동에 대한 진술이라고 주장한다. 그러나 통계적 관점에서는 법칙이 단지 고도의 확률을 지닌 진술일 뿐이라고 생각한다. 결정론자들은 지구와 태양이 케플러의 법칙에서 관계를 맺고 있듯이, 법칙에 의하여 관계를 맺은 대상들 사이에는 본질적인 관련이 있다고 믿었다. 통계이론가들에게 법칙이란, 내가 갈색 넥타이를 맸을 때 동시에 이웃의 어떤 사람이 시가를 피울 수 있듯이 단지 일시적 상황을 관찰한 것에 불과하다. 결정론은 자연의 현재 상태가 미래를 결정한다고 주장한다. 만일 내가 공중으로 공을 던지면, 그것은 반드시 포물선을 그리며 바로 지구로 다시 떨어져야만 한다. 반면, 통계적 관점은 어떤 경우에는 포물선의 법칙에 따라 떨어질 수도 있지만, 직접 태양으로 가버릴 수도 있다고 말한다.

한두 가지 예만 더 들어도 두 관점 간의 차이가 명백하게 드러날 것이다. 가령, 방망이로 공을 쳤다고 치자. 결정론적 관점에서는 방망이가 공과 접촉할 때에 작용하는 힘은 수학적인 운동 법칙에 따라 미리 예정되고 기술된, 명확한 비행 패턴을 따라 공이 날아갈 수밖에 없도록 만든다. 몇 가지 수량적 사실들이 주어지면 공의 운동은 더 확실하게 예측할 수 있다. 통계적 관점에 따르면, 방망이 속의 수십억 개의 분자들이 공 속의 수십억 개의 분자들과 가까워지면, 무작위적인 운동을 통하여 상대 집단의 많은 분자들과 부딪쳐서 그들에게 속력을 부여하게 된다. 공 속의 너무 많은 분자들이 영향을 받기 때문에, 공 자체는 대부분의 분자들이 방망이의 분자들과 접촉하면서 움직인 그 방향으로 움직이게 된다. 그 공이 예상된 방향으로 움직일 확률은 너무나 커서 완전히 벗어나는 일이 적어도 가능하기는 하지만 그런 일이 일어날 가능성은 거의 없다. 그러나 건초 더미 속에서 바늘을 찾을 확률은 정말 적긴 하지만 그 속에 바늘이 있기는 있는 것이다.

또 다른 예를 보면, 결정론적 견해와 통계적 견해 사이의 차이점을 명백히 알 수 있다. 한 국가의 민족은 정상적인 때에 연속적이며 규칙적인 행동 패턴을 전체적으로 보이는 것 같다. 사람들은 일하러 가고 식사를 하며 여자와 남자가 결혼하고 가족을 이룬다. 젊은이와 노인들은 각자 자신들의 오락을 즐긴다. 선거가 치러지고, 승자가 집권을 한다. 만일 단지 이 사실 이외에 다른 것을 더 이상 알지 못한다면, 그리고 그런 행동을 인간 행동에 관한 아주 이성적인 공리들로부터 연역할 수 있다면, 우리는 인간들의 행동과 심지어 그 삶조차도 어떤 초월적인 존재에 의하여 설계되고 결정되며, 이 불변의 설계를 따를 수밖에 없도록 되어 있다고 주장하고 싶은 유혹을 받게 될 것이다. 그러나 통계적 관점을 주장하는 사람들은 좀더 자세히 보기를 촉구한다. 우리가 개인 각각의 행동을 살펴보면 무엇을 발견할 수 있는가? 많은 사람들은 출근하지 않는다. 구걸하고, 돈을 빌리고, 도둑질을 한다. 어떤 사람은 먹지 않고, 굶어죽는다. 꽤 많은 사람들이 결혼을 하지 않고, 결혼을 하더라도 아이를 낳지 않는다. 선거 기간에도 일부만 투표를 한다. 나머지는 관심이 없거나 다른 이들은 선거할 권리가 없다. 이러한 사실에 비추어 보면, 한 집단으로서 그 민족의 행동에 대하여 무슨 말을 할 수 있을까? 그들은 불변의, 미리 예정된 법칙을 따르는가? 집단 행동에 대한 진술은 단지 모든 종류의 반대되는 행동과 불규칙성, 그리고 심지어 무질서를 은폐하는 일반적이며 집단적인 결과만을 진술한 것이 아닌가? 통계적 방법은 개별 행동들의 변화가능성과 심지어 우연성까지 인정한다. 그럼에도 불구하고 각각 다르기는 해도, 다종다양한 행동들의 전체적인 결과는 전체 민족에서 보면 평균적인 결과를 산출하게 될 것이다. 그러나 구체적으로 때로 집단 결과가 민족의 평균적 행동으로 혁명이 될 수도 있으며, 철저한 변화가 될 수도 있다.

자연에 대한 관점으로 결정론이 옳은가, 통계적 관점이 옳은가라는 질문은 학문적인 것이 아니다. 설계되고 질서정연한 우주에서 삶은 의미와 목적이 있다. 이러한 설계가 있음을 확신하게 되면, 인간은 살아가고 건설할 용기와 이유를 갖게 된다. 또한 초월적 존재에 대한 믿음도 강화시킨다. 왜냐하면, 신의 존재에 대한 가장 강력한 합리적 주장이 바로 설계된 우주에 기초한 주장이기 때문이다. 사고하는 초인간적인 신, 혹은 웅대한 설계자가 수학적으로 설계된 자연 세계의 거의 필연적인 선행자가 되는 것이다. 거꾸로 신의 존재를 믿음으로써, 광범위한 영역의 종교와 윤리에 내용이 생기게 된다. 반면, 자연에 대한 통계적 관점이 옳다면, 물리적 세계와 그 속에서의 인간의 역할은 비합리적인 것이 된다. 명백히 사건들은 아무런 목적에도 봉사하지 않으며, 어디를 향하고 있지도 않다. 그들은 단지 우연적이며 우발적인 사건일 뿐이기 때문이다. 전체 우주는 어떤 우주적 대변동에 의하여 내일이라도 파괴될 수 있다. 삶은 순간의 의미 없는 쾌락과 고통 외에는 아무것도 주지 못하는 것이다.

의심할 바 없이 결정론자들이 다시 싸움에 말려들게 된 것은 너무나 많은 것들이 어디로 기울지 알 수 없는 상태에 놓였기 때문이다. 설계와 인과성, 그리고 결정론을 케플러와 갈릴레이, 뉴턴의 법칙들로 번역하여 읽어야 할 새로운 이유들이 발견되었다. 이제 '피투성이가 되었지만, 여전히 굽히지 않는' 결정론 씨가 그 동안 내내 새로이 정리한 주장들을 어떻게 대변하는지 보자.

그의 주장에 따르면, 통계적 법칙과 뉴턴류의 공식에는 본질적인 차이가 있다고 주장한다. 통계적 법칙은 자료로 된 표나 확률에 기초를 두고 있지만, 뉴턴 이론은 의심할 수 없는 수학적 과학적 공리들로부터 연역된 것이다. 그리고 그 공리들은 물질의 이면적 구조가 비록 복잡하게 아직은 미지의 것이긴 하지만, 자연에 확실히 적용되는 것이다. 이러한 이유로 해서 우리는 뉴턴류의 법칙이 또한 정확한 진리이며, 그렇기 때문에 자연이 반드시 따를 수밖에 없는 진정한 법칙이라는 것을 확신할 수 있다.

물론, 확률론 씨도 다시 논쟁에 끼어들 준비를 하고 있었다. 그는 토론이 만족스러운 결론에 곧 도달할 것이라는 확신을 가지고 말하기 시작하였다.

"결정론 씨, 당신 주장의 핵심은 공리들의 진리성에 있군요. 그렇다면 공리들이 우주에 내재해 있는 사실을 기술한다고 할 수 있습니까? 아니면 단지 식품 소매 가격에 대한 법칙이 실제 거래 가격에 딱 들어맞는 것과 본질적으로 같은 방식으로 그 법칙들이 경험에 들어맞는 것입니까? 예를 들어 만유인력의 법칙에 대한 뉴턴의 공리를 살펴봅시다. 그 법칙에 따르면, 한 질량이 다른 질량을 끌어당기는 힘은 그 질량들의 곱을 그들 사이의 거리의 제곱으로 나눈 것과 동일합니다. 이 공리는 그 공리로부터의 연역적 추론이 정확한 한계 내에서 관찰에 일치하는 수치를 나타낸다는 점에서 때때로 꽤 정확하다는 것이 입증됩니다. 그러나 이 공리를 태양을 도는 지구의 운동이나 지구를 도는 달의 운동에 적용하는 것은, 천체에 대한 여러 번의 관측과 질량, 거리, 그리고 시간들을 여러 번 측정한 후에나 가능한 것입니다. 그러므로 공리는 단지 자연의 평균 행동에 대한, 꽤 맞기는 하지만 대략적인 기술일 뿐일지도 모릅니다. 사실 뉴턴은 공식을 결정하기 전에, 자신의 공식과 아주 유사한 다른 공식들을 시도해보고 폐기하곤 하였습니다. 그것들이 그렇게 정확한 결과를 보여주지 못했기 때문이죠. 왜 뉴턴의 공리가 최종적 진리가 되어야 하지요? 어느 누구라도 식품 가격 법칙에 대하여 확신할 수 있는 것 이상으로 더 확신할 수 있는 그런 과학적 공리라는 진리가 없다는 것은 명백합니다."

결정론 씨는 그런 주장에 대하여 예상을 해왔던 것처럼 보였다. 그가 곧 대답을 준비한 것을 보니 말이다.

"확률론 씨, 좋아요. 당신은 뉴턴의 만유인력 법칙과 같은 공리에 의존하는 한, 과학 법칙의 절대적 진리성을 의심할 수 있다는 것이군요. 그러나 순수 수학 그 자체의 정리를 의심할 수 없다는 것을 당신도 인정하겠지요. 이 정리들은 완전히 자명한 공리들에 입각해 있으니까요. 게다가 이 공리들은 측정과도 아무런 관계가 없소. 전체는 그 부분들의 합 이상이라는 공리나 한 삼각형의 내각의 합이 180도가 된다는 정리도 의심할 수 있나요? 분명히 순수 수학의 공리와 정리들은 자연에 대한 절대 진리이며, 명확한 법칙들을 구성하고 있소. 우주의 구조 내에 이들 법칙이 존재한다는 것이 바로 다른 법칙의 존재도 가능하게 하지요."

이 주장은 반박할 수 없는 듯이 보였다. 그러나 확률론 씨는 전혀 의기소침해지지 않았다. 공식적인 교육을 최근 끝마쳤기 때문에, 그는 유클리드 기하학과 마찬가지로 물리적 공간에 적용되는 새로운 비유클리드 기하학이 탄생되었다는 것을 알고 있었다. 그리하여 그는 자신감 있게 상대방의 주장을 꺾기 시작하였다.

"결정론 씨, 참 훌륭한 주장이요. 그러나 불행하게도 그것은 백 년이나 뒤떨어진 것이군요. 물론 당신도 비유클리드 기하학을 들어보았겠지요. 나중에 이 주제를 살펴볼 기회가 있을 것입니다. 여기서는 비유클리드 기하학의 공리들과 정리들이 유클리드 기하학과 모순되지만, 유클리드 기하학만큼이나 물리적 공간을 잘 표현하고 있다는 사실을 지적해두겠습니다. 유클리드 기하학의 진리성을 주장할 만한 증거가 우리에게는 전혀 없어요. 하나도 없습니다."

상상하였겠지만, 결정론 씨는 아닌 게 아니라 당황하였다. 그가 내놓은 모든 주장들이 한순간에 붕괴되고 말았다. 그러나 그는 갑자기 알겠다는 듯한 눈빛을 띄고 약간 흥분한 모습을 드러냈다. 그리고 조심스럽게, 약간 비꼬는 듯한 목소리로 말을 시작하였다.

"확률론 씨, 확률이론에 대하여 들어본 적이 있지요? 그리고 또한 케플러의 이론과 뉴턴의 이론이 모두 광범위하게 적용되지만, 아주 간단한 법칙이라는 사실도 인정하지요? 이제 우연한 방식으로 발생하는 이 무질서한 우주의 법칙이 그렇게 단순하게 될 확률은 얼마입니까? 그리고 그 확률을, 설계에 따라 작동하는 우주에서 간단한 법칙을 발견할 확률과 비교해보시죠. 어떤 확률에 따라 당신은 행동을 하오?"

확률론 씨는 그 주장이 가지는 힘을 여실히 느끼고 있었다. 확률이 바로 그에게 저항하였던 것이다. 그는 주의 깊게 생각하더니 천천히 그 반대편의 주장을 풀어나갔다.

"화성이라는 혹성을 수천 번 관측한 후에 케플러는 그 경로가 단순한 타원이라는 사실을 알아냈지요. 그렇다고 그가 행한 관측이 모두 정확히 타원에 일치한다는 뜻은 아닙니다. 작은 차이는 측정에서 일어난 실수로 치부하고 무시해버렸지요. 케플러는 신이 우주를 구성하는 데에 수학을 사용했다고 믿었기 때문에 타원이라는 것에 만족했지요. 단순한 운동 법칙을 제공해주었으니까요. 그러나 수학자들이라면, 케플러가 행한 일이란 실험 오차 범위 내에서 자료에 맞는 여러 개의 곡선 중 하나를 선택한 것뿐이라는 사실에 동의할 것입니다. 그가 좀더 복잡한 곡선을 선택하기로 했다면, 아마도 타원보다 자신의 측정치에 더 잘 맞는 것을 찾아냈을 수도 있지요. 케플러가 더 간단한 곡선을 선택하고, 이 곡선과 달리 나온 자료를 측정상의 실수로 보는 것이 옳았던 것일까요? 명백히 우리는 그렇다고 확신할 수 없습니다. 어떤 측정도 정확할 수 없기 때문에 이러한 불확실성은 결코 제거될 수 없는 것이지요. 과학 법칙의 단순성에 기반하여 설계를 주장하는 것이 결국 이 한마디로 환원할 수 있을 겁니다. 측정상의 실수로 넘어갈 수 있는 오차 범위 내에서 자연 현상을 기술하는 많은 공식 중에서, 인간은 가장 단순한 것을 선택한다고. 이렇게 보면, 단순성이라는 주장은 자연의 상태보다는 인간의 마음이 선호하는 바를 반영하고 있다고 볼 수 있습니다.”

결정론 씨는 이번에야말로 아무도 모르게 자신의 배를 포기할 준비를 하고 있었지만, 약간의 희망을 가지고 한 가지 주장을 더 내놓았다.

“과학 법칙의 진리성과 필연성, 그러니까 실용적인 공학에 그것들이 보편적으로 적용된다는 것을 대표하는 중요한 주장을 적어도 한 가지는 더 알고 있지요. 다리, 건물, 댐, 엔진, 그리고 발전소는 이런 법칙의 필수 불가결한 도움을 받아 건설되었고, 지금 그렇게 작동하고 있소. 다리는 붕괴되지 않았고, 엔진은 설계된 바 그대로 자신의 할 일을 하고 있지요. 만일 법칙에 진리성이 없다면, 만일 자연이 그 법칙을 따르도록 되어 있지 않다면, 어떻게 그렇게 보편적으로 그리고 잘 적용이 될 수 있겠소? “

“결정론 씨, 당신의 주장은 논리적이라기보다는 정서적인 힘을 가지고 있군요. 수천 년 동안 사람들은 지구는 편평하다는 가설 아래 연구해왔습니다. 그 많은 세월 동안 사람들이 거주해온 제한된 지리적 지역 내에서 이 가설은 경험에 일치하는 결론을 내기에 충분하였습니다. 물론 그 가설은 틀린 것이었지요. 마찬가지로 뉴턴 시대 이후 과학자들은 수량화한 만유인력의 법칙을 사용하였고, 많은 공학적 사업이 그 법칙의 적용에 기반을 두게 되었죠. 오늘날은 상대성 이론의 결과로, 뉴턴 법칙이 정확하지 않다는 것을 알게 되었죠. 새로운 이론은 만유인력 법칙이 없어도 전혀 상관없이 모든 것을 설명합니다. 그러나 지난 200년 간 만유인력 법칙은 과학적 도그마였죠. 여전히 인간이 하루하루 살아가는 세계의 대부분의 목적에 충분히 잘 맞는 결과를 제시해주기 때문에 그 법칙이 사용되는 것입니다. 그러므로 한 공식 또는 한 이론의 적용가능성은 진리성이라든가, 우주의 설계가 존재한다든지 하는 것과는 거의 상관이 없습니다. 결정론 씨, 당신은 실수를 한 것입니다. 그것도 아주 흔한 실수를 말이죠. 수년 동안 효과가 있는 이론이 진리임에 틀림이 없다는 것을 믿고 있으니까요. 그것의 실제 지위는 단지 효과가 있는 가설에 지나지 않는데 말이지요. 프톨레마이오스 이론, 지구의 편평함, 유클리드 기하학, 그리고 만유인력의 개념에도 실수가 있는 것이지요. 실지로 인간은 자연에 대한 한 가지 기술에서 다른 기술로 방금 한 걸음 뗀 것뿐입니다. 단지 우리는 실수를 너무 천천히 발견하고 훨씬 더 느리게 수정하기 때문에 오랜 기간 동안 자연의 법칙을 발견했다는 망상에 빠져 있게 되는 것이지요. 다행히도, 코페르니쿠스, 뉴턴, 아인슈타인과 같은 사람들 때문에 돌이킬 수 없도록 잘못된 믿음에 빠져 있지 않을 수 있게 되는 것이지요."

결정론 씨는 핑계를 댄다. "물론, 나는 모든 과학 법칙의 보편적 적용 가능성에 기초한 결정론에 대한 나의 주장을 포기할 수 있소. 그리고 단 하나의 간단한 수학적 정리의 적용가능성을 더 나은 주장의 기초로 삼을 수 있소. 비록 나의 수학이 최신의 것은 아니지만, 확률론 씨, 경험과 절대적으로 독립적으로 순수한 추론의 긴 연쇄를 우리가 이루어왔다는 사실을 알고 있소. 우리가 도달한 결론들은 종종 그 공리들로부터 많이 떨어져 있는 것들이지요. 예를 들어 한 원의 접선이 접점까지 그은 반지름과 수직이라고 주장하는 유클리드의 명제는 그것이 궁극적으로 의존하고 있는 공리로부터 몇백 걸음이나 떨어져 있는 것이지요. 그러나 그 정리는 공리가 그런 것처럼 경험과도 아주 일치하오. 순수한 추론으로부터 그렇게 멀리 떨어져 있는 결과가 왜 경험과 일치하겠소? 자연이 스스로 합리적으로 설계되어 있고, 합법칙적이기 때문 아니겠소? 인간의 마음이 모순을 허락하지 않듯 자연도 모순을 허락하지 않는 것이지요."

"결정론 씨, 당신이 그렇게 순진한 견해를 주장하니, 저도 긴 추론의 연쇄가 어떻게 계속적으로 자연과 일치하는 정리를 산출해낸다고 당신이 생각하는지를 묻지 않을 수 없군요. 인간의 이성은 늘 자동차처럼, 수마일 한 길을 따라가다가 어느새 한쪽 끝에 도달해서는 결국 구덩이에 빠지기도 하지 않습니까? 추론이라는 달콤한 4륜 마차를 위한 구덩이가 바로 앞에 놓여 있고, 그 마차가 마침내 그곳에 떨어지게 되면, 그것은 바로 1륜 마차 옆에, 학문의 고물집적소에 처박히게 되죠. 자연의 질서정연함에 기반한 주장이 말이죠."

"확률론 씨, 그런 무서운 일이 일어날 수도 있을 것이오. 하지만 그런 일이 벌어지기 전까지는, 논리적이며 복잡하고 포괄적인 수학적 발전이 존재하며, 그것이 공리와 마찬가지로 폭넓게 효과적으로 자연에 적용이 되는 정리를 산출해낸다는 사실은, 결정론이 아닌 어떤 철학 아래에서라면,, 기적이라는 이름으로 불릴 것입니다."

"결정론 씨, 그렇지 않습니다. 이 기적은 쉽게 설명됩니다. 당신이 제시한 수백 가지의 정리들을 연역할 수 있도록 해준 추론의 원리들을 인간은 어떻게 얻었습니까? 예를 들어, 실수하는 모든 존재는 인간이며, 모든 수학자들은 인간이기 때문에 모든 수학자들이 실수를 할 수 있다고 주장한다면 어떻겠습니까? 어떻게 당신은 내가 올바른 논리를 사용하고 있다고 결정할 수 있지요? 당신이 익숙하게 경험한 부류의 대상들에 비추어서 그 원리들을 점검해보지 않겠어요? 다시 말하여, 결정론 씨, 인간은 자연의 행동을 연구함으로써 추론하는 것을 배웁니다. 그러고 나서 자신의 공리가 맞는다면, 논리적 과정의 결과가 자연과 조화를 이루는 것이었구나 하고, 당신은 알게 되는 것이지요. 이러한 조화가 놀랍지 않습니까? 당신이 논리의 원리라고 부르는 것은 단지 자연의 외관상 행동을 추상적으로 공식화한 것에 지나지 않습니다."

결정론 씨의 방어는 이제 완전히 산산조각이 나버린 듯했다. 그는 필사적으로 공격하기로 결심하였다.

"확률론 씨, 자연에 대한 통계적 관점을 가진 사람으로서, 어떻게 당신의 입장과 모순되는, 자연 조직 속의 한 요소를 설명합니까? 에너지는 인간의 필요에 맞추어 이용될 수 없도록 스스로를 분산시키는 경향이 있습니다. 예를 들어, 물은 높은 곳에서 떨어진 후에는 수평으로 흘러 더 이상 전력에 사용될 수 없지요. 에너지는 태양열, 석탄, 석유, 원자력, 수력의 형태로 인간이 사용할 수 있는 것이기 때문에, 분자들의 우연적인 배열의 결과로 나타난다기보다는 오히려 인간이 사용할 수 있는 형태로 특별히 창조된 것처럼 보이죠. 사실 그러한 배열이 우연히 발생하여 지구상에 존재하게 될 확률은 백만 명의 사람들을 자의적으로 선택하였을 때 똑같은 신장을 가진 집단이 될 가능성보다 더 낮다고 할 수 있소."

확률론 씨는 잘하는 분야이므로, 자신감 있게 반박할 수 있다고 생각하였다.

"결정론씨, 당신 주장의 핵심은 우리 행성 위에서 발견되는 에너지의 특정한 조직이 거의 있을 법하지 않은 조직이라는 사실에 있는 것 같군요. 아닌 게 아니라 그럴 확률은 거의 없지요. 그러나 100,000개의 티켓 중 한 개만이 당첨되는 제비뽑기를 생각해봅시다. 당첨될 티켓을 뽑지 못할 승산이 99,999대 1입니다. 그러나 그런 승산에도 한 사람은 당첨이 됩니다. 지구상의 조건이 아주 일어날 것 같지 않은 상태를 이루고 있다는 것을 인정하더라도 이런 상태는 가능한 것이며, 실지로 일어난 것입니다. 그것을 의식적인 설계로 설명할 필요는 없습니다. 게다가 하늘에는 지구상에서 발견되는 특정한 에너지 조직이 발견되지 않는, 수백만 개의 행성들이 있습니다. 그러므로 한 행성에서 우연히 그런 일이 일어난 것이 그렇게 놀랄 일은 아니지요."

이 답이 반박할 수 없을 정도로 결정적인 것이었음에도 불구하고, 결정론 씨는 자신이 적어도 도덕적으로는 승리를 했다고 느꼈다. 확률론 씨로 하여금 우리의 지구가 거의 있을 법하지 않은, 희귀한 행성이라는 사실을 인정하도록 했기 때문이다. 지금이 오랜 대화를 통하여 그가 얻을 수 있었던 가장 좋은 지점에서 논의를 끝낼 수 있는 때라고 그는 생각하였다. 새로운 전자기장 법칙의 증거를 완성시켜야 한다는 이유로 그는 논의를 끝마쳤다.

아마도 미래 어느 날엔가 그들이 논의를 재개한다면, 우리도 같이 참가할 수 있을 것이다. 이 주제를 끝내기 전에, 세계를 질서정연하고 결정되어 있는 조직이라고 보는 견해와, 세계를 순수한 우연만이 지배하는 카오스로 보는 견해 사이에 중재하는 견해들이 많다는 것을 언급해야겠다. 그런 견해 중 하나는 자연이 합법칙적이지도 카오스적이지도 않다고 주장한다. 인간이 신을 자신의 이미지대로 만들었듯이, 인간의 마음이 그런 용어로 생각을 하고 무의식적으로 자연에 그러한 특질을 부여한다는 것이다. 마음은 그 안에 수학적 법칙의 형태로 경험을 조직하고자 하는 욕망을 소유하고 있다. 또한 정확한 양적 법칙과 정확한 기하학적 형태와 같은 개념을 가지고 있어서 이 개념을 경험으로 이용하는 데에 적용한다. 그 결과로 나온 법칙은 전혀 우주 속에 존재하는 것이 아니다. 마치 사랑하는 사람이 자신이 사랑하는 이를 기술할 때에 자신을 반영하는 것과 마찬가지로, 그것들은 단지 우리 욕망의 자연적 투사이며, 마음의 본질적 특성과 그 한계를 반영하는 것뿐이다.

자연 법칙이라는 주제에 대한 모든 학파를 탐구하는 것은 우리의 의도가 아니다. 그 학파들은 절대적 결정론에서 완전한 카오스에 이르기까지 아주 다양한 견해를 표명하고 있다. 우리는 여기서 그것이 나타내는 주요 주제, 즉 수학적 아이디어와 방법의 발달은 자연에 대한 지배적인 태도를 결정하며, 그 결과로 종교와 사회에 대한 견해도 바뀌게 되었다는 것을 다시 확인하는 것으로 결론을 내리는 것이 좋겠다.

25 무한의 역설

우리는 기하학에서 우리가 생각할 수 있는 어떤 크기보다 더 큰 것,
즉 무한의 크기라는 것뿐만 아니라, 그 무한의 크기보다 더 큰 무한의 크기를 인정한다.
이는 아무리 크기가 크더라도 겨우 길이 6인치이고, 폭이 5인치이며,
깊이가 6인치밖에 되지 않는 우리 두뇌를 충분히 놀라게 만드는 사실이다.
–볼테르

트리스트럼 섄디는 절망감이 들 정도로 당혹스러웠다. 자서전을 쓰기 시작하면서 하루종일 글을 써도 반나절의 경험밖에 기록할 수 없다는 사실을 알았기 때문이다. 태어나면서부터 글쓰기를 시작했더라도, 그리고 영원히 산다고 하더라도 자신의 전 생애를 기록할 수 없을 것이라는 결론밖에 얻을 수 없었다. 왜냐하면, 언제나 기껏해야 자신의 삶의 반밖에 기록하지 못할 것이기 때문이다. 그러나 그가 영원히 산다면, 그는 자신의 삶을 모두 기록할 수 있을지도 모른다. 왜냐하면 그의 처음 10년간의 경험은 20년이 되는 해 말이면 다 기록하게 될 것이고, 그런 일이 계속 이어질 것이기 때문이다. 그러므로 언젠가는 그의 삶의 모든 것을 다 기록하게 될 것이다. 결국 어떤 식으로 생각하는가에 따라 그는 자서전을 끝마칠 수 있거나 어쩌면 그러지 못할 수도 있다. 섄디는 이러한 역설에 대하여 오랫동안 생각하면 할수록 더 당혹감이 들고, 더 혼란에 빠져들었으며 점점 더 어떤 결정도 내릴 수 없을 것 같았다.

섄디가 이 역설을 해결하지 못하는 것은 정말로 당연하다. 왜냐하면, 그의 문제는 시간의 무한성과 관련되어 있기 때문이다. 그리스 시

대 이래로 아무리 위대한 수학자와 철학자라도 무한이라는 양과 관련된 문제 때문에 고통을 겪었다. 그렇다고 해서 해결된 것은 없다. 예를 들어, 갈릴레이는 정수의 개수가 무한이라는 것을 알고 있었다. 다시 말하여 정수들의 개수는 어떤 유한한 숫자보다 더 크다는 것이다. 그는 또한 짝수의 개수도 무한임을 알고 있었다. 그렇다면, 이 두 가지의 무한 집합 중 어느 것이 더 큰 것일까 하고 스스로 질문을 던졌다. 한편으로 보면, 첫 번째 무한 집합이 더 큰 것처럼 보인다. 왜냐하면, 그것은 두 번째 무한 집합의 모든 수들을 포함하고 그 외에도 홀수를 포함하고 있기 때문이다. 그러나 다른 한편으로 보면, 첫 번째 무한 집합의 모든 수는 각각 두 번째 무한 집합의 수 하나씩에 대응한다. 가령, 5가 10에 대응하듯이 말이다. 그리고 같은 방식으로 정확히 두 번째 무한 집합의 모든 수들은 각각 정확히 첫 번째 집합의 수에 하나씩 대응한다. 두 집합간의 일대일 대응이라는 관점에서 보면, 두 번째 집합과 첫 번째 집합은 원소의 개수가 같음을 알 수 있다. 갈릴레이는 무한이라는 양을 비교하는 것이 불가능하다고 결론짓고, 그 주제에 대하여 더 이상 생각하지 않기로 하였다. '무한과 나눌 수 없음이라는 것은 본질상 우리가 이해할 수 없는 개념이다' 라고 말하였다. 라이프니츠도 바로 이 문제를 고민하다가 정수의 개수가 몇 개인가에 대한 생각은 자기 모순적이므로 폐기되어야 한다고 결론지었다.

25-1. 가우스

무한의 문제를 마침내 성공적으로 해결하기 불과 몇 년 전, 가우스(Karl Friedrich Gauss, 1777~1855)는 무한이라는 양에 대한 두려움을 다음과 같이 표현하였다. "나는 무한이라는 크기를 사용하는 것에 이의를 제기한다.…… 그것은 결코 수학에서 허락될 수 없는 것이다."

수학자들은 정말 여러 번 무한이라는 크기에 대하여 생각하기를 포기하고 이를 거부하였다. 그럼에도 불구하고, 19세기 중반 수학은 더 이상 그 개념이 없어서는 안 되는 지경에 이르게 되었다. 1600년에서 1850년 동안 수학은 거대한 발전을 이루었다. 이 영웅적 시기에 위대한 지적 모험가들은 자신의 천재성과 선견지명으로 그려놓은 목표에 대하여 어떠한 어려운 장애물도 감히 뛰어넘고자 하였다. 이 개척자들은, 신중한 다음 사상가들이 그 장애물을 건널 때에 누군가가 다리를 놓아 도움을 주리라 기대하였다.

그러나 그 다리는 쉽게 세워지지 않았다. 영웅적 시기에 남겨져 있던 틈을 메우기 위한 시도는, 역설과 모순, 그리고 더 많은 역설로 좌절되었다. 상상력과 또 다른 종류의 용기, 그러니까 직관과 '상식' 을 뛰어넘는, 아니 때로는 이를 무시할 수 있는 그런 용기를 가진 비판적 사상가들이 시급히 필요하였다. 그런데 이러한 요구가 마침내 충족되었다. 신중한 연구자들과 개척자들 그 누구도 비판적인 노력을 통하여 얻은, 놀랍고도 중요한 발견을 예상할 수 없었을 것이다.

최초로 무한의 문제를 성공적으로 공략한 사람은 칸토어(Georg Cantor, 1845~1918)였다. 아버지는 그에게 공학을 공부하도록 하였다. 가르치는 일보다는 엔지니어가 더 많은 돈을 벌 수 있었기 때문이었다. 그래서 칸토어는 이 현실적인 직업에 첫발을 내딛었다. 그러나 그는 수학의 가장 추상적인 영역에 기여를 함으로써 그 직업을 더 이상 지속하지 못했다. 그의 연구는 일반적으로 혁신과 독창성이 받는 대우, 즉 무시와 조롱, 심지어는 학대

25-2. 칸토어

를 받기도 하였다. 한 동료 수학자인 크로네커는 이를 가혹하게 비난하였다. 19세기 후반의 가장 유명한 수학자인 푸앵카레(Jules-Henri Poincaré, 1854~1912)는 1908년, "후세대들은 (칸토어의) 《집합론(Mengenlehre)》을 이제 막 치료를 끝낸 질병으로 간주하게 될 것이다"라고 말하였다. 그의 반응은 칸토어의 연구에 대한 가장 전형적이면서도 다소 완화된 반응이었다. 대부분의 보통 사람들처럼 수학자들도 비논리적이고, 폐쇄적이며, 남을 희생시키는 경향이 있다. 닫힌 정신을 가진 다른 사람들처럼, 그들도 기존의 사고 방식이라는 커튼 뒤에 자신의 둔감함을 숨긴다. 그리고 커튼을 걷어내려는 사람들에게 광포한 비난을 퍼붓는다. 칸토어의 연구에 대한 공격은 너무 심한 것이었다. 칸토어는 스스로를 의심하게 되었고, 우울증에 걸려 신경 쇠약으로 고생하였다.

생애를 마칠 무렵(그는 1918년에 사망하였다), 그의 논리 속에 있는 비상식적인 생각을 몇몇 동료들이 인정하게 되었다. 앞에서 푸앵카레가 한 말과 비교해보면, 20세기의 가장 위대한 수학자인 힐베르트(David Hilbert, 1862~1943)의 "칸토어가 우리를 위하여 만들어놓은 천국으로부터 아무도 우리를 추방하지 못할 것이다"라는 말은 얼마나 위안이 되는가. 오늘날 칸토어의 연구는 너무나 폭넓게 그리고 완벽하게 받아들여지고 있다. 많은 진지한 수학자들이 칸토어의 연구를 받아들임으로써 이후 계속되는 더 많은 문제들을 해결하기 위하여 기꺼이 헌신하고 있다.

25-2. 힐베르트

이제 칸토어가 어떻게 무한이라는 문제를 공략하였는지를 살펴보자. 무한 집합의 가장 익숙한 예들은 정수의 집합, 분수의 집합, 그리고 정수, 분수, 그리고 $\sqrt{2}$, $\sqrt{3}$, π와 같은 무리수를 모두 포함하는 실수의 집합일 것이다. 그런 집합의 원소 개수를 세어볼 수는 없다. 그 과정이 끝이 없기 때문이다. 반면, 그것을 단지 무한이라고 표현하는 것도 아무런 도움을 주지 못한다. 이 단어는 단지 그것들이 유한이 아니라는 것만을 뜻하기 때문이다. 그런 표현은 '피테칸트로푸스 에렉투스는 소가 아니다' 라고 말하는 것만큼이나 무의미한 말이다. 가능하다면 '무한 집합에 얼마나 많은 원소들이 들어 있는가' 라는 질문에 적극적으로 답을 할 수 있어야만 한다.

물론 칸토어는 무한 집합에 들어 있는 원소의 개수를 알아보기 위하여 일일이 세어볼 수 없다는 사실을 인정하였다. 또한 외관상 피상적으로 보이는 관찰이 아주 심오한 의미를 지닌다는 사실도 깨달았다. 가령, 한 집합의 모든 원소에 대하여 두 번째 집합의 모든 원소가 일대일로 대응하며, 그 반대도 그러하다고 가정해보자. 예를 들어, 총을 하나씩 든 군인들의 부대가 우리 앞을 지나간다면, 군인들과 총 사이에 그러한 대응 관계가 있을 것이다. 전문적으로 말하면, 군대와 총, 이 두 집합간의 관계는 일대일 대응이라는 어구로 표현된다. 명백히 일대일 대응인 두 집합의 원소의 개수는 같다. 게다가 이 결론에 이르기 위해 집합의 원소를 일일이 세어볼 필요도 없다.

칸토어의 위대함은 바로 일대일 대응 원리의 중요성을 인지하고 그 결론을 끝까지 밀고나가는 용기에 있었다. 칸토어에 따르면, 만일 두 무한 집합이 서로 일대일 대응이라면, 두 집합의 원소의 개수는 서로 같다. 예를 들어, 양의 정수의 집합과 이들의 역수의 집합은 다음과 같이 일대일 대응 관계에 있다.

$$\begin{array}{llllll} 1, & 2, & 3, & 4, & 5, & 6, \cdots \\ 1, & \frac{1}{2}, & \frac{1}{3}, & \frac{1}{4}, & \frac{1}{5}, & \frac{1}{6}, \cdots \end{array}$$

첫 번째 집합의 모든 수들은 각각 두 번째 집합의 단 하나의 수, 즉 그 역수와 대응한다. 마찬가지로, 두 번째 집합의 각 수는 첫 번째 집합의 단 하나의 수와 대응하게 된다. 그러므로 이 두 집합은 서로 동일한 개수의 원소를 가지는 것으로 볼 수 있다. 이 특별한 집합에 속하는 원소들의 개수를 나타내는 수에 대하여 칸토어는 $\aleph_0$(알레프 0)라고 이름 지었다. 우리는 이를 초한수라고 부른다.

양의 정수의 집합, 그리고 이 집합과 일대일 대응하는 집합의 원소들의 개수를 $\aleph_0$이라고 말하여도, 그 집합에 얼마나 많은 개수의 원소가 있는가라는 근본적인 질문에 대하여 아무런 답도 주지 못하는 것처럼 보인다. 독자들은 $\aleph_0$이 생소하기도 하고, 양의 정수의 개수에 대하여 아무런 정보도 주지 못한다고 말할지 모른다. 그러나 그러한 문제제기는 타당한 것이 아니다. 이 숫자는 백 경이라는 수만큼 많은 정보를 우리에게 던져준다. 백 경이라는 수가 특정한 집합의 원소들의 개수를 대표하는 기호이듯, $\aleph_0$이 양의 정수의 개수를 나타내는 기호이기 때문이다.

물론, 독자들은 원소의 개수가 백 경인 집합에서 원소들을 일일이 셀 수 있지만 $\aleph_0$은 셀 수 없으므로 백 경이라는 수는 의미가 있지만, $\aleph_0$은 그렇지 않다고 반박할 수도 있다. 물론 그러한 구분은 옳지만 이 또한 무의미하다. 과연 누가 백 경이나 되는 수를 세어본 적이 있는가? 이론적으로 그 개수를 세어보는 것이 가능하듯이, 무한 집합에 속하는 원소들의 개수에 숫자를 부여하는 것 또한 이론적으로 가능하다. 그리고 원소의 개수가 백 경인 서로 다른 집합이 서로 분명하게 구분되고 각기 가치 있는 것처럼 보이듯, 동일한 개수의 원소를 가지는 서로 다른 두 무한집합 또한 서로 분명하게 구별되며 각기 가치를 지니고 있다. 곧 알게 되겠지만, 아닌 게 아니라 백 경이라는 숫자를 아는 것보다 $\aleph_0$를 아는 것이 더욱 가치 있는 일이다.

칸토어의 정의에 대한 논의는 더 위력적이다. $\aleph_0$은 3이라는 수와 같은 의미를 지니며 매우 중요하다. 왜냐하면, 이 숫자가 지시하는 개수의 원소를 가진 집합을 쉽게 떠올릴 수 있기 때문이다. 이제 막 셈을 배우기 시작한 아이에게 3이라는 숫자는 아무런 의미가 없다. 그러나 아이가 3이라는 수를 세 개의 손가락, 세 개의 나무토막과 결부지으면서 3이라는 수의 의미를 파악하게 되는 것과 마찬가지로, 우리도 원소의 개수가 $\aleph_0$인 집합과 친숙해지면 비로소 그 수의 의미를 파악할 수 있게 될 것이다. 칸토어의 이론을 따라서 우리는 비로소 이 집합이 어떤 것인지 결정할 수 있게 되었다.

칸토어의 정의를 염두에 두고서, 이제 갈릴레이를 당혹스럽게 하고 더 이상 사고를 진행하지 못하게 만들었던 장애물인 무한이라는 양을 다시 살펴보자. 갈릴레이는 양의 정수들의 집합과 양의 짝수들의 집합 사이에 일대일 대응 관계가 있음을 인식하고 있었다. 그러나 첫 번째 집합이 두 번째 집합의 모든 원소들을 포함하고 있다는 사실 때문에 갈릴레이가 무척이나 곤혹스러워했음은 틀림없다.

이 딜레마에 대한 칸토어의 해결책은 바로 다음과 같다. 양의 정수들의 집합과 양의 짝수들의 집합은, 두 번째 집합이 첫 번째 집합에 포함된다는 사실에도 불구하고, 둘 다 $\aleph_0$만큼의 원소를 가진다. 즉, 양의 정수들의 개수와 양의 짝수들의 개수는 같다. 왜냐하면, 두 집합은 서로 일대일 대응 관계에 있기 때문이다.

양의 정수들의 집합이 그 부분집합인 양의 짝수들의 집합과 원소의 개수가 동일하다는 사실은 불합리하지 않은가? 그러나 일단 무한집합의 원소의 개수가 동일한지를 판단하는 근거로서 일대일 대응 관계를 받아들인다면, 겉으로 보기에 불합리한 것처럼 보이는 이 사실도 받아들여야만 한다. 명백히 우리는 우리가 아무리 추론하여도 이해할 수 없는 모순에 당착하게 된 것이다. 여기서 우리는 이 놀라운 사실에 맞닥뜨리고 이를 받아들일 수밖에 없다. 칸토어가 설정한 무한 수의 개념에는 논리적으로 아무런 문제를 발견할 수 없다. 양의 정수들의 개수와 양의 짝수들의 개수가 같다는 사실이 불합리하다는 우리의 믿음은 단지 유한 집합만으로 추론하며 생긴 습관적인 사고에서 비롯된 것일 뿐이다. 이와 같은 사고 방식은 유한 집합에는 쓸모가 있지만, 무한 집합을 이해하는 데에는 전혀 신뢰할 만한 지침이 되지 못한다. 이리하여 우리는 다시 한번 수학의 역사에서 논리와 전통적 사고 사이의 갈등에 직면하게 되었다. 그리고 다시 한번 두 갈래의 길로 갈라지는 현상을 목격하게 되었다. 무한이라는 주제를 더 이상 진전시킬 수 없게 만들었던 습관적인 사고 방식을 포기해야 한다는 것을 칸토어 시대 이전의 수학자들은 도저히 이해할 수 없었다. 그러나 그러한 습관적인 사고방식도 19세기의 비판적 사상가들을 막지는 못하였다.

사실상 그들은 소를 잡기 위해 뿔을 사용한 셈이다. 그들은 철학 교수이자, 무한 집합 이론을 발달시키는 데에 칸트의 선배라고 할 수 있는 볼차노(Bernhard Bolzano, 1781～1818)의 제안을 따라서 무한 집합을 다음과 같이 정의하였다. 무한 집합은 자신의 부분집합과 일대일 대응 관계를 이룰 수 있는 집합으로 정의하였다. 반면, 유한 집합은 그럴 수 없음이 명백하다. 그리하여 양의 정수 집합은 무한 집합이다. 양의 정수들의 집합이 그 부분집합인 짝수들의 집합 사이에 일대일 대응 관계가 성립되기 때문이다.

모든 무한 집합은 양의 정수와 일대일 대응을 이룰 수 있는가? 결코 그렇지 않다. 0과 1 사이에 있는 모든 수들, 그러니까 정수, 분수, 무리수까지 포함하는 집합은 양의 정수들의 집합과 일대일 대응 관계에 있지 않다. 이에 대한 증명은 양의 정수들의 집합과 0과 1 사이에 있는 모든 수들의 집합 사이에 일대일 대응 관계가 있다고 가정하면 모순에 이르게 된다는 것을 보여줌으로써 쉽게 할 수 있다. 그러나 그 세부적인 증명은 생략하기로 하자.

0과 1 사이에 있는 모든 수들로 이루어진 무한 집합과 양의 정수들의 집합 사이에 일대일 대응 관계가 성립할 수 없기 때문에 두 집합에 들어 있는 원소의 개수는 동일할 수가 없다. 0과 1 사이에 있는 모든 수들의 개수는 초한수 C로 표현된다. 따라서 0과 1 사이의 모든 수들과 일대일 대응되는 원소들의 집합은 모두 똑같이 C개의 원소를 가지게 된다.

C개의 원소를 가진 집합의 예는 직선상의 점을 보면 알 수 있다. 직선과 그 직선 위의 고정된 점 O를 생각해보자. 그 직선상의 각 점에 점 O로부터의 거리를 나타내는 수를 써놓는다고 생각하자. 이때 0과 1 사이의 수와 그 수에 해당하는 직선상의 점 사이에는 일대일 대응 관계가 성립된다. 이에 따라 우리는 이 점들의 개수도 C라고 결론 내릴 수 있다.

우리는 C를 0과 1 사이에 있는 실수의 개수라고 정의하였다. 그런데 이 집합은 모든 양의 실수들의 집합과 일대일 대응관계에 있다. 우리는 이 사실을 기하학적으로 증명할 수가 있다. 실수의 집합은 그 자체로 좌표 기하학에서 사용하는 X축과 같은 한 직선상의 점들과 일대일 대응 관계를 가진다. 이때, 직선 L 위에 있으면서 점 O의 오른쪽에 위치하는 점들은 모든 양의 실수를 나타내게 되며, 선분 OA는 각 점들이 0과 1 사이의 실수와 일대일 대응 관계에 놓이게 되는 길이가 1인 선분

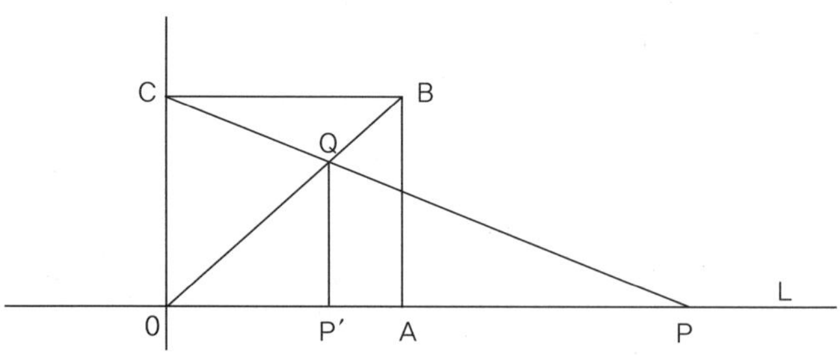

25-4. 단위 길이의 선분 위의 점과 반직선 위의 점 사이의 일대일 대응

이다. 이제 사각형 OABC와 같은 직사각형을 만들어 대각선 OB를 그려보자. 이제 점 P를 점 O의 오른쪽에 위치하는 어떤 점이라고 하자. C와 P를 연결한 직선이 점 Q에서 대각선 OB와 교차하도록 하자. 점 Q에서 직선 L에 수선을 그어 그 발을 점 P′이라 하자. 이와 같은 작도에 의하여, 점 O의 오른쪽에 있는 직선 L 위의 어떤 점 P도 선분 OA 위에 있는 단 하나의 점 P′과 대응된다. 반대로 만일 선분 OA 위에 있는 점 P′에서 수선을 그어 점 Q에서 OB와 만나게 한다. 그러고 나서 CQ의 연장선이 직선 L과 만나는 곳에서 P′에 대응하는 점 P를 얻게 된다. 즉, 선분 OA 위의 모든 점들이 점 O의 오른 쪽에 있는 직선 L상에 있는 모든 점들과 일대일 대응관계에 있기 때문에 선분 OA 위에 있는 실수의 개수는 반직선 OL 위에 있는 실수의 개수와 같고 모두 C이다. 산술적으로 말하면, 양의 실수의 집합은 0과 1 사이에 있는 실수의 집합과 일대일 대응 관계를 가지며, 따라서 그 개수는 양의 실수들의 개수인 C이다.

선분 위에 있는 점들의 개수와 반직선 위에 있는 점들의 개수가 같다는 말이다. 물론 길이를 생각할 때에는 후자가 무한대이며 전자는 유한한 단위의 길이이다. 그러나 실제로 선분 OA의 길이는 1로 정해도 되고 2로 정해도 되며, 어떤 숫자의 길이라 하여도 상관없다. 그래도 우리의 결과는 마찬가지일 것이다. 따라서 임의의 선분 위에 놓여 있는 점들의 개수는 항상 C이다.

이러한 결론은 위에서 제시한 다른 결론과 마찬가지로 우리의 직관과 위배되는 것처럼 보인다. 그러나 두 선분 중에서 길이가 더 큰 선분 위에 더 많은 점들이 있으리라고 확신하는 근거는 무엇이란 말인가? 점과 직선에 관한 어떤 정확한 지식이 그러한 생각을 입증해주는가? 유클리드 기하학에서는 어떤 선분도 무한개의 점을 가지고 있다고 말한다. 아무리 작은 선분이라도 둘로 나눌 수 있기 때문이다. 그러나 이 기하학은 하나의 선분 위에 몇 개의 점들이 놓여 있는지에 대해 아무것도 말해주지 않았다. 그러나 칸토어의 이론은 이에 관하여 말한다. 그의 이론에 따르면, 길이에 관계없이, 어떤 두 선분도 동일한 개수의 점들을 가지고 있다. 이 결론은 논리적으로도 옳을 뿐만 아니라 우리로 하여금, 지난 2천 년 동안 철학자들을 괴롭혔던, 공간과 시간, 그리고 운동의 본질에 대한 당혹스러운 질문들을 해결할 수 있도록 하였다.

우리는 직관에 의해 공간과 시간을, 아무리 그 크기가 작다고 해도, 얼마든지 잘게 나눌 수 있음을 알고 있다. 공간과 시간에 대한 개념들을 수학적으로 공식화하려면 이 성질을 고려해야 한다. 예를 들어 어떤 선분도 유클리드 방식에 의해 정확하게 이등분할 수 있다. 수학의 직선은 이에 덧붙여 다른 성질을 가지고 있다. 어떤 길이의 선분도 점으로 구성되어 있으며, 그 점들 각각은 길이가 없다. 게다가 이 점들은 수 체계의 수들이 그러하듯 서로 이어져 있다. 이제 두 수 사이에 무한개의 서로 다른 수들이 있다고 하자. 예를 들어 1과 2 사이에는 $1\frac{1}{2}$, $1\frac{1}{4}$, $1\frac{1}{8}\cdots$ 등등이 있다. 그리고 한 직선 위에 있는 어떤 두 점 사이에도 무한개의 서로 다른 점들이 존재한다. 이와 마찬가지로 시간에 대한 수학적 개념은, 시간이라는 것이 순간들로 구성된 것으로 보는데 이 순간들은 지속성이 없다.(시간을 선분으로, 순간을 점으로 생각한다는 뜻이다.—옮긴이) 또 각각의 순간은 수체계에 속한 수들이 그러하듯 다른 순간들과 서로 이어져 있다. 그러므로 12시는 어느 순간을 가리키며, 우리가 12시라고 이름 붙인 그 시간에 대응하는 순간을 말한다. 따라서 어떤 두 순간 사이에도 무한 개수의 순간이 존재한다는 시간의 개념은 한 직선 위에 놓여진 점들의 개념과 같은 개념이다.

길이와 시간을 이렇게 수학적으로 개념화할 때 생기는 어려움을 제일 먼저 지적한 사람이 그리스 철학자 제논이었다. 그러나 우리는 이 어려움을 무한 집합의 이론을 사용하여 해결할 수가 있다. 이제 제논의 아킬레스와 거북이의 패러독스에 대한 버트런드 러셀의 공식을 살펴보자.

아킬레스와 거북이가 달리기 경주를 하였다. 거북이가 느리기 때문에 아킬레스보다 앞에 선 지점에서 출발하도록 한다. 과연 아킬레스는 거북이를 따라잡을 수 있을까? 경주가 진행되는 동안 각 순간마다 아킬레스와 거북이는 그들이 가는 직선 경로상의 어느 지점에 있을 것이고, 어느 누구도 같은 지점을 다시 반복해서 가지는 않을 것이다. 그들이 같은 개수의 순간(즉, 같은 시간—옮긴이) 동안 달렸을 때, 거북이는 아킬레스가 달린 것과 같은 개수의 점들을 지나쳐서 달리게 된다. 반면, 아킬레스가 거북이를 따라잡으려면, 더 많은 거리를 달려야 하기 때문에 거북이가 지나간 것보다 더 많은 점들을 지나쳐 달려야만 한다. 그러므로 아킬레스는 결코 거북이를 따라잡을 수가 없다.

이 설명의 일부는 옳다. 우리는 경주 시작부터 끝까지 거북이가 통과한 점의 개수와 아킬레스가 통과한 점의 개수와 같다는 사실에 동의를 해야 한다. 달리는 매순간마다 그들은 정확히 한 지점을 각각 통과하게 되기 때문이다. 그러므로 거북이가 거쳐간 점들의 무한 집합과 아킬레스가 거쳐간 점들의 무한 집합 사이에는 일대일 대응 관계가 성립한다. 그러나 아킬레스가 경주에 이기기 위해서 더 먼 거리를 가야 하기 때문에 거북이가 통과한 점보다 더 많은 점을 통과해야 한다는 주장은 옳지 않다. 왜냐하면, 알다시피, 아킬레스가 경주에 이기기 위하여 거쳐가야 하는 선분상의 점들의 개수는 거북이가 거쳐가는 선분상의 점들의 개수와 동일하기 때문이다. 다시 우리는 한 선분 위에 놓여 있는 점들의 개수와 그 거리 사이에는 아무런 관계가 없다는 사실에 주목해야 한다. 결론적으로 말하여, 이 문제를 해결하고 공간과 시간에 대한 수학적 이론을 구체화한 것은 바로 칸토어의 무한 집합 이론인 것이다.

공간과 시간을 한없이 나눌 수 있음에 반대한 제논은 그를 반대하는 이들을 혼란에 빠뜨린 또 다른 패러독스를 제안하였는데, 이는 시간과 공간에 대한 근대적 수학 개념과 무한 집합 이론을 통해서만 만족스럽게 해결되는 패러독스이다. 가령, 하나의 화살이 날아가고 있다고 생각해보자. 어떤 순간이든 그 화살은 명확히 한 지점에 있게 된다. 바로 다음 순간에 그것은 또 다른 위치에 있게 된다고 제논은 말한다. 그렇다면, 어떤 지점에서 쏜 화살은 언제 다른 지점에 도달하게 될까?

바로 다음 순간 화살이 어떻게 새로운 위치에 도달하게 되는가? 그 답은 다음 순간이란 없다는 것이다. 물론 이 논의에서는 그 순간이 있다고 가정하고 있지만 말이다. 순간은 수체계 안에 있는 수들이 그러하듯 서로 이어져 있다. 그리고 2 또는 $2\frac{1}{2}$ 바로 다음에 이어지는 수가 없는 것과 마찬가지로, 어떤 순간 바로 다음의 순간 같은 것이란 존재하지 않는다. 두 순간 사이에는 무한 개수의 다른 순간들이 놓여 있기 때문이다.

그러나 이러한 설명은 단지 하나의 어려움을 또 다른 것으로 바꾸어놓은 것이나 다름없다. 화살이 한 지점에서 옆의 다른 지점으로 도달하기 전에 그 화살은 무수히 많은 중간 지점들을 통과해야 한다. 만일 무수히 많은 중간 지점들을 통과해야 한다면, 어떻게 바로 옆의 지점에 도달할 수 있는가? 한 단위의 길이를 지나가기 위해서 물체는 무수히 많은 지점들을 통과해야만 한다. 그러나 그렇게 하는 데에 걸리는 시간은 1초도 되지 않을 수 있다. 심지어 1초라는 시간에도 무수히 많은 순간들이 포함되어 있다.

그러나 화살의 운동에는 더 큰 어려움이 놓여 있다. 그것이 날아가는 각 순간에 화살의 끝은 명확한 한 지점을 점유하고 있다. 그 순간 화살은 움직이지 않는다. 왜냐하면, 순간이란 지속성이 없기 때문이다. 그러므로 각 순간에 화살은 정지해 있는 것이다. 이것이 사실이라면 움직이는 화살은 항상 정지해 있는 것이 된다. 이 패러독스는 우리를 경악하게 만든다. 아니, 논리 그 자체를 무시하는 것처럼 보인다.

근대의 무한 집합 이론은 이에 대하여 똑같이 깜짝 놀랄 만한 해결책을 제시한다. 운동이란 일련의 정지일 뿐이다. 운동은 각각 무한 집합을 형성하는 위치와 시간의 순간 사이의 대응관계에 지나지 않는다. '운동' 중의 물체는 매순간마다 어떤 명백한 하나의 지점을 점유하고 있으며, 따라서 정지하고 있다고 말할 수 있는 것이다.

운동에 대한 이러한 수학적 개념이 운동이라는 물리적 현상 개념을 만족시키는가? 우리의 직관으로 볼 때, 운동이란, 물체가 매번 다른 순간에 다른 지점에 있는 것 이상의 그 무엇이 아닌가? 여기서도 우리는 직관을 신뢰해도 좋다. '운동'이라는 것은 초당 16개의 비율로 스크린상에 비춰지는 일련의 정지사진인 영화와 다르지 않다. 다시 말하여 그것은 운동이라는 환상을 줄 정도의 빠른 속도로 우리 눈에 제시되고 있는 정지 사진들로 구성되어 있는 것이다. 그렇게 되면, 이 운동은 단지 정지된 일련의 것일 뿐이다. 우리의 직관으로 볼 때는, 수학적 운동 이론이 더 만족스러운 것이어야 한다. 왜냐하면, 그 이론에 의하여 무한히 많은 수의 '정지'가 시간 속에 존재할 수 있게 되기 때문이다.

초한수의 대수 또한 또 놀랄 만한 특징을 가지고 있다. 이러한 특징들 때문에 우리는 시간과 공간 개념에 존재하는 다른 어려움을 해결할 수가 있다. 먼저 (a) 와 (b)라는 두 집합을 생각해보자.

(a) 1, 2, 3, 4, 5, 6, 7, ⋯
(b) 6, 7, 8, 9, 10, 11, 12, ⋯

집합 (a)에 있는 각각의 수는 그 아래에 있는 집합 (b)의 수와 일대일로 대응하며, 그 역도 성립함이 분명하다. 그러므로 이 두 집합의 원소의 개수는 서로 같으며 그 개수는 $\aleph_0$이다. 그러나 두 번째 집합의 원소의 개수는 첫 번째 집합의 원소의 개수보다 5가 적다. 다시 말하여 다음이 성립한다.

$$\aleph_0 - 5 = \aleph_0 \qquad (1)$$

식 (1)이 제시하고 있는 재미있는 사실은 우리가 무한의 양에서 유한한 수를 빼도 여전히 동일하게 무한한 양을 가지게 된다는 점이다. 이 사실을 로마의 시인 루크레티우스는 기원전 100년경에 간결하지는 않지만 아주 극적으로 다음과 같이 표현하였다.

> 당신이 좋다면, 몇 세대도 살 수 있을 것이오. 그러나 여전히 영원한 죽음이 당신을 기다리고 있을 겁니다. 바로 오늘 삶을 끝낸 사람이 죽은 상태로 있는 시간이나 몇 년 몇 달 전에 죽은 사람이 죽은 상태로 있는 시간이나 똑같게 되겠지요!

양의 정수의 집합은 양의 짝수의 집합과 일대일 대응관계를 이룰 수 있으며, 양의 홀수의 집합과 양의 짝수의 집합은 그 개수가 같으므로, 이들은 모두 원소의 개수가 $\aleph_0$이다. 그러나 모든 양의 정수의 집합은 정확히 양의 짝수와 홀수를 합친 것과 같다. 따라서 양의 정수들의 개수는 $\aleph_0 + \aleph_0$, 즉 $2\aleph_0$이 된다. 반면, 양의 정수들의 집합에 속하는 원소들의 개수는 $\aleph_0$이다. 따라서 다음 식이 성립한다.

$$\aleph_0 = 2\aleph_0 \qquad (2)$$

계속 관심을 가지고 있었다면, 이 장 맨 처음에 샌디가 제시한 딜레마를 해결하는 데에 공식(2)를 사용할 수 있을 것이다. 샌디는 하루 종일 반나절의 경험만을 기록할 수 있다는 사실에 매우 당혹스러워하였다. 그가 무한한 세월을 산다 하더라도, 생애의 반만을 기록할 수 있을 것이다. 반면 영원히 산다고 하면, 그의 모든 삶을 언젠가는 기록할 수 있게 되리라는 것도 분명한 사실이다. 수학적 무한 이론이 그 두 번째의 주장을 입증해준다. 만일 그가 $2\aleph_0$년 동안 살 수 있다면, 그는 자신의 $\aleph_0$년만큼의 삶을 기록할 수 있을 것이다. 그러나 $2\aleph_0$년을 산다는 것은 $\aleph_0$년을 산다는 것과 같으므로 섄디는 자신의 완전한 자서전을 후세에 전해줄 수 있게 된다.

그런데 보통 사람인 우리들에게는 $\aleph_0$와 관련된 (1), (2)와 같은 등식에 오류가 있는 것처럼 보일 수가 있다. 우리는 무한하지 않은 유한수에 적용되는 논리에 비추어 사고하는 데에 익숙하기 때문이다. 그러나 이 식에 비논리적인 것은 전혀 없다. 유한수에 적용이 되는 성질이 초한수에 적용될 필요가 없으며, 그 반대도 마찬가지이다. 이러한 주장에 대한 논리는 개와 고양이가 모두 네 발 달린 동물이지만, 개에게는 해당되지 않은 진술이 고양이에게는 해당된다고 말하는 논리와 다를 바가 없지 않은가.

칸토어가 무한을 연구하는 데에 기여한 바를 간단하게 고찰하면서 우리는 그의 이론이 어떠한 귀중한 결과를 가져왔는지를 알게 되었다. 그러나 그 주춧돌의 다른 한쪽에도 입구가 있었으니, 이 또한 살펴볼 만한 가치가 있다.

무한이라는 양에 대한 연구에 있어서 기본 개념은 집합, 즉 원소들의 집합이라는 개념이었다. 예를 들어 수들의 집합, 한 직선 위에 있는 점들의 집합, 시간상의 순간들의 집합 등. 그러나 불행하게도 겉보기에 이렇게 간단하고 기본적인 개념에는 우리가 아직까지 살펴보지 못한 어려움이 놓여 있었다. 몇 가지 예를 들어 그것이 무엇을 의미하는지 알아보도록 하자.

첫 번째 예는 고전적인 예이다. 이는 신약을 포함하여 수많은 고전 문헌에 다양한 형태로 등장한다. 바울은 티투스에게 쓴 편지에서 크레타 사람들에 대하여 다음과 같이 말한다. '그들 중 하나가 아니 심지어 그들의 예언자도, 크레타인들은 모두 거짓말쟁이이고, 사악한 짐승들이며 탐욕스럽다고 말한다. 이러한 관찰은 사실이다.' 크레타인들에 대한 이러한 비방은 다음과 같이 좀더 흔한 방식으로 표현되기도 한다. '크레타인인 에피메니데스는 크레타인들이 모두 거짓말쟁이라고 말한다.' 그러나 에피메니데스가 옳다면, 그는 진실을 기록한 것이므로 크레타인들이 항상 거짓말을 한다는 말은 틀린 것이 된다. 반면, 그 자신의 진술에 따르면, 그는 크레타인으로서 거짓말쟁이이며 그러므로 모든 크레타인들이 거짓말쟁이라는 그의 진술도 거짓말이 되어 결국 참을 말한 것이다. 두 경우 모두 에피메니데스는 스스로 모순되는 주장을 펼친 셈이다. 명백히 그는 사실이 그렇다 할지라도 모든 크레타인이 거짓말쟁이라는 진술을 논리적으로 증명할 수 없게 되었다. 논리가 그의 입은 막아놓은 것이다.

다음에는 정직한 마을 이발사의 딜레마를 살펴보자. 그 이발사는 스스로 면도하는 사람들을 면도하지는 않지만, 자기 혼자 면도를 하지 못하는 모든 사람을 면도해주었다고 자랑스럽게 광고하였다. 하루는 그의 얼굴에 비누거품을 칠하다가 갑자기 자기가 스스로를 면도하는 사람들 중 하나가 아닌가라는 질문이 떠올랐다. 만일 그러하다면, 그는 스스로 면도한 사람들 중의 하나가 된다. 그러므로 자신의 광고에 따르면, 스스로를 면도해서는 안 된다. 반면, 그가 면도하지 않겠다고 하는 순간 그 자신이 내건 광고의 의해 스스로 면도했다고 자랑하는 셈이 된다. 간단히 말하여 스스로 면도를 하지만 면도한 사람이 아닌 것으로 되고, 면도하지 않게 되면 스스로 면도한 사람이 되어야 한다. 그 불쌍한 이발사는 자신을 포함하는 사람들의 집합과 그렇지 않은 집합을 정의하였던 것이다. 불행하게도 우리는 얼굴에 비누칠을 하고, 면도칼을 손에 든 채로 스스로 곤경에서 헤어나오도록 이발사를 내버려두어야 한다.

비슷한 어려움이 다음과 같이 꽤 재미있는 사례에도 발견된다. '1음절'이라는 단어는 1음절이 아니지만, '다음절'이라는 단어는 다음절이다. 두 단어 중 첫 번째 것은 스스로를 표현하고 있지는 않지만, 두 번째 것은 그러하다. 이제 1음절과 같은 모든 단어들, 그러니까 스스로를 표현하는 데에는 적용되지 않는 단어들을 이중구조적이라고 부르자. 그러면 어떤 단어든지 간에 x가 그 자체로 x가 아닌 경우에 그 단어를 이중구조적이라고 부르게 될 것이다. 그러나 x가 바로 이중구조적이라는 단어일 경우를 생각해보자. 그렇다면, 우리는 만일 이중구조적이 그 자체로 이중구조적이 아닌 경우에 단어 '이중구조적'이 '이중구조적'이라고 말하게 될 것이다. 다시 말하여 만일 어떤 것이 그 어떤 것이 아닐 경우에 어떤 것이 그 어떤 것이라고 말하는 셈이 된다는 것이다. 이 시점에서 말할 수 있는 것이란, 어떤 것이 틀렸다는 것뿐이다.

이 모든 역설 중에는 명백한 집합들이 포함되어 있다. 크레타인들의 집합, 면도해야 할 사람들의 집합, 그리고 마지막 예에서 본 것처럼 이중구조적인 단어들의 집합. 이들을 분석해보면 이들 집합에 관한 진술들은 모두 자기 모순적이다. 그런데 이러한 모순들이 칸토어의 집합 개념에 의하여 수학 안으로 들어오게 된 것이었다. 그러니 그의 연구가 비판의 소용돌이를 일으키고, 격렬한 논쟁의 주제가 된 것은 놀랄 일이 아니다.

고통스럽지만 그 모순들이 아직도 명백히 해명되지 못하였다는 사실을 말해야겠다. 그것들은 논리와 수학의 경계선상에 있는 문제들이기 때문에, 연구자들은 두 주제에 대한 몇 가지 다른 접근들을 개발하기도 하였고, 물론 어떤 접근도 아직껏 만족스러울 만하다고 입증하지는 못하였지만, 그것들 각각이 옳다고 주장하기도 한다. 수학자들은 이제 여러 학파로 나뉘어져, 각각 수학의 기초에 관한 자신들만의 철학을 주장하고 있다.

모든 수학이 의심 속에 내던져진 것은 아니라는 사실을 덧붙여야 하겠다. 게다가 우리는 논쟁의 여지가 있는 그런 부분들의 연구를 일시적으로라도 포기할 필요가 없다. 미적분학을 계속 사용하면서 그것이 올바른 것인가에 대하여 논쟁을 하였던 것과 마찬가지로, 오늘날도 논쟁이 되고 있는 정리들이 계속 적용되고, 아주 유용한 것으로 입증되고 있다. 미적분학의 역사는 또한, 마침내 그 어려움이 해결되었듯이, 현대의 것들도 해결되리라는 믿음을 준다는 점에서 수학자들에게 큰 격려가 된다.

적어도 의심 때문에 수학자들은 자신의 연구를 웃음거리로 만들 기회를 얻은 셈이 되었다. 각 시대마다 바로 그 시대가 만든 것을 엄격히 해야 할 어려움을 가지게 된다는 사실을 인정하게 되면서, 탁월한 미국 수학자인 무어(E.H. Moore)는 '어떤 이론이든 그 이론이 발표된 그 날까지만 진리이다' 라고 말하였다. 다른 수학자들은 이를 좀더 냉소적으로 표현하기도 하였다. 우리는 증명을 통하여 무엇을 집중적으로 의심해야 하는지를 알게 된다고 빈정대듯이 말하는 사람도 있다. 또 다른 이는 논리란 자신감을 가지고 틀린 길을 가는 기술이라고 말한다.

칸토어의 연구는 여러 패러독스를 제기하였고, 그 역설들은 여전히 충분히 만족스러운 방식으로 해결되지 못한 채로 남아 있다. 그러나 많은 수학자들은 인간이 할 수 있는, 유일하게 진정한 발전을 이루었음을 이해하게 되었다. 수학자는 통찰력과 직관이라는 행위로 창조한다. 그리고 논리는 직관이 정복한 것을 승인하는 것이다. 그것은 수학이 자신의 아이디어를 건강하고 강력하게 유지하기 위하여 실행하는 스스로의 건강법이기도 하다. 게다가 수학의 전체 구조는 인간의 직관이라는, 근본적으로 불완전한 지반 위에 놓여 있다. 여기저기서 직관을 파헤쳐서 굳건하게 세워진 사고의 기둥으로 대체한다. 그러나 이 기둥은 좀더 깊은 곳에 있는, 아마도 좀 분명하지 않은 직관에 기반하고 있다. 비록 직관을 정밀한 사고로 대체하는 과정에서 수학이 궁극적으로 놓여 있는 그 지반의 성질 자체를 변화시키지는 못하지만, 그 구조에 힘과 높이를 더해주는 것은 사실이다.

한 가지 경고를 하면서 이 장을 마쳐야 하겠다. 수수께끼와 패러독스가 너무나 전면에 나서는 바람에 독자들이 무한 수에 대한 이론을 수학적인 막간의 여흥 같은 것이라고 여길지도 모르겠다. 그러나 이렇게 생각한다면 그것은 오해이다. 우리는 오히려 가장 모호하고도 가장 해결되기 어려운 직관의 어둠을 해결하고자, 얼마나 정확한 사고가 적용되었는가에 초점을 맞추어야 할 것이다. 무한 집합에 적용된 것과 같이, 양의 개념을 정밀하게 만듦으로써, 칸토어는 아리스토텔레스 시대부터 근대에 이르기까지 일어났던 엄청난 양의 철학적 논쟁을 처리하여 주었던 것이다.

무한수에 대한 이론은 19세기 비판적 사상가들이 창조한 것 중 하나에 불과하다. 그 내용이 이상하기는 하지만, 그 이론은 논리적이고도 유용한 것이다. 우리가 살펴볼, 다음의 수학적 창조는 아직 잘 모르는 사람들에게는 더 환상적인 것으로 다가올 것이다. 그러나 그것은 수학적, 과학적, 철학적 사고에 혁명을 가져다줄 정도로 올바른 것임이 입증되었다. 이제 독자들에게는 마치 19세기 수학자들이 정상적인 사고의 연쇄로부터 점점 더 멀어질 수밖에 없었던 것처럼 보일 것이다. 그러나 이는 그리스인들이 맨 처음 불어넣었지만, 17세기에 이르러 서둘러 과학 활동과 보조를 맞추느라 수학자들이 간과하였던 엄격함을 수학에 되살리기 위한 것이었다.

26 새로운 기하학, 새로운 세계

너무나 엄청난 발견을 한 나머지 나 스스로 놀라운 충격 속에 빠져버렸다.
새로운 또 다른 세계를 무에서 창조한 것이었다.
–존 볼리아이

유클리드에게 도전장을 내민 최초의 사람은 바로 유클리드 자신이었다. 진리의 거처이자 철학과 과학의 탄생지라 할 수 있는, 가장 널리 그리고 가장 완벽한 것으로 인정하는 사고 체계의 창시자 자신이 자신의 결과를 세상에 내놓기 전부터 스스로 의심을 품었던 것이다.

유클리드 기하학은 '건전한 정신을 가진' 사람이라면 누구도 부정할 수 없을 정도로 자명한 진리인 10개의 공리에 그 기반을 두고 있다. 수학자들은 이 충실한 기초에 근거를 두고 나무랄 데 없는 완벽한 논리에 의해 공리만큼이나 매력적이고 즉각 납득할 수 있는 더 많은 '진리'들을 연역해내었다. 그리고 뉴턴 시대의 성공을 정점으로 하는, 2천 년간의 적용을 통하여 실제로 이들 진리가 올바르며 신뢰할 만하다는 것을 확신할 수 있었다. 몇 세기 동안에 걸쳐 경험적 사실이 논리를 보강해주었으며, 전통이라는 것이 상식을 강화시켜주었다. 그리고 마침내 유클리드 체계는 아무도 범접하지 못할 신성함을 획득하였다. 1800년까지 교육받은 이들은 성경 구절에 대고 맹세하기보다는 오히려 유클리드의 정리에 대고 맹세할 정도였다.

경험에 의존하든, 칸트의 철학을 받아들이든, 자명한 것에 기울어지든 상관없이 그 누구에게도 유클리드 체계는 진리이고, 진리는 유클리드 체계라는 사실이 결코 피할 수 없는 결론인 것처럼 보였다. 유클리드 기하학은 처음부터 주도권을 가지고 시간이 지날수록 더욱 향상되어, 모두가 부러워하는 위치에 있었지만, 유클리드를 포함하여 몇몇 사상가들은 마음이 편치 않았다. 겉으로 보기에 결백한 두 가지 공리 때문이었다.

이 중 첫 번째 공리는, 하나의 선분을 어느 쪽으로든 마음껏 연장할 수 있다는 공리이다. 그리고 두 번째 공리는 평행선 공리로서, 직선 L상에 있지 않은 점 P를 통과하는 직선들 중에서, 아무리 연장하더라도 결코 만나지 않는 직선(L과 P가 결정하는 평면 위에서)은 단 하나 M밖에 없다는 것이다. 만일 유클리드 기하학의 공리가, 물리적 공간 속의 경험을 통해 실제 상황에 적용되기 때문에 받아들여져야 한다면, 이 공리들은 꽤 의심스러운 것이다. 지구에서 몇 마일 이상 밖의 우주에서 이를 직접 경험해본 사람은 아무도 없기 때문이다. 우리는, 이들 공리들이 우리가 실제로 움직이는 제한된 영역 내에서만 진리인 것처럼 보인다고 말할 수 있을 뿐이다. 그러나 여기서도 우리는 우리의 주장을 확신할 수가 없다. 왜냐하면 우리는 이미 사영 기하학을 다루며 우리의 주변 공간에서도 평행선이라는 것을 한 번도 본 적이 없음을 지적한 바 있기 때문이다. 유클리드가 평행이라고 언급한 직선을 멀리까지 바라보면, 그들이 만날 것처럼 보인다는 것을 알고 있다.

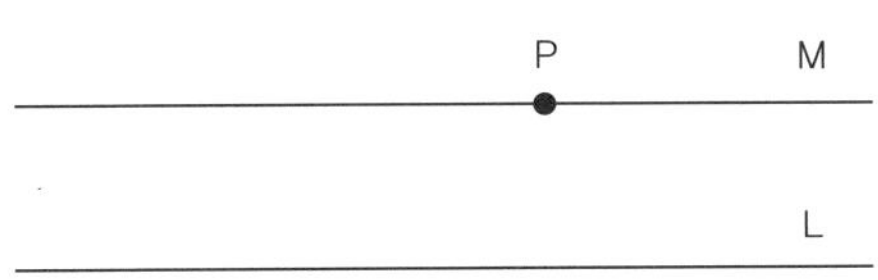

26-1. 유클리드의 평행선 공리

유클리드는 이들 공리에 대한 자신의 우려를 자신이 만든 공리들을 사용하며 스스로 드러낸 바 있다. 그는 두 공리 중 특히 의심스러운 평행선 공리를 사용하지 않았다. 이 공리 없이도 많은 정리를 증명해냈다. 그는 또한 직선을 한없이 연장할 수 있다는 공리에 대해서도 조심스러워하였다. 그의 기하학 정리를 검토해보면, 그가 선분(두 점 사이를 연결하는 직선 부분)을 사용하기는 하지만, 처음부터 무한 직선을 사용한다고 가정한 적은 한 번도 없었기 때문이다. 필요한 경우에는 그 정리가 요구하는 만큼만 양방향으로 그 선분을 연장하는 식이었다. 그렇다고 유클리드가 이 공리들의 진리성을 의심하였다고 추론할 수는 없다. 오히려 그 공리들이 중요한 의미를 가지고 있는 것 같았기 때문에 틀림없이 더 단순한 공리들을 토대로 자신이 제시한 공리들을 도출했으면 하고 바랐을 것이다.

유클리드 시대 이후의 몇몇 혹평하는 사상가들도 그런 진술을 공리로 사용하기를 주저하였는데, 이는 마치 고지식한 사업가가 가진 돈 전부를 내깃돈으로 내려고 하는 것과 같은 심정이었을 것이다. 조금이라도 남아 있는 불안감을 없애기 위하여 미주리 주 출신의 이 사람들 모두는 똑같은 일을 시도하였다. 그들은 평행선 공리를 집중적으로 연구하여 다른 공리로부터 이 공리들을 도출해내거나 또는 더 납득할 수 있을 만한 대체물을 찾으려고 노력하였다. 그러나 최고의 수학자들이 시도한 그런 값진 수백 번의 시도도 결국 실패로 끝나버리고 말았다. 1800년대에는 평행선 공리가 기하학의 불명예로 낙인찍히게 된 것이다.

그들이 행한 시도를 검토해본다는 일은 별로 바람직스럽지도 않을 뿐 아니라 얻을 것도 없는 일이다. 그러나 한 사람의 연구는 살펴볼 가치가 있는데, 그는 예수회의 성직자인 사케리(Girolamo Saccheri, 1667~1733)로 파비아 대학의 수학 교수이면서 논리학을 아주 열심히 연구한 학자였다. 사케리에게는 새로운 아이디어가 있었다. 평행선 공리 문제에 대한 다음과 같은 그의 진귀한 접근 방식은 실제로 논의할 만한 것이다. 직선 L과 점 P가 있다고 하자. 그러면 다음 세 가지 중의 어느 하나가 성립한다.

(a) 점 P를 지나 직선 L에 평행한 직선이 오직 하나 있다.
(b) 점 P를 지나 직선 L에 평행한 직선이 없다.
(c) 점 P를 지나 직선 L과 평행하는 직선이 적어도 두 개 있다.

(a)는 바로 유클리드의 평행선 공리이다. 이를 대안 (b)로 대체하여 유클리드의 나머지 9개 공리들과 함께 모순되는 정리를 산출하면, 분명히 대안 (b)는 옳은 것이 아니다. 이와 마찬가지로, 만일 대안 (c)와 유클리드의 다른 9개의 공리들이 모순된 정리를 산출한다면, 또한 대안 (c)도 틀린 것이 된다. 그렇게 되면, 유클리드의 평행선 공리는 유일하게 가능한 공리라는 결론을 얻을 수 있다.

대안 (b)를 다른 9개의 다른 공리들과 함께 이용하여 사케리는 서로 모순되는 정리를 연역해 나갔다. 그러나 그는 9개의 유클리드 공리와 적어도 두 개의 평행선이 존재한다고 가정한 대안적 공리로부터는 모순을 끌어내지 못하였다. 그의 연구는 매우 진지했고 광범위하였으며, 또한 그의 연역 몇 가지는 유클리드 기하학의 유사한 결과와 비교하면 아닌 게 아니라 이상하게 보이기도 하였지만 모순은 결코 일어나지 않았다.

사케리는 한 걸음만 더 내딛으면 획기적인 발견을 할 수 있는 찰나에 있었다. 그러나 그는 더 이상의 시도를 하지 않았다. 당분간은 사케리가 모순된 결과를 연역하지 못한 것에서 어떤 결론을 도출해낼 수도 있었을까를 독자들에게 미루어놓으려 한다. 사케리의 입장에서 볼 때, 그 자신은 공리체계로부터 정립한 이상한 정리를 이해할 준비가 되어 있지 않았다. 그래서 유클리드의 평행선 공리가 옳음에 틀림없다고 결론 내렸다. 1733년, 그는《아무런 결점이 없음이 증명된 유클리드(Euclid Vindicated from All Defects)》라는 제목의 책 속에 연구 결과를 출판하였다. 명백히 한 사람이 또 다른 사람의 진실성을 입증하려고 했을 때에는 실제 사실과는 상관없이 그냥 그렇게 인정할 가능성이 높기 마련이다.

그 밖의 다른 많은 사람들뿐만 아니라 사케리도 실패할 수밖에 없었던 이유는, 평행선 공리가 제시하는 문제에 접근하는 수학자들이 아무리 위대하다 하더라도 2천 년이나 된 낡은 사고 습관을 인식하고 바꿀 수 있을 만큼의 뛰어난 통찰력을 가질 수는 없었기 때문이다. 그러나 19세기에 접어들면서 수학 세계 내에서도 지적 환경에 커다란 변화가 일어나, 근본적 믿음을 완전히 비판적으로 재검토하게 되었다. 이 변화는 세 사람, 즉 가우스, 로바체프스키, 볼리아이가 서로의 사상에 대하여 전혀 알지 못했음에도 불구하고, 거의 동시에 사케리의 연구를 올바로 해석하는 방법을 발견함으로써 발생한 것이었다.

이 세 명 중에서 뉴턴이나 아르키메데스와 같은 대우를 받을 정도로 가장 위대한 사람이 바로 가우스였다. 가우스는 많은 분야에서 믿을 수 없을 정도의 조숙함을 보였으며 특히 수학에 관심이 있었다. 젊은 시절 정17각형을 직선 자와 컴퍼스로 작도가 가능함을 증명한 그는 너무 기쁜 나머지 수학을 공부하기 위하여 문헌학자가 되기로 한 생각마저 포기해버렸다. 그는 곧 많은 주제 분야에 대하여 명인다운 공헌을 이루어내었고, 또한 발명가와 실험가로서의 명성도 얻었다. 그의 업적은 다른 수학자들만큼 방대했고 중요한 것이었지만, 가우스는 아주 겸손하였다. 그는 "만일 다른 사람이 내가 했던 것처럼 깊이 그리고 계속적으로 수학적 진리에 대하여 반성해보았다면, 내가 발견한 것을 모두 발견할 수 있었을 것이다"라고 말하였다. 자신의 수학적 능력을 포기한 사람만큼이나 천재는 99퍼센트의 노력이라고 믿는 사람이나 모두 가우스의 말에서 위안을 얻을 것이다.

가우스가 평행선 공리의 문제에 처음 관심을 기울이기 시작한 것은 아직 젊었을 때였다. 먼저 그는 더 단순한 공리로 평행선 공리를 대체하려고 열심히 연구해보았지만 실패로 끝났다. 그러고 나서는 유클리드의 공리와 모순되는 평행선 공리를 채택하여 새로운 공리와 다른 유클리드의 9개의 공리들로부터 사케리가 생각한 그 방향, 정확히 말하면 사케리의 세 번째 대안을 연역적으로 따라가보았다. 그리고 사케리와 마찬가지로 이상한 정리에 도달한 것이다. 그러나 가우스는 그 이상함을 두려워하기는커녕 오히려 이에 맞불을 놓았다. 그는 위대한 사람들도 생각해보지 못했던 새로운 이름의 놀랄 만한 결론을 도출해낸 것이었다. **유클리드 기하학만큼이나 타당한 또 다른 새로운 기하학이 존재할 수 있다**고 결정지은 것이었다.

가우스는 비유클리드 기하학을 창조할 만한 지적인 용기는 가지고 있었지만, 자신을 미친 사람이라고 생각할지도 모를 대중들과 마주할 도덕적 용기는 가지고 있지 못하였다. 왜냐하면, 19세기 초반의 과학자들은 유클리드 기하학 외에 어떤 기하학도 지적인 세계를 지배할 수 없다는 칸트의 선언 아래에서 활동하였기 때문이다. 그래서 비유클리드 기하학에 대한 가우스의 연구는 그의 사후에 논문들 사이에서 발견된다.

비유클리드 기하학을 창조하는 데에 기여한 사람 중에 첫 번째 사람은 재능이 특출한 로바체프스키(Nikolay Lobachevsky, 1792~1856)였다. 1793년, 가난한 한 러시아 가정에서 태어난 그는 카잔 대학에서 공부하였고, 23세에 정교수가 되었다. 평행선 공리 문제에 관심을 가졌던 그는 가장 위대한 수학자들이 2천 년 동안 노력했음에도 불구하고 더 나은 공리를 만들어내지 못했다는 사실에 충격을 받았다. 그리고 사케리나 가우스와 마찬가지로 유클리드의 기하학과 모순이 되는 평행선 공리를 기반으로 하여 새로운 기하학을 정립하였다. 가우스가 그러했던 것처럼 그도 자신이 도출해낸 거의 믿을 수 없는 정리들 때문에 결코 의기소침하지 않았다. 올바른 추론을 통하여 그러한 정리에 이르렀고, 올바른 추론은 의심할 바 없는 지침이다. 그래서 로바체프스키 또한 급진적이지만 피할 수 없는 결론을 얻었다. 유클리드 기하학과 다른 기하학이 있으며, 그것 역시 마찬가지로 타당한 기하학이라는 결론 말이다.

로바체프스키와 함께 그 발견의 명예와 비유클리드 기하학에 대한 자신의 연구를 출판할 용기를 가진 사람은 헝가리인인 야노스 볼리아이(János bolyai, 1802~1860)였다. 다른 두 사람과 마찬가지로, 그는 신에게 은총을 받았을 뿐 아니라, 수학자인 그의 아버지 파르카스는 그를 격려하고 개발해주었다. 파르카스 자신도 평행선 공리 문제로 골치를 썩고 있었으며 그것을 연구하느라 많은 시간을 헛되이 보내었다. 그는 이 일을 자신의 아들에게 넘겨주었고, 볼리아이는 1825년, 23세의 나이에 갑자기 빛을 보게 되었다. 그는 유클리드와 모순되는 공리들이 존재하며 이는 새로운 기하학의 기초가 될 수 있다고 주장하였다. 볼리아이는 곧 새로운 기하학을 정립하였다. 아버지의 재촉으로, 그는 1833년 아버지의 저서 《청년학도를 위한 순수 수학 입문시론》의 부록으로 자신의 연구를 출판하게 되었다.

로바체프스키와 볼리아이의 획기적인 글을 사람들은 어떻게 받아들였을까? 과학자들은 유클리드 기하학이 이제 새로운 라이벌을 가지게 되었다는 놀라운 사실에 어떻게 반응하였을까? 합리적인 철학자들이 그 시대의 지배적 철학을 아주 철저하게 반박하는 그 이론에 어떻게 대응했을까? 로바체프스키와 볼리아이의 연구는 완전히 무시되었다. 게다가 1847년, 로바체프스키는 자신을 돌보지 않고 오로지 연구에만 헌신했지만 대학에서 해고당하였다. 만약 볼리아이가 오스트리아의 장교가 아니라 교수였다면 그도 또한 같은 운명에 처했을 것이다.

로바체프스키와 볼리아이가 그들의 기념비적인 연구를 출판한 지 약 30년 후에, 비유클리드 기하학에 대한 가우스의 연구가 다른 논문들과 함께 사후에 출판되었다. 그의 이름은 곧 그 주제에 대한 관심을 불러일으켰고, 그 이후의 수학 세계는 곧 로바체프스키와 볼리아이의 연구를 읽기 시작하였다.

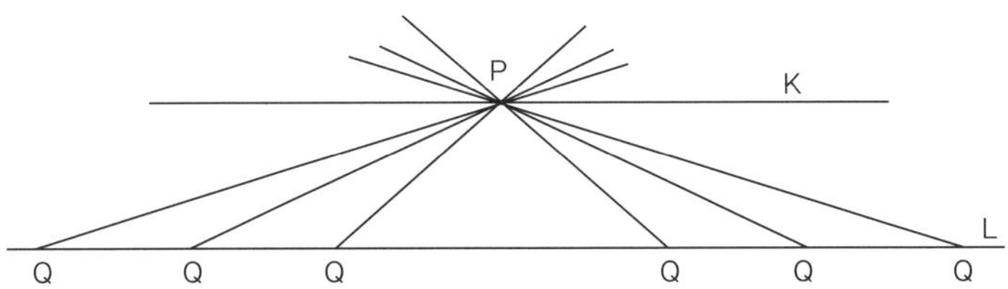

26-2. 유일한 극한 직선으로서의 유클리드의 평행선.

평행선 공리 문제에 대한 그들의 연구를 평가하기 위해서, 잠시 뒤로 돌아가야겠다. 직선 L이 있고, L 위에 없는 점 P가 있다고 생각해보자. 유클리드 평행선 공리에 따르면, P를 통과하면서 L과 만나지 않는 선분은 K, 하나밖에 없다. 이제 L 위에 점 Q가 있다고 해보자. Q가 오른쪽으로 움직이게 되면, 직선 PQ는 점 P를 중심으로 시계 반대방향으로 돌아 직선 K에 가까워지는 것처럼 보인다. 마찬가지 방식으로, Q가 직선 L의 왼쪽으로 움직이면, 직선 PQ는 점 P를 중심으로 시계방향으로 돌아 다시 직선 K에 가까워지는 것처럼 보인다. 어느 경우이건 직선 PQ는 극한이 되는 하나의 같은 직선인 K에 가까워진다.

그러나 볼리아이와 로바체프스키는 PQ의 극한이 되는 위치가 동일한 직선 K가 아니라, P를 통과하는 다른 두 개의 직선들이며, 이 극한 직선, M과 N은 L과 만나지 않는다고 가정하였다. 게다가 P를 통과

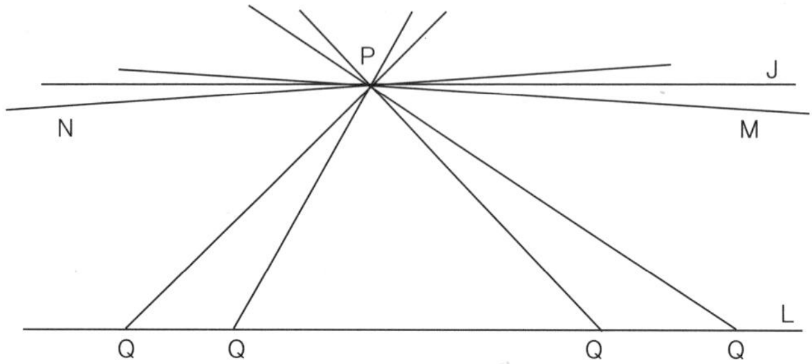

26-3. 로바체프스키와 볼리아이의 평행선 공리

하고, M과 N 사이에 있는 모든 직선, 가령 J도 L과 만나지 않는다고 가정하였다. 그러므로 볼리아이와 로바체프스키의 평행선 공리는 P를 통과하면서 L에 평행하는 직선들이 무한집합으로 존재한다고 단언하는 것이다. (이들은 평행이라는 단어를 제한된 선 M과 N에만 사용하였지만, 우리는 P를 통과하면서 L과 만나지 않는 모든 직선을 가리키는 데에 사용한다.)

어쩌면 독자들도 볼리아이와 로바체프스키 시대의 수학자들과 마찬가지로, 이는 참 이상한 가정이라고 느낄 수도 있을 것이다. 그림을 보면, 세 직선을 충분히 연장하였을 때, M과 N은 L과 만나는 것처럼 보이기 때문이다. 그러나 볼리아이와 로바체프스키는 그것이 우리가 살고 있다고 믿는 공간을 표현하고 있는가 그렇지 않은가와 상관없이 유클리드의 공리를 논리적으로 대체할 수 있는 공리 하나를 찾는 데에만 관심이 있었다. 이 공리와 나머지 유클리드 공리로부터 도출한 정리들은 단지 추론에만 의존하였고, 그림상의 일치에는 전혀 관심을 두지 않았기 때문에 공리가 시각적 감각과 일치하지 않는다는 것은 의미없는 것이었다.

그렇다면, 볼리아이와 로바체프스키는 그들의 공리로 어떤 정리를 입증하였는가? 물론, 유클리드의 평행선 공리를 이용하지 않고도 입증이 된 유클리드 기하학의 모든 정리들은 자동적으로 볼리아이와 로바체프스키의 정리가 된다. 왜냐하면, 이들은 유클리드의 나머지 공리들을 그대로 보존하고 있었기 때문이다. 그런 정리들의 예로 다음과 같은 것들이 있다. 수직인 각은 동일하다. 점 P에서 기껏해야 하나의 수선을 내려 그을 수 있다. 그리고 변의 길이가 같은 삼각형 안에서는 이 변들의 대각도 같다.

볼리아이와 로바체프스키의 기하학에서 그들의 평행 공리에 의존하고 있으면서 유클리드에서 발견되지 않는 정리들을 진술한 것을 보면 놀랄 만하다. 이들 정리들은 모든 수학 정리들과 마찬가지로 독자들에게 익숙한 연역적 추론 방법을 통하여 입증된다. 그러나 유클리드 기하학의 경우와는 달리 그 정리들의 의미를 설명하기 위한 증명의 단계를 보여주는 데에 그림은 거의 쓸모가 없다.

가장 예상치 못한 것이 바로 삼각형의 각들의 합은 항상 180도보다 작다라는 정리이다. 게다가 두 삼각형 중에서 넓이가 더 큰 삼각형은 각도의 합이 더 작다는 정리도 있다. 이보다 더 놀랄 만한 것은, 새 기하학에서 모양이 같은 두 도형의 크기가 다를 수도 있다는 유클리드 기하학의 중요한 개념이 사라진다는 사실이다. 그런 경우에 보통 우리는 두 도형은 닮았지만, 합동은 아니다라고 말한다. 그러나 새로운 기하학에서는 두 삼각형이 닮았으면 반드시 합동이 된다. 새 정리의 마지막 예로 이를 말해두는 것이 좋겠다. 두 평행선 사이의 거리는 그 직선을 따라 한 방향으로 가면 0에 가까워지고, 다른 방향으로 가면 무한이 된다.

볼리아이와 로바체프스키는 수많은 놀라운 정리들로 새로운 기하학을 정립하는 데에 성공하였다. 그러나 그들의 연구는 논리 실습이나 다름없는 것이 아닌가? 먼저, 새 기하학에서 수백 번의 연역을 통하여 서로 모순되는 정리를 하나도 만들지 않았다는 것을 생각해보라. 이는 오랫동안 내려온 평행선 공리가 다른 유클리드 공리들로부터 연역될 수 없다는 것을 의미한다. 그렇지 않았다면, 새로운 기하학의 가정은 틀림없이 그 체계 내에서 모순에 이르렀을 것임에 틀림없다. 물론 유클리드의 평행선 공리가 다른 유클리드 공리로부터 연역될 수 없다는 것이 완전히 새로운 이야기는 아니다. 이 사실은 이전에도 의심을 받았었다.

볼리아이와 로바체프스키의 연구가 가지는 두 번째 함의는 예상치 못한 것이었다. 그것은 우리가 어떤 대안도 모순을 생성한다는 것을 보여줌으로써 아무도 의심할 수 없는 유클리드 평행 공리의 진리성을 입증할 수 있으리라는 희망을 더 이상 가질 수 없게 되었다는 것이다. 그러므로 초기 수학자들이 평행 공리들의 진리성을 입증하기 위하여 사용하였던 두 가지 계획 모두가 더 이상 성공하지 못하게 되리라는 것이 명백해진 것이다.

그러나 새로운 기하학의 가장 중대한 의미는 완전히 예상밖의 것이었다. 논리 실습이 끝났음에도 불구하고, 사람들의 마음속에 어른거리는 결론은 유클리드 기하학과 다른 기하학들이 있다는 것이었다. 이 생각을 가진 수학자는 마치 자신의 손에 공기총을 쥔 소년과 같았다. 저항하기에는 사용해보고 싶은 유혹이 너무나 큰 것이었다. 유클리드 기하학은 물리적 공간을 정확히 기술하는 것으로 알려졌다. 반면에 볼리아이와 로바체프스키의 비유클리드 기하학은 물리적 세계에는 적용되는 것 같지도 않았고, 그런 의도도 없었다. 그러나 그것이 적용될 수 있을까?

이 질문에 대한 첫 번째 반응은 일반적으로 부정적이었다. 만일 유클리드 기하학이 옳다면, 어떻게 서로 모순되는 이 새로운 기하학이 또 옳을 수 있겠는가? 게다가 그런 불합리한 정리들이 우리에게 친숙한 세계에 어떻게 적용이 될 수 있겠는가? 조금만 생각해보아도, 첫 번째 반응은 너무나 성급한 것으로 드러난다. 유클리드 기하학이 옳다는 것을 우리는 어떻게 보장하는가? 수천 년 동안 그것이 사용되었다는 것은 확실하다. 또한 오랫동안 정립된 사고 습관에도 잘 맞는다. 그러나 유클리드가 평행선 공리에 대하여 근심하였던 이유를 다시 상기해보자. 인간의 일상적 경험으로부터 멀리 떨어져 있는 우주 공간, 그러니까 너무나 광대하여 우리가 접근할 수 있는 영역은 상대적으로 지구 표면 위의 점 하나밖에 되지 않는 그런 공간에 대해서도 확증을 할 수 있는가? 우리들 중 누가 화성 근처의 우주, 아니 지구 표면 위로 10마일 떨어진 물체에 대한 기하학을 알고 있는가? 어떤 권리로 우리는 그것이 지구상에서 적용되는 것처럼 보이는 기하학과 같은 것이어야 한다고 가정하는가? 유클리드 기하학은 자신의 전성기에 충분한 유용성을 가지고 있었지만, 궁극적으로 폐기되어야 하는 수백 가지의 과학법칙과 다를 바가 없을지도 모른다.

바로 이 문제를 조심스럽게 고민한 후에 가우스는 유클리드 기하학의 진리성을 결정하는 범주를 제시하였다. 이 기하학에서는 삼각형의 세 내각의 합이 180도이지만, 새 기하학에서는 180도보다 작게 된다. 그러므로 한 삼각형의 세 내각을 측정하는 것이야말로 어떤 기하학이 물리적 세계에 적합한지를 결정하는 기준이다. 그는 두 가지 이유로 매우 큰 삼각형을 선택하였다. 먼저 작은 삼각형을 선택하면 시각적 착오를 더 범할 수가 있다. 두 번째로 로바체프스키와 볼리아이의 기하학 정리에서는 삼각형의 크기가 작아질수록 세 각의 합이 180도에 가까워진다. 그러므로 작은 삼각형에서는 그 합이 180도에 너무나 가까워지기 때문에 측정 도구가 그 차이를 민감하게 감지하지 못할 수도 있다.

가우스는 직접 그 실험을 실행하였다. 그는 세 곳의 산꼭대기마다 관찰자를 배치하였다. 각 관찰자는 다른 두 관찰자들을 바라보는 시선에 의해 형성된 각을 측정한다. 삼각형의 세 내각의 합은 180도보다 2초 작은 것으로 입증되었다. 그러나 이는 너무나 작은 차이라서 측정상의 오차라고 생각할 수도 있었다. 그러므로 실험은 결정적인 것이 되지 못하였다.

가우스의 삼각형 검증이 가지는 놀랄 만한 측면은 비록 실험 조건이 아무리 최상일 경우라도, 결코 우리의 공간이 유클리드적임을 증명할 수 없다는 것이다. 왜냐하면, 아무리 측정된 각의 합이 180도라고 하더라도, 측정상의 실수도 참작해야 하며, 진짜 합이 180도보다 적을 가능성도 참작해야 하기 때문이다. 실지로 그 검증은 보장받지 못한 두 가정 모두와 관련이 있었으며, 둘 중 어느 것이든 그 검증으로부터 얻은 결론을 무효화시킬 수 있었다. 둘 중 첫 번째 것은 세 곳의 산꼭대기로 만든 삼각형은 충분히 크기 때문에 결정적일 수 있다는 것이다. 두 번째 가정은 삼각형의 변을 형성하는 광선이 또한 직선을 따른다는 것이다. 광선은 실지로는 약간 굽어 있지만, 거의 지각할 수 없을 정도이다.

가우스의 검증은 흥미롭기는 하지만, 결론을 내리지 못할 실험으로 치부될 수도 있다. 그러나 비유클리드 기하학을 적용할 수 있는가라는 더 큰 문제가 여전히 남아 있다. 두 기하학 중 어떤 것이 물리적 공간에 적합한가를 결정하려는 시도를 통해서 알게 된 놀라운 사실은 둘 다 똑같이 잘 맞는다는 것이다. 우리는 이미 새로운 기하학에 따르면, 작은 삼각형의 내각의 합이 180도에 가까운 것이어야 한다는 것과 삼각형이 작을수록, 그 합은 180도에 가까워야 한다는 것을 지적한 바 있다. 만일 비유클리드 기하학을 적용하여 180도보다 약간 작은 내각의 합을 이용한다고 하더라도 실질적인 관점에서 보면 아무런 해가 없다. 이와 마찬가지로, 주어진 점 P와 직선 L이 주어졌을 때에 P를 지나면서, P와 L이 존재하는 평면상에서 L에 평행이 되는 직선의 수가 무한하다는 것을 가정한다고 하더라도 아무런 해가 없다.

새로운 기하학은 물리적 세계에 적용할 수 없다고 우리는 생각할 수도 있다. 왜냐하면, 닮은 삼각형들이 반드시 합동이어야 한다고 주장하기 때문이다. 그리고 확실히 닮기는 했지만 합동이 되지 않는 물리적 삼각형을 두 개 구성하는 것이 가능한 것처럼 보인다. 사실 하나의 삼각형을 아주 크게 그리고, 다른 것을 아주 작게 그릴 수 있다. 그러나 두 삼각형을 아무리 조심스럽게 구성한다고 하더라도, 우리는 그것들이 정확히 닮은 것인지 확신할 수가 없다. 다시 말하여 대응하는 각들이 정확히 동일하다고 확신할 수 없다는 것이다. 새로운 비유클리드 기하학에 따르면, 삼각형이 작으면 작을수록 삼각형 세 각의 합은 더 커질 수 있다. 그러나 그 차이는 측정할 수 없을 정도일 수도 있다. 그러므로 모든 실용적 목적에서는 우리가 새로운 기하학의 주장을 받아들이든 그렇지 않든 중요하지 않다. 다시 말하여 어떤 기하학이 물리적 공간에 적용되는지를 결정할 수 있는 방법이 없다는 것이다. 둘 다 이용 가능하다. 우리의 편견과 습관만이 유클리드 기하학을 선호할 뿐이다. 또한 유클리드 기하학이 비유클리드 기하학보다 다소 간단할 수도 있다. 그러나 유클리드 기하학을 더 선호할 만한 이유가 있다고 해서 새로운 기하학의 적용가능성을 의심할 수는 없는 것이다.

틀림없이 독자들은 만족하지 못할 것이다. 아마도 비유클리드 기하학이 물리적 세계에 적용될 수 있는 것을 보여주는 좀더 명확한 다른 주장을 해야 수긍이 갈 것이다.

잠시 유클리드 기하학으로 돌아가보자. 모든 방향으로 무한대로 뻗어나간 거대한 종이가 하나 있다고 하자. 이 종이는 유클리드 기하학의 정리들이 적용이 되는 평면, 수학적 평면을 물리적으로 설명한 것이다. 이제 이 광대한 종이의 왼쪽과 오른쪽을 위로 조금 구부려서 그 모양을 변형시켜보자. 그래서 굴곡지긴 했지만, 여전히 평면과 마찬가지로 모든 방향으로 끝없이 뻗어나간 표면을 만들어보자. 그러한 표면은 원통표면으로 알려져 있다. 모양이 변화한 결과로 원래 평면상에서 직선이던 것이 곡선이 되었다. 마치 평면 위의 직선들처럼, 표면상에서 그 곡선들은 그것들이 연결하고 있는 점들 사이의 최단 거리가 된다. 우리는 그러한 곡선을 즉지선, 혹은 최단선(geodesics)이라고 부른다. 평면에서 평행이던 두 직선은 평행의 최단선이 된다. 즉 표면상에서는 만나지 않는 최단선이 된다. 원래 평면의 삼각형은 표면상에서 최단선을 호로 형성하여 이루어진 도형이 된다. 우리는 이 새로운 도형을 또한 '삼각형'이라고 부를 것이다. 평면상의 원도 또한 '원'이라고 부르는 새로운 도형을 만들어낸다.

이제 우리는 매우 놀라운 사실에 도달하게 된 것이다. 유클리드 기하학의 모든 공리들은 원통형 표면 위에 있는 도형에도 적용이 된다. 위에서 제시한 대로 우리는 그 도형들을 직선, 삼각형, 그리고 원이라는 단어로 해석한다. 그리하여 연역적 추론을 통하여 공리로부터 추론해낸 유클리드 기하학의 정리들은 우리가 그림을 어떻게 그리든지 간에 그 과정과는 독립적으로, 또한 굴곡진 표면상의 도형에도 적용이 된다. 한 가지 예를 들자면, 표면 위의 '삼각형'의 세 내각의 합도 180도이다.

독자는 직선이라고 정의한 직선과 도형들이 더 이상 적절한 의미를

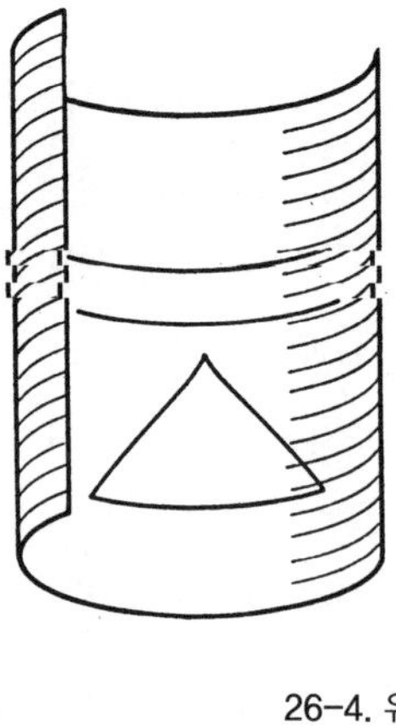

26-4. 유클리드 기하학의 새로운 그림 해석

가지지 못하므로 위 논의는 받아들일 수 없다고 할지도 모른다. 다시 말하여 그들이 직선적 성격을 잃어버렸다는 것이다. 그러나 이제 4장에서 처음 지적한 사실을 이용해보도록 하자. 즉 점과 직선과 같은 기하학의 기본 개념들이 정의되지 않는다는 사실을 이용해보자. 우리는 단지 공리 속에 명시적으로 진술되어 있는 이들 개념들의 성질들만을 이용할 뿐이다. 그러므로 만일 물리적으로 새롭게 그린 직선 그림을 그려서 그 공리들이 요구하는 성질들을 드러낼 수만 있다면, 이 새로운 그림을 채택하는 것도 불가능한 것이 아니다. 그러므로 모든 유클리드 기하학과 완전히 새로운 물리적 그림을 연결시키는 것은 논리적으로 정당화되어 하등 문제가 되지 않는다.

유클리드 기하학을 새롭게 물리적으로 해석하면서 방금 한 논의는 그대로 비유클리드 기하학에도 적용이 된다. 그리고 만일 직선과 다른 도형들을 자유롭게 물리적으로 해석하는 것을 선택하게 된다면, 우리는 새로운 기하학을 직관적으로도 납득할 만하게 해석할 수 있게 될 것이다.

그림 26-5는 가상의 구(pseudosphere)라고 알려진 표면을 설명하고 있다. 표면상의 점들 사이의 최단 거리인, 가상의 구 위의 곡선들도—이 특수한 곡선들도 또한 최단선이라고 부른다—또한 로바체프스키와

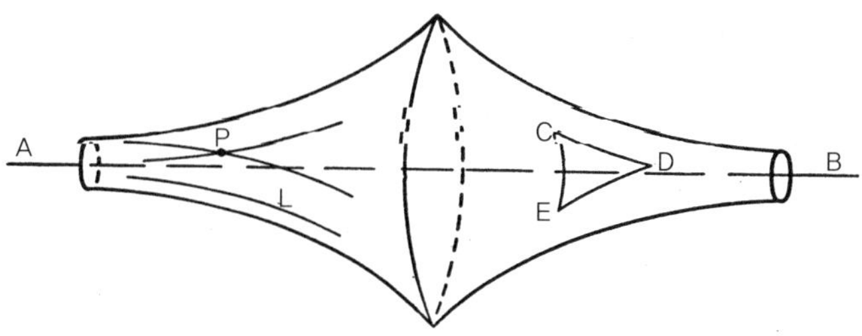

26-5. 로바체프스키와 볼리아이의 비유클리드 기하학에 대한 그림 해석

볼리아이의 공리 속에서 직선이 가지고 있는 성질을 가지고 있다. 예를 들어 두 점 사이에는 단 하나의 직선만이 존재한다는 공리도 이 최단선에도 적용이 된다. 가상의 구 위에 두 점(그림 26-5의 C와 D)은 단 하나의 최단선, 즉 그들간의 최단 경로를 결정한다. 같은 방식으로, 로바체프스키와 볼리아이의 평행선 공리, 다시 말하여 직선 L 위에 있지 않은 점 P를 지나면서 L과 만나지 않는 직선의 수는 무한대이다라는 공리는 가상의 구 위에 있는 최단선에 적용이 된다.

로바체프스키와 볼리아이의 공리들이 가상의 구 위에 있는 최단선에 적용이 되기 때문에, 공리의 논리적 귀결로서 정리들도 또한 적용이 될 것임에 틀림이 없다. 그러므로 삼각형의 세 내각의 합이 180도보다 작다는 정리도 최단선의 호로 형성된 삼각형 CDE에도 적용이 된다. 이리하여 우리는 직선 그림을 단지 약간만 정당하게 변화하는 희생만 치르고도 비유클리드 기하학을 시각으로 볼 수 있게 된 것이다.

새로운 기하학을 어느 정도 '이해' 했다면, 이제 원래 우리의 질문으로 돌아가보자. 새로운 기하학은 우리가 살고 있는 물리 세계를 표현할 수 있는가? 독자들이 예상한 바와 같이 그 답은, 물리적 공간의 기하학은 우리가 직선의 개념에 부여하는 물리적 개념에 따라 좌우된다는 것이다. 경험을 통하여 우리는 직선을 쭉 뻗은 줄이라고 생각한다면, 유클리드 기하학이 잘 맞는다는 사실을 안다. 그러나 모든 물리적 적용에서 직선을 쭉 뻗은 줄이라고 여기는 것은 필요하지도 않고, 바람직하지도 않다. 산이 많은 나라에 살고 있는 사람들이 자신이 사는 나라의 표면 기하학에 관심을 가지고 있다고 생각해보자. 그들에게 가장 유용한 직선에 대한 물리적 해석은 아마도 최단선, 그러니까 두 점 사이의 최단 거리를 가진 곡선일 것이다. 이 '직선'에 관하여 제일 먼저 놀라운 사실은 그것들이 나라의 지역마다 그 모양을 바꾼다는 것이며, 그 모양은 언덕과 계곡의 모양에 따라 달라진다는 것이리라. 이 '직선' 은 어떤 공리를 따르겠는가? 거의 틀림없이 유클리드 기하학은 아닐 것이다. 그 지역의 지형이 그러하다면, 예를 들면 몇 쌍의 점 사이의 최단 경로가 있을 것이다. 그리고 특정한 최단선과 만나지 않으면서 주어진 점을 지나는 최단선도 많을 것이다.

또한 천문학 관측에서도 쭉 뻗은 줄이라는 것은 직선에 대한 실용적인 해석이 아니다. 여기서는 대신 광선이 더 도움이 된다. 그렇다면 광선이 직선으로 사용될 때에 어떤 기하학이 더 잘 맞을까? 이 문제는 다음 장까지 독자들에게 남겨두기로 하겠다. 그러는 동안 우리는 비유클리드 기하학을 수학적으로 설명하는 일로 돌아가는 것이 낫겠다. 설명해야 할 수학적 세계가 더 많기 때문이다.

로바체프스키와 볼리아이는 유클리드의 평행선 공리에 집중하였지만, 똑같이 의심스러운 유클리드 기하학 속의 다른 공리는 받아들였다. 그 공리가 바로 선분은 양방향으로 무한대로 뻗어나갈 수 있다는 것이다. 이 공리 역시 우리 지구로부터 100경 마일 떨어진 우주 공간에서 무슨 일이 벌어지는지를 설명하는 것을 목적으로 하고 있다. 어떻게 우리는 그 진리성을, 그러니까 물리적 세계에 그것이 적용 가능한지를 확신할 수 있는가?

평행 개념에 대한 볼리아이와 로바체프스키의 연구가 있은 지 얼마 안 있어서 수학자들은 자신의 통찰력을 직선의 무한성에 집중하였고, 이 공리의 진리성을 결정하려고 하였다. 병약하고 조숙하였던 베른하트 리만(Bernhard Riemann, 1826~1866)은 독일의 루터파 교구장인 아버지에게 졸라서 성직자 훈련을 포기하고 수학을 공부할 수 있도록 허락받아야 했다. 그리고 그

26-6. 리만

는 이 공리에 대한 가능한 대안을 찾는 일에 착수하였다.

그의 진귀한 생각 중에 하나는 끝이 없다는 것과 무한하다는 것을 구분해야 한다는 것이었다. 예를 들어, 지구상의 적도는 끝이 없지만, 무한하지 않다. 이러한 구분에 비추어서, 리만은 직선의 무한성에 대한 유클리드 기하학의 대안을 제안하였다. 그 공리인즉 모든 직선은 길이로는 유한하지만 끝이 없다는 것이다.

이러한 생각은 로바체프스키와 볼리아이의 것과 유사한 평행선 공리를 생각하여 얻은 결론이었다. 그러나 이 경우에는 아주 다른 결론에 도달하게 되었다. 점 R이 직선 L을 따라 왼쪽으로 움직이고, 점 Q가 오른쪽으로 움직이게 되면, 두 점은 궁극적으로 만나게 된다. 왜냐하면, 리만은 직선 L이 유한하다고 생각하였기 때문이다. 결과적으로 직선 PR은 점 P를 중심으로 돌아서 직선 PQ와 만나게 되지만 결코 직선 L과는 떨어지지 않는다. 다시 말하여 점 P를 통과하여 직선 L과 평행인 직선이 하나도 없게 된다. 26-7를 보면, 직선 PR이 점 P를 중심으로 완전히 회전하는 것이 우리의 일상적인 직선에 대한 개념으로는 가능한 것 같아 보이지 않는다. 그러나 그림은 리만의 생각을 보여주는 것 이상의 것을 보여주기 위한 것이 아니다. 이러한 생각을 통하여 리만은 직선의 유한성과 함께 평행선이라는 것은 존재하지 않는다는 취지의 공리를

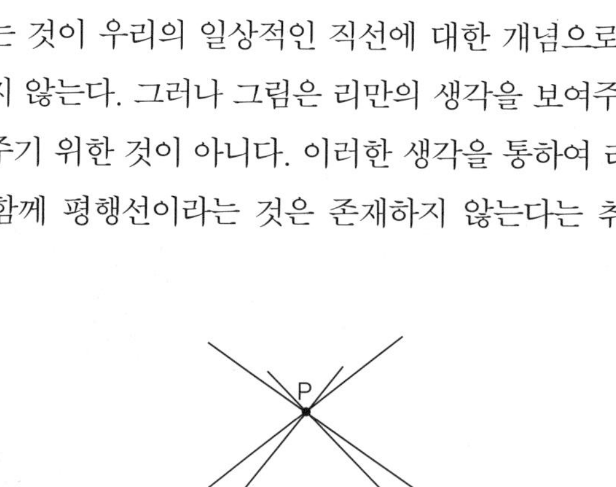

26-7. 리만 기하학의 평행선 공리

받아들여야 한다는 시사를 받았다.

유클리드로부터 두 번 급진적으로 이탈하는 것으로 충분하지 않았던 모양인지, 리만은 세 번째 이탈을 제안하였다. 두 점이 단 하나의 직선만을 결정한다고 생각하는 대신, 두 점은 하나 이상의 직선을 결정할 수도 있다는 공리를 받아들였다.

이를 설명하기에 앞서, 먼저 독자들은 이들 공리들이 순수하게 새로운 기하학의 논리적 발전을 위한 기초로서 일단 받아들여지는 것이라는 것을 상기해야 한다. 다소 자의적인 이 체계와 실재 세계와의 관계는 나중에 고찰할 것이다.

리만의 기하학도 로바체프스키와 볼리아이의 기하학과 마찬가지로, 유클리드 기하학과 유사한 몇 가지 정리를 가지고 있다. 직각은 모두 동일하다는 정리와 한 삼각형 내의 같은 길이의 변에 대응하는 각의 크기도 같다는 정리는 세 기하학 모두에 적용이 된다. 이들 정리들은 세 기하학에 공통적인 공리에서만 도출된 것이기 때문이다.

리만 기하학의 정리 중 몇 가지는 유클리드의 정리와 다른 데 아주 충격적이다. 예를 들어 한 직선에 대한 모든 수직선은 한 점에서 만난다가 그것이다(그림 26-8). 이 이상한 신세계에서 일어나는 또 다른 사실은 두 개의 직선이 넓이를 가진 한 도형을 둘러싼다는 것이다(그림

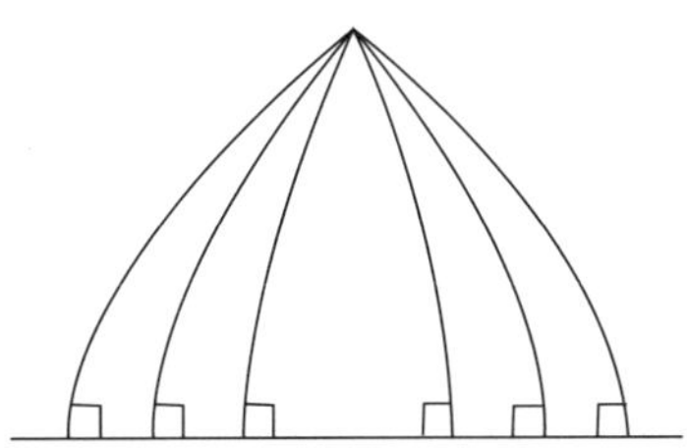

26-8. 한 직선에 대한 모든 수직선들은 한 점에서 만난다.

26-9. 두 직선은 넓이를 가진 한 도형을 둘러싼다.

26-9). 로바체프스키와 볼리아이의 기하학에서처럼, 우리는 닮은 삼각형은 또한 합동이다라는 정리도 만나게 된다. 다른 두 정리도 거의 예상할 수 있는 것들이다. 처음의 것은 삼각형의 내각의 합은 180도보다 크다는 것이다. 두 번째는 두 삼각형 중에서 넓이가 클수록 내각의 합도 커진다는 것이다.

이제 우리는 로바체프스키와 볼리아이의 기하학에 대하여 우리가 제기했던 것과 같은 질문을 제기할 수 있다. 리만의 기하학은 수학자들의 지적 훈련이라는 의미 이외에 다른 어떤 의미를 가지는가? 다시 한 번 그 답은 그렇다가 된다. 일반적인 직선에 대한 이해를 통해 리만의 기하학을 물리적 세계에 적용하는 것이 가능하며, 기하학의 주장과 물리적 상황 사이의 어떤 차이를 감지하지 않을 수 있는가? 여기서의 논의는 로바체프스키와 볼리아이의 기하학과 관련하여 살펴보았던 논의와 정확하게 동일하다.

게다가 직선의 그림을 변화시킴으로써 우리는 직관적으로 리만 기하학을 만족스럽게 해석할 수 있다. 원통 표면 위에 유클리드 기하학을 그릴 수 있었고, 가상의 구 위에 로바체프스키와 볼리아이의 기하학을 그리는 것이 가능했던 것처럼, 리만의 기하학은 우리에게 매우 친숙한 구 위에 그릴 수 있기 때문이다. 구 위의 두 점을 최단 거리로 연결하는

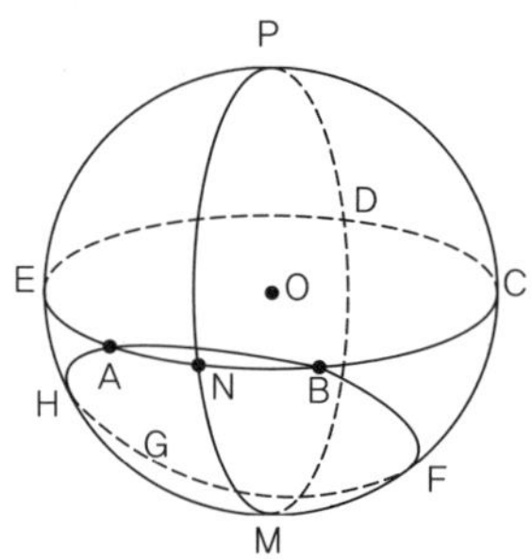

26-10. 그림으로 해석한 리만 기하학

선, 다시 말하여 직선에 해당하는 곡선은 두 점을 통과하는 대원의 호가 된다. 여기서 대원이란, 그 중심이 동시에 전체 구의 중심이 되는 그런 원을 의미한다. 그러므로 A와 B를 통과하는 두 원, 원 ABCDE는 대원이지만 ABFGH는 대원이 아니다(그림 26-10).

이제 리만 공리들을 만족하는 직선을 구 위의 그려지는 대원으로 설정하였을 때 리만 기하학의 공리들이 구에 적용이 되는지 알아보자. 먼저 대원들은 끝이 없지만 길이는 유한하다. 두 번째로, 구 위에는 평행선이 없다. 왜냐하면, 어떠한 대원도 서로 만나기 때문이다. 예를 들어 대원 ABCDE는 또 다른 대원 MNPD는 점 N과 D에서 만난다. 두 점이 하나 이상의 직선을 결정한다는 공리도 구 위에서 성립한다. 그림 26-10에서 N과 D 같은 두 점을 통과하는 대원이 하나 이상 있기 때문이다. 반면에 A, B와 같은 두 점은 단지 하나의 대원만이 통과한다.

리만 기하학의 공리들은 정확하게 구에 대한 사실을 나타내고 있기 때문에, 이들로부터 연역된 타당한 추론을 통하여 얻은 정리들도 구 위에서 성립되는 진리일 수밖에 없다. 이제 몇 가지를 점검해보자. 어떤 직선에 그은 수직선들은 모두 한 점에서 만난다는 정리가 있다. 그림 26-11에서 L이라는 대원을 직선이라 하면, 직선 L의 모든 수직선들은 점 P에서 만난다. 예를 들어, L을 지구상의 적도라고 본다면, 점 P는 남

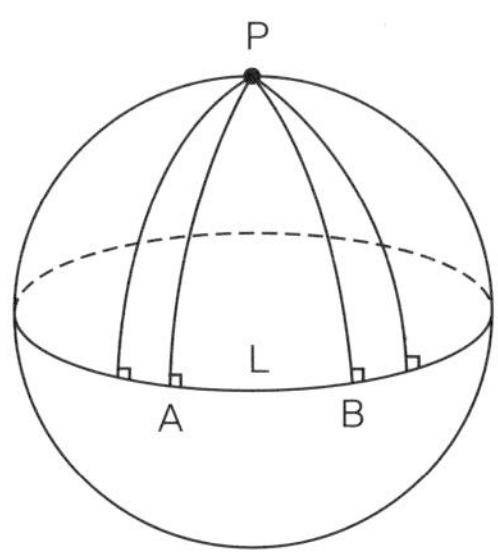

26-11. 구 위의 한 대원에 수직인 모든 선은 한 점에서 만난다.

극이나 북극이 될 것이다.

또, 한 삼각형의 내각의 합이 180도보다 크다는 정리가 있다. 리만 기하학의 공리들에서 직선은 대원이므로, 삼각형은 대원의 호로 형성된 도형이 된다. 그런 삼각형의 예가 그림 26-11의 ABP이다. 이 삼각형의 내각 중 둘은 직각이므로, 세 각의 총합은 필연적으로 180도보다 크다. 이러한 사실은 구 위의 모든 '삼각형'에 적용된다.

이미 명백해진 요점을 다시 설명할 필요는 없을 것이다. 리만 기하학의 모든 정리들은 직선을 구 위의 대원으로 생각하여 구 위에서 해석될 수가 있다. 그러므로 우리는 리만 기하학에 기하학적으로 그리고 직관적으로도 만족스러운 의미를 부여할 수 있다. 이뿐만 아니라 이 기하학은 구 표면상의 기하학적 관계에 관한 실용적인 과학의 문제들에 대하여 정확한 해답을 제공해준다. 그러므로 이 기하학도 틀림없이 어느 정도까지 물리적 세계를 설명해주는 기하학이다. 사실 로바체프스키와 볼리아이의 기하학에 비추어볼 때, 우리의 물리적 세계가 비유클리드적일 수 있다는 이론적 주장은 모두 똑같이 리만 기하학에도 적용된다. 비유클리드 기하학이 우리가 사는 세계에 적용이 가능하다는 것은 다음 장에서 상대성이라는 주제하에서 다시 논의될 것이다.

되돌아보면, 비유클리드 기하학 창조의 역사는, 위대하든 그렇지 않든 간에, 인간의 맹목성의 역사이다. 인간은 지구의 표면 위에서 살고 있다. 인간이 이 표면을 3차원상의 유클리드 세계 속의 특수한 공간이라고 여기는 대신, 이 표면에 적합한 기하학을 직접 구성하려고 시작했다고 생각해보자. 그는 어떤 종류의 기하학을 발달시켰겠는가? 구 표면을 위한 이 기하학의 '직선'이란 분명히 최단 경로로 두 점을 연결하는 곡선이 되었을 것이다. 왜냐하면, 이 곡선이 가장 유용하기 때문이다. 우리가 앞에서 본 것과 같이, 이 곡선은 두 점을 연결하는 대원들이다. 반면, 친숙한 의미의 유클리드 기하학에서 직선은 틀림없이 기본 곡선으로 채택되지 못했을 것이다. 그것은 구의 표면 위에는 존재하지도 않기 때문이다.

기하학자는 대원에 대하여 어떤 공리를 선택하였을까? 평행선이란 존재하지 않으며, 직선은 길이에 있어서 유한하다는 공리 체계를 가진, 리만이 선택한 공리들이 아니었을까? 다시 말하여 자연 기하학, 실용 기하학, 상식적인 기하학이란 지구상에 살고 있는 인간인 우리에게는 바로 리만 기하학인 것이다.

수천 년 동안 이 기하학은 인간의 발 바로 아래에 있었다. 그러나 그 세월 동안 가장 위대한 수학자들이라는 사람들도 한번도 구의 기하학을 점검하여 평행선 공리를 연구하겠다는 생각을 결코 하지 않았다. 그리고 이 수천 년 세월의 절정은 바로 칸트였다. 그는 유클리드 기하학이라는 논쟁할 수 없는 진리성에 기초하여, 아닌 게 아니라 다른 기하학은 생각하는 것조차 불가능하다는 조건하에서 자신의 심오한 철학을 정립하였다. 그러나 그는 평생, 그 안은 아니더라도, 비유클리드적인 세계 위에서 살고 있었던 것이다.

그렇다면, 기하학이란 것이 지구상에서 이루어진 측정에서 발생하였음에도 불구하고 어떻게 유클리드 기하학이 제일 먼저 발달하였을까? 대답은 이렇다. 매우 제한된 영역에서 사는 인간에게 지구는 아닌 게 아니라 편평하게 보인다. 이 편평한 표면 위에서 최단 거리는 바로 일반적으로 받아들여지는 용어의 뜻 그대로 직선이기 때문이다. 직선을 쭉 뻗은 줄로 생각하면, 유클리드 기하학의 공리와 정리들은 거기서 자연스럽게 따라나온다. 일단 편평한 표면에 대한 기하학을 발달시키게 되면, 구는 유클리드 기하학의 틀 내에 도입되어야 한다. 아무도 특히 구를 좋아하였던 그리스인들조차도, 그런 표면에 직접 적용되도록 설계된 공리 체계를 통하여 구의 기하학에 접근할 생각을 하지 못하였다. 이러한 역사는 인간이 신체적 관습, 사회적 관습과 인습과 마찬가지로 얼마나 사고의 습관에 지배를 당하고 있는지를 여실히 보여준다. 틀림없이 성공하지 못한 로바체프스키와 볼리아이의 선배들은 어려운 수학을 통달할 만한 능력이 부족하였다거나 전문적 기술이 부족한 것이 아니었다. 그들은 단지 사고의 습관, 즉 유클리드 기하학을 깰 수 없었다는 그 이유 하나 때문에 평행선 공리의 문제를 해결하지 못하였던 것이다. 이러한 정신적 관성의 역사는, 레키(William Edward Hartpole Lecky, 1838~1903)가 저서 《유럽 합리주의의 역사》에서 사람들이 그 논의에 반대하는가 찬성하는가와 상관없이 사람들로 하여금 어떤 견해와 신념에 기울어지도록 하는 한 시대의 정신, 바로 'Zeitgeist'로 표현한 것의 아주 훌륭한 사례가 된다. 그 일이 바로 1800년까지 칸트와 모든 수학자에게 일어났던 일이었기 때문이다. 유클리드 기하학의 진리와 난공불락성, 그리고 그 유일함에 대한 믿음 때문에, 비유클리드 기하학이 바로 그들 앞에 놓여 있는 데에도 불구하고, 또 다른 기하학의 가능성을 전혀 생각해보지 않았던 것이다.

일반적인 사상사에서 비유클리드 기하학의 중요성은 아무리 강조해도 지나치지 않을 것이다. 코페르니쿠스의 지동설과 마찬가지로, 뉴턴의 만유인력과 다윈의 진화이론, 그리고 비유클리드 기하학은 급진적으로 과학과 철학, 종교에 영향을 미쳤다. 이보다 더 획기적인 사건이 일찍이 사상사에 발생한 적이 없다고 말해도 그리 틀린 말은 아닐 것이다.

첫 번째로, 비유클리드 기하학이 탄생하면서 언제나 함의되어 있었지만, 한번도 인정되지 않았던 구별, 즉 수학적 공간과 물리적 공간 사이의 구별을 명백하게 하였다. 둘을 동일시한 것은 원래 오해 때문이었다. 우리의 마음에 순간적으로 다가오는 것, 시각과 촉감이라는 감각 때문에 우리는 유클리드 기하학의 공리들이 물리적 공간에 적용된다고 생각한 것이었다. 이들 공리로부터 연역한 정리도 시각과 촉감의 감각으로 완벽하게 점검하였다. 적어도 이 감각을 통하여 드러낼 수 있는 것들이다. 그러므로 유클리드 기하학은 물리적 공간에 대한 정확한 표현이라고 주장되었다. 이러한 사고 습관은 수백 년 동안 너무나 잘 정립되어 새로운 기하학이라는 개념조차 말이 되지 않았던 것이다. 기하학은 물리적 공간의 기하학을 의미하게 되었고, 그 기하학은 바로 유클리드 기하학을 의미하는 것이었다. 그러나 비유클리드 기하학의 탄생과 함께 수학자, 과학자, 그리고 보통 사람들도 결국은 물리적 공간에 대한 진술에 기초한 사상 체계가 물리적 공간과는 다르다는 사실을 인정하지 않을 수 없게 되었다.

이러한 구별은 1880년 이후 수학과 과학의 발달을 이해하기 위해서는 아주 중요하다. 이제 우리는 수학적 공간이 과학 이론의 성질을 띠고 있다고 말해야 한다. 그것이 경험적 사실에 적합하고 과학의 요구에 봉사하는 한에서는 물리적 공간의 연구에도 적용이 된다. 그러나 만일 한 수학적 공간이 과학적 연구의 결과들과 좀더 일치하는 다른 것으로 대체될 수 있다면, 마치 천체의 운동에 대한 프톨레마이오스 이론이 코페르니쿠스 이론으로 대체된 것과 마찬가지로 대체될 것이다. 만일 다음 장에 도달할 때쯤이면 이러한 가능성이 실지로 실현되었다는 것을 독자들이 알게 된다면, 이 사실에 대하여 그렇게 놀라지는 않을 것이다.

물리적 공간에 대한 어떤 이론이든 순수하게 주관적인 구성으로 간주해야지, 그것을 객관적 실재에 대한 반영으로 보아서는 안 된다. 인간은 기하학을 만들어냈다. 그것이 유클리드 기하학이든 비유클리드 기하학이든 간에 말이다. 그리고 그것에 비추어서 공간을 바라본다. 만일 공간이 마음속에 자신이 세워놓은 구조의 특징을 가지고 있다고 확신하지 못하는 경우에도 그렇게 구조를 구성함으로써 그는 공간에 대하여 사고할 수 있고, 과학적 작업 속에서 자신의 이론을 이용할 수 있다는 이점이 있는 것이다. 공간과 자연에 대한 이러한 견해를 받아들인다고 해서, 객관적인 물리적 세계의 존재를 일반적으로 부인하는 것은 아니다. 그러한 견해는 단지 공간에 대한 판단과 결론이 순수하게 인간 자신이 만든 것이라는 사실을 인정하는 것뿐이다.

비유클리드 기하학의 창조로 해서 진리라는 영역은 엄청난 상처를 입게 되었다. 고대 사회의 종교와 같이, 서구적 사고에서 수학은 존엄하고 아무도 도전할 수 없는 위치를 차지하고 있었다. 수학이라는 사원에서 모든 진리가 휴식을 취하였고, 그 중 유클리드는 가장 고귀한 사제였다. 그러나 볼리아이, 로바체프스키, 리만이라는 세 사람의 불경한 연구가 의식과 고귀한 사제, 그리고 그 모든 참석자들에게서 신성한 구속력을 빼앗아버렸다. 그 연구를 떠맡으면서도 이들 세 명의 대담한 지성들은 단지 새로운 평행선 공리의 귀결을 탐구해야 한다는 논리적 문제만을 마음에 품고 있었다. 처음부터 진리 자체에 도전하겠다고 생각한 사람은 틀림없이 아무도 없었다. 그리고 그들의 연구가 단지 재기발랄한 수학적 속임수에 지나지 않을 뿐이라고 생각하는 동안에는 아무런 심각한 문제도 제기되지 않았다. 그러나 비유클리드 기하학이 물리적 세계에 대한 타당한 표현일 수 있다는 것을 사람들이 깨닫는 그 순간, 피할 수 없는 의문이 생겨났다. 어떻게 수학이, 항상 양과 공간에 대한 진리를 제시해준다고 장담하였던 수학이 이제 몇 개나 되는 모순된 기하학을 내놓을 수 있단 말인가? 이들 중 하나만이 진리가 될 수 있는 것이다. 아닌 게 아니라 이보다 더 혼란스러운 것은 아마도 진리가 이 모든 기하학에 따라 다르다는 것이었다. 그리하여 새로운 기하학의 창조 때문에 사람들은 모든 수학적 공리에 대해서도 '만일'이 있을 수 있다는 사실을 인정하지 않을 수 없게 되었다. 만일 유클리드 기하학의 공리들이 물리적 세계에 대한 진리라면, 그 정리들도 그러하다. 그러나 불행하게도 우리는 선험적 근거에 기반하여 유클리드의 공리들이, 또는 어떤 다른 기하학의 공리들도 진리라는 것을 결정할 수 없다.

비유클리드 기하학이 창조되면서 수학은 진리들의 집합으로서의 지위를 박탈당하였고, 인간은 자신이 가장 신뢰하였던 진리와, 언젠가는 사물에 대한 확신을 얻을 수 있으리라는 희망을 또한 빼앗기게 되었다. 1800년 이전의 모든 시대는 절대적 진리가 존재한다고 믿었다. 사람들은 그 원천을 선택하는 데에서 달랐을 뿐이었다. 아리스토텔레스, 교회의 신부들, 성경, 철학, 그리고 과학은 모두 객관적이고 영원한 진리의 심판자로 자신의 전성기를 누렸다. 18세기에는 인간 이성만이 추앙을 받았다. 그 까닭은 이성이 수학 속에 그리고 과학의 수학적 영역 속에 만들어놓은 것 때문이었다. 수학적 진리를 가지고 있다는 것은 더 많은 것을 얻을 수 있다는 희망을 주는 것이었기 때문에 특히 위로가 되었다. 그러나 그 희망은 날아가버렸다. 유클리드 기하학의 지배가 끝나면서 모든 절대적 진리 기준의 지배도 함께 끝나버렸다. 철학자는 여전히 심오한 사고에 대한 확신을 주장한다. 예술가는 그의 전문적 기술이 드러내보이는 통찰력의 타당성을 열정적으로 주장할 수 있다. 종교학자는 가장 거대한 성당이라도 성스러운 영감의 메아리로 채울 수 있으며, 낭만적인 시인은 우리의 지성을 달래서 잠에 취한 마비 상태로 만들어 자신의 아름다운 글을 무비판적으로 받아들이게 만들 수 있다. 아마도 이들이 모든 진리의 원천일 것이다. 아마도 다른 것들도 있을 것이다. 그러나 비유클리드 기하학의 교훈을 파악한 이성적 인간은 적어도 덫을 경계해야 하며, 만일 어떤 진리를 받아들인다고 하더라도, 그는 시험적으로 그 진리를 받아들이는 것일 뿐, 어떤 순간이든 환상이 깨질 것이라고 예상한다. 그러나 역설적으로 새로운 기하학은 인간이 진리를 얻을 수 있는 능력에 이의를 제기하였음에도 불구하고 인간 정신의 힘을 가장 잘 보여준 사례가 되었다. 이러한 기하학들을 만들어내기 위해서 정신은 습관과 직관 그리고 감각과 지각을 무시하고 극복해야 하기 때문이다.

진리가 신성함을 잃게 되면서 이제 수학 그 자체의 본질에 관한 오랜 의문이 해결되는 것 같다. 수학은 산과 바다가 그렇듯이 인간과 독립적으로 존재하는가, 아니면 완전히 인간의 창조물인가? 다시 말하여 수학자들은 수세기 동안 어둠 속에 숨겨져 있었던 다이아몬드를 파내려고 애쓰고 있는 것인가, 아니면 인조석을 제조하고 있는 것인가? 19세기 후반만 하더라도 비유클리드 기하학을 두고서, 유명한 헤르츠(Heinrich Rudolf Hertz)는 다음과 같이 말할 수 있었다. "이들 수학적 공식은 독립적으로 존재하며 우리보다 더 지혜롭고, 그것을 발견한 사람들보다 더 지혜로운 자신만의 지능을 소유하여 우리가 무언가를 덧붙여 만들어냈다기보다는 그것 자체가 더 많은 무언가를 만들어내고 있다는 느낌을 결코 벗어날 수 없을 것이다." 이렇게 생각하는 사람들이 여전히 존재하지만, 수학은 이제 인간과 독립적으로 존재하는 세계의 영원한 실체라기보다는 실수할 수도 있는 인간 정신의 산물이라고 보아야 할 것이다. 수학은 객관적 실재라는 근본에 근거한 강철 구조가 아니라, 공중에 떠돌아다니는 거미집과 같은 것이다.

비유클리드 기하학이 창조되면서 그것이 수학을 진리의 기초 위에서 무례하게 밀어낸 것이라면, 한편으로 그것은 수학이 자유로이 방황하도록 풀어준 것이기도 하다. 로바체프스키와 리만, 볼리아이의 연구는 사실상 수학자들을 자신이 원하는 곳으로 마음대로 방황할 수 있는 백지 위임장을 준 것이었다. 비유클리드 기하학은 사실 논리적 정밀함을 추구하기 위한 관심과 흥미에서 원래 탐구된 것이었던 것인데, 이후 비견할 수 없을 정도의 중요성을 가진 것으로 입증되었다. 그렇기 때문에 이제 수학자들은, 그 탐구가 흥미로운 것이기만 하다면, 어떤 질문이든 어떤 공리든 가능성을 탐구할 수 있게 되었다고 생각하게 되었다. 물리적 세계에 적용하는 일이나 수학적 탐구를 위한 주도적 동기 등은 이후에 자연스럽게 따라올 것이다. 수학의 역사에서 이 단계에 이르러 수학은 자신의 발에 묻은 진흙더미를 닦아내고, 과학과 결별하게 된다. 마치 과학이 철학과, 철학이 종교와, 종교가 애니미즘과 마술로부터 결별하였던 것처럼 말이다. 이제 칸토어에게 '수학의 본질은 자유다' 라고 말해도 괜찮을 것이다.

1830년 이전에 수학의 지위는, 자신의 예술에 대한 순수한 사랑을 추동력으로 갖고 있기는 하지만, 어쩔 수 없이 잡지 커버 그림을 그릴 수밖에 없는 예술가의 지위와 비교될 수 있을 것이다. 그러한 제약으로부터 벗어남으로써 예술가는 마음껏 자신의 상상력을 활용하여 기념할 만한 작품을 만들어낼 수 있게 될 것이다. 비유클리드 기하학이 바로 이러한 해방적 효과를 가져왔던 것이다. 19세기 중반 이후로 수학자들의 연구에서 미학적 성질이 점차 강조된 것뿐 아니라, 수학적 활동이 엄청나게 확장되었다는 것은 새로운 기하학의 영향력 때문이라 할 수 있다.

사상사에서 누구도 따라오지 못할 중요성을 가진 비유클리드 기하학의 탄생은 '쓸모 없는' 논리적 문제에 빠져 있던 2천 년의 절정이었다. 그리하여 수학은 공리주의적 목적을 가지지 않은, 추상적이고 논리적 사고가 가진 지혜를 보여준 또 한 가지 사례를 제시한 셈이다. 또한 코페르니쿠스가 지동설에서 그러했던 것처럼, 정신이 만들어낼 무언가를 위하여 감각적 증거를 때로는 거부할 수 있는 지혜를 가져야 한다는 것을 드러내주는 또 한 사례이기도 하다.

27 상대성 이론

광포한 매서시스만 홀로 풀려나,
너무 날뛰어서 단순히 물질적 사슬로는 묶어둘 수가 없고,
이제는 순수한 공간까지 올라가 마음이 팔린 채 바라보다가,
원을 한 바퀴 돌더니 그제야 그것이 사각형인 줄 안다.
−알렉산더 포프

"친구를 조심하라, 적들은 알아서 제 갈 길을 가니까"라는 오랜 격언이 있다. 과학 분야에서는 다음과 같은 격언이 있다. "자명한 것을 의심하라, 어쨌든 분명하지 않은 진리들은 너를 피해갈 것이다." 자명한 것을 의심하고자 하는 사람은 대담해야 한다. 왜냐하면, 사람들은 항상 도전을 미친 짓으로 생각하기 때문이다. 천재들은 그러한 대담함을 종종 드러내보이는데, 바로 그 때문에 천재들은 보통 사람들이 즐겨 사용하는 단어인 광기와 유사하게 보인다.

그러나 천재의 대담함은 요점 없는 허장성세가 아니다. 그것은 수학적, 과학적 영역에서 탐구하고 있는 현상을 논리적으로 일관되게 설명하려는 목표를 가지고 있다. 그와 같은 설명에 대한 열정은 과학자의 특징으로, 식별 능력과 추론 과정을 추적하는 용기는 그의 천재성을 검증하는 시험무대이다.

근대에 들어서면서 상대성 원리의 창시자인 한 인물이 그러한 위대성의 징후를 너무나도 걸출하게 보여주었다. 너무나 겸손하여 드러내지 않았을 뿐, 너무나 천재적이었던 아인슈타인(Albert Einstein, 1879~

1955)은 분명한 것을 공격하여 거의 모든 과학적 · 철학적 사고에 혁명을 불러일으켰다. 그 공격은 자연 과학의 가장 올바른 가정과 개념이라고 생각하였던 것들에 대항하는 것이었다.

27-1. 아인슈타인

그 가정들 중에서 사람들이 가장 굳게 믿고 있던 것은 공간과 그 공간에 존재하는 도형들이 유클리드 기하학의 정리를 따른다는 것이었다. 물론 아인슈타인의 공격이 시작했을 때에는 이미 비유클리드 기하학이 약 75년간이나 존재하고 있었던 때였다. 또한 물리적 공간이 유클리드적 성격을 가지고 있는지 보장할 수 없다는 것도 이미 인정되었던 때였다. 그럼에도 불구하고 과학 연구를 위한 기하학은 유클리드 기하학이어야 한다는 사실에 추호도 의심을 하는 사람은 아무도 없었다. 물리적 공간이 유클리드의 기하학적 공간이라는 믿음을 통해, 과학자들은 공간도 동질적이라는 믿음을 가지게 되었다. 다시 말하여 지구상의 공간, 지구 주변의 공간, 그리고 가장 멀리 떨어진 별들의 영역에서의 공간도 동일한 기하학적 성질을 가지고 있다고 믿었던 것이다.

19세기 물리학도 어떤 형이상학적 가정에 기초하는데, 이는 뉴턴이 도입하고 이후의 과학자들도 흔쾌히 받아들인 가정이었다. 물리적 과정의 가장 근본인 길이의 측정을 살펴보면서, 이들 가정의 성격과 역할을 이해해보도록 하자. 가령, 한 승객이 움직이는 배 갑판 위에서 이쪽에서 저쪽으로 걷고 있다고 해보자. 그의 처음 위치와 이동 후 위치 사이의 거리는 얼마인가? 질문에 대한 답은 쉽다. 승객은 자를 놓아서 거리를 결정하면 된다. 이제 배가 움직이는 같은 방향으로 움직이는 이 사람의 처음 위치와 이동 후의 위치 사이의 거리를 근처에 정박한 배

위의 제삼자가 측정한다고 생각해보자. 그가 측정한 거리는 승객 자신이 측정한 거리보다 더 멀다는 것을 알게 될 것이다. 움직이는 배가 승객을 좀더 멀리 데려갔기 때문이다.

물론, 여기에 극복할 수 없는 어려움이 있는 것은 아니다. 승객은 배 위를 전체로 하여 거리를 측정한 것이다. 그리고 정지한 배 위의 관찰자는 바다를 전체로 하여 거리를 측정한 것이다. 만일 둘 중 어느 누구라도 움직이는 배의 운동을 고려한다면, 이를 쉽게 수정할 수 있고, 또 이 두 관찰자는 그 결과에 동의할 것이다. 그러나 어쨌든 간에 사람마다 거리의 측정이 달라진다는 사실을 인정해야 할 것이다. 만일 누가 그 거리를 측정하였는지를 구체적으로 말하지 않는다면, 처음 위치와 마지막 위치 사이의 거리를 말한다는 것은 의미 없는 일이 된다.

가장 중요한 과학 법칙들은 속도, 가속도, 그리고 힘을 결정할 때에 그렇듯이 직간접적으로 거리와 관련을 맺고 있다. 그러므로 과학 법칙은 명백히 그 법칙을 만들 때 사용한 그 측정을 누가 했느냐에 따라 달라진다. 그러나 이는 과학 법칙을 일반적으로 이해한 것은 아니었다. 뉴턴은 감각을 통해서 절대적인 공간과 절대적인 시간이 존재하고 있음을 확신할 수 있다고 믿었다. 그러므로 이들 법칙이 지구라는 움직이는 배 위의 관찰자에 의존하고 있고, 우리는 이 법칙들의 공식화에 만족해야 하지만, 절대적인 법칙이 있다고 뉴턴은 가정하였다.

그 절대적 법칙을 초인간적 관찰자인 신은 알고 있다고 믿었다. 신의 공간과 시간 측정은 절대적이기 때문이다. 그리고 이 보편적 수학·과학 법칙을 이상적으로 공식화한 것은 신이 자신의 절대적인 측정을 통하여 얻은 법칙이 된다. 인간이 자신의 법칙을 진정한 진리의 형태로 번역하기 위해서는 고정된 관찰자인 신을 기준으로 지구의 운동을 이해해야만 하다. 이제 뉴턴의 과학적 사고가 궁극적으로 신, 절대적 공간, 절대적 시간, 절대적 법칙과 관련된 형이상학적 가정에 근거하고 있다는 것을 우리는 이해하게 되었다.

19세기 후반의 과학적 사고에서 가장 굳건히 자리를 잡은 가정 중의 하나는 만유인력이 존재한다는 것이었다. 뉴턴의 제1운동법칙에 따르면, 정지해 있는 물체는 계속하여 정지해 있으며, 움직이는 물체는 어떤 힘을 가하지 않으면, 직선을 따라 계속 동일한 운동을 하게 된다. 그러므로 만일 만유인력이 없다면, 손에 공을 쥐고 있다가 그냥 놓을 때 공중에 떠 있게 될 것이다. 이와 마찬가지로, 만유인력이 없다면, 행성들은 직선 경로를 따라 공간을 총알같이 가로질러 가버릴 것이다. 우주는 마치 만유인력이 있는 듯 움직이는 것이다.

동일한 양적 법칙이 만유인력의 작용이 가하는 모든 지구적 · 천체적 영향을 포괄한다는 것을 뉴턴이 보여준 것은 사실이지만, 만유인력이라는 힘의 물리적 본질은 결코 이해하지 못하였다. 어떻게 태양은 지구로부터 93,000,000마일 떨어져 있으면서 지구를 끌어당기는가, 그리고 어떻게 지구는 그 표면 근처에 있는 다양한 물체를 끌어당기는가? 물론 이 질문에 아무런 답을 하지 못하였다. 그러나 물리학자들은 전혀 동요하지 않았다. 만유인력은 수많은 이의 제기에도 불구하고 만족할 만한 유용한 개념이었기 때문이다. 아닌 게 아니라 1880년경에 제기된 다른 긴급한 문제와 어려움만 없었더라면, 만유인력이라는 주제에 대한 물리학자들의 자족감은 아직껏 심각하게 흔들리지 않았을 것이다.

만유인력을 도입하면서 제기된 또 다른 문제도 역시 조용히 옆으로 제쳐둔 상태였다. 14장에서 우리는 모든 물체가 질량과 무게라는 두 가지 명백히 구분되는 특질을 가지고 있다고 지적한 바 있다. 질량은 한 물체가 속도나 운동 방향이 변할 때에 드러내는 저항을 말한다. 반면, 무게는 지구가 한 물체를 끌어당기는 힘이다. 한 물체의 질량은 동일하다. 그러나 무게는 그 물체가 지구 중심으로부터 얼마나 떨어져 있는가에 따라 달라진다. 물질의 이러한 두 가지 특질이 구분되지만, 모든 물체들의 질량에 대한 무게의 비율은 특정 장소마다 동일하다. 이 사실은 밀의 생산량에 대한 석탄의 생산력의 비율이 매해 정확하게 동일하다고 했을 때만큼이나 놀라운 것이다. 석탄과 밀의 생산이 실질적으로 이러한 관계에 있다면, 우리는 그 나라의 경제구조 속에서 이를 설명하고자 할 것이다. 마찬가지로 질량에 대한 무게의 비율이 동일하다는 것을 설명하는 일도 필요한 것이다. 그러나 아인슈타인 이전까지는 아무런 설명도 할 수 없었다.

아인슈타인의 연구를 살펴보기에 앞서 한 가지 물리학적 가정을 더 언급해야겠다. 빛의 성질을 설명하려는 시도는 그리스 시대까지 거슬러 올라간다. 17세기 이래로 가장 흔하게 받아들여지던 빛에 대한 관점은 빛의 성질이 소리와 같은 파동 운동으로 간주하는 것이었다. 그런데 파동을 운반할 매체가 없으면 파동 운동을 생각하는 것조차 불가능하기 때문에 과학자들은 빛이라는 파동을 운반하는 매체가 틀림없이 존재한다고 추론하였다. 그러나 저 먼 별에서 오는 빛이 통과하는 공간은 진공이며, 따라서 그 파동을 운반할 물리적 실체를 가질 수 없다. 그러므로 과학자들은 새로운 '물질', 에테르의 존재를 가정할 수밖에 없었다. 에테르는 볼 수도 맛볼 수도 없고, 냄새도, 무게도, 만져볼 수도 없는 물질이었다. 더욱이 우리에게는 중요하지 않은 이유이지만, 에테르는 지구를 비롯한 다른 천체가 움직이고 있는 모든 우주에 항상 존재하는 고정된 매체이어야 했다. 빛 파동을 운반하는 에테르를 도입함으로써 과학자들은 약을 먹은 듯, 지난 200년 동안 지속된 깊은 잠 속으로 빠져들었다. 그러나 1880년쯤 에테르에게 부여해야 했던 특질들이 너무나 모순적이라는 사실에 주목하게 되면서, 물리학자들은 그 존재 자체를 의심하기 시작하였다.

의심스럽고 제대로 이해되지 않은 많은 가정들이 19세기 후반의 물리학 토대가 되었긴 했지만, 어느 시대의 어떤 과학자 집단도 자신들이 우주의 법칙을 발견하였다는 사실을 이보다 더 확신하지는 않았을 것이다. 18세기는 낙관적이었고, 19세기는 극도로 자신감에 차 있었다. 200년 간 부분적으로 성공하면서 과학자들과 철학자들의 머릿속에는 뉴턴의 운동 법칙과 만유인력의 법칙이 사고와 순수 이성의 법칙의 즉각적 결과라는 생각이 박히게 되었다. 뉴턴이 잘 표현한 바와 같이, 만유인력과 에테르라는 개념은 가설이며, 아닌 게 아니라 가설들은 전혀 물리적으로 이해되지 않았음에도 불구하고, 가정이라는 단어 자체가 과학 문헌에는 나타나지 않았던 것이다. 그러나 뉴턴이 이해할 수 없었던 것은 19세기 과학자들도 이해할 수 없었다.

불행하게도 물리학에 대한 철저한 정밀조사가 시작된 것은 1881년 미국의 두 물리학자들이 지구는 정적인 에테르를 통과하여 움직이고 있다는 결론을 실험적으로 점검하기로 결정했을 때였다. 마이컬슨(A.A. Michelson, 1853~1923)과 몰리(E.W. Morley, 1838~1923) 두 사람은 매우 단순한 원리를 기초로 하나의 실험을 고안하였다.

약간만 계산을 해도, 노를 저어 강을 왕복하는 경우 물이 흐르지 않을 때보다 흐를 때 더 오래 걸린다는 것을 알 수 있다. 예를 들어, 어떤 사람이 정지된 물 위에서 시간당 4마일의 속도로 노를 저을 수 있다면, 그는 6시간 동안에 12마일을 왕복할 수 있다고 가정해보자. 그러나 조류가 시간당 2마일의 속도로 흐른다면, 사람이 강을 따라 내려가는 속도는 시간당 4+2마일의 속도가 될 것이며, 거꾸로 올라오는 속도는 4−2마일의 속도가 될 것이다. 그가 총 여행하는 시간은 이 비율에 따르면, 2+6, 즉 8시간이 된다. 여기에 관련된 원리는 조류의 속도와 같이 어떤 동일한 속도로 운동을 도와주면 오히려 운동을 방해하게 되어 그 결과 운동하는 시간이 더 걸린다는 것이다.

마이컬슨과 몰리는 이 원리를 다음과 같은 방식으로 이용하였다. 지구상의 점 A로부터 광선을 지구상의 점 B에 있는 거울로 보낸다. A

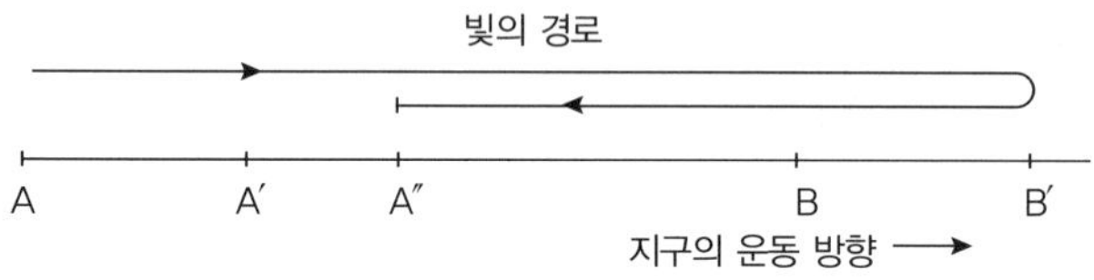

27-2. 마이컬슨-몰리 실험

에서 B로의 방향은 지구가 태양을 도는 운동 방향이다. 광선은 빛이 갔다가 A로 다시 돌아오는 보통의 속도로 에테르를 통과하여 B까지 갈 것이라고 생각하였다. 그러나 지구의 운동 때문에 B에 있는 거울은, 빛이 그리로 향하고 있는 동안에 새로운 위치 B′로 움직인다. 그리하여 지구의 운동은 빛이 거울에 도달하는 것을 지연시킨다. B′에서 빛은 A로 다시 반사된다. 그러나 빛이 B를 향하여 움직이고 있는 동안에 지구는 A를 A′로 옮겨놓는다. 그리고 빛이 돌아오는 동안에 지구는 A′를 A″로 옮겨놓게 된다. 그러므로 지구의 운동은 빛이 B′에서 A″로 가는 것을 도와준다. 그러나 B′에서 A″까지 가는 거리는 A에서 B′까지의 거리보다 짧다. 이렇게 되면, 지구의 운동은 빛이 나가는 방향을 지연시키기보다는 시간이 더 짧게 걸리도록 도움을 주는 셈이 된다. 이 상황에서 지구의 운동은 위 사례에서 강물의 속도가 했던 똑같은 영향력을 가지게 되는 것이다. 그러므로 위에서 언급한 원리에 따라 광선은 에테르 속에 정지해 있는 지구에서 거리 AB를 두 번 이동하는 것보다 A에서 B′, 그리고 다시 A″로 이동하는 데에 더 많은 시간을 필요로 해야 한다. 그러나 간섭계라고 알려진 아주 정교하고 섬세한 검증 장치를 사용했음에도 불구하고, 마이컬슨과 몰리는 시간상의 증가를 탐지할 수가 없었다. 지구가 에테르를 통과하여 운동을 한다는 것은 명백히 일어나고 있는 일이 아니었던 것이다.

물리학자들은 피할 수 없는 딜레마에 처하게 되었다. 빛을 운반하는 데에 필요한 에테르는 지구가 그 속을 통과하여 움직이고 있는 고정된 매체여야 했다. 그러나 이러한 조건은 실험의 결과와 일치하지 않는다. 이론이 실험과 일치하지 못한다는 것은 그냥 무시할 수 없는 일이었다. 그제야 물리학자들은 자신들의 과학에 정밀검사가 필요하다는 것을 깨달았다.

그들은 이미 근본적인 질문을 가지고 있었지만, 아인슈타인이 동시성, 길이, 시간이란 기본적 개념에 문제가 있다고 이의를 제기한 것은 1905년이었다. 아인슈타인은 어떤 조건하에서는 두 현상 혹은 사건이 동시에 발생하는 문제에 대하여 두 관찰자가 일치하기란 이론적으로 불가능하며, 이 때문에 관찰자들은 사건 사이의 거리와 시간에 대해서도 일치할 수 없다고 지적하였다. 이제 왜 이런 불일치가 일어나는지 살펴보자.

가령, 길고 매우 빨리 달리는 기차 중간에 한 사람이 두 개의 불빛을 동시에 보았다고 가정해보자. 불빛 하나는 기차의 앞칸의 한 지점에서 비추는 것이고, 다른 하나는 뒤칸에서 비추는 것이다. 기차의 앞칸과 뒤칸 중간에 트랙을 따라 한 사람이 서 있으면서 또한 두 불빛을 보았지만, 동시에 본 것은 아니라고 하자. 뒤에서 비춘 빛이 그의 눈에 먼저 띈다. 이제 고찰해야 할 질문은 두 불빛은 동시에 방사된 것인가?

두 관찰자들은 그렇지 않다는 것에 동의할 것이다. 지상에 있었던 사람의 입장에서는 그가 정확히 두 불빛 사이에 있었기 때문에 두 광선이 동일한 거리를 지나왔음에 틀림없고, 그에게 도달하는 데에도 동일한 시간이 필요하다. 마찬가지로 기차에 타고 있던 사람은 그를 기준으로 보면, 뒤에서 오는 빛의 속도가 빛의 속도에서 기차의 속도를 뺀 값이 된다고 추론할 것이다. 반면, 그를 기준으로 앞에서 오는 빛의 속도는 빛의 속도에 기차의 속도를 더한 값이 된다. 두 광선이 모두 기차 길이의 반을 지나서 그에게 도달하였고, 뒤에서 오는 빛이 더 많은 시간을 필요로 하므로, 두 빛이 동시에 그에게 도달하기 위해서는 뒤에서 오는 빛이 순서상 먼저 방사되어야 한다. 이 상황에서 잘못된 것은 전혀 없는 것처럼 보인다.

두 관찰자들은 빛의 순서에 대하여 서로 일치하였다. 에테르에 비추어보면, 땅 위에 있는 사람이 에테르의 관점에서 보면 정지해 있는 것이고, 기차 위에 있는 사람은 운동 중에 있는 것이라고 둘 다 가정하였기 때문이다. 그러나 기차 위에 있는 사람이 기차는 에테르에 비추어보아 정지해 있는 것이며, 땅이 기차 뒤쪽으로 움직이고 있는 것이라고 정통적이지 않은 견해를 제시한다고 가정해보자. 이 견해에 따르면, 기차 위에 있는 사람은 동시에 불빛이 방사되었다고 결론짓는 것이 옳을 것이다. 지상 위에 있는 사람은 물론 자신의 이전 위치를 고수할 것이다. 다시 말하여 그와 지구가 에테르에 비추어보아 정지해 있고, 뒤칸에서 불빛이 먼저 방사되었다고 주장하는 것이다. 이제 우리는 누가 에테르의 관점에서 정지해 있는가에 대하여 일치하지 못하면, 두 불빛의 동시성에 대해서도 불일치한다는 것을 알았다. 누가 정지해 있는 것인가?

불행하게도, 기차 위에 있는 사람은, 지상에 있는 사람이 지구가 에테르 속에 정지해 있다고 믿는 것과 마찬가지로, 기차가 에테르에 비추어 정지해 있다는 믿음을 가질 가격이 있다. 왜냐하면, 마이컬슨-몰리 실험이 보여주었듯이, 에테르를 통과하여 어떤 운동이 일어나고 있는지를 탐지할 수 없기 때문이다. 따라서 각각을 기준으로 하였을 때 두 명의 관찰자는 두 사건의 동시성에 대하여 불일치하게 된다는 결론이 나오게 된다.

만일 두 관찰자가 두 사건의 동시성에 대하여 의견이 일치하지 않는다면, 또한 거리의 측정에도 일치하지 않아야 한다. 화성에 있는 한 관찰자와 지구에 있는 한 관찰자가 지구에서 태양까지의 거리를 측정하기로 했다고 가정해보자. 이 거리는 변화하기 때문에 그들은 어떤 특정한 순간에 그것을 측정하기로 하였다. 그러나 두 관찰자가 특정한 순간을 정하기 위해서는, 시계의 울림처럼, 둘 다 사건의 동시성에 의견의 일치를 보아야 한다. 그리고 상대방을 기준으로 움직이고 있는 두 관찰자는 이 사건의 동시성에 의견이 일치하지 않을 것이므로, 그들은 '주어진 순간'에 지구에서 태양까지의 거리를 측정한 다른 값을 얻을 것이다.

상대방을 기준으로 움직이고 있는 두 관찰자는 거리 측정뿐만 아니라 시간의 측정에도 일치할 수가 없다. 그렇지 않다면, 관찰자들은 그 시간의 끝을 표시하는 사건뿐 아니라 그 시간의 시작을 표시하는 사건의 동시성에 대하여 일치해야 할 것이다. 그러나 그들은 일치할 수 없다.

모든 공간이 유클리드적이라는 가정, 절대 길이, 절대 시간, 절대 법칙이 존재한다는 가정, 만유인력이 전 우주에 작용한다는 가정, 고정된 에테르가 존재하며 빛을 운반한다는 가정들은, 이들 가정이 연쇄적으로 불러일으키는 문제만큼이나 그 자체로도 너무나 많고, 중요해서 과학이 쉽게 떠안고 갈 수 없게 되어버렸다. 게다가 동시성, 시간, 길이가 유일한 의미를 갖고 있지 않다는 것을 인정하게 되자, 단순히 잡동사니를 모아서는 그 모든 문제를 해결할 수가 없다는 것이 명백해졌다. 한 나라의 경제적, 사회적 구조가 그 민중들의 기본적 욕구를 해결해주지 못할 때에 정치적 혁명이 일어나듯, 물리 이론에서의 혁명이 어렴풋이 보이기 시작하였다.

1905년, 25세의 나이에 아인슈타인은 물리 이론을 재정립하기 위하여 필요한 일련의 획기적인 전체적 변화의 막을 열었다. 마이컬슨-몰리 실험에 따르면 그는 지구상의 운동이 지구를 기준으로 하였을 때 빛의 속도에 아무런 영향을 주지 못한다는 것을 알게 되었다. 과학이 실험적 사실에 반대할 수가 없었으므로 아인슈타인은, 상대방을 기준으로 관찰자들이 어떻게 움직이고 있는가와 상관없이 우주 속의 모든 관찰자들에게 빛의 속도가 동일하다는 기본 가정을 받아들였다. 그리하여 어떤 점에서는 물리 이론과 실험이 일치하도록 만들었다. 그는 경험적인 시사를 받아서, 어떤 물체도 빛의 속도를 능가하는 속도를 가질 수 없다는 공리를 받아들였다.

아인슈타인은, 뉴턴이 우주의 진리 법칙을 상정하기 위하여 필요로 했던 절대 공간과 절대 시간의 개념을 과감히 버렸다. 상대방을 기준으로 했을 때에 움직이고 있는 두 관찰자들은 공간과 시간을 측정하는 데에 있어서 일치할 수 없다는 사실을 받아들여서, 그는 지역적 거리와 지역적 시간이라는 개념을 도입하였다. 상대방을 기준으로 보았을 때 정지하고 있는 두 관찰자들은 두 사건 사이의 거리와 시간에 대하여 일치하지 않을 것이다. 상대방을 기준으로 보았을 때 움직이고 있는 두 관찰자는 동일한 두 사건 사이의 거리와 시간에 대하여 다른 측정치를 얻을 것이다. 각각의 측정치는 자신의 지역적 길이이며 지역적 시간이다. 다시 말하여, 인간은 다른 공간과 시간 세계에 살고 있는 것이다.

예를 들어, 화성인이 지구상의 두 사건 사이의 거리와 시간을 측정하려고 한다면, 그는 그 측정치가 우리가 측정한 것과 다르다는 것을 알게 될 것이다. 반대로 우리도 화성 위에서 일어난 사건 사이의 거리와 시간을 측정한다면, 화성인들이 얻은 측정치와 다른 값을 얻게 될 것이다.

우리는 서로 다른 관찰자들이 길이를 측정할 때에 얻을 수 있는 차이점을 논의할 때에 광학적 망상이나 거리가 시력에 미치는 영향을 말하고 있는 것이 아니라는 점을 강조해야 하겠다. 만일 화성이 우리가 화성 위의 길이를 측정할 때 바로 옆을 지나간다고 하더라도, 우리는 여전히 이들 길이가 화성인들이 측정한 값과는 다르다는 것을 알게 될 것이다. 또한 시간의 불일치를 말할 때에도 심리적이거나 감정적인 영향에 대하여 말하고 있는 것이 아니다. 지역 시간 이론은 상대방을 기준으로 보았을 때에 움직이고 있으며 동일한 시계를 가지고 있는 두 관찰자들이 다른 시간의 세계에 살고 있기 때문에 시간을 다르게 기록하리라고 말하고 있는 것이다.

수치로 예를 들어보자. 지구상의 한 관찰자는 지구를 기준으로 하여 초당 161,000마일의 속도로 움직이고 있는 로켓선이 그 크기가 반밖에 되지 않는다는 것을 알게 될 것이다. 마치 배 위에 있는 사람이 로켓선의 크기가 반밖에 되지 않는다고 생각하는 것처럼 말이다. 또한 그런 로켓 위의 시계는 지구상의 관찰자에게는 '속도가 반' 밖에 되지 않을 것이다. 로켓을 타고 있는 사람에게도 지구상의 시계가 그러하듯 말이다. 로켓 속의 관찰자는 지구상의 물체와 사건의 크기와 시간에 대하여 같은 결론을 내리게 될 것이다. 그리고 두 측정치 모두가 각각 자신의 시간과 공간 세계에서는 옳은 것이다.

지역적 길이와 지역적 시간이라는 원리에서 우리는 상대성 이론이라는 놀랄 만큼 새로운 주장 중의 하나를 얻은 셈이다. 어느 방의 길이와 우리가 일한 시간의 길이는 양적으로 고정되어 있지 않다. 우리가 측정한 것과, 우리를 기준으로 움직이는 관찰자가 측정한 것은 서로 별개이다. 이상하게 보이긴 하지만, 위에서 검토한 바와 같이 뉴턴의 절대 운동을 가정하는 것보다는 이 아이디어가 동시성에 대한 실험과 추론에 있어서 훨씬 더 잘 들어맞는다는 사실을 간과해서는 안 된다. 아닌 게 아니라, 잘 맞지 않는다면, 과학자들은 절대적이든 상대적이든 한순간도 그 이론을 주장하지 않을 것이다.

절대적 공간과 시간을 폐기하면서, 아인슈타인은 우주의 수학 법칙을 구성하는 일을 새로이 개념화해야 했다. 그는 관찰자와 독립적인 법칙이라는 의미에서의 절대적 법칙이란 존재하지 않는다고 결론지었다. 법칙은 특정한 관찰자의 측정에 비추어 형성되어야 한다. 만일 어떤 관찰자가 자신이 공간과 시간을 측정한 것에 비추어 하나의 법칙을 공식화하였는데, 다른 관찰자가 측정을 하였다면, 두 관찰자가 측정한 시간과 거리 값을 관계짓는 공식과 그들의 상대적 속도와 연관지어서 이 법칙을 다른 관찰자가 측정한 것에 맞도록 번역할 수는 있다. 그러나 어떤 사태에서든 공식은 관찰자에게서 떼어낼 수 없다.

아인슈타인이 절대 시간과 절대 공간, 절대 법칙을 포기하긴 하였지만, 모든 관찰자들이 동일하게 적용할 수 있는, 공간과 시간 측정값을 나타낼 수 있는 양이 존재하는가라는 질문이 제기되었다. 그리고 이러한 종류 중에서 매우 중요한 양이 발견되었다. 이를 논의하기에 앞서, 먼저 앞장에서 나온 표기법 중 몇 가지를 상기해보자. 2차원 평면상의 점을 나타내는 데 두 개의 좌표, x와 y가 사용된다. 그리고 3차원 공간 속의 점을 나타내는 데에는 x, y, z가 사용된다. 어떤 사건과 관련된 공간과 시간의 측정치를 나타내기 위해서는 네 개의 문자, x, y, z, t를 사용하는 것이 일반적이다. 처음 세 개는 공간상의 위치를 구체화하고 있으며, 네 번째 것은 시간을 나타낸다. 두 점 혹은 두 사건을 논의할 때에는 숫자를 아래에 적어 나타낸다. 즉 x_1, y_1, z_1, t_1은 첫 번째 사건을 나타내며, x_2, y_2, z_2, t_2는 두 번째 사건을 나타낸다.

이제 좌표 기하학의 정리를 생각해보자. 한 평면상에 있는 두 점 (x_1, y_1)과 (x_2, y_2)사이의 거리는 다음과 같이 표현된다.

$$\sqrt{(x_1-x_2)^2+(y_1-y_2)^2} \tag{1}$$

공간 속의 두 점 (x_1, y_1, z_1), (x_2, y_2, z_2) 사이의 거리는 다음과 같이 주어진다.

$$\sqrt{(x_1-x_2)^2+(y_1-y_2)^2+(z_1-z_2)^2} \tag{2}$$

두 사건 (x_1, y_1, z_1, t_1), (x_2, y_2, z_2, t_2)과 관련하여 아인슈타인은 다음과 같은 공식을 발견하였다.

$$\sqrt{(x_1-x_2)^2+(y_1-y_2)^2+(z_1-z_2)^2-186{,}000(t_1-t_2)^2} \qquad (3)$$

이 공식에서 공간은 마일로, 시간은 초로 측정되며 모든 관찰자에게 동일하다고 가정한다. 이 절대적 양은 두 사건 사이의 공간-시간차라고 불린다. 명백히 위의 (1), (2)에 주어진 수량을 나타내는 사건과 유사한 4차원 세계의 수량이라고 할 것이다. 여기서 186,000이라는 숫자는 초당 마일로 표시된 빛의 속도이다.

모든 관찰자에게 동일한 수량, 절대적 양을 찾기 위해서는 명백히 시간과 거리 둘을 관련시키는 하나의 표현이 형성되어야 한다. 그리고 이 표현에서 시간의 측정치는 공간의 측정치와 다름없이 다루어져야 한다. 이제까지 공간과 시간은 항상 다른 종류의 것으로 간주하였다. 공식 (3)에서처럼 공간 측정치와 마찬가지로 시간 값을 다루는 것은, 어떤 절대적 수량을 만들기 위하여 특별히 고안된 인공물인 것처럼 보인다. 그러나 1908년, 러시아의 수학자인 민코프스키(Hermann Minkowski, 1864~1909)는 이와 다른 주장을 하였다. 그는 공간 개념과는 독립적으로 계속 흘러가는 시간이라는 관념에 이제까지 우리가 의존하였던 것은 사실이라고 인정하였다. 그럼에도 불구하고, 자연 속의 사건을 관찰하게 될 때, 우리는 공간과 시간을 동시에 경험한다. 게다가 시간 그 자체는 항상 공간적 수단으로 측정되었다. 예를 들어, 시계 침이 움직인 거리로, 혹은 공간을 지나간 추의 움직임으로, 혹은 해시계에서 그림자가 거쳐간 거리로 시간을 측정했던 것이다. 그리고 공간을 측정하는 수단은 필연적으로 시간과 관련을 맺고 있다. 자와 같이, 거리를 특정하는 가장 간단한 수단을 사용하는 경우에도, 시간은 경과한다. 어떤 측정도 순간적일 수가 없다. 그러므로 사건에 대한 자연스러운 관점은 공간과 시간의 결합에 의한 것이어야 한다. 다시 말하여 민코프스키에 따르면, 이 세계는 4차원 공간-시간 연속체인 것이다.

관찰자가 다르면, 두 사건 간의 시-공간 차를 구성하는 공간 요소와 시간 요소의 측정치도 달라진다는 것은 사실이다. 그러나 이것은 그리 놀랄 일이 아니다. 3차원 공간 자체를 고려해보자. 지구의 다른 두 지역에 있는 두 사람이 같은 3차원 공간을 바라본다고 생각해보자. 한 명은 자신의 공간 경험을 상대방의 수직·수평 방향과는 다른 수직·수평 방향으로 분석한다. 그럼에도 불구하고, 우리는 공간을 수직과 수평의 인위적 결합이라기보다는 3차원적인 전체로 공간을 계속하여 간주한다. 이와 마찬가지로, 관찰자가 다르면 시-공을 분해하는 공간 요소와 시간 요소도 다를 수가 있다. 이렇게 분해하는 것은, 마치 수평과 수직 사이의 구별이 우주 비행선에서 내려서는 사람에게 중요하고 실재적인 것과 마찬가지로, 그것을 분해하는 사람에게도 실재적이며 필연적인 것이 된다. 그러나 그러한 식별을 하는 것은 다름 아닌 인간이다. 자연은 공간과 시간을 함께 제시한다.

아인슈타인은 우주가 4차원 공간-시간 세계라는 민코프스키의 견해를 계속하여 활용하였다. 놀라운 혁신이라고 할 수 있는, 아인슈타인의 상대성 특수 이론이 이 장 맨 처음에 제시하였던 문제 모두를 해결한 것은 아니었다. 중력이 지구 쪽으로 물체를 어떻게 끌어당기고 있으며, 행성이 자신의 경로를 '지키도록' 하는지, 혹은 왜 질량과 무게가 항상 주어진 장소에서 동일한 비율을 가지는지에 대해서는 아직껏 설명되지 못하였다. 그러는 동안, 근대 천문학 기구가 세련되면서, 뉴턴은 시험대에 올라가게 되었다. 이들 도구들은 수성이라는 행성의 실제 위치와 만유인력 법칙이 예측한 위치가 다르다는 것을 보여주었다. 이러한 차이점에 대하여 곰곰이 생각한 끝에 아인슈타인은 그의 상대성 일반 이론을 창조하고 발표하기에 이르렀다. 새로운 이론은 이전 이론의 주요한 아이디어를 보존하고 있기는 하였지만, 그것을 더욱 확장하여 더 많은 것을 달성하게 되었다.

공간과 시간을 4차원 통합체로 여겨야 한다는 아이디어를 그는 다음과 같은 방식으로 자신의 일반 이론에 이용하였다. 이전에 우리는 공식 (3)을 4차원 세계에서의 공간-시간차로 여겨야 한다고 말하였다. 그것은, 각각 2차원과 3차원 세계 속의 두 지점 사이의 거리를 나타내는 공식 (1)과 공식 (2)를 일반화한 것이다. 이제 공식 (1)과 공식 (2)는 유클리드 기하학의 기초로 도출된 것이며, 단지 거리를 표현하는 대수적 표현이 된다. 공식 (3)이 본질적으로 (1)과 (2)의 일반화이므로, 아인슈타인의 초기 이론의 공간-시간도 또한 유클리드적이 된다. (물론 표현을 정확하게 한다면, (3)에서 −라는 기호는 +가 되어야 한다. 그러나 이는 세부적인 것일 뿐이다).

그러나 (3) 대신에 다음과 같은 표현을 사용한다고 가정해보자.

$$\sqrt{2(x_1-x_2)^2+3(y_1-y_2)^2+7(z_1-z_2)^2-100,000(t_1-t_2)^2} \qquad (4)$$

공식 (4)를, 좌표가 공식 (3)에서 나타난 (x_1, y_1, z_1, t_1), (x_2, y_2, z_2, t_2)과 같은 두 사건 사이의 공간-시간차를 수치로 표현한 값으로 받아들인다면, 두 사건간의 차는 물론 (3)과는 다르게 나올 것이다. 2차원과 3차원에서 이와 유사한 절차를 따르게 되면, 유클리드 기하학의 공식 (1)과 (2)로 표현된 다른 두 점 사이의 거리 값이 나오게 된다. 그렇다면, 거리의 값, 혹은 공간-시간 간격의 값을 바꾼 의미는 무엇인가?

거리 공식을 선택함으로써 우리가 유클리드적 세계를 가지게 되느냐 비유클리드적 세계를 가지게 되느냐가 결정된다. 왜 그러한지 살펴보자. 만일 12장에서 논의한 3차원적인 데카르트적 좌표를 뉴욕과 시카고에 대응되는 수학적 지점들을 표현하는 데에 사용한다고 가정해보자. 뉴욕에서 시카고까지의 거리를 계산하는 데에 공식 (2)를 이용하게 되면, 그 공식의 결과, 즉 두 도시간의 직선의 일부인 선분의 길이를 얻게 될 것이다. 예를 들어 다른 공식을 또 사용하게 되면, 뉴욕과 시카고 사이의 지구 표면상의 대원호의 길이를 얻게 될 것이다.

이제 세 개의 도시, 뉴욕과 시카고, 리치몬드를 논의에 포함시켜보자. 이 세 개의 도시는 삼각형의 꼭지점이 된다. 만일 공식 (2)를 이용하여 이 삼각형의 변을 계산한다면, 우리는 직선 선분으로 형성된 삼각형의 세 길이를 얻게 될 것이다. 반면, 세 꼭지점 사이의 대원호에 대한 공식을 사용한다면, 우리는 구 표면상의 대원호로 형성된 삼각형에 의한 길이를 얻게 될 것이다. 다시 말하여, 거리 공식을 선택함으로써 우리는 삼각형을 평면상의 삼각형으로 볼 것인지 구 위의 삼각형으로 볼 것인지를 결정하게 된다. 두 삼각형의 성질은 다르다. 하나는 유클리드 기하학의 삼각형이며 다른 하나는 리만의 비유클리드 기하학의 삼각형이다. 그러므로 거리 공식을 선택함으로써 우리는 물리적 세계를 표현하는 기하학을 결정하는 셈이 된다.

이와 마찬가지로 공간-시간상의 두 사건간의 차를 나타내는 데에 (3) 대신에 공식 (4)를 선택하게 되면, 4차원 수학 세계에서의 기하학적 도형들이 유클리드 기하학의 도형에서 보여주는 성질과는 다른 성질을 가지게 된다. 다시 말하여 우리는 그 시간-공간 속에서 비유클리드 기하학을 정립하게 된 것이다. 새로운 기하학이 앞장에서 논의한 로바체프스키 혹은 리만 기하학이 된다고 말하는 것은 아니다. 다만 유클리드와 다르다는 의미에서 비유클리드 기하학이 되는 것이다.

거리 공식의 선택은 기하학뿐만 아니라 최단 거리를 나타내는 선, 즉 두 점 사이의 최단 거리가 되는 곡선의 모양도 결정한다. 유클리드 기하학에서 최단 거리를 나타내는 선은 직선 선분이다. 리만 기하학에서는 대원의 호가 된다. 로바체프스키와 볼리아이의 기하학에서는 26장의 26-6 그림에서 보여준 것과 같은 곡선 모양이 된다. 이제 아인슈타인이 어떻게 '거리' 공식을 이용하였는지를 살펴보자.

먼저 행성의 위치는 네 개의 좌표를 사용함으로써 구체화된다는 것에 주목해보자. 네 개의 좌표 중 세 개는 공간 속의 위치에 해당하는 것이며, 나머지 하나는 그 위치를 사건이 점유하게 되는 시간을 뜻한다. 연속적인 위치는 4차원 수학적 세계의 곡선상에 놓여 있다. 아인슈타인이, 각 행성의 '경로'가 그 결과로 형성된 기하학에서 최단 거리를 나타내는 선이 되도록 공간-시간차에 대한 공식을 선택했다는 데에 그의 위대함이 있는 것이다.

이 정교한 수학은 무엇을 이루었는가? 만유인력의 법칙이라는 개념은, 행성들이 뉴턴의 제1운동 법칙에 따라 직선으로 움직이는 대신에 타원으로 움직인다는 사실을 설명하기 위하여 도입된 것이다. 만일 뉴턴의 제1운동 법칙을 수정하여, 그 법칙을 힘에 의하여 방해를 받지 않는 물체들은 아인슈타인의 공간-시간에서 최단 거리를 나타내는 선을 따라 운동한다는 것으로 읽는다면, 우리는 이 수정된 제1법칙 속에서, 허구적인 만유인력의 법칙을 도입하지 않고서도, 태양 주위를 도는 행성들의 운동을 설명할 수가 있다.

그러나 만유인력은 지구 주변의 물체를 끌어당기는 현상을 설명하는 데에도 사용되었다. 게다가 나무에서 사과가 떨어질 때에 사과는 행성과 같은 경로를 따르지 않는다. 아인슈타인은 이런 만유인력의 현상을 어떻게 처리할 수 있는가? 그는 여기서도 또한 허구적 힘을 제거하는 데에 공간-시간의 최단 거리를 나타내는 선을 이용한다. 공간-시간차에 대한 공식을 선택하면서 그는 공식 (4)에서 숫자, 2, 3, 7, -100,000을, 질량에 따라 장소마다 달라지는 공간-시간상의 값의 함수로 대체한다. 지구의 질량이 태양의 질량과 다르기 때문에, 지구를 둘러싼 기하학적

'장'의 구조가 태양 주변의 구조와 다르게 된다. 결과적으로 최단 거리를 구현하는 선의 모양은 공간-시간 속의 '장소'마다 달라진다. 다시 말하여, 산맥 속에 있는 산들의 형태 차이가 지구 표면상의 최단 거리를 나타내는 선을 다양하게 만들어내듯이, 공간-시간 간격에 대한 공식 속에 적절한 함수를 선택함으로써, 아인슈타인은 물리적 세계의 질량의 존재가 그 질량 주변의 공간-시간과 최단 거리를 나타내는 선의 성격을 결정하도록 자신의 공간-시간을 만들었던 것이다. 지구 표면 근처의 물체들은 이 지역의 공간-시간의 최단 거리를 나타내는 선을 따르는 것뿐이므로, 그 경로를 설명하는 데에 만유인력 같은 것은 전혀 필요 없게 된다.

이전에는 만유인력의 영향이라고 여겨졌던 것을 공간-시간에 의하여 설명하게 되면서 또 다른 풀리지 않았던 문제가 해결되었다. 그 문제란, 왜 무게와 질량의 비율이 지구상의 물체, 그리고 지구 근처의 물체 모두에 동일한가이다. 물리학적 의미로 해석하면, 이 동일한 비율은 모든 질량이 지구로 떨어지는 가속도가 되며, 뉴턴 기계학에 따라 이는 그 질량을 지구가 만유인력으로 끌어당김으로써 발생하는 것이 된다. 그러므로 질량에 대한 무게의 동일한 비율은 모든 질량이 지구로 떨어질 때에 동일한 공간과 시간 행동을 따른다는 것을 뜻하는 것이 된다. 그런데 이제 아인슈타인이 만유인력 현상을 재공식화함에 따라 이전에는 지구의 인력으로 여겨졌던 것들이 이제는 지구 근처의 공간-시간 모양의 결과가 된다. 자유롭게 하강하는 모든 질량들은 수정된 제1운동 법칙에 따라 공간-시간의 최단 거리를 나타내는 선을 따른다. 다시 말하여 모든 질량들은 지구 근처에서 동일한 시간-공간 행동을 보여야 하며, 실지로도 그러하다는 것이다. 그러므로 상대성 이론은 과학적 개념으로서의 무게를 제거하고, 무게 때문이라고 여겨졌던 결과들을 좀 더 만족스럽게 설명함으로써 질량에 대한 무게의 동일 비율 문제를 해결한다.

이들 업적 중에서 가장 대단한 업적은 아마도 과학자들을 당혹스럽게 하였던 두 가지 해결되지 않았던 다른 문제들을 상대성 이론이 해결한 것일 것이다. 이 문제 중 하나는 수성의 운동과 관련된 것이다. 이 행성은 태양 주위를 순수하게 타원형 경로를 따라 돌지 않는다. 실지로 근일점(近日點), 즉 수성이 태양과 가장 가까워지는 타원형상의 한 지점이 한 번 돌 때마다 달라지는 것이다. 약 백 년 전, 프랑스의 천문학자 리베리에는 이 근일점 운동의 일부가 다른 행성들의 인력 때문에 일어난 것이라는 것을 밝힌 바 있다. 그러나 상대성 이론이 만들어지기 전까지 과학자들은 그 현상을 완전히 설명할 수 없었다. 새로운 이론의 공간-시간 속에서 계산된 수성의 '경로'는 실험적 오차 이내에서 관찰된 운동과 일치한다. 다시 말하여 뉴턴 이론보다 새로운 이론으로 행성의 운동을 더 정확히 계산할 수 있게 된 것이다.

과학자들을 괴롭혔던 두 번째 문제는 빛이 항성에서 지구로 오는 도중에 태양을 통과하면서 빛이 굽어진다는 관찰 사실이었다. 그러한 굽어짐은 빛이 질량을 가지고 있지 않다는 사실만 아니라면, 빛에 대한 태양의 인력으로 설명되었을 것이다. 그러나 수정된 제1운동 법칙에 따라 빛이 태양 주위의 공간-시간 지역에서 최단 거리를 나타내는 선을 따르는 것이라면, 빛이 굽어지는 현상은 설명할 수가 있다. 그리고 직선 경로에서 이탈된 부분도 새로운 이론에 기초하여 계산을 한 것과 일치하게 된다.

상대성 이론이 도입한 이상한 원리들을 살펴보고, 그것의 수학적 세계가 얼마나 복잡한지를 깨닫게 된 많은 사람들은 다음과 같이 말하고 싶어질 것이다. '그냥 에테르, 만유인력, 그리고 단순하고 직관적이며, 감각을 만족시켜주는 뉴턴의 세계 속에 내가 머물도록 내버려두시오. 당신의 복잡한 구성물이 다소 실험과 정밀한 추론에는 잘 맞을지는 몰라도 진지하게 받아들이기에는 너무나 기이한 설명이오.' 라고. 그러나 불행하게도 오늘날을 살고 있는 사람들은 누구도 이러한 선택의 자유를 누리지 못한다. 상대성 이론의 두 가지 예측은 과학에서는 이제 없어서는 안 되는 것이 되어버렸기 때문이다.

첫 번째 예측은 질량의 상대성이다. 어떤 사람이 손에 쥐고 있는 공은 물론 명백한 질량을 가지고 있다. 만일 그 사람이 공을 위로 혹은 앞으로 던지면, 새로운 이론에 따라 그 사람과 관계되어 있는 한에서 공의 질량은 속도에 따라 증가하게 된다. 움직이는 물체의 질량 증가는 속도가 빛의 속도, 즉 초당 186,000마일과 비슷하게 될 때면 엄청나게 된다. 그런 속도는 수백 종의 다양한 라디오 튜브 속에 있는 전자나 많은 유형의 원자 분쇄기 속의 전자와 다른 소립자들에게는 흔한 일이다. 이 모든 장치들을 만들 때에는 질량의 상대적 증가를 고려해야 한다.

20세기 지성인이라면 더 이상 무시할 수 없는 또 다른 예측은 주어진 에너지량이 질량의 양과 물리적으로 동일하다는 것이다. 빛 파동 속의 에너지는 본질적으로 나무 조각과 다른 것이 아니다. 다시 말하여 주어진 질량 속의 에너지는, 빛의 속도(적절한 단위)의 제곱 곱하기 질량과 동일하다고 이제는 정확하게 양적으로 표현되어 알려져 있다. 아인슈타인은 이 공식을 정립했을 뿐 아니라 질량이 에너지로 변하는 물리적 전도를 밝히기 위해서는 물리학자들이 방사능 현상을 연구해야 한다고 제안하였다. 그의 제안은 올바른 것임이 입증되었다. 몇 년 전, 인간은 전자기적 파동의 형태로 물질이 에너지로 변화하는 것을 제어할 수 있게 되었고, 원자 폭탄을 만들게 되었던 것이다.

이 이론이 놀랍도록 극적으로 검증되었음에도 불구하고, 많은 사람들은 그 이론의 4차원적인 비유클리드적 우주가 적합하지 않는다고 생각한다. 아무도 4차원의 비유클리드적 세계를 시각화할 수가 없다. 그러니 과학과 수학이 현재 다루고 있는 개념들을 모두 시각화해야 한다고 주장하는 사람은 아직도 지적 발달에 있어서 암흑기에 놓여 있는 것이다. 수를 도구로 연구하기 시작하면서부터 수학자들은 감각 경험과는 독립적인 대수적 추론을 수행해왔다. 오늘날 그들은 의식적으로, 인간 두뇌에만 존재하며 전혀 시각화할 의도를 가지지 않은 기하학들을 구성하여 적용하곤 한다. 물론 감각 인식과의 모든 관계를 포기한 것은 아니다. 논리적 구조가 과학에 유용한 것이라면, 기하학적·대수적 사고에 의하여 예측된 물리적 세계에 대한 결론이 관찰·실험과 일치해야 한다. 그러나 연쇄적인 각 단계, 심지어 기하학적 추론의 단계들이 모두 감각적으로 의미 있는 것이어야 한다고 주장한다면, 수학과 과학에서 2천 년간의 성과를 모두 빼앗는 셈이 될 것이다.

상대성 이론을 입증하는 사실들을 우리는 더 많이 제시할 수가 있다. 앞 장에서 우리는, 로키 산맥 지대와 같은 산악 지역에서는 지구 표면에 대한 자연 기하학이 비유클리드 기하학이 될 것이라는 것을 알았다. 그런 지역의 표면에서는 직선도 원도 그리고 우리에게 친숙한 어떤 경로들도 존재하지 않는다. 게다가 특정한 두 점 사이의 최단 거리가 되는 곡선이 다른 두 점 사이에서도 최단 거리가 될 수는 없다. 그러므로 기하학의 특성은 최단 거리를 나타내는 선의 성질에 의하여 결정되므로 특정 장소마다 다르게 된다. 이것이 바로 아인슈타인의 일반 이론에서 이루어지는 일이다. 산의 질량 때문에 로키 산맥 지대의 기하학이 장소마다 달라지는 것과 마찬가지로, 상대적인 공간-시간 속에서 기하학의 특성과 최단 거리를 나타내는 선의 모양은 지구나 태양과 같은 질량의 존재에 의하여 영향을 받게 되는 것이다.

새로운 이론에서 우리는 지역적 공간과 지역적 시간 개념, 즉 이제까지 몰랐던 시간과 공간의 상대성을 받아들여야 한다. 상대방을 기준으로 움직이고 있는 관찰자들의 시간 세계가 다르다는 결론을 방어하기 위해서 이 정도는 말할 수 있을 것이다. 소위 시간 경험의 주관적 성격이라는 것을 사람들은 오래 전부터 인정하였다. 우리가 그 주제에 대한 개인적 느낌으로 시간의 연속을 판단한다면, 틀림없이 주어진 동일한 시간 동안 얼마나 많은 시간이 경과했는지에 대하여 서로 일치하지 않게 될 것이다. 그러므로 시계와 같은 인위적인 장치에 의존했을 때에만 관찰자마다 다르게 나타난 시간이 놀라운 것이 된다. 우리는 이제까지 동일한 시계를 사용하는 모든 관찰자들은 동일한 결과를 얻을 것이라고 가정하였다. 그러나 이제 그러한 기준이 되는 장치조차도 관찰자와 독립적으로 시간을 나타낼 수는 없다는 것을 인정해야 할 것이다.

조금만 더 생각해보면, 우리는 아인슈타인의 급진적인 제안을 받아들일 수 있을 것이다. 대부분의 사람들이 미지의 토대 위에 편평한 표면이 놓여 있는 것이 아니라 지구가 둥근 공이라는 사실을 처음 들었을 때에 도저히 믿을 수 없어 했다는 사실을 생각해보자. 공의 다른 면 위에 있는 물체들이 표면에 그대로 붙어 있다는 것을 수학적으로 어떻게 설명해야 그들을 만족시킬 수 있었을까? 게다가 그들의 감각 경험과는 반대로, 지구와 다른 행성들이 엄청난 속도로 태양 주위를 돌고 있으면서 동시에 자전하고 있다는 사실을 알았을 때 사람들의 당혹감을 상상해보라. 코페르니쿠스의 이러한 주장이 지금은 매우 익숙한 것이지만, 16세기의 사람들에게는 우리에게 상대성 이론의 복잡함보다 훨씬 더 충격적인 것이었음에 틀림없다. 사람들이 어떻게 지구상에 붙어 있으며, 지구는 왜 자신의 경로를 벗어나지 않는가에 대한 뉴턴의 설명, 즉 신비로운 만유인력을 통한 설명이 그다지 만족스러운 것은 아니었다. 반면, 아인슈타인은 실질적으로 우리 감각의 증거와 모순되지 않는 방식으로 이러한 신비로운 힘과 다른 가정들의 필요성을 없애버린다.

만일 아인슈타인의 생각을 입증해주는 그 모든 주장에도 불구하고, 그의 생각이 우리에게 어렵게 다가온다고 해도 절망할 필요는 없다. 보통 사람들은 우리 주위를 둘러싸고 있는 자연의 신비로움에 대하여 숙고하는 데에 많은 시간을 보낼 여유가 없기 때문에 공간, 시간, 물질, 만유인력에 대한 새로운 수학적·과학적 아이디어에 언제나 놀라워하고 당황해한다. 그러나 이들 주제에 대하여 올바른 생각을 정립하느라 평생을 바친 철학자들이 경험했을 엄청난 충격과 비교해보면, 그의 당혹스러움은 별것 아니다. 그러니 절망할 필요는 없다.

우리는 수학과 철학이 밀접한 관계에 있다고 말한 바 있으며, 상대성 이론이 근대 철학을 혁명적으로 바꾼 수학적 창조의 가장 우수한 사례임을 알게 되었다.

공간과 시간의 결합, 공간-시간에 대한 물질의 영향을 상대성 이론이 제안되면서 1900년대 초반 철학자들에게 기이하게 보였던 아이디어들이 이제 자연철학 속에 구체화되어 점점 널리 받아들여지게 되었다. 자연은 공간과 시간, 그리고 물질이 혼합되어 있는 하나의 유기체적 전체로서 우리 앞에 모습을 드러낸다. 과거에 인간은 자연을 분석하고, 자신이 매우 중요하다고 생각한 특정한 성질을 선택하였다. 그리고 그것들이 전체의 추상적 측면이라는 사실을 잊어버리고, 그것들을 완전히 구별되는 실체로 여기게 되었다. 이제 인간은 분리되었다고 생각했던 이들 개념을 재결합해야 하나의 일관되고 만족스러운 지식의 종합을 얻을 수 있다는 사실을 알고는 놀라고 있는 것이다.

아리스토텔레스는 먼저 공간, 시간, 물질이 경험을 구성하는 별개의 요소라는 철학적 원리를 만들었다. 이러한 견해를 과학자들은 계속적으로 채택하였고, 뉴턴 또한 이를 사용하였다. 그를 뒤따르는 우리들도 공간과 시간을 우리의 물리적 세계를 구성하는 근본적이며 별개의 요소이며 물질과는 분리된 것이라고 생각하는 데에 너무나 익숙하게 되었다. 그래서 우리는 이러한 자연에 대한 관점이란 것도 결국에는 인간이 만든 것이며, 있을 수 있는 여러 견해 중의 단 하나라는 사실을 더 이상 인식하지 못하게 되었다. 물론, 작고한 화이트헤드(Alfred North Whitehead,

27-3. 화이트헤드

1861~1947) 같은 현대의 철학자들도 이러한 자연에 대한 분석이 쓸모 없다는 것을 주장하지 않는다. 반대로 매우 가치 있으며 심지어 본질적인 것이라고 증명하기도 하였다. 그러나 우리는 그것이 인위적인 것이라는 것을 인식해야 하며, 우리가 인간의 몸을 해부하여 관찰한 몸의 기관들을 생명체 그 자체로 오해해서는 안 되는 것과 마찬가지로 우리의 분석을 자연 그 자체로 오해하지 말아야 한다.

상대성 이론은 과학의 근본적인 철학적 가정 중 하나인, 원인과 결과 관계를 뒤엎어버렸다. 이 관계에 대한 일반적인 개념 아래에서는 어떤 결과의 원인이 반드시 결과에 선행해야 한다. 그러나 새로운 이론에 따르면, 두 사건의 순서는 더 이상 절대적인 것이 아니다. 우리가 동시성 문제를 논의하였을 때, 우리는 두 불빛의 순서가 관찰자에 따라 다르다는 것을 알게 되었다. 만일 두 불빛을 어떤 관찰자들이 보기에 원인과 결과인 사건으로 대체하여 본다면, 그 사건들을 그러한 인과 관계로 보지 않는 다른 관찰자들이 있을 것이다. 왜냐하면, 그들에게 결과라고 불린 사건이 원인 이전에 일어날 수도 있기 때문이다. 개념이 수정되어야 한다는 사실이 명백하다.

자유 의지의 존재는 원인과 결과와 함께 흥하고 망하는 것처럼 보일 것이다. 자유 의지라는 말에는 정신의 자발적인 행위가 연속적으로 신체 행동을 유발한다는 것이 함의되어 있다. 아닌 게 아니라 이 말은 '자유 의지'를 발휘하는 사람에게 사건들의 순서가 될 수도 있다. 그러나 어떤 관찰자들에게는 사건들의 순서가 시간상 역전이 될 수 있다. 그래서 신체의 행동이 사람의 정신을 구성하는 것처럼 보일 수도 있다.

후자의 견해는, 예를 들어 두렵기 때문에 도망가는 것이라기보다는 위험으로부터 도망가기 때문에 두려워한다고 말하는 근대의 감정 이론을 우리에게 상기시킨다. 인간이 자유의지를 가지고 있는가 아닌가 하는 문제를 우리는 분명히 상대성 이론의 견지에서 재고찰해야만 한다.

새로운 이론의 혁명적 교리를 통하여, 우리는 단지 그 사고의 패턴 속에서 함께 자랐기 때문에 그 패턴을 받아들이는 경향을 가지게 된 것은 아닌가에 주의를 기울이게 되었다. 뉴턴은 수백만 수억만 떨어져 있는 태양으로부터 뻗어나와 행성들로 하여금 자신의 궤도를 지키게 하는 만유인력에 비추어 생각하도록 우리에게 가르쳤다. 이 개념은 정확한 예측을 가능하게 했기 때문에 18세기에 환호를 받았다. 우리는 의심 없이 그의 지도를 따르고 있었다. 그러나 2세대 3세대 이후의 젊은이들은 우리의 순진함과 고지식함을 틀림없이 비웃을 것이다.

상대성에 대한 연구를 통하여 관심을 가지게 된 또 다른 정신 과정은 진보에 장애가 되는 것으로, 바로 무의식적으로 가정을 하는 것이다. 예를 들어 우리는 시간, 거리, 동시성이 이 우주 모든 사람들에게 동일하다고 무비판적으로 그럴 듯하게 가정을 해버리는 잘못을 저지른다. 수학자들과 과학자들은 이제 사람들이 인정하고 명시적으로 진술하는 가정들보다는 암묵적으로 이루어진 가정에 더 많은 주의를 기울여야 한다는 것을 깨닫는다.

아마도 이 지점에서 저자는, 독자들이 상대성이론의 주요 아이디어들을 아주 빨리 삼키고 소화했을 뿐 아니라 그것의 철학적 함의 또한 이해했다는, 아무 보장도 없는 사실을 가정하는 잘못을 저질렀을지도 모른다. 그러므로 다시 한번 주요한 사건들은 간단히 검토해보려 한다. 19세기의 물리학은 유클리드 기하학과 절대 길이, 절대 시간, 사건의 절대적 동시성, 뉴턴의 운동 법칙, 만유인력, 그리고 에테르 개념에 기반을 두고 세워졌다. 이들 초석들 각각은 당연한 것으로 받아들여진 물리적 세계에 대한 가정과 관련되어 있었다. 마이컬슨-몰리 실험을 통하여 물리 이론의 불일치가 에테르를 빛 파동의 매개자로 사용한 것과 관련이 있다는 것을 알게 되었다. 그리고 아인슈타인은 절대 길이와 시간, 그리고 동시성도 또한 정당화할 수 없음을 밝혔다. 물리학적 사고의 혁명이 뒤따랐다. 지역적 길이, 지역적 시간, 지역적 사건의 순서라는 관념이 절대적인 것을 대체하였다. 새로운 절대 양에 대한 추구를 진행하면서 그것을 얻으려면 공간과 시간을 결합해야 한다는 깨달음도 얻게 되었다. 그 후 민코프스키는 우리로 하여금, 우주는 자연적으로 4차원적인 공간-시간의 통합체이며, 실용적인 이유라면 때로 필요하긴 하지만, 공간과 시간을 분리하는 것은 비실재적인 것이라는 것을 인정하도록 하였다. 아인슈타인은 이 아이디어를 좀더 발전시켜서 새로운 공간-시간 속의 물체들의 자연적 경로에 비추어 뉴턴의 만유인력의 결과를 설명하는 비유클리드 기하학을 개발하게 되었다.

이러한 발전과 함께 수학·과학사에 폭넓은 추세가 거대한 절정에 이르게 된다. 우리는 앞에서 과학의 수학화에 대하여 언급한 바 있다. 이 방향에서 매우 중요한 발전은 17세기 과학자들이 양적인 관계로 그들의 사고와 절차를 형성하기로 결정하면서 이루어졌다. 이러한 수학으로의 변환이 이루어진 후에야 비로소 운동, 힘, 소리, 빛, 전기라는 현상이 모두 성공적으로 연구되었다. 그 결과 과학의 많은 영역들이 수학의 단순한 확장이 되어버렸다.

이제 과학의 얼마나 많은 부분들이 기하학의 형식으로 수학화되었는지 이해할 수 있을 것이다. 유클리드 시대 이후로 물리적 공간에 대한 법칙은 기하학의 정리와 다르지 않았다. 그리고 히파르코스, 프톨레마이오스, 코페르니쿠스, 그리고 케플러 등은 기하학적 용어로 천체들의 운동을 요약하였다. 갈릴레이는 망원경을 이용해 기하학을 무한한 우주로 확장하여 수백만 개의 천체에 적용하였다. 로바체프스키, 볼리아이, 리만이 다양한 기하학적 세계를 구성하는 방법을 보여주었을 때, 아인슈타인은 우리의 물리적 세계를 4차원의 수학적 세계로 맞추는 데에 그 아이디어를 포착하였다. 그 결과 공간과 함께 만유인력, 시간 그리고 물질이 단지 기하학 구조의 일부가 되어버렸다. 우리는, 인간은 실재를 기하학적 특질로 가장 잘 이해할 수 있다는 고대 그리스인들의 믿음과 물질과 운동이라는 현상을 공간 기하학에 의하여 설명할 수 있다는 데카르트의 르네상스적 교리에 대하여 전면적인 확신을 얻게 된 것이다.

상대성 이론은 우리의 문명과 문화를 결정적으로 형성한, 수학의 20세기 발전 중의 단 하나일 뿐이다. 20세기를 공정히 평가하기 위해서는 그와 관련되어 있으면서도 훨씬 더 영향력 있는 발전인 양자이론을 탐구해야 할 것이다. 상대성 이론은 거대한 거리, 시간, 속도와 관련된 현상을 다루는 데에 아주 유용한 반면, 양자 이론은 과학자들이 원자 내부의 미세한 세계를 다루는 것이 가능하도록 하였다. 그리하여 광대한 우주의 과학과 극미한 영역의 과학이 모두 혁명적으로 완성되었다. 불행하게도 20세기 과학의 과정은, 점점 더 '상식'과, 직관적으로 납득할 수 있는 개념들, 그리고 간단하고도 물리적인 그림과는 멀어져 가고 있다. 과학은 점점 더 복잡한 수학에 의존하게 되었다. 수학적 설명은 원자 폭탄을 설계하고 만들 만큼 충분히 실재적이지만, 그 수학에 대한 물리학적 설명은 불완전하거나 불일치한다. 그러므로 간단히 살펴본다고 해도 양자 현상을 설명하고자 시도하는 일은 불가능하다. 이제 반밖에 지나지 않은 20세기의 주요한 발전 중 두 번째 것을 그저 언급만 하고 지나칠 수밖에 없다는 것이 유감일 뿐이다.

28 방법론이면서 동시에 예술인 수학

근대적 발전을 이룩하면서, 순수 수학이라는 학문은
이제 인간 정신 중에서 가장 독창적인 창조물임을 주장해도 될 듯하다.
–알프레드 노스 화이트헤드

앞 장에서 우리는 순수 수학의 몇 가지 아이디어와, 이들 아이디어가 어떤 시대적 배경에 기원을 두고 있으며, 우리 문화의 여러 분야에 어떤 영향을 미치고 있는지를 살펴보았다. 근대로 접어들면서 수학적 아이디어는 아주 놀라운 속도로 증가하였다. 그에 따라 수학의 영향력도 그 수량과 깊이 그리고 복잡성이라는 측면에서 모두 엄청나게 증가하였다. 우리가 이제까지 살펴본 수학 분야 중 어느 하나를 선택해 아주 면밀히 연구하여 그 흔적을 찾아보면, 오늘날까지도 그 관련성이 계속 이어져 있다는 사실과 그것이 확장되어 있음을 알 수 있을 것이다. 그러나 예술, 과학, 철학, 논리학, 사회과학, 종교, 문학, 그리고 십수 가지의 다른 주요한 인간적 활동과 관심에 수학이 어떤 관계를 맺고 있는지를 포괄적으로 기술하기에는 공간도 시간도 허락지 않는다. 다만 이 책의 주제를 뒷받침하기 위하여, 수학이 근대 문화 형성에 주도적 역할을 수행하였다는 것을 지적하는 것으로 대신했으면 한다.

물론 지금까지 우리는 하나의 주제를 너무 등한시하고 있었다. 수학이란 그 자체만으로도 살아 있고 번성하는 우리 문화의 한 부분이라는 사실이다. 수천 년간 진행된 발전을 통하여 훌륭한 사고 체계를 이룩하였고, 이제 그 본질적인 특징들은 교육받은 사람이라면 모두에게 익숙한 것이 되었다. 그 옛날 그리스인들의 업적만 보더라도 근대 수학의 성격을 다소나마 예상할 수 있긴 하였지만, 그 이후의 세월과 특히 비유클리드 기하학의 탄생은 수학의 역할과 성격을 근본적으로 바꾸어 놓았다. 20세기 수학의 성격을 살펴보면서, 잘못된 것을 바로잡고 이 학문이 왜 커다란 힘을 지니면서 많은 업적을 낳으며 발전하게 되었는지 명백히 알게 될 것이다.

무엇보다 수학은 하나의 방법이다. 그 방법은 수학의 각 분야, 가령 대수, 유클리드 기하학, 또는 비유클리드 기하학에서 구체화된다. 이들 분야들의 공통적인 구조를 살펴보면 이 방법의 두드러진 특징들이 명백히 드러날 것이다.

수학의 어떤 분야 혹은 수학 체계는 그것에 적합한 개념들의 집합을 다룬다. 가령, 유클리드 기하학은 점, 선, 삼각형, 원 기타 등등을 다룬다. 한 체계에 속하는 개념들에 대한 정확한 정의는 정교한 상부구조를 세우기 위한 가장 중요한 토대가 된다. 불행하게도 끝없이 연속되는 정의들로부터 시작하지 않으면, 어떤 용어나 개념도 정의될 수 없다. 물론 무정의 용어들의 의미를 물리적 사례에 의해 암시할 수도 있다. 대수학의 무정의 용어 중에서, 가령 덧셈이라는 것은 두 개의 분리된 소 떼들을 하나로 합쳤을 때 얻을 수 있는 소들의 숫자라고 말함으로써 설명할 수도 있다. 그러나 물리적 설명은 결코 수학의 일부가 아니다. 왜냐하면, 수학이란 논리적으로 독립적이며 자기 충족적이기 때문이다. 물론 어떤 개념은 정의되지 않은 개념을 기초로 정의되기도 한다. 가령 원은 주어진 한 점으로부터 정해진 거리만큼 떨어져 있는 평면상의 모든 점들의 집합으로 정의하는데, 이는 점과 평면, 그리고 거리라는 용어를 사용하여 정의한 것이다.

만일 어떤 용어들이 정의되지 않고, 우리가 습관적으로 이들 용어와 함께 연상하는 물리적 그림이나 과정이 순수수학의 일부가 아니라면, 우리는 그것들에 대한 어떤 사실을 추론에 사용할 수 있을까? 그 답은 공리에서 찾을 수 있다. 정의된 용어든 무정의 용어든 그것들에 대한 이들 주장, 즉 공리를 우리는 아무런 증명 없이 받아들인다. 이는 논의되고 있는 개념들에 대하여 추론해내는 모든 결론의 유일한 근거가 된다.

그러나 어떤 공리를 받아들여야 할지를 우리는 어떻게 알 수 있는가? 특히 공리들이 정의되지 않은 용어와 관련되어 있을 때 어떻게 알 수 있는가? 우리는 혹시 자기 꼬리를 쫓아가는 개와 같은 상태에 놓여 있는 것은 아닌가? 정의되지 않은 용어의 경우에서 알 수 있듯이 우리는 경험으로 그 답을 알 수 있다. 사람들은 물체들의 집합과 물리학적 모양들을 경험했을 때, 그 경험이 이들 공리를 보장해주기 때문에 유클리드 기하학의 공리와 수에 관한 공리를 받아들였던 것이다. 여기서도 또한 물리학적 경험을 수학의 일부로 포함해서는 안 된다고 경고를 해야겠다. 공리가 어디서 왔는가와는 상관없이 그 공리의 진술에서 수학은 시작한다. 경험은 19세기까지 공리의 유일한 원천이었다. 그러나 비유클리드 기하학 연구는 유클리드의 공리와는 다른 평행선 공리를 사용하고자 하는 욕망에서 시작된 것이었다. 이들 경우에 있어서 수학자들은 의도적으로 경험과는 다른 방향으로 가버렸다.

비록 비유클리드 기하학의 공리들이 보통의 인간 경험과는 상반되는 것처럼 보이기는 하지만, 이들도 물리적 세계에 적용되는 정리들을 산출해내었다. 이러한 사실에 비추어보면, 공리들을 선택하는 데에는 상당한 자유가 있는 것처럼 보인다. 그러나 이는 부분적으로만 진리이다. 왜냐하면, 수학의 어떤 분야에서든 공리들은 반드시 서로간에 일관성을 유지해야 하며, 그렇지 않게 되면 혼란만 초래되기 때문이다. 일관성이란 말은 공리들이 절대 서로 모순되어서는 안 된다는 의미일 뿐만 아니라 서로 모순되는 정리들을 산출해서도 안 된다는 뜻이다.

일관성이라는 요구 조건은 최근 들어서 엄청난 중요성을 띠기 시작하였다. 수학자들이 자신들의 공리와 정리들이 절대적 진리라고 여겨오는 동안에는 논리에 실수가 있는 경우가 아니라면, 모순이 일어날 수도 있다는 생각을 꿈에도 가지지 않았다. 수학은 공리에 의해 자연의 진리를 표현하고, 그것으로부터 자연 속에서 쉽게 이해할 수 없는 다른 진리들을 도출하는 것이었기 때문에, 수학 또한 일관되지 않을 수 없었던 것이다. 그러나 비유클리드 기하학이 탄생하면서 수학자들은 이제 스스로의 힘으로 서 있어야 한다는 것을 깨닫게 되었다. 그들은 자연을 기록하는 것이 아니었다. 그들은 단지 해석을 할 뿐이었다. 그리고 어떤 해석도 틀릴 수 있으며, 일관되지 못할 수도 있다. 일관성이란 문제는, 칸토어 이후에 연쇄적으로 나타난 발견 그리고 근본 개념과 관련된 역설들이 발견되면서 한층 강조되었다.

공리들의 집합을 직접 검토하여 그것 중의 어느 하나라도 서로 모순되지 않는다는 것을 확인할 수 있어야 한다. 그러나 어떻게 그 공리들로부터 연역될 수 있는, 수백 가지의 정리 중에서 어느 하나라도 다른 것과 모순되지 않는다는 것을 확신할 수 있겠는가? 이러한 질문에 대하여 답하려면 아주 긴 답을 해야 할 것이다. 우선 현재로서는 완전히 만족스러운 것은 아니라는 것을 고백해야 하겠다. 수학의 최근 연구 대부분은 그 많은 수학 분야들의 일관성을 정립하는 방향으로 이루어지고 있다. 그러나 수학자들은 적어도 지금까지는 실수 체계에 대한 공리와 정리를 이루고 있는 수학적 체계가 일관된다는 것을 입증하려는 노력을 피해왔다. 상황은 극도로 당혹스럽다. 최근 일관성은 수학자들이 섬기던 신이었던 진리를 대체하였다. 그러나 지금 이 신조차도 존재하지 않을 가능성이 있게 된 것이다.

수학 분야의 공리는 서로 일관되어야 할 뿐 아니라 간단해야 한다.

그 이유는 단순하다. 공리는 증거 없이 받아들이는 것이기 때문에 우리는 먼저 우리가 동의하고 있는 것을 정확히 인식하고 있어야 한다. 단순성은 이러한 이해를 보장해준다. 필수적이지는 않지만 수학 체계의 공리들은 서로 독립적인 것이 더 좋다. 다시 말하여 하나의 공리, 혹은 다른 여러 개의 공리들 중에서 하나의 공리를 연역하는 것이 불가능해야 한다는 것이다. 그렇게 연역될 수 있는 공리는 하나의 정리라고 보는 것이 더 좋다. 왜냐하면, 증명 없이 받아들여야 할 진술은 될 수 있으면 적은 개수로 축소해야 하기 때문이다. 마지막으로 수학 체계의 공리는 생산적이어야 한다. 즉, 잘 선택된 씨앗처럼 귀중한 수확물을 산출해야 한다. 수학적 활동의 한 가지 목적은 공리 속에 함의되어 있는 새로운 지식과 통찰을 얻는 것이기 때문이다. 수백 가지의 정리를 만들어내는 간단한 공리 체계를 선택하였기 때문에 수학에 대한 유클리드의 기여는 매우 귀중한 것이다.

모든 필연적이며 바람직한 조건을 갖춘 공리 체계를 선택하였다고 하였을 때, 수학자들은 어떤 정리를 증명해야 하는지를 어떻게 아는가? 그리고 어떻게 그것을 증명해 나가는가? 차례로 이 질문을 살펴보도록 하자.

정리들의 원천은 많다. 그 많은 원천 중에서도 경험은 가장 비옥한 것이다. 물리적으로 실재하는 삼각형을 경험하게 되면, 수학적 삼각형에 대하여 있을 법한 많은 결론이 떠오른다. 그러고 나서 공리들로부터 연역을 하여 이들 결론을 수학의 정리로 정립하든가 아니면 폐기하든가 결정한다. 물론 여기서 경험이라는 말은 넓은 의미로 이해해야 한다. 간혹 무심한 관찰 속에 있을 수 있는 정리들이 떠오르기도 한다. 실험실과 관측소 속에서 발생하는 과학적 문제와 평평한 표면 위에서 깊이를 묘사해야 하는 그런 예술적 문제가 정밀한 정리를 생각나게 하기도 한다.

대부분 수학은 그 자체 내에서 문제를 생성한다. 수많은 수학의 정리들은 수와 기하학적 도형에 대한 관찰을 일반화한 것이다. 가령 어떤 사람이 정수를 가지고 놀다보면, 처음 두 개의 홀수의 합, 즉 1+3이 2의 제곱이 된다는 사실을 알게 된다. 처음 세 개의 홀수의 합, 즉 1+3+5이 3의 제곱이 된다는 것을 알게 된다. 이와 마찬가지로 처음 네 개의 홀수, 다섯 개의 홀수, 6개의 홀수 등등도 그러하다는 것을 알게 된다. 그러므로 간단한 연산을 통해서도 다음과 같은 일반적 진술을 알 수 있게 된다. 처음 n개의 홀수의 합은 n이 양의 정수이면, n의 제곱이 된다. 물론 이 가능한 정리는 위의 연산을 통해서 증명되지 못한다. 아니 그 진술은 그런 연산으로는 증명될 수 없다. 왜냐하면 어떤 사람도 죽을 수밖에 없기 때문에, 모든 n에 해당하는 결론을 정립하는 데에 필요한 연산을 무한대로 할 수 없다. 그러나 그러한 연산이 수학자들에게 무언가 연구할 거리를 제공해주는 것은 사실이다.

일반화가 정리를 암시해주는 원천이 되는 또 다른 사례를 살펴보자. 삼각형은 세 변을 가진 다각형이다. 이제 유클리드 기하학에서 삼각형의 내각의 합은 180도이다. 그렇다면 어떤 다각형이든 그 내각의 합에 대한 일반적인 정리가 있지 않을까 하고 질문하는 것이 당연한 것이 아닌가? 이 질문은 아주 오래된 정리로 대답할 수 있다. 어떤 다각형이든 그 내각의 합은 변의 숫자에서 2를 뺀 후 그것을 180도로 곱하면 얻을 수 있다.

우리는 이미 유클리드 평행선 공리에 포함된 주장을 더 납득 가능한 공리들로부터 연역할 수 있는가라는, 순수하게 논리적인 문제로부터 비유클리드 기하학이 탄생하게 되었다는 것을 알고 있다. 일단 그러한 기하학의 아이디어를 파악하게 되면, 유클리드 기하학에서 주장하였던 정리와 유사한 것을 찾음으로써 수많은 정리를 얻을 수 있다. 예를 들어, 사각형의 내각의 합이 360도라는 정리와 유사한 정리는 무엇

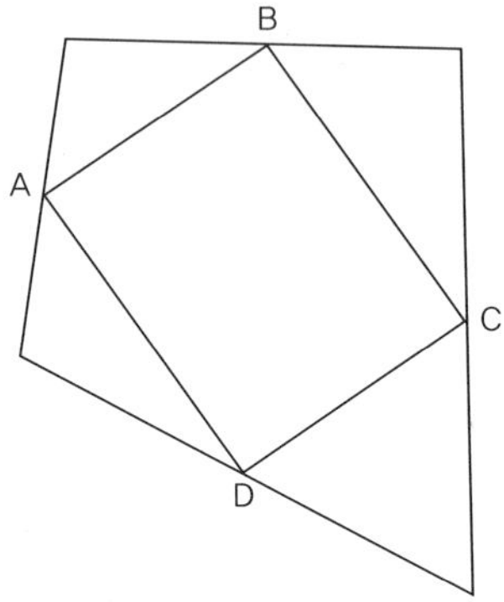

28-1. 임의의 사각형의 네 변의 중점을 연결하면 평행사변형이 만들어진다.

일까와 같은 생각을 해보는 것이다.

수학자들이 정리에 대한 암시를 어떻게 확보하는지에 대한 몇 가지 예를 들어보았지만, 이것이 전부는 아니다. 하나의 정리가 발견될 때까지 작용하는 순수한 우연, 추측, 실수와 같은, 많은 뜻밖의 원천들을 더한다고 하더라도 여전히 만들어낼 수 있는 정리의 가장 귀중한 원천은 아직 언급하지 않았다. 가장 중요한 원천은 바로 상상력과 직관, 그리고 창조적인 천재의 통찰력이다. 대부분의 사람들은, 만일 네 변의 중점을 연결하였을 때, 형성되는 도형이 평행사변형이 됨을 인식하지 못한 채 주어진 사각형을 무심코 바라본다. 그런 지식은 논리의 산물이 아니라 갑작스럽게 반짝인 통찰력의 산물이다.

대수, 연산, 그리고 특히 심화 분석 영역에서, 일류 수학자는 우리가 보통 음악 작곡자에게서 연상할 수 있는 그런 영감에 의존한다. 작곡가는 적절히 발전시켜 꾸미기만 하면 아름다운 음악이 될 하나의 주제, 혹은 어구가 있음을 느낀다. 경험과 음악에 대한 지식의 도움을 받아 그는 그것을 발전시킨다. 이와 마찬가지로 수학자는 공리로부터 따라올 법한 하나의 결론이 있음을 예지한다. 그리고 경험과 지식의 안내를 받아 그는 자신의 생각을 올바른 경로로 이끌어간다. 새로운 정리를 올바르고 만족스럽게 진술하기 전에 한두 가지의 수정이 필요할 수도 있다. 그러나 본질적으로 수학자나 작곡가 모두 성스러운 영감에 의하여 작업을 시작하며, 그 영감을 통하여 돌 하나를 놓기도 전에 이미 최종적인 건축물을 '보고' '알게' 된다.

무엇을 증명해야 하는가를 아는 것은 어떻게 증명해야 하는가를 아는 것과 필연적인 관련을 맺고 있다. 수학자는 어떤 상황 속에서 자신이 알고 있는 모든 사실을 검토함으로써 특정한 정리를 증명하는 것이 가능한가 아닌가를 확신할 수 있다. 그러나 이 정리를 연역적으로 증명하기 전에는 그것을 주장하거나 적용할 수 없다. 정리가 유효하다는 확신과 정리에 대한 증명을 구별해야 한다는 것은 많은 고전적 사례를 통하여 이미 명백해진 것이다. 그리스인들은 직선자와 컴퍼스를 이용하여, 주어진 정육면체의 부피가 두 배되는 정육면체 만들기, 각 삼등분하기, 그리고 사각형과 같은 넓이의 원 만들기라는 그 유명한 세 가지 작도 문제를 제안하였다. 2천 년이라는 기간에 걸쳐서 많은 수학자들이 주어진 조건 아래에서 이러한 구성은 불가능하다고 확신하였다. 그러나 19세기 들어 그것이 불가능하다는 것을 명확히 증명했을 때에야 비로소 수학자들은 그 문제가 해결되었다고 생각하였다.

모든 짝수는 두 소수의 합이라는 진술은, 추측을 통하여 그 진리성이 명백하다고 판단한 훌륭한 사례이다. 소수라는 것은 단지 자기 자신과 1로만 나누어지는 정수라는 것을 상기하자. 그러므로 13은 소수가 되지만 9는 아니다. 이 추측에 따르면 2는 1+1이며, 4는 2+2, 6은 3+3, 8은 3+5, 10은 3+7 등등이 된다. 우리는 짝수를 끝없이 계속하여 시험해볼 수 있으며, 그 추측이 유효하다는 것을 알게 된다. 이러한 추측은 그러나 수학의 정리는 아니다. 이제까지 그에 대한 어떠한 증명도 제시되지 않았다.

정리는 의심할 여지없이 공리로부터 연역적 추론을 통하여 정립되어야 한다. 수학자들은 글자 그대로 수천 년 동안 그런 증명을 얻고자 연구하였다. '수학적 정확성'과 '수학적 정밀함'이라는 어구를 일상적으로 사용할 때에, 우리는 이 가차 없는 확실성에 대한 추구에 경의를 표하는 것이다.

무엇을 증명해야 하는가라는 질문을 해결한 후에도 증명 수단을 찾기 위하여 많은 수학적 작업을 해야 한다는 것은 분명하다. 기하학 연습에서 무엇을 증명해야 하는가에 대한 진술이 주어진 후에 그 일을 경험한 독자들이라면, 이 점은 강조하지 않아도 충분히 알 것이다. 무엇을 증명해야 하는가를 찾을 때와 마찬가지로 증명 방법을 찾기 위해서 수학자는 상상력과 통찰력, 그리고 창의력을 사용해야 한다. 그는 다른 사람이 하지 않는 다른 가능한 공격점을 찾아내야 하고, 해결책을 찾을 때까지 한 가지 문제를 가지고 씨름할 정신적 끈기를 가지고 있어야 한다. 문제에 대하여 씨름을 하는 동안 그의 머릿속에서 무엇이 진행되고 있는지를 우리는 알지 못한다. 어떤 사고 과정이 영감을 주어 키츠가 아름다운 시를 쓰고, 렘브란트의 손과 두뇌가 위대한 정신적 깊이를 보여주는 그림을 그릴 수 있게 되었는지 우리가 알지 못하는 것과 마찬가지로 수학자가 문제에 대하여 씨름을 하고 있는 동안 그의 정신 속에서 무엇이 진행되고 있는지를 우리는 알지 못한다. 우리는 천재를 정의할 수 없다. 단지 수학에서의 창조적 능력은 특별한 수월성을 가진 정신적 능력을 요구한다고 말할 수 있을 뿐이다.

아마도 우리가 페가수스를 너무나 열심히 너무나 높이 몰고온 것 같다. (페가수스는 그리스 신화에 나오는 날개 달린 말. 현대에는 지적 영감의 상징으로 간주된다.—옮긴이) 하나의 정리를 예견하고 그것을 정립하였다면, 수학자는 정말 새로운 무언가를 알게 된 것인가? 그는 그 공리로부터 단지 자신이 공리 속에 포함시킨 것을 도출했을 뿐이다. 모든 결론들은 논리적으로 그 공리 속에 함의되어 있기 때문이다. 수학자들은 공리를 선택하고, 실상 공리가 말하고 있는 것을 정교화한 것과 다름없는 정리들을 연역하느라 수세기를 보낸다. 철학자 비트겐슈타인의 말로 표현하면, 수학이란 단지 장엄한 동어반복인 것이다.

그러나 얼마나 장엄한가! 글자 그대로 수학의 논리적 구조는 동어반복이라고 말하는 것이 옳다. 그러나 이렇게 말하는 것은 밀로의 비너스상이 단지 거대한 소녀일 뿐이라고 말하는 것과 다르지 않다. 수학을 동어반복이라고 표현하는 것은, 공리들을 선택하는 것이 광산 하나를 구매하는 것과 같다고 말하는 것과 같다. 그러나 이러한 표현은 인내심을 가지고 열심히 땅을 파고, 기반암으로부터 귀중한 금속들을 조심스럽게 체로 치는 일, 거기서 얻은 보물의 가치와 아름다움, 그리고 그 성취의 기쁨과 흥분은 빼먹고 있는 것이다.

정리를 예견하고 정립함으로써 수학 한 분야의 구조가 완성된다. 그렇게 되면, 그러한 분야는 정의된 용어와 무정의 용어, 공리, 그리고 이들 공리에 기초하여 증명된 정리로 구성된다. 수학 체계를 이렇게 분석함으로써 수의 수학 구조와 각 기하학의 구조를 표현할 수 있다. 이것이 수학의 본질을 경구화한 것처럼 보인다. 그러나 우리의 학문을 제대로 이해하기 위해서는 좀더 깊이 탐구할 필요가 있다.

모든 수학 체계는 무정의 용어를 포함하고 있다. 가령, 기하학 체계에서 점과 선이라는 단어가 그것이다. 비유클리드 기하학을 논의할 때에 우리는 수학자들이 이들 기하학을 구성할 때에 마음에 두고 있던, 쭉 뻗은 줄과는 상당히 다른 직선이라는 단어에 물리적 의미를 덧붙일 수 있음을 알았다. 무정의 용어를 마음대로 선택할 수 있다는 사실, 그리고 그 용어를 겉보기에 전혀 보증되지 않은 방식으로 해석할 수 있다는 사실은, 지금까지 정의된 명백한 용어보다는 무정의 용어들의 존재가 상당히 중요하다는 것을 암시해준다.

잠시 수학은 잊어버리고 좀 덜 논리적인 외교 분야에 관심을 가져보자. 어느 국제회의에서 한 정치가는 다양한 기능을 수행하는 위원회를 형성해야 하는 어려운 작업에 직면하게 되었다. 그런데 다음 조건에 맞추어 이들 위원회를 형성하는 것이 좋겠다고 생각하였다.

(a) 어떤 두 나라든지 적어도 한 위원회에는 참석해야 한다.
(b) 어떤 두 나라도 둘 이상의 위원회에는 참석해서는 안 된다.
(c) 어떤 두 위원회든지 적어도 한 나라는 공유해야 한다.
(d) 모든 위원회는 적어도 그 속에 세 개의 국가를 두어야 한다.

이 조건들이 자신에게는 괜찮은 것처럼 보일지는 모르겠지만, 그것들이 예상하지 못했던 바람직하지 못한 복잡한 일을 초래할지도 모른다는 생각에 그 정치가는 다소 두려웠다. 그래서 그는 수학자에게 조언을 구하였는데, 그 수학자는 즉시 다음과 같은 몇 가지 결론을 추론해냈다.

(1) 특정하게 결합된 어떤 두 나라도 단 하나의 위원회에만 참석한다.
(2) 어떤 두 위원회도 오직 한 나라만을 공통으로 가진다.
(3) 어느 위원회에도 참석하지 않는 세 국가의 조합은 많을 것이다.

그 수학자가 즉각 위의 결론들을 진술할 수 있었던 것은 사실이다. 왜냐하면, 그는 국가와 위원회에 대한 조건이 점과 직선에 대한 다음과 같은 진술과 정확하게 같다는 사실을 알고 있었기 때문이다.

(a′) 어떤 두 점은 적어도 한 직선 위에 있다.

(b′) 어떤 두 점도 둘 이상의 직선 위에 있지 않다.

(c′) 어떤 두 직선은 적어도 한 점을 공유한다.

(d′) 모든 직선은 적어도 세 점을 포함한다.

두 진술 사이의 유일한 차이점이란, 점과 직선이라는 단어 대신에 국가와 위원회가 사용되었다는 것이다. 그래서 그 수학자는 즉시 (a′)에서 (d′)까지의 조건에서 점과 선에 관하여 연역해낸 정리들을 바로 국가와 위원회로 번역하였다. 왜냐하면, (a′)에서 (d′)까지의 사실만이 그 정리들을 정립하는 데에 사용되었기 때문이다. 그 수학자는 그 수학적 정리 속의 점과 선을 국가와 위원회로 바꾸어 정치가에게 주었다. 점과 선이라는 무정의 용어가 명확한 의미가 없는 것이 오히려 큰 이익이 될 수 있음을 입증한 것이다.

대단히 중요한 한 가지 사실을 명백히 해야 하겠다. 명시적으로 진술된 공리로부터의 연역적인 증명에 있어, 무정의 용어의 의미는 어떤 것이든 관계가 없다. 오늘날 수학자들은 점, 선, 그리고 다른 무정의 용어들과 관련된 공리들이 물리적 의미에 적용되기만 하다면, 그 용어에 어떤 물리적 의미라도 부가할 수 있다는 것을 알고 있다. 만일 공리만 유효하다면, 정리들도 이들 물리적 해석에 적용이 되는 것이다.

수학의 본질을 새롭게 개념화함으로써 수학은 그 모든 의미를 상실한 것처럼 보일 것이다. 명확한 물리적 개념과 불가분하게 관계를 맺고, 우리에게 물리적 세계에 대한 통찰력을 주는 대신, 수학은 이제 '아무것도 의미하지 않는' 텅 빈 단어들의 관계처럼 보인다. 그러나 사실은 정반대이다. 수학은 이전 어느 때보다 의미에 있어서 풍부하고 그 범위도 넓어졌으며, 적용에 있어서도 훨씬 효과적인 학문이 되었다. 수학 체계들의 공리를 만족시키는 것으로 수학적 개념과 결합되어 지금도 여전히 남아 있는 이전의 물리적 의미뿐만 아니라 무제한의 다양한 새로운 의미들이 발견될 수 있다. 그런 새로운 상황에서 이들 체계들의 정리들은 새 의미를 가질 것이며 새롭게 적용될 수 있다.

그러나 순수 수학 자체는 즉각적으로 혹은 기본적으로 무정의 용어에 주어질 수도 있는 구체적인 의미에는 관심이 없다. 오히려 공리와 정의된 개념들로부터 이루어질 수 있는 연역에 관심을 갖는다. 반면, 응용 수학은 순수 수학 개념들의 물리적 의미와 그 정리들을 과학적 연구에 사용하는 데에 관심이 있다. 순수 수학에서 응용 수학으로의 전이는 보통 부지불식간에 이루어진다. 원의 넓이가 πr^2이라는 진술은 순수수학의 정리이다. 둥근 모양의 들판의 넓이가 특정한 물리적 길이의 제곱 곱하기 π라는 진술은 응용 수학의 정리이다.

순수 수학과 응용 수학 사이의 구분을 러셀(Bertrand Russell, 1872~1970)은 다음과 같이 말한다. "순수수학이란 우리가 무엇에 대하여 말하고 있는지도 모르고 우리가 말하고 있는 것이 사실인지도 알지 못하는 학문이다." 언뜻 보면 경솔한 것 같지만 전적으로 타당한 말이다. 물론 많은 사람들은 러셀의 격려와는 상관없이 수학에 대하여 그런 생각을 하고 있었을지도 모른다. 그러나 그 사람들은 그런 생각이 얼마나 맞는지 그리고 그것들을 어떻게 정당화해야 하는지에 대해서는 몰랐을 것이다. 순수 수학은 물리적 의미와 관계가 없기 때문에 수학자들은 자신이 무엇에 대하여 말하고 있는지 알지 못한다. 순수수학자로서 자신들의 정리가 물리적 세계에 대한 타당한 주장인지를 확인하고자 하는 노력을 하지 않기 때문에, 자신이 하고 있는 말이 사실인지 아닌지에 대해서도 알지 못한다. 그런 정리에 대하여 우리는 그것들이 올바른 추론을 통하여 얻어진 것인가 아닌가에 대해서만 질문할 수 있다.

수학 체계의 추상적 성격과, 그 체계의 물리적 의미와의 관계는 그와 비슷한 음악의 상황으로 설명할 수 있을 것이다. 베토벤은 5번 교향곡을 작곡하였다. 그보다 못한 사람들이 그것을 해석하였다. 희망, 절망, 승리, 패배, 운명에 대한 인간의 투쟁, 이 모든 주제들을 베토벤의 창조물 속에서 해석해낼 수 있다. 그러나 수학과 마찬가지로, 음악은 어떤 '응용' 없이도 존재한다.

무정의 용어들에 관한 공리로부터 결론을 연역하는 과정은 순수 수학에만 존재하는 것이라고 우리는 믿고 싶을 것이다. 그러나 잠시만 생각을 돌려보면, 이러한 유형의 추론이 전혀 특별한 것이 아니라는 것을 알게 된다. 변호사의 전형적인 사고 과정을 생각해보자. 변호사들은 그것을 원리나 규칙이라고 부르길 좋아하겠지만, 모든 독립자치주는 경찰권을 가지고 있다는 사실을 공리로 생각할 수가 있다. 미합중국의 주에 대한 정의에 따르면, 뉴욕은 독립자치주이다. 뉴욕 주 내에서 이루어지는 산업들은 순수하게 그 주의 지역적 문제이다. 그러므로 뉴욕은 주 경계선 이내에 자리잡은 모든 산업에 대하여 경찰권을 가진다. 뉴욕에 있는 건물 엘리베이터 운영자의 고용은 법적인 정의에 따르면, 전적으로 뉴욕에서 이루어지는 산업이다. 그러므로 뉴욕 주는 주 내에 있는 건물들의 엘리베이터 운영자들의 고용, 특히 여성 엘리베이터 운영자들의 고용에 대하여 경찰권을 가지고 있다.

개념이나 용어에 대한 공리들을 몇 가지 사용함으로써 변호사는 하나의 결론에 다다른다. 그러나 그 추론 과정에서 경찰권에 대한 아무런 정의도 제시되지 않았고, 사용되지 않았다. 우리의 변호사는 모든 독립자치주는 경찰권을 가진다는 공리만을 이용하였다. 그러므로 경찰권이라는 용어는 수학자들이 점이나 선을 사용하듯 무정의 용어로 사용된 것이다. 게다가 법에 대한 경험이 없는 독자들은 위의 추론에 동의하면서 경찰권이라는 말을 경찰관과 연관지어 생각했을지도 모른다. 그러나 경찰권을 일반적으로 해석하면, 그것은 건강과 일반 복지를 위해 제공되는 권력을 말한다. 법률사적으로 보면, 경찰권에는 여성들에게 최저 임금 결정을 포함되지 않았다. 그래서 우리의 추론을 따라가면, 뉴욕 주는 여성 승강기 운영자들의 최저 임금을 결정할 수 없다는 결론을 내리게 된다. 그러나 나중에 법원은 경찰권에 여성들의 최저 임금 결정이 포함되어 있음을 선포하였다. 이렇게 경찰권을 해석함으로써, 뉴욕주는 뉴욕에 있는 건물의 여성 엘리베이터 운영자의 최저 임금을 결정할 수 있게 되었다. 경찰권이라는 무정의 용어를 우리는 완전히 모순되게 해석할 수 있어, 위의 추론을 통하여 얻은 결론은 어떤 해석에든 적용이 된다.

이 사례에서 우리는 수학자와 마찬가지로 변호사가 무정의 용어들에 관하여 연쇄적으로 연역적 추론을 하고, 자신의 결론에 적용할 준비가 되어 있을 때에만 이들 용어에 구체적인 의미를 부여한다는 것을 알 수 있다. 또한 수학자들이 선과 같은 무정의 용어에, 상황에 따라 다양하고 심지어는 모순되는 의미를 부여하는 것과 마찬가지로, 법정도 경찰권과 같이 정의되지 않은 용어에 때에 따라 모순된 의미를 부여했던 것이다.

수학과 법적 절차 사이의 유사성은 연쇄적인 연역적 추론에 정의되지 않은 용어를 사용하는 것 이상이다. 법의 원리는 공리일 뿐만 아니라 그 원리들은 수학의 공리와 마찬가지로 체계에 속해 있으며, 다른 체계는 모순된 원리를 포함할 수 있다. 예를 들어, 개인이 사기업에 종사할 법적 권리는, 유클리드의 평행선 공리가 유클리드 기하학 체계의 공리인 것과 마찬가지로, 자본주의 정부 체계 내에서의 하나의 원리이다. 파시스트 정부, 민주주의 정부, 공산주의 정부 형태 사이의 차이점은 그 근본 원리의 차이에서 유래한다. 이는 몇 가지 기하학의 서로 다른 정리들이 다른 공리에서 도출되는 것과 같다. 그리고 각 기하학이 각각의 물리적 공간을 다루려고 시도하듯, 각 정치 체계는 그 체계 내의 사회적 질서를 이루려고 노력한다.

법 체계 내의 변호사뿐만 아니라 정당 내의 정치가들도 우리가 이제까지 설명한 수학적 구조를 이용한다. 모든 선거 운동을 하기 전 정치가는 대담하게 논리적으로 변모한다. 각 정당의 주도적 인물들은 정강을 작성하고, 그들 각각의 강령들은 실질적인 의미에서 그 정당의 정치적 교리의 공리가 된다. 이 정강의 진술로부터 미래 입법부에서의 한 정당의 위치를 연역하는 일이 가능해진다. 여기까지는 괜찮다. 문제는 정치가들이 자유, 정의, 아메리카니즘, 민주주의 등과 같은 무정의 용어들을 정강 속에 자기 마음대로 사용하고 있으며, 그것이 자신들의 견해라는 것을 강조하기는커녕 이에 대한 지적도 하지 않고 있다는 사실이다. 말할 필요도 없이 이러한 맥락에서 무정의 용어들을 사용하는 것은 의도적인 것이다.

수학 체계에서 무정의 용어가 가지는 의미를 논의함으로써 우리는 수학적 사고의 추상성을 이해할 수가 있다. 이 추상성은 순수 수학에서 사용하는 무정의 용어로부터 원래 이 용어와 관련을 맺고 있던 구체적인 물리적 대상의 의미를 탈락시킨다는 사실에서 유래한다. 수학적 방법은 또한 다른 의미에서도 추상적이다. 자연이 제공하는 연속적인 경험 중에서 수학은 특정한 측면을 고립시키고 그것에 집중한다. 이것은 탐구하고 있는 현상의 한계를 정한다는 의미에서 추상이다. 예를 들어, 수학적 직선은 탁자의 가장자리나 연필로 그린 직선과 비교해보면, 몇 안 되는 성질만을 가지고 있다. 수학적 직선이 가지고 있는 몇 가지 성질은 공리로 진술된다. 예를 들어, 직선은 두 점으로 결정된다. 그러나 물리적 직선은 이 성질 외에 색도 가지며 심지어 폭과 깊이도 가진다. 게다가 그것은 각각 복잡한 구조를 가진 분자들로 이루어져 있다.

얼핏 보면, 물리적 대상의 몇 가지 성질에만 관심을 집중함으로써 자연을 연구하고자 시도한다는 것이 전혀 효과가 없는 것처럼 보인다. 그러나 수학적 힘의 비밀은 부분적으로 이러한 유형의 추상을 사용하는 데에 있다. 이러한 수단을 이용하여 우리는 부담스럽고 의미 없는 세부적인 것으로부터 마음을 자유롭게 할 수 있으며, 그럼으로써 우리 앞에 물리적 그림 전체를 다 그려둔 채로 사고할 때보다 훨씬 많은 것을 성취할 수 있다. 자연의 특정한 측면을 추상하는 과정의 성공은 각개격파(divide and conquer) 전술에 입각해 있는 것이다.

연구 문제의 한계를 명확히 한다는 이점 이외에도 경험의 몇 가지 측면만을 집중함으로써 얻는 이점은 많다. 실험 과학자들은 물리적 대상을 너무 직접적으로 다루기 때문에 보통 감각을 통하여 인지한 대상에 비추어 사고하는 데에 익숙해 있다. 그는 땅에 묶여 있는 것이다. 수학은 물리적 대상으로부터 개념과 특질들을 추상함으로써 시각, 청각, 그리고 촉각의 감각 세계를 뛰어넘어 사고의 날개를 펴고 날아갈 수 있다. 그리하여 수학은 감각의 영역을 명백히 뛰어넘기 때문에 질적으로 결코 표현할 수 없는, 에너지 덩어리와 같은 '사물'을 '다룰 수 있게' 된다. 예를 들어, 수학은 너무나 광대하여 시각화할 수 없는 우주의 특질을 만유인력으로 '설명'할 수 있다. 이와 마찬가지로, 수학은 물리적으로 형상화해보았자 사변적이며 항상 제대로 표현하지 못할 신비로운 현상들, 가령 전기, 방사선 파동, 빛과 같은 현상을 다룰 수 있고, '알' 수 있다. 수학적 공식인 추상은 이들 현상에 대하여 우리가 알 수 있는 가장 의미 있고 가장 유용한 사실들이다.

물리적 현상을 양적인 측면으로 추상화함으로써, 우리는 예상치 못한 관계들을 알게 되기도 한다. 양적 법칙은 명백히 관련이 없어 보이는 현상간에도 똑같이 적용된다는 것이 입증되기도 하기 때문이다. 맥스웰의 발견이 이 진술의 의미를 가장 잘 보여준다. 그는 전자기 파동과 빛 파동이 동일한 미분등식을 만족시킨다는 사실을 발견하였다. 동시에 빛 파동과 전자기 파동이 동일한 물리적 성질을 소유한다는 것도 암시하였다. 그리고 이 관계는 이후 수천 번이나 확인되었다. 화이트헤드는 다음과 같이 말한다.

> 수학이 극단적인 추상적 사고의 영역으로 높이 올라가면 갈수록, 구체적인 사실을 분석하는 데에 그만큼 더 중요한 의미를 띠고 지상으로 내려온다는 사실보다 더 인상적인 것은 없을 것이다. 극단적인 추상이 구체적인 사실의 사고를 통제하는 진정한 무기가 된다는 역설이 이제야 충분히 확립된 것이다.

역설을 받아들인다 하더라도 여전히 성공적인 업적을 이루기 위해서는 자연 과학이 수학적 추상이라는 대가를 치러야 한다는 사실을 애통해하는 사람은, 물리적 세계의 본질을 과학적으로 드러내고자 할 때에 자신들이 무엇을 찾게 될 것인가를 다시 생각해보아야 한다. 그 질문에 대한 에딩턴(Arthur Eddington, 1882~1944)의 답은, 자연과학이 우리에게 줄 수 있는 것이란 수학적 관계와 구조에 대한 지식밖에 없다는 것이다. 우주에 대한 수학적 기술이 궁극적인 실재라고 진스(James Hopwood Jeans, 1877~1946)는 말한다. 그가 보기에, 우리의 이해에 도움을 주는 그림이나 모델들은 그 실재로부터 한 걸음 떨어져 있는 것이다. 그것들은 '영혼이 새긴 이미지'와 같다. 우리는 위험을 무릅쓰고 수학적 공식을 뛰어넘는다.

28-2. 에딩턴

28-3. 진스

이제까지 우리는 수학을 하나의 공식, 즉 양적 공간적 관계 연구와, 이러한 독창적인 탐구 영역으로부터 발생하는 개념들에 적용하는 하나의 방법으로서 논의하였다. 그러나 수학의 영역은 더 이상 한정지을 수 없는 것이 되었다. 앞서 살펴본 바와 같이, 비유클리드 기하학이 탄생되면서 수학자들은 진리를 산출해야 한다는 부담으로부터 해방되어 자유로이 공리들을 채택하고, 물리적 세계를 이해하거나 지배하는 데에 아무런 쓸모도 없어 보이는 아이디어를 탐구하게 되었다. 그래서 수학자는 스스로에게 자신의 활동에 동기를 부여해주는 것이 무엇이며, 주제를 선택하도록 만든 것이 무엇이냐고 물을 수밖에 없게 되었다. 짜구려 수수께끼나 낱말 맞추기 퍼즐 혹은 심지어 그냥 말장난 등과 비교할 때 수학자의 연구는 어떤 차이가 있는가? 이 질문에 즉시 대답하고 싶은 독자는 너무 성급한 것일지도 모른다. 약 100년 동안 수학자들은 그리스인들이 느끼고 주장하였지만, 그간에 잊혀졌던 것을 인식하게 되었다. 그것은 바로 수학이란 예술이며, 수학적 작품은 미적인 요구를 충족시켜야 한다는 것이다.

틀림없이 많은 사람들은 수학을 예술 속에 포함시키는 행위가 아무런 근거도 없는 것이라고 느낄 것이다. 아마도 가장 강하게 이의를 제기하는 이유는 수학이 어떤 정서적 의미도 지니지 못한다는 생각 때문이다. 물론 이러한 주장에서 수학자들이 어떤 사람들에게 불러일으키는 혐오와 증오의 감정은 제외된다. 또한 이러한 주장은 수학의 창조자들이 그들의 생각을 공식으로 만들고 독창적이면서도 능란한 증명을 수립하는 데 성공하였을 때 그들이 경험하는 기쁨도 과소평가한 것이다. 심지어 기초 수학을 배우는 학생들도 정형화된 연습문제를 증명하는 데 성공하고, 이전에는 모호하고 혼란스러웠던 곳에서 빛과 의미, 질서를 볼 수 있는 능력을 가지게 될 때 기뻐한다.

그럼에도 불구하고, 수학은 일반적으로 음악, 회화, 시보다는 정서에 그다지 호소력을 지니지 못한다는 것이 사실이다. 그리고 사람들은 예술의 기본 기능은 정서를 일으키고 감정을 자극하는 것이라고 논리적으로 주장할 수도 있다. 그러나 이러한 예술 개념에 따르면, 우리의 마음을 사로잡는 극적인 사진이 수많은 위대한 그림들보다 더 예술적이 될 것이다. 추상화와 많은 현대의 조각품은 아마도 무시될 것이며, 건축물과 도자기의 위치에 대해서도 의심하게 될 것이다. 피카소의 정물화, 모네의 작품과 같이, 대기와 빛의 효과에 대한 인상파 화가들의 연구, 쇠라와 세잔의 작품과 입체파 화가들의 '배열' 등도 또한 그 요구 조건을 만족시키지 못할 것이다. 사실 근대 시대의 순수 예술은 회화의 이론적이며 형식적인 측면과 선과 형태의 사용, 그리고 기술적인 문제들을 강조한다. 그런 작품은 정서보다는 지성에 더 호소한다(10-2 참조). 대부분의 르네상스 회화는, 비록 그 구성에 있어서는 지적인 연구가 관련되어 있기는 하지만, 직접적으로 정서에 작용을 가하는 반면, 근대 화가들의 작품은 먼저 '이해되어야' 한다. 예술이 정서를 불러일으켜야 한다는 요구 조건은 오늘날에는 특히 부적당한 것처럼 보인다.

예술은 인간의 창조적 본능을 위한 배출구를 제공해주어야 한다. 수 체계의 발전 과정을 잠시만 돌아보아도 연산 방법의 발전과, 예술, 과학, 철학의 문제로부터 영감을 얻은 새로운 분야의 시작과 확장, 그리고 엄격한 추론 기준의 정련 등 이 모두가 수학자들이 창조를 한다는 점을 잘 보여준다. 어떤 주장들을 정리에 포함시킬 것인가를 결정하고, 그런 정리들을 정립하기 위하여 증명하는 일들은 모두 창조 행위이다. 예술에서와 마찬가지로 최종적인 작품의 세부 사항들은 발견되는 것이 아니라 구성되는 것이다.

물론 창조적 과정은 설계, 조화, 그리고 아름다움을 가진 작품을 만들어내는 일이어야 한다. 이러한 성질들도 또한 수학적 창조 과정에 존재한다. 설계는 질서정연하고 균형 잡힌, 조화로운 구조적 패턴이 존재한다는 것을 함의한다. 많은 수학적 정리들은 바로 그런 설계를 잘 보여준다. 예를 들어, 평면 기하학의 다음 정리들을 살펴보자. 같은 넓이의 모든 n다각형 중에서 정 n다각형, 즉 동일한 변과 동일한 각을 가진 다각형은 둘레의 길이가 최소이다. 지금까지 수학자들은 정다각형은 동일한 넓이와 동일한 변의 수를 가진 어떤 다른 다각형보다 둘레가 작다고 말한다. 그러면 이제, 서로 다른 수의 변을 가졌지만, 동일한 넓이를 가진 정다각형 중에서 가장 둘레의 길이가 작은 것은 어떤 것일까? 그 답은 동일한 넓이를 가진 다각형 중에서 가장 많은 수의 변을 가진 다각형의 둘레의 길이가 최소이다. 물론 우리는 정다각형을 무수히 만들 수 있다. 그러면 주어진 넓이를 가진 것 중에서 어떤 모양이 최소의 둘레를 가지는가? 여기에는 직관적인 설계 감각이 그 답을 시사해준다. 정다각형의 변의 수가 늘어남에 따라 그 도형은 모양이 원에 가까워진다. 원은 최소한의 둘레만을 가진다. 이것이 바로 수학의 정리이다. 그런 정리가 질서와 설계의 본질이다.

설계는 수학에서 그저 우연히 주어지는 것이 아니다. 그것은 어떤 논리적 구조에서든 필연적으로 존재하게 마련이다. 의식적인 설계를 통해서만 유클리드는 처음에 자신이 채택한 몇 개의 공리들로부터 유클리드 기하학의 전체 체계를 발전시킬 수 있었던 것이다.

수학적 창조의 원리로서 설계가 이용되고 있음을 보여주는 훌륭한 사례를 우리는 고차원 기하학의 구성에서 발견할 수가 있다. $x^2+y^2=r^2$은 한 평면상의 원의 공식이며, $x^2+y^2+z^2=r^2$은 3차원 공간 속의 구의 공식이므로, $x^2+y^2+z^2+w^2=r^2$은 4차원 공간에서 가상적 구(hypersphere)의 공식이 된다. 그러므로 2차원, 3차원의 좌표 기하학의 설계가 의도적으로 고차원으로 전이된 것이다.

어떤 예술 창작에서든 부분들의 관계와, 부분과 전체와의 관계는 조화로운 것이어야 한다. 수학적 창조에서의 조화는 논리적 일관성이라는 형태로 나타나며 부분적으로 지적인 것이다. 어떤 수학적 체계의 정리든지 서로 완벽하게 조화로워야 한다. 그러나 이와는 다른 조화도 있다. 유클리드 기하학의 완전한 구조는 수의 수학과 조화를 이룬다. 좌표를 이용하면, 기하학적 개념과 정리들을 대수적으로 해석하는 것이 가능하다. 이와 반대로, 대수적 등식도 기하학적으로 해석할 수 있다. 그러므로 이 두 창조물은 서로 조화를 이룬다.

주요한 수학적 주제는 서로 조화를 이루어왔다. 잠깐 살펴보아도 우리는 이미 네 개의 기하학 분야를 다루었다. 유클리드 기하학, 사영 기하학, 그리고 두 가지의 비유클리드 기하학이 그것이다. 이들 주제를 다룰 때에 그것들은 서로 성질이 다르고, 어떤 경우에는 서로 모순되는 경우도 있었다. 그럼에도 불구하고, 최근의 가장 만족스러운 수학적 기여 중의 하나는 다른 세 가지 기하학의 정리들이 사영 기하학의 특수한 정리들이 성립되도록, 하나의 공리적 기반 위에 사영 기하학을 수립하는 것이 가능함을 보여준 것이다. 다시 말하여, 네 가지 기하학의 내용들이 이제 하나의 조화로운 전체 속에 통합된 것이다.

수학은 또 다른 종류의 조화를 제공한다. 수학이 자연에 부과하거나 혹은 자연 속에서 드러낸 계획은 무질서를 조화로운 질서로 바꾸어 놓는다. 이것이 바로 프톨레마이오스, 코페르니쿠스, 뉴턴, 그리고 아인슈타인의 본질적인 공헌이다.

물론, 하나의 창조가 예술 작품의 모든 형식적인 특성을 갖추는 것은 가능하지만, 여전히 예술 작품의 범주에는 속하지 못할 수도 있다. 근대 음악을 듣고, 근대 회화를 바라본 많은 사람들은 오늘날 만들어지는 예술에 이러한 사실이 적용된다고 주장할 수도 있다. 예술 작품의 궁극적인 검증은 미학적 즐거움 혹은 아름다움에 대한 기여 정도이다. 운좋게도 혹은 불운하게도 이는 주관적인 검증이며, 전문적 취향의 배양에 달려 있다. 그러므로 수학이 아름다움을 지니고 있는가라는 질문은 그 학문을 연구하는 사람들만이 대답할 수 있는 문제이다.

사실 미학적 즐거움의 추구는 항상 수학의 발달에 영향을 미치고 그것을 촉진시켜왔다. 스스로 드러나 있는 여러 가지 주제와 패턴 중에서 수학자는 자신의 의식적인 혹은 무의식적인 미적 감각을 만족시켜주는 것을 선택한다. 고대 시대의 그리스인들은 기하학을 탐구하였다. 그 형식과 논리적 구조가 그들이 보기에 아름다웠기 때문이다. 그들은 자연의 기하학적 관계에 대한 발견을 높이 평가하였는데, 그 까닭은 그러한 발견이 그들로 하여금 자연을 지배하는 데에 도움을 주어서가 아니라, 그것들이 자연의 아름다운 구조를 드러내주기 때문이었다. 코페르니쿠스는 행성 운동에 대한 새로운 견해를 주장하였는데, 그 까닭 역시 자신의 수학적 이론이 미학적 즐거움을 주는 것이었기 때문이다. 그리고 케플러도 또한 이러한 이유로 지동설을 주장하였다. 그는 "나는 내 깊은 영혼으로부터 그것이 진리임을 증언한다. 나는 믿을 수 없을 정도의 황홀한 기쁨으로 그 아름다움을 응시하고 있다"고 말하였다. 코페르니쿠스의 작품에 영감에 얻어, 케플러 자신도 미학적으로 만족스러운 수학 법칙을 추구하느라 거의 모든 생애를 보냈다. 뉴턴 또한 진심으로 자신의 수학적·과학적 연구의 궁극적인 인가는 아름다움이라고 생각하고 있었다. 그는 신이 우주의 조화와 아름다움을 보존하는 데에 관심이 있다고 말한다. 대부분 수학자들의 저작에서 이와 유사한 표현과 견해를 우리는 찾을 수 있다.

28-4. 레일리

아닌 게 아니라 진정한 수학자의 미학적 감각은 부부 관계에서 가장 잔소리가 심한 배우자가 요구하는 것보다도 더 많다. 이미 옳다고 인정된 정리를 새롭게 증명하고자 많은 연구가 이루어지는 데 이는 단지 현존하는 증명이 미학적인 매력이 없기 때문이다. 설득력만 있는 수학적 논증들이 있다. 유명한 수학 물리학자인 레일리(John William

Strult Rayleigh, 1842~1919) 경의 표현을 이용하면, 그것들은 "동의할 것을 명령한다." 그러나 "지성에 구애하고 매혹시키는" 다른 증명들도 있다. "그것들은 기쁨을 불러일으켜 저절로 아멘, 아멘이라고 말하지 않을 수 없도록 만든다." 우아하게 정립된 증명은 쓰인 형식만 제외하면 모든 면에서 하나의 시라 할 수 있다.

감질나게 계속 추구할 수밖에 없도록 하는 수학 문제들을 해결하려고 하는 동안 우리는 끊임없는 도전 속에서도 정신적으로 몰두하고 마음의 평화를 얻을 수 있으며, 활동 속에서도 휴식을, 갈등 없는 투쟁을, "우연적 사건들로 가득 찬 긴급한 일상으로부터의 피난처를" 그리고 오늘날의 만화경 같은 사건들 때문에 시련을 겪은 우리의 감각에, 항상 변함없는 신이 선사하는 그런 종류의 아름다움을 얻게 된다.

수학적 추론의 거리 두기와 객관성이 우리에게 주는 매력을 러셀은 다음과 같이 훌륭하게 표현하고 있다.

> 인간의 열정으로부터, 심지어 자연의 가엾은 현실로부터도 떨어져 나와 수많은 세대들이 조금씩 정돈된 우주를 창조하였다. 순수한 사고는 마치 그곳에서 자신의 원래 집인양 살고 있으며, 우리의 고귀한 충동 중에서 적어도 하나는 실제적 세계로의 황량한 추방으로부터 도망갈 수 있다.

보통 사람들도 수학적 연구가 미학적 특성을 가지고 있음을 확신한다. 소로(Thoreau)는 "어떤 진리든 가장 명확하고 아름다운 진술은 적어도 수학적인 형식을 띠고 있어야 한다."라고 말한다. 아직 이 생각을 받아들이지 못한 사람도 적어도 이러한 사람들이 아름다움을 추구하였다는 사실을 알게 되면, 수학자들의 태도와 노력을 좀더 이해할 수 있게 될지도 모른다.

위의 분석을 통해서 우리는 일반적인 예술의 범주를 수학이 만족시킨다는 것을 알게 되었다. 그럼에도 불구하고 많은 사람들이 이 학문에 그러한 지위를 부여하기를 거부한다. 그러나 무의식적으로 그들은 그 사실을 인정하고 있다. 아무도 역사나 경제학 심지어 생물학에 대하여 재능을 운운하지 않는다. 그러나 대부분의 사람들은, 그것이 없다는 것을 유감스러워하는 방식으로, 수학적 재능 혹은 천재성에 대해서 말한다. 수학적 능력은 그러므로 예술적 능력으로 분류된다.

수학의 주제와 본질, 그리고 영향력을 좀더 탐구하지 못하는 것이 아쉽다. 만일 시간이 허락하여 수학의 좀더 발전된 분야들을 살펴본다면, 수학이 우리 문화에 무엇을 기여하였는지를 좀더 알아볼 수 있을 것이다. 불행하게도 수학적 아이디어를 완전히 이해하는 데에는 수년간의 시간이 필요하며, 실질적으로 그 과정을 단축할 수 있는 왕도는 없다. 여기에 제시된 내용들이 적어도 수학이 잊혀진 책이며, 그리스 시대의 옛날 이야기일 뿐이라거나 인류 역사의 중요치 않은 부분이라는 인상을 물리치고, 우리 문명과 문화에서 수학이 차지하고 있는 위치를 이해하는 데에 도움을 주었기를 바란다. 이성, 공리적 방법, 양적 분석은 삶의 모든 단계에 대한 접근 방식으로 이용되지 못한다. 예술가가 수학적 관점을 이용할 수는 있으나 올바른 관점 그 자체가 예술은 아니다. 18세기 사상가들은 자신들이 수학을 가지고 사회 법칙을 발견하고 모든 사회 문제를 해결할 수 있다고 확신하였다. 그러나 사회적 질서는 불행하게도 18세기보다 오늘날에 훨씬 더 복잡하다. 우리는 수학을 로망스, 결혼의 문제를 해결하는 수단으로 권유하지는 않을 것이다. 인류학자들이 최근의 한 심포지엄에서 진지하게 바로 이러한 문제들을 해결하는 데에 수학을 적용할 것을 촉구하기는 했지만 말이다. 수학의 범위는 제한되어 있으며, 그것이 제한된 이유는 인간이 합리적 동물이라는 어구 속에 명시적으로 진술되어 있다. 인간의 합리성은 단지 그의 동물성을 특성화한 것이다. 그리고 인간의 욕망과 정서 그리고 본능은 자신의 동물적 본성의 일부이며, 이는 그의 이성으로 만족시킬 수 없을 뿐 아니라 때로는 반대되기도 한다. 그렇기 때문에, 이성 그 자체만으로 인간의 모든 활동을 안내하고 통제하기에 충분하지 않다. 물론 이성을 인간사에 적용하는 것이 아주 과도한 지경까지 이르렀다는 뜻을 나타내려고 이러한 말을 한 것은 아니다.

수학은 하나의 지식체계이자 유용한 도구로, 철학의 초석으로, 논리적 방법의 완성으로, 자연을 이해하는 열쇠로, 자연 속의 실재로, 지적 게임으로, 이성의 모험으로, 그리고 미적인 경험으로 다양하게 기술될 수 있다. 우리가 지금까지 수학을 두루 살펴본 것은 이러한 주장이 맞는지 그 근거를 제시하기 위한 것이었다. 수학에 영향을 받은 여러 분야와 이미 우리가 완전히 혹은 부분적으로 이해하게 된 여러 분야들을 살펴본다면, 수학을 물리적·정신적, 그리고 정서적 경험 세계에 대한 접근 방법이라고 부르고 싶은 마음이 생길 것이다. 수학은 인간이 자연을 이해하고, 물리적 세계에서 일어나는 혼란스러운 사건들에 질서를 부여하고, 아름다움을 창조하고, 스스로 활동하고자 하는 건강한 두뇌의 자연적 성향을 만족시키고자 하는 인간의 노력으로부터 정확한 사고가 추출해낸 최고 순도의 증류수이다. 수학 덕분에 존재하게 된 위대한 업적들로 다른 문명과 구분되는 바로 이 문명에 살고 있는 우리가 이러한 진술의 증인일 것이다.

수학은 이미 나의 삶과 단절되어 있었다. 단순 작업을 싫어하는 나에게 수학은 주어진 정의와 공식을 익히고 예제를 통해 풀이 방식을 익히는 형식으로 전해졌을 뿐이다. 그래서 나는 수학에서 어떤 빛깔과 향기를 맡을 수 없었다.

수학에서 사람 냄새를 맡으려고 무던히 애쓰던 나는, 수학을 가르쳐야 하는 직업이었음에도 불구하고 단순과 반복을 거듭하는 이상한 사이비 수학 교육에 의해 철저히 외면당할 수밖에 없었다.

이러한 좌절의 시기에 모리스의 목소리가 들려왔다. 모리스는 수학의 빛깔과 향기에 알맞은 이름을 불러주었다. 그의 목소리를 통해 수학은 내게 다가왔고 내가 수학에 다가갔다. 그래서 그 무엇이 되고 싶음을 느낄 수 있게 하였다. 잊혀지지 않는 의미가 되고 싶었다. 이 책의 한국어 번역은 이렇게 이루어진 것이다.

이 책을 통해 당신은 수학이 단순한 기능이나 지식의 축적이 아니라 인류가 걸어온 역사의 자취를 꿰뚫는 한 단면임을 깨달을 수 있을 것이다. 개인적인 목적을 위해 지식을 독점하여 무지와 두려움에 가득 찬 사람들을 위협했던 고대 성직자들이 수학을 어떻게 이용했는지 알게 될 것이다. 다른 학문들과 구별되는, 엄청난 수학적 힘의 원천이기도 한 연역법의 출현이 책상 위에 앉은 한 수학자의 머리 속에서 출현된 것이 아니라 노동의 책임을 떠넘길 수 있는 노예계급을 가진 그리스의 사회 조직에서 비롯되었음을 알게 될 것이다. 신학자, 논리학자, 철학자, 정치가에게 필요한 합리적 정신, 즉 이성의 힘의 원천이 유클리드 기하학의 형식과 절차에서 비롯되었음을 알게 될 것이다. 그리스인들이 남긴 미술과 조각, 그리고 희곡에 숨겨 있는 수학의 정신을 발견한다면 인간 이성의 찬란한 불빛이 수학이라는 부싯돌에서 점화되었음을 느낄 수 있을 것이다.

이제 자연은 더 이상 두려움과 낭만의 대상이 아니다. 그러나 자연에 대한 합리적 해석을 추구하는 인류에게 먹구름이 몰려오기 시작한다. 기독교 개종을 거부하던 여성 수학자 히파시아의 처절한 죽음과 알렉산드리아 박물관의 파괴는 합리적 사고를 지향하는 인류의 운명을 예고하는 사건이었다. 로마인의 실용성이 낳은 황폐함과 자연을 무시한 교회의 신비주의가 인류의 지성과 창조적 정신을 어떻게 질식시켰는지 당신은 알 수 있을 것이다.

르네상스 시대를 통해 당신은, 우주가 하느님의 이성적 설계라는 가톨릭의 주장과 물리적 세계의 근본은 수학이라는 피타고라스의 주장이 어떻게 충돌하며 어떻게 결합하는지 생생하게 목격할 것이다. 그리고 그 싸움을 수행하였던 훌륭한 지성과 굳건한 용기를 가진 선각자들에게 엄청난 빚을 지고 있음을 느낄 것이다. 수학의 지식이 결합되어 과학의 독립선언이 이루어짐을 이해한다면 말이다.

정밀한 묘사를 갈망하던 화가들이 왜 수학에 눈을 돌렸는지, 그리고 회화라는 예술에서 영감을 얻은 수학자들이 무엇을 이룩하였는지 그 놀라운 성과에 당신은 입을 다물지 못할 것이다. 예술로 태어난 과학은 다시 지도 제작으로 이어져 수학이 없었다면 신대륙의 발견은 일어나지 않았고, 유럽의 역사는 영원히 미개인의 그것으로 남을 수도 있음을 알게 된 당신은 탄식을 자아낼 것이다.

또한 근대 수학의 시발점이 근엄한 철학자와 가벼운 도박꾼이었음을 알게 된 당신은 씁쓸한 미소를 지을 것이다. 철학적 관심과 수학적 활동에서 지적 환희가 실용과 물리의 세계에 적용되면서 그것이 뉴턴과 아인슈타인으로 이어짐을 분명히 알게 될 것이다. 이제 당신은 수학의 언어로 표현된 자연과 완벽한 우주의 수학적 질서를 만끽하며 신비주의, 미신, 그리고 신학이 더 이상 당신에게는 베일로 가릴 수 없음을 확신하게 될 것이다. 이제 당신은 근대 과학의 유행을 따라 만든 새로운 스타일의 옷으로 갈아입게 된다.

수학과 과학이 결합하여 수학적 추론에 의해 모든 지식을 완전히 재조직하게 되면서 이 책을 접한 당신은 뿌듯한 자부심을 가지게 될 것이다. 철학, 종교, 정치학, 경제학, 윤리학, 미학 등의 개념과 결론들이 수학적 방법과 형식에 따라 새로이 다시 고쳐 써야 했기 때문이다. 칸트가 자신의 철학을 전개할 때에 수학적 진리가 존재함을 그 중심 기둥으로 삼았듯이 말이다. 그러나 하느님을 찬양하기 위한 성스러운 작업이 오히려 하느님의 존재를 부정하는 사태에 직면하는, 그래서 정통의 수호에서 정통의 합리화로, 신앙에서 기독교적 자연신론으로, 그리고 과학적 자연신론으로 이어져 마침내 회의주의를 거쳐 무신론으로 이어지는 지성인들의 반역은 그 어떤 전쟁 영화 장면보다 실감난 것이리라.

이제 당신은 너무 높은 산꼭대기에 이른 것 같다. 이 지적 등반에 동참한 당신은 등산 도중 펼쳐지는 전망에 현기증을 느끼고, 춥고 희박한 공기 속에서 호흡이 곤란함에 포기할 생각도 가졌겠지만, 이미 모리스가 밝혀놓은 친절한 불빛을 따라 그래도 어느 정도 안정되었으리라 짐작된다. 그러나 길은 여기서 그치지 않는다. 이제부터 당신은 롤러코스터에 오를 것이다. 그동안 가장 신뢰하였던 절대적 진리에 대한 믿음이 산산조각 나는 롤러코스터 말이다. 이곳에서 당신은 황홀감과 지적 희열은 고사하고 진리라 일컬어지는 그 어떤 것도 결국에는 환상일 뿐이라는 허탈감에 빠질지도 모른다. 그러나 그것이 바로 당신이 가진 지성의 힘을 가장 잘 드러내주는 사실일 수도 있다.

더 이상 긴 설명을 늘어놓는 것은 당신에 대한 예의가 아닌 것 같다. 이쯤에서 수학이라는 이름 하에 인류가 걸어온 길을 모리스의 안내를 받아 직접 몸소 체험해볼 것을 권유한다. Good Luck!

박영훈

| 참고문헌 |

Armitage, Angus: *Copernicus*, W. W. Norton, New York, 1938.

________: *Sun, Stand Thou Still*, Henry Schuman, New York, 1947; paperback under the title, *The World of Copernicus*, New American Library, New York. 1951.

Ball, W. W. Rouse: *A Short Account of the History of Mathematics*, Macmillan, New York, 4th ed., 1908; reprint, Dover Publications, New York, 1960.

Becker, Carl L.: *The Declaration of Independence*, Harcourt, Brace, New York, 1922. *The Heavenly City of the Eighteenth Century Philosophers*, Yale University Press, New Haven, 1932.

Bell, Arthur E.: *Newtonian Science*, Edward Arnold, London, 1961.

Bell, Eric T.: *Men of Mathematics*, Simon & Schuster, New York, 1937; paperback, 1961.

Berkeley, George: *Three Dialogues Between Hylas and Philonous*, Open Court Publishing Co., Chicago, 1929.

Berry, Arthur: *A Short History of Astronomy*, John Murray, London, 1898; reprint, Dover Publications, New York, 1961.

Bohm, David: *Causality and Chance in Modern Physics*, Routledge and Kegan Paul, London, 1957.

Born, Max: *Einstein's Theory of Relativity*, Dover Publications, New York, 1962.

Bridgman, P. W.: *The Nature of Physical Theory*, Princeton University Press, Princeton, 1936; reprint, Dover Publications, New York, 1949.

Bronowski, J., and B. Mazlish: *The Western Intellectual Tradition*, Harper & Bros., New York, 1960; paperback, Harper & Row, New York, 1964.

Bunim, Miriam: *Space in Medieval Painting and the Forerunners at Perspective*, Columbia University Press, New York, 1940.

Burtt, Edwin A.: *The Metaphysical Foundations of Modern Physical Science*, 2nd ed., Routledge and Kegan Paul, London, 1932; paperback, Doubleday, New York, 1964.

Bury, J. B.: *A History of Freedom of Thought*, Oxford University Press, London, 1952. *The Idea of Progress*, Macmillan, New York, 1932; reprint, Dover Publications, New York, 1955.

Bush, Douglas: *Science and English Poetry*, Oxford University Press, New York, 1950.

Butterfield, Herbert: *The Origins of Modern Science*, Macmillan, New York, 1951; paperback, Collier Books, New York, 1962.

Cardan, Jerome: *The Book of My Life*, E. P. Dutton, New York, 1930; reprint, Dover Publications, New York, 1962.

Carr, Herbert Wildon: *Leibniz*, Constable, London, 1929; reprint, Dover Publications, New York, 1960.

Caspar, Max: *Kepler* (translated), Abelard-Schuman, New York, 1960; paperback, Collier Books, New York, 1962.

Cassirer, E.: *The Philosophy of the Enlightenment*, Princeton University Press, Princeton, 1951.

Chamberlin, Wellman: *The Round Earth on Flat Paper*, National Geographic Society, Washington, D.C., 1947.

Childe, V. Gordon: *Man Makes Himself*, Watts and Co., London, 1936; paperback, New American Library, New York, 1951.

Clark, Kenneth: *Piero della Francesca*, Phaidon Press, London, 1951.

Cohen, Morris R., and E. Nagel: *An Introduction to Logic and Scientific Method*, Harcourt, Brace, New York, 1934; paperback, Harcourt, Brace and World, New York, 1962.

Coolidge, Julian L.: *The Mathematics of Great Amateurs*, Oxford University Press, London, 1949; reprint, Dover Publications, New York, 1963.

Crum, Ralph B.: *Scientific Thought and Poetry*, Columbia University Press, New York, 1931.

Dampier-Whetham, William C. D.: *A History of Science and Its Relations with Philosophy and Religion*, Cambridge University Press, London, 1929.

Dantzig, Tobias: *Number, The Language of Science*, 3rd ed., Macmillan, New York, 1939; paperback, Doubleday, New York, 1964.

Descartes, René: *Discourse on Method*, E. P. Dutton, New York, 1912; paperback, Penguin Books, Baltimore, 1960.

Dijksterhuis, E. J.: *The Mechanization of the World Picture* (translated), Oxford University Press, New York, 1961.

Dreyer, J. L. E.: *History of the Planetary Systems from Thales to Kepler*, Cambridge University Press, London, 1906; reprint, Dover Publications, New York, 1953, under the title *A History of Astronomy from Thales to Kepler*.

Duhem, Pierre: *The Aim and Structure of Physical Theory* (translated), Princeton University Press, Princeton, 1954; paperback, Atheneum, New York, 1962.

Eddington, Sir Arthur S.: *The Nature of the Physical World*, Macmillan, New York, 1928; paperback, University of Michigan Press, Ann Arbor, 1958.

________ :*Space, Time, and Gravitation*, Cambridge University Press, Cambridge, 1920; paperback, Harper & Row, New York, 1964.

Farrington, Benjamin: *Francis Bacon: Philosopher of Industrial Science*, Henry Schuman, New York, 1949; paperback, Collier Books, New York, 1961.

Greek Science, 2 vols., Penguin Books, Baltimore, 1944 and 1949.

Freund, John E.: *Modern Elementary Statistics*, 2nd ed., Prentice-Hall, Englewood Cliffs, 1960.

Fry, Roger: *Vision and Design*, Penguin Books, Baltimore, 1937; Meridian Books, New York, 1956.

Galilei, Galileo: *Dialogue on the Great World Systems*, University of Chicago Press, Chicago, 1953.

Gibson, James J.: *The Perception of the Visual World*, Houghton Mifflin, Boston, 1950.

Gilson, Etienne: *Painting and Reality*, Pantheon Books, New York, 1957; paperback, Meridian Books, New York, 1959.

Gombrich, E. H.: *Art and Illusion*, 2nd ed., Pantheon Books, New York, 1961.

The Story of Art, Oxford University Press, New York, 1950.

Hall, A. Rupert: *From Galileo the Newton*, Collins, London, 1963.

The Scientific Revolution, Longmans, Green, New York, 1954; paperback, Beacon Press, Boston, 1956.

Hall, Everett W.: *Modern Science and Human Values*, D. Van Nostrand, New York, 1956.

Hamilton, Edith: *The Greek Way to Western Civilization*, Norton, New York, 1930; paperback, New American Library, New York, 1948.

Hardy, G. H.: *A Mathematician's Apology*, Cambridge University Press, London, 1940.

Hazard, Paul: *The European Mind*, Yale University Press, New Haven, 1953.

________ :*European Thought in the Eighteenth Century*, Yale University Press, New Haven, 1954.

Ivins, William M., Jr.: *Art and Geometry*, Harvard University Press, Cambridge, 1946; reprint, Dover Publications, New York, 1964.

Jeans, Sir James H.: *The Growth of Physical Science*, Cambridge University Press, London, 1951; paperback, Fawcett, New York, 1958.

________ :*Science and Music*, Cambridge University Press, London, 1937, paperback, 1961.

Jones, Richard Foster: *The Seventeenth Century*, Stanford University Press, Stanford, 1951.

Kline, Morris: *Mathematics and the Physical World*, T. Y. Crowell, New York, 1953; paperback, Doubleday, New York, 1963.

Mathematics: A Cultural Approach, Addison-Wesley, Reading, Mass., 1962.

Kuhn, Thomas S.: *The Copernican Revolution*, Harvard University Press, Cambridge, 1957.

Lawson, Philip J.: *Practical Perspective Drawing*, McGraw-Hill, New York, 1943.

Lecky, William E. H.: *History of the Rise and Influence of the Spirit of Rationalism*, 2 vols., Longmans, Green, London, 1882; reprint, George Braziller, New York, 1955, in one volume.

Levinson, Horace C.: *The Science of Chance*, Rinehart, New York, 1950; reprint, Dover Publications, New York, 1963, under the title *Chance, Luck and Statistics.*

Miller, Dayton C.: *The Science of Musical Sounds*, 2nd ed., Macmillan, New York, 1926.

More, Louis T.: *Isaac Newton*, Charles Scribner's Sons, New York, 1934; reprint, Dover Publications, New York, 1962.

Mortimer, Ernest: *Blaise Pascal: The Life and Work of a Realist*, Harper & Bros., New York, 1959.

Nicolson, Marjorie Hope: *Newton Demands the Muse*, Princeton University Press, Princeton, 1946.

Ore, Oystein: *Cardano, The Gambling Scholar*, Princeton University Press, Princeton, 1953.

Panofsky, Erwin: *Meaning in the Visual Arts*, Doubleday, New York, 1955.

Peierls, R. E.: *The Laws of Nature*, Charles Scribner's Sons, New York, 1956; paperback, 1962.

Pope-Hennessy, John: *The Complete Works of Paolo Uccello*, Phaidon Press, London, 1950.

Randall, John H., Jr.: *Making of the Modern Mind*, rev. ed., Houghton Mifflin, Boston, 1940.

Reichmann, W. J.: *The Use and Abuse of Statistics*, Oxford University Press, New York, 1962.

Russell, Bertrand: *The ABC of Relativity*, Harper & Bros., New York, 1925; paperback, New American Library, New York, 1959.

Our Knowledge of the External World, George Allen and Unwin, London, 1926; paperback, New American Library, new York, 1960.

A History of Western Philosophy, Simon & Schuster, New York, 1945; paperback, 1957.

Sampson, R. V.: *Progress in the Age of Reason*, Harvard University Press, Cambridge, 1956.

Schrödinger, Erwin: *Science and the Human Temperament*, G. Allen and Unwin, London, 1935; reprint, Dover Publications, New York, 1957, under the title *Science, Theory and Man.*

Signer, Charles: *A Short History of Scientific Ideas to Nineteen Hundred*, Oxford

University Press, New York, 1959.

Smith, Preserved: *A History of Modern Culture*, 2 vols., Henry Holt, New York, 1930.

Snow, C. P.: *The Two Cultures and a Second Look*, Cambridge University Press, London, 1963; paperback under the title *The Two Cultures and the Scientific Revolution*, New American Library, New York, 1964.

Stephen, Leslie: *The English Utilitarians*, 3 vols., G. P. Putnam's Sons, new York, 1900.

Strong Edward W.: *Procedures and Metaphysics*, University of California Press, Berkeley, 1936.

Taylor, Henry Osborn: *Ancient Ideals*, 2 vols., 2nd ed., Macmillan, New York, 1913.

Thought and Expression in the Sixteenth Century, 2 vols., 2nd ed., Macmillan, New York, 1930; paperback in 5 volumes, Collier Books, New York, 1962: Bk. 1, *The Humanism of Italy*; Bk. 2, *Erasmus and Luther*; Bk. 3, *The French Mind*; Bk. 4, *The English Mind*; Bk. 5. *Philosophy and Science in the Sixteenth Century.*

Taylor, Lloyd William: *Physics, the Pioneer Science*, Houghton Mifflin, Boston, 1941; reprint, Dover Publications, New York, 1959.

Toulmin, Stephen: *The Philosophy of Science*, Hutchinson's University Library, London, 1953; paperback, Harper & Row, New York, 1964.

and June Goodfield: *The Fabric of the Heavens*, Harper & Bros., New York, 1961.

Whitehead, Alfred North: *Science and the Modern World*, Macmillan, New York, 1925; paperback, New American Library, New York, 1948.

Willey, Basil: *The Seventeenth Century Backround*, Chatto and Windus, London, 1934; paperback, Doubleday, 1964.

The Eighteenth Century Background, Chatto and Windus, London, 1940.

Nineteenth Century Studies, Chatto and Windus, London, 1949.

Wood, Alexander: *The Physics of Music*, Methuen, London, 1944; reprint, Dover Publications, New York, 1962.

| 찾아보기 |

[ㄹ]

[ㅁ]

[ㅂ]

[ㅅ]

[ㅇ]

[ㅌ]

[ㅍ]

깊고 그윽한 수학의 향기

경문수학산책

엘리 마오 지음 | 허민 옮김

344쪽 | 24,000원 | ISBN 979-11-6073-318-1

로그의 밑인 e에 대한 명쾌한 역사적 고찰

e는 원주율 파이(π)와 같이 분수로 나타낼 수 없는 수, 즉 무리수이다. e를 소수로 나타내면 약 2.71828이고, 이에 따라 원주율보다 작은 수임을 쉽게 알 수 있다. 수의 크고작음이 중요성을 결정하지는 않을 것이다. 그리고 역사의 길고짧음도 중요성의 척도가 될 수는 없을 것이다. 사실, 수 e는 적어도 '수학'적으로는 수 π 이상의 중요성이 있으며, 그 쓰임새도 훨씬 더 다양하다. 이 책에서 이런 내용을 빠짐없이 알아볼 것이다.

깊고 그윽한 수학의 향기
경문수학산책

김용운 지음

730쪽 | 42,000원 | ISBN 979-11-6073-337-2

수학의 본질에 대한 끊임없는 물음

수학만을 아는 수학자란 있을 수 없다. 수학은 인간의 지적(知的) 활동의 핵으로서 문화 전반에 영향을 주어왔으며, 한편으로는 그 주변의 문화현상으로부터 끊임없는 자극을 받아왔기 때문이다. 수학만을 알고, 그것으로 만족한다는 것은 이러한 자극과 영향의 의의를 무시하는 결과가 된다. 수학과 문화, 수학과 사회, 좀더 솔직히 말한다면 수학과 인간, 나아가서는 그 관계 속에서 수학을 택한 자신의 좌표를 확정하는 일이 무엇보다 필요하다.